Wolfgang Fasold
Eva Veres

**Schallschutz und Raumakustik
in der Praxis**

Wolfgang Fasold und Eva Veres

Schallschutz und Raumakustik in der Praxis

Planungsbeispiele und konstruktive Lösungen

2. Auflage mit CD-ROM

HUSS-MEDIEN GmbH
Verlag Bauwesen
10400 Berlin

Bibliografische Information Der Deutschen Bibliothek
Die Deutsche Bibliothek verzeichnet diese Publikation
in der Deutschen Nationalbibliografie; detaillierte bibliografische
Daten sind im Internet über http://dnb.ddb.de abrufbar.

ISBN 3-345-00801-7

Mit CD-ROM

2. Auflage 2003

© HUSS-MEDIEN GmbH Berlin
   Verlag Bauwesen
   Am Friedrichshain 22
   10400 Berlin

www.bau-fachbuch.de

Lektorat: *Dipl.-Ing. Barbara Roesler*
Einbandgestaltung: *Christine Bernitz/Bernd Bartholomes*

Printed in Germany
Gesamtherstellung: Druckhaus „Thomas Müntzer" GmbH
D-99947 Bad Langensalza

Programmierung und Layout der CD-ROM: *Dipl.-Ing. Eva Veres*
CD-Label: *Bernd Bartholomes*

Vorwort zur 1. Auflage

In der Baupraxis sind auch für akustische Probleme geeignete Lösungen zu suchen und zu finden. Das sind Aufgaben der **Bauakustik**, d. h. des Lärmschutzes in Gebäuden und mit baulichen Mitteln, sowie der **Raumakustik**, d. h. der Gewährleistung guter Hörbedingungen in Zuhörerräumen, Studios, Proberäumen u. ä. Damit befaßt sich dieses Buch. Hierbei sind alle Phasen des Bauens betroffen, also die Planung und die Bauausführung, jedoch auch die Kontrolle während des Baugeschehens und nach Fertigstellung. Angesprochen sind deshalb vorrangig die Planer, sowie die anderen am Bau Beteiligten, aber natürlich auch die späteren Nutzer.

Vielfach werden die akustischen Probleme beim Bauen als eine Domäne von Fachplanern, Spezialisten oder entsprechenden Institutionen gesehen. Das ist sicher richtig, wenn es sich um komplizierte Vorhaben, etwa lärmintensive Industrieanlagen, stark belastete Verkehrsstrassen oder große Saalbauten handelt. Auch wenn meßtechnische Nachweise, z. B. in Form von Zulassungsprüfungen zu erbringen sind, müssen hierfür spezialisierte und erforderlichenfalls auch autorisierte Stellen eingeschaltet werden. Den vielfältigsten „**normalen**" **akustischen Erfordernissen**, etwa bei Wohnungen, Büros, Besprechungs- und Unterrichtsräumen, kann aber auch ohne Spezialisten entsprochen werden, genügend Sachkenntnis und Beherrschen der einschlägigen Methodik natürlich vorausgesetzt.

Dieses Buch soll hierfür die notwendigen Kenntnisse und den Umgang mit dem „Handwerkszeug", d. h. das Handhaben von einfachen Berechnungsverfahren, Tabellen und Grafiken vermitteln und geeignete Lösungen anhand von Beispielen aufzeigen. Natürlich sind für die verschiedensten schalltechnischen Probleme auch Rechenprogramme verfügbar. An den entsprechenden Stellen des Buches wird auf sie hingewiesen. Bereits ihre Auswahl und selbstverständlich ihre sinnvolle Anwendung setzen aber ebenfalls genügend Sachverstand voraus.

Das Buch wendet sich vor allem an **Architekten und Bauingenieure**, die mit akustischen Aufgabenstellungen befaßt sind, aber auch an anderweitig Interessierte, die, aus welchen Gründen auch immer, mitreden möchten, wenn es die akustischen Bedingungen ihrer Umwelt betrifft, und die sich für derartige Gespräche qualifizieren wollen. Vielfach geht es auch um den Wunsch, durch bauliche Maßnahmen an Wänden, Decken, Fenstern, Türen u. ä. die akustische Situation durch Eigenleistungen zu verbessern. Auch dazu soll dieses Buch Anregungen geben.

Hauptaugenmerk aller Ausführungen gilt der **praktischen Verwertbarkeit**. Darin stimmt die Zielstellung auch überein mit dem Buch „Bau- und Raumakustik" der Bauphysikalischen Entwurfslehre [1], das an mehreren Stellen als Grundlage und Informationsquelle für die Darstellung fachlicher Zusammenhänge diente. Das vorliegende Buch versteht sich aber vor allem als Arbeitsmittel für den Praktiker, der am Bau nicht allein schalltechnische Fragen zu bearbeiten hat, und der sich deshalb nur so weit in dieses Fachgebiet einzuarbeiten wünscht, daß er die Zusammenhänge begreift, einschlägige Lösungen unter Nutzung der gegebenen Hilfsmittel findet und in komplizierteren Fällen die richtigen Grundsatzentscheidungen fällt. Daher wird auf die Vermittlung von „Daumenregeln" Wert gelegt, wie etwa die Abstände zu

Lärmquellen und die sich daraus ergebenden Aufwendungen für sekundäre Schallschutzmaßnahmen oder das Festlegen der Mindestvolumina von Räumen, bei deren Nichteinhaltung bestimmte raumakustische Funktionen nicht gewährleistet werden können. Die physikalischen Zusammenhänge, die den Sachverhalten zugrunde liegen, sind in Grafiken und Tabellen, aber auch in Gleichungen dargestellt. Dabei wurde auf möglichst einfache Anwendbarkeit geachtet und auf Ableitungen verzichtet.

Die dem Buch zugrundeliegende Systematik und die Vermittlung der zum Verständnis bau- und raumakustischer Zusammenhänge erforderlichen **Grundlagen** der technischen und der physiologischen Akustik machen es auch als Lehrbuch für die Ausbildung von Studenten in Baufachrichtungen geeignet. Beide Autoren haben sich bemüht, ihre diesbezüglichen Erfahrungen einzubringen. Im 2. Kapitel werden nach der Erläuterung der notwendigen Grundgrößen und nach der Beschreibung der für das Fachgebiet wichtigsten Schallquellen Fragen der Schallausbreitung im Freien besprochen. In einem Abschnitt über Lärmimmissionsschutz finden sich dabei auch Erläuterungen und Beispiele zu Aufgabenstellungen und Methoden der lärmschutzgerechten Verkehrs- und Bebauungsplanung. Hier geht es um prinzipielles Verstehen der Probleme, und es werden die mit geeigneten Maßnahmen erzielbaren Ergebnisse aufgezeigt. Eine praxisgerechte Aufbereitung der Sachverhalte und Arbeitsmittel des Lärmimmissionsschutzes würde den Rahmen dieses Buches sprengen und gehört daher nicht zu seinem Inhalt. Wohl aber wird durch umfangreiche Verweise auf das differenzierte Regelwerk und auf einschlägige Literatur die Möglichkeit gegeben, weitere Hilfsmittel zum gezielten Einarbeiten in dieses Aufgabengebiet zu finden. Mit den Grenzwerten des Lärmimmissionsschutzes befaßt sich das 3. Kapitel im Anschluß an die Vermittlung der Zusammenhänge, die der Schallwahrnehmung zugrunde liegen.

Im Hauptteil des Buches, den die Kapitel 4 und 5 bilden, werden Fragen der **Schallausbreitung in Räumen** und der **Schallübertragung durch Bauteile**, also der **Schalldämmung**, ausführlich behandelt. Es wird zunächst auf Absorptions- und Reflexionsmaßnahmen eingegangen, durch die Schallfelder in Räumen wesentlich beeinflußbar sind. Hier werden vor allem die Eigenschaften technischer Schallabsorber erläutert. Gesonderte Abschnitte befassen sich mit der lärmschutzgerechten Planung von Räumen, das sind vor allem Fragen der Schallausbreitung in Arbeitsräumen, Industriehallen u. ä., und mit der raumakustischen Planung. Hierzu werden Methoden und Arbeitsmittel vorzugsweise für kleinere „Räume zum Hören" erörtert. Für große Zuhörersäle werden Hilfen zu Grundsatzentscheidungen auch anhand von gebauten Beispielen gegeben. Die in Form von Modellmeßverfahren und Computersimulationsmethoden heute vorhandenen Planungsinstrumentarien werden erläutert. Ein Abschnitt über Grundlagen der Schalldämmung führt in die Begriffswelt der Luft- und Trittschalldämmung ein und stellt die vor allem in Wohnungen üblichen Anforderungen dar. Konstruktive Lösungsmöglichkeiten für den baulichen Schallschutz werden, ausgehend von physikalischen Grundlagen, ausführlich anhand von Beispielen erörtert und durch Tabellen und Grafiken ergänzt, die möglichst praxisgerecht aufbereitet sind. Ein komprimierter letzter Abschnitt gibt einen Überblick über die Probleme des Schallschutzes bei haustechnischen Anlagen. Wie generell beim Lärmimmissionsschutz in diesem Buch geschieht dies aber auch hier nur, um grundsätzliches Verständnis der Zusammenhänge zu vermitteln.

Erläuterungen zu Meßverfahren sind in diesem Buch nur als ergänzende Informationen gedacht. In den entsprechenden Abschnitten werden Meßmethoden jeweils soweit beschrieben, daß der Baufachmann die damit gegebenen Möglichkeiten erkennt und nützliche Untersuchungen in Auftrag geben kann. Es wurde großer Wert darauf gelegt, das gerade hierzu vorhandene umfangreiche **internationale und nationale Regelwerk** dem heutigen Stand entsprechend möglichst komplett zu zitieren. Die Hinweise auf ISO-Standards, DIN-Normen und VDI-Richtlinien wurden der besseren Übersichtlichkeit wegen aus dem fortlaufenden Literaturverzeichnis herausgelöst und gesondert aufgeführt.

Vorwort

Der Vollständigkeit wegen sei vermerkt, daß es neben den hier behandelten Fragen der Bau- und Raumakustik, die sich auf den Bereich des menschlichen Hörens beziehen, weitere Teilgebiete der technischen Akustik gibt, die beim Bauen von Bedeutung sind. Genannt seien Vibrationsverfahren für Gründungen und Abriß, die im Infraschallbereich arbeiten oder Methoden der Materialuntersuchung unter Zuhilfenahme von Ultraschallmeßtechniken. Diese Fragen gehören nicht zum Inhalt dieses Buches.

Die Autoren möchten an dieser Stelle all denen danken, die zum Entstehen dieses Buches beigetragen haben. Das sind Fachkollegen, deren Rat und deren Informationen gern entgegengenommen wurden, und das sind Firmen und Institutionen, die Untersuchungsergebnisse zur Veröffentlichung verfügbar gemacht haben. Genannt sei vor allem das Fraunhofer-Institut für Bauphysik mit seinem Institutsleiter Herrn Prof. Dr.-Ing. habil. Dr. h.c. mult. Dr. E.h. mult. *Karl Gertis*. Dem Verlag und seiner Lektorin Frau *Roesler* sind die Autoren für Geduld und Einsicht und für verständnisvolles Eingehen auf ihre Wünsche zu besonderem Dank verpflichtet.

Wolfgang Fasold   **Eva Veres**

Vorwort zur 2. Auflage

Die Anwendung rechnergestützter Planungsmethoden ist auch in der Bau- und Raumakustik immer mehr zur Routine geworden. Leistungsfähige Programme sind zu den meisten wichtigen Sachverhalten verfügbar.

Der Zuspruch, den die 1. Auflage dieses Buches gefunden hat, macht aber deutlich, dass bei den Architekten und Ingenieuren nach wie vor das Bedürfnis besteht, die grundsätzlichen Zusammenhänge dieses Fachgebietes zu verstehen, um zumindest über die prinzipielle Lösung akustischer Probleme eigenständig und kreativ entscheiden zu können. Es ist also Anliegen dieser 2. Auflage, den dazu nötigen Wissensstand zu vermitteln und auf diese Weise für viele einfache akustische Anforderungen sowohl in Wohnungs- und Bürobauten, als auch in Schulen, Versammlungsstätten u. ä. Lösungsmöglichkeiten zu bieten, die durchaus ohne die Mitwirkung von Spezialisten realisierbar sind.

Es wurden für diese Auflage die erforderlichen Korrekturen und Aktualisierungen vorgenommen.

Ergänzt wird das Buch seit dieser Auflage durch eine CD-ROM, die mit optischen und akustischen Mitteln zur Verständnisförderung wie zur Vertiefung der Thematik beitragen soll.

Wolfgang Fasold   **Eva Veres**

Inhaltsverzeichnis

1	**Einleitung**	13
2	**Physikalische Grundlagen und Definitionen**	15
2.1	**Schallschwingungen**	15
2.1.1	Schallschnelle und Schallgeschwindigkeit	15
2.1.2	Frequenz und Wellenlänge	15
2.1.3	Schalldruck und Schalldruckpegel	20
2.2.	**Schallquellen**	22
2.2.1	Schalleistung, Schalleistungspegel und Schallabstrahlung	22
2.2.2	Frequenz- und Zeitverläufe	26
2.2.3	Richtcharakteristik	29
2.2.4	Geräuschemissionsmessung	32
2.3	**Schallausbreitung im Freien**	33
2.3.1	Freies Schallfeld	33
2.3.2	Lärmimmissionsschutz	35
2.3.2.1	Immissionsgleichung	35
2.3.2.2	Emissionsgrößen und ungestörte Schallausbreitung	36
2.3.2.3	Einwirkungen auf die Schallausbreitung	38
3	**Schallempfindung und Schallwirkung**	47
3.1	**Lautstärke**	47
3.1.1	Frequenzabhängigkeit (Tonhöhenempfindung)	47
3.1.2	Zeiteinflüsse	51
3.1.2.1	Kurzzeiteinwirkungen (Impulse, Reflexionen)	52
3.1.2.2	Langzeitschwankungen (Mittelung)	53
3.1.3	Richtungswahrnehmung	55
3.2	**Lärm**	56
3.2.1	Auswirkungen von Lärmeinflüssen	56
3.2.2	Lärmschwerhörigkeit und Grenzwerte für den Arbeitsplatz	57
3.2.3	Lästigkeit von Lärm und Grenzwerte für den Immissionsschutz	58
3.2.4	Geräuschimmissionsmessung	64
4	**Schallausbreitung in Räumen**	65
4.1	**Schallabsorption und -reflexion**	65
4.1.1	Schallabsorptionsgrad und äquivalente Schallabsorptionsfläche	65

4.1.2	Technische Schallabsorber	69
4.1.2.1	Poröse Schallabsorber	70
4.1.2.2	Plattenschwinger und Lochplattenschwinger	83
4.1.2.3	Helmholtzresonatoren	87
4.1.2.4	Kombinierte und alternative Schallabsorber	95
4.1.3	Unvermeidbare Schallabsorption in Räumen	98
4.1.3.1	Schallabsorption durch Publikum und Gestühl	98
4.1.3.2	Schallabsorption durch Raumbegrenzungsflächen	100
4.1.3.3	Schallabsorption durch Luft	102
4.1.4	Messung von Schallabsorptionseigenschaften	102
4.1.5	Reflexionswirkung von Flächen	104
4.1.5.1	Geometrisch gerichtete Reflexionen	105
4.1.5.2	Diffuse Reflexionen	111
4.2	**Lärmschutzgerechte Planung von Räumen**	**115**
4.2.1	Anforderungen und Prinzipien	116
4.2.2	Schalldruckpegelverteilung in annähernd kubischen Räumen	117
4.2.3	Schalldruckpegelverteilung in nicht kubischen Räumen	122
4.2.4	Schallabstrahlung aus einem Raum nach außen	128
4.2.5	Bauliche Maßnahmen zur Lärmminderung in Räumen	130
4.3	**Raumakustische Planung**	**133**
4.3.1	Raumakustischer Planungsprozeß	133
4.3.2	Raumakustische Kriterien	135
4.3.2.1	Übersicht	135
4.3.2.2	Nachhallzeit	136
4.3.2.3	Berechnung der Nachhallzeit und erforderlicher Absorptionsmaßnahmen	142
4.3.2.4	Energiekriterien	149
4.3.2.5	Messung raumakustischer Kriterien	153
4.3.3	Planungsziele und -methoden	155
4.3.3.1	Zielstellung	155
4.3.3.2	Sitzreihenüberhöhung und Podiumsgestaltung	156
4.3.3.3	Anfangsreflexionen in kleinen Zuhörerräumen	157
4.3.3.4	Saalgrundriß und Schallquellenstandort	160
4.3.3.5	Wand- und Deckenformen, Ränge, Balkone und Galerien	166
4.3.3.6	Modellmeßverfahren und Computersimulationsmethoden	173
4.4	**Ausführungsbeispiele für Räume verschiedener raumakustischer Funktionen**	**177**
4.4.1	Kleine Räume für Sprache (Klassenzimmer, Seminarräume, Besprechungszimmer)	177
4.4.2	Aufnahmestudios für Sprache	178
4.4.3	Kleine Räume für Musik (Musikunterrichtsräume, Übungs- und Probenräume)	179
4.4.4	Aufnahme- und Abhörstudios für Musik	182
4.4.5	Große Räume für Sprache (Hörsäle, Kongreßräume, Plenarsäle)	183
4.4.6	Sprechtheater	188
4.4.7	Musiktheater (Opernhäuser)	191
4.4.8	Konzertsäle für sinfonische Konzerte	197
4.4.9	Kammermusiksäle	206
4.4.10	Kirchen	208
4.4.11	Mehrzwecksäle (Stadttheater, Stadthallen)	211

4.4.12	Sport- und Schwimmhallen	216
4.4.13	Kinotheater	216
4.4.14	Freilichtbühnen	217

5 Schallschutz im Hochbau 220

5.1	**Grundlagen der Schalldämmung von Bauteilen**	**220**
5.1.1	Luftschalldämmung	220
5.1.1.1	Größen	220
5.1.1.2	Bewertungsverfahren	225
5.1.1.3	Einfluß verschiedener Übertragungswege	230
5.1.1.4	Meßverfahren	237
5.1.2	Trittschalldämmung	242
5.1.2.1	Größen	242
5.1.2.2	Bewertungsverfahren	244
5.1.2.3	Einfluß verschiedener Übertragungswege	247
5.1.2.4	Meßverfahren	247
5.1.3	Anforderungen an die Luft- und Trittschalldämmung	249
5.1.3.1	Schallübertragung aus einem fremden Wohn- oder Arbeitsbereich	249
5.1.3.2	Geräusche von haustechnischen Anlagen und Betrieben	254
5.1.3.3	Schallübertragung von und nach außen	255
5.2	**Konstruktive Lösungen für den baulichen Schallschutz**	**256**
5.2.1	Wandkonstruktionen als Innen- und Außenbauteile	257
5.2.1.1	Luftschalldämmung einschaliger Bauteile	257
5.2.1.2	Schwere und leichte einschalige Wände	263
5.2.1.3	Luftschalldämmung mehrschaliger Bauteile	270
5.2.1.4	Zweischalige Wände aus biegesteifen Schalen	272
5.2.1.5	Zweischalige Wände aus einer biegesteifen und einer biegeweichen Schale (Wände mit Vorsatzschalen)	275
5.2.1.6	Zweischalige Wände aus biegeweichen Schalen	278
5.2.2	Fenster	281
5.2.2.1	Einfach- und Verbundsicherheitsverglasungen	283
5.2.2.2	Doppel- und Dreifachverglasungen ohne und mit Gasfüllung	283
5.2.2.3	Verglasungen aus mehreren Einfachscheiben	288
5.2.2.4	Einfluß des Rahmens, der Beschläge und von Sprossen	290
5.2.2.5	Fugendichtungen	291
5.2.2.6	Lüftungseinrichtungen und Rolladenkästen	293
5.2.3	Türen	295
5.2.3.1	Türblätter	295
5.2.3.2	Fugendichtungen und gebrauchsfertige Türen	297
5.2.4	Decken	299
5.2.4.1	Massiv-Rohdecken (Stahlbetonplattendecken, Hohlkörperdecken)	300
5.2.4.2	Massiv-Rohdecken mit Unterdecken	303
5.2.4.3	Gebrauchsfertige Massivdecken (Rohdecken mit Deckenauflagen)	305
5.2.4.4	Holzbalkendecken	314
5.2.4.5	Deckenauflagen für Holzbalkendecken	318
5.2.4.6	Durchgehende abgehängte Unterdecken	320
5.2.4.7	Durchgehende Doppel- und Hohlraumböden	323
5.2.4.8	Treppen	325
5.2.4.9	Böden von Loggien und Balkonen, Dachkonstruktionen	326

5.3	**Schallschutz für haustechnische Anlagen**	328
5.3.1	Installationsgeräusche	328
5.3.1.1	Armaturengeräusche und ihre Messung im Laboratorium	328
5.3.1.2	Installationsgeräusche und ihre Messung am Bau	330
5.3.1.3	Körperschallverhalten von Armaturen und Sanitärobjekten	332
5.3.1.4	Schutz vor Installationsgeräuschen	334
5.3.2	Aufzugsgeräusche	340
6	**Formelzeichen**	344
7	**Literaturverzeichnis**	351
8	**Normen und Richtlinien**	364
9	**Sachwortverzeichnis**	371

1 Einleitung

Die **Schallwahrnehmung** war während der gesamten Menschheitsentwicklung unerläßlich für die Orientierung und war zugleich Voraussetzung für die Herausbildung der Sprache als Verständigungsmittel. Im heutigen Kommunikationszeitalter ist das Hören von entscheidender Bedeutung für den Informationsaustausch und stellt damit eine Grundvoraussetzung für das Funktionieren der meisten modernen technischen Prozesse dar. Im Rahmen der Globalisierung der Wirtschaft spielt die akustische Kommunikation unter Nutzung der verschiedensten technischen Hilfsmittel eine entscheidende Rolle.

Verstehen von Sprache in Räumen setzt voraus, daß diese entsprechende raumakustische Eigenschaften besitzen. Das gilt einerseits für Räume, in denen es auf das Verstehen des gesprochenen Wortes ohne Einsatz von Beschallungsanlagen ankommt. Hierzu gehören z. B. Klassenzimmer, Seminarräume, kleinere Vortragssäle und Theater. Sehr häufig sind hier falsch eingesetzte Schallabsorber Ursache schlechter Verständlichkeit, etwa wenn durch hoch schallabsorbierende Unterdecken die notwendigen schallverstärkenden Reflexionen in den mittleren und hinteren Saalbereich unterbunden werden. Das gilt aber andererseits auch für große Räume mit meist umfangreichen elektroakustischen Anlagen, z. B. große Hörsäle, Kongreßsäle und Plenarsäle für Parlamente. Diese vielfach besonders repräsentativ gestalteten Räume weisen häufig aus dem üblichen Rahmen fallende Raumformen und -ausstattungen auf, bei denen es natürlich ganz besonders darauf ankommt, Beschallungstechnik und Raumakustik in Einklang zu bringen. Am Beispiel des Plenarsaales für den Bonner Bundestag, der nach seiner Eröffnung im Jahre 1992 nach kurzer Zeit für etwa ein Jahr zwecks Durchführung von Umbau- und Verbesserungsmaßnahmen an elektroakustischen Anlagen und an der raumakustischen Gestaltung geschlossen werden mußte, zeigt sich, welch unangenehme Auswirkungen mit erheblichen ökonomischen Folgen Fehlentscheidungen und Versäumnisse auf dem Gebiet der Akustik verursachen können. Hier sind sachkundige Planung und Ausführung gefragt.

Neben der Sprache ist Musik für die Menschen besonders bedeutungsvoll geworden. **Musikhören** stellt einen ästhetischen Genuß dar und löst Emotionen aus, die für viele Menschen eine wertvolle Bereicherung ihres Lebens sind. Große Musikwiedergaberäume wie Konzertsäle, Opernhäuser, Mehrzwecksäle, aber auch Kirchen, erfordern umfangreiche raumakustische Maßnahmen, damit das Musikhören tatsächlich zu einem ungetrübten Erlebnis werden kann. Unter Einsatz von Computersimulationsverfahren und von Modellmeßtechniken sind heute bereits in der Planungsphase treffsichere Entwurfsentscheidungen möglich, die eine gute raumakustische Qualität solcher großen Säle gewährleisten. Der finanzielle Aufwand für derartige Voruntersuchungen ist, gemessen an den Gesamtkosten dieser Bauvorhaben, gering. Er ist verschwindend im Vergleich zu den Umbaukosten für einen in raumakustischer Hinsicht mißlungenen Saal. Ein Beispiel hierfür ist die jetzige Avery Fisher Hall in New York, die nach ihrer Eröffnung als Philharmonic Hall im Jahre 1962 keine hinreichend „gute Akustik" aufwies (im Spektrum fehlten die tiefen Frequenzanteile, der Raumeindruck und die Diffusität waren zu gering), so daß umfangreiche Untersuchungen eingeleitet werden mußten, in deren Ergebnis schließlich ein neuer Saalausbau veranlaßt wurde.

Erfolgreiches Musizieren setzt Unterricht und Üben voraus. Damit die hierfür benötigten Räume für Solisten, Chor und Orchester funktionsfähig sind, müssen in früher Planungsphase raumakustisch richtige Entscheidungen gefällt werden, insbesondere die Raumabmessungen betreffend. Bedeutsam ist hier aber natürlich auch das Fernhalten von Störungen durch Schallwahrnehmungen aus der Nachbarschaft.

Neben den kommunikativen und ästhetischen Aspekten der Schallwahrnehmung gilt es beim Bauen nämlich auch, die negativen Einflüsse des Schalles, die **Lärmwirkungen**, zu beachten. Von den Umwelteinwirkungen, die ja die weitere Entwicklung der menschlichen Gesellschaft maßgeblich bestimmen werden, gehört Lärm zu den Verursachern heftiger Protestreaktionen bei den Betroffenen. Lärmschwerhörigkeit ist noch immer die häufigste Berufskrankheit und in Ballungsgebieten fühlen sich mehr als 80% der Einwohner durch Umweltlärm belästigt. Durch die Festsetzung von Lärmgrenzwerten, durch Förderprogramme bei Forschungs- und Entwicklungsvorhaben, durch Finanzierungshilfen für lärmschutzgerechte Investitionen und durch Entschädigungszahlungen für Wertverluste infolge von Lärmeinwirkungen versuchen Bundes- und Länderregierungen dieser Situation gerecht zu werden.

Fortgeschrittener physikalischer Erkenntnisstand, hochentwickelte technische Planungs- und Ausführungsmethoden und ein vervollständigtes Regelwerk haben sich zweifellos auf die Lärmbekämpfungspraxis positiv ausgewirkt. Dennoch ist das Ausmaß der Lärmstörungen und der Beschwerden insgesamt nicht rückläufig. Wie das Beispiel Verkehrslärm verdeutlicht, werden Maßnahmen der Emissionsminderung an technischen Quellen, etwa an Kraftfahrzeugen, vielfach durch deren zahlenmäßige Zunahme, d. h. durch höhere Verkehrsdichte, kompensiert. Außerdem führt eine wachsende Sensibilisierung gegenüber störenden Umwelteinflüssen, also auch gegenüber Lärm, zu größerer Unduldsamkeit bei vermeidbaren Immissionen. Das gilt vor allem im kommunalen Bereich, wo heute wirkungsvolle bauliche Schallschutzmaßnahmen erwartet werden, die dem Stand der Technik entsprechen.

Die in den nachfolgenden vier Abschnitten zusammengestellten Informationen sollen Baufachleute befähigen, die hier einleitend aufgeführten akustischen Probleme in der Baupraxis zu bewältigen und dabei, Fehlentscheidungen vermeidend, die Aufwendungen zu minimieren. Mit dem Vokabular der Psychoakustik ausgedrückt ist das gleichbedeutend mit der Aufgabe, ein **optimales akustisches Design** zu schaffen. Das heißt, dafür zu sorgen, daß die akustische Situation in einem gegebenen definierten Umfeld, also in einem bestimmten Raum, so beschaffen ist, daß eine störungsfreie Schallwahrnehmung, Orientierung und Kommunikation möglich ist, ohne den Menschen physiologisch zu unter- oder überfordern.

2 Physikalische Grundlagen und Definitionen

2.1 Schallschwingungen

2.1.1 Schallschnelle und Schallgeschwindigkeit

Mechanische Schwingungen elastischer Medien werden als Schall bezeichnet. Elastische Medien können gasförmig, flüssig oder fest sein. In der Bau- und Raumakustik haben Schallvorgänge in der Luft, die uns als Medium umgibt und über die unser Ohr den Schall wahrnimmt, primäre Bedeutung. Neben dem Luftschall sind in Gebäuden auch Probleme des Körperschalles bei Übertragungen über die Bauteile und Fragen des Wasserschalles in Wasserversorgungs-, Abwasser- und Warmwasserheizungsanlagen von Wichtigkeit.

Mechanische Schwingungen sind Bewegungen von Teilchen um ihre Ruhelage, hervorgerufen durch äußere Krafteinwirkung. Die Geschwindigkeit der sich bewegenden Teilchen (Teilchengeschwindigkeit) heißt **Schallschnelle** v. Infolge elastischer Verkopplung werden auch benachbarte Teilchen in Bewegung gesetzt, und es entstehen Verdichtungen (Druckmaxima) und Verdünnungen (Druckminima). Dieser Vorgang wiederholt sich und auf diese Weise breitet sich die Schwingung aus. Dabei sind die benachbarten Schwingungsvorgänge zueinander zeitlich verzögert, das heißt, daß eine Schallwelle entsteht, die sich mit der **Schallgeschwindigkeit** c (auch Phasengeschwindigkeit) ausbreitet. Diese ist abhängig von Art und Zustand des Mediums. Man rechnet für Luft bei 20 °C mit $c_0 = 343$ m/s. In guter Näherung [643] ist

$$c_0 = 331 + 0{,}6t \quad \text{m/s} \tag{2.1}$$

mit

t \quad Temperatur in °C.

Das Produkt aus Schallgeschwindigkeit c und Dichte ϱ des Mediums wird als Schallkennimpedanz bezeichnet. In Luft ist $c_0 \varrho_0 \approx 430$ Ns/m^3 (Dichte der Luft bei 20 °C etwa $\varrho_0 \approx 1{,}25$ kg/m^3).

Man spricht von **Hörschall**, wenn Frequenz (Tonhöhe) und Druck (Wechseldruck, Amplitude) der Schwingungen im Wahrnehmungsbereich des menschlichen Gehörs liegen. Frequenz und Schalldruck sind deshalb die wichtigsten Kennzeichen von Schallschwingungen.

2.1.2 Frequenz und Wellenlänge

Schallvorgänge, die aus einer einzigen Sinusschwingung bestehen, bezeichnet man als **Töne**. Reine Töne kommen in der Praxis kaum vor. Schallvorgänge setzen sich in der Regel aus verschiedenen Teilfrequenzen und Amplituden zusammen. Diese Tongemische werden im allgemeinen **Geräusche** genannt. Wenn sie störend sind oder das Gehör gar schädigen, nennt man sie **Lärm**.

Die **Frequenz** ist die Zahl der Schwingungen pro Zeiteinheit. Sie wird in Hertz (Hz = 1/s) angegeben und charakterisiert die Tonhöhe. Der Periodendauer T einer Schwingung d. h. der Zeit, in der sich eine Schwingung periodisch wiederholt, ist die Frequenz umgekehrt propor-

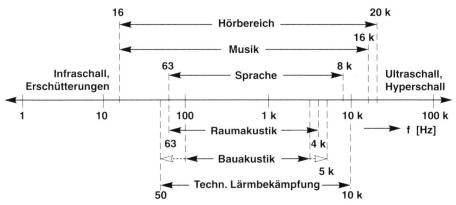

Bild 2.1 Wichtige Frequenzbereiche der Akustik

tional gemäß

$$T = \frac{1}{f} \quad \text{s} \tag{2.2}$$

Für den Frequenzbereich des menschlichen Hörens werden als untere Grenze 16 Hz, als obere 20 kHz angegeben. Individuelle Unterschiede sind groß, und mit zunehmendem Alter sinkt die obere Grenze erheblich ab. Schallvorgänge unter 16 Hz bezeichnet man als **Infraschall** oder rechnet sie zu den Erschütterungen. Bei 20 kHz grenzt das Gebiet des **Ultraschalles** an den Hörbereich. Das Frequenzgebiet oberhalb von 1 GHz nennt man Hyperschall. Wie auf Bild 2.1 dargestellt, beschränken sich die technischen Disziplinen der Akustik auf Teilgebiete des Hörbereiches. Das sind diejenigen, die für die Schallvorgänge und ihre Wahrnehmung von größter Bedeutung sind und die außerdem meßtechnisch gut kontrolliert werden können.

Wie in der Musik werden **Oktaven** zur Einteilung des Hörbereiches in Frequenzintervalle verwendet. Der Oktave entspricht eine Verdoppelung bzw. Halbierung der Frequenz (Frequenzverhältnis 1:2). Als kleinere Frequenzintervalle sind **Terzen**, also 1/3-Oktaven gebräuchlich (Frequenzverhältnis 1:1,28). Für Frequenzanalysen eingesetzte Meßgeräte enthalten meist Oktav- und Terzfilter, die es erlauben, den Schallvorgang in seinen einzelnen Oktav- bzw. Terzbereichen zu erfassen und als Schallspektrum darzustellen. Um überall eine Nutzung gleicher Band-Mittenfrequenzen bei diesen Frequenzanalysen zu gewährleisten, gibt es die auf Tabelle 2.1 dargestellte Reihe von standardisierten Vorzugsfrequenzen, die auf der Mittenfrequenz 1 kHz aufbaut [514] [646] [664] [665]. Der gesamte Hörbereich umfaßt 10 bis 11 Oktaven.

Die Frequenzanalysen mittels Oktav- und Terzfiltern basieren definitionsgemäß auf der Auswertung konstanter relativer Bandbreiten. Bei bestimmten technischen Anwendungen (etwa in der Maschinenakustik) sind solche Analysen vor allem bei hohen Frequenzen zu ungenau [1] [2] [3] [4]. Es werden dann Schmalbandanalysatoren eingesetzt, die das interessierende Frequenzgebiet in Bereiche konstanter absoluter Bandbreite Δf (wählbar etwa zwischen 0,1 und 100 Hz) unterteilen [5].

In der Musik werden die Oktaven in 12 Halbtonschritte gegliedert. Als deren Einheit dient das cent, wobei 100 cent einem Halbtonschritt entsprechen. Eine Oktave umfaßt also 1200 cent. Auf Tabelle 2.2 sind die Intervalle einer Oktave zusammengestellt und ihre Frequenzverhältnisse angegeben. Tongemische aus Tönen, deren Frequenzen im Verhältnis kleiner ganzer Zahlen zueinander stehen, werden als konsonant oder harmonisch bezeichnet, weil sie als besonders wohlklingend erscheinen. Diese harmonischen Tongemische nennt man

2.1 Schallschwingungen

Tabelle 2.1 Normierte Band-Mittenfrequenzen f_m (auszugsweise) [514] [646]

n	Norm-Frequenz f_m [Hz]		n	Norm-Frequenz f_m [Hz]		n	Norm-Frequenz f_m [Hz]	
	Terz	Oktave		Terz	Oktave		Terz	Oktave
12	16	*	22	160		32	1 600	
13	20		23	200		33	2 000	*
14	25		24	250	*	34	2 500	
15	31,5	*	25	315		35	3 150	
16	40		26	400		36	4 000	*
17	50		27	500	*	37	5 000	
18	63	*	28	630		38	6 300	
19	80		29	800		39	8 000	*
20	100		30	1000	*	40	10 000	
21	125	*	31	1250		41	12 500	

Anmerkung: Die Zahl n ist jeweils diejenige positive natürliche Zahl, mit der sich die Terzband-Mittenfrequenz aus dem folgenden Zusammenhang exakt errechnen läßt:
$$f_m = 10^{n/10} \quad [\text{Hz}]$$

auch **Klänge**. Es ist üblich, die Konsonanz in absolut (reine Prime, Oktave), vollkommen (reine Quarte, reine Quinte), mittel (große Terz, große Sexte) und unvollkommen (übermäßige Sekunde, kleine Terz; übermäßige Quinte, kleine Sexte) einzuteilen. Tongemische aus Tönen anderer Frequenzverhältnisse zählen als dissonant oder unharmonisch.

Die **Wellenlänge** λ ist in einer sich ausbreitenden Welle der Abstand zwischen zwei aufeinanderfolgenden Punkten des gleichen Schwingungszustandes, also z. B. zwischen zwei Maxima oder zwei Minima. Mit der Periodendauer T (in s) bzw. mit der Frequenz f (in Hz) ist sie wie folgt über die Schallgeschwindigkeit c (in m/s) verbunden:

$$\lambda = cT = \frac{c}{f} \quad \text{m} \tag{2.3}$$

Bei Schallausbreitung in Luft beträgt also beispielsweise die Wellenlänge bei 100 Hz 3,4 m, bei 1000 Hz 34 cm und bei 10000 Hz 34 mm. Bild 2.2 vermittelt diesen Zusammenhang in einer Grafik. Die Unterschiede der Wellenlängen von Schallvorgängen im Hörbereich sind danach sehr groß. Da viele Schallwirkungen durch das Verhältnis von Wellenlänge zur Geometrie des Raumes, seiner Oberflächen und Einbauten bestimmt werden (Reflexion, Beugung, Absorption), sind diese Zusammenhänge für die Schallfelder in Räumen äußerst bedeutungsvoll. Es resultieren daraus in Abhängigkeit von der Frequenz sehr unterschiedliche bauliche Maßnahmen zur Einflußnahme auf die akustischen Parameter.

In festen Körpern, von denen hier als Bauteile vor allem plattenförmige von Interesse sind, gibt es neben den in Luft ausschließlich auftretenden Longitudinalwellen auch eine Reihe anderer **Wellenformen**, wie sie auf Bild 2.3 skizziert sind. Die Ausbreitungsgeschwindigkeit

Tabelle 2.2 Intervalle einer Oktave in der Musik [6]

Intervall	Notenpaar	Zahl der Halbtöne	Halbtonschritte [cent]	Frequenzverhältnis
Reine Prime	c—c	0	0	1,0000 (1:1)
Übermäßige Prime	cis—c	1	100	1,0595
Kleine Sekunde	des—c	1	100	1,0595
Große Sekunde	d—c	2	200	1,1225
Übermäßige Sekunde	dis—c	3	300	1,1892 (6:5)
Kleine Terz	es—c	3	300	1,1892 (6:5)
Große Terz	e—c	4	400	1,2599 (5:4)
Reine Quarte	f—c	5	500	1,3348 (4:3)
Übermäßige Quarte	fis—c	6	600	1,4142
Verminderte Quinte	ges—c	6	600	1,4142
Reine Quinte	g—c	7	700	1,4983 (3:2)
Übermäßige Quinte	gis—c	8	800	1,5874 (8:5)
Kleine Sexte	as—c	8	800	1,5874 (8:5)
Große Sexte	a—c	9	900	1,6818 (5:3)
Übermäßige Sexte	ais—c	10	1000	1,7818
Kleine Septime	b—c	10	1000	1,7818
Große Septime	h—c	11	1100	1,8878
Oktave	c^1—c	12	1200	2,0000 (2:1)

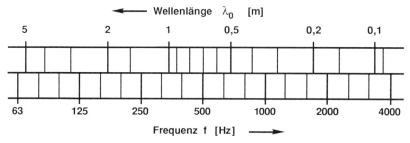

Bild 2.2 Zusammenhang zwischen Frequenz f und Wellenlänge λ_0 bei der Schallausbreitung in Luft

2.1 Schallschwingungen

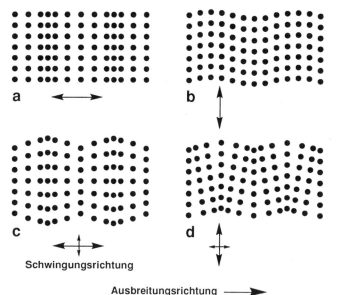

Bild 2.3 Schematische Darstellung der Momentanwerte von Teilchenbewegungen bei verschiedenen Wellenarten
a Longitudinalwelle
b Transversalwelle
c Dehnwelle
d Biegewelle

der Longitudinalwellen c_L in Festkörpern ist eine Materialkonstante, die sich in guter Näherung aus

$$c_L = \sqrt{\frac{E}{\varrho}} \quad \text{m/s} \tag{2.4}$$

mit

E Elastizitätsmodul in Pa
ϱ Dichte des Materials in kg/m³

bestimmen läßt. In Tabelle 5.11 finden sich solche Werte für verschiedene Baustoffe und Materialien.

Bedeutsam für die Schallausbreitung in plattenförmigen Bauteilen sind insbesondere die **Biegewellen**. Nach Bild 2.3 sind hierbei transversale Schwingungen der Festkörperteilchen mit einer Drehbewegung kombiniert. Die von der Biegesteifigkeit je Breiteneinheit der Platte B' (in kg m²/s²) und ihrer flächenbezogenen Masse m' (in kg/m²) abhängende Biegewellen-Ausbreitungsgeschwindigkeit

$$c_B = \sqrt{2\pi f} \sqrt[4]{\frac{B'}{m'}} \quad \text{m/s} \tag{2.5}$$

ist abhängig von der Frequenz f (in Hz). Hierfür läßt sich auch schreiben

$$c_B = \sqrt{2\pi f} \sqrt[4]{\frac{Et^3}{12m'(1-\mu^2)}} \quad \text{m/s} \tag{2.6}$$

mit

f Frequenz in Hz
E Elastizitätsmodul in Pa
t Plattendicke in m
m' flächenbezogene Masse in kg/m²
μ Poissonsche Querkontraktionszahl; näherungsweiser Mittelwert: $\mu \approx 0{,}35$

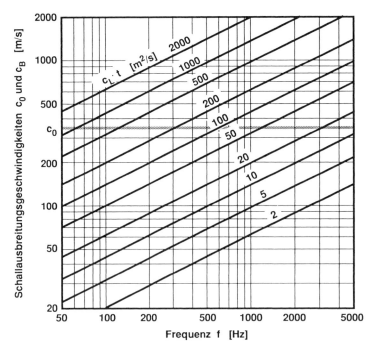

Bild 2.4 Anwachsen der Biegewellengeschwindigkeit mit zunehmender Frequenz
Parameter: Produkt aus Longitudinalwellengeschwindigkeit c_L und Plattendicke t

Damit wird

$$c_B \approx \sqrt{2\pi f} \sqrt[4]{\frac{Et^3}{10{,}5 m'}} \approx 1{,}4 \sqrt{c_L t f} \quad \text{m/s} \tag{2.7}$$

Hierbei ist

c_L Ausbreitungsgeschwindigkeit der Longitudinalwellen in Festkörpern in m/s

Die Zunahme der Biegewellen-Ausbreitungsgeschwindigkeit mit der Frequenz wird in Anlehnung an die Optik als Dispersion bezeichnet. Biegewellen-Ausbreitungsgeschwindigkeiten c_B können nach Bild 2.4 im Vergleich zur Schallausbreitungsgeschwindigkeit in Luft c_0 kleiner, gleich oder größer sein. Das bedeutet, daß oberhalb einer sog. **Koinzidenzgrenzfrequenz** f_c die auf die Oberfläche eines Bauteiles projezierte Wellenlänge des Luftschalles λ_0 (d. h. ihre „Spur") für einen bestimmten Schalleinfallswinkel stets mit der Biegewellenlänge

$$\lambda_B = \frac{c_B}{f} \approx 1{,}4 \sqrt{\frac{c_L t}{f}} \quad \text{m} \tag{2.8}$$

übereinstimmt (s. Bild 5.16). Dieser als **Koinzidenz** oder als **Spuranpassung** bezeichnete Effekt hat erhebliche Auswirkung auf die Schalldämmung von Bauteilen.

2.1.3 Schalldruck und Schalldruckpegel

Der **Schalldruck** p als weitere wichtige Kenngröße von Schallschwingungen stellt deren Amplitude dar. Er ist im Vergleich zum statischen atmosphärischen Druck (Ruhedruck) von etwa 100 kPa ein sehr kleiner Wechseldruck in der Größenordnung von 20 µPa (Hörschwel-

2.1 Schallschwingungen

le) bis ca 20 Pa (Schmerzgrenze), der sich diesem überlagert. Die Wahrnehmungs- und Schmerzgrenzen sind frequenzabhängig (tieffrequente Schallvorgänge erfordern z. B. zu ihrer Wahrnehmung größere Schalldrücke als hochfrequente) und individuell sehr unterschiedlich.

Da sich die Empfindlichkeitsstufungen des Gehörs nicht an absoluten sondern an relativen Schalldruckänderungen orientieren (etwa 10% Schalldruckänderung sind gerade wahrnehmbar) ist es in der Akustik üblich, nicht mit Schalldrücken p sondern mit daraus abgeleiteten logarithmischen Größen, den **Schalldruckpegel** L_p zu arbeiten. Es ist

$$L_p = 20 \lg \frac{p}{p_0} \quad \text{dB} \tag{2.9}$$

mit

p_0 Bezugswert des Schalldruckes; $p_0 = 20$ µPa

Die **Einheit** des Schalldruckpegels ist **1 Dezibel = 1 dB**. Mit dem festgelegten Bezugswert liegen die Schalldruckpegel des Hörbereiches etwa zwischen 0 dB (Hörschwelle) und 130 dB (Schmerzgrenze), und Schalldruckpegeländerungen von ca. 1 dB sind eine gerade wahrnehmbare Größenordnung.

Analog zum Schalldruckpegel lassen sich auch für andere akustische Kennwerte logarithmische Größen definieren, die in der Akustik generell ein Rechnen mit Pegeln L erlauben [520]. So ist z. B. der **Schnellepegel**

$$L_v = 20 \lg \frac{v}{v_0} \quad \text{dB} \tag{2.10}$$

mit

v_0 Bezugswert der Schnelle; $v_0 = \dfrac{p_0}{\varrho_0 c_0} = 50$ nm/s

Das **Rechnen mit Pegeln** verlangt die Beachtung der Logarithmenregeln. So gilt für das Addieren von n verschiedenen Schallpegeln L_j

$$L_{\text{ges}} = 10 \lg \sum_{j=1}^{n} 10^{\frac{L_j}{10}} \quad \text{dB} \tag{2.11}$$

und von n gleichen Schallpegeln L_i

$$L_{\text{ges}} = L_i + 10 \lg n \quad \text{dB} \tag{2.12}$$

Gl. (2.12) verdeutlicht, daß bei der Addition von zwei gleichen Pegeln +3 dB, bei der Addition von drei gleichen Pegeln etwa +5 dB zu addieren sind. Der letztgenannte Wert hat auch beim Vergleich von Terzbandpegeln L_{terz} mit Oktavbandpegeln L_{okt} Bedeutung. Da eine Ok-

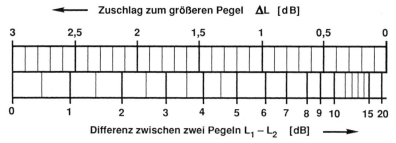

Bild 2.5 *Nomogramm zur Addition von zwei Schallpegeln L_1 und L_2*
$L_1 > L_2$;
ΔL: Pegelzuschlag zu L_1

tave drei Terzen umfaßt, ergeben sich für etwa lineare Frequenzverläufe bei Analysen mit Oktavfiltern um ca. 5 dB höhere Pegel als mit Terzfiltern.

Gern wird für Pegeladditionen auch ein einfaches Nomogramm verwendet, wie es als Bild 2.5 dargestellt ist. Aus diesem Nomogramm wird in Abhängigkeit von der Differenz zweier zu addierender Pegel $L_1 - L_2$ (dabei ist L_1 der größere der beiden Pegel) ein Pegelzuschlag ΔL abgelesen, der zum größeren der beiden Pegel L_1 addiert werden muß, d. h.

$$L_{ges} = L_1 + \Delta L \quad dB \tag{2.13}$$

Zur Addition von mehr als zwei Pegeln ist Bild 2.5 mehrfach anzuwenden.

Beispiel

Sollen die vier Schallpegel $L_1 = 50$ dB, $L_2 = 57$ dB, $L_3 = 59$ dB und $L_4 = 62$ dB addiert werden, so ist nach Gl. (2.11):

$$\begin{aligned} L_{ges} &= 10 \; lg \; (10^{50/10} + 10^{57/10} + 10^{59/10} + 10^{62/10}) \\ &= 10 \; lg \; (100\,000{,}00 + 501\,187{,}22 + 794\,328{,}19 + 1\,584\,893{,}00) \\ &= 10 \; lg \; 2\,980\,408{,}41 = 64{,}7 \; dB \end{aligned}$$

Bei Verwendung des Nomogrammes auf Bild 2.5 addiert man zunächst die Pegel L_1 und L_2. Für die Pegeldifferenz von 7 dB findet man einen Zuschlag von 0,7 dB, und das ergibt 57,7 dB. Jetzt werden hierzu $L_3 = 59$ dB addiert. Für die Differenz von 1,3 dB beträgt der Zuschlag nach Bild 2.5 nun 2,4 dB und man erhält als weiteres Zwischenergebnis 61,4 dB. Dazu sind $L_4 = 62$ dB zu addieren. Für die Pegeldifferenz von 0,6 dB liest man aus dem Nomogramm 2,7 dB ab, und das ergibt ebenfalls ein Resultat von $L_{ges} = 64{,}7$ dB. Die Reihenfolge ist bei den Pegeladditionen natürlich gleichgültig.

Für grobe Abschätzungen genügt in der Praxis meist folgende einfache Zuordnung von Pegelzuschlägen zu den Differenzen:

Pegeldifferenz: $L_1 - L_2$ [dB]	0 oder 1	2 oder 3	4, 5, 6, 7, 8 oder 9	>10
Pegelzuschlag: ΔL [dB]	+3	+2	+1	0

Beispiel

Bei dem o.g. Beispiel ergibt sich danach für die Addition von $L_1 = 50$ dB und $L_2 = 57$ dB mit einem Zuschlag von 1 dB ein Wert von 58 dB. Addiert man hierzu $L_3 = 59$ dB so ergibt das 62 dB. Mit $L_4 = 62$ dB lautet das gerundete Endergebnis $L_{ges} = 65$ dB.

2.2 Schallquellen

2.2.1 Schalleistung, Schalleistungspegel und Schallabstrahlung

Schalldruckpegel und Schnellepegel sind ortsabhängig. Bei ungestörter Schallausbreitung nehmen sie mit der Entfernung ab. Für die akustische Beschreibung von Schallquellen sind sie daher nur geeignet, wenn sie durch eine Ortsangabe ergänzt werden. Tatsächlich hat man früher vielfach den sog. 3-m-Pegel L_{p3} als Kennzeichen für die Geräuschemission von Schallquellen genutzt. Das ist der Mittelwert der auf einer Hüllhalbkugel mit einem Radius von 3 m um eine Quelle ermittelten Schalldruckpegel. Daneben war ein sog. Nahpegel $L_{p,d1}$ gebräuchlich. Dieser wurde durch Mittelung der Schalldruckpegel auf Konturen in 1m Entfernung von der Außenfläche einer Schallquelle bestimmt.

2.2 Schallquellen

Tabelle 2.3 Beispiele für Schalleistungen W und Schalleistungspegel L_W von Schallquellen (Näherungswerte)

Schallquelle	Schalleistung W [W]	Schalleistungspegel L_W [dB]
Kühlschrank	10^{-7}	50
Unterhaltungsprache, Schreibmaschine	10^{-5}	70
laute Sprache, lebhafte Schulklasse	10^{-3}	90
Flügel	10^{-1}	110
Preßlufthammer	1	120
Orgel	10	130
Großdiesel	10^2	140
Sirene	10^3	150
Strahltriebwerk	10^4	160
Raketentriebwerk	10^6	180

Heute ist es allgemein üblich, Schallquellen durch die abgestrahlte **Schalleistung** W, vorzugsweise aber durch den **Schalleistungspegel**

$$L_W = 10 \lg \frac{W}{W_0} \quad \text{dB} \tag{2.14}$$

zu kennzeichnen. Hierbei ist

W_0 \quad Bezugswert der Schalleistung: $W_0 = p_0 v_0 \, 1 \, \text{m}^2 = 1 \, \text{pW}$

Noch kleinere Werte als dieser Bezugswert (etwa 10^{-4} pW) genügen, um am Ohr einen Schallreiz hervorzurufen. Einige Schalleistungen und Schalleistungspegel für **verschiedenartige typische Schallquellen** sind auf Tabelle 2.3 als Beispiele angegeben. Bei Maschinen als Geräuschquellen werden im allgemeinen weniger als 0,01% ihrer Leistung in Schall umgesetzt. Bei Musikinstrumenten ist es etwa 1%, bei Lautsprechern sind es maximal etwa 10% und bei Sirenen können es bis ca. 50% sein. Schalleistungspegel lassen sich wie Schalldruckpegel nach den im Abschn. 2.1.3 beschriebenen Gesetzen der Pegeladdition zusammenfassen.

Auf Bild 2.6 ist eine Übersicht über die bei **Sprache und Gesang** sowie durch **Musikinstrumente** möglichen Schalleistungen und Schalleistungspegel gegeben. Natürlich sind die Werte im einzelnen stark von der Sprech-, Gesangs- und Spielweise abhängig. Bei normaler Unterhaltungssprache beispielsweise beträgt der Schalleistungspegel ca. 70 dB. Durch Schreien ist ein Schalleistungspegel von 100 dB erreichbar. Für einen geübten Sprecher rechnet man mit einem mittleren Schalleistungspegel von 94 dB, etwa um darüber zu entscheiden, ob in einem Raum zur Schallverstärkung eine Beschallungsanlage benötigt wird, oder ob die Schalleistung ausreicht, um an allen Zuhörerplätzen einen genügend hohen Schalldruckpegel zu erzeugen (s. Gl. (4.34)). Ausgebildete Sänger erzielen Schalleistungspegel bis zu ungefähr 105 dB.

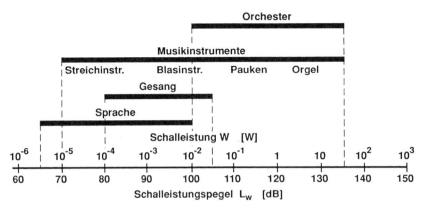

Bild 2.6 Schalleistungs- und Schalleistungspegelbereiche von Sprache, Gesang und Musik

Bei einem großen Sinfonieorchester im Tutti, aber auch bei einer Orgel, ist mit Schalleistungspegeln bis zu 135 dB zu rechnen. Im Einzelfalle ist das sehr stark von der Spieltechnik abhängig. Wie Bild 2.7 zeigt, sind bei verschiedenen Orchesterinstrumenten zwischen pianissimo „pp" und fortissimo „ff" Dynamikbereiche bis zu etwa 50 dB möglich. Der untere Grenzwert von ca. 55 dB bei einer Violine verdeutlicht, wie wichtig es ist, in Konzertsälen für einen sehr niedrigen Störgeräuschpegel zu sorgen (etwa $L_p < 25$ dB), da Pianissimostellen nur dann störungsfrei gehört werden können.

Zur Beschreibung von Schallabstrahlungs- und Schallausbreitungsvorgängen wird neben der Schalleistung auch die **Schallintensität I** benutzt, die nach

$$I = pv \quad \text{W/m}^2 \tag{2.15}$$

das Produkt aus Schalldruck p (in Pa) und Schallschnelle v (in m/s) darstellt. Wegen des Zusammenhanges

$$p = c_0 \varrho_0 v \quad \text{Pa} \tag{2.16}$$

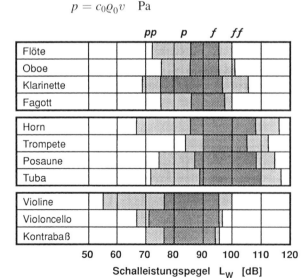

Bild 2.7 Dynamikbereiche von Orchesterinstrumenten [7]

2.2 Schallquellen

mit

$c_0 \varrho_0$ Schallkennimpedanz; $c_0 \varrho_0 \approx 430$ Ns/m^3

kann sie aber auch in der Form

$$I = \frac{p^2}{c_0 \varrho_0} \quad \text{W/m}^2 \tag{2.17}$$

oder

$$I = v^2 c_0 \varrho_0 \quad \text{W/m}^2 \tag{2.18}$$

angegeben werden. Unter der Voraussetzung einer annähernd gleichmäßigen, ungerichteten Schallabstrahlung ist sie wie folgt mit der Schalleistung W (in W) verknüpft:

$$I = \frac{W}{S} \quad \text{W/m}^2 \tag{2.19}$$

S (in m^2) ist hierbei im Falle von Gl. (2.17) die senkrecht zur Ausbreitungsrichtung des Schalles durchströmte Hüllfläche, in der Regel eine Kugel- oder Halbkugelfläche, auf der ein mittlerer Schalldruck p vorhanden ist. Im Falle von Gl. (2.18) ist S eine schallabstrahlende Fläche, die mit einer mittleren Schnelle v schwingt. Unter Bezug auf den Schnellepegel L_v nach Gl. (2.10) ist der Schalleistungspegel dann

$$L_W = L_v + 10 \lg S \quad \text{dB} \tag{2.20}$$

Gl. (2.20) gilt nur für eine konphas, d. h. kolbenförmig schwingende Fläche. Davon abweichendes Schwingungsverhalten, wie es bei Bauteilen unterhalb und im Bereich der Koinzidenzgrenzfrequenz f_c auftritt, wird durch einen **Abstrahlgrad σ** gekennzeichnet. Das ist das Verhältnis der von einer Fläche S tatsächlich abgestrahlten Schalleistung W zu der für eine kolbenförmige Schwingung aus den Gl. (2.18) und (2.19) errechneten:

$$\sigma = \frac{W}{v^2 c_0 \varrho_0 S} \tag{2.21}$$

In Pegelschreibweise ergibt sich

$$L_W = L_v + 10 \lg S + 10 \lg \sigma \quad \text{dB} \tag{2.22}$$

Der Abstrahlgrad ist unterhalb der Koinzidenzgrenzfrequenz klein ($\sigma \ll 1$), besitzt im Gebiet der Koinzidenz sein Maximum ($\sigma \gg 1$) und nimmt genügend oberhalb von dieser Werte von $\sigma = 1$ an. Die Größe $10 \lg \sigma$ wird auch als **Abstrahlmaß** bezeichnet. Etwa von einer Oktave oberhalb der Koinzidenzgrenzfrequenz an ist $10 \lg \sigma = 0$ dB.

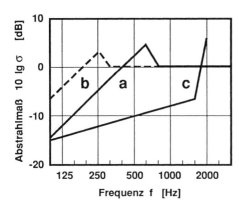

Bild 2.8 *Frequenzverlauf des Abstrahlmaßes $10 \lg \sigma$ von verschiedenen Wänden (schematisiert) [1].*
a Gips, 70 mm
b Beton, 70 mm
c Gipskarton, 12,5 mm; an Ständern (0,5 m Abstand)

Bild 2.8 zeigt Beispiele des Frequenzverlaufes von Abstrahlmaßen 10 lg σ verschiedener einschaliger Wände. Bei Gipskartonplatten ist die Schallabstrahlung im gesamten Frequenzbereich bis etwa 1600 Hz sehr niedrig (10 lg $\sigma < -10$ dB). Sie sind deshalb als biegeweiche Vorsatzschalen („Strahlungsschutz") vor Massivwänden und als Unterdecken gut geeignet (s. Abschn. 5.2).

Die **Schallabstrahlung einer Platte oder Wandschale** ist nicht nur von ihrer Koinzidenzgrenzfrequenz, sondern auch von der Größe derjenigen Plattenfläche abhängig, die frei schwingen kann. Je größer diese ist, um so geringer ist die Schallabstrahlung. Deshalb sollen z. B. Vorsatzkonstruktionen nur in einer Richtung, Vorsatzschalen vor Massivwänden etwa nur an senkrechten Ständern, befestigt werden, wobei ein Mindestabstand von 0,5 m zwischen diesen einzuhalten ist. Rippen und Versteifungen z. B. von Blechen erhöhen deren Schallabstrahlung [8].

2.2.2 Frequenz- und Zeitverläufe

Die **Frequenzverläufe des Schalleistungspegels technischer Lärmquellen** können erfahrungsgemäß sehr unterschiedlich sein. Zur Festlegung von baulichen Schallschutzmaßnahmen ist daher in den meisten Einzelfällen von einer Geräuschanalyse auszugehen. In Übereinstimmung mit den Berechnungsmethoden wird diese üblicherweise in Oktavschritten, seltener in Terzbändern, in speziellen Fällen auch mittels Schmalbandanalysatoren vorgenommen. Bei impulshaltigen und schwankenden Geräuschen sind zeitliche Bewertungen und Mittelungen nach den im Abschn. 3.1.2 beschriebenen Methoden erforderlich. Wenn es nicht um Geräuschquellen mit besonders ausgeprägten tieffrequenten Spektralanteilen geht (z. B. Lüfter, Transformatoren), beschränken sich die Frequenzanalysen in der Regel auf die Oktavband-Mittenfrequenzen von 125 bis 4000 Hz. Details zur Art der Kennzeichnung der Geräuschemission sind für verschiedenartige technische Schallquellen in Normen und Richtlinien festgelegt [551] bis [554] [560] [745] bis [761].

Bei der Planung von Lärmschutzmaßnahmen können für zahlreiche praktische Fälle auch auf Erfahrungen beruhende **mittlere Spektren** Verwendung finden. Zur Ableitung von Lärm-

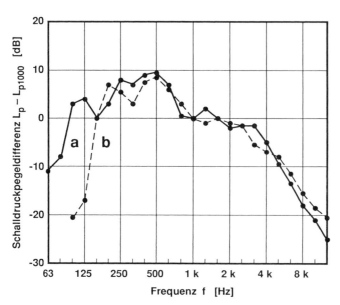

Bild 2.9 *Typischer Frequenzverlauf des Schalldruckpegels von Sprache [1]*
Bezugswert: Schalldruckpegel bei 1000 Hz a männlich b weiblich

2.2 Schallquellen   27

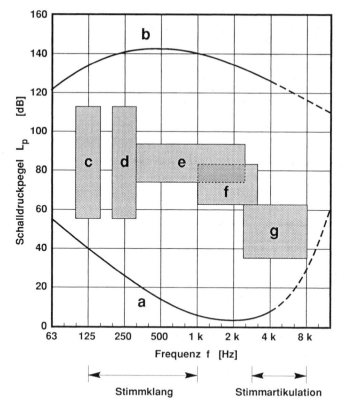

Bild 2.10 *Lage der Grundtonbereiche (c und d) und der Formantgebiete (e bis g) in der Hörfläche (a bis b)* [9]
a Hörschwelle
b Schmerzgrenze
c männliche Grundtonhöhe
d weibliche Grundtonhöhe
e Vokale
f stimmhafte Konsonanten
g stimmlose Konsonanten

schutzmaßnahmen in Arbeitsräumen üblicher Nutzung ist für den o. g. Frequenzbereich das Spektrum eines mittleren Maschinengeräusches festgelegt worden (s. Abschn. 4.2.3, Tabelle 4.12) [573] [765]. Zur Bewertung der Schalldämmung von Bauteilen und von Bauwerken gibt es Referenzspektren, die den Lärm von Straßen-, Schienen- und Luftverkehr, aber auch Wohngeräusche und Betriebslärm repräsentieren (s. Abschn. 5.1.1.2, Tabellen 5.2. bis 5.4) [518] [617].

Zur Entscheidung über Maßnahmen der Raumakustik sind Kenntnisse über die **Frequenz- und Zeitverläufe von Sprache und Musik** erforderlich. Die Mittelwerte des Frequenzverlaufes männlicher und weiblicher **Sprache** auf Bild 2.9 zeigen, daß die Stimmlage des Grundtonbereiches bei Männern etwa eine Oktave tiefer ist als bei Frauen. Nach Bild 2.10 bestehen aber hinsichtlich der mittleren Schalldruckpegel (hier direkt vor dem Mund der Sprechenden bestimmt) und der Frequenzbereiche für Vokale, stimmhafte und stimmlose Konsonanten keine Unterschiede. Die Grundtöne sind für die Verständlichkeit der Sprache unerheblich. Deshalb kann man dort, wo es allein um diese geht (z. B. Informationsbeschallungsanlagen), auf die Übertragung tiefer Frequenzen (etwa unter 200 Hz) verzichten. Akustische Maßnahmen in Räumen für Sprachdarbietungen sollen sich auf den Frequenzbereich von 125 bis 2000 Hz konzentrieren. Bei Gesang ergeben sich ähnliche Frequenzverläufe des Schalldruckpegels wie bei Sprache.

Bei **Musik** wird gemäß Bild 2.11 von den verschiedenen Instrumenten zusammen die gesamte Breite des auf Bild 2.1 angegebenen Frequenzbereiches von etwa 16 bis 16000 Hz genutzt, wobei allerdings als Soloinstrument nur die Orgel das ganze Gebiet umfaßt. Die dick ausgezogenen Linien in Bild 2.11 kennzeichnen die Grundtonbereiche, die beim Spie-

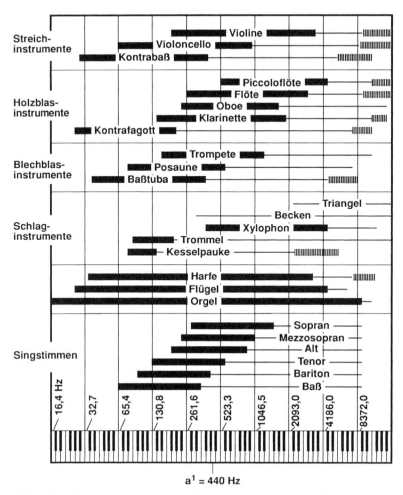

Bild 2.11 Frequenzbereiche von Musikinstrumenten und Singstimmen [6]

len der einzelnen Noten angeregt werden. Die schwach ausgezogenen Verlängerungen markieren Gebiete der mitschwingenden Obertöne, die als ganzzahlige Vielfache des Grundtones ein harmonisches Tongemisch (Klang) erzeugen. Die gestrichelten Linien bei noch höheren Frequenzen bezeichnen Gebiete unharmonischer Geräuschanteile. Obertöne und Geräuschanteile sind typische Merkmale zur Unterscheidung der einzelnen Instrumente.

Die Geräuschanteile werden vor allem bei den Ein- und Ausschwingvorgängen infolge der Pausen zwischen dem Spielen der einzelnen Noten erzeugt. Bei den meisten Schlaginstrumenten sind Geräuschanteile und Obertöne von besonderer Bedeutung, weil hier der Grundton fehlt oder nur schwach ausgeprägt ist. Beim Musizieren wird in der Regel kein stationärer Schwingungszustand erreicht (Ausnahmen: Orgel und einige elektronische Instrumente), denn z. B. durch Bogendruckänderungen beim Spielen von Streichinstrumenten oder durch Luftdruckschwankungen beim Blasen kommen selbst bei ganzen Noten ständig kleine Veränderungen des Tongemisches zustande, die zu unharmonischen Obertönen führen.

Schalldruckpegel, Frequenz und Zeit als **Charakteristika von musikalischen Tongemischen** lassen sich sehr gut in der dreidimensionalen Darstellungsweise des Bildes 2.12 ver-

2.2 Schallquellen

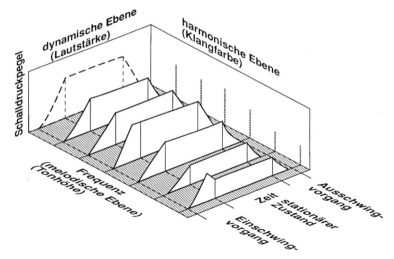

Bild 2.12 Dreidimensionale Darstellung eines Tongemisches [7]

anschaulichen. Als typische Betrachtungsebenen kann man bei diesem Modell eine harmonische (Frequenz-Zeit), eine melodische (Schalldruckpegel-Frequenz) und eine dynamische (Schalldruckpegel-Zeit) Ebene unterscheiden.

2.2.3 Richtcharakteristik

Die Richtcharakteristik von Schallquellen läßt sich am besten in Polarkoordinaten darstellen. Man trägt den Schalldruck p_δ in einer Ebene um die Quelle abhängig vom Winkel δ im Verhältnis zum Schalldruck p_r in einer Bezugsachse ($\delta = 0°$) auf. Das Verhältnis

$$\Gamma = \frac{p_\delta}{p_r} \tag{2.23}$$

wird als **Richtungsfaktor** bezeichnet. Üblicherweise wählt man als Bezugsachse die Hauptabstrahlungsachse, und dann ist $\Gamma \leq 1$ (oder $\leq 100\%$). Neben dem Richtungsfaktor wird auch der **Richtungsgrad** Γ^2 zur Darstellung von Richtdiagrammen verwendet. Als logarith-

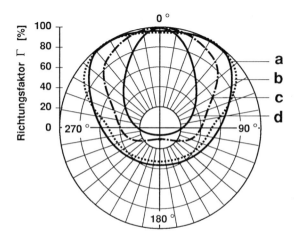

Bild 2.13 Richtungsfaktor Γ für Sprache in der horizontalen Ebene bei verschiedenen Frequenzen [1]
a   420 Hz   c   3400 Hz
b   1100 Hz   d   9200 Hz

mische Größe ist ferner das **Richtungsmaß**

$$D = 20 \lg \Gamma \quad \text{dB} \tag{2.24}$$

gebräuchlich. Analog zu $\Gamma < 1$ ist $D < 0$ dB. Bei Schallausbreitungsvorgängen im Freien wird das Richtungsmaß D auch als Richtwirkungsmaß D_I bezeichnet.

Bild 2.13 zeigt am **Richtungsfaktor für Sprache** in der horizontalen Ebene, daß die Richtwirkung bei niedrigen Frequenzen weniger ausgeprägt ist als bei hohen. Das ist ein typisches Merkmal der meisten Schallquellen, dadurch hervorgerufen, daß tieffrequenter Schall infolge der größeren Wellenlänge stärker um die Quelle herumgebeugt und deshalb besser auch nach hinten abgestrahlt wird. In der vertikalen Ebene ist die Richtwirkung bei Sprache für die obere Kopfhälfte gleichartig. Nach hinten unten wird die Abschattung durch den Oberkörper wirksam. Nach vorn unten hin ergibt sich für Winkel zwischen etwa $-20°$ und $-30°$ ein Abstrahlungsmaximum vor allem im Frequenzbereich von 1000 bis 4000 Hz [7].

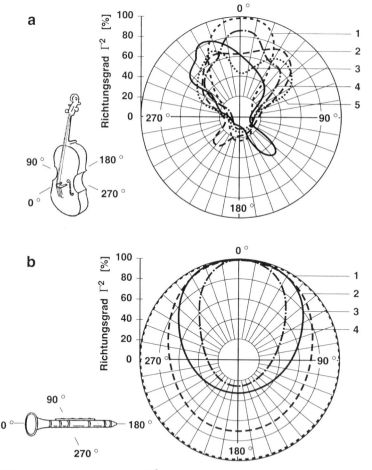

Bild 2.14 *Richtungsgrad Γ^2 für Violinen und Holzblasinstrumente bei verschiedenen Frequenzen [10]*

a	Violinen:		3	1000 Hz		b	Holzblasinstrumente:		3	2000 Hz
1	200 Hz		4	2000 Hz		1	60–400 Hz		4	4000 Hz
2	500 Hz		5	4000 Hz		2	1000 Hz			

2.2 Schallquellen

Bei **Gesang** ist dieses Maximum besonders ausgeprägt. Entsprechend große Bedeutung haben wirksame reflektierende Flächen vor Schauspielern oder Sängern, da durch diese den Direktschall unterstützende Bodenreflexionen in den Zuhörerbereich gelenkt werden.

Auch **bei den Orchesterinstrumenten** gibt es vor allem bei hohen Frequenzen ausgeprägte Abstrahlmaxima. Bild 2.14 verdeutlicht das beispielhaft an Mittelwerten des Richtungsgrades von Violinen (Bezugsachse senkrecht auf dem Violinenkörper in Verlängerung des Steges) und von Blechblasinstrumenten (Bezugsachse in Verlängerung der Instrumentenöffnung). Das Auftreten derartig bevorzugter Abstrahlrichtungen bei den Instrumenten unterstreicht die Notwendigkeit, den Aufstellungsort eines Orchesters (Podium, Orchestergraben, Bühne) mit Reflexionsflächen zu umgeben, die eine gute Durchmischung des Schalles bewirken und das gegenseitige Hören der Musiker fördern. Bei üblichen Sitzordnungen der Sinfonieorchester auf einem Podium unterstützen rückwärtige Reflexionen vor allem die Streicher, seitliche vor allem die Bläser. Reflexionen aus dem Deckenbereich über dem Orchester sind für alle Musiker bedeutungsvoll. Die auf Bild 2.15 dargestellten Frequenzbereiche, in denen bei verschiedenen Instrumenten eine allseitige, quasi ungerichtete Schallabstrahlung zustandekommt, lassen erkennen, das oberhalb von etwa 500 Hz generell nur noch mit gerichteter Schallabstrahlung zu rechnen ist. Die das Orchester umgebenden Flächen sollen daher so gegliedert sein, daß sie von dieser Frequenzgrenze an in verschiedene Richtungen reflektieren. Das bedeutet Abmessungen von maximal etwa 2 bis 3 m für ebene Flächen, die das Orchesterpodium begrenzen (s. Abschn. 4.1.5.1, Bild 4.38).

Neben den anhand von Richtdiagrammen darzustellenden Größen wird in der Praxis auch eine mehr pauschale Kennzeichnung der Richtwirkung von Schallquellen benötigt, insbesondere für die Beschreibung von **Lautsprechereigenschaften** [11] [12]. Hierzu dient der **Bündelungsgrad** γ, der das Verhältnis der in die Hauptabstrahlungsrichtung gelenkten Schalleistung zum Mittelwert der in alle Richtungen abgestrahlten darstellt. Werte des Bündelungsgrades liegen zwischen 1 (ungerichtete, kugelförmige Abstrahlung) und etwa 100. Als logarithmische Größe dient das **Bündelungsmaß**

$$C = 10 \lg \gamma \quad \text{dB} \tag{2.25}$$

mit entsprechenden Werten zwischen 0 und ca. 20 dB. Der stärkeren Richtwirkung von Schallquellen bei hohen Frequenzen entsprechend nimmt das Bündelungsmaß zu, bei üblichen Lautsprecherzeilen von etwa 5 dB bei 100 Hz auf 10 bis 20 dB oberhalb 2000 Hz.

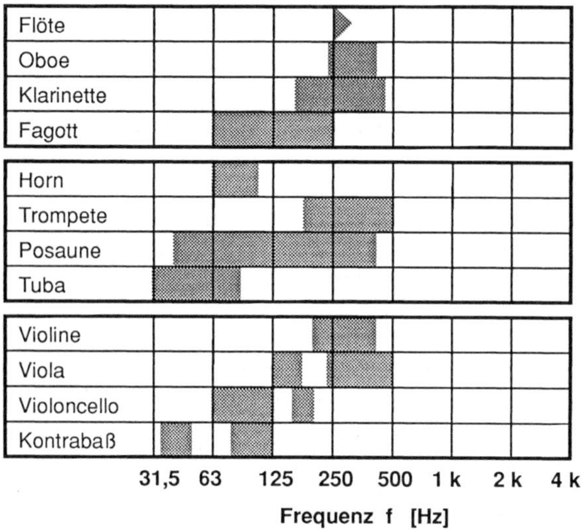

Bild 2.15 *Frequenzbereiche allseitig gleichmäßiger Schallabstrahlung (Unterschiede des Richtungsmaßes $D < 3$ dB) für Musikinstrumente [7]*

2.2.4 Geräuschemissionsmessung

Für die Lärmbekämpfung sind vereinheitlichte Verfahren zur **Messung der Schallemission technischer Lärmerzeuger** wie Maschinen, Maschinenteile, Baugruppen, Geräte und Anlagen von großer Bedeutung. Diese Methoden, die in der Regel auf Terz- oder Oktavbandanalysen beruhen, sind in einer Vielzahl von Normen festgelegt. Diese haben entweder grundsätzlichen Charakter (z. B. [531] bis [564] und [650] bis [656]) oder sind für spezielle Lärmerzeuger gedacht (s. z. B. in [2] [3] [4] [653]). Man unterscheidet zwischen den drei **Genauigkeitsklassen** Präzisionsverfahren (Klasse 1), Betriebs- oder Ingenieurverfahren (Klasse 2) und Kontroll- oder Überschlagsverfahren (Klasse 3). Während die Verfahren der Klasse 1 für die Anwendung in Laboratorien gedacht sind, den Einsatz präziser Meßtechnik erfordern und vor allem der Prüfung neuer Erzeugnisse dienen, sind die Verfahren der Klassen 2 und 3 für Überprüfungen vor Ort einzusetzen. Prinzipiell zu unterscheiden sind Freifeldmessungen, Hallraummessungen, Vergleichsmessungen, Intensitätsmessungen und Körperschallmessungen.

Freifeldmessungen [535] [536] [537] [650] [651] setzen voraus, daß von der Quelle aus eine freie ungestörte Schallausbreitung erfolgt, entweder nach allen Seiten oder bei Aufstellung auf einer reflektierenden Grundfläche in den Halbraum. Auf einer Hüllfläche um die Quelle, bevorzugt in 1 m Abstand, wird der Schalldruckpegel gemessen und gemittelt. Aus dem mittleren Hüllflächenschalldruckpegel und dem Abstand läßt sich der Schalleistungspegel nach Gl. (2.32) oder Gl. (2.33) errechnen. Präzisionsmessungen nach dem Freifeldverfahren werden in reflexionsarmen Räumen durchgeführt. Diese sind allseitig mit schallabsorbierendem Material ausgekleidet, das im gesamten interessierenden Frequenzgebiet wirksam sein muß. Meist dienen dazu Keile aus Mineralfaserplatten die etwa 1 m lang sind, damit sie auch bei tiefen Frequenzen ausreichend absorbieren. Bei Betriebs- oder Kontrollmessungen vor Ort wird das Freifeld so gut wie möglich angenähert.

Für **Hallraummessungen** [532] [533] [534] [654] [655] muß die Schallquelle in einem halligen Raum, d. h. in einem Raum mit allseitig gut reflektierenden Oberflächen aufgestellt werden. Im diffusen Schallfeld dieses Hallraumes wird der mittlere Schalldruckpegel bestimmt. Aus diesem und der äquivalenten Schallabsorptionsfläche des Raumes (s. Abschn. 4.1.1) läßt sich der Schalleistungspegel nach Gl. (4.34) errechnen. Der Hallraum muß so groß sein, daß das Volumen der Quelle höchstens 1% des Raumvolumens ausmacht. Für Messungen bei tiefen Frequenzen soll das Volumen für 100 Hz wenigstens 200 m^3, für 200 Hz wenigstens 70 m^3 betragen.

Bei den **Vergleichsmessungen** [538] kommt eine Vergleichsschallquelle zum Einsatz. Diese soll möglichst geringe Abmessungen aufweisen und in der Lage sein, breitbandig, ungerichtet und kontinuierlich eine hohe konstante Schalleistung abzustrahlen. Ihr Schalleistungspegel L_{Wv} wird nach einem der Präzisionsverfahren im Freifeld oder im Hallraum bestimmt. Betreibt man die Vergleichsschallquelle am Ort der zu untersuchenden Geräuschquelle (möglichst nachdem diese entfernt wurde) und mißt an gleichen Meßorten (auf einer Meßfläche) nacheinander die von beiden Quellen verursachten Schalldruckpegel L_p und L_{pv}, so läßt sich aus den Mittelwerten der gesuchte Schalleistungspegel L_W wie folgt errechnen:

$$L_W = L_{Wv} + L_p - L_{pv} \quad \text{dB} \tag{2.26}$$

Schallintensitätsmessungen [13] [14] [563] [564] basieren auf einer noch relativ neuen leistungsfähigen Meßtechnik, bei der nicht wie bei akustischen Messungen in Luftschallfeldern üblich mittels eines Mikrofons Schalldrücke bestimmt werden (Verwendung von Schalldruckpegelmeßgeräten [683] [684]), sondern die es ermöglicht, unter Verwendung einer Meßsonde und mittels spezieller Auswertetechnik die Schallintensität I direkt zu messen. Die Messung erfolgt auf einer Hüllfläche S um die Schallquelle. Mit Gl. (2.19) kann daraus die abgestrahlte Schalleistung ermittelt werden. Schallintensitätsmessungen werden vorzugsweise vor Ort eingesetzt, da ihre Ergebnisse von Umgebungsbedingungen und Störgeräuschen nur wenig beeinflußbar sind.

Letzteres gilt auch für die **Körperschallmessungen** [656]. Hierbei wird mit Schnelle- oder Beschleunigungsaufnehmern das Schwingungsverhalten der schallabstrahlenden Oberflächen von Maschinen, Geräten oder Einrichtungen gemessen. Daraus läßt sich die abgestrahlte Schalleistung nach Gl. (2.22) berechnen. Probleme bereitet dabei häufig die notwendige Kenntnis des Abstrahlgrades dieser Flächen.

2.3 Schallausbreitung im Freien

2.3.1 Freies Schallfeld

Ein freies Schallfeld findet sich vor allem in Schallquellennähe, dort wo die Schallausbreitung nicht durch Reflexionen, Abschattungen, Absorption o. ä. gestört ist. Die Schalleistung breitet sich in diesem Gebiet strahlenförmig in alle Raumrichtungen etwa gleichförmig aus. Bei Anordnung der Quelle vor einer reflektierenden Fläche, was in der Praxis z. B. bei Maschinenaufstellungen auf dem Fußboden häufig der Fall ist, erfolgt diese Abstrahlung in den Halbraum. Die Gleichförmigkeit des Schallfeldes ist allerdings direkt neben der Oberfläche der Schallquelle, etwa dort, wo der Abstand kleiner als eine halbe Wellenlänge ist, meist gestört. Hier kann es sein, daß sich die Schalleistung durch Hin- und Herpendeln von Schallenergie vergrößert, daß hervorstehende Teile der Quelle durch Abschattung oder Beugung das Schallfeld beeinflussen oder daß Interferenzen (Überlagerung gegenphasiger oder gleichphasiger Schwingungen) die Schalleistung verringern oder erhöhen. Man bezeichnet dieses Gebiet als **Nahfeld**, das angrenzende als Fernfeld. Für das **Fernfeld** gelten die folgenden Beziehungen mit einer für die Praxis ausreichenden Genauigkeit. Für das Nahfeld stellen sie grobe Näherungen dar.

Für **ungehinderte strahlenförmige Schallausbreitung** von einer Quelle ergibt sich für das Quadrat des Schalldruckes p^2 auf einer Hüllfläche S (in m²) folgender Zusammenhang mit der Schallintensität I (in W/m²) und der Schalleistung W (in W):

$$p^2 = I c_0 \varrho_0 = \frac{W c_0 \varrho_0}{S} \quad \text{Pa}^2 \tag{2.27}$$

Es ist

$c_0 \varrho_0$ Schallkennimpedanz; $c_0 \varrho_0 \approx 430$ Ns/m³

Für Verhältnisse der Quadrate der Schalldrücke p_1 und p_2 auf verschieden großen Hüllflächen S_1 und S_2 ist dann

$$\frac{p_1^2}{p_2^2} = \frac{S_2}{S_1} \tag{2.28}$$

oder in Pegelschreibweise

$$L_{p1} - L_{p2} = 10 \lg \frac{S_2}{S_1} \quad \text{dB} \tag{2.29}$$

Vergrößern sich der Abstand und damit die Hüllfläche um eine Quelle, so verteilt sich die abgestrahlte Schalleistung auf eine anwachsende Oberfläche und der Schalldruckpegel vermindert sich. Eine 10fach größere Hüllfläche S_2 beispielsweise bedeutet eine Schalldruckpegelabnahme $L_{p1} - L_{p2}$ von 10 dB. Nimmt man kugelförmige oder halbkugelförmige Hüllflächen mit Radien s_1 und s_2 an, so wird

$$L_{p1} - L_{p2} = 20 \lg \frac{s_2}{s_1} \quad \text{dB} \tag{2.30}$$

Abstandsverdopplung bedeutet demnach eine Pegelminderung von 6 dB. Dieser Wert stellt zur Abschätzung der Schalldruckpegelabnahme bei der Schallausbreitung im freien Schallfeld ein sehr wichtiges und leicht handhabbares Charakteristikum dar. Einem 10fach größeren Abstand entspricht z. B. eine Verminderung des Schalldruckpegels um 20 dB, einem 100fach größeren eine solche von 40 dB.

Als Beziehung zwischen Schalldruckpegel L_p auf einer Hüllfläche S und Schalleistungspegel L_W der Quelle ergibt sich aus den Gl. (2.14) und (2.27)

$$L_p = L_W - 10 \lg S \quad \text{dB} \tag{2.31}$$

Bei einer Hüllfläche von 1 m² sind Schalldruckpegel und Schalleistungspegel danach zahlenmäßig gleich. Für **kugelförmig strahlende Quellen** ist im Abstand s von deren Mitte

$$L_p = L_W - 11 - 20 \lg s \quad \text{dB} \tag{2.32}$$

Für **halbkugelförmig strahlende**, bei denen sich die Schalleistung auf eine nur halb so große Hüllfläche verteilt, ist der Schalldruckpegel bei gleichem Abstand s um 3 dB größer:

$$L_p = L_W - 8 - 20 \lg s \quad \text{dB} \tag{2.33}$$

Die Differenz zwischen Schalleistungspegel L_W und Schalldruckpegel L_p wird auch als **Abstandsmaß** D_s bezeichnet:

$$D_s = L_W - L_p \quad \text{dB} \tag{2.34}$$

Das Abstandsmaß unterscheidet sich für kugelförmige und für halbkugelförmige Schallabstrahlung demnach um 3 dB, muß also entsprechend gekennzeichnet werden. Für den 3-m-Pegel L_{p3} (halbkugelförmige Abstrahlung; s. Abschn. 2.2.1) ergibt sich als Zusammenhang mit dem Schalleistungspegel L_W:

$$L_{p3} = L_W - 17{,}6 \quad \text{dB} \tag{2.35}$$

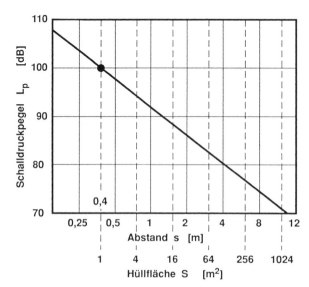

Bild 2.16 Schalldruckpegelabnahme bei Abstrahlung einer Punktschallquelle in den Halbraum
Schalleistungspegel $L_W = 100$ dB

2.3 Schallausbreitung im Freien

Für den praxisüblichen Fall einer **Schallabstrahlung in den Halbraum** ist die Schalldruckpegelabnahme mit der Entfernung beispielhaft für eine Quelle mit einem Schalleistungspegel von L_W = 100 dB auf Bild 2.16 dargestellt. Bei einem Abstand von 0,4 m sind Schalldruckpegel L_p und Schalleistungspegel L_W zahlenmäßig gleich groß. Bei einem Abstand von 0,2 m beispielsweise ist L_p um 6 dB größer, bei einem Abstand von 4 m um 20 dB kleiner als L_W.

Tritt an die Stelle einer ungerichtet abstrahlenden Schallquelle eine solche mit bestimmter Richtcharakteristik, so gilt für jede Ebene mit zugehörigem Richtungsmaß D (s. Gl. (2.24)) in Abhängigkeit vom Winkel δ für den Schalldruckpegel

$$L_{p(\delta)} = L_W - 10 \lg S - D(\delta) \quad \text{dB} \tag{2.36}$$

In der Praxis sind auch **Linienquellen** häufig zur Nachbildung von Geräuschquellen geeignet. Stark befahrene Straßen und Rohrleitungen lassen sich so darstellen. Hier verteilt sich die Schalleistung auf einen Zylindermantel, und dann gilt (bei Vernachlässigung der Zylinderkappen) in radialer Ausbreitungsrichtung

$$L_{p1} - L_{p2} = 10 \lg \frac{s_2}{s_1} \quad \text{dB} \tag{2.37}$$

Bei Abstandsverdopplung ergibt sich danach eine Schalldruckpegelminderung von nur 3 dB, bei 10fachem Abstand von 10 dB.

2.3.2 Lärmimmissionsschutz

2.3.2.1 Immissionsgleichung

Wie bereits einleitend vermerkt, werden Fragen des Immissionsschutzes in diesem Buch nicht detailliert behandelt (s. z. B. in [1] [2] [3] [15] [16] [17]). Ausgehend von den im vorstehenden Abschnitt besprochenen Gesetzmäßigkeiten für ungehinderte, verlustfreie Schallausbreitung sollen hier nur prinzipielle Auswirkungen typischer Einflußgrößen auf die Schallausbreitung im Freien erläutert werden. Bezüglich der Nachweisführung zum **Lärmimmissionsschutz** sei vor allem auf das umfangreiche Regelwerk hierzu verwiesen. Dieses umfaßt sowohl allgemeine Prinzipien, Anforderungen, Meßvorschriften, Festlegungen zu Berechnungsmethoden und Ausgangsdaten ([18] bis [21] [521] [522] [523] [561] [562] [627] [628] [629] [662] [724] [729] [731] [737]), als auch spezielle Vorschriften, vor allem zum Straßenverkehrslärm [22] [23] [24] [550] [659] [713] [726] zum Eisenbahnlärm [25] [26] [528] [529] [657] [727] zum Fluglärm [27] [28] [29] [526] [660] [661], zum Industrielärm [556] [704] [721] [739], zum Baulärm [30] [711] [720], zu Schießgeräuschimmissionen [31] [763] und zum Lärm von Sportstätten und Freizeiteinrichtungen [32] [33] [740]. Für die Praxis steht hierzu eine Vielzahl von kommerziell angebotenen Rechenprogrammen zur Verfügung, die eine computergestützte Führung der Nachweise zum Lärmimmissionsschutz einschließlich grafischer Ergebnisdarstellung ermöglichen.

Den **Schalldruckpegel L_{ps}**, den eine **einzelne Schallquelle** mit einem Schalleistungspegel L_W im Abstand s erzeugt, berechnet man aus der Immissionsgleichung [724]

$$L_{ps} = L_W + D_I + K_0 - D_s - \Sigma D \quad \text{dB} \tag{2.38}$$

Hierbei sind

D_I Richtwirkungsmaß in dB
K_0 Raumwinkelmaß in dB
D_s Abstandsmaß in dB
ΣD Einflüsse auf die Schallausbreitung in dB

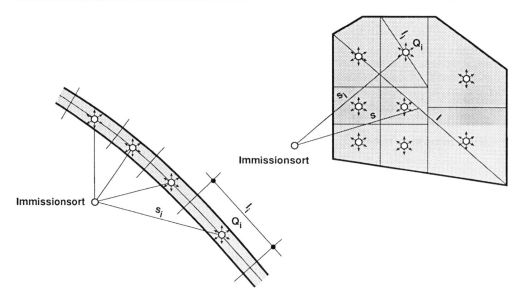

Bild 2.17 *Unterteilung großflächiger und langer Schallquellen ($l > 0{,}7\, s$) in i Teilschallquellen ($l_i < 0{,}7\, s_i$) [627]*

D_I und K_0 kennzeichnen die Geräuschemission, D_s erfaßt die Schallpegelminderung bei ungestörter Schallausbreitung und unter ΣD werden die verschiedenen, dabei zu berücksichtigenden Einwirkungen zusammengefaßt. Für den Lärmschutznachweis soll stets der kritischste Schallimmissionsort gewählt werden. Das ist im allgemeinen das oberste Geschoß des der Schallquelle nächstgelegenen Gebäudes. Ist noch keine Bebauung vorhanden, so wird eine Höhe von 4 m angenommen [627].

Bei der **Einwirkung mehrerer Schallquellen** auf einen Immissionsort sind die für jede Quelle nach Gl. (2.38) bestimmten einzelnen Schalldruckpegel zu addieren, z. B. unter Verwendung von Bild 2.5. Ist die größte Längsausdehnung l einer Schallquelle größer als etwa der 0,7fache Abstand s, so kann sie nicht mehr als Einzelquelle betrachtet werden und ist in entsprechende Teilstücke zu zerlegen. Bei Verkehrsanlagen ist das in der Regel der Fall. Bild 2.17 zeigt das am Beispiel eines Parkplatzes und einer Straße. Auch schallabstrahlende Gebäude müssen im allgemeinen in Teilschallquellen zerlegt werden (s. Abschn. 4.2.4).

2.3.2.2 Emissionsgrößen und ungestörte Schallausbreitung

Das **Richtwirkungsmaß** D_I (s. Gl. (2.24)) kann bei den meisten technischen Quellen für größere Entfernungen vernachlässigt werden ($D_\mathrm{I} = 0$ dB). Bei einseitig schallabstrahlenden Gebäudeflächen ist es wegen der Eigenabschirmung des Gebäudes von Bedeutung. Bei mittleren Frequenzen wird in Gegenrichtung zu einer schallabstrahlenden Wandfläche (Abstrahlwinkel $\delta = 180°$) mit $D_\mathrm{I} = -20$ dB gerechnet, in Richtungen rechtwinklig zur strahlenden Fläche (Abstrahlwinkel $\delta = 90°$) mit $D_\mathrm{I} = -5$ dB.

Für das **Raumwinkelmaß** K_0 gilt

$$K_0 = 10 \lg \frac{4\pi}{\Omega} \quad \text{dB} \tag{2.39}$$

2.3 Schallausbreitung im Freien

mit

Ω Raumwinkel

Je kleiner der Raumwinkel Ω ist, in den eine bestimmte Schalleistung abgestrahlt wird, um so größer ist der an einem Nachweisort in vorgegebener Entfernung s erzeugte Schalldruckpegel. Bei ungehinderter kugelförmiger Schallabstrahlung einer Quelle (in den Raumwinkel $\Omega = 4\pi$) ist $K_0 = 0$ dB. Ist die Schallquelle, wie in der Regel üblich, in oder vor einer reflektierenden Fläche (z. B. Boden) angeordnet (Raumwinkel $\Omega = 2\pi$), so ist $K_0 = 3$ dB. Befindet sie sich außerdem vor einer reflektierenden Wandfläche (Raumwinkel $\Omega = \pi$), so beträgt $K_0 = 6$ dB.

Für das **Abstandsmaß** D_s ergibt sich aus den Gln. (2.32) und (2.34) für *kugelförmige Abstrahlung*

$$D_s = 11 + 20 \lg s \quad \text{dB} \tag{2.40 a}$$

und aus den Gln. (2.33) und (2.34) für *Abstrahlung in den Halbraum*

$$D_s = 8 + 20 \lg s \quad \text{dB} \tag{2.40 b}$$

Das bedeutet eine Schalldruckpegelabnahme von 6 dB je Abstandsverdopplung. Überschläglich werden besser nur etwa 5 dB angesetzt, um damit Einflüsse von Bodenreflexionen o.ä. zu berücksichtigen. Mit dieser Pegelabnahme kann man natürlich auch rechnen, wenn nicht der Schalleistungspegel der Quelle, sondern der Schalldruckpegel in einer Bezugsentfernung bekannt ist. Als Bezugsentfernungen werden in der Praxis vorzugsweise 7,5 m oder 25 m gewählt.

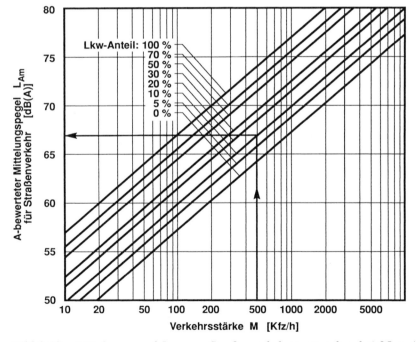

Bild 2.18 *Mittelungspegel L_{Am} von Straßenverkehrsgeräuschen bei 25 m Abstand zur Fahrspurachse in Abhängigkeit von der Verkehrsstärke M [627] (eingetragenes Beispiel s. S. 46)*

Zur **Kennzeichnung des fließenden Straßenverkehrs** ist es üblich, Schalldruckpegel in einer Bezugsentfernung von 25 m zur Mitte des nächstgelegenen Fahrstreifens anzugeben. Dazu wird der A-bewertete Mittelungspegel L_{Am} [658] [662] [738] verwendet (s. Abschn. 3.1.2.2). Bild 2.18 zeigt für Straßenverkehr den Zusammenhang zwischen dem A-bewerteten Mittelungspegel L_{Am} in 25 m Entfernung von der nächsten Fahrstreifenmitte und der Verkehrsstärke M. Als Parameter sind unterschiedliche Lkw-Anteile eingetragen. Als Verkehrsstärke wird mit dem Mittelwert der auf dem betrachteten Fahrstreifen pro Stunde verkehrenden Fahrzeuge gerechnet, üblicherweise für den Tag (6.00 bis 22.00 Uhr) und für die Nacht (22.00 bis 6.00 Uhr) getrennt, da für diese beiden Zeiträume unterschiedliche Anforderungen an den Lärmschutz festgelegt sind [19] [23] [619] [628]. Bei mehreren Fahrstreifen müssen deren Geräuschimmissionen an dem betrachteten Immissionsort addiert werden (z. B. unter Nutzung von Bild 2.5). Vereinfacht kann man vielfach auch die gesamte Fahrbahn zusammen betrachten und den Abstand auf die Fahrbahnmitte beziehen. Bild 2.18 gilt für Straßenoberflächen aus Gußasphalt, für Steigungen unter 5 % und für Höchstgeschwindigkeiten bis etwa 100 km/h (Bundes-, Landes- und Kreisstraßen). Ihm liegt als mittlere Geräuschemission eines einzelnen Pkw je h ein Mittelungspegel von ca. 37 dB(A) zugrunde. Für abweichende Fälle ist mit entsprechenden Korrekturwerten zu rechnen [22] [627]. Wegen der höheren üblichen Geschwindigkeiten auf Autobahnen ist die vorzugsweise durch Rollgeräusche verursachte Geräuschemission der Pkw dort bei gleicher Verkehrsdichte im Mittel um etwa 3 dB(A) höher [34]. Der Straßenverkehr wird als Linienschallquelle (nach Gl. (2.37) 3 dB Schalldruckpegelminderung je Abstandsverdopplung) in 0,5 m Höhe über der Fahrstreifenmitte betrachtet.

Bei **Schienenverkehr** wird mit einer Linienquelle auf der Gleisachse in Höhe der Schienenoberkante gerechnet. Hier geht man von einem längenbezogenen Schalleistungspegel aus, der von Mittelwerten der Anzahl der Züge je Stunde, der Zuglänge, der Geschwindigkeit der verkehrenden Züge, des Anteiles scheibengebremster (und damit besonders lauter) Fahrzeuge und der Zugart abhängt [25] [26] [627].

Vielfach ist es notwendig, die Immissionsnachweise zur Festlegung detaillierter Lärmschutzmaßnahmen frequenzabhängig zu führen, üblicherweise in Oktav- oder Terzschritten. Das **Spektrum** von Straßenverkehrsgeräuschen besitzt einen nach hohen Frequenzen hin mit etwa 4 dB je Oktave abfallenden Verlauf [1]. Tieffrequente Geräuschanteile sind demnach dominierend. Unter Berücksichtigung einer gehörgemäßen Frequenzbewertung (A-Bewertung) erweisen sich Frequenzanteile zwischen etwa 500 und 1000 Hz als besonders störend. Hierauf müssen Lärmschutzmaßnahmen ausgerichtet werden, damit sie gegen Straßenverkehrsgeräusche wirksam sind.

Kritische Werte des Eisenbahngeräusches liegen (Elektrotraktion vorausgesetzt) bei etwas höheren Frequenzen mit einem Maximum bei 1000 bis 2000 Hz. Strahltriebwerke von Flugzeugen entwickeln ein Geräusch mit besonders breitbandigem Spektrum (Frequenzanteile vor allem zwischen 50 und 2000 Hz), wobei in der Startphase mehr tieffrequente Anteile abgestrahlt werden als bei der Landung [3]. Mittelwerte üblicher Spektren und deren Anwendungen sind auf den Bildern 5.5 und 5.6 und in den Tabellen 5.2 bis 5.4 dargestellt.

2.3.2.3 Einwirkungen auf die Schallausbreitung

Die Summe der Einwirkungen auf die Schallausbreitung ΣD in der Immissionsgleichung (2.38) ergibt sich detailliert aus

$$\Sigma D = D_L + D_{BM} + D_D + D_G + D_e - D_R \quad \text{dB} \tag{2.41}$$

2.3 Schallausbreitung im Freien

Dabei sind

D_L Luftabsorptionsmaß in dB
D_BM Boden- und Meteorologiedämpfungsmaß in dB
D_D Bewuchsdämpfungsmaß in dB
D_G Bebauungsdämpfungsmaß in dB
D_e Einfügungsdämpfungsmaß eines Schallschirmes in dB
D_R Reflexionsmaß in dB

Im Vergleich zur ungestörten Schallausbreitung bewirken diese Einflüsse in der Regel insgesamt eine Verminderung des Schalldruckpegels am Immissionsort [627] [731]. Die nach Abschn. 4.1.3.3. bei der Schallausbreitung in Luft durch Absorption (Dissipation) bewirkte Schalldruckpegelminderung, das **Luftabsorptionsmaß**

$$D_\mathrm{L} = \alpha_\mathrm{L} s \quad \text{dB} \tag{2.42}$$

nimmt mit den in Tabelle 4.10 für den Schallabsorptionskoeffizienten α_L angegebenen Planungswerten [724] nur für große Entfernungen s und für hohe Frequenzen eine beachtenswerte Größenordnung an. Während das Luftabsorptionsmaß D_L bei Frequenzen von 500 bis 2000 Hz je km nur etwa 2 bis 8 dB beträgt, besitzt es bei 4000 bis 8000 Hz Werte von 20 bis 50 dB. Für die Planung von Lärmschutzmaßnahmen in der Nähe von Verkehrswegen ist es deshalb meist vernachlässigbar.

Bei der Schallausbreitung in Bodennähe kommt es infolge der Absorption am Boden, durch die Schallstreuung in Luft und aufgrund von Interferenzen (Überlagerung phasenverschobener Schwingungen) zwischen Direktschall und reflektierten Schallstrahlen zu einer Schalldruckpegelminderung, die man als **Boden- und Meteorologiedämpfungsmaß** D_BM zusammenfaßt. Es ist [724]

$$D_\mathrm{BM} = 4{,}8 - 2\frac{h_\mathrm{m}}{s}\left(17 + \frac{300}{s}\right) \quad \text{dB} \tag{2.43}$$

mit

h_m mittlere Höhe des sich über dem Boden ausbreitenden Schallstrahles (Verbindungslinie zwischen Quelle und Immissionsort) in m
s Entfernung zwischen Quelle und Immissionsort in m

Für große Entfernungen ($s > h_\mathrm{m}$) kann D_BM maximal 4,8 dB betragen. Es verringert sich mit zunehmender mittlerer Ausbreitungshöhe und mit kleiner werdendem Abstand zwischen Quelle und Immissionsort.

Meteorologische Einflüsse wie Wind und Temperatur können sich zwar in erheblichem Maße auf die Schallausbreitung über große Entfernungen auswirken, sind aber wegen ihrer Wechselhaftigkeit nur schwer für die Planung auswertbar. Der **Windeinfluß** führt in Gegenwindrichtung gemäß Bild 2.19 zur Ausbildung von Schattenzonen, die in etwa 300 bis 1000 m Entfernung von der Schallquelle Schalldruckpegelminderungen von 20 bis 30 dB zur Folge haben können. In Windrichtung hingegen bewirken Beugungsvorgänge in ähnlichen Entfernungen, daß die Schallstreuung und -abschirmung durch Bewuchs, Bebauung und Hindernisse vermindert oder zunichtegemacht wird. Ursache ist die wegen des fehlenden Bodeneinflusses in höheren Luftschichten größere Windgeschwindigkeit. Die Schallwellen breiten sich daher in Höhenlagen mit dem Wind schneller, gegen den Wind aber langsamer aus als am Boden. Dadurch werden die Schallstrahlen mit dem Wind zum Boden hin, gegen den Wind von diesem weg gebeugt [35]. Obwohl die auf diese Weise verursachten Schalldruckpegeländerungen näherungsweise berechnet werden können [3] [724], beschränkt man sich in der Planungspraxis in der Regel darauf, bei Standortfestlegungen für ruhebedürftige Bebauungen dafür zu sorgen, daß sie in Bezug auf benachbarte Lärmquellen nicht in der

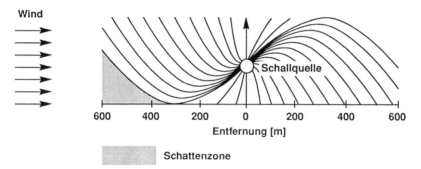

Bild 2.19 Einfluß des Windes auf die Schallausbreitung

bevorzugten Windrichtung liegen. Ist das unvermeidbar, so sollten Pegelminderungen durch Schallstreuung und -abschirmung bei der Nachweisrechnung für den Lärmimmissionsschutz unberücksichtigt bleiben.

Da die Schallausbreitungsgeschwindigkeit in Luft temperaturabhängig ist, wird die Schallausbreitung auch von **Temperaturschichtungen** beeinflußt. Hierbei sind die beiden unterschiedlichen, auf Bild 2.20 dargestellten extremen Formen der Einwirkung zu beachten. Klare, windarme Witterung führt vor allem abends, nachts und am Morgen zu einer sog.

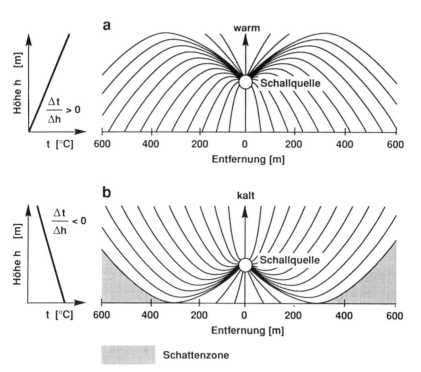

Bild 2.20 Einfluß von Lufttemperaturschichtungen auf die Schallausbreitung
a positiver Temperaturgradient (Inversionswetterlage)
b negativer Temperaturgradient

2.3 Schallausbreitung im Freien

Temperaturinversion. Infolge der Abkühlung des Bodens nimmt die Temperatur und damit auch die Schallausbreitungsgeschwindigkeit mit der Höhe zu, und das bedeutet eine Beugung der Schallstrahlen zum Boden hin. Wie in Mitwindrichtung werden Hinderniswirkungen aufgehoben und es kommt zu „Überreichweiten" der Schallwahrnehmung. Wenn der Boden tagsüber durch Sonneneinstrahlung aufgewärmt ist, nimmt die Temperatur mit zunehmender Höhe ab. Dadurch verringert sich die Schallausbreitungsgeschwindigkeit und die Schallstrahlen werden nach oben gebeugt. Analog zur Gegenwindrichtung treten Schattenzonen auf, in die keine Schallstrahlen hineingelangen. Bei Planungen ist es üblich, mittlere Wetterlagen anzunehmen. Bei den im Regelwerk für die Einflüsse auf die Schallausbreitung angegebenen Größen und Zusammenhängen ist das beachtet [627] [724] [731].

Das **Bewuchsdämpfungsmaß** D_D berücksichtigt die bei Schallausbreitung durch ein Waldgebiet infolge von Streuungen und Abschirmungen an Stämmen, Ästen und Blättern verursachte Schalldruckpegelminderung. Diese ist im Gegensatz zu verbreiteten Meinungen sehr gering, insbesondere bei tiefen Frequenzen, und hängt von der Länge des Schallausbreitungsweges durch den Bewuchs s_D, aber auch von der Bestandsdichte, dem Zustand der Belaubung und der Art und Dichte der Strauchschicht ab [36]. Man kann für 100 m Schallausbreitung durch den Bewuchs bei tiefen Frequenzen (etwa 125 Hz) näherungsweise mit Bewuchsdämpfungsmaßen von 5 dB, bei höheren Frequenzen (etwa 250 bis 8000 Hz) mit solchen von etwa 10 bis 15 dB rechnen [1]. Bei der Festlegung der wirksamen Länge des Schallausbreitungsweges durch bewachsene Gebiete ist zu beachten, daß bei größeren Entfernungen keine geradlinige Verbindung zwischen Quelle und Immissionsort gewählt werden darf. Wegen der durch meteorologische Einflüsse in den kritischen Mitwindlagen oder bei Inversionen verursachten Beugung des Schallstrahles zum Boden sollte statt dessen eine Verbindung dieser beiden Orte durch einen Kreisbogen mit einem Radius von 5 km erfolgen. Wie auf Bild 2.21 dargestellt, wird die wirksame Ausbreitungslänge s_D durch den Bewuchs auf diesem Kreisbogen ermittelt.

In ähnlicher Weise wie Bewuchs bewirkt auch eine lockere Bebauung infolge von Reflexion, Streuung und Absorption bei der Schallausbreitung eine Schalldruckpegelminderung, die durch das **Bebauungsdämpfungsmaß** D_G charakterisiert wird. Die wirksame Ausbreitungslänge s_G ist in Analogie zu Bild 2.21 zu bestimmen, gilt aber nur für eine quellennahe Bebauung. Näherungsweise kann man für eine wirksame Ausbreitungslänge von 100 m unabhängig von der Frequenz mit einem Bebauungsdämpfungsmaß von etwa 5 dB rechnen, bei großer Bebauungsdichte mit ca. 10 dB, maximal aber auch bei größeren Ausbreitungslängen s_G mit nicht mehr als 15 dB einschließlich Boden- und Meteorologiedämpfungsmaß. Eine höhere Genauigkeit des Immissionsschutznachweises läßt sich durch Berücksichtigung der abschirmenden und der reflektierenden Wirkung jedes einzelnen Gebäudes erreichen.

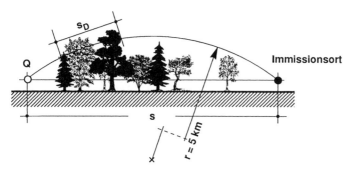

Bild 2.21 *Ermittlung der für die Schalldruckpegelminderung wirksamen Schallausbreitungslänge s_D bei Waldbeständen [724]*

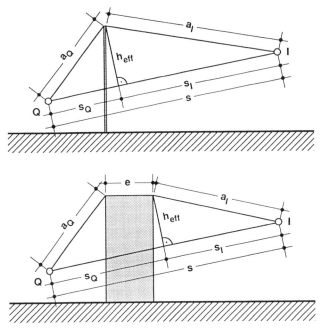

Bild 2.22 *Größenbezeichnungen für die Berechnung der Hinderniswirkung*

a_Q Abstand zwischen Schallquelle Q und Beugungskante des Hindernisses in m

a_I Abstand zwischen Immissionsort I und Beugungskante des Hindernisses in m

h_{eff} wirksame Höhe des Hindernisses in m

$s = s_Q + s_I$ Abstand zwischen Schallquelle Q und Immissionsort I in m

s_Q Abstand zwischen Schallquelle Q und Hindernis in m

s_I Abstand zwischen Hindernis und Immissionsort I in m

e Hindernisbreite bzw. Abstand zwischen zwei schmalen Hindernissen in m

Die schattenbildende **Wirkung von Hindernissen** bietet im freien Schallfeld die Möglichkeit, Schalldruckpegelminderungen bis zu etwa 25 dB zu erreichen [1] [3] [37] [38] [731]. Die Schattenbildung ist nicht scharf, sondern wird an den Begrenzungen des Hindernisses durch die Beugung der Schallstrahlen in die Schattenzone hinein beeinträchtigt. Das ist bei großen Wellenlängen, d. h. bei tiefen Frequenzen besonders ausgeprägt. Die Wirksamkeit von Hindernissen ist deshalb dort geringer. Generell sollte bei ihrer Dimensionierung angestrebt werden, daß die direkte Verbindungslinie zwischen Quelle und Immissionsort zumindest unterbrochen wird. Dann kann man bei mittleren Frequenzen mit wenigstens 5 dB Pegelminderung durch das Hindernis rechnen. Je größer der Umweg des Schallstrahles über das Hindernis im Vergleich zu der direkten Verbindungslinie ist, um so besser ist die abschattende Wirkung. Dieser Umweg z, den man mit den Bezeichnungen des Bildes 2.22 aus

$$z = a_Q + a_I - s \approx h_{eff}^2 \frac{1}{2}\left(\frac{1}{s_Q} + \frac{1}{s_I}\right) \quad \text{m} \tag{2.44}$$

errechnen kann, heißt **Schirmwert**. Bild 2.23 zeigt ein entsprechendes Nomogramm. In Abhängigkeit vom bezogenen Schirmwert

$$N = 2\frac{z}{\lambda} \approx 6 \cdot 10^{-3} fz \tag{2.45}$$

ist für freie Schallausbreitung von einer Punktschallquelle aus auf Bild 2.24 das sog. **Abschirmmaß D_z** (d. h. die Schalldruckpegelminderung) aufgetragen [37]. Diesem Bild liegt die Näherungsgleichung

$$D_z \approx 10\lg\left(3 + 20\frac{z}{\lambda}\right) \approx 10\lg\left(3 + 6 \cdot 10^{-2} fz\right) \quad \text{dB} \tag{2.46}$$

zugrunde mit

z Schirmwert in m
λ Wellenlänge in m
f Frequenz in Hz

2.3 Schallausbreitung im Freien

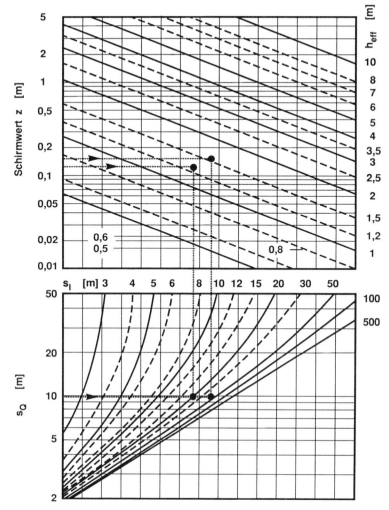

Bild 2.23 Nomogramm zur Bestimmung des Schirmwertes z und der effektiven Höhe h_{eff} von Hindernissen [627] (eingetragene Beispiele: s. Seiten 43 und 45)
s_Q Abstand zwischen Schallquelle Q und Hindernis in m
s_I Abstand zwischen Hindernis und Immissionsort I in m

Bei einem Schirmwert von 1 m beispielsweise ergibt sich danach bei 1000 Hz ein Abschirmmaß von 18 dB. Bei 500 Hz sind es 15 dB, bei 100 Hz nur noch 10 dB.

Beispiel

Eine Schallquelle mit einem Schalleistungspegel $L_W = 90$ dB und einem Maximum des Spektrums bei $f = 1000$ Hz sei in Erdbodenhöhe gelegen (z. B. Abluftöffnung in der Decke einer Werkstatt in einem Kellergeschoß). In einer Entfernung von $s = 30$ m von dieser Geräuschquelle ist eine vor Lärm zu schützende Bebauung vorgesehen. Zunächst interessiert für diesen Standort der in $H = 4$ m Höhe bei ungestörter Schallausbreitung zu erwartende Schalldruckpegel. Nach Gl. (2.40b) ergibt sich ein Abstandsmaß $D_s = 8 + 20 \lg s = 8 + 20 \lg 30$

= 37,5 dB. Der Schalldruckpegel $L_{p,I}$ am Immissionsort ist dann nach Gl. (2.34) $L_{p,I} = L_W - D_s = 90 - 37,5 = 52,5$ dB. Um beispielsweise einen Grenzwert von $L_{p,I} = 45$ dB nicht zu überschreiten (s. Tabelle 3.2), ist ein Abschirmmaß $D_z = 7,5$ dB erforderlich, das sich unter Beachtung des Reflexionsmaßes von $D_R = 3$ dB (s. Gl. (2.50)) auf $D_z = 10,5$ dB erhöht. Das soll durch einen in der Entfernung $s_Q = 10$ m von der Quelle zu errichtenden Schallschirm realisiert werden. Dieser muß dann nach Bild 2.24 einen bezogenen Schirmwert von $N \approx 0,8$ aufweisen. Für die Frequenz $f = 1000$ Hz bedeutet das nach Gl. (2.45) einen Schirmwert $z = N/(6 \cdot 10^3 f) = N/6 \approx 0,13$ m. Aus Bild 2.23 folgt hierfür eine effektive Hindernishöhe $h_{eff} \approx 1,3$ m. Etwa den gleichen Wert würde man aus Gl. (2.44) errechnen mit $h_{eff}^2 \approx 2 z/(1/s_Q + 1/s_I) \approx 0,26/(1/10 + 1/20) \approx 1,7$; $h_{eff} \approx 1,3$. Unter Beachtung der durch die Lage der Schallquelle und die Höhe des Immissionsortes nach Bild 2.22 gegebenen geometrischen Verhältnisse (Strahlensatz; z. B. auch aus maßstabsgerechter Skizze ablesbar) ist dann die erforderliche Gesamthöhe des Hindernisses $h \approx 2,6$ m.

Die dargestellten Zusammenhänge gelten unter der Annahme, daß die Hinderinslänge so groß ist, daß die um die seitlichen Begrenzungen gebeugte Schallenergie vernachlässigbar klein ist. Diese Forderung kann man als erfüllt ansehen, wenn von den beiden Schirmwerten, die sich für die Schallausbreitungswege um die seitlichen Kanten herum ergeben, jeder mindestens viermal so groß ist, wie der Schirmwert z um die obere Hinderniskante. Anderenfalls sind die durch seitliche Übertragungswege am Immissionsort verursachten Schalldruckpegel gesondert zu bestimmen und z. B. unter Zuhilfenahme von Gl. (2.11) oder Bild 2.5 zu addieren. Sind zwischen Schallquelle und Immissionsort hintereinander **zwei schmale Hindernisse** im Abstand e voneinander angeordnet oder ist das Hindernis ein Gebäude der Tiefe e (s. Bild 2.22), so gilt für den Schirmwert näherungsweise

$$z \approx a_Q + a_I + e - s \quad \text{m} \tag{2.47}$$

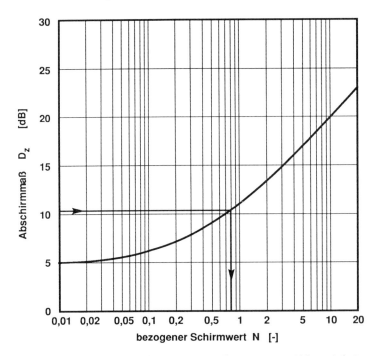

Bild 2.24 Abschirmmaß D_z von Hindernissen in Abhängigkeit vom bezogenen Schirmwert N bei Punktschallquellen [37] (eingetragenes Beispiel: s. Text)

2.3 Schallausbreitung im Freien

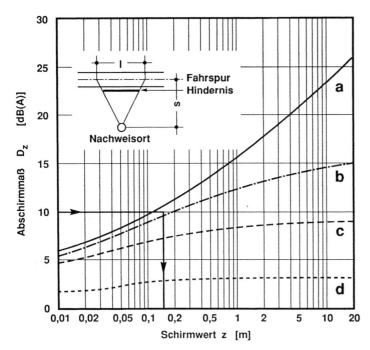

Bild 2.25 Abschirmmaß D_z (für den A-bewerteten Mittelungspegel L_{Am}) von Hindernissen für unterschiedlich lang abgeschirmte Teilstücke von Straßen l bei Straßenverkehrsgeräuschen in Abhängigkeit vom Schirmwert z [1] (eingetragenes Beispiel: s. Text)
a unendlich langes Hindernis   c $l/s = 5$
b $l/s = 20$ d $l/s = 1$

Für Straßenfahrzeuge wird die Schallquelle in 0,5 m Höhe über dem Boden angenommen. Bei Schienenfahrzeugen rechnet man mit der Schienenoberkante. Für Verkehrswege (Linienschallquellen) wird das Abschirmmaß in der Regel zeitlich gemittelt und gehörgemäß bewertet (A-bewertet), d. h. als Minderung des A-bewerteten Mittelungspegels L_{Am} (s. Abschn. 3.1.2.2) angegeben. Näherungsweise ergibt sich in der Entfernung s (in m) von der Fahrspur für das Abschirmmaß D_z eines langen Schirmes konstanter Höhe neben dem Fahrstreifen einer Straße

$$D_z \approx 7 \lg\left(5 + z\,\frac{70 + 0{,}25 \cdot s}{1 + 0{,}2 \cdot z}\right) \quad \text{dB(A)} \tag{2.48}$$

Als Beispiel enthält Bild 2.25 für mehrere abgeschirmte Straßenlängen l bezogen auf den Abstand s zwischen Quelle (Fahrspurachse) und Immissionsort Angaben zum Abschirmmaß D_z in Abhängigkeit vom Schirmwert z. Es wird deutlich, daß bei kurzen Hindernissen trotz Erhöhung des Schirmwertes von einer bestimmten Grenze an keine Verbesserung des Abschirmmaßes mehr erzielt werden kann. Es überwiegt dann die Schallübertragung über die seitlichen Begrenzungen des Hindernisses.

Beispiel

In 50 m Entfernung von einem zweigeschossigen Wohngebäude (kritischster Immissionsort in H = 4 m Höhe) soll eine zweispurige Straße (Verkehrsstärke für beide Spuren am Tage M = 500 Kfz/h; 10% Lkw-Anteil) gebaut werden. Zunächst ist nach dem am Immissionsort im Falle ungestörter Ausbreitung zu erwartenden Schalldruckpegel (A-bewerteter Mittelungspegel L_{Am};

s. Abschn. 3.1.2.2) zu fragen. Nach Bild 2.18 ergibt sich in 25 m Entfernung von der Straße zusammengefaßt für beide Spuren ein Mittelungspegel von etwa $L_{Am} = 67$ dB(A). Aufgrund der Entfernungsverdopplung bis zum Immissionsort reduziert sich dieser Wert um 3 dB(A). Ein gleich großer Zuschlag ist aber für das Reflexionsmaß D_R zu addieren (s. Gl. (2.50)), so daß am Immissionsort ebenfalls mit $L_{Am} = 67$ dB(A) zu rechnen ist. Für einen Immissionsgrenzwert von $L_{Am} = 57$ dB(A) beispielsweise (s. Tabelle 3.3) ist durch eine in 10 m Abstand zur Straßenachse geplante Lärmschutzwand ein Abschirmmaß von $D_z = 10$ dB(A) zu realisieren. Genügende Hindernislänge vorausgesetzt, bedeutet das nach Bild 2.25 einen Schirmwert von etwa $z = 0,15$ m. Hierfür ist die effektive Hindernishöhe nach Bild 2.23 $h_{eff} \approx 1,6$ m. Aus der Geometrie (Strahlensatz; z. B. auch aus maßstabsgerechter Skizze ablesbar) folgt eine erforderliche Gesamthöhe $h \approx 2,7$ m für die Lärmschutzwand.

Durch ein Hindernis wird der Einfluß des Bodens auf die Schallübertragung zwischen Quelle und Immissionsort verändert. Das Boden- und Meteorologiedämpfungsmaß wird bei Wirksamwerden eines Hindernisses in der Regel zu $D_{BM} = 0$ dB. Das **Einfügungsdämpfungsmaß** D_e für ein Hindernis in der Immissionsgleichung (2.41) erhält man daher aus dem Abschirmmaß D_z gemäß

$$D_e = D_z - D_{BM} \quad \text{dB} \tag{2.49}$$

Das gilt nicht für die Betrachtung von Schallausbreitungswegen um die seitlichen Begrenzungen eines Hindernisses. Hier bleiben die Bodeneinwirkungen weitgehend unbeeinflußt.

Als **schallabschirmende Hindernisse** dienen in der Praxis z. B. Erdwälle, Gebäude, Mauern, aber vor allem Lärmschutzwände. Diese sind in den letzten Jahrzehnten aus unterschiedlichen Materialien und in verschiedenster Form vor allem entlang von Verkehrswegen errichtet worden. Mehr und mehr ist es in letzter Zeit bedeutsam geworden, daß diese Lärmschutzwände nicht nur akustische Anforderungen erfüllen, sondern daß sich ihr äußeres Erscheinungsbild optisch ausgewogen und umweltfreundlich in das vorhandene Landschafts- oder Stadtbild einfügt [39] [731]. Um auf jeden Fall zu vermeiden, daß die Transmission von Schall durch eine Lärmschutzwand hindurch ihre Schirmwirkung beeinträchtigt, wird verlangt, daß die Konstruktion bei festem Einbau zwischen zwei Räumen eine Verminderung gehörrichtig bewerteter Geräusche (A-bewertet: $\Delta L_{A,R,Str}$; s. Abschn. 3.1.1) um wenigstens 25 dB(A) gewährleistet. Wenn ihre flächenbezogene Masse nicht mindestens 40 kg/m² beträgt, muß das meßtechnisch nachgewiesen werden [24]. Bei den Oberflächen von Lärmschutzwänden wird zwischen reflektierenden, absorbierenden und hochabsorbierenden Ausführungen unterschieden. Auftreffende Straßenverkehrsgeräusche müssen von absorbierenden Wänden um wenigstens 4 dB, von hochabsorbierenden um mindestens 8 dB reduziert werden ($\Delta L_{A,\alpha,Str}$) [615] [616].

Die **Verwendung absorbierender oder hochabsorbierender Lärmschutzwände** ist dann erforderlich, wenn Reflexionen zur gegenüberliegenden Seite, d. h. in die Richtung hinter die Lärmquelle vermieden werden müssen. Die Reflexion an einer Oberfläche bildet man durch eine Spiegelschallquelle nach (s. Abschn. 4.1 5.1). Bei vollständig reflektierender Fläche wird dieser die gleiche Schalleistung zugeordnet, wie sie die Originalschallquelle besitzt. Für Immissionsorte nahe dieser Oberfläche verdoppelt sich dadurch die einfallende Schalleistung. Das bedeutet ein **Reflexionsmaß D_R** in Gl. (2.41) von 3 dB. Mit diesem Wert ist z. B. vor Gebäudefassaden entlang von Verkehrswegen zu rechnen. Bei beiderseitiger Straßenrandbebauung kann das Reflexionsmaß bis auf 6 dB anwachsen. Es läßt sich mittels der Beziehung

$$D_R \approx 3 + 10 \lg\left(1 + \frac{h}{b}\right) \quad \text{dB} \tag{2.50}$$

abschätzen, mit

h Höhe der niedrigeren Bebauung in m
b Baufluchtenabstand in m.

3 Schallempfindung und Schallwirkung

3.1 Lautstärke

3.1.1 Frequenzabhängigkeit (Tonhöhenempfindung)

Innerhalb der im Abschn. 2.1.2 genannten Grenzen des Hörbereiches von 16 Hz bis 20 kHz ist die **Empfindlichkeit des Gehörs frequenzabhängig**. Bild 3.1 zeigt anhand der Kurven gleicher Lautstärke, daß diese Frequenzabhängigkeit bei tiefen Frequenzen und niedrigen Schalldruckpegeln besonders ausgeprägt ist. Als Kurven gleicher Lautstärke sind in Abhängigkeit von der Frequenz diejenigen Schalldruckpegel von Sinustönen aufgetragen, die bei normalhörenden Testpersonen im Mittel den gleichen Lautstärkeeindruck hervorrufen, wie ein Sinuston von 1000 Hz einer frontal einfallenden Schallwelle [513] [648]. Diese subjektiv wahrgenommene Vergleichsgröße für die Lautstärke, die starken individuellen Schwankungen unterliegt, bezeichnet man als **Lautstärkepegel L_N** (Einheit: phon) [40]. Bild 3.1 läßt beispielsweise erkennen, daß für einen Lautstärkepegel von 20 phon bei 50 Hz ein um etwa 40 dB höherer Schalldruckpegel erforderlich ist, als bei 1000 Hz. Bei größeren Lautstärkepegeln ist das Frequenzverhalten des Gehörs wesentlich ausgeglichener. Bei einem Lautstärkepegel von 110 phon z. B. ist bei 50 Hz nur ein ungefähr 10 dB höherer Schalldruckpegel

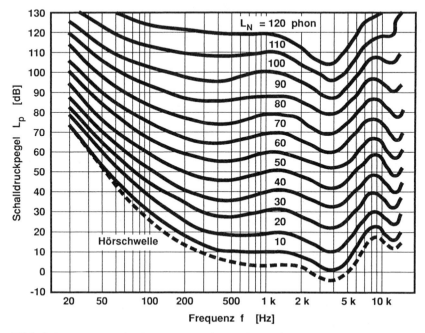

Bild 3.1 *Kurven gleicher Lautstärkepegel L_N für Sinustöne im freien Schallfeld [513] [648]*

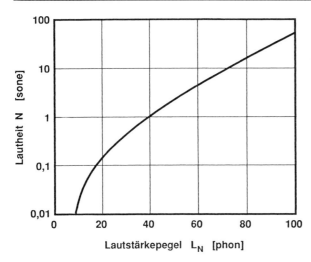

Bild 3.2 Zusammenhang zwischen Lautheit N und Lautstärkepegel L_N [44]

nötig, um den gleichen Lautstärkeeindruck wie bei 1000 Hz zu erzielen. Die größte Empfindlichkeit besitzt das Gehör bei etwa 4000 Hz.

Zwar eignet sich der Lautstärkepegel gut zur Kennzeichnung der wahrgenommenen Lautstärke eines Geräusches, doch sind Lautstärkeunterschiede damit nur unbefriedigend zu kennzeichnen. Während sich nämlich der Lautstärkeeindruck bei Lautstärkepegeln von mehr als etwa 40 phon bei einer Erhöhung um ungefähr 10 phon verdoppelt, bewirken unter 20 phon bereits Zunahmen um ca. 5 phon eine Verdopplung. Um diesem Umstand gerecht zu werden, wurde eine **Lautheitsskala** eingeführt. Die **Lautheit** N wird in sone angegeben. Die Erhöhung der Lautheit um 1 sone bedeutet stets eine Verdopplung des Lautstärkeeindruckes. Einem Lautstärkepegel von 40 phon wurde willkürlich die Lautheit 1 sone zugeordnet. Bild 3.2 verdeutlicht das rasche Anwachsen der Lautheit bei niedrigen Lautstärkepegeln und ihren geringeren Anstieg bei hohen.

Um in der Praxis der technischen Akustik, insbesondere bei der Lärmbekämpfung, das Frequenzverhalten des Gehörs nachzubilden, erschien die Kurvenschar des Bildes 3.1 als zu kompliziert. Man hat sich statt dessen darauf geeinigt, als praxisgerechte Näherung nur die drei auf Bild 3.3 dargestellten Frequenzbewertungskurven zu verwenden. Kurve A gilt für niedrige ($L_N \approx 40$ phon), Kurve B für mittlere ($L_N \approx 80$ phon) und Kurve C für hohe Lautstärkepegel ($L_N \approx 100$ phon). Die übliche Darstellung der Bewertungskurven erfolgt reziprok zu der der Kurven gleicher Lautstärke. Auf diese Weise werden diejenigen Korrekturwerte angegeben, um die Terz- oder Oktavbandschalldruckpegel eines Geräuschspektrums bei den jeweiligen Band-Mittenfrequenzen abgesenkt oder erhöht werden müssen, damit sie zum Lautstärkeeindruck des gesamten Geräusches in einem Maße beitragen, welches der Frequenzabhängigkeit des Gehörs entspricht. Tabelle 3.1 enthält diese Korrekturen als Zahlenwerte.

In Schallpegelmessern sind Bewertungnetzwerke eingebaut, die es ermöglichen, A-, B- und C- bewertete Schalldruckpegel zu messen [683]. Man kennzeichnet diese **bewerteten Schalldruckpegel** durch entsprechende Indizes als L_A, L_B und L_C und verwendet die Einheiten dB(A), dB(B) und dB(C). Auch rechnerisch läßt sich bei gegebenem Spektrum eines Geräusches unter Verwendung der Zahlenwerte der Tabelle 3.1 eine Frequenzbewertung vornehmen und dann mittels der Regeln für die Pegeladdition z. B. mit Bild 2.5 oder nach Gl. (2.11) der bewertete Gesamtschalldruckpegel bestimmen. Die folgende Tabelle zeigt das an einem Beispiel.

3.1 Lautstärke

Tabelle 3.1 Schalldruckpegelkorrekturwerte der Frequenzbewertungskurven [683]

Frequenz [Hz]	Schalldruckpegelkorrektur ΔL		
	Kurve A [dB]	**Kurve B** [dB]	**Kurve C** [dB]
16	−56,7	−28,5	− 8,5
20	−50,5	−24,2	− 6,2
25	−44,7	−20,4	− 4,4
31,5	−39,4	−17,1	− 3,0
40	−34,6	−14,2	− 2,0
50	−30,2	−11,6	− 1,3
63	−26,2	− 9,3	− 0,8
80	−22,5	− 7,4	− 0,5
100	−19,1	− 5,6	− 0,3
125	−16,1	− 4,2	− 0,2
160	−13,3	− 3,0	− 0,1
200	−10,9	− 2,0	0
250	− 8,6	− 1,3	0
315	− 6,6	− 0,8	0
400	− 4,8	− 0,5	0
500	− 3,2	− 0,3	0
630	− 1,9	− 0,1	0
800	− 0,8	0	0
1 000	0	0	0
1 250	0,6	0	0
1 600	1,0	0	− 0,1
2 000	1,2	− 0,1	− 0,2
2 500	1,3	− 0,2	− 0,3
3 150	1,2	− 0,4	− 0,5
4 000	1,0	− 0,7	− 0,8
5 000	0,5	− 1,2	− 1,3
6 300	− 0,1	− 1,9	− 2,0
8 000	− 1,1	− 2,9	− 3,0
10 000	− 2,5	− 4,3	− 4,4
12 500	− 4,3	− 6,1	− 6,2
16 000	− 6,6	− 8,5	− 8,5
20 000	− 9,3	−11,2	−11,2

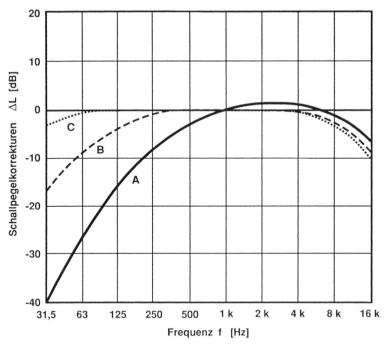

Bild 3.3 Frequenzbewertungskurven A, B und C [683]

Beispiel

Oktavband-Mitten-frequenz f_m [Hz]	63	125	250	500	1000	2000	4000	8000
Spektrum (Eisenbahngeräusch) L_{okt} [dB]	81,5	74,2	77,6	86,3	90,5	89,7	80,0	66,2
Pegelkorrektur (A-Bewertung) nach Tabelle 3.1 ΔL [dB]	−26,2	−16,1	−8,6	−3,2	0	+1,2	+1,0	−1,1
A-bewertetes Spektrum $L_{A\,okt}$ [dB(A)]	55,3	58,1	69,0	83,1	90,5	90,9	81,0	65,1

Die Pegeladdition mit Gl.(2.11) ergibt

$$\Sigma L_{A\,okt} = L_A = 10 \lg (10^{55,3/10} + 10^{58,1/10} + 10^{69,0/10} + 10^{83,1/10} + 10^{90,5/10}$$

$$+ 10^{90,9/10} + 10^{81,0/10} + 10^{65,1/10}) = 94,3 \quad dB(A)$$

Die Rechnung verdeutlicht, daß der relativ hohe spektrale Anteil der tiefen Frequenzen für den A-bewerteten Gesamtschalldruckpegel praktisch keinen Beitrag liefert. Für eine gehörgemäße Lautstärkebewertung hätte man für das gewählte Geräuschbeispiel mit einem Lautstärkepegel mittlerer Höhe eigentlich auch besser die B-Bewertung benutzen müssen. In der Lärmbekämpfung wird aber fast ausschließlich die A-Bewertung verwendet. In Form von A-bewerteten Schalldruckpegeln sind in Vorschriften und Richtlinien [19] [21] [23] [27] [30] [31] [32] [33] [41] [619] [628] [704] [705] [706] [730] [763] [767] Grenzwerte, Richtwerte oder Anhaltswerte für zulässige Geräuschpegel außerhalb von Gebäuden und im Inneren am Aufenthaltsort von Menschen festgelegt. Da es sich dabei vorzugsweise um niedrige Schalldruckpegel handelt, ist die A-Bewertung angemessen. Ihre generelle Verwendung erleichtert den Vergleich mit diesen Grenzwerten und liefert einheitliche Meß- und Rechenergebnisse, die in der Praxis gut handhabbar sind. Zur Kennzeichnung von Geräuschemissionen wird aus diesem Grunde neben dem Terz- oder Oktavspektrum des Schalleistungspegels als Einzahlangabe der A-bewertete Schalleistungspegel L_{WA} genutzt [531].

Die **Hörbarkeit der Frequenzunterschiede** von Tönen ist in großem Maße individuellen Schwankungen unterworfen. Geübte Musiker bemerken bei mittleren Tonlagen bereits Frequenzabweichungen von etwa 1 Hz. Als Grundstimmung für die musikalische Skala ist der Kammerton a^1 auf 440 Hz festgelegt worden. Sinfonieorchester erhöhen die Stimmung im allgemeinen um wenige Hz, und das wird bereits als besonders brillianter Klang empfunden. Als Mittelwert werden ungefähr 2% Frequenzänderung als gerade hörbar genannt und insgesamt ca. 850 Tonhöhenstufen unterschieden [42] [43] [44]. Das Maximum einer Dissonanzempfindung benachbarter Töne liegt hingegen bei etwa 10% der jeweiligen Frequenz, bei c (130,8 Hz) beispielsweise in einem Frequenzabstand von ca. 15 Hz.

Die **Hörbarkeit von Frequenz- und Lautstärkeschwankungen** wird bei zunehmendem Schalldruckpegel eines Geräusches erleichtert. An der Hörschwelle werden erst Pegeländerungen von etwa 4 dB hörbar, bei 80 dB hingegen bereits solche von ungefähr 0,5 dB. Die Hörbarkeit derartiger Schwankungen hängt auch von dem Zeittakt ab, in dem sie erfolgen. Bereits ab ca. 5 Schwankungen je s wird ein Mittelwert der Tonhöhe oder Lautstärke empfunden. Aber bis zu ungefähr 20 Schwankungen je s bleibt ein Eindruck von Rauhigkeit erhalten.

Eine Verschiebung der Geräuschwahrnehmungsgrenze über die Hörschwelle nach Bild 3.1 hinaus kann dadurch zustande kommen, daß ein Geräusch durch ein anderes, lauteres verdeckt wird. Bei Geräuschen im gleichen Frequenzbereich ist diese **Verdeckung** besonders ausgeprägt. Erst wenn der Schalldruckpegel eines zweiten Geräusches hierbei nur noch etwa 10 bis 20 dB unter dem des ersten liegt, wird es wahrgenommen, auch wenn die Hörschwelle weit überschritten ist. Eine Besonderheit des Gehörs besteht darin, daß bei großen Schalldruckpegeln durch einen Störton bestimmter Frequenz höherfrequente Geräusche stärker verdeckt werden als tieferfrequente.

Es gibt heute geeignete Rechenverfahren, grafische Methoden und auch Meßeinrichtungen, die es ermöglichen, den Lautstärkepegel oder die Lautheit eines Geräusches in wesentlich besserer Übereinstimmung mit der Lautstärkeempfindung zu bestimmen, als das anhand des A-bewerteten Schalldruckpegels geschieht [649]. Aus anwendungstechnischen Gründen (Einfachheit, Vergleichbarkeit) und wegen ihrer internationalen Verbreitung war die A-Bewertung aber bisher nicht ersetzbar.

3.1.2 Zeiteinflüsse

Die bisherigen Betrachtungen zum Lautstärkeeindruck bezogen sich auf kontinuierlich gleichbleibende Geräuscheinwirkungen. Übliche Geräusche sind aber vielfach impulsiv oder zeitlich schwankend. Bei ihrer Bewertung spielen die dynamischen Eigenschaften des Gehörs und Eigenheiten der Langzeitmittelung eine Rolle.

3.1.2.1 Kurzzeiteinwirkungen (Impulse, Reflexionen)

Das Gehör besitzt Trägheitseigenschaften. Diese bewirken, daß beim Eintreffen eines Schallsignales dessen tatsächlicher Schalldruckpegel erst nach einer gewissen Einschwingzeit voll wahrgenommen wird. Diese unterliegt starken individuellen Schwankungen. Als Mittelwert für die **Zeitkonstante des Einschwingvorganges** im Gehör werden 35 ms angesetzt [45] [46]. In Schallpegelmessern bezeichnet man die Dynamik, die diese Zeitkonstante besitzt, als Zeitbewertung „Impuls" *I*. Damit kann der Schalldruckpegel auch von Impulsen gehörrichtig gemessen werden. Daneben sind in Schallpegelmessern die Zeitbewertungen „fast" und „slow" üblich [683], die längeren Zeitkonstanten entsprechen (125 ms und 1 s). Die mit ihnen bei Schallimpulsen gewonnenen Meßwerte sind zu niedrig, bei 10 ms Impulsdauer für „fast" etwa um 6 dB. Bei Dauergeräuschen bieten sie aber infolge geringerer Schwankungen des Meßwertes meßtechnische Vorteile, und da sie hierbei zu gleichen Ergebnissen führen, werden sie vorrangig verwendet. Die Kennzeichnung der benutzten Zeitbewertung erfolgt wie bei der Frequenzbewertung durch Indizes, bei gleichzeitiger A-Bewertung von Schalldruckpegeln also z. B. L_{AI} für **„Impuls"**, L_{AF} für **„fast"** und L_{AS} für **„slow"**. Die entsprechenden Einheiten werden als dB(AI), dB(AF) und dB(AS) angegeben. Fehlt bei Pegelangaben ein Hinweis auf die Zeitbewertung, dann ist vereinbarungsgemäß stets „fast" gemeint.

In Schallpegelmessern ist heute vielfach auch die Möglichkeit vorgesehen, Spitzenwerte des Schalldruckpegels möglichst genau zu bestimmen. Für diese Zeitbewertung „Spitze" (**„peak"**) sind Zeitkonstanten von ca. 50 µs gebräuchlich. Eine weitere Form der Zeitbewertung besteht in der Anwendung des Taktmaximalpegel-Verfahrens. Das Geräusch wird dabei in gleichlange Zeitbereiche (**„Takte"**) unterteilt. In jedem Zeitbereich wird mit der Zeitbewertung „fast" der Maximalwert, der sog. Taktmaximalpegel L_{FT} bestimmt. Die Taktzeit wird zwischen 3 und 5 s gewählt [21] [658] [662].

Im Hinblick auf die Wahrnehmung von Sprache und Musik ist nicht nur das Einschwingen des Gehörs, sondern auch sein **Ausschwingverhalten** und das Reagieren auf in kurzen Zeitabständen **aufeinanderfolgende Schallsignale** von Bedeutung. Nach Beenden einer Geräuscheinwirkung klingt der Lautstärkepegel im Gehör (praktisch unabhängig von der Frequenz) mit etwa 9 phon je 50 ms ab. Das ist einer Nachhallzeit (s. Abschn. 4.3.2.2) von ungefähr 0,35 s äquivalent. Kurzzeitig nachfolgende Geräusche entsprechend niedrigen Schalldruckpegels und geringer Dauer werden hierdurch verdeckt, können also nicht wahrgenommen werden. Schallimpulsfolgen, deren Abstände kleiner als etwa 5 bis 10 ms sind, werden infolge der Verdeckungswirkung nicht unterschieden. In besonderem Maße treten Verdeckungserscheinungen bei den üblicherweise längeren Abklingvorgängen (Nachhallzeiten) auf, die in Räumen durch Reflexionen verursacht werden.

Vergrößern sich die zeitlichen Abstände zwischen zwei gleichartigen Geräuschen, etwa zwischen dem Direktschall und einer Reflexion, so wird das von einem bestimmten Zeitpunkt an als störend empfunden. Man nennt diesen Zeitpunkt **Verwischungsschwelle**. Diese ist vor allem bei Sprache eine markante Grenze für die Laufzeitdifferenz zwischen Direktschall und Reflexionen, oberhalb der eine Verständlichkeitsminderung eintritt. Die Verwischungsschwelle hängt vor allem vom Verhältnis der Schalldrücke von Primär- und Folgegeräusch, von der Nachhallzeit des betreffenden Raumes und bei Sprache auch von der Sprechgeschwindigkeit ab. Praktische Werte der Verwischungsschwelle für Sprache liegen etwa zwischen 30 und 100 ms. Bei der raumakustischen Planung ist es üblich, mit einem Mittelwert von 50 ms als Grenze zwischen nützlichen und störenden Reflexionen zu arbeiten. Bei Musik ist eine Verwischungsschwelle als Zeitgrenze störender Reflexionen weniger ausgeprägt. Sie wird von vielen anderen, auch subjektiven Faktoren beeinflußt. Als Grenze zwischen Reflexionen, durch die Klarheit und Durchsichtigkeit der Musik gefördert werden, und solchen, die zu größerer Räumlichkeit der Schallwahrnehmung beitragen, wird bei der Planung mit 80 ms gerechnet (s. Abschn. 4.3.2.4). Seitlich einfallende Reflexionen tragen schon nach

3.1 Lautstärke

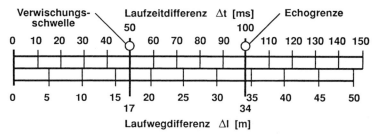

Bild 3.4 Laufzeit- und Laufwegdifferenz

kürzeren Zeitabständen zum Direktschall, etwa von 25 ms an, zur Erhöhung des Raumeindruckes bei.

Wenn sich der zeitliche Abstand zwischen Primärschall und einer Reflexion über die Verwischungsschwelle hinaus weiter vergrößert, kommt es schließlich zu einem **Echo**. Die Reflexion wird als getrenntes Schallereignis wahrgenommen. Das ist auf jeden Fall störend und muß daher bei der raumakustischen Planung vermieden werden. Auch für den Zeitpunkt der Echowahrnehmung gibt es aufgrund vielfältiger Einflüsse einen breiten Streubereich [47]. Bei Sprache wird üblicherweise vereinfachend mit 100 ms als **Echogrenze** gerechnet.

Auf Bild 3.4 zeigt eine Grafik den Zusammenhang zwischen Zeitdifferenzen von Schallsignalen und Wegdifferenzen, wie er sich für eine Schallausbreitungsgeschwindigkeit von 340 m/s ergibt. Der Verwischungsschwelle von 50 ms entspricht eine Wegdifferenz von 17 m. Das ist als Grenze für störende Reflexionen bei Sprache eine äußerst wichtige geometrische Planungsgröße für viele Raumkategorien (s. Abschn. 4.4). Echos sind nach Bild 3.4 bei Wegunterschieden zweier Schallsignale von mehr als etwa 34 m zu erwarten.

3.1.2.2 Langzeitschwankungen (Mittelung)

Bei vielen praktischen Geräuschen ist der Schalldruckpegel nicht zeitlich konstant, sondern unterliegt Schwankungen, wie etwa bei den meisten Arbeitsgeräuschen an Maschinen oder beim Straßenverkehr. Häufig treten Geräusche auch nur zeitweise auf, wie z. B. bei Bahnvorbeifahrten oder Überflügen. Um ein solches Geräusch hinsichtlich seiner Einwirkung auf den Menschen richtig zu bewerten, sucht man nach dem Schalldruckpegel eines Dauergeräusches, dessen Wirkung der des schwankenden Geräusches äquivalent ist. Für eine solche Definition ist es entscheidend, welcher Äquivalenzparameter zugrundegelegt wird, d. h. welcher Schalldruckpegelminderung die Halbierung der Zeiteinwirkung eines Geräusches äquivalent sein soll. Bei subjektiven Untersuchungen zur Störwirkung von Geräuschen hat sich ein Äquivalenzparameter (auch Halbierungsparameter) $q = 3$ dB als geeigneter Mittelwert erwiesen. Mit diesem läßt sich ein **äquivalenter Dauerschallpegel**

$$L_{eq} = 10 \lg \sum_{j=1}^{k} \frac{t_j}{T} 10^{\frac{L_{p,j}}{10}} \quad \text{dB} \tag{3.1}$$

oder allgemeiner

$$L_{eq} = 10 \lg \frac{1}{T} \int_{0}^{T} 10^{\frac{L_p(t)}{10}} dt \quad \text{dB} \tag{3.2}$$

definieren. Dabei sind

T Gesamtzeit, Beobachtungszeit oder Mittelungszeit in s
t_j Zeiträume in s, in denen jeweils Schalldruckpegel L_{pj} vorhanden sind.
$L_p(t)$ zeitabhängiger Schalldruckpegel in dB

Beispiel

Treten während einer Gesamtzeit von $T = 500$ min in den Zeiträumen $t_1 = 300$ min, $t_2 = 100$ min und $t_3 = 100$ min Schalldruckpegel $L_{p1} = 50$ dB, $L_{p2} = 70$ dB und $L_{p3} = 75$ dB auf, so ist nach Gl. (3.1):

$$L_{eq} = 10 \lg (0{,}6 \cdot 10^5 + 0{,}2 \cdot 10^7 + 0{,}2 \cdot 10^{7{,}5}) \ dB$$
$$= 10 \lg (8{,}38 \cdot 10^6) \ dB = 69{,}2 \ dB \ .$$

Der äquivalente Dauerschallpegel nach Gln. (3.1) und (3.2) stellt wegen des Äquivalenzparameters $q = 3$ dB eine energetische Mittelung dar (energieäquivalenter Dauerschallpegel). In bestimmten Regelwerken wird er als **Mittelungspegel** L_m bezeichnet. Er kann natürlich auch unter Verwendung frequenz- und zeitbewerteter Schalldruckpegel gebildet werden. Lärmgrenzwerte werden meist in Form von AF-bewerteten äquivalenten Dauerschallpegeln $L_{A \ eq}$ (L_{Am}) festgelegt [658] [662]. In manchen praktischen Fällen erweisen sich von $q = 3$ dB abweichende Äquivalenzparameter als besser zur Charakterisierung von Lärmwirkungen geeignet (z. B. $q = 4$ dB für Fluglärm, $q = 6$ dB für die Gehörschädlichkeit). Allgemein gilt die Definitionsgleichung

$$L_{eq} = \frac{q}{0{,}3} \cdot \lg \frac{1}{T} \int_0^T 10^{0{,}3 \cdot \frac{L_p(t)}{q}} \, dt \quad \text{dB} \tag{3.3}$$

Manchmal ist zur genaueren Kennzeichnung schwankender Geräusche Auskunft darüber erwünscht, in welchen Teilzeiträumen einer Mittelungszeit Überschreitungen bestimmter Grenzschalldruckpegel auftreten. Hierzu wird eine Klassierung des Geräusches vorgenommen, und es werden diejenigen sogenannten **Perzentilpegel** (auch Summenhäufigkeitspegel) gewonnen, die während bestimmter, in Prozent angegebener Teilzeiten überschritten werden. Beispielsweise kennzeichnet ein Perzentilpegel L_1 einen in nur 1% der Mittelungszeit überschrittenen Maximalwert, ein Perzentilpegel L_{95} hingegen einen in 95% der Mittelungszeit vorhandenen Schalldruckpegel, etwa einen Störgeräuschpegel [738]. Ein Perzentilpegel L_{50} ist näherungsweise gleich dem Mittelungspegel L_m.

Für **Grenzwertfestlegungen zwecks Lärmimmissionschutz und am Arbeitsplatz** benötigt man **Beurteilungszeiträume** T_r, für die diese Grenzen gelten sollen. Für den Wohn- und Freizeitbereich ist zwischen am Tage (6.00 bis 22.00 Uhr; $T_r = 16$ h) und nachts (22.00 bis 6.00 Uhr; $T_r = 8$ h) einwirkenden Geräuschen zu unterscheiden, da das Ruhebedürfnis in der Nacht natürlich größer ist. Vielfach wird für die Beurteilung nächtlicher Geräuscheinflüsse auch die kritischste Stunde des o. g. Zeitraumes (bei Straßenverkehr meist die Stunde zwischen 5.00 und 6.00 Uhr) herangezogen. Für eine Arbeitsschicht verwendet man üblicherweise eine Beurteilungszeit von $T_r = 8$ h (s. Abschn. 4.2.1).

Als Lärmgrenzwerte sind meist A-bewertete äquivalente Dauerschallpegel $L_{A \ eq}$ (A-bewertete Mittelungspegel L_{Am}) für die Beurteilungszeiträume T_r festgelegt, ergänzt durch eine Reihe von Koeffizienten K_j (in dB), die für den speziellen Fall weitere Einflußgrößen auf die Störwirkung des jeweiligen Geräusches erfassen sollen. Der um diese Einflußgrößen erweiterte äquivalente Dauerschallpegel wird als **Beurteilungspegel** $L_{A \ rd}$ bezeichnet. Es ist

$$L_{A \ rd} = L_{A \ eq} + \Sigma K_j \quad \text{dB} \tag{3.4}$$

3.1 Lautstärke

Wichtige Einflüsse sind auffällige **Impulshaltigkeit**, **Tonalität** und **Informationshaltigkeit**. Je nach Stärke werden Koeffizienten K_I, K_{Ton} und K_{inf} von 3 bis 6 dB(A) eingesetzt. Auch für bestimmte örtliche Situationen oder für die Eigenart der Geräuschquelle kommen manchmal Einflußkoeffizienten zum Einsatz, die negative oder positive Werte in der Größenordnung bis zu ±3 dB(A) sein können. Für Einwirkungen während bestimmter Ruhezeiten an Tagen, z. B. an Sonn- und Feiertagen werden Koeffizienten K_R von 6 dB(A) angesetzt.

Zur **Bewertung von Arbeitsplatzlärm** begnügt man sich vielfach nicht mit einem Beurteilungspegel $L_{A\,rd}$ für eine Arbeitsschicht, sondern sucht nach einem wöchentlichen Mittelwert $L_{A\,rw}$. Das geschieht anhand folgender Gleichung, wobei $L_{A\,rdj}$ die Beurteilungspegel der fünf einzelnen Tage der Arbeitswoche darstellen:

$$L_{A\,rw} = 10 \lg \frac{1}{5} \Sigma\, 10^{\frac{L_{A\,rdj}}{10}} \quad \text{dB} \tag{3.5}$$

3.1.3 Richtungswahrnehmung

Die Wahrnehmung der Richtung, in der sich eine Schallquelle befindet, erfolgt in erster Linie durch Auswertung der Schalldruckunterschiede und der Laufzeitdifferenzen der die beiden Ohren treffenden Schallsignale [48] [49]. **Schalldruckunterschiede** kommen bei seitlichem Schalleinfall durch die Hinderniswirkung des Kopfes für das von der Quelle entferntere Ohr zustande. Bei Sprache beträgt der Schalldruckunterschied zwischen beiden Ohren in horizontaler Ebene im Winkelbereich von etwa 45° bis 135° ungefähr 6 bis 8 dB. Das Entstehen einer **Laufzeitdifferenz** zwischen den Ohren ist auf Bild 3.5 skizziert, ebenfalls für Schalleinfall in der horizontalen Ebene. Bis zu einem Schalleinfallswinkel von etwa 45° genügt bereits eine Laufzeitdifferenz von 35 μs (Laufwegdifferenz ca. 1 cm), um eine Änderung der Schalleinfallsrichtung wahrzunehmen. Das bedeutet Winkelabweichungen von nur etwa 3°. Bei Schalleinfallswinkeln von mehr als 45° werden die Wahrnehmbarkeitsstufen etwas größer.

In vertikaler Ebene um den Kopf kann die Position von Schallquellen anhand von Lautstärkedifferenzen aus geometrischen Gründen nicht geortet werden. Durch geringfügige, in der Regel unbewußt ausgeführte Kipp- und Nickbewegungen des Kopfes lassen sich hierfür Richtungsinformationen gewinnen. Zur Ortung, insbesondere zur Unterscheidung, ob sich eine Schallquelle vorn oder hinten befindet, trägt außerdem die Frequenzabhängigkeit der Abschirmwirkung des Kopfes und der Ohrmuscheln bei. Für gleichartige Schallquellen vor

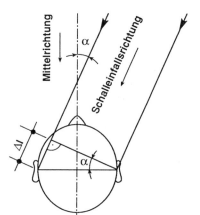

Bild 3.5 *Laufwegdifferenz Δl zwischen beiden Ohren bei schrägem Schalleinfall [6]*

und hinter dem Kopf ergeben sich in Frequenzbereichen bei etwa 1 kHz und bei etwa 8 kHz von hinten um ungefähr 2 bis 4 dB höhere Schalldruckpegel am Trommelfell als von vorn. Das ist umgekehrt in Frequenzbereichen von etwa 250 bis 500 Hz, bei ungefähr 2 kHz und 4 kHz sowie oberhalb von 8 kHz. Einen Beitrag zur Ortung liefert diese Frequenzabhängigkeit vor allem für typische Geräusche, deren Spektrum das Gehör gewohnt ist.

Vor allem in der Raumakustik ist das Verhalten des Gehörs bei gleichzeitiger **Wahrnehmung mehrerer Schallquellen** bedeutungsvoll. Befinden sich zwei gleiche Schallquellen, die kohärente Schallsignale abstrahlen, in ein- und demselben Abstand vom Hörer, so entsteht ein Mitteneindruck. Im Ergebnis dieses sog. **Summenlokalisationseffektes** wird also nur eine fiktive Schallquelle auf der Winkelhalbierenden wahrgenommen. Ist eine der beiden Schallquellen lauter als die andere, so liegt die fiktive Quelle näher in deren Richtung. Wird das Signal einer der beiden Quellen zeitverzögert, so verschiebt sich die Lage der fiktiven Quelle in Richtung auf die früher einwirkende. Das gilt aber nur bis zu Zeitverzögerungen von etwa 1 bis 5 ms. Größere Zeitverzögerungen bis zu ungefähr 25 bis 50 ms haben zur Folge, daß nur noch die früher einwirkende Quelle geortet wird. Man bezeichnet das als **Gesetz der ersten Wellenfront** (auch Precedence- oder *Haas*-Effekt). Es wird nur die Schalleinfallsrichtung des Primärschalles wahrgenommen, und das selbst dann, wenn das verzögert eintreffende Schallsignal um 5 bis 10 dB höhere Schalldruckpegel aufweist. Das bedeutet, daß die Schallquelle in einem Auditorium durch kurzzeitige Reflexionen verstärkt wird (s. Abschn. 4.3.2.4), ohne daß sich der Richtungseindruck der Schallwahrnehmung ändert. In der Beschallungstechnik läßt sich das Gesetz der ersten Wellenfront dazu nutzen, den Schalldruckpegel vor allem im hinteren Zuhörerbereich durch Lautsprecher, die mit entsprechender Verzögerung betrieben werden, zu erhöhen, ohne daß diese geortet werden. Von dieser Möglichkeit wird bei Beschallungsanlagen für große Auditorien und für Freilichtbühnen in umfangreichem Maße Gebrauch gemacht [12].

Erhöht sich die Zeitverzögerung eines Sekundärschalles über 25 bis 50 ms hinaus, so wird ein **räumlicher Eindruck** hervorgerufen. Das ist bei Schalleinfall aus der horizontalen Ebene besonders ausgeprägt. Seitliche Schallsignale bewirken bereits bei etwa 10 dB niedrigerem Schalldruckpegel als frontal einfallender Schall den gleichen Raumeindruck. Das ist Ursache dafür, daß infolge kräftiger früher seitlicher Reflexionen schmale Konzertsäle (z. B. „Schuhkartonform") wegen ihres guten Raumeindruckes besonders beliebt sind.

3.2 Lärm

3.2.1 Auswirkungen von Lärmeinflüssen

Lärm ist schädigender oder störender Schall, und er ist damit von zahlreichen subjektiven Einflußfaktoren abhängig. Unter **Lärmschädigung** wird die Verursachung eines Hörschadens, vor allem das Entstehen einer Lärmschwerhörigkeit verstanden. Nach wie vor ist das eine der am häufigsten anerkannten Berufskrankheiten. **Lärmstörungen** sind Belästigungen, die vegetative Veränderungen hervorrufen und die vorzugsweise in Form von Schlafstörungen, von beeinträchtigter Konzentration und dadurch verminderter Leistungsfähigkeit sowie von verschlechterten Kommunikationsbedingungen und Hörverhältnissen auftreten.

In der Regel ist das Ausmaß der schädigenden oder störenden Lärmwirkung der Lautstärke und der Einwirkungsdauer von Geräuschen proportional. Der A-bewertete äquivalente Dauerschallpegel $L_{A\,eq}$ und der Beurteilungspegel $L_{A\,rd}$ sind daher im allgemeinen geeignete **Bewertungsmaße für Lärm**. Bei Lärmstörungen tritt aber daneben eine situationsbedingte Lästigkeitskomponente auf, die durch Umgebungsbedingungen, Informationsgehalt der

3.2 Lärm

Schallsignale, gerade ausgeführte Tätigkeit, persönliche Verfassung, Einstellung zu den gehörten Geräuschen u. a. bedingt ist. Die Störwirkung dieser Einflüsse ist natürlich sehr starken Schwankungen unterworfen und auch individuell unterschiedlich, und damit sind in Regelwerken angegebene Grenzen für zulässige Belästigungspegel nur grobe Verallgemeinerungen. Meist wurden sie aus der Häufigkeit von Beschwerden und Einsprüchen gegen typische Geräuscheinwirkungen abgeleitet. Eine grobe Zuordnung von Richtwerten äquivalenter Dauerschallpegel, oberhalb derer mit bestimmten Lärmwirkungen zu rechnen ist, kann man wie folgt vornehmen [50]:

Schlafstörungen	$L_{A\ eq} \geq$ 30 bis 40 dB(A)
Kommunikationsstörungen	$L_{A\ eq} \geq$ 40 bis 85 dB(A)
Konzentrationsstörungen	$L_{A\ eq} \geq$ 45 bis 85 dB(A)
Bevölkerungsreaktionen (20%)	$L_{A\ eq} \geq$ 45 dB(A)
Vegetative Wirkungen	$L_{A\ eq} \geq$ 60 bis 85 dB(A)
Bevölkerungsreaktionen (30 bis 70%)	$L_{A\ eq} \geq$ 65 dB(A)
Hörschäden	$L_{A\ eq} \geq$ 85 dB(A)

3.2.2 Lärmschwerhörigkeit und Grenzwerte für den Arbeitsplatz

Akute Hörschäden werden vor allem durch kurze, impulsartige Geräusche mit hohem Schalldruckpegel verursacht, insbesondere durch Knalle (z. B. Schüsse) oder Explosionen. Spitzenwerte des Schalldruckpegels von mehr als 140 dB können zu direkten Verletzungen des Mittelohres (z. B. Zerreißen des Trommelfelles) oder zu Schädigungen des Innenohres führen [51].

Die **Entstehung einer Lärmschwerhörigkeit im Arbeitsprozeß** hingegen ist ein kontinuierlicher Vorgang, der durch jahrelange Lärmexposition hervorgerufen wird. Lärmeinwirkungen verursachen zunächst eine reversible Verschiebung der Hörschwelle (TTS: Temporary Threshold Shift) nach höheren Werten hin, die sich in der Zeit von Lärmpausen ($L_{A\ eq} \leq$ 70 dB(A)), also vor allem nachts, zurückbildet. Ist die Rückbildung nicht vollständig, weil die Exposition zu hoch oder die Pause zu kurz war, dann entsteht durch deren Kumulation eine permanente Hörschwellenverschiebung (PTS: Permanent Threshold Shift) und damit ein bleibender Hörverlust, der mit der Zeit mehr und mehr zunimmt. Dieses sog. „Dosisprinzip" der Herausbildung einer Lärmschwerhörigkeit führt nach etwa 10 Jahren Lärmexposition zu einer PTS, die ungefähr der TTS nach einem Arbeitstag entspricht.

Als **Grenzwert** des Beurteilungspegels für Lärmeinwirkungen am Arbeitsplatz sind 85 dB(A) festgelegt [41] [52] [705] (s. Abschn. 4.2.1). Dabei ist bekannt, daß zur Bewertung von Geräuschen hinsichtlich des Entstehens eines Hörschadens ein äquivalenter Dauerschallpegel mit einem Äquivalenzparameter $q = 6$ dB besser geeignet wäre [53]. Der Einheitlichkeit wegen wird aber auch hier $q = 3$ dB verwendet. Die persönliche Disposition spielt bei der Entstehung eines Hörschadens durch Lärmeinwirkungen eine bedeutende Rolle. Deshalb sind bei Lärmexponierten regelmäßige **arbeitsmedizinische Vorsorgeuntersuchungen** erforderlich [705]. Eine grobe Zuordnung der Grenzwerte äquivalenter Dauerschallpegel zu Zeiträumen, nach denen eine als **Berufskrankheit** anerkannte Lärmschwerhörigkeit zu erwarten ist, kann man wie folgt vornehmen:

$L_{A\ eq} \geq$ 85 dB(A)	nach etwa 15 Jahren
$L_{A\ eq} \geq$ 90 dB(A)	nach etwa 10 Jahren
$L_{A\ eq} \geq$ 100 dB(A)	nach etwa 5 Jahren

Die Entstehung eines Hörschadens beschränkt sich anfangs auf ein relativ schmales Frequenzgebiet um 4000 Hz (c_5-Senke; PTS_4) und ist in diesem frühen Zustand kaum bemerkbar. Bei Fortdauer der Lärmexposition weitet sich dieses Gebiet nach tiefen und hohen Frequenzen hin aus. Die Anerkennung eines Hörschadens als Berufskrankheit erfolgt im allgemeinen dann, wenn im Frequenzgebiet von 3000 Hz eine Verschiebung der Hörschwelle (PTS_3) um 40 dB vorliegt. In diesem Zustand ist die akustische Kommunikationsfähigkeit des Lärmschwerhörigen bereits eingeschränkt. Infolge schlechterer Wahrnehmung der hohen Frequenzen leidet die Verständlichkeit der Konsonanten (s. Bild 2.10). Hintergrundgeräusche machen sich besonders störend bemerkbar [51].

Maßnahmen zum vorbeugenden Schutz vor Lärmschwerhörigkeit sind in **Rechtsvorschriften** geregelt [41] [705] (s. Abschn. 4.2.1).

3.2.3 Lästigkeit von Lärm und Grenzwerte für den Immissionsschutz

Vegetative Reaktionen infolge von Geräuscheinwirkungen sind im Wachzustand bei Schalldruckpegeln ab einer Größenordnung von 60 dB(A), im Schlaf näherungsweise bereits ab 30 bis 40 dB(A) nachweisbar. Solche Reaktionen sind die Beschleunigung der Herzfrequenz, die Erhöhung des Blutdruckes, die Herabsetzung der Hauttemperatur, die Erweiterung der Pupillen und die Steigerung des Stoffwechsels. Als Indikator dieser komplexen Einflüsse wird vielfach die Fingerpulsamplitude herangezogen. Die vegetativen Reaktionen sind unabhängig von der bewußten Wahrnehmung und damit auch nur sehr begrenzt gewöhnungsfähig. Zweifellos sind sie Auslöser von Streßreaktionen und stellen gesundheitliche Risikofaktoren dar, doch ist ein kausaler Zusammenhang mit speziellen Erkrankungen bisher nicht nachweisbar.

Schlafstörungen sind besonders schwerwiegende Auswirkungen von Lärmeinflüssen. Für etwa 10% der Betroffenen liegt die Aufweckgrenze für kontinuierliche Dauergeräusche bei maximalen Schalldruckpegeln von ungefähr 40 dB(A), für einzelne Schallereignisse bei etwa 50 dB(A). Bereits durch niedrigere Schalldruckpegel wird der Schlaf ungünstig beeinflußt, z. B. durch Reduzierung der Tiefschlafphasen, durch Hervorrufen zusätzlicher Körperbewegungen und durch vegetative Funktionsänderungen. In Schlafräumen sollen daher nachts für von außen eindringenden Schall und für Geräuschübertragungen einschließlich Körperschall aus dem Gebäude (nicht aus der eigenen Wohnung) Grenzwerte des Innengeräuschpegels von $L_{A\,eq}$ = 25 bis 30 dB(A) und von $L_{A\,max}$ = 35 bis 40 dB(A) in der kritischsten Nachtstunde eingehalten werden [21] [619] [704] [730]. Insgesamt ist durch Störung des Schlafes oder durch dessen zu geringe Erholungswirkung mit Leistungsminderungen und Beeinträchtigungen des Wohlbefindens an Folgetagen zu rechnen.

Die **Einschränkung der Konzentrationsfähigkeit** durch Lärmeinflüsse im Arbeitsprozeß kann sowohl zu vergrößertem Fehleranteil als auch zu verminderter Arbeitsintensität führen. Gegebenenfalls werden Unfallgefahren erhöht. Auch beim Lernprozeß sind infolge mangelnder Konzentration Beeinträchtigungen zu erwarten, die sich z. B. bei vergleichenden Leistungskontrollen in erhöhter Fehlerzahl zeigen [2]. Um diesen Einflüssen zu begegnen, sind bei überwiegend geistiger Tätigkeit Grenzwerte des Beurteilungspegels von 55 dB(A), bei einfachen Bürotätigkeiten u. ä. von 70 dB(A) festgelegt [52] (s. Abschn. 4.2.1).

Konzentrationsminderungen durch Geräuscheinwirkungen sind in hohem Maße einerseits von der Belästigkeitsrelevanz der ausgeübten Tätigkeit, andererseits von der Art der Störgeräusche abhängig. Das geht u. a. daraus hervor, das an Routinearbeitsplätzen abgespielte Musik, obwohl sie den Schalldruckpegel im Raum erhöht, durchaus stimulierend wirken kann. Ferner können sich Umgebungsgeräusche, die keinen Informationsgehalt besitzen, etwa Lüfter- oder Verkehrsgeräusche, als günstig erweisen, wenn sie informative Störgeräu-

3.2 Lärm

Tabelle 3.2 Schalltechnische Orientierungswerte für die städtebauliche Planung [628]

Art der Baugebiete	Beurteilungspegel $L_{A\,rd}$ [1])	
	tags [dB(A)]	nachts [dB(A)]
Reine Wohngebiete (WR), Wochenendhausgebiete, Ferienhausgebiete	50	40 bzw. 35 [2])
Allgemeine Wohngebiete (WA), Kleinsiedlungsgebiete (WS), Campingplatzgebiete	55	45 bzw. 40 [2])
Friedhöfe, Kleingartenanlagen, Parkanlagen	55	55
Besondere Wohngebiete (WB)	60	45 bzw. 40 [2])
Dorfgebiete (MD), Mischgebiete (MI)	60	50 bzw. 45 [2])
Kerngebiete (MK), Gewerbegebiete (GE)	65	55 bzw. 50 [2])
Sonstige schutzbedürftige Sondergebiete je nach Nutzungsart	45 bis 65	35 bis 65
Industriegebiete (GI)	kein Orientierungswert	

[1]) Beurteilungspegel nach [628] in dB
[2]) Die Werte gelten für jede einzelne Schallquellenart, der niedrigere jeweils für Industrie-, Gewerbe- und Freizeitlärm sowie für Geräusche vergleichbarer öffentlicher Betriebe

Tabelle 3.3 Immissionsgrenzwerte für den Neubau und für wesentliche Änderungen [1]) von öffentlichen Straßen [2]) und Schienenwegen [3]) [19]

Immissionsorte [4])	Beurteilungspegel $L_{A\,rd}$	
	tags [dB(A)]	nachts [dB(A)]
Krankenhäuser, Schulen, Kurheime, Altersheime	57	47
Reine Wohngebiete (WR), allgemeine Wohngebiete (WA), Kleinsiedlungsgebiete (WS)	59	49
Dorfgebiete (MD), Mischgebiete (MI), Kerngebiete (MK)	64	54
Gewerbegebiete (GE)	69	59

[1]) Wesentliche Änderungen sind:
— Erweiterung einer Straße um mindestens einen Fahrstreifen oder eines Schienenweges um mindestens ein Gleis,
— erheblicher baulicher Eingriff, durch den der Beurteilungspegel um mindestens 3 dB(A) bzw. auf mindestens 70 dB(A) tags oder 60 dB(A) nachts erhöht wird,
— erheblicher baulicher Eingriff, durch den der Beurteilungspegel von mindestens 70 dB(A) tags oder 60 dB(A) nachts erhöht wird (nicht für Gewerbegebiete).
[2]) Ermittlung der Lärmbelastung gemäß [22]
[3]) Ermittlung der Lärmbelastung gemäß [25]; „Schienenbonus" von 5 dB(A)
[4]) Der maßgebliche Immissionsort liegt vor Gebäuden mit zu schützenden Räumen in der Höhe deren Geschoßdecke und bei Außenwohnbereichen 2 m über deren Mitte

Tabelle 3.4 Immissionsgrenzwerte für Lärmschutzmaßnahmen an bestehenden Bundesfernstraßen [1]) [23]

Immissionsorte [2])	Beurteilungspegel $L_{A\,rd}$	
	tags [dB(A)]	nachts [dB(A)]
Krankenhäuser, Schulen, Kurheime, Altersheime, reine Wohngebiete (WR), allgemeine Wohngebiete (WA), Kleinsiedlungsgebiete (WS)	70	60
Dorfgebiete (MD), Mischgebiete (MI), Kerngebiete (MK)	72	62
Gewerbegebiete (GE)	75	65

[1]) Ermittlung der Lärmbelastung gemäß [22]
[2]) Der maßgebliche Immissionsort liegt vor Gebäuden mit zu schützenden Räumen in der Höhe deren Geschoßdecke und bei Außenwohnbereichen 2 m über deren Mitte

Tabelle 3.5 Anhaltswerte für anzustrebende maximale Innengeräuschpegel bei von außen eindringendem Schall [730]

Raumarten	A-bewerteter äquivalenter Dauerschallpegel $L_{A\,eq}$ [1]) [dB(A)]	A-bewerteter maximaler Schalldruckpegel $L_{A\,max}$ (Mittelwerte) [dB(A)]
Schlafräume nachts [2]) – in reinen Wohngebieten (WR), allgemeinen Wohngebieten (WA), Krankenhaus- und Kurgebieten – in allen übrigen Gebieten	25 bis 30 30 bis 35	35 bis 40 40 bis 45
Wohnräume tags – in reinen Wohngebieten (WR), allgemeinen Wohngebieten (WA), Krankenhaus- und Kurgebieten – in allen übrigen Gebieten	30 bis 35 35 bis 40	40 bis 45 45 bis 50
Kommunikations- und Arbeitsräume tags – Unterrichtsräume, ruhebedürftige Einzelbüros, wissenschaftliche Arbeitsräume, Bibliotheken, Konferenz- und Vortragsräume, Arztpraxen, Operationsräume, Kirchen, Aulen – Büros für mehrere Personen – Großraumbüros, Gaststätten, Schalterräume, Läden	30 bis 40 35 bis 45 40 bis 50	40 bis 50 40 bis 50 50 bis 60

[1]) Fluglärm nach [27] [28] [29] [660] [661]
[2]) Beurteilungszeitraum ist die lauteste Nachtstunde zwischen 22.00 und 6.00 Uhr

sche, z. B. fremde Telefongespräche in einem Mehrpersonenbüro, teilweise verdecken, so daß deren Verständnis erschwert wird. Das bewußte, gar nachträgliche Einsetzen solcher Verdeckungsgeräusche hat aber in der Praxis wenig Anklang gefunden. Geräuschpegel lüftungstechnischer Anlagen sollten hierbei 45 dB(A) nicht überschreiten [719].

In den meisten praktischen Fällen des Immissionsschutzes geht es natürlich darum, den Störgeräuschpegel so niedrig wie möglich zu halten, damit keine **Kommunikationsstörungen** auftreten. Die sich hierbei ergebenden Grenzwerte sind situationsbedingt gleichfalls sehr unterschiedlich. Sie hängen einerseits von der gewünschten Qualität der Sprachverständlichkeit ab, die, wie z. B. in den Extremfällen Börse und Sprechtheater, außergewöhnlich unterschiedlich sein kann. Andererseits werden sie u. a. beeinflußt von der Sprechweise, von der Hörer-Sprecher Entfernung, von der Nachhallzeit des Raumes und von der zeitlichen Verteilung und Energie der am Hörerort eintreffenden Reflexionen. Hieraus resultiert eine Reihe raumakustischer Kriterien für Sprachdarbietungen (s. Abschn. 4.3.3). Für normale sprachliche Kommunikation kann man in Innenräumen bis zu einem Störgeräuschpegel von etwa $L_{A\,eq} = 40$ dB(A) mit einer zufriedenstellenden Qualität der Sprachverständigung rechnen. Im Freien liegt dieser Wert wegen der niedrigeren Erwartungshaltung bei ungefähr $L_{A\,eq} = 50$ dB(A). Natürlich sind die Störgeräuschgrenzen in schutzbedürftigen Aufenthaltsräumen von Menschen sowie in vielen für Musik- und Sprachdarbietungen oder für Tonaufnahmen genutzten Räumen viel niedriger angesetzt. Zum Vermeiden jeder Einzelstörung sind sie teilweise in Form von maximalen Schalldruckpegeln vorgeschrieben [619] [710] (s. Tabellen 3.6 bis 3.8).

Für den **Lärmimmissionsschutz** sind im Regelwerk **Grenzwerte, Richtwerte oder Anhaltswerte** (Orientierungswerte) für zulässige Geräuschpegel außerhalb schutzbedürftiger Gebäude für verschiedene Bebauungsgebiete und im Inneren zu schützender Räume unterschiedlicher Nutzung jeweils für verschiedenartige Geräuschquellen angegeben. Schalltechni-

Tabelle 3.6 Immissionsgrenzwerte für Geräusche haustechnischer Anlagen (außer Nutzergeräuschen) und von Betrieben in schutzbedürftigen Räumen [619]

Geräuschquellen	Kennzeichnender A-bewerteter Schalldruckpegel L_A[1])	
	Wohn- und Schlafräume [dB(A)]	**Unterrichts- und Arbeitsräume** [dB(A)]
Wasserinstallationen [2])	35	35
Sonstige haustechnische Anlagen [3])	30	35
Betriebe [4]) — tags — nachts	 35 25	 35 35

[1]) Kennzeichnender A-bewerteter Schalldruckpegel von Wasserinstallationen ist der Installationsschallpegel L_{In} [681], für sonstige haustechnische Anlagen der in Anlehnung daran bestimmte A-bewertete Schalldruckpegel. Bei Geräuscheinwirkungen aus Betrieben dürfen die Immissionsgrenzwerte durch einzelne, kurzzeitige Spitzenwerte um nicht mehr als 10 dB(A) überschritten werden.
[2]) Geräusche von Wasserversorgungs- und Abwasseranlagen gemeinsam, wobei einzelne, kurzzeitige Spitzen, die beim Betätigen der Armaturen und Geräte entstehen, nicht zu berücksichtigen sind.
[3]) Bei lüftungstechnischen Anlagen sind um 5 dB(A) höhere Werte zulässig, sofern es sich um Dauergeräusche ohne auffällige Einzeltöne handelt.
[4]) Betriebe sind Handwerks- und Gewerbebetriebe aller Art, z.B. auch Gaststätten und Theater.

sche Orientierungswerte für die **städtebauliche Planung** sind auf Tabelle 3.2 zusammengestellt. Sie gelten vor Wohnhäusern und anderen schutzbedürftigen Gebäuden, aber auch auf Freianlagen, deren Ruhe gewahrt werden soll. Ihre Einhaltung gewährt in der Regel ausreichenden Schutz vor negativen Lärmimmissionswirkungen. Sie sind aber keine Grenzwerte, sollten daher z. B. zur Schaffung möglichst ruhiger Wohnbereiche unterschritten werden. Sie können jedoch, etwa bei bereits vorhandenen Verkehrstrassen, auch überschritten werden, wobei aber nach Möglichkeit zusätzliche Lärmschutzmaßnahmen, z. B. Fenster mit erhöhter Schalldämmung, vorzusehen sind.

Die auf Tabelle 3.3 angegebenen Lärmimmissionsgrenzwerte hingegen sind festgelegt für den **Neubau und für wesentliche Änderungen von öffentlichen Straßen und Schienenwegen**. Für den Lärmschutz an **bestehenden Bundesfernstraßen** haben die auf Tabelle 3.4 zusammengestellten Grenzwerte Gültigkeit. Bei ihrer Überschreitung besteht Anspruch auf bauliche Schallschutzmaßnahmen, die in der Regel in Form von Schallschutzfenstern realisiert werden. Für **Industrie-, Gewerbe- und Freizeiteinrichtungen** gibt es Immissionsrichtwerte

Tabelle 3.7 Immissionsrichtwerte für Geräusche raumlufttechnischer Anlagen [710]

Gebäude- und Raumart	A-bewerteter maximaler Schalldruckpegel $L_{A\,max}$ [dB(A)]
Wohnung, Hotel	
— Schlafraum, Hotelzimmer: nachts	30
— Wohnraum: tags	35
Krankenhaus	
— Bettenzimmer: nachts	30
— tags	35
— Operations- und Untersuchungsraum, Halle, Korridor	40
Auditorien und Studios	
— Rundfunkstudio	15
— Fernsehstudio, Konzertsaal, Oper	25
— Theater	30
— Kino	35
Lese- und Unterrichtsräume	
— Lesesaal, Hörsaal	35
— Seminarraum, Klassenzimmer	40
Büros	
— Konferenzraum, Ruheraum	35
— kleiner Büroraum, Pausenraum	40
— Großraumbüro	45
— Kirche	35
— Museum	40
— Schalterhalle, EDV- Raum, Turnhalle	45
— Laboratorium, Schwimmbad	50
— Gaststätte	40 bis 55 [1])
— Küche, Verkaufsraum	45 bis 60 [1])

[1]) Je nach Nutzungsart

3.2 Lärm

Tabelle 3.8 Maximal zulässige Geräuschimmissionen in Auditorien und Studios unter Bezug auf NR-Kurven (s. Bild 3.6) [523]

Raumart	NR-Kurve
Rundfunkstudio, Tonregieraum	10
Konzertsaal, Oper	15
Theater, Bildregieraum, Fernsehstudio, Filmstudio, Tonträgerraum	20
Mehrzwecksaal	25
Technischer Raum für Rundfunk-, Fernseh- oder Filmproduktion	30

[21] [32] [33] [704] [740], die in der Größenordnung der in Tabelle 3.2 aufgeführten Orientierungswerte liegen. In immissionsrechtlichen Genehmigungsverfahren gelten sie als Grenzwerte. Gegen die **Fluglärmbelastung** sind im Fluglärmgesetz [28] [29] spezielle gesetzliche Festlegungen getroffen worden, die eine Ausweisung von Lärmschutzbereichen zum Inhalt haben, in denen bestimmte Schutzmaßnahmen zu treffen sind.

Für Immissionsgeräuschpegel, die durch **von außen in Gebäude eindringenden Schall** verursacht werden, sind die in Tabelle 3.5 zusammengestellten Orientierungswerte für zu schützende Aufenthaltsräume von Menschen festgelegt worden. Ihre Einhaltung bietet Schutz vor Schlafstörungen und gewährleistet weitgehend ungestörte Kommunikation. In Abhängigkeit vom jeweils vorherrschenden Außenlärm dienen diese Immissionsgeräuschpegel auch als Grenzwerte zur Ableitung von Schallschutzanforderungen an Fenster [619] [730].

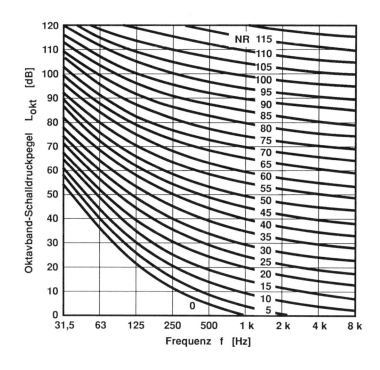

Bild 3.6 NR (Noise Rating)-Kurven [523]

Spezielle Immissionsgrenzwerte gelten für **haustechnische Anlagen** und für im gleichen oder in direkt benachbarten Gebäuden vorhandene **Betriebe**. Lärmstörungen durch diese rufen, da sie als technisch vermeidbar angesehen werden, besonders heftige Einsprüche hervor. In Tabelle 3.6 sind die für Wohn- und Schlafräume, sowie die für Unterrichts- und Arbeitsräume festgelegten A-bewerteten Schalldruckpegel angegeben. Sie stellen Mindestanforderungen dar und sollten für eine gute bzw. sehr gute Schallschutzqualität um 5 bzw. 10 dB(A) unterschritten werden [767]. Für Krankenhäuser und Sanatorien gibt es spezielle Immissionsrichtwerte für verschiedene technische Geräuschquellen [762]. Richtwerte des maximalen A-bewerteten Schalldruckpegels raumlufttechnischer Anlagen sind in Tabelle 3.7 für Räume verschiedener Funktion zusammengestellt. Für Studios, Regieräume, Konzertsäle u. ä. werden gern Grenzkurven des Oktavband-Schalldruckpegels, sog. NR- (Noise Rating) Kurven gemäß Bild 3.6 zur Festlegung von Geräuschgrenzwerten benutzt. Tabelle 3.8 zeigt die für diese Raumarten funktionsbedingten scharfen Anforderungen [54].

3.2.4 Geräuschimmisionsmessung

Die Eigenschaften der zur meßtechnischen Ermittlung von Geräuschbelastungen zu verwendenden Schallpegelmesser sind in entsprechenden Normen festgelegt [683] [684]. Abhängig von der zu erzielenden Meßgenauigkeit sind Präzisionsgeräte oder Meßgeräte mit normaler Genauigkeit einzusetzen. Die Messungen werden in der Regel mit dem Ziel durchgeführt, die in den Regelwerken als maßgeblich festgelegten Geräuschbelastungen zu erfassen. Danach richten sich die Meßorte und deren Zahl, die Meßzeit, die Dauer der Messungen und die im einzelnen zu erfassenden Meßgrößen (s. Abschn. 3.2.2 und 3.2.3).

Bei Messungen im Freien ist es wichtig, daß witterungsbedingte Einflüsse auf die Schallausbreitung Beachtung finden (s. Abschn. 2.3.2.3). In Räumen müssen die Schallabsorptionseigenschaften abgeschätzt oder meßtechnisch ermittelt und erforderlichenfalls auf den Nutzungszustand umgerechnet werden (s. Abschn. 4.1.4). In allen Fällen ist ein genügender Störabstand (Fremdgeräuschabstand) nötig, damit die Meßwerte eindeutig der zu erfassenden Geräuschquelle zugeordnet werden können. Störabstände von ≥ 10 dB sind anzustreben. Bei Störabständen zwischen etwa 3 und 10 dB sind Meßwertkorrekturen unter Verwendung von Gl. (2.11) bzw. Bild 2.5 möglich.

4 Schallausbreitung in Räumen

4.1 Schallabsorption und -reflexion

Während sich der Schalldruckpegel bei der Schallausbreitung im Freien mit zunehmender Entfernung von einer Schallquelle vermindert, ist er **im Inneren von Räumen**, Flachräume ausgenommen (s. Abschn. 4.2.3), von einem bestimmten Mindestabstand zur Quelle an näherungsweise ortsunabhängig. Das wird verursacht durch Reflexionen, die im Raum beim Auftreffen von Schall auf seine Begrenzungsflächen und auf die darin befindlichen Gegenstände auftreten. Dabei entstehen neben den ersten Reflexionen auch Mehrfachreflexionen, da der einmal reflektierte Schall stets erneut auf Reflexionsflächen auftrifft. Es bildet sich ein **diffuses Schallfeld** heraus, das sich dem von der Quelle her mit der Entfernung abnehmenden Direktschall überlagert und in größerem Abstand dominiert.

Die Höhe des Schalldruckpegels im diffusen Schallfeld hängt vor allem davon ab, ob in dem betreffenden Raum viele kräftige Reflexionen zustandekommen oder ob die von der Quelle abgestrahlte Schalleistung an den Raumoberflächen rasch absorbiert wird. Diese **Schallabsorptions- und Schallreflexionsvorgänge** sollen in den folgenden Abschnitten erläutert werden.

4.1.1 Schallabsorptionsgrad und äquivalente Schallabsorptionsfläche

Bild 4.1 zeigt schematisch das Auftreffen von Schall, gekennzeichnet durch eine Schalleistung W_1, auf eine Wandfläche in einem Raum (Raum 1), in dem sich eine Schallquelle befindet. Gewöhnlich wird der größte Teil dieser auftreffenden Leistung reflektiert (W_refl).

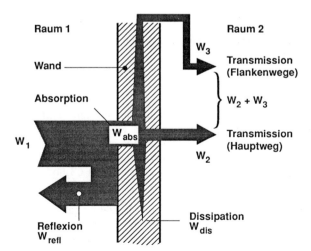

Bild 4.1 Prinzipdarstellung zu Absorption, Reflexion und Transmission bei Schalleinfall auf eine Wand

Diesen Reflexionsvorgang kann man durch den **Schallreflexionsgrad**

$$\varrho = \frac{W_{\text{refl}}}{W_1} \qquad (4.1)$$

kennzeichnen. Bei vollständiger Reflexion ist $\varrho = 1$. In der Regel dringt ein kleiner Teil der auftreffenden Schalleistung W_1 in die Wand ein. Dieser stellt die absorbierte Leistung W_{abs} dar, die dem Schallfeld im Raum 1 entzogen wird. Der Absorptionsvorgang wird durch den **Schallabsorptionsgrad**

$$\alpha = \frac{W_{\text{abs}}}{W_1} \qquad (4.2)$$

beschrieben, der Werte zwischen 0 (vollständige Reflexion) und 1 (vollständige Absorption) annehmen kann. Da sich Reflexion und Absorption ergänzen, gilt

$$\varrho + \alpha = 1 \qquad (4.3)$$

Bild 4.1 verdeutlicht, daß an der Absorption mehrere Schallübertragungsvorgänge beteiligt sind. Von der in die Wand eindringenden Schalleistung W_{abs} wird ein Teil W_{diss} im Bauteil durch Reibung in Wärme umgewandelt. Dieser Vorgang, den man als **Dissipation** bezeichnet, ist in offenporigen Stoffen, etwa in Faserdämmstoffen, besonders ausgeprägt, weswegen diese als poröse Absorber speziell zu Zwecken der Schallabsorption eingesetzt werden. Im Falle von Hohlräumen, die entweder direkt über Öffnungen (z. B. Helmholtzresonatoren) oder auch über dünne Vorsatzschalen (z. B. Plattenschwinger) an das Schallfeld des Raumes 1 angekoppelt sind, kann es auch zu resonanzartig überhöhter Schallabsorption in einzelnen Frequenzgebieten kommen (s. Abschn. 4.1.2).

Ein weiterer Teil der in die Wand eingedrungenen Schalleistung wird in den Nachbarraum (Raum 2) oder ins Freie übertragen. Diese Übertragung kann auf direktem Wege durch die Wand (W_2) oder auch über angrenzende Bauteile (auf Flankenwegen) sowie über Öffnungen und Kanäle erfolgen (W_3). Daraus ergibt sich die resultierende Schalleistung $W_2 + W_3$ im Nachbarraum. Zur Beschreibung dieses Vorganges dient der **Schalltransmissionsgrad**

$$\tau = \frac{W_2}{W_1} \qquad (4.4\,\text{a})$$

bzw.

$$\tau' = \frac{W_2 + W_3}{W_1} \qquad (4.4\,\text{b})$$

der vor allem bei Betrachtungen zur **Schalldämmung von Bauteilen** von Bedeutung ist. Der Schallabsorptionsgrad einer Fläche ist also

$$\alpha = \frac{W_{\text{abs}}}{W_1} = \frac{W_{\text{diss}} + W_2 + W_3}{W_1} = \frac{W_{\text{diss}}}{W_1} + \tau' \qquad (4.5)$$

Es ist allgemein üblich, die Schallabsorptionseigenschaften flächenhafter Bauteile und Baustoffe durch ihren **frequenzabhängigen Schallabsorptionsgrad α** zu kennzeichnen. In Schallabsorptionsgradtabellen (s. Tabelle 4.3) und in den Herstellerangaben für Schallabsorber finden sich diese Schallabsorptionsgrade üblicherweise für Terz- oder Oktavband-Mittenfrequenzen von 125 bis 2000 Hz, teilweise erweitert auf den Bereich zwischen 63 und 4000, oder gar bis 8000 Hz.

In manchen Fällen wird zwecks bequemerer Handhabung nach einer Einzahlangabe für den Schallabsorptionsgrad gesucht, etwa für routinemäßige Schallabsorptionsmaßnahmen zur Lärmminderung z. B. in Gaststätten und in Räumen für Publikumsverkehr, in Treppenhäu-

4.1 Schallabsorption und -reflexion

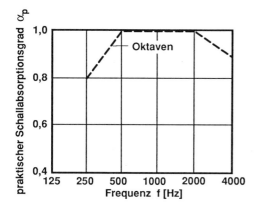

Bild 4.2 Bezugskurve zur Bewertung der Schallabsorption [572] [626]

sern u. ä. Im einfachsten Falle kann man hierfür den arithmetischen Mittelwert α_m der Schallabsorptionsgrade im betrachteten Frequenzgebiet verwenden. Das hat allerdings den Nachteil, daß fehlende schallabsorbierende Eigenschaften bei bestimmten Frequenzen evtl. durch eine höhere Absorption in anderen Bereichen kompensiert werden. Es wurde deshalb ein Bewertungsverfahren für die Schallabsorption eingeführt, durch welches das ausgeschlossen wird.

Dazu ist die in Bild 4.2 dargestellte Bezugskurve festgelegt worden, mit der in Abhängigkeit von der Frequenz meßtechnisch ermittelte Schallabsorptionsgrade (s. Abschn. 4.1.4) verglichen werden können. Zu diesem Vergleich werden in Terzen gemessene und auf Oktaven umgerechnete Schallabsorptionsgrade α_p herangezogen. Die Bezugskurve wird in Schritten von 0,05 so lange senkrecht verschoben, bis die Summe der Unterschreitungen durch diese Oktavwerte maximal 0,10 beträgt. Dabei werden Überschreitungen so gezählt, als lägen sie auf der Bezugskurve. Auf diese Weise wird die Kompensation schlechter Absorptionsgrade durch besonders gute bei anderen Frequenzen ausgeschlossen. Für die nach diesen Regeln verschobene Bezugskurve wird bei 500 Hz der Schallabsorptionsgrad abgelesen, und das ist dann der bewertete Schallabsorptionsgrad α_w, der sich für die genannten Routineanwendungen von Schallabsorbern als geeignet erwiesen hat. Um ergänzend zu diesem bewerteten Schallabsorptionsgrad auf eine besonders hohe Schallabsorption in bestimmten Frequenzgebieten aufmerksam zu machen, wird bei Überschreitungen um mehr als 0,25 von der verschobenen Bezugskurve durch Formindikatoren, das sind in Klammern gesetzte Buchstaben L = low (250 Hz), M = medium (500 und 1000 Hz) oder H = high (2000 und 4000 Hz), auf das betreffende Frequenzgebiet hingewiesen. Bild 4.3 zeigt zwei Beispiele für die Bewertung der Schallabsorption. Nach Verschieben der Bezugskurve bis die Summe der ungünstigen Abweichungen $\leq 0{,}10$ ist, tritt in beiden Fällen bei 250 Hz eine Unterschreitung auf

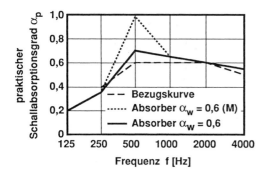

Bild 4.3 Beispiele zur Ermittlung des bewerteten Schallabsorptionsgrades α_W

und der bewertete Schallabsorptionsgrad wird $\alpha_w = 0{,}60$. Im Falle der großen Überschreitung der Bezugskurve bei 500 Hz ist das durch einen Formindikator zu kennzeichnen, also $\alpha_w = 0{,}60$ (M).

Multipliziert man den Schallabsorptionsgrad α eines Bauteiles mit dessen Fläche S (in m²), so erhält man die Modellfläche

$$A = \alpha S \quad \text{m}^2 \tag{4.6}$$

die vollständig absorbiert, d. h. deren Schallabsorptionsgrad gleich 1 ist. Diese frequenzabhängige Modellfläche heißt **äquivalente Schallabsorptionsfläche A**. Sie ist nicht nur für die Kennzeichnung der Absorptionswirkung schallabsorbierender Flächen, sondern auch der von Gegenständen, Personen und Räumen geeignet und daher für die Darstellung raumakustischer Eigenschaften von grundsätzlicher Bedeutung.

Da alle Begrenzungsflächen S_i eines Raumes einen bestimmten Schallabsorptionsgrad α_i aufweisen, lassen sich nach Gl. (4. 6) für jede einzelne Teilfläche bestimmte äquivalente Schallabsorptionsflächen

$$A_i = \alpha_i S_i \quad \text{m}^2 \tag{4.7}$$

bestimmen. Diese können zur äquivalenten Schallabsorptionsfläche des Raumes A nach

$$A = \alpha_1 S_1 + \alpha_2 S_2 + \ldots = \sum \alpha_i S_i \quad \text{m}^2 \tag{4.8}$$

summiert werden. Einem Raum mit Teilbegrenzungsflächen S_i verschiedenen Schallabsorptionsgrades α_i läßt sich somit nach Bild 4.4 ein akustisch gleichwertiger Modellraum zuordnen, der nur reflektierende Begrenzungsflächen besitzt, ausgenommen eine vollständig absorbierende Teilfläche der Größe A. In dieser Fläche, die man sich als offene Fensterfläche denken kann, sind alle Absorptionseigenschaften dieses Raumes konzentriert.

Für manche Einrichtungsgegenstände, für räumliche Schallabsorber oder für einzelne Personen lassen sich die Schallabsorptionseigenschaften nicht durch Flächen mit einem Schallabsorptionsgrad α_i darstellen. Diese Elemente werden durch ihre äquivalenten Schallabsorptionsflächen A_j gekennzeichnet, die natürlich ebenfalls zur resultierenden äquivalenten Schallabsorptionsfläche A des betreffenden Raumes beitragen. Ferner spielt bei der Schallausbreitung in großen Räumen die Luftabsorption, insbesondere bei hohen Frequenzen, eine nicht zu vernachlässigende Rolle. Diesen Einfluß kann man durch eine äquivalente Schallabsorptionsfläche A_L nach

$$A_L = 4Vm \quad \text{m}^2 \tag{4.9}$$

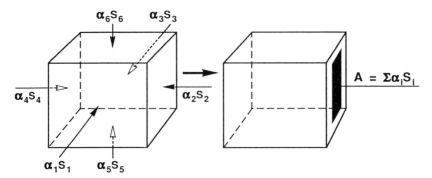

Bild 4.4 Zur Definition der äquivalenten Schallabsorptionsfläche A eines Raumes

4.1 Schallabsorption und -reflexion

erfassen, mit

V Raumvolumen in m^3
m Energiedämpfungskonstante in m^{-1}

Die **Energiedämpfungskonstante** ist eine von Temperatur, Luftfeuchte und Frequenz abhängige Größe (s. Abschn. 4.1.3.3).

Unter Berücksichtigung all dieser Einflüsse ergibt sich die **äquivalente Schallabsorptionsfläche A eines Raumes** aus

$$A = \sum \alpha_i S_i + \sum A_j + A_L \quad \text{m}^2 \tag{4.10}$$

Diese Gleichung ist in der Praxis zur Beeinflussung der Schallfeldparameter eines Raumes durch Absorptionsmaßnahmen, z. B. Schallpegelminderung (s. Abschn. 4.2.2) oder Optimierung der Nachhallzeit (s. Abschn. 4.3.2.3), sehr bedeutungsvoll.

In manchen Fällen, etwa zur Kennzeichnung der Schallabsorptionseigenschaften bestimmter Typen von Industriehallen oder für genauere Nachhallzeitberechnungen (z. B. nach Eyring gemäß Gl. (4.58)) ist es zweckmäßig, sich eines **mittleren Schallabsorptionsgrades** α_{Raum} als eines räumlichen Mittelwertes der Schallabsorptionsgrade zu bedienen. Dieser ist nach

$$A = \alpha_{\text{Raum}} S_{\text{ges}} \quad \text{m}^2 \tag{4.11}$$

mit der äquivalenten Schallabsorptionsfläche des Raumes verknüpft. S_{ges} (in m^2) ist dabei die Gesamtoberfläche des betreffenden Raumes. Der mittlere Schallabsorptionsgrad α_{Raum} wird im allgemeinen größer sein als der Mittelwert der Schallabsorptionsgrade der Teiloberflächen des Raumes, da die Schallabsorption der nicht flächenhaften Schallabsorber und die der Luft mit einbezogen sind.

4.1.2 Technische Schallabsorber

Technische Schallabsorber kommen zum Einsatz, um die akustischen Parameter von Räumen durch Erhöhung der mit Gl. (4.10) definierten äquivalenten Schallabsorptionsfläche A zu beeinflussen. Meist werden dazu bestimmte **Decken- oder Wandflächen** mit Schallabsorbern verkleidet [764]. Seltener werden **Absorberkörper** eingebracht oder im Raum vorhandene **Hohlräume** genutzt. Die meisten der in der Praxis eingesetzten technischen Schallabsorber lassen sich zwei Absorberarten zuordnen oder sind Kombinationen beider. Die häufigere Absorberart stellen die **porösen Schallabsorber** dar. Das sind mineralische und organische Faserstoffe, Schaumkunststoffe, textile Vorhänge u. ä. Die zweite Absorberart bilden **Resonatoren**, vor allem in Form von Plattenschwingern, Lochplattenschwingern und Helmholtzresonatoren.

Der **Frequenzverlauf beider Absorberarten** unterscheidet sich, wie auf Bild 4.5 dargestellt, grundsätzlich. Während die porösen Schallabsorber eine mit der Frequenz zunehmende breitbandige Absorptionswirkung besitzen und damit vor allem zur Absorption mittlerer und hoher Frequenzen eingesetzt werden können, absorbieren die Resonatoren vorzugsweise in einem schmalen Frequenzbereich, dem Resonanzgebiet, das bei mittleren oder tiefen Frequenzen liegt. Der gesamte Hörfrequenzbereich läßt sich durch Kombination beider Absorberarten erfassen. Das ist allerdings in der Praxis meist nicht nötig. Lärmbekämpfungsmaßnahmen zielen auf die Schalldruckpegelminderung in dem Frequenzgebiet hin, in dem Störschallquellen wirksam sind. Meist sind das vor allem mittlere und hohe Frequenzen. Bei der raumakustischen Planung werden vielfach nur Tiefenabsorber benötigt, um die vorwiegend bei höheren Frequenzen wirksame Publikumsabsorption zu ergänzen.

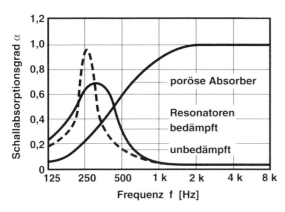

Bild 4.5 Prinzipieller Frequenzverlauf des Schallabsorptionsgrades α von porösen Absorbern und von Resonatoren

Beim praktischen **Einsatz technischer Schallabsorber**, insbesondere poröser Absorber, kann man davon ausgehen, daß der Hersteller dieser Erzeugnisse deren Schallabsorptionsgrad oder deren äquivalente Schallabsorptionsfläche als Ergebnis einer Hallraummessung (s. Abschn. 4.1.4) [608] [643] angibt. Auch in Rechenprogrammen, wie sie für die Ermittlung der Schallabsorptionseigenschaften von Räumen in verschiedener Form kommerziell angeboten werden, sind die Schallabsorptionsgrade in der Regel als Datenbanken verfügbar. Die folgenden Ausführungen sollen daher vor allem dem Verständnis des Prinzips und der Wirkung dieser Absorber dienen, um ihre sinnvolle Auswahl und einen richtigen Einsatz zu gewährleisten. Bei der Anwendung von Resonatoren für Zwecke der Raumakustik ist es hingegen häufig erforderlich, infolge vorhandener räumlicher Gegebenheiten (Hohlräume) oder architektonischer Wünsche (Ausbaumaterialien) eine spezielle **Entwurfsberechnung** und Optimierung dieser Absorber vorzunehmen. Dazu werden die wichtigsten Dimensionierungsregeln vermittelt. Hinsichtlich genauer theoretischer Zusammenhänge sei auf die entsprechende Fachliteratur verwiesen [55] [56].

4.1.2.1 Poröse Schallabsorber

Die **Schallabsorption durch poröse Stoffe** beruht vor allem auf der Umwandlung der Schallenergie in Wärmeenergie, verursacht durch Reibung der sich in den Poren mit einer bestimmten Schnelle bewegenden Luftteilchen (Dissipation, Dämpfung). Das ist an die **Existenz von Poren** geknüpft, die offen und so tief und eng sein müssen, daß Schallenergie in den Stoff eindringen und dieser Reibungsvorgang stattfinden kann. Dämmstoffe mit geschlossenen Poren, wie sie zum Teil in Form bestimmter Schaumkunststoffe für Zwecke der Wärmedämmung verwendet werden, sind deshalb als poröse Schallabsorber ungeeignet.

Ausreichende **Porosität** σ, d. h. ein genügend großes offenes Luftvolumen V_L als Anteil am Gesamtvolumen V_{ges} eines Stoffes

$$\sigma = \frac{V_L}{V_{ges}} \tag{4.12}$$

ist daher eine Grundvoraussetzung für die Schallabsorption in porösen Materialien. Die Anforderung an die Porosität ist nicht allzu groß; bereits Porositäten von 0,5 garantieren eine gute schallabsorbierende Wirkung ($\alpha_{max} \approx 0{,}9$). Bei mineralischen Faserdämmstoffen liegen übliche Porositäten zwischen 0,9 und 1,0, bei bestimmten natürlichen und organischen Dämmstoffen (z. B. Holzwolle-Leichtbauplatten) ergeben sich ebenfalls solche Werte, und auch bei Schaumkunststoffen lassen sie sich einstellen.

Ausreichende Porosität ist zwar eine unbedingte Voraussetzung für die Schallabsorption, aber nicht die einzige Eigenschaft des Dämmstoffes, die sie beeinflußt. Weitere wichtige

4.1 Schallabsorption und -reflexion

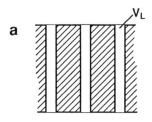

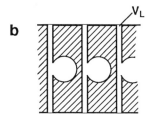

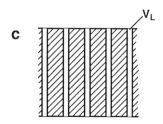

Bild 4.6 *Modelldarstellung (Rayleigh-Modell) poröser Stoffe mit gleichem Porenvolumen V_L (d. h. gleicher Porosität σ)*
a Referenzstruktur; b mit größerem Strukturfaktor s; c mit größerem spezifischen Strömungswiderstand R_s

Kenngrößen sind der Strukturfaktor s und vor allem der längenbezogene Strömungswiderstand r. Zur Erläuterung dieser Größen sind auf Bild 4.6 drei schematisierte Schnitte durch Dämmstoffe gleicher Porosität, aber unterschiedlicher Porenstruktur dargestellt.

Während der Dämmstoff im ersten Falle hindurchgehende gerade Kanäle besitzt, sind an diese im zweiten Falle Seitenkanäle in Form von „Sackgassen" angeschlossen. Das am Absorptionsvorgang tatsächlich beteiligte wirksame poröse Volumen V_w ist dann kleiner als das gesamte Porenvolumen V_L. Das wird durch den **Strukturfaktor**

$$s = \frac{V_L}{V_w} \tag{4.13}$$

gekennzeichnet, der aber bei den am häufigsten in der Praxis verwendeten Dämmstoffen Werte um etwa 1,0 bis 2,0 besitzt und daher meist vernachlässigt werden kann. Als Ausnahmen haben sich einige Schaumkunststoffe erwiesen, bei denen Strukturfaktoren bis etwa 10 ermittelt worden sind. Durch solche Stoffe wird dann, wie bei mangelnder Porosität, der sonst bei hohen Frequenzen übliche Anstieg des Schallabsorptionsgrades auf Werte von mehr als etwa 0,8 nicht mehr erreicht.

Von wesentlich bedeutenderem Einfluß auf die Schallabsorption ist der **Strömungswiderstand**. Die dritte der auf Bild 4.6 dargestellten Dämmschichten besitzt ebenfalls das gleiche Porenvolumen wie die erste, doch ist die Zahl der Kanäle hier größer, ihre Breite entsprechend geringer. Die engeren Kanäle setzen dem Eindringen des Schalles und der Luftteilchenbewegung einen größeren Widerstand entgegen, ähnlich wie das auch beim langsamen Durchströmen von Luft durch einen solchen Stoff der Fall wäre. Unter Nutzung dieser Analogie läßt sich als das Verhältnis der Druckdifferenz Δp (in Pa) vor und hinter dem Material zur Geschwindigkeit der durchströmenden Luft u (in m/s) ein **spezifischer Strömungswiderstand**

$$R_s = \frac{\Delta p}{u} \quad \text{Pa s/m} \tag{4.14}$$

definieren. Diese Analogiebeziehung zwischen Luftströmung und Schallausbreitung ist auch Grundlage für die Messung des Strömungswiderstandes (s. Abschn. 4.1.4).

Der spezifische Strömungswiderstand eines Dämmstoffes wächst mit zunehmender Schichtdicke. Als Materialkenngröße wird deshalb durch Bezug auf diese Schichtdicke in Durchströmungsrichtung t (in m) **der längenbezogene Strömungswiderstand**

$$r = \frac{R_s}{t} \quad \text{Pa s/m}^2 \tag{4.15}$$

gebildet (früher: Ξ in Rayl/cm = g/cm^3 s = kPa s/m^2).

Ist der spezifische Strömungswiderstand eines Dämmstoffes sehr groß, so kann der auftreffende Schall nicht genügend in das Material eindringen, d. h. er wird weitgehend reflektiert. Ist er hingegen sehr niedrig, so durchdringt der Schall die Dämmschicht. Von einer evtl. dahinter befindlichen Fläche würde er dann reflektiert. Zwischen diesen beiden Extremen liegt das für praktische Anwendungen gesuchte Optimum des spezifischen Strömungswiderstandes. Das ist ein **Bereich optimaler Anpassung der Stoffkennwerte** des porösen Absorbers an das Schallfeld. Es läßt sich näherungsweise wie folgt eingrenzen:

$$1 \text{ kPa s/m} < R_s < 3 \text{ kPa s/m} \tag{4.16}$$

Für poröse Absorber, die etwa dieser Bedingung genügen, ist der idealisierte Verlauf des Schallabsorptionsgrades auf Bild 4.7 dargestellt, aufgetragen über dem Produkt aus Frequenz und Dämmschichtdicke. Es wird deutlich, daß um so größere Dämmschichtdicken nötig sind, je tiefer der Frequenzbereich liegt, in dem die schallabsorbierende Wirkung beginnen soll. Will man z. B. oberhalb einer bestimmten Frequenz $f_{0,8}$ (in Hz) einen Schallabsorptionsgrad $\alpha \geq 0,8$ gewährleisten, so ist nach Bild 4.7 eine Materialdicke

$$t = \frac{4000}{f_{0,8}} \quad \text{cm} \tag{4.17}$$

erforderlich. Das bedeutet beispielsweise für 100 Hz eine Dämmschichtdicke von 40 cm, für 1000 Hz von 4 cm. Poröse Absorber bedürfen demnach für ihre Wirksamkeit bei tiefen

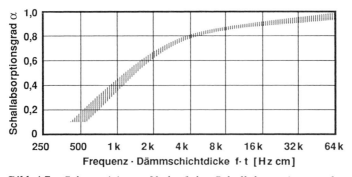

Bild 4.7 *Schematisierter Verlauf des Schallabsorptionsgrades α poröser Stoffe bei optimalem spezifischen Strömungswiderstand R_s*

4.1 Schallabsorption und -reflexion

Frequenzen einer erheblichen Schichtdicke. Sie werden deshalb im tieffrequenten Bereich nur für Sonderfälle eingesetzt, z. B. für die Auskleidung der für akustische Meßzwecke benötigten reflexionsarmen Räume.

Je größer die Dämmschichtdicke ist, um so niedriger sollte nach Gln. (4.15) und (4.16) der längenbezogene Strömungswiderstand des verwendeten porösen Materials sein, um eine optimale Schallabsorption zu erzielen. Das bedeutet auch, daß für die Absorption bei tiefen Frequenzen niedrigere, für die Absorption bei hohen Frequenzen höhere längenbezogene Strömungswiderstände besser geeignet sind.

In der **Praxis stehen Dämmstoffe zur Verfügung**, deren längenbezogene Strömungswiderstände den Bereich von etwa 0,5 bis 500 kPa s/m^2 überstreichen. Tabelle 4.1 enthält einige Beispiele. Der längenbezogene Strömungswiderstand erhöht sich mit zunehmender Dichte. In der Tabelle gelten die niedrigeren Werte von r jeweils für die untere, die höheren Werte für die obere Grenze der angegebenen Dichten ϱ. Bei Mineral- und Glasfaserdämmstoffen ergeben dickere Fasern bei gleicher Dichte niedrigere längenbezogene Strömungswiderstände als dünnere. Näherungsweise kann bei Erhöhung des Faserdurchmessers auf das 1,5fache mit einer Halbierung des längenbezogenen Strömungswiderstandes gerechnet werden. Für die Schallabsorption bei hohen Frequenzen sind dünnere Faserstoffmatten größerer Dichte, für die Schallabsorption bei tiefen Frequenzen hingegen dickere Matten niedrigerer Dichte besser geeignet.

Tabelle 4.1 Längenbezogene Strömungswiderstände r von Dämmstoffen

Dämmstoff (Bahnen, Matten, Gewirke oder Stopfungen)	Rohdichte ϱ [kg/m^3]	längenbezogener Strömungswiderstand r [kPas/m^2]
Mineralwolle, Steinwolle, Glaswolle		
hyperfein (Faserdurchmesser $\approx$ 3 µm)	10 bis 20	30 bis 80
fein (Faserdurchmesser $\approx$ 5 µm)	15 bis 60	5 bis 40
normal (Faserdurchmesser $\approx$ 12 µm)	20 bis 50	3 bis 15
	50 bis 100	15 bis 40
	100 bis 200	40 bis 80
	200 bis 400	80 bis 300
	400 bis 500	300 bis 400
Kaolin-Wolle	30 bis 100	40 bis 200
Baumwolle	25 bis 100	12 bis 160
PC-Faser	80 bis 200	30 bis 160
Basaltwolle (Faserdurchmesser 2 bis 8 µm)	25 bis 100	5 bis 60
Aluminiumwolle (Foliendicke 7 µm)	50 bis 10	2 bis 10
Holzwolle-Leichtbauplatte	350 bis 500	0,5 bis 2
Bimsbeton (ca 17% Haufwerksporigkeit)	575	5
(ca 25% Haufwerksporigkeit)	540	3
(ca 32% Haufwerksporigkeit)	510	2
Schaumkunststoff	15 bis 40	2 bis 30

Bild 4.7 gilt für allseitigen diffusen Schalleinfall auf eine Dämmschicht, die direkt vor einer reflektierenden Fläche angeordnet ist. Von dieser für praxisübliche Schallfelder in Räumen geeigneten Annahme können **bei gerichtetem Schalleinfall** Abweichungen auftreten. Die Winkelabhängigkeit der Schallabsorption ist durch die Struktur des Dämmstoffes bedingt. Bei senkrechtem Schalleinfall sind die Abweichungen in der Regel gering, lediglich bei tiefen Frequenzen ergeben sich meist etwas niedrigere Schallabsorptionsgrade. Bei streifendem Schalleinfall hingegen können größere Abweichungen auftreten, bei hohen Frequenzen z. B. meist Verbesserungen, bei tiefen Frequenzen evtl. Verschlechterungen infolge von Beugungserscheinungen, beispielsweise bei der Schallausbreitung über Publikumsflächen (s. Abschn. 4.3.3.2).

Neben den bisher erörterten Einflußgrößen können sich auch die **Eigenschaften des die Poren begrenzenden Skelettes** des Dämmstoffes auf die Schallabsorption auswirken. Durch Bewegung nicht völlig steifen Skelettmaterials kann zusätzlich Schallenergie umgewandelt werden, was sich bei größeren Schichtdicken leichter Dämmstoffe mit hohen längenbezogenen Strömungswiderständen im tiefen Frequenzbereich als Verbesserung des Schallabsorptionsgrades auswirkt.

Nicht nur durch die Stoffeigenschaften und die Dicke einer Dämmschicht, sondern auch durch den ihres **Anbringungsort im Raum** wird die Schallabsorption beeinflußt. Auf die mögliche Erhöhung der Schallabsorption durch den sog. „Druckstau" bei Anordnung der Absorber in den Kanten und Ecken eines Raumes sei hier nur hingewiesen. Im Abschn. 4.2.2 wird näher darauf eingegangen.

Wie Bild 4.8 verdeutlicht, findet sich im Abstand $\lambda/4$ vor einer reflektierenden Fläche ein Gebiet maximaler Schnelle. Reibungsverluste der sich in den Poren bewegenden Luftteilchen sind bei großer Schnelle besonders hoch. Für einen im Abstand $\lambda/4$ vor der Wand angeordneten Dämmstoff ist daher die schallabsorbierende Wirkung größer als in Bild 4.7 dargestellt, allerdings nur in einem schmalen Frequenzgebiet etwa von Oktavbandbreite. Dieser Effekt läßt sich zur Erweiterung des Frequenzbereiches poröser Schallabsorber nach tiefen Frequenzen hin nutzen, in der Praxis vor allem bei Unterdecken. Gemäß

$$d_L = \frac{\lambda}{4} = \frac{8500}{f} \quad \text{cm} \tag{4.18}$$

ergeben sich für Frequenzen f zwischen 100 und 500 Hz Abstände d_L zur Wand oder zur Decke zwischen 85 und 17 cm.

Eine weitere Möglichkeit, die Wirkung von Schallabsorbern etwas zu erhöhen, besteht darin, daß man statt einer einzigen großen Fläche mehrere kleinere mit schallabsorbierendem

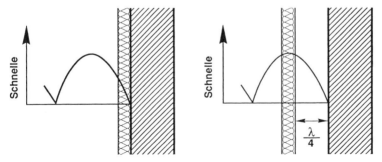

Bild 4.8 Zur Erhöhung der Wirksamkeit poröser Absorber durch deren Anordnung im Schnellemaximum

4.1 Schallabsorption und -reflexion

Material belegt. Es sollen dabei möglichst viele freie Kantenlängen entstehen (z. B. schachbrettartige Absorberanordnung). An den Kanten wird Schallenergie aus dem diffusen Schallfeld zum Schallabsorber hin gebeugt. Diese **Kantenbeugung** führt zu einer Vergrößerung der wirksamen Absorberfläche vor allem im mittleren Frequenzgebiet [57].

Vielfach werden **poröse Dämmstoffe hinter einer Verkleidung** montiert, die teilweise als Auflagefläche dient und die eine optisch ansprechende Gestaltung der Absorber ermöglichen soll. Diese Verkleidung muß akustisch transparent sein und besteht meist aus gelochten oder geschlitzten Platten. Diese sollen ein großes **Lochflächenverhältnis** aufweisen und dünn sein, damit die Schalltransmission in den Dämmstoff hinein möglichst wenig behindert wird. Anderenfalls kommt es zu einer zunehmenden Verschlechterung des Schallabsorptionsgrades, beginnend bei hohen Frequenzen. Um diese Einflüsse abzuschätzen kann man sich der Bilder 4.9 und 4.10 bedienen. Bild 4.9 zeigt den Frequenzverlauf des Transmissionsgrades von Lochplatten in einer normierten Darstellung, bezogen auf die sog. **Halbwertsfrequenz** $f_{0,5}$. Das ist diejenige Frequenz, bei welcher der Transmissionsgrad auf den Wert 0,5 abgesunken ist. In Abhängigkeit von Lochflächenverhältnis ε (in %) und wirksamer Plattendicke t_{eff} (in mm) ergibt sich diese Halbwertsfrequenz $f_{0,5}$ (in Hz) näherungsweise aus der Beziehung

$$f_{0,5} = 1500 \, \frac{\varepsilon}{t_{\text{eff}}} \tag{4.19}$$

oder kann aus Bild 4.10 abgelesen werden. Multipliziert man den mittels der Halbwertsfrequenz auf Bild 4.9 gefundenen frequenzabhängigen Transmissionsgrad τ mit dem jeweiligen Schallabsorptionsgrad α des Dämmstoffes, so ergibt das den Frequenzverlauf des resultierenden Schallabsorptionsgrades α_{res} der Absorberanordnung.

Beispiel

Bei einer wirksamen Plattendicke von 5 mm und einem Lochflächenverhältnis von 13% erhält man aus Gl. (4.19) oder Bild 4.10 eine Halbwertsfrequenz von etwa 4000 Hz. Bei dieser Frequenz $f_{0,5}$ ist der resultierende Schallabsorptionsgrad $\alpha_{\text{res}} = \tau \alpha$ nur noch halb so groß wie ohne Verkleidung. Aus Bild 4.9 kann man ablesen, daß sich beim 0,5fachen der Halbwertsfrequenz, also bei 2000 Hz das 0,8fache, beim 0,25fachen der Halbwertsfrequenz, also bei 1000 Hz etwa das 0,9fache des Ausgangswertes α des Dämmstoffes für den resultierenden Schallabsorptionsgrad α_{res} ergibt.

In Gl. (4.19) und auf Bild 4.10 ist t_{eff} die wirksame Plattendicke, die nach

$$t_{\text{eff}} = t + 2\Delta t \quad \text{mm} \tag{4.20}$$

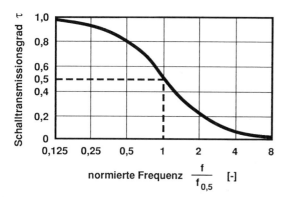

Bild 4.9 Prinzipieller Frequenzverlauf des Transmissionsgrades τ von Lochplatten, Folien u. ä. in normierter Darstellung
$f_{0,5}$ Halbwertsfrequenz in Hz

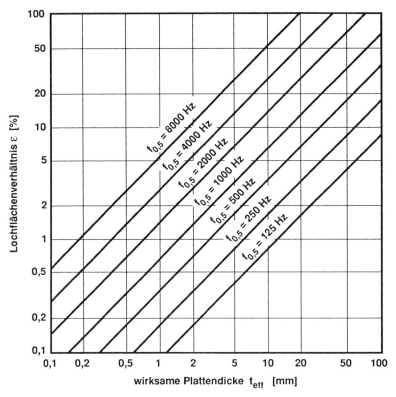

Bild 4.10 *Halbwertsfrequenz $f_{0,5}$ von Lochplatten in Abhängigkeit von wirksamer Plattendicke t_{eff} und Lochflächenverhältnis ε*

um die sog. **Mündungskorrektur** $2\Delta t$ größer ist als die tatsächliche Plattendicke t. Das erklärt sich daraus, daß bei der Bewegung der Luftteilchen in den Löchern auf beiden Plattenseiten ein bestimmtes Zusatzvolumen mitbewegt wird. Dessen Größe, und damit auch die der Mündungskorrektur, ist abhängig von der Lochgeometrie, aber auch vom Lochabstand (ausgedrückt beispielsweise durch das Lochflächenverhältnis), da sich die Öffnungen gegenseitig beeinflussen, und vom Wandabstand der Lochplatte, also von der Konstruktionstiefe. Für den meist zutreffenden Fall, daß der Wandabstand groß ist im Vergleich zu Öffnungsdurchmesser oder -breite, ist auf Bild 4.11 die Mündungskorrektur in Abhängigkeit vom Lochflächenverhältnis dargestellt. Bei runden und quadratischen Öffnungen von 10 mm Durchmesser oder Seitenlänge beträgt sie beispielsweise für Lochflächenverhältnisse von 20% etwa 4 mm, bei Schlitzen von 10 mm Breite für das gleiche Lochflächenverhältnis etwa 9 mm. Der Einfluß der Mündungskorrektur erhöht sich mit kleiner werdendem Lochflächenverhältnis.

Bei der **Auswahl von Verkleidungen** für Schallabsorber interessiert meist die Frage, wie groß Lochflächenverhältnis ε und Lochfläche S gewählt werden müssen, damit bei Verwendung eines Plattenmaterials bestimmter Dicke t die Schallabsorption des porösen Absorbers im interessierenden Frequenzbereich nicht unzulässig beeinträchtigt wird. Bei breitbandigen Absorbern genügt es dazu in der Regel, die Halbwertsfrequenz auf 6300 Hz festzulegen, so daß der resultierende Schallabsorptionsgrad bei 3150 Hz noch den 0,8fachen Wert dessen der Dämmschicht besitzt. Nach Gl. (4.19) bedeutet dies, daß das Lochflächenverhältnis ε (in %) mindestens gleich dem 4fachen der wirksamen Plattendicke t_{eff} (in mm) sein muß. Auf Bild 4.12 sind diese Zusammenhänge für kreisförmige und für quadratische Öffnungen

4.1 Schallabsorption und -reflexion

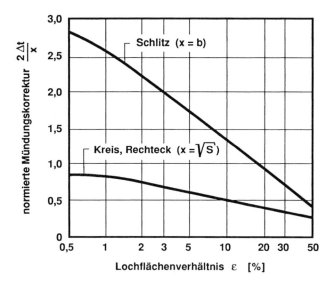

Bild 4.11 Normierte Mündungskorrektur bei schlitzförmigen, runden und rechteckigen Öffnungen in Abhängigkeit vom Lochflächenverhältnis ε
S Öffnungsfläche;
Kreis: $x \approx 0{,}9d$ (d Durchmesser)
Quadrat: $x = a$ (a Seitenlänge)
Rechteck: $x = (a+b)/2$ (a, b Seitenlängen)
Schlitz: $x = b$ (b Schlitzbreite)

als Näherungen dargestellt. Danach ist beispielsweise für eine 5 mm dicke Platte mit Öffnungsdurchmessern von 10 mm ein Lochflächenverhältnis von 30% erforderlich. Bei Durchmessern von 5 mm und gleicher Plattendicke genügen 25%. Dünne Platten mit kleinen Löchern sind besser für transparente Sichtabdeckungen poröser Dämmschichten geeignet als

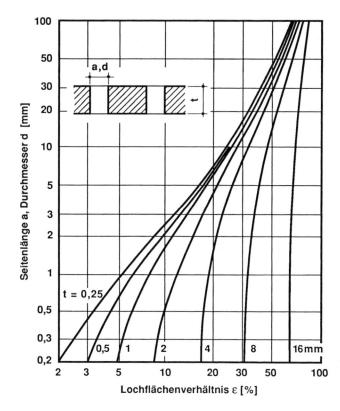

Bild 4.12 Für eine Halbwertsfrequenz $f_{0{,}5} = 6300$ Hz erforderliche Öffnungsabmessungen (Seitenlänge a bei Quadraten, Durchmesser d bei Kreisen) und Lochflächenverhältnis ε bei verschiedenen Plattendicken t [58]

dicke Platten mit großen Löchern, weil bei diesen größere, bei hohen Frequenzen reflektierende Teilflächen vorhanden sind.

Sollen poröse **Absorber in Feuchträumen oder im Freien** eingesetzt werden, so ist es meist erforderlich, sie in eine Folie einzuschließen, die gegebenenfalls sogar verschweißt werden muß. Die Folie vermindert die Schallabsorption bei hohen Frequenzen in ähnlicher Weise wie eine gelochte Abdeckung. Um diese Verminderung möglichst klein zu halten, soll die Folie sehr leicht sein. Für die Halbwertsfrequenz $f_{0,5}$ (in Hz) auf Bild 4.9 gilt näherungsweise

$$f_{0,5} = \frac{180}{m'} \quad \text{Hz} \tag{4.21}$$

mit

m' flächenbezogene Masse der Folie in kg/m^2

Für die Praxis wird eine flächenbezogene Folienmasse von maximal 50 g/m^2 empfohlen, was einer Halbwertsfrequenz von etwa 3600 Hz entspricht. Geeignet ist z. B. eine bis zu etwa 0,03 mm dicke Polyethylenfolie. Für eine 0,1 mm dicke Polyethylen- oder PVC-Folie liegt die Halbwertsfrequenz bereits bei 1200 Hz. Für Anwendungsfälle, bei denen Schallabsorber mit sich nach hohen Frequenzen hin vermindernder Wirkung benötigt werden, etwa in großen Auditorien, in denen Publikum und Luft ohnehin eine große hochfrequente Absorption verursachen, lassen sich Folien vor Faserdämmstoffen, Verhäutungen von Schaumkunststoffen oder kleine Lochflächenverhältnisse von Absorberabdeckungen gezielt einsetzen.

Vielfach ist es bei Glas- und Mineralfasermatten notwendig, zwischen der Dämmschicht und der gelochten Abdeckung einen **Rieselschutz** vorzusehen, insbesondere bei Unterdecken, um das Herausrieseln kleiner Faserteilchen zu verhindern. Dazu dienen dünne schalldurchlässige Stoffe, wie z. B. Vliese oder Nessel, deren spezifischer Strömungswiderstand kleiner als der des Dämmstoffes sein muß (möglichst $R_s < 1$ kPa s/m). Aus Tabelle 4.2 lassen sich solche Stoffe auswählen. Liegt beispielsweise der längenbezogene Strömungswiderstand von Mineralfaser-Akustikplatten zwischen $r = 5$ bis 8 kPa s/m^2 (s. Tabelle 4.1), so besitzt eine 3 cm dicke Platte einen spezifischen Strömungswiderstand zwischen $R_S = 0,15$ bis 0,2 kPa s/m, und diesen darf die Abdeckung nicht überschreiten.

Tabelle 4.2 Spezifische Strömungswiderstände R_s von Stoffen

Stoff	Dicke t [mm]	flächenbezogene Masse m' [kg/m^2]	spezifischer Strömungswiderstand R_S [kPas/m]
Glasvlies	0,4 ... 0,8	0,05 ... 0,1	0,005 ... 0,01
Kunstseidenstoff	0,5	0,2	0,01
Polyamidvlies	0,2	0,1	0,08
Fahnentuch (Leinenstoff)	0,3	0,2	0,15
Polyestervlies	0,4	0,2	0,3
Zellwollstoff	0,7	0,3	0,3
Glasfaserdekorationsstoff	0,2	0,15	0,35
Nessel	0,4	0,2	0,4
Baumwollstoff (Plüsch)	1,6	0,4	2,8

Tabelle 4.3 Schallabsorptionsgrade α von porösen Schallabsorbern ohne und mit transparenter Abdeckung (Planungswerte) [1] [2] [59] [60]

Schallabsorber	Dicke t [mm]	Wandabstand d_L [cm]	Oktavband-Mittenfrequenz f_m [Hz]						bew. Schallabsorptionsgrad α_w
			125	250	500	1 k	2 k	4 k	
			Schallabsorptionsgrad α						
Mineralfaserplatte; Abdeckung: transparentes Faservlies $\varrho \approx$ 30 bis 50 kg/m³ $r \approx$ 10 kPas/m²	20	0	0,10	0,25	0,55	0,80	0,95	1,00	0,75 (H)
	30	0	0,15	0,30	0,60	0,90	1,00	1,00	0,80
		5	0,20	0,75	0,80	0,90	1,00	1,00	1,00
	40	0	0,25	0,45	0,80	0,95	1,00	1,00	0,95
	50	0	0,25	0,65	0,85	1,00	1,00	1,00	1,00
Mineralfaserplatte; Abdeckung: transparentes Faservlies $\varrho \approx$ 70 bis 80 kg/m³ $r \approx$ 20 kPas/m²	20	10	0,10	0,40	0,85	0,90	0,95	1,00	0,95
	30		0,30	0,70	0,75	0,90	0,95	1,00	1,00
		50	0,50	0,60	0,75	0,90	0,95	1,00	0,95
	50	10	0,45	0,90	0,95	0,95	1,00	1,00	1,00
	80	10	0,55	0,95	0,95	1,00	1,00	1,00	1,00
	100	10	0,50	1,00	1,00	1,00	1,00	1,00	1,00
Mineralfaserplatte; ohne Abdeckung $\varrho \approx$ 100 bis 150 kg/m³ $r \approx$ 40 kPas/m²	15	0	0,05	0,10	0,35	0,65	0,90	1,00	0,55 (M, H)
		5	0,20	0,35	0,60	0,70	0,90	1,00	0,75 (H)
		30	0,40	0,65	0,70	0,75	0,90	1,00	0,90
	40	0	0,15	0,30	0,65	0,85	1,00	1,00	0,80
		5	0,25	0,65	0,80	0,85	1,00	1,00	1,00
		30	0,45	0,70	0,80	0,85	1,00	1,00	1,00
Glasfasermatte; ohne Abdeckung $\varrho \approx$ 70 kg/m³ $r \approx$ 10 kPas/m²	40	0	0,30	0,50	0,70	0,90	0,95	1,00	0,90
		5	0,40	0,65	0,90	0,90	0,95	1,00	1,00
		30	0,70	0,85	0,90	0,90	0,95	1,00	1,00
Weichschaumstoffplatte $\varrho \approx$ 10 bis15 kg/m³ $r \approx$ 10 kPas/m²	35	0	0,10	0,25	0,65	0,90	1,00	1,00	0,80
		30	0,30	0,80	0,70	0,90	1,00	1,00	1,00
	50	0	0,15	0,35	0,70	0,90	1,00	1,00	0,85
		30	0,25	0,80	0,70	0,90	1,00	1,00	1,00
	70	0	0,20	0,45	0,75	0,95	1,00	1,00	0,95
	100	0	0,35	0,80	0,90	1,00	1,00	1,00	1,00
Holzwolle-Leichtbauplatte $\varrho \approx$ 400 kg/m³ $r \approx$ 1 kPas/m²	35	0	0,05	0,10	0,15	0,45	0,60	0,65	0,45
		5	0,10	0,15	0,35	0,45	0,50	0,65	0,50
		30	0,25	0,35	0,20	0,40	0,50	0,65	0,50
Holzspanplatte mit Akustik-Farbbeschichtung $\varrho \approx$ 400 kg/m³	18	5	0,20	0,60	0,80	0,60	0,60	0,60	0,80
		20	0,45	0,80	0,60	0,60	0,60	0,60	0,75
		30	0,65	0,80	0,60	0,60	0,60	0,60	0,75
Akustik-Spritzputz $\varrho \approx$ 500 kg/m³	20	0	0,10	0,20	0,60	0,90	0,80	0,70	0,75

Fortsetzung der Tabelle 4.3

Schallabsorber	Dicke t [mm]	Wand-abstand d_L [cm]	Oktavband-Mittenfrequenz f_m [Hz] Schallabsorptionsgrad α						bew. Schallabsorptionsgrad α_w
			125	250	500	1 k	2 k	4 k	
Bimsbeton $\varrho \approx 550$ kg/m^3 $r \approx 3$ kPas/m^2	50	0	0,20	0,40	0,60	0,30	0,40	0,40	0,55
Hochlochziegel, Löcher zum Raum offen; Hinterlegung: Mineralfaserplatten $\varrho \approx 70$ bis 80 kg/m^3 $r \approx 20$ kPas/m^2	115	5	0,15	0,65	0,45	0,45	0,40	0,20	0,40 (L)
Gipskartonlochplatte (9,5 mm; $\varepsilon \approx 15\%$) + Mineralfaserplatte ($\approx$30 mm) $\varrho \approx 30$ bis 40 kg/m^3 $r \approx 10$ kPas/m^2	$\approx$40	5 20 40	0,30 0,40 0,75	0,70 0,95 0,95	1,00 0,90 0,75	0,80 0,70 0,70	0,65 0,65 0,65	0,65 0,65 0,65	0,90 0,85 0,80 (L)
Gipskartonlochplatte (9,5 mm; $\varepsilon \approx 15\%$) + Mineralfaserplatte ($\approx$40 mm) in Folie (0,05mm) $\varrho \approx 80$ kg/m^3 $r \approx 20$ kPas/m^2	$\approx$50	20 35 60	0,50 0,60 0,75	0,80 0,90 0,70	0,90 0,90 0,90	0,60 0,65 0,70	0,45 0,45 0,45	0,30 0,30 0,30	0,65 (L) 0,65 (L) 0,65
Gipskartonlochplatte (9,5 mm; $\varepsilon \approx 20\%$) + Mineralfaserplatte ($\approx$50 mm) $\varrho \approx 30$ bis 40 kg/m^3 $r \approx 10$ kPas/m^2	$\approx$60	0	0,30	0,90	1,00	0,95	0,75	0,55	0,95
Gipskartonlochplatte (9,5 mm; $\varepsilon \approx 10\%$) + Polyestervlies (0,2 bis 0,5 mm) $R_s \approx 0,3$ kPas/m	$\approx$10	20 50	0,45 0,55	0,70 0,70	0,65 0,65	0,65 0,65	0,65 0,65	0,65 0,65	0,80 0,80
Gipskartonlochplatte (12,5 mm; $\varepsilon \approx 20\%$) Vorderseite mit Glasvlies und porösem Akustikputz	$\approx$33	40	0,50	0,80	0,80	0,85	0,75	0,65	0,90

Fortsetzung der Tabelle 4.3

Schallabsorber	Dicke t [mm]	Wand-abstand d_L [cm]	Oktavband-Mittenfrequenz f_m [Hz]						bew. Schall-absorp-tionsgrad α_w
			125	250	500	1 k	2 k	4 k	
			Schallabsorptionsgrad α						
Lochgipskassette (30 mm; $\varepsilon \approx 25\%$) + Mineralfaserplatte (≈ 20 mm) $\varrho \approx 60$ kg/m³ $r \approx 15$ kPas/m²	≈ 75	5 15	0,30 0,40	0,70 0,90	0,80 0,85	0,75 0,75	0,60 0,60	0,50 0,50	0,80 0,80
Lochgipskassette (15 mm; $\varepsilon \approx 25\%$) + Mineralfaserplatte (≈ 40 mm) $\varrho \approx 80$ kg/m³ $r \approx 20$ kPas/m²	≈ 55	5	0,25	0,60	0,70	0,80	0,75	0,80	0,85
Metallochkassette ($\approx 0,5$ mm; $\varepsilon \approx 15\%$) + Mineralfaserplatte (≈ 40 mm) $\varrho \approx 80$ kg/m³ $r \approx 20$ kPas/m²	≈ 40	0 20 40	0,15 0,20 0,30	0,45 0,65 0,65	0,75 0,75 0,75	0,85 0,85 0,85	0,90 0,90 0,90	0,80 0,80 0,80	0,90 0,95 0,95
Metallochkassette (0,5 mm; $\varepsilon \approx 15\%$) + Mineralfaserplatte (≈ 40 mm) in Folie (0,05 mm) $\varrho \approx 80$ kg/m³ $r \approx 20$ kPas/m²	≈ 40	0 20 40	0,25 0,35 0,45	0,55 0,70 0,70	0,75 0,75 0,75	0,85 0,85 0,85	0,80 0,80 0,80	0,60 0,60 0,60	0,85 0,90 0,90
Metallochkassette (0,5 mm; $\varepsilon \approx 20\%$) + Mineralfaserplatte (≈ 25 mm) $\varrho \approx 35$ kg/m³ $r \approx 10$ kPas/m²	≈ 25	25	0,20	0,40	0,90	1,00	1,00	0,90	1,00
Metallochkassette (0,5 mm; $\varepsilon \approx 20\%$) + Schaumstoffeinlage ($\approx 5 \ldots 10$ mm) $\varrho \approx 25$ kg/m³ $r \approx 25$ kPas/m²	≈ 10	5	0,50	0,70	0,50	0,70	0,70	0,70	0,80

Für eine **Auswahl typischer Vertreter poröser Absorber** wie Mineralfasermatten, Glasfasermatten, Faserstoffplatten, Holzwolle-Leichtbauplatten, Schaumkunststoffe und poröse Putze u. a. sind auf Tabelle 4.3 einige idealisierte Frequenzverläufe des Schallabsorptionsgrades, teils mit, teils ohne Verkleidung, als Orientierungswerte angegeben. Für praktische Anwendungen ist zu empfehlen, sich auf Herstellerangaben zu beziehen, die auf Hallraummessungen (s. Abschn. 4.1.4) basieren sollten.

Textile Vorhänge stellen eine spezielle Form poröser Schallabsorber dar, die u. a. gern dort eingesetzt werden, wo veränderbare Schallabsorptionseigenschaften gewünscht sind, z. B. in Musikunterrichtsräumen oder in Probesälen. Da die Dicke gering ist, erstreckt sich die Wirkung vor allem auf hohe Frequenzen. Soll auch das mittlere Frequenzgebiet möglichst weit erfaßt werden, so ist ein dicker, samtartiger Stoff auszuwählen. Dessen spezifischer Strömungswiderstand sollte gemäß Gl. (4.16) in dem optimalen Bereich zwischen 1 und 3 kPa s/m liegen. Das kann bei dünnen, weniger dichten Stoffen auch durch Zwei- bzw. Dreifachfaltungen erreicht werden, da diese eine Verdopplung bzw. Verdreifachung des spezifischen Strömungswiderstandes bewirken. Ferner ist ein größerer Wandabstand des Vorhanges anzustreben, damit dieser gemäß Bild 4.8 und Gl. (4.18) möglichst im Schnellemaximum angeordnet wird und weil dann außerdem die zur porösen Absorption hinzukommende Wirkung der Vorhangmasse

Tabelle 4.4 Schallabsorptionsgrade α von Vorhängen (Planungswerte) [60]

Materialart	Befestigungsart	Wandabstand d_L [mm]	Oktavband-Mittenfrequenz f_m [Hz]					
			125	250	500	1 k	2 k	4 k
			Schallabsorptionsgrad α					
Baumwollstoff (Plüsch) $m' = 0,4$ kg/m² $t = 1,6$ mm $R_S = 2,8$ kPas/m	gespannt, einfach	0 70 220	0,02 0,10 0,25	0,02 0,15 0,60	0,03 0,50 0,75	0,10 0,75 0,60	0,25 0,80 0,70	0,50 0,80 0,75
	hängend, zweifach gefaltet	0 70 220	0,02 0,02 0,06	0,10 0,20 0,40	0,30 0,70 0,75	0,70 0,95 0,95	0,90 0,95 0,95	1,00 1,00 1,00
	hängend, dreifach gefaltet	0 70 220	0,10 0,10 0,15	0,15 0,35 0,70	0,45 0,85 0,90	0,85 1,00 1,00	1,00 1,00 1,00	1,00 1,00 1,00
Zellwollstoff $m' = 0,3$ kg/m² $t = 0,7$ mm $R_S = 0,3$ kPas/m	gespannt, einfach	0 70 220	0,02 0,10 0,20	0,02 0,15 0,50	0,03 0,40 0,55	0,07 0,60 0,55	0,15 0,60 0,55	0,25 0,60 0,60
	hängend, dreifach gefaltet	0 70 220	0,10 0,10 0,10	0,15 0,25 0,50	0,35 0,70 0,80	0,65 0,95 0,80	0,95 1,00 0,95	1,00 1,00 1,00
Kunstseidenstoff $m' = 0,2$ kg/m² $t = 0,5$ mm $R_S = 0,01$ kPas/m	gespannt, einfach	70 220	0,02 0,02	0,02 0,06	0,03 0,07	0,03 0,07	0,07 0,10	0,10 0,15
	hängend, dreifach gefaltet	0 70 220	0,03 0,06 0,10	0,03 0,06 0,20	0,05 0,10 0,25	0,10 0,20 0,25	0,20 0,20 0,25	0,20 0,25 0,25

4.1 Schallabsorption und -reflexion

in Wandabstand (Plattenschwinger) eine Erweiterung des Frequenzbereiches nach tiefen Frequenzen hin bewirkt. Bei einem Vorhang mit einer flächenbezogenen Masse von etwa 0,3 kg/m² in einem Wandabstand von 0,2 m beispielsweise würde der Schwerpunkt der Frequenzbereichserweiterung (Resonanzfrequenz gemäß Gl. (4.22)) bei 200 Hz liegen. Wäre eine Abstandsverminderung gewünscht, so ließe sich diese durch Masseerhöhung mittels Faltung des Vorhanges kompensieren. In Tabelle 4.4 werden Beispiele von Schallabsorptionsgraden verschiedener Vorhänge für unterschiedliche Wandabstände angegeben.

4.1.2.2 Plattenschwinger und Lochplattenschwinger

Plattenschwinger bestehen nach Bild 4.13 aus dünnen Platten, die in einem bestimmten Abstand d_L vor der Wand oder Decke montiert sind. Die Platte wirkt als **Masse**, die dahinter eingeschlossene Luft als **Feder**. Dort wo dieses Masse-Feder-System seine Resonanzfrequenz besitzt, entzieht es dem Schallfeld besonders viel Energie, die in Bewegungsenergie umgesetzt wird. Dadurch kommt eine hohe Schallabsorption zustande.

Als Platten für diese **Resonanzabsorber** sind alle dünnen aber dichten Materialien geeignet, wie z. B. Gipskartonplatten, Sperrholzplatten, Spanplatten, Holzfaserplatten, Holzverkleidungen, Glas, aber auch steife Folien oder Leder. Diese Platten werden vor Wänden z. B. an Holz- oder Blechständern, unter Decken z. B. an einer Lattung oder an Trageschienen befestigt. Damit die Platten frei schwingen können, muß eine bestimmte Mindestgröße von Unterstützungen und Versteifungen freigehalten werden. Diese Mindestgröße soll etwa 0,4 m² betragen, wobei der Abstand der an der Unterkonstruktion anliegenden Teile der Platten in keiner Richtung kleiner als 0,5 m sein darf.

In den als Feder wirkenden Luftraum hinter den Platten wird lose ein offenporiger Dämmstoff eingebracht. Dadurch wird die schallabsorbierende Wirkung erhöht und der Resonanzbereich etwas verbreitert. Außerdem wird die Winkelabhängigkeit der Schallabsorption vermindert.

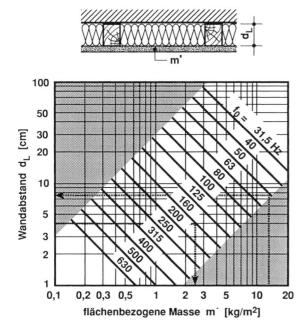

Bild 4.13 Resonanzfrequenzen von Plattenschwingern f_0 in Abhängigkeit von Wandabstand d_L und flächenbezogener Masse m' der Platten

Die **Resonanzfrequenz** f_0 maximaler Absorption kann näherungsweise aus

$$f_0 \approx 510 \, \frac{1}{\sqrt{m' d_L}} \quad \text{Hz} \tag{4.22}$$

berechnet werden, mit

m' flächenbezogene Masse in kg/m^2
d_L Abstand zwischen Plattenrückseite und Wand in cm

Der durch Gl. (4.22) gegebene Zusammenhang ist für verschiedene flächenbezogene Plattenmassen auf Bild 4.13 aufgetragen.

Beispiel

Soll eine Resonanzfrequenz von 160 Hz mit etwa 4 cm Wandabstand erzielt werden, so ist nach Gl. (4.22) oder Bild 4.13 eine flächenbezogene Masse der Platte von ungefähr 2,5 kg/m^2 nötig, die z. B. durch etwa 4 mm dickes Sperrholz realisiert werden könnte. Besteht die Absicht, eine Wandverkleidung aus 19 mm dicken Holzspanplatten ($m' = 13,5$ kg/m^2) als Plattenschwinger für eine Resonanzfrequenz von 50 Hz zu nutzen, so ist dazu ein Wandabstand von ungefähr 7,5 cm erforderlich.

Das eingeschlossene Luftvolumen wirkt bei einem Plattenschwinger nur dann als Feder, wenn der Wandabstand d_L klein gegenüber der Wellenlänge λ_0 bei Resonanz ist, näherungsweise kleiner als $\lambda_0/12$. Das begrenzt den wählbaren Wandabstand gemäß

$$d_L \leq \frac{\lambda_0}{12} \leq \frac{2800}{f_0} \quad \text{cm} \tag{4.23}$$

so daß beispielsweise für eine Resonanzfrequenz $f_0 = 250$ Hz ein **maximaler Wandabstand** von etwa 11 cm nicht überschritten werden sollte. Eine Vergrößerung des Wandabstandes über die durch Gl. (4.23) gegebene Grenze hinaus bedeutet, daß die Resonanzfrequenz f_0 im Frequenzverlauf des Schallabsorptionsgrades nicht mehr in Erscheinung tritt. Wohl aber kann sich dann bei festen Platten im tieffrequenten Bereich die **Platteneigenfrequenz** f_{Pl} bemerkbar machen. Darunter ist diejenige Frequenz zu verstehen, die man hören würde, wenn man die Platte im nicht eingebauten Zustand beklopft. Diese Platteneigenfrequenz bewirkt ein flaches Absorptionsmaximum, das vom Material und von den Auflagebedingungen der Platte abhängig ist. In grober Näherung kann man die Platteneigenfrequenz f_{Pl} für Platten der Dicke t (in mm) aus

$$f_{Pl} = 4t \quad \text{Hz} \tag{4.24}$$

abschätzen und erhält damit in der Regel für die Praxis unbedeutende Werte unter 50 Hz.

Meist wird ohnehin eine möglichst geringe **Bautiefe für einen Plattenschwinger** gewünscht und der Einsatz schwerer und zugleich fester Platten bevorzugt. Aber auch da gibt es Grenzen. Die Resonanzkurve maximaler Absorption im Frequenzverlauf des Schallabsorptionsgrades wird nämlich bei zunehmender Masse immer schmalbandiger (große Resonanzschärfe). Da im allgemeinen ein etwas breiterer Bereich des Absorptionsmaximums benötigt wird, ist beim Entwurf von Plattenschwingern zu empfehlen die durch Gl. (4.23) gegebene Grenzbedingung für den Wandabstand möglichst auszunutzen. Auf jeden Fall sollte der Wandabstand größer als $\lambda_0/100$ sein, d. h.

$$d_L > \frac{\lambda_0}{100} > \frac{340}{f_0} \quad \text{cm} \tag{4.25}$$

4.1 Schallabsorption und -reflexion

Für eine Resonanzfrequenz von 250 Hz beispielsweise sollte er also wenigstens 1,5 cm betragen. Damit läßt sich der für den Entwurf von Plattenschwingern verfügbare Bereich in der auf Bild 4.13 markierten Weise eingrenzen.

Für den **Schallabsorptionsgrad α eines Plattenschwingers**, der den hier erläuterten Voraussetzungen entspricht, ergeben sich bei der Resonanzfrequenz Werte von etwa 0,6 bis 0,8. Je Oktave Abstand zur Resonanzfrequenz kann mit einer Verminderung des Schallabsorptionsgrades auf die Hälfte gerechnet werden. Wird auf den Dämmstoff im Hohlraum hinter der Platte verzichtet, so verringert sich der Schallabsorptionsgrad im Resonanzmaximum auf Werte zwischen etwa 0,3 und 0,5.

Anstelle der festen, luftundurchlässigen Platten können auch solche mit möglichst regelmäßig verteilten Öffnungen (Kreise, Quadrate, Schlitze) zum Aufbau von Resonanzabsorbern

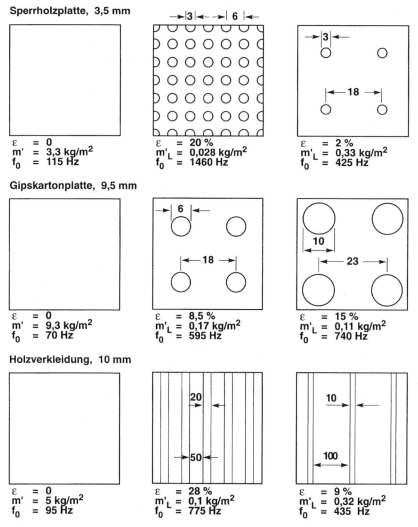

Bild 4.14 Resonanzfrequenzen f_0; Beispiele von Platten- und Lochplattenschwingern
Wandabstand: $d_L = 60\ mm$

verwendet werden. Diese werden als **Lochplattenschwinger** bezeichnet. Für deren Resonanzfrequenz und Absorptionsverhalten gelten die Gln. (4.19), (4.20) und (4.22) sowie Bild 4.13 in gleicher Weise, wobei jedoch an die Stelle der flächenbezogenen Masse m' der Platte eine wirksame Lochmasse m'_L (auch als Massenbelag bezeichnet) tritt. Das ist die Masse der in den Löchern mitschwingenden Luft, transformiert über das Lochflächenverhältnis ε (in %) der Platte. Sie läßt sich aus der Beziehung

$$m'_L \approx \frac{0{,}12 t_{\text{eff}}}{\varepsilon} \quad \text{kg/m}^2 \tag{4.26}$$

bestimmen. Dabei ist

t_{eff} wirksame Plattendicke in mm; Mündungskorrektur $2\Delta t$ nach Gl. (4.20) und Bild 4.11 einbezogen

Tabelle 4.5 Schallabsorptionsgrade α von Plattenschwingern und Lochplattenschwingern (Planungswerte; Aufbau gemäß Bild 4.13)

Plattenmaterial	Dicke t [mm]	m' [kg/m²]	d_L [cm]	Oktavband-Mittenfrequenz f_m [Hz]						
				63	125	250	500	1 k	2 k	4 k
				Schallabsorptionsgrad α						
Hartfaserplatte	3,5	3,3	6	0,20	0,65	0,20	0,12	0,07	0,05	0,05
			12	0,25	0,45	0,15	0,07	0,05	0,05	0,05
Holzspanplatte	19	13,5	6	0,30	0,25	0,12	0,10	0,07	0,05	0,05
			12	0,25	0,20	0,12	0,10	0,07	0,05	0,05
Sperrholzplatte	4	2,9	6	0,10	0,60	0,20	0,12	0,05	0,05	0,05
			12	0,12	0,70	0,25	0,12	0,05	0,05	0,05
Sperrholzplatte 0,4 bis 0,8 m breit; dreieckförmig befestigt	4	2,9	24 [1]	0,20	0,70	0,30	0,20	0,10	0,05	0,05
			48 [1]	0,70	0,50	0,30	0,20	0,10	0,05	0,05
Sperrholzplatte	8	5,8	6	0,25	0,50	0,15	0,07	0,05	0,05	0,05
			12	0,30	0,40	0,15	0,07	0,05	0,05	0,05
Gipskartonplatte	9,5	9,3	6	0,30	0,25	0,12	0,07	0,05	0,05	0,05
			12	0,30	0,20	0,10	0,07	0,05	0,05	0,05
Gipskartonlochplatte $\varepsilon = 5\%$	9,5	8,5	6	0,10	0,20	0,65	0,85	0,35	0,20	0,15
			12	0,10	0,20	0,75	0,55	0,30	0,25	0,20
			24	0,10	0,35	0,50	0,35	0,45	0,25	0,25
Holzpaneel 100 mm breit; mit Abstand $\varepsilon = 9\%$	20	15	5	0,10	0,20	0,45	0,75	0,25	0,15	0,10
			10	0,15	0,25	0,80	0,40	0,25	0,15	0,10
Holzverstäbung 45 mm breit; $\varepsilon = 25\%$	25	20	5	0,10	0,20	0,35	0,75	0,50	0,25	0,30

[1]) (max)

4.1 Schallabsorption und -reflexion

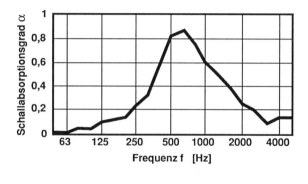

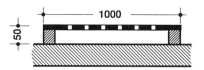

Bild 4.15 *Frequenzverlauf des Schallabsorptionsgrades α für eine mikroperforierte Vorsatzschale aus Acrylglas*
Plattendicke: $t = 5$ mm
Wandabstand: $d_L = 5$ cm
Lochdurchmesser: $d = 0{,}55$ mm
Lochabstand: 3,5 mm
Lochflächenverhältnis: $\varepsilon = 4{,}3\%$

Gelochte Platten erlauben den Aufbau von Schallabsorbern, die eine höhere Resonanzfrequenz als die von Plattenschwingern aufweisen, weil sich geringere wirksame Massen realisieren lassen. Bild 4.14 zeigt einige praxisübliche Plattenmaterialien, gelocht und ungelocht.

Auf Tabelle 4.5 sind für eine **Auswahl von Platten- und Lochplattenschwingern** idealisierte Frequenzverläufe des Schallabsorptionsgrades angegeben. Für praktische Anwendungen ist zu empfehlen, diese und die aus den hier vermittelten Grundlagen und Zusammenhängen gewonnenen Werte, nur zu Abschätzungen zu nutzen. Wenn möglich sollten auf Messungen (s. Abschn. 4.1.4) basierende Herstellerangaben Verwendung finden.

Lochplattenschwinger lassen sich auch **ohne einen Dämmstoff im Luftzwischenraum** aufbauen. Dazu müssen dünne Platten (bis etwa 8 mm) verwendet und sehr kleine Öffnungen (Durchmesser ungefähr 0,3 bis 2,0 mm) vorgesehen werden. Dann verursachen die Reibungsverluste in den engen Löchern die sonst durch das hinterlegte Material bewirkte Dämpfung. Damit sind faserfreie Schallabsorber möglich. Die Resonanzfrequenz dieser **mikroperforierten Schallabsorber** läßt sich näherungsweise ebenfalls nach den Gln. (4.22) und (4.26) berechnen [61] [62]. Sie können z. B. auch aus Acrylglas hergestellt werden und ermöglichen dadurch den Aufbau optisch transparenter Schallabsorber, wie sie beispielsweise im Plenarsaal des Deutschen Bundestages in Bonn eingesetzt wurden (s. Abschn. 4.4.5) [63]. Bild 4.15 zeigt ein Beispiel. Durch Auswahl von Plattendicke, Lochdurchmesser, Lochflächenverhältnis und Wandabstand können Lage und Form des Resonanzmaximums beeinflußt werden. Mit gewölbten, schräggestellten oder mehrlagigen Lochplatten läßt sich auch eine breitbandigere Wirkung dieser Absorber erzielen [64].

4.1.2.3 Helmholtzresonatoren

Helmholtzresonatoren sind **Resonanzabsorber für tiefe Frequenzen**, die sich einzeln oder in linienförmiger Anordnung sehr gut in den in einem Raum vorhandenen Hohlräumen unterbringen lassen, etwa in Wand- oder Deckensimsen, unter Treppenstufen, in Wandverkleidungen, hinter Brüstungen, im Inneren von Stützen oder im Gestühl. Sie sind in ihrer Wirkungsweise vergleichbar mit den Einzelelementen eines Lochplattenschwingers. Gemäß Bild 4.16 bestehen sie aus einem Resonatorhals, der ähnlich den Löchern in Lochplattenschwingern als Masse wirkt (Masse der bewegten Luft), und aus einem Resonatorvolumen, das infolge der eingeschlossenen Luft die Feder des so gebildeten resonanzfähigen Feder-Masse-Systems darstellt.

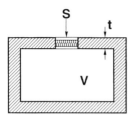

V Resonatorvolumen
S Resonatorhalsquerschnittsfläche
t Resonatorhalslänge

Bild 4.16 Prinzipdarstellung eines Helmholtzresonators

Die Resonanzfrequenz f_0 dieses Systems berechnet sich näherungsweise aus

$$f_0 \approx 170 \sqrt{\frac{S}{V(t + 2\Delta t)}} \quad \text{Hz} \tag{4.27}$$

mit

S Fläche des Resonatorhalsquerschnittes in cm^2
V Resonatorvolumen in dm^3
t Resonatorhalslänge (Materialdicke) in cm
$2\Delta t$ Mündungskorrektur in cm

Zur **Ankopplung des Resonators an das Schallfeld**, d. h. um diesem möglichst viel Energie zu entziehen und um die Absorptionswirkung breitbandig zu machen, wird in den Hohlraum wie bei den Platten- und Lochplattenschwingern ein Dämmstoff eingebracht. Mit diesem Dämmstoff soll beim Helmholtzresonator zwecks optimaler Anpassung ein bestimmter spezifischer Strömungswiderstand R_S realisiert werden. Das kann auch dadurch geschehen, daß ein entsprechend ausgewähltes poröses Material im Resonatorhals angeordnet oder daß die Resonatoröffnung außen bzw. innen mit einem Gewebe oder einem Vlies bestimmten spezifischen Strömungswiderstandes überdeckt wird.

Zur Optimierung des Absorptionsverhaltens von Helmholtzresonatoren sollte man sich genauer Berechnungsmethoden bedienen [55] [56] [65], die aber hier wegen des größeren mathematischen Aufwandes nicht behandelt werden sollen, oder von Meßwerten ausgehen, wie sie Bild 4.17 am Beispiel von Linienresonatoren zeigt. In der Planungspraxis wird aber häufig zu entscheiden sein, ob als Helmholtzresonatoren nutzbare Hohlräume vorhanden sind oder sich schaffen lassen und mit welcher Wirkung dabei zu rechnen ist. Um das abzuschätzen, werden hier einige **Bemessungsgrundlagen** angegeben.

Die größte Absorptionswirkung eines Helmholtzresonators läßt sich bei gewünschter Breitbandigkeit dann erzielen, wenn das Volumen groß gewählt wird. Nach Gl. (4.27) bedeutet das tiefe Resonanzfrequenzen. Beschränkungen bezüglich der Dimensionierung ergeben sich aus der Forderung, daß die Resonatorhalslänge sowie der Durchmesser bzw. die Breite des Resonatorhalsquerschnittes klein gegenüber der Wellenlänge λ_0 bei Resonanz sein müssen (kleiner als etwa $\lambda_0/8$). Für praktische Ausführungen ist das in der Regel allerdings unbedeutend, da danach selbst bei relativ hohen Resonanzfrequenzen wie z. B. 500 Hz noch Abmessungen bis zu etwa 100 mm möglich sind.

Die **Mündungskorrektur** $2\Delta t$ in Gl. (4.27) beträgt bei einzelnen runden Löchern etwa $0{,}8d$ (d: Durchmesser), bei quadratischen Öffnungen etwa $0{,}9a$ (a: Seitenlänge) und allgemein bei nicht schlitzförmigen Resonatorhalsquerschnitten der Fläche S näherungsweise $0{,}9\sqrt{S}$. Für einzelne schlitzartige Resonatorhalsquerschnitte ist die Mündungskorrektur

4.1 Schallabsorption und -reflexion

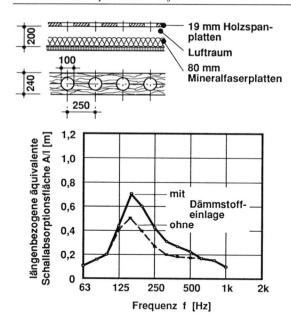

Bild 4.17 Beispiel für die äquivalente Schallabsorptionsfläche von Linienresonatoren mit und ohne Dämmstoffeinlage (bezogen auf die Länge l des Linienresonators) [1]

nicht nur von der Schlitzbreite, sondern nach Bild 4.18 auch von der Resonanzfrequenz f_0 abhängig.

Um Abschätzungen zu vereinfachen, ist auf den Bildern 4.19 und 4.20 für einige praxisübliche Abmessungen des Resonatorhalses das für Resonanzfrequenzen von 31,5 bis 500 Hz notwendige Volumen dargestellt. Für diese und einige weitere Beispiele enthält Tabelle 4.6 die entsprechenden Zahlenwerte.

Beispiel

Ist ein Resonator für eine Resonanzfrequenz von 63 Hz durch Öffnungen in einer t = 2 cm dicken Platte zu realisieren, so könnten dazu quadratische Öffnungen der Seitenlängen 5 cm oder runde Löcher von ca. 5,6 cm Durchmesser vorgesehen werden. Das bedeutet eine

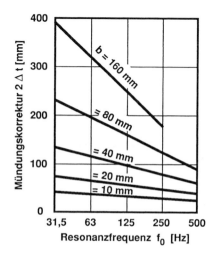

Bild 4.18 Mündungskorrektur für eine schlitzförmige Öffnung [66]
b Schlitzbreite

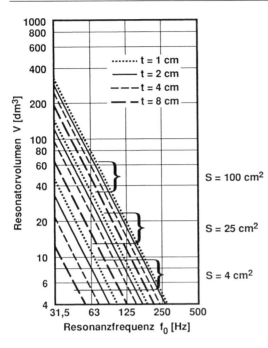

Bild 4.19 Für Resonanzfrequenzen f_0 von Helmholtzresonatoren benötigtes Resonatorvolumen V bei runden und quadratischen Öffnungen
S Resonatorhalsquerschnittsfläche
t Resonatorhalslänge

Öffnungsfläche von 25 cm^2 und verlangt nach Bild 4.19 ein Volumen von etwa 30 dm^3 (nach Tabelle 4.6 für Quadrate: 29,5 dm^3).

Wollte man die gleiche Resonanzfrequenz mit einer schlitzförmigen Öffnung von 2 cm Breite und 1 m Länge erreichen, so ließe sich für eine Resonatorhalslänge von ebenfalls t = 2 cm

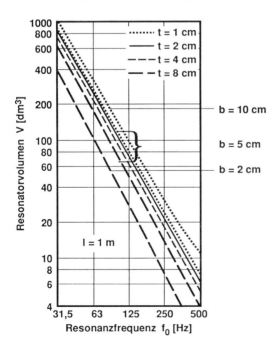

Bild 4.20 Für Resonanzfrequenzen f_0 von Helmholtzresonatoren benötigtes Resonatorvolumen V bei schlitzförmigen Öffnungen von 1 m Länge
b Schlitzbreite
t Resonatorhalslänge

4.1 Schallabsorption und -reflexion

Tabelle 4.6 Für bestimmte Resonanzfrequenzen f_0 von Helmholtzresonatoren erforderliches Volumen V bei kreisförmigen, quadratischen und schlitzförmigen Öffnungen verschiedener Resonatorhalslängen t

Öffnung		kreisförmig			quadratisch			schlitzförmig Schlitzlänge: 0,5 m			schlitzförmig Schlitzlänge: 1 m		
f_0 [Hz]	t [cm]	Durchmesser d			Seitenlänge a			Schlitzbreite b			Schlitzbreite b		
		2 cm	5 cm	10 cm	2 cm	5 cm	10 cm	2 cm	5 cm	10 cm	2 cm	5 cm	10 cm
		Resonatorvolumen V [dm^3]											
31,5	1	37,0	120,0	267,5	43,5	138,5	305,5	350,5	441,5	524,5	701,0	882,5	1049,0
	2	26,5	100,0	240,0	32,0	117,0	277,5	314,0	417,0	507,0	628,0	834,0	1014,0
	4	17,0	74,5	199,5	21,0	89,5	234,5	260,0	375,5	475,0	519,5	750,5	950,0
	8	10,0	49,5	149,0	12,5	60,5	178,5	193,0	313,0	422,0	386,5	626,0	843,5
63	1	9,2	30,0	67,0	11,0	34,5	76,5	97,5	126,5	155,0	195,5	253,5	310,0
	2	6,6	25,0	60,0	8,0	29,5	69,5	86,5	118,5	149,0	173,0	237,5	298,0
	4	4,2	18,5	50,0	5,2	22,5	58,5	70,5	105,5	138,0	140,5	211,0	276,0
	8	2,5	12,5	37,5	3,1	15,0	44,5	51,0	86,0	120,5	102,5	172,5	240,5
125	1	2,3	7,6	17,0	2,8	8,8	19,5	28,0	38,0	48,0	56,0	75,5	96,0
	2	1,7	6,3	15,5	2,0	7,4	17,5	24,5	35,0	46,0	49,0	70,0	91,5
	4	1,1	4,7	12,5	1,3	5,7	15,0	19,5	30,5	42,0	39,0	61,0	83,5
	8	–	3,1	9,5	–	3,8	11,5	14,0	24,5	35,5	27,5	48,5	71,0
250	1	–	1,9	4,0	–	2,2	4,9	8,0	11,5	15,5	16,0	23,0	31,0
	2	–	1,6	3,5	–	1,9	4,4	6,9	10,5	14,5	13,5	21,0	29,0
	4	–	1,2	3,2	–	1,4	3,7	5,3	8,9	13,0	10,5	18,0	26,0
	8	–	–	2,4	–	1,0	2,8	3,7	6,9	10,5	7,4	13,5	21,5
500	1	–	–	1,1	–	–	1,2	2,4	3,7	5,6	4,7	7,3	11,5
	2	–	–	1,0	–	–	1,1	2,0	3,3	5,1	3,9	6,5	10,3
	4	–	–	–	–	–	–	1,5	2,7	4,4	3,0	5,4	8,8
	8	–	–	–	–	–	–	1,0	2,0	3,4	2,0	3,9	6,8

mit Bild 4.20 durch Interpolation abschätzen, daß das Volumen dazu etwa 170 dm^3 betragen muß (genauer nach Tabelle 4.6: 173 dm^3).

Für den **zur Bedämpfung und optimalen Anpassung** des Helmholtzresonators erforderlichen **Dämmstoff** läßt sich der spezifische Strömungswiderstand R_S näherungsweise aus der

Gleichung

$$R_S = 2{,}2 \frac{S}{f_0 \cdot V} \quad \text{kPa s/m} \tag{4.28}$$

bestimmen mit

S Resonatorhalsquerschnittsfläche in cm^2
V Resonatorvolumen in dm^3
f_0 Resonanzfrequenz Hz.

Der durch Gl. (4.28) gegebene Zusammenhang ist auch auf Bild 4.21 dargestellt, wobei hier der spezifische Strömungswiderstand R_S auf die Querschnittsfläche des Resonatorhalses S bezogen wurde. Gl. (4.28) und Bild 4.21 gelten für die Anordnung des Dämmstoffes im Resonatorhalsbereich.

Ein *Gewebe* mit entsprechendem spezifischen Strömungswiderstand kann z. B. aus Tabelle 4.2 ausgewählt werden. Es läßt sich je nach Erfordernis ein- oder mehrlagig vor bzw. hinter dem Resonatorhals anbringen. Statt dessen kann auch ein Dämmstoff der Dicke t mit einem längenbezogenen Strömungswiderstand R_S/t (s. Gl. (4.15)) in den Resonatorhals eingebracht

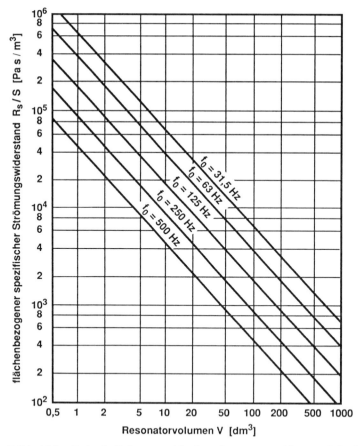

Bild 4.21 *Erforderlicher spezifischer Strömungswiderstand R_s bezogen auf die Resonatorhalsquerschnittsfläche S bei verschiedenem Resonatorvolumen V*

4.1 Schallabsorption und -reflexion

werden. Geeignete Dämmstoffe finden sich in Tabelle 4.1. Zweckmäßigerweise verschließt man dabei den Resonatorhals beidseitig mit Gaze, Lochblech o. ä. Der Dämmstoff kann auch in das Resonatorvolumen eingelegt werden. Näherungsweise ergibt sich der erforderliche längenbezogene Strömungswiderstand r dieses Materials dann, wenn in Gl. (4.28) als S die Querschnittsfläche des Resonatorvolumens und in Gl. (4.15) als t die Dicke der eingelegten Dämmschicht angesetzt werden.

Beispiel

Für das behandelte Beispiel eines Helmholtzresonators, bei dem die Resonanzfrequenz von 63 Hz mit einem Volumen von ca. 30 dm³ erreicht wird (runde oder quadratische Öffnung) ergibt sich aus Bild 4.21 ein flächenbezogener spezifischer Strömungswiderstand R_S/S von etwa 12 kPa s/m³. Bei der angenommenen Querschnittsfläche des Resonatorhalses von $S = 25$ cm² $= 25 \cdot 10^{-4}$ m² bedeutet das in Übereinstimmung mit dem auch aus Gl. (4.28) zu errechnenden Wert einen spezifischen Strömungswiderstand von $R_S \approx 30$ Pa s/m. Das könnte nach Tabelle 4.2 z. B. durch dünnes Glasvlies (zweilagig) vor oder hinter der Resonatoröffnung realisiert werden.

Wollte man statt dessen den 2 cm langen Resonatorhals mit einem Dämmstoff füllen, so müßte dessen längenbezogener Strömungswiderstand $r \approx 30/2 \cdot 10^{-2} \approx 1,5$ kPa s/m² sein. Nach Tabelle 4.1 kämen z. B. Glaswolle oder ein entsprechend eingestellter Schaumkunststoff hierfür in Frage.

Für die o. g. zweite Variante mit einer schlitzförmigen Resonatoröffnung und mit einem erforderlichen Volumen von etwa 170 dm³ ergeben sich in gleicher Weise ein spezifischer Strömungswiderstand von $R_S \approx 40$ Pa s/m bzw. ein längenbezogener Strömungswiderstand für einen Dämmstoff im 2 cm langen Resonatorhals von $r \approx 2$ kPa s/m².

Näherungsweise Angaben über die mit Helmholtzresonatoren bei der Resonanzfrequenz **erreichbaren äquivalenten Schallabsorptionsflächen** A enthält Bild 4.22. Sie gelten für den Fall, daß sich die Resonatoren in Wand- oder Deckenflächen befinden. Bei ihrer Anordnung in einer Raumkante sind sie doppelt, bei Anordnung in einer Ecke viermal so groß. Das wird durch den dort infolge des Druckstaues (s. Abschn. 4.2.2) höheren Schalldruckpegel

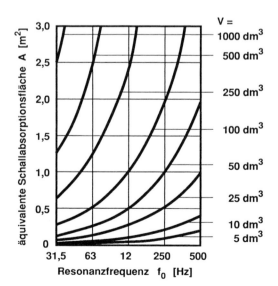

Bild 4.22 Äquivalente Schallabsorptionsfläche A von Helmholtzresonatoren bei der Resonanzfrequenz f_0 für verschiedenes Resonatorvolumen V
Resonatoranordnung in der Mitte von Wand- oder Deckenflächen

Tabelle 4.7 Äquivalente Schallabsorptionsflächen A von Helmholtzresonatoren mit kreisförmigen, quadratischen und schlitzförmigen Öffnungen bei ihrer Resonanzfrequenz f_0 für verschiedene Resonatorhalslängen t bei Anordnung in Wandmitte und Bedämpfung des Resonators (zugehöriges Resonatorvolumen in Tabelle 4.6)

Öffnung		kreisförmig			quadratisch			schlitzförmig Schlitzlänge: 0,5 m			schlitzförmig Schlitzlänge: 1 m		
f_0 [Hz]	t [cm]	Durchmesser d			Seitenlänge a			Schlitzbreite b			Schlitzbreite b		
		2 cm	5 cm	10 cm	2 cm	5 cm	10 cm	2 cm	5 cm	10 cm	2 cm	5 cm	10 cm
		äquivalente Schallabsorptionsfläche A [m^2]											
31,5	1	0,09	0,28	0,62	0,10	0,32	0,70	0,81	1,02	1,21	1,61	2,03	2,41
	2	0,06	0,23	0,55	0,07	0,27	0,64	0,72	0,96	1,17	1,44	1,92	2,33
	4	0,04	0,17	0,46	0,05	0,21	0,54	0,60	0,86	1,09	1,20	1,73	2,18
	8	0,02	0,11	0,34	0,03	0,14	0,41	0,44	0,72	0,97	0,89	1,44	1,94
63	1	0,04	0,14	0,31	0,05	0,16	0,35	0,45	0,58	0,71	0,90	1,17	1,43
	2	0,03	0,12	0,28	0,04	0,14	0,32	0,40	0,55	0,69	0,80	1,09	1,37
	4	0,02	0,09	0,23	0,02	0,10	0,27	0,32	0,49	0,64	0,65	0,97	1,27
	8	0,01	0,06	0,17	0,01	0,07	0,21	0,24	0,40	0,55	0,47	0,79	1,11
125	1	0,02	0,07	0,16	0,03	0,08	0,18	0,26	0,34	0,44	0,51	0,69	0,88
	2	0,02	0,06	0,14	0,02	0,07	0,16	0,22	0,32	0,42	0,45	0,64	0,84
	4	0,01	0,04	0,12	0,01	0,05	0,14	0,18	0,28	0,38	0,36	0,56	0,76
	8	0	0,03	0,09	0	0,04	0,10	0,13	0,22	0,33	0,25	0,44	0,65
250	1	0	0,04	0,08	0	0,04	0,09	0,26	0,21	0,28	0,29	0,42	0,57
	2	0	0,03	0,07	0	0,03	0,08	0,13	0,19	0,27	0,25	0,38	0,53
	4	0	0,02	0,06	0	0,03	0,07	0,10	0,16	0,24	0,20	0,33	0,48
	8	0	0	0,04	0	0,02	0,05	0,07	0,13	0,20	0,14	0,25	0,39
500	1	0	0	0,04	0	0	0,04	0,09	0,13	0,21	0,17	0,27	0,41
	2	0	0	0,03	0	0	0,04	0,07	0,12	0,19	0,14	0 24	0,38
	4	0	0	0	0	0	0	0,05	0,10	0,16	0,11	0,20	0,32
	8	0	0	0	0	0	0	0,04	0,07	0,12	0,07	0,14	0,25

verursacht. Etwas genauere Zahlenwerte für die mit Helmholtzresonatoren im Resonanzgebiet erzielbaren äquivalenten Schallabsorptionsflächen sind auf Tabelle 4.7 für einige praxisübliche Resonatorabmessungen zusammengestellt. Eine grobe Abschätzung ist auch anhand der Beziehung

$$A \approx 10^{-2} \sqrt{\frac{SV}{t + 2\Delta t}} k \approx 6 \cdot 10^{-5} V f_0 k \quad m^2 \tag{4.29}$$

möglich. Dabei sind

S   Fläche des Resonatorhalsquerschnittes in cm^2
V   Resonatorvolumen in dm^3
t   Resonatorhalslänge (Materialdicke) in cm
$2\Delta t$ Mündungskorrektur in cm
k   Anordnungsfaktor

Hier ist für den Anordnungsfaktor $k = 1$ bei Anbringung der Resonatoren in Wand- und Deckenflächen, $k = 2$ bei Anordnungen in der Kante und $k = 4$ für Befestigungen in der Ecke einzusetzen.

Beispiel

Für die o. g. Beispiele von Resonatoren für eine Resonanzfrequenz von 63 Hz ergeben sich aus Bild 4.22 bzw. Tabelle 4.7 äquivalente Schallabsorptionsflächen von etwa 0,14 m^2 für die runde bzw. quadratische Öffnung (30 dm^3) und von 0,8 m^2 für die schlitzförmige Öffnung (170 dm^3). Bei Anbringung der Resonatoren in einer Raumkante würden sich diese Werte auf 0,28 m^2 und 1,6 m^2, bei Befestigung in einer Ecke sogar auf 0,56 m^2 und 3,2 m^2 erhöhen.

Wie bei Platten- und Lochplattenschwingern kann man auch bei optimaler Auslegung von Helmholtzresonatoren näherungsweise damit rechnen, daß sich die Absorptionswirkung im Vergleich zu der bei der Resonanzfrequenz erzielten bei Halbierung oder bei Verdopplung der Frequenz etwa auf die Hälfte reduziert. Meist klingt der Verlauf nach tiefen Frequenzen hin etwas langsamer ab. Soll eine breitbandige Absorption tiefer Frequenzen erreicht werden, so müssen auf verschiedene Resonanzfrequenzen abgestimmte Helmholtzresonatoren eingesetzt werden.

In der Praxis sind vielfach Hohlräume vorhanden, die das Anordnen mehrerer Resonatoren in einer Linie erlauben (s. Bild 4.17). Hierbei kann auf eine Abtrennung des Volumens der Einzelresonatoren verzichtet werden. Bei der Berechnung der Resonanzfrequenz nach Gl. (4.27) und des erforderlichen spezifischen Strömungswiderstandes nach Gl. (4.28) ist das verfügbare Gesamtvolumen der **Resonatorlinie** dann durch die Anzahl der Resonatoröffnungen zu dividieren. Da sich die in einer Linie nebeneinanderliegenden Öffnungen bei kleinen Abständen (kleiner als etwa die halbe Wellenlänge bei Resonanz) gegenseitig beeinflussen, weichen die erzielbaren äquivalenten Schallabsorptionsflächen etwas von denen der Einzelresonatoren ab. Viele, möglichst eng benachbarte Resonatoren sind günstig.

4.1.2.4 Kombinierte und alternative Schallabsorber

Vor allem **bei besonderen Anforderungen** werden kombinierte oder auch alternative schallabsorbierende Konstruktionen eingesetzt. Solche Anforderungen sind z. B. geringstmöglicher Raumbedarf bei der Absorption tiefer Frequenzen, geschlossene Oberflächen zwecks Reinigung bzw. Robustheit, besonders breitbandige Wirkung oder Faserfreiheit.

Große Breitbandigkeit läßt sich durch eine **Kombination von Plattenschwingern mit porösen Absorbern** erzielen, wie sie auf Bild 4.23 dargestellt ist. Ein poröser Schallabsorber wird rückseitig mit einer dünnen Platte abgedeckt, die gleichzeitig die Masse eines Plattenschwingers darstellt. Ihr Abstand zur Wand oder Decke wird so gewählt, daß sich die Resonanzfrequenz nach Gl. (4.22) im Gebiet des Anstieges der Wirksamkeit des porösen Schallabsorbers befindet. Damit läßt sich die Schallabsorption nach tiefen Frequenzen hin verbessern. In den Hohlraum hinter der Platte sollte offenporiger Dämmstoff in loser Form eingebracht werden. Bei der Befestigung der Schallabsorber sind die für Plattenschwinger gegebenen Hinweise zu beachten. Auch von dieser Absorberart werden in der Praxis zahlreiche Systemlösungen angeboten, die den vielfältigsten Gestaltungswünschen gerecht werden. In der Regel sind dazu auch Herstellerangaben über Schallabsorptionsgrade bei unterschiedlichen Wand- bzw. Deckenabständen verfügbar.

Eine besondere Form poröser oder kombinierter Schallabsorber stellen Absorberkassetten dar, die unter der Decke nicht parallel sondern senkrecht zu dieser befestigt werden. Diese sog. **Baffles** werden in linien- oder rasterförmiger Anordnung vor allem in Arbeitsräumen und Industriehallen eingesetzt. Werden diese Baffles (Abmessungen 0,5 bis 2 m; 0,1 bis 0,2 m dick) genügend dicht montiert, so lassen sich an der Decke größere äquivalente Schallabsorptionsflächen verwirklichen, als bei üblichem Absorbereinsatz. In flachen Hallen können zusätzliche Schalldruckpegelminderungen erzielt werden, wenn die Baffles senkrecht zur Hauptausbreitungsrichtung angeordnet sind.

In der Regel läßt sich die gelochte Platte eines nach Abschn. 4.1.2.2 für tiefe Frequenzen bemessenen **Lochplattenschwingers** nicht gleichzeitig zur Abdeckung eines porösen Absorbers verwenden, da für die nötige Transparenz bei höheren Frequenzen ein größeres Lochflächenverhältnis erforderlich ist. Bild 4.24 verdeutlicht das am Beispiel einer Holzverstäbung. Bei Verkleinerung der Schlitzbreite verschlechtert sich die Schallabsorption bei hohen Frequenzen, während bei den tiefen und mittleren eine Verbesserung erkennbar wird.

Relativ breitbandig wirkende Schallabsorber mit geschlossener Oberfläche lassen sich aus becherartig verformten dünnen Kunststoffolien (ca. 0,4 mm dick) aufbauen [67]. Bild 4.25 zeigt als Beispiel ein Meßergebnis an einem solchen Absorber. Die Breitbandigkeit wird

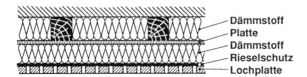

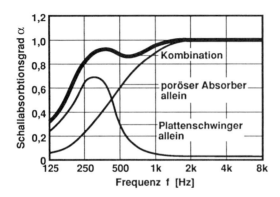

Bild 4.23 Kombinierter Schallabsorber für breitbandige Wirkung

4.1 Schallabsorption und -reflexion

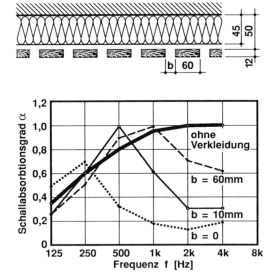

Bild 4.24 *Frequenzverlauf des Schallabsorptionsgrades α für eine Holzverstäbung mit verschiedenen Lattenabständen b als Absorberabdeckung*

durch geeignete Kombination der Plattenresonanzen der Becherböden mit den Resonanzen zwischen den Folienmassen und dem jeweiligen eingeschlossenen Luftvolumen erzielt. **Folienabsorber** sind sehr leicht (etwa 1 kg/m^2), lassen sich gut reinigen, können aber hinsichtlich ihres Brandverhaltens Probleme bereiten.

Gänzlich aus dünnen Metallblechen werden **Membranabsorber** aufgebaut, die vor allem bei tiefen und mittleren Frequenzen wirksam sind, eine geschlossene Oberfläche aufweisen, keine Faserstoffe benötigen und einen relativ niedrigen Platzbedarf besitzen [68]. Wie auf Bild 4.26 an einem Beispiel gezeigt, bestehen diese Membranabsorber aus einem Hohlkammerträgergerüst, das ein- oder beidseitig mit dünnen Lochmembranen aus Aluminium (runde

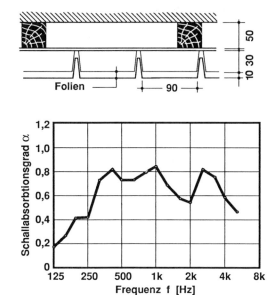

Bild 4.25 *Schallabsorptionsgrad α eines Folienabsorbers in Abhängigkeit von der Frequenz f*

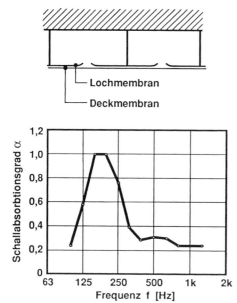

Bild 4.26 Schallabsorptionsgrad α eines Membranabsorbers in Abhängigkeit von der Frequenz f

oder schlitzförmige Öffnungen) und aus darüberliegenden Deckmembranen aus Aluminium- oder Stahlblech abgedeckt ist. Membranabsorber können im Raum aufgestellt, frei abgehängt oder auch direkt bzw. mit Abstand vor Decken- oder Wandflächen montiert werden. Sie lassen sich wie andere Resonanzabsorber auf bestimmte Frequenzen abstimmen, können aber auch in Verbindung mit porösen Absorbern, etwa mit aufgebrachten Schaumkunststoffen, breitbandiger wirksam gemacht werden [352] [353].

4.1.3 Unvermeidbare Schallabsorption in Räumen

Auch ohne daß in einen Raum technische Schallabsorber eingebaut werden, ist infolge der unvermeidbaren schallabsorbierenden Eigenschaften der Raumoberflächen, der Luft, der im Raum vorhandenen Gegenstände und Einbauten und vor allem der darin befindlichen Personen mit einer bestimmten äquivalenten Schallabsorptionsfläche zu rechnen. In Auditorien ist die Publikumsabsorption meist bestimmend und verlangt daher bei der raumakustischen Planung besondere Beachtung.

Die nachfolgend zu den unvermeidbaren Absorptionswirkungen gegebenen Erläuterungen und zusammengestellten Zahlenwerte können unter üblichen Bedingungen als Planungsunterlagen dienen. Es sei aber dazu betont, daß die im praktischen Einzelfalle tatsächlich auftretenden Parameter dennoch erheblich von diesen typischen Mittelwerten abweichen können. Wo es möglich ist, sollte daher auch hier im Hinblick auf eine höhere Planungssicherheit auf spezielle Meßergebnisse zurückgegriffen werden.

4.1.3.1 Schallabsorption durch Publikum und Gestühl

Schallabsorbierend wirkt vor allem die **Kleidung** (poröse Schallabsorber), und deren individuelle Unterschiede haben natürlich eine große Streubreite der Schallabsorption von Publikumsflächen zur Folge. Beispielsweise kann die äquivalente Schallabsorptionsfläche

4.1 Schallabsorption und -reflexion

einer einzelnen stehenden Person in Abhängigkeit von der Kleidung bei 1000 Hz zwischen 0,4 m^2 (leichtes Sommerkleid) und 1,4 m^2 (Wintermantel) schwanken [69]. Der Planung kann man im allgemeinen nur Mittelwerte zugrunde legen.

Für die Berechnung der äquivalenten Schallabsorptionsfläche von **Publikums- oder Gestühlflächen in Auditorien** wird üblicherweise vom Schallabsorptionsgrad dieser Flächen ausgegangen. Um dabei zu berücksichtigen, daß an den Begrenzungen der bestuhlten Flächen von den Gängen her eine zusätzliche Schallbeugung (Kantenbeugung) in den Publikumsbereich hinein erfolgt, die eine Erhöhung der Schallabsorption bewirkt, ist bei der Berechnung überall dort, wo ein Gang an die Gestühlfläche angrenzt, die tatsächlich vom Publikum besetzte Fläche um einen Streifen von 0,5 m Breite zu vergrößern.

Der Schallabsorptionsgrad von Publikumsflächen ist von der **Art des Gestühls** abhängig und bei Polsterstühlen größer als bei Holzstühlen [1] [59] [70] [71] [72] [73]. Tabelle 4.8 enthält für Berechnungen geeignete Mittelwerte für besetztes und unbesetztes Gestühl. Als Reihenabstand ist hier etwa 0,9 m, als Stuhlbreite etwa 0,6 m angenommen. Bei dem Polstergestühl handelt es sich um eine stoffbezogene Polsterung aus schallabsorbierendem Material (z. B. offenporiger Schaumkunststoff) die sich im wesentlichen auf die von der sitzenden Person abgedeckten Flächen (Sitz etwa 80 mm dick, Rückenlehne etwa 45 mm dick, offene Armlehnen) beschränkt. In Räumen für Musikdarbietungen ist diese Beschränkung deshalb erstrebenswert, weil sie sicherstellt, daß sich die Absorptionseigenschaften und damit auch die Nachhallzeit im besetzen und im unbesetzten Zustand weitgehend gleichen. Das ist für die Probenarbeit der Musiker wichtig, damit diese sich auf die im besetzten Saal zu erwartenden akustischen Eigenschaften einstellen können.

Für eine Abschätzung der durch Personen verursachten Schallabsorption kann man auch von einer frequenzabhängigen **äquivalenten Schallabsorptionsfläche A je Person** ausgehen. Neben der bereits erwähnten Abhängigkeit der Absorptionseigenschaften von der Kleidung, für die man einen Mittelwert annehmen muß, ist dabei die Besetzungsdichte von Einfluß.

Tabelle 4.8 Schallabsorption durch Publikum, Gestühl und Personen (Planungswerte)

Publikums- und Gestühlfläche	Oktavband-Mittenfrequenz f_m [Hz]					
	125	250	500	1 k	2 k	4 k
	Schallabsorptionsgrad α					
Publikum auf Holzgestühl	0,40	0,60	0,75	0,80	0,85	0,80
Publikum auf Polstergestühl	0,60	0,75	0,80	0,85	0,90	0,85
Holzgestühl unbesetzt	0,05	0,05	0,05	0,10	0,10	0,15
Polstergestühl unbesetzt	0,30	0,55	0,55	0,65	0,75	0,75
Personen	äqivalente Schallabsorptionsfläche A je Person [m^2]					
> 2 m^2 je Person (Musiker)	0,35	0,65	0,85	1,00	1,10	1,10
ca. 0,65 m^2 je Person (Publikum)	0,25	0,45	0,60	0,65	0,75	0,75
< 0,5 m^2 je Person (Chor)	0,15	0,25	0,40	0,50	0,60	0,60

Einzeln im Raum befindliche Personen (Redner, Solisten) oder weit auseinandersitzende (Musiker) stellen eine größere äquivalente Schallabsorptionsfläche je Person dar als eng benachbart sitzende (Chor). Tabelle 4.8 enthält auch dazu einige Angaben.

4.1.3.2 Schallabsorption durch Raumbegrenzungsflächen

Die Schallabsorptionsgrade üblicher Raumbegrenzungsflächen sind, wie auf Tabelle 4.9 an Beispielen dargestellt, zwar gering, doch sind ihre Beiträge zur äquivalenten Schallabsorptionsfläche eines Raumes in der Regel nicht vernachlässigbar, da es sich meist um recht große Flächen handelt. **Teppiche und Teppichböden** stellen bei hohen Frequenzen

Tabelle 4.9 Schallabsorptionsgrade α von Raumbegrenzungsflächen (Planungswerte)

Raumbegrenzungsfläche	Oktavband-Mittenfrequenz f_m [Hz]						
	63	125	250	500	1 k	2 k	4 k
	Schallabsorptionsgrad α						
Marmor, Fliesen, Klinker	0,01	0,01	0,01	0,02	0,02	0,02	0,03
Beton, Stuckgips, Naturstein	0,02	0,02	0,02	0,03	0,04	0,05	0,05
Kalkzementputz, Tapete, Gipskartonplatten	0,02	0,02	0,03	0,04	0,05	0,06	0,08
Schaumstofftapete, etwa 8 mm dick	0,02	0,03	0,10	0,25	0,40	0,50	0,60
Dielen, Parkett, Spanplatten festaufliegend	0,02	0,03	0,04	0,04	0,05	0,05	0,05
Dielen, Parkett, Holzboden hohlliegend (auf Leisten)	0,15	0,10	0,08	0,06	0,05	0,05	0,05
Linoleum, PVC-Belag, Gummibelag	0,02	0,02	0,03	0,03	0,04	0,04	0,05
Linoleum, PVC-Belag auf Filzschicht	0,02	0,02	0,05	0,10	0,15	0,07	0,05
Spannteppich (PVC-Folie auf 5 mm Filz)	0,02	0,02	0,09	0,20	0,15	0,07	0,05
Teppichboden bis etwa 5 mm Dicke	0,02	0,03	0,04	0,06	0,20	0,30	0,40
Teppichboden bei mehr als etwa 5 mm Dicke	0,02	0,03	0,06	0,10	0,30	0,50	0,60
Fenster, Spiegel	0,20	0,12	0,10	0,05	0,04	0,02	0,02
Tür, Holz, lackiert	0,15	0,10	0,08	0,06	0,05	0,05	0,05
Bühnenöffnung	0,40	0,40	0,40	0,60	0,70	0,80	0,80

4.1 Schallabsorption und -reflexion

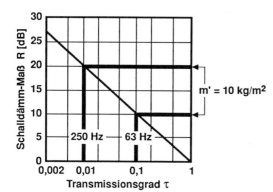

Bild 4.27 *Zusammenhang zwischen Schalldämm-Maß R und Transmissionsgrad τ*
Eingetragene Näherung für eine flächenbezogene Masse von etwa 10 kg/m² (z. B. 4 mm Glasscheibe) ergibt nach dem Massengesetz bei
63 Hz: $R \approx 10$ dB; $\tau \approx 0{,}1$;
250 Hz: $R \approx 20$ dB; $\tau \approx 0{,}01$

wirksame poröse Schallabsorber dar. Soll ihre Wirkung nach tieferen Frequenzen hin erweitert werden, so kann man Filzschichten o. ä. unterlegen. **Bodenbeläge mit festen Oberschichten**, die aber eine elastische Unterlage besitzen, können im mittleren Frequenzbereich etwas erhöhte Schallabsorptionsgrade aufweisen. Sie wirken hier als Masse-Feder-System gewissermaßen nach dem Prinzip des Plattenschwingers. Wesentlich ausgeprägter ist diese Plattenschwingerwirkung im tiefen Frequenzbereich bei hohl liegenden **Holzböden** (etwa Parkett, Dielen, Podien) oder bei leichten Vorsatzschalen vor Massivwänden.

Auch **bei Fenstern** ist eine größere Absorption bei tiefen Frequenzen vorhanden, die durch Schalltransmission nach außen hervorgerufen wird. Diese resultiert aus geringer flächenbezogener Masse einfacher Scheiben oder aus Resonanzerscheinungen im Zwischenraum von Isolier- oder Doppelverglasungen. Bild 4.27 zeigt dazu den Zusammenhang zwischen Transmissionsgrad und Schalldämm-Maß. Nur bis zu einer Höchstgrenze des Schalldämm-Maßes von etwa 20 dB ($\tau = 0{,}01$) ist ein merklicher Beitrag zur Schallabsorption zu erwarten. Bei tiefen Frequenzen wird diese Grenze bei Fenstern und Verglasungen (auch bei Türen) aber durchaus unterschritten.

Wenn die Schalltransmission nicht ins Freie sondern in einen Nachbarraum erfolgt, wird ein vom Transmissionsgrad abhängiger Teil von dessen äquivalenter Schallabsorptionsfläche angekoppelt. Wählt man den Transmissionsgrad sehr groß, etwa durch Verwendung eines Lochmaterials, so läßt sich das auch nutzen, um die Nachhallzeit zu regulieren, z. B. durch Ankoppeln des Binderraumes über eine **akustisch transparente Saaldecke** (Gitterrost, Lochblech, Drahtgeflecht).

In Sälen mit **Bühnen** stellt deren Öffnung eine große Fläche mit schwer abschätzbaren Absorptionseigenschaften dar, da der Bühnenaufbau maßgeblichen Einfluß hat. Als Mittelwerte kann man mit Schallabsorptionsgraden rechnen, die nach hohen Frequenzen hin etwas ansteigen, wie in Tabelle 4.9 als Näherung mit angegeben. Gleichfalls schwer abschätzbar ist der Einfluß der Öffnungen und Schlitze, die bei Einsatz von **Lüftungs- und Klimaanlagen** als Schallabsorber wirksam werden. Eine Daumenregel besagt, daß man hierfür als äquivalente Schallabsorptionsfläche A (in m²) pauschal etwa 1% des Raumvolumens V (in m³) frequenzunabhängig ansetzen sollte.

Wegen der Schwierigkeiten, solche und andere Einflüsse auf die Schallabsorption näher zu erfassen, wird als Näherung auch versucht, typische Raumausstattungen etwa von Maschinenhallen, Technikzentralen und Büros, aber auch von Auditorien, durch einen **mittleren Schallabsorptionsgrad des Raumes** α_{Raum} zu erfassen. Einige nähere Hinweise finden sich dazu in den Abschnitten, die sich mit der akustischen Planung solcher Räume beschäftigen (s. Abschn. 4.2 und 4.3).

Tabelle 4.10 Absorptionseinfluß der Luft bei Schallausbreitung (Planungswerte)

Schallausbreitung im Freien	Oktavband-Mittenfrequenz f_m [Hz]						
	125	250	500	1000	2 k	4 k	8 k
	Schallabsorptionskoeffizient α_L [dB/km]						
Temperatur: 10 °C rel. Luftfeuchte: 70%	0,5	1	2	4	8	20	50
Schallausbreitung in Räumen	Energiedämpfungskonstante m [10^{-3} m^{-1}]						
Temperatur: 20 °C rel. Luftfeuchte: 50%	–	0,075	0,25	0,75	2,5	7,5	25
Beispiel:	äquivalente Schallabsorptionsfläche $A_L = 4\,m\,V$ [m^2]						
$V = 1000$ m^3	–	0,3	1	3	10	30	100
$V = 10000$ m^3	–	3	10	30	100	300	1000

4.1.3.3 Schallabsorption durch Luft

Bei der Schallausbreitung in Luft kommt durch Reibungs-, Zähigkeits- und Wärmeleitungsverluste eine Schallabsorption bei hohen Frequenzen zustande. Diese ist von Feuchte und Temperatur abhängig und hat nur im Freien oder in großen Räumen Bedeutung, wenn eine Schallausbreitung über größere Entfernungen auftritt. Diese Schallabsorption wird durch einen **Schallabsorptionskoeffizienten** α_L (in dB/km) oder durch eine **Energiedämpfungskonstante** m (in m^{-1}) gekennzeichnet. In Tabelle 4.10 sind für Planungszwecke geeignete Näherungswerte angegeben. Diese und die mit eingetragenen Beispiele zeigen, daß tatsächlich nur bei hohen Frequenzen mit einer merklichen Wirkung zu rechnen ist.

4.1.4 Messung von Schallabsorptionseigenschaften

Eine wichtige Meßaufgabe ist die Bestimmung des **spezifischen Strömungswiderstandes** R_S, der die entscheidende Materialeigenschaft zur Kennzeichnung der Absorptionswirkung poröser Stoffe darstellt. Hierfür finden zwei Methoden, nämlich das **Luftgleichstromverfahren** und das **Luftwechselstromverfahren** Verwendung [558] [645]. In beiden Fällen wird die Dämmstoffprobe gut abgedichtet in ein zylindrisches oder quadratisches Prüfgefäß eingebracht (ca. 100 mm Durchmesser bzw. Kantenlänge). Beim Luftgleichstromverfahren wird sie von Luft mit niedriger Geschwindigkeit durchströmt. Strömungsgeschwindigkeit sowie Druckdifferenz vor und hinter der Probe werden gemessen, und daraus läßt sich nach Gl. (4.14) der spezifische Strömungswiderstand errechnen. Da die Meßwerte nicht unabhängig von der Strömungsgeschwindigkeit sind, kann es Probleme bereiten, mit den zur Simulation des Schalldurchganges erforderlichen niedrigen Geschwindigkeiten ausreichend genaue Meßwerte zu erhalten. Das umgeht das technisch allerdings aufwendigere Luftwechselstromverfahren, bei dem durch einen Kolben im Prüfgefäß eine langsam wechselnde Luftströmung (etwa 2 Hz) erzeugt wird. Mit einem seitlich am Prüfgefäß befestigten, entsprechend geeichten Mikrofon kann der Wechseldruck bestimmt und daraus der spezifische Strömungswiderstand ermittelt werden.

4.1 Schallabsorption und -reflexion

Die wohl am häufigsten eingesetzte Methode zur Messung der **Schallabsorptionseigenschaften von Materialien**, die zur Bekleidung von Raumoberflächen benutzt werden, und von Bauteilen, Ausstattungen, Personen, Gestühl und dgl. ist das **Hallraumverfahren** [515] [516] [608] [643]. Dieses nutzt die Tatsache, daß durch Einbringen eines Prüfobjektes mit schallabsorbierender Wirkung in einen Raum, dessen äquivalente Schallabsorptionsfläche A gemäß Gl. (4.10) erhöht wird. Die Erhöhung ist um so wirksamer, je weniger absorbierend der Raum im Ursprungszustand ist, und deshalb benutzt man für diese Messungen einen Hallraum, in dem alle Begrenzungsflächen reflektierend sind. Die äquivalenten Schallabsorptionsflächen des Raumes ohne und mit Prüfobjekt lassen sich durch Messung der **Nachhallzeit** bestimmen. Zu dieser im Abschn. 4.3.2.2 eingehend erläuterten Größe gibt es einfache Zusammenhänge (s. Gl. (4.55)), und es sind praktikable Meßmethoden verfügbar (s. Abschn. 4.3.2.5) [530] [674]. Aus Gründen der Meßgenauigkeit ist eine bestimmte Größe der Prüffläche erforderlich (10 bis 12 m^2). Um die Vergleichbarkeit von Meßergebnissen aus verschiedenen Prüflaboratorien zu gewährleisten, sind für Form und Größe des Hallraumes (z. B. Volumen $\approx$ 200 m^3), für die Beschaffenheit der Raumoberflächen, für das Einbringen von Reflektoren zum Erzielen eines genügend diffusen Schallfeldes, für die Montageart der Prüfobjekte sowie für Meßverfahren und Meßeinrichtung genaue Festlegungen getroffen. Die Schallabsorptionsgrade α oder äquivalenten Schallabsorptionsflächen A werden frequenzabhängig bei den festgelegten Terzband-Mittenfrequenzen bestimmt, und die gewonnenen Meßwerte können für Entwurfsberechnungen verwendet werden. Infolge von Beugungserscheinungen an den Begrenzungen der Prüfobjekte (Kantenbeugung) [57] kommt es in manchen Fällen zu einer Erhöhung der schallabsorbierenden Wirkung, die zu Schallabsorptionsgraden $\alpha > 1$ führen kann. Anstelle dieser definitionsgemäß unrealen Werte (s. Gl. (4.2)) ist für praktische Anwendungen mit $\alpha = 1$ zu rechnen.

Hallraummessungen werden in einem diffusen Schallfeld durchgeführt, so daß die Meßergebnisse **für allseitigen Schalleinfall** gelten. Damit werden die Verhältnisse in üblichen Räumen weitgehend nachgebildet. Es gibt aber auch Methoden, um den Schallabsorptionsgrad bei diskreten Einfallswinkeln zu ermitteln.

Schallabsorptionsgrade **für senkrechten Schalleinfall** lassen sich an wesentlich kleineren Prüfobjekten in einem **Meßrohr**, einem sogenannten Kundtschen Rohr bestimmen [566] [567] [624] [625]. Bei diesem Verfahren werden in einem Rohr, dessen Größe sich nach dem zu erfassenden Frequenzbereich richtet, stehende Wellen erzeugt. Indem in das Meßrohr hinein von einer weitgehend schallabsorbierend abgeschlossenen Seite her mittels eines Lautsprechers reine Töne abgestrahlt werden, entstehen eine zum anderen Ende hinlaufende und eine dort reflektierte, zurücklaufende Welle, die sich überlagern. Dabei bilden sich ausgeprägte Maxima und Minima des Schalldruckes aus. Deren Größe und Lage verändert sich, wenn an der dem Lautsprecher gegenüberliegenden Rohrseite der zu untersuchende Schallabsorber eingesetzt wird, und zwar in Abhängigkeit von dessen Eigenschaften. Durch Abtasten des Schallfeldes im Rohr mittels einer Mikrofonsonde oder durch Schalldruckmessung an zwei festen Orten und Berechnung der Transferfunktion kann der Schallabsorptionsgrad für senkrechten Einfall bestimmt werden. Dieses sehr einfache Verfahren ist empfehlenswert für die Feststellung von Änderungen der Absorptionseigenschaften, etwa bei Entwicklungen, oder zur Qualitätskontrolle. Es ist allerdings nur für homogene Materialien einsetzbar und liefert keine direkt für Entwurfsberechnungen verwendbaren Werte. Unter bestimmten Voraussetzungen sind Umrechnungen auf diffusen Schalleinfall möglich [55] [56].

Winkelabhängige Schallabsorptionsgrade lassen sich in einem reflexionsfreien Raum (ein allseitig absorbierend ausgestatteter Meßraum) dadurch messen, daß zu einem dort als Prüffläche aufgestellten Schallabsorber von einem Lautsprecher ein **Schallimpuls** abgestrahlt und mit einem Richtmikrofon in dem gewünschten Winkel der reflektierte Impuls aufgenommen wird [2] [74]. Durch zeitliche Auflösung dieser Impulsantwort kann man den reflektierten Schallanteil gut von dem direkt empfangenen trennen. Das Meßergebnis wird mit dem an einer vollständig reflektierenden Bezugsfläche gewonnenen verglichen, und damit lassen sich der Reflexionsgrad oder nach Gl. (4.3) auch der Schallabsorptionsgrad bestimmen.

Unter Einsatz moderner meß- und rechentechnischer Verfahren sind winkelabhängige Schallabsorptionsgradmessungen heute auch in üblichen Räumen an eingebauten Schallabsorbern durchführbar. Die Vergleichsmessung an einer reflektierenden Fläche kann dabei durch eine vorher mit dem Meßsystem durchgeführte Referenzmessung ersetzt werden, die bei der Auswertung der am Schallabsorber gemessenen Impulsantwort auf rechentechnischem Wege berücksichtigt wird [75] [76]. Bislang bei solchen Messungen dominierende Probleme mit dem Störabstand können durch Nutzung der Maximalfolgenmeßtechnik, die eine besondere Form der digitalen Impuls- und Korrelationsmeßtechnik darstellt, beherrscht werden [77].

4.1.5 Reflexionswirkung von Flächen

Reflexionsvorgänge werden maßgeblich vom Verhältnis der Schallwellenlänge zu den Längs- und Querabmessungen der reflektierenden Flächen bestimmt. In Räumen mit Einbauten (z. B. Ränge, Balkone) und Strukturen ist daher für verschiedene Frequenzen mit unterschiedlichen Reflexionswirkungen zu rechnen.

Es ist zweckmäßig, zwischen den auf Bild 4.28 beispielhaft dargestellten drei prinzipiell möglichen Formen der Reflexion zu unterscheiden. Ist die Wellenlänge klein im Vergleich

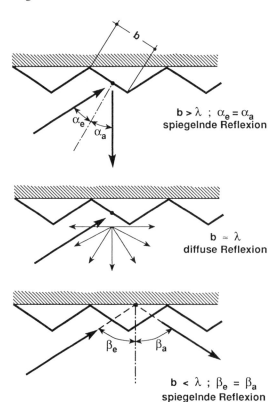

Bild 4.28 Reflexionswirkungen einer Fläche mit Strukturen der Breite b in Abhängigkeit von der Wellenlänge λ
α_e, β_e Schalleinfallswinkel
α_a, β_a Schallausfallswinkel

4.1 Schallabsorption und -reflexion

zur Reflexionsfläche, so folgen die Reflexionsvorgänge den aus der Optik bekannten Gesetzen: Schalleinfallswinkel und Schallausfallswinkel sind gleich; einfallender und reflektierter Schallstrahl liegen in einer Ebene. Das wird als **geometrisch gerichtete oder spiegelnde Reflexion** bezeichnet. Geht man davon aus, daß spiegelnde Reflexionen oberhalb von Frequenzen auftreten, für die die Abmessungen größer als die 5fache Wellenlänge sind, so ergibt sich beispielsweise für eine reflektierende Struktur von 20 cm Breite eine untere Frequenzgrenze von ca. 8500 Hz. Bei genaueren Betrachtungen müssen Sender- und Hörerabstand sowie Einfallswinkel einbezogen werden.

Bei Flächen, deren Abmessungen vergleichbar sind mit der Wellenlänge, gelten die Spiegelgesetze nicht mehr. Es kommt zu **ungerichteten, diffusen Reflexionsanteilen**. Für das Beispiel mit 20 cm Strukturbreite ist das bei etwa 1 700 Hz der Fall. Unter völliger räumlicher Diffusität wird das Entstehen von Schallrückwürfen verstanden, die gleichmäßig auf alle Raumwinkel verteilt sind. Übliche Raumgliederungen liefern meist Reflexionen, die weder völlig gerichtet, noch völlig diffus sind.

Wenn Schallwellenlängen viel größer als die Strukturen sind (etwa größer als das 5fache der Abmessungen), bleiben diese unwirksam und die Reflexionsrichtung wird von der Grundfläche bestimmt. Für das Beispiel einer 20 cm breiten Struktur ist das bei Frequenzen unterhalb von etwa 340 Hz der Fall.

Bei der raumakustischen Planung kommt es einerseits darauf an, durch geometrisch gerichtete Reflexionen die Schallversorgung bestimmter Zuhörerbereiche zu unterstützen. Andererseits müssen konzentrierte und energiereiche späte Reflexionen (z. B. Echos) vermieden werden. Infolge der Fokussierung können diese Reflexionen vor allem bei konkav gekrümmten Flächen sehr störend sein. Durch vorgesetzte Strukturen, die diffuse Reflexionen auslösen, oder mittels spezieller Diffusoren läßt sich Abhilfe schaffen. Für diese Anwendungsfälle werden nachfolgend die Wirkungsprinzipien beschrieben und Planungsunterlagen vermittelt. Dabei ist aber zu beachten, daß Raumbegrenzungsflächen nur dann reflektieren und nicht absorbieren, wenn sie genügend schwer sind. Die dabei erforderliche flächenbezogene Masse ist um so größer, je tiefer die Frequenzen sind. Zur **Reflexion von Sprache** genügen etwa 10 kg/m^2, für **Musik** sind vor allem in Schallquellennähe (z. B. Podiumsbegrenzung in einem Konzertsaal) etwa 40 kg/m^2 nötig.

4.1.5.1 Geometrisch gerichtete Reflexionen

Wie auf Bild 4.28 bereits gezeigt, lassen sich Reflexionsvorgänge in einem Raum in guter Näherung durch Schallstrahlen darstellen. Bei dieser Methode der geometrischen Raumakustik wird allerdings auf die Betrachtung der mit der Wellennatur des Schalles verknüpften Eigenschaften (z. B. Beugung) verzichtet. Bild 4.29 verdeutlicht, wie sich die an einer ebenen Fläche zu erwartende Reflexion mittels einer Spiegelschallquelle konstruieren läßt. Das ist eine gedachte Schallquelle, die auf der Verbindungslinie zur Quelle, die senkrecht zur Reflexionsfläche verläuft, in gleichem Abstand hinter dieser liegt. Von der **Spiegelschallquelle** geht der reflektierte Schallstrahl aus. Bei der Mehrfachspiegelung an Ecken entsteht eine Spiegelquelle zweiter Ordnung als Spiegelung der ersten hinter der zweiten Reflexionsfläche, die dazu über die Raumbegrenzung hinaus verlängert zu denken ist. Dieses Prinzip läßt sich fortsetzen, wie auf Bild 4.30 gezeigt. Das Spiegelquellenverfahren ist auch Grundlage für Rechnersimulationen zur Schallausbreitung (s. Abschn. 4.3.3.6).

Bei **spiegelnden Reflexionen an gekrümmten Flächen** ist nach Bild 4.31 das Lot auf der Tangente im Reflexionspunkt (d. h. der Radius) die Winkelhalbierende zwischen Einfalls- und Ausfallsrichtung des Schallstrahles. Konvex gekrümmte Flächen streuen die reflektierten Strahlen, konkav gekrümmte konzentrieren (fokussieren) sie, wie auf Bild 4.32 gezeigt. Der

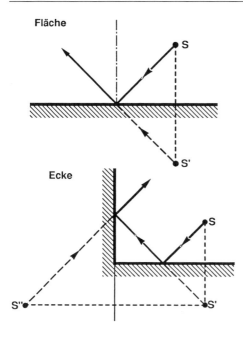

Bild 4.29 Geometrisch gerichtete Reflexionen an einer Fläche und an einer Ecke
S   Schallquelle
S' Spiegelschallquelle 1. Ordnung
S" Spiegelschallquelle 2. Ordnung

raumakustisch kritischen fokussierenden Wirkung konkaver Krümmungen ist vor allem bei der Planung großer Räume besondere Aufmerksamkeit zu schenken.

Den **Hohlspiegelgesetzen** entsprechend ist bei konkav gekrümmten Flächen die Lage des Konzentrationsgebietes der Schallstrahlen (Konzentrationspunkt E) abhängig vom Abstand s

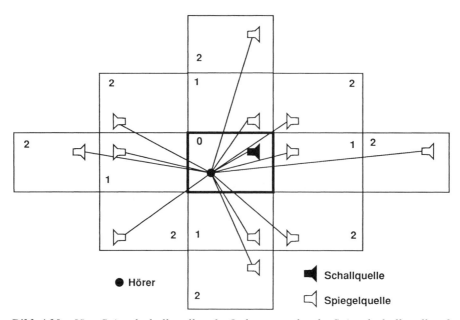

Bild 4.30 Vier Spiegelschallquellen 1. Ordnung und acht Spiegelschallquellen 2. Ordnung für einen von vier reflektierenden Flächen begrenzten Rechteckraum

4.1 Schallabsorption und -reflexion

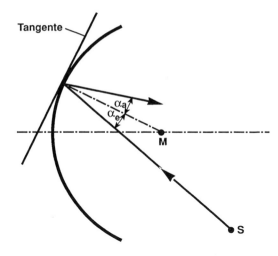

Bild 4.31 *Reflexionen an einer konkav gekrümmten Fläche ($\alpha_e = \alpha_a$)*
S Schallsender
M Kreismittelpunkt
α_e Schalleinfallswinkel
α_a Schallausfallswinkel

des Schallsenders zum Scheitelpunkt P im Vergleich zum Radius r des betrachteten Kreisbogens. Bild 4.33 zeigt für den Fall, daß der Schallsenderort S auf der Raumachse (Verbindungslinie vom Kreismittelpunkt M zum Scheitelpunkt P) liegt, wie sich bei Annäherung der Quelle an die Reflexionsfläche das Konzentrationsgebiet E vom Kreismittelpunkt aus ($s = r$) nach hinten verschiebt ($r/2 < s < r$; Ellipse), im Unendlichen liegt ($s = r/2$; Parabel: zur Achse parallele Reflexionen) und sich schließlich auflöst ($s < r/2$; Hyperbel). Die Bilder 4.34 bis 4.37 verdeutlichen diese Reflexionswirkungen anhand mehrerer Schallstrahlen und zeigen außerdem die prinzipielle seitliche Verschiebung der Konzentrationsgebiete von Reflexionen bei Lage der Schallquellen neben der Raumachse.

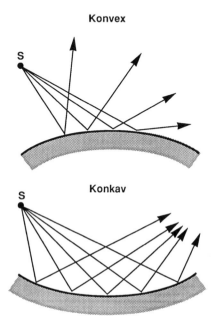

Bild 4.32 *Reflexionen an konvex und an konkav gekrümmten Flächen*

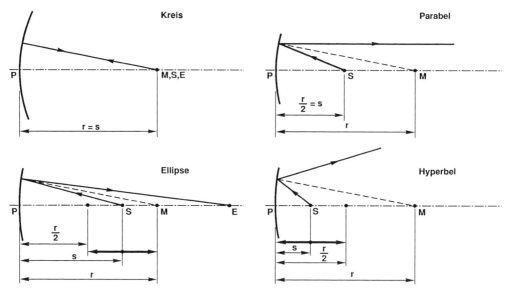

Bild 4.33 *Reflexionen an gekrümmten Flächen*
S   Schallquelle
M   Kreismittelpunkt
P   Scheitelpunkt
E   Konzentrationspunkt

Die **Gefahr störender Schallkonzentrationen** ist natürlich bei Schallquellen **in Nähe des Kreismittelpunktes** besonders ausgeprägt. Bei hohen Flächenanteilen von Kreisformen und gleichzeitig großen Raumabmessungen können durch die Fokussierung derartig energiereiche späte Reflexionen auftreten, daß die Funktionstüchtigkeit eines solchen Auditoriums nicht gewährleistet werden kann. Durch Verschieben des Senderortes zur Reflexionsfläche hin läßt sich erreichen, daß sich das Konzentrationsgebiet der Reflexionen in unkritische Saalbereiche oder nach außerhalb verlagert. Elliptische und parabelförmige Krümmungen von Teilflächen können aber auch zur bewußten Schallenkung auf bestimmte, sonst schlecht

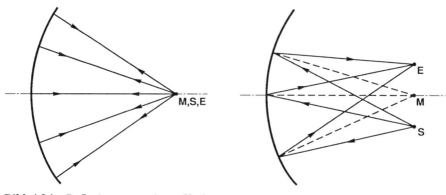

Bild 4.34 *Reflexionen an einem Kreis*
S   Schallquelle
M   Kreismittelpunkt
E   Konzentrationspunkt

4.1 Schallabsorption und -reflexion

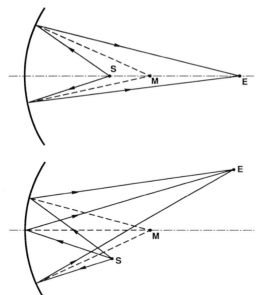

Bild 4.35 Reflexionen an einer Ellipse
S Schallquelle
M Kreismittelpunkt
E Konzentrationspunkt

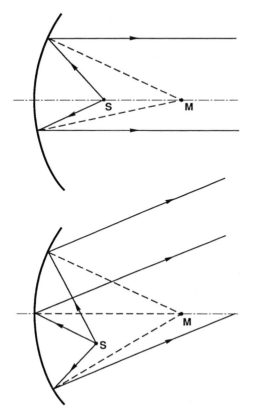

Bild 4.36 Reflexionen an einer Parabel
S Schallquelle
M Kreismittelpunkt

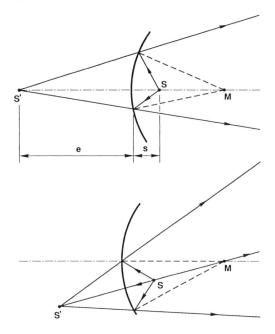

Bild 4.37 *Reflexionen an einer Hyperbel*
S Schallquelle
M Kreismittelpunkt
S' Spiegelschallquelle

versorgte Bereiche eines Saales (z. B. Parkettmitte, Ränge, Balkone) genutzt werden. Konvexe Fläche werden gern eingesetzt, um mittels ihrer streuenden Wirkung Konzentrationen reflektierter Schallstrahlen zu vermeiden.

Vielfach sollen in großen Sälen bestimmte Teile der Begrenzungsflächen oder zusätzliche Reflektoren zur gezielten **Schallenkung** Verwendung finden. Es ist dann die Frage zu stellen, wie groß die **Abmessungen solcher Flächen** mindestens sein müssen, damit sie bis zu einer unteren Grenzfrequenz f_u als spiegelnde Reflektoren wirksam sind. Aus der Näherungsgleichung

$$f_u \approx 700 \, \frac{a_1 a_2}{(b \cos \alpha)^2 (a_1 + a_2)} \quad \text{Hz} \tag{4.30}$$

oder mit dem Nomogramm auf Bild 4.38 läßt sich das abschätzen. Dabei sind

a_1 \quad Schallquellenabstand in m
a_2 \quad Hörerabstand in m
b \quad Breite der Reflexionsfläche in m
α \quad Schalleinfallswinkel

Es wird deutlich, daß die Grenzfrequenz durch Vergrößern der Breite b der Fläche in Reflexionsrichtung erniedrigt werden kann (proportional zu b^2), daß aber Schallquellen- und Hörerabstand a_1 und a_2 sowie Schalleinfallswinkel α ebenfalls von Einfluß sind. Bei großen Abständen a_1 und a_2 und seitlichem Schalleinfall (großer Winkel α) erhöht sich die Grenzfrequenz.

Beispiel

Für einen in 5 m Entfernung zur Quelle befindlichen Reflektor von 2 m Seitenlänge ergibt sich aus Bild 4.38 bei senkrechtem Schalleinfall für 13 m Entfernung eine untere Grenzfrequenz von etwa 600 Hz. Für einen Schalleinfallswinkel von 30°; erhöht sich f_u auf ca.

4.1 Schallabsorption und -reflexion

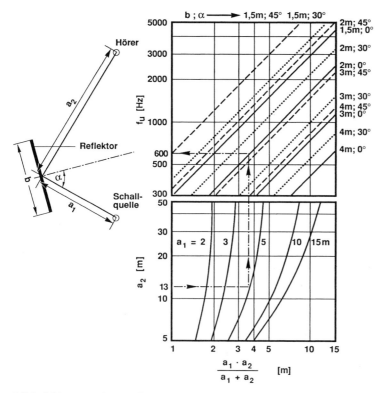

Bild 4.38 Mindestgröße von Flächen für spiegelnde Reflexionen (eingetragenes Beispiel: s. Text).

800 Hz, für 45° auf ca. 1000 Hz. Das ist für Sprache zur Verbesserung der Verständlichkeit noch nutzbar. Für Musik müßte die Wirkung bei tiefen Frequenzen durch Vergrößern der Reflektorfläche erhöht werden.

4.1.5.2 Diffuse Reflexionen

Die Gleichmäßigkeit der Verteilung reflektierter Schallstrahlen in alle Raumwinkel („Diffusitätsigel") [78] kann durch einen **Diffusitätsgrad** gekennzeichnet werden. Statt dessen wird auch ein **Streugrad** verwendet, unter dem das Verhältnis der gestreuten Energie zur Gesamtenergie verstanden wird. Zur gestreuten Energie tragen reflektierte Schallstrahlen bei, deren Ausfallswinkel um mehr als ±10° von der Richtung der geometrisch gerichteten Reflexion abweichen. Ein Diffusitätsgrad von 1 bedeutet völlig gleichmäßige Verteilung der Reflexionen; ein Streugrad 1 heißt, daß in Richtung der spiegelnden Reflexionen keine Energie reflektiert wird. Diffusitäts- oder Streugrade 0 kennzeichnen geometrisch gerichtete Reflexionen. Werte praxisüblicher Strukturen liegen dazwischen [79].

Die auf Bild 4.39 dargestellten **rechteckigen, dreieckförmigen oder zylindrischen Strukturen** sind die am häufigsten zum Erzielen einer hohen Diffusität eingesetzten geometrischen Grundformen. Werden diese Strukturen aus dünnem Plattenmaterial (z. B. Sperrholz) gefertigt, so können sie gleichzeitig als wirksame Plattenschwinger genutzt werden

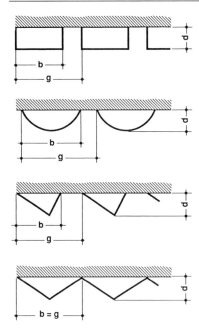

Bild 4.39 Beispiele geometrischer Strukturen für diffuse Reflexionen [80]
b Strukturbreite
d Strukturtiefe
g Strukturperiode

(s. Abschn. 4.1.2.2). Der höchste Diffusitätsgrad (ungefähr 0,8) wird in dem Frequenzbereich erzielt, in dem die Strukturperiode g etwa ein- bis zweimal so groß ist wie die Wellenlänge. Eine optimale Frequenz f_{opt} ergibt sich daraus nach

$$f_{opt} \approx \frac{500}{g} \text{ Hz} \tag{4.31}$$

mit
g \quad Strukturperiode in m

Die Strukturbreite b sollte zumindest gleich, besser etwas größer als die halbe Strukturperiode gewählt werden. Bei dreieckförmigen und zylindrischen Formen ist ein dichter Anschluß der Strukturen ($b = g$) besonders wirkungsvoll. Für die Strukturtiefe d gilt

$$d \approx (0{,}3 \text{ bis } 0{,}5)\, b \quad \text{m} \tag{4.32}$$

Soll eine Struktur beispielsweise in dem für Sprache wichtigen Frequenzbereich von 500 bis 1000 Hz optimal wirksam sein, so ist eine Strukturperiode von 0,5 bis 1 m erforderlich. Je nach Art der Struktur ergeben sich aus Gl. (4.32) Strukturtiefen von 0,1 bis 0,5 m.

Hohe Diffusität der Reflexionen an geometrischen Strukturen ist auf einen engen Frequenzbereich beschränkt. Dieser Bereich umfaßt etwa 1 bis 2 Oktaven, wobei zylindrische und dreieckförmige Formen breitbandiger wirken als rechteckige. Ein breiteres Frequenzgebiet kann durch Kombination von Strukturen erfaßt werden, wie sie Bild 4.40 an einem Beispiel zeigt.

Während der Entwurf diffus reflektierender geometrischer Strukturen üblicherweise Inhalt der speziellen raumakustischen Planung ist, sind Diffusoren, die nach dem Prinzip der **λ/2-Transformation** wirken (*Schroeder*-**Diffusoren**), als industrielle Erzeugnisse verfügbar. Es handelt sich nach Bild 4.41 um eine Aneinanderreihung verschieden tiefer, kastenförmiger Hohlräume. Größte Strukturtiefe und -breite bestimmen sich aus der niedrigsten Frequenz f_u (in Hz), für die diffuse Reflexionen verlangt werden. Näherungsweise muß

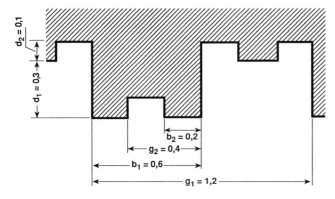

Bild 4.40 *Kombination zweier geometrischer Strukturen für breitbandige diffuse Reflexionen (Maßangaben in m)*
große Struktur: Optimum bei etwa 400 Hz
kleine Struktur: Optimum bei etwa 1200 Hz

dabei die größte Strukturtiefe d_{max} etwa einer halben Wellenlänge entsprechen, d. h.

$$d_{max} \approx \frac{170}{f_u} \text{ m} \tag{4.33}$$

und verlangt daher z. B. für eine untere Frequenzgrenze von 500 Hz Einbautiefen von ca. 0,35 m. Die Festlegung der einzelnen Strukturtiefen erfolgt nach Verteilungsgesetzen der Zahlentheorie (Quadratic Residue Diffusers QRD) und ermöglicht gute Diffusität in einem relativ breiten Frequenzbereich (etwa bis zu 4 Oktaven). Schroeder-Diffusoren sind nicht nur als in einer Ebene, sondern auch als räumlich wirksame Ausführungen verfügbar, wie sie Bild 4.42 zeigt. Durch Anwendung des in Bild 4.41 dargestellten Prinzips in zwei um 90° versetzten Richtungen entstehen verschieden tiefe Hohlräume mit quadratischem Grundriß. Das Plattenmaterial zur Herstellung der Diffusoren ist frei wählbar.

Eine weitere Möglichkeit für den Aufbau diffuser Reflektoren besteht in der wechselseitigen Anordnung von Flächen stark unterschiedlichen Absorptionsgrades (eigentlich: Impedanz). Die schachbrettartige Anbringung von absorbierenden und reflektierenden Flächen, etwa als Unterdecke, läßt sich hierfür sehr einfach, allerdings auch nur mit beschränkter Wirkung nutzen. Mit dem auf Bild 4.43 dargestellten **Phasengitter** aus etwa gleichbreiten Streifen unterschiedlich abgestimmter Lochplattenschwinger ist es möglich, in einem Frequenzbereich von etwa 3 bis 4 Oktaven diffuse Reflexionen (Streugrad >0,8) zu erzielen. Die Abstimmung der beiden Lochplattenschwinger auf zwei verschiedene Resonanzfrequenzen (Frequenzverhältnis etwa 1:2) kann durch Variation des Wandabstandes der Lochplatte oder des Lochflächenverhältnisses realisiert werden.

Vielfach besteht in der Praxis gar nicht die Notwendigkeit, Reflexionen besonders hoher Diffusität zu erzielen. Häufig geht es darum, durch diffuse Reflexionsanteile die Schärfe geometrisch gerichteter Reflexionen zu vermindern, den Winkelbereich der reflektierten Schallstrahlen zu verbreitern oder deren Richtung zu verändern (z. B. durch Sägezahnstruk-

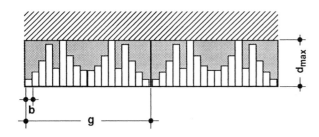

Bild 4.41 *Diffus reflektierende Oberflächenstruktur nach dem Prinzip der λ/2-Transformation (Schroeder-Diffusor)* [81] [82] [83]
d_{max} maximale Strukturtiefe
b Strukturbreite
g Strukturperiode

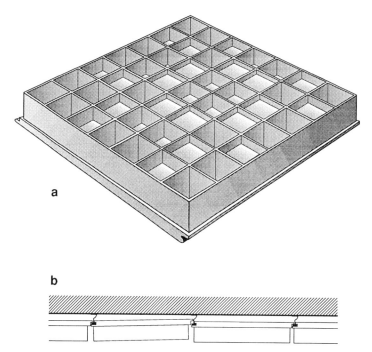

Bild 4.42 *In zwei Ebenen wirksamer Schroeder-Diffusor [83]*

turen). Für solche Fälle ist die Angabe von Diffusitäts- oder Streugraden unzureichend, vielmehr sind Aussagen über die **Richtcharakteristik der Reflexionen** erforderlich. Diese lassen sich an verkleinerten Modellstrukturen oder auch im Originalmaßstab z. B. in einem reflexionsarmen Raum messen, ähnlich wie für die Bestimmung winkelabhängiger Schallabsorptionsgrade in Abschn. 4.1.4 beschrieben. Bild 4.44 zeigt als Beispiel den Vergleich der

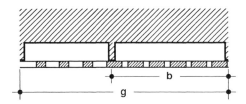

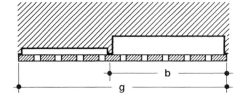

Bild 4.43 *Phasengitter aus zwei unterschiedlich aufgebauten Lochplattenschwingern als Diffusor [84]*
b   *Strukturbreite*
g   *Strukturperiode*

4.2 Lärmschutzgerechte Planung von Räumen

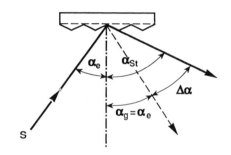

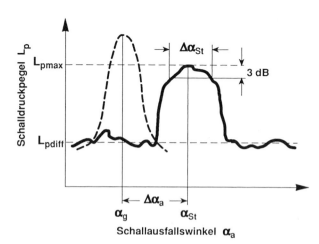

Bild 4.44 *Richtcharakteristik von Reflexionen bei spiegelnden und diffusen Anteilen* [85]
α_e *Schalleinfallswinkel*
α_a *Schallausfallswinkel*
α_g *Schallausfallswinkel bei geometrisch gerichteter Reflexion (ebene Fläche)*
α_{St} *Schallausfallswinkel an der Struktur (gemischte Reflexionen)*
$\Delta\alpha_a$ *Verschiebung des Ausfallswinkels im Vergleich zur ebenen Fläche*
$\Delta\alpha_{St}$ *Winkelbereich gleichmäßiger Schallreflexionen*
$L_{p\,max}$ *maximaler Schalldruckpegel in Vorzugsrichtung der Reflexionen*
$L_{p\,diff}$ *Schalldruckpegel diffuser Reflexionen*

Richtwirkung einer ebenen Vergleichsfläche mit der einer Struktur. Aufgetragen ist der für einen bestimmten Schalleinfallswinkel α_e in definiertem Abstand ermittelte Schalldruckpegel L_p in Abhängigkeit vom Schallausfallswinkel α_a. Es wird deutlich, daß sich bei der Struktur die Hauptabstrahlrichtung um den Winkel $\Delta\alpha_a$ verschoben hat und daß ein zwar geringeres, aber dennoch ausgeprägtes, breiteres Abstrahlmaximum vorhanden ist. Interessante Kenngrößen für die Nutzung solch einer Struktur sind neben der Winkelverschiebung der Hauptabstrahlrichtung vor allem der Winkelbereich etwa gleichmäßiger Schallabstrahlung $\Delta\alpha_{St}$ und die Schallpegeldifferenz $L_{p\,max} - L_{p\,diff}$ (Diffusitätsabstand). Ist diese kleiner als 3 dB, so ist der Diffusitätsgrad so groß, daß keine Richtwirkung mehr wahrgenommen wird. Werte von mehr als 10 dB charakterisieren geometrisch gerichtete Reflexionen.

Für einige **typische Faltungsstrukturen** finden sich in der Literatur Angaben zu den genannten Kennwerten [85]. Bei geometrisch komplizierten Strukturen wird aber vor einem Einsatz mit raumakustischen Zielstellungen die experimentelle Optimierung der Richtcharakteristik für den jeweiligen Anwendungsfall angeraten.

4.2 Lärmschutzgerechte Planung von Räumen

Die folgenden Abschnitte befassen sich mit der Anwendung der im Abschn. 4.1.2 beschriebenen technischen **Schallabsorber für Schallpegelminderungen in Räumen**. Einsatzmöglichkeiten gibt es vor allem mit dem Ziel, **in Arbeitsräumen** die vorgeschriebenen Lärmgrenzwerte einzuhalten. Das ist von der Funktion dieser Räume abhängig, von ihrer Form und Größe, von den Schallabsorptionsgraden der Begrenzungsflächen, von der Art und Verteilung der Lärmquellen und von den darin befindlichen Einrichtungen (z. B. Streukörper bildende Ausstattungen, Einbauten und Anlagen). Vielfach verursacht der Einsatz von technischen Schallabsorbern hohe Kosten, ist aber wenig effektiv. Es ist daher besonders wichtig, bereits während der Planung die Wirksamkeit von Schallabsorptionsmaßnahmen, aber auch von Abschirmungen und Kapselungen, hinreichend genau abzuschätzen. Das betrifft nicht nur die Lärmminderung in den Räumen selbst, sondern auch die Beeinflussung derjenigen Schalleistungspegel von Raumbegrenzungsflächen, die für die Schallausbreitung nach außen von Bedeutung sind.

In bestimmten **Räumen von öffentlichen Gebäuden**, Verwaltungsbauten und mehrgeschossigen Wohnhäusern, etwa in **Räumen für Publikumsverkehr** (z. B. Treppenhäuser, Foyers, Schalterhallen), in Gaststätten, Sporthallen, Bürogroßräumen und Rechenzentren werden Schallabsorber ebenfalls zur Schalldruckpegelminderung eingesetzt. Im Gegensatz zu den Arbeitsräumen geht es hier allerdings meist nicht um die Einhaltung von Grenzwerten. Vielfach stellen Schallabsorptionsmaßnahmen in diesen Räumen aber ein unerläßliches Qualitätsmerkmal dar.

4.2.1 Anforderungen und Prinzipien

In der Arbeitsstättenverordnung [52] wird verlangt, den Schalldruckpegel in Arbeitsräumen so niedrig zu halten, wie es nach Art des Betriebes möglich ist. Für den **Lärm am Arbeitsplatz** werden folgende Grenzwerte in Form von Beurteilungspegeln (s. Abschn. 3.1.2.2) auf 8 Stunden bezogen festgelegt:

Bei überwiegend geistiger Tätigkeit: $L_{A\,rd} \leq 55$ dB(A). Beispiele solcher Tätigkeiten sind [41]:

— Teilnehmen an Besprechungen (Sitzungen, Verhandlungen, Prüfungen),
— Lehren in Schulen und Hörsälen,
— wissenschaftliches Arbeiten (z. B. Abfassen und Auswerten von Texten),
— Arbeiten in Lesesälen von Bibliotheken,
— Untersuchen, Behandeln und Operieren durch Ärzte,
— Durchführen technisch-wissenschaftlicher Berechnungen sowie Kalkulations- und Dispositionsarbeiten mit entsprechendem Schwierigkeitsgrad,
— Entwickeln von Programmen und Systemanalysen, auch als Dialogarbeiten an Datenprüf- und Datensichtgeräten,
— Entwerfen, Übersetzen, Diktieren, Aufnehmen und Korrigieren von schwierigen Texten,
— Tätigkeiten in Funkräumen, Notrufzentralen, Telefonzentralen.

Bei einfachen oder überwiegend mechanisierten Bürotätigkeiten und vergleichbaren Tätigkeiten: $L_{A\,rd} \leq 70$ dB(A). Als Beispiele können angesehen werden [41]:

— Disponieren, Datenerfassen, Schreibmaschinenschreiben, Arbeiten mit Textverarbeitungsgeräten und Tischrechenanlagen,
— Bedienen von Beobachtungs-, Steuerungs- und Überwachungsanlagen in geschlossenen Meßwarten,
— Verkaufen, Bedienen von Kunden,
— Arbeiten in Betriebsbüros, Prüfen und Kontrollieren an hierfür eingerichteten Arbeitsplätzen,
— schwierige Feinmontagearbeiten.

4.2 Lärmschutzgerechte Planung von Räumen

Bei allen sonstigen Tätigkeiten: $L_{A\,rd} \leq 85$ dB(A). Soweit dieser Wert nach der betrieblich möglichen Lärmminderung zumutbarerweise nicht einzuhalten ist, darf er bis zu 5 dB(A) überschritten werden. Als Beispiele solcher Tätigkeiten lassen sich nennen [41]:
— Arbeiten an Bearbeitungsmaschinen für Metall, Holz und dgl.,
— Arbeiten an Druck- und Setzmaschinen, an Vervielfältigungs- und Kopieranlagen, Textverarbeitungsautomaten, Schnelldruckern, Postbearbeitungsmaschinen, EDV-Lese- und Sortiermaschinen, Abrechnungsmaschinen, EDV-Papierreißern und -Separatoren, Schneidautomaten und dgl.

Wenn ein Beurteilungspegel von 85 dB(A) überschritten wird, sind den an den betreffenden Arbeitsplätzen Tätigen **persönliche Schallschutzmittel** zur Verfügung zu stellen, und bei Beurteilungspegeln von 90 dB(A) und mehr besteht die Verpflichtung, diese zu benutzen. Gleiches gilt, wenn der Maximalwert des unbewerteten Schalldruckpegels 140 dB erreicht oder überschreitet und damit eine akute Gefährdung des Gehörs besteht [705]. Darüber hinaus sind solche **Arbeitsplätze als Lärmbereiche zu kennzeichnen**, und für die dort Beschäftigen sind **Vorsorgeuntersuchungen** zu gewährleisten.

Als **persönliche Gehörschutzmittel** sind Gehörschutzstöpsel, die in den äußeren Gehörgang eingesetzt werden, Kapselhörschützer, die wie Kopfhörer getragen werden, Gehörschutzhelme und Schallschutzanzüge verfügbar [712]. Von den Herstellern wird die mit den Gehörschutzmitteln erzielbare Schalldruckpegeldifferenz frequenzabhängig angegeben. Die Gehörschutzmittel sollen so ausgewählt werden, daß der Grenzwert von 85 dB(A) am Trommelfell nicht überschritten wird.

Vor allem aber ist **nach technischen Möglichkeiten zu suchen**, um eine wirksame Lärmminderung zu bewirken. Das bezieht sich selbstverständlich in erster Linie auf Arbeitsmittel und Arbeitsverfahren, die nach fortschrittlichen, in der Praxis bewährten Regeln der Lärmminderungstechnik auszuwählen und zu gestalten sind [86] [87]. Daneben wird aber auch gefordert, daß die Arbeitsräume so ausgeführt werden, daß die Schallausbreitung so weit wie möglich vermindert wird. Das ist, zumindest zu einem großen Anteil, durch **bauliche Maßnahmen** zu gewährleisten, indem [41]

- Lärmquellen von den übrigen Arbeitsplätzen akustisch so getrennt werden, daß dort möglichst keine kritischen Lärmwirkungen auftreten und
- für eine Senkung des reflektierten Schalles Sorge getragen wird. Damit soll bei Oktavbandmittenfrequenzen von 500 bis 4000 Hz eine mittlere Schalldruckpegelabnahme von wenigstens $\Delta L = 4$ dB je Abstandsverdopplung und ein mittlerer Schallabsorptionsgrad des Raumes von $\alpha_{Raum} = 0{,}3$ erreicht werden.

4.2.2 Schalldruckpegelverteilung in annähernd kubischen Räumen

Wenn alle Raumbegrenzungsflächen eines annähernd kubischen Raumes (d. h. Raumhöhe größer als ein Drittel von Länge bzw. Breite, maximales Volumen etwa 5000 m^3) weitgehend reflektierend oder die schallabsorbierenden Flächen gleichmäßig verteilt sind, läßt sich die Schalldruckpegelabnahme, ausgehend von einer Quelle im Raum, auf der in Bild 4.45 angegebenen Weise darstellen. In Quellennähe überwiegt der **Direktschallpegel** $L_{p\,dir}$ und es kommt zu einer Pegelabnahme mit der Entfernung wie im Freien (**Freifeld**). In größerem Abstand von der Schallquelle stellt sich ein **konstanter Schalldruckpegel** $L_{p\,diff}$ ein (**diffuses Schallfeld**), verursacht durch die Reflexionen. Dieser Schalldruckpegel ist bei einer Quelle mit einem Schalleistungspegel L_W

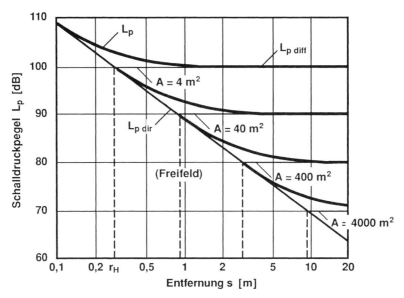

Bild 4.45 *Schalldruckpegelabnahme im diffusen Schallfeld bei verschiedenen äquivalenten Schallabsorptionsflächen A*
$L_W = 100$ dB; kugelförmige Abstrahlcharakteristik

(in dB) nach

$$L_{p\,\text{diff}} = L_W - 10\lg\frac{A}{4} \quad \text{dB} \tag{4.34}$$

um so niedriger, je größer die äquivalente Schallabsorptionsfläche A (in m²) des Raumes ist. Bei $A = 4$ m² (etwa der äquivalenten Schallabsorptionsfläche von Küchen oder Bädern bei mittleren Frequenzen entsprechend) sind Schalleistungspegel und Schalldruckpegel des diffusen Feldes etwa gleich groß. Eine Zunahme der äquivalenten Schallabsorptionsfläche um ΔA bis zu einer Verdopplung des Ausgangswertes A_1 des unbehandelten Raumes bedeutet nach

$$\Delta L = 10\lg\frac{A_1 + \Delta A}{A_1} \quad \text{dB} \tag{4.35}$$

eine Schalldruckpegelminderung ΔL von 3 dB, eine Verzehnfachung von A_1 eine solche von 10 dB. Damit werden auch die Grenzen für den Einsatz von Schallabsorbern für Lärmbekämpfungszwecke deutlich. Mehr als etwa 5 bis 8 dB sind in der Praxis gar nicht erreichbar, und in Räumen, die von vornherein hohe Schallabsorptionseigenschaften besitzen (etwa Betriebe der Textilindustrie), sind sie daher meist überhaupt nicht lohnend.

Vor einer Entscheidung über Schallabsorptionsmaßnahmen zum Zwecke der Pegelminderung ist es wichtig, denjenigen Abstand von der Schallquelle zu wissen, an welchem der Schalldruckpegel im diffusen Schallfeld genauso groß ist wie der Direktschallanteil, denn erst von diesem Ort an sind Absorptionsmaßnahmen wirksam. Man bezeichnet diese Entfernung als **Hallradius**

$$r_H = \sqrt{\frac{A}{50}} \approx 0{,}14\sqrt{A} \quad \text{m} \tag{4.36}$$

Dieser stellt in Bild 4.45 die Schnittpunkte zwischen der den abklingenden Direktschall kennzeichnenden Geraden und den durch die äquivalenten Schallabsorptionsflächen A (in m^2) bestimmten Schalldruckpegeln im diffusen Schallfeld dar, ist also in Räumen mit hohen Schallabsorptionseigenschaften besonders groß. Der Hallradius gilt für eine gleichmäßig in alle Raumrichtungen strahlende Quelle (Kugelstrahler). Für den in Produktionshallen häufigeren Fall, daß die Schallquelle auf dem Fußboden aufgestellt oder an einer Wand befestigt ist, wird die gesamte Schalleistung in einen „Halbraum" abgestrahlt, und dadurch vergrößert sich der Abstand, bis zu dem der Direktschall überwiegt, auf

$$r_\mathrm{g} = \sqrt{\frac{A}{25}} = 0{,}2 \sqrt{A} \quad \mathrm{m} \tag{4.37}$$

Diese Entfernung wird als **Grenzradius** bezeichnet.

Handelt es sich bei der Schallquelle um einen Sender mit einer ausgeprägten Richtcharakteristik (z. B. eine Lautsprecherzeile), die durch den Richtungsfaktor Γ und den Bündelungsgrad γ charakterisiert ist (s. Abschn. 2.2.3), so ist anstelle des Hallradius r_H die **Richtentfernung** r_r gemäß

$$r_\mathrm{r} = r_\mathrm{H} \Gamma \sqrt{\gamma} \approx \Gamma \sqrt{\gamma \cdot \frac{A}{50}} \quad \mathrm{m} \tag{4.38}$$

zu verwenden. Diese ist im Vergleich zum Hallradius um so größer, je stärker der Sender gerichtet ist, denn um so größer ist in der betrachteten Schallausbreitungsrichtung der Bereich, in dem der Direktschall gegenüber dem diffusen Schallfeld dominiert.

Verallgemeinert läßt sich die Schallausbreitung von einer Quelle aus in einem annähernd kubischen Raum durch die Beziehung

$$L_\mathrm{p} = L_\mathrm{W} + 10 \lg \left(\frac{0{,}16}{s^2} + \frac{4}{A} \right) \quad \mathrm{dB} \tag{4.39}$$

darstellen. Dabei sind

L_W Schalleistungspegel der Quelle in dB
s Entfernung zur Quelle in m
A äquivalente Schallabsorptionsfläche des Raumes in m^2.

Freifeldbedingungen (Schalldruckpegelabnahme mit s^2) und diffuses Schallfeld (durch A bestimmter, entfernungsunabhängiger Schalldruckpegel) werden hierbei überlagert (s. Bild 4.45).

Zur **Abschätzung von Schalldruckpegelminderungen durch Absorptionsmaßnahmen** ist es nach Gl. (4.35) nötig, die äquivalente Schallabsorptionsfläche des unbehandelten Raumes A_1 zu kennen. Wenn sie nicht meßtechnisch bestimmt werden kann (s. Abschn. 4.3.2.5), läßt sie sich nach Gl. (4.10) aus den Schallabsorptionsgraden der Raumoberflächen und den äquivalenten Schallabsorptionsflächen von Einrichtungen berechnen. Vielfach ist auch das nicht möglich. Eine Abschätzung ist dann in der Weise denkbar, daß aus Tabelle 4.11 ein mittlerer Schallabsorptionsgrad α_Raum für die jeweilige Nutzungsart abgelesen und daraus nach Gl. (4.11) die äquivalente Schallabsorptionsfläche A_1 berechnet wird. Die Werte der Tabelle 4.11 gelten für mittlere Frequenzen (500 bis 1000 Hz) und stellen nur eine grobe Näherung dar. Immerhin läßt sich daraus für diesen meist wichtigen Frequenzbereich ableiten, ob durch den Einsatz von Schallabsorptionsmaßnahmen, etwa einer schallabsorbierenden Unterdecke, überhaupt eine deutliche Schalldruckpegelminderung ΔL erzielbar ist. Mindestwerte von $\Delta L \geq 3$ dB sollten

Tabelle 4.11 Näherungswerte mittlerer Schallabsorptionsgrade α_{Raum} von Räumen verschiedener Funktion ohne schallabsorbierende Maßnahmen [88]

Nutzungsart	mittlerer Schallabsorptionsgrad α_{Raum}
Schaltzentralen, Räume mit Kompressoren, Lüftern u. ä.	0,05 bis 0,10
Arbeitsräume für Metallbearbeitung, Maschinenhallen	0,10 bis 0,15
Arbeitsräume für Holzbearbeitung, Bürogroßräume	0,15 bis 0,20
Räume der Textilindustrie (Webereien, Spinnereien u. ä.)	0,20 bis 0,25

allein schon aus Kostengründen erreicht werden. Die für den in Lärmbereichen geforderten mittleren Schallabsorptionsgrad $\alpha_{Raum} \geq 0{,}3$ notwendige zusätzliche äquivalente Schallabsorptionsfläche ΔA ergibt sich in Abhängigkeit von der Raumoberfläche S_{ges} (in m²) aus

$$\Delta A = (0{,}3 - \alpha_{Raum,1}) S_{ges} \quad \text{m}^2 \tag{4.40}$$

Mittels Gl. (4.34) läßt sich der im diffusen Schallfeld zu erwartende Schalldruckpegel $L_{p\,diff}$ mit

$$A = \Delta A + \alpha_{Raum,1} S_{ges} = \alpha_{Raum,2} S_{ges} \quad \text{m}^2 \tag{4.41}$$

berechnen. Bild 4.46 zeigt diesen Zusammenhang in einer Näherung (gerechnet für ein Seitenverhältnis 4:2:1) in Abhängigkeit vom Raumvolumen. Als Gültigkeitsgrenze ist der Grenzradius mit angegeben.

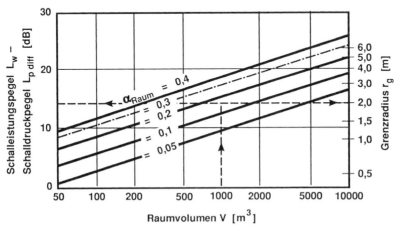

Bild 4.46 Differenz zwischen Schalleistungspegel L_W und Schalldruckpegel $L_{p\,diff}$ im diffusen Schallfeld sowie Grenzradius r_g bei verschiedenen mittleren Schallabsorptionsgraden α_{Raum} des Raumes, abhängig vom Raumvolumen V (eingetragenes Beispiel s. Text)

4.2 Lärmschutzgerechte Planung von Räumen

Beispiel

Betrachtet man einen Arbeitsraum für Metallbearbeitung, der die Abmessungen 20 m · 10 m · 5 m aufweist, so beträgt dessen Volumen V = 1000 m³ und für die Raumoberfläche ergibt sich S_{ges} = 2 (200 + 100 + 50) m² = 700 m². Wird nach Tabelle 4.11 ein mittlerer Schallabsorptionsgrad dieses Raumes von $α_{Raum}$ = 0,15 angesetzt, so erhält man aus Bild 4.46 einen Korrekturwert $L_W - L_{p\ diff}$ = 14 dB und einen Grenzradius r_g = 2 m. Bei einem angenommenen Schalleistungspegel von L_W = 100 dB für eine Maschine in diesem Raum ist im diffusen Schallfeld, also mehr als 2 m von der Quelle entfernt, mit einem Schalldruckpegel von $L_{p\ diff}$ = 100 − 14 = 86 dB zu rechnen.

Für die gemäß Abschn. 4.2.1. [41] in solchen Fällen verlangten Schallabsorptionsmaßnahmen, mit denen ein mittlerer Schallabsorptionsgrad von mindestens $α_{Raum}$ = 0,3 erzielt werden soll, erhält man aus Gl. (4.40) eine notwendige zusätzliche äquivalente Schallabsorptionsfläche ΔA = (0,3 − 0,15) 700 m² = 105 m². Würde man im vorliegenden Falle eine schallabsorbierende Unterdecke vorsehen, so ließe sich unter Annahme eines Schallabsorptionsgrades $α_D$ = 0,8 mit dieser 200 m² großen Deckenfläche ein ΔA = $α_D S_D$ = 160 m² erreichen, also mehr als durch die Mindestforderungen vorgeschrieben ist. Mit dem Ausgangswert A_1 = 0,15 S_{ges} = 0,15 · 700 m² = 105 m² erhält man aus Gl. (4.35) eine Schalldruckpegelminderung ΔL = 10 lg (105 + 160)/105 dB = 4 dB und damit wird der Schalldruckpegel im diffusen Feld auf $L_{p\ diff}$ = 86 − 4 = 82 dB reduziert. Der Grenzradius vergrößert sich dabei nach Gl. (4.37) auf r_g = 3,3 m und der mittlere Schallabsorptionsgrad des Raumes beträgt nun nach Gl. (4.41) $α_{Raum,\ 2}$ = A/S_{ges} = (105 + 160)/700 = 0,38.

Die bisherigen Betrachtungen gelten für eine einzige Schallquelle im Raum. Bei mehreren Quellen ist für jede einzelne der am Immissionsort verursachte Schalldruckpegel L_p zu berechnen. Die Schalldruckpegel sind dann nach Gl. (2.11) oder mittels Bild 2.5 zusammenzufassen. Für den Fall, daß dieser Ort in Bezug auf jede Schallquelle außerhalb des Grenzradius liegt, können auch die Schalleistungspegel zu einem Gesamtwert zusammengefaßt und daraus der Schalldruckpegel im diffusen Feld ermittelt werden.

Aus der Wellennatur des Schalles ergeben sich vor reflektierenden Flächen sowohl im diffusen als auch im freien Schallfeld Überlagerungen der einfallenden und der reflektierten Schallwellen. Es kommt zu einem sog. „**Druckstau**". Das ist von der Wellenlänge abhängig und gilt bis zu einem Abstand d zur Reflexionsfläche

$$d = \frac{\lambda}{4} = \frac{86}{f} \ \text{m} \tag{4.42}$$

λ Wellenlänge in m
f Frequenz in Hz.

Das sind beispielsweise bei 100 Hz 86 cm, bei 1000 Hz nur 8,6 cm. Die durch den Druckstau innerhalb dieses Abstandes bewirkte Erhöhung des Schalldruckpegels beträgt vor reflektierenden Flächen 3 dB, in Raumkanten 6 dB und in Ecken 9 dB. In gleichem Maße erhöht sich der Schalleistungspegel von Quellen, wenn sie innerhalb dieses Abstandes angeordnet werden. Bei der Schallausbreitung im Freien ist diese Schalldruckpegelerhöhung infolge von Reflexionen vor der Außenwand von Gebäuden zu beachten (Reflexionsmaß D_R; s. Gl. (2.50)). Bei der Anordnung von Schallabsorbern in Räumen empfiehlt es sich, Kanten und Ecken zu bevorzugen, weil die schallabsorbierende Wirkung dort besonders hoch ist. Das gilt ganz besonders für Tiefenabsorber. Lärmquellen, wie etwa die Öffnungen von Lüftungsanlagen, sollten möglichst frei im Raum, keinesfalls aber in Kanten oder Ecken vorgesehen werden, um die abgestrahlte Schalleistung nicht zu erhöhen.

4.2.3 Schalldruckpegelverteilung in nicht kubischen Räumen (z. B. Flachräume)

Das in Abschnitt 4.2.2 angenommene diffuse Schallfeld gibt es in praxisüblichen Arbeitsräumen auf Grund der Abmessungen (meist Flachräume) und wegen der nicht gleichmäßig verteilten Schallabsorber (meist schallabsorbierende Unterdecken) nur sehr selten. Die nach Gl. (4.39) aus Freifeld- und Diffusfeldanteil berechneten Schalldruckpegel treffen daher nur in Sonderfällen zu. Sie sind im allgemeinen größer als die in üblichen Räumen bei gleichem Volumen auftretenden und stellen daher den ungünstigsten Fall dar, der für praxisübliche Vorüberlegungen durchaus seine Berechtigung hat.

Als Standardverfahren zur Berechnung der Schallfelder in Arbeitsräumen dient ein **Spiegelquellenverfahren** [89] [90] [91] [92] [765], das die Abmessungen des Raumes (Annäherung durch eine Quaderform), die Streuung des Schalles an Einrichtungen, z. B. Maschinen (gekennzeichnet durch die Streukörperdichte q) und die frequenzabhängigen Schallabsorptionsgrade dieser Streukörper α_S und der Raumbegrenzungsflächen α_i berücksichtigt. Für diese Berechnungen werden im allgemeinen Computerprogramme eingesetzt, die auf entsprechende Datenbanken zurückgreifen. Hier soll nur das Prinzip dieser Verfahren beschrieben und durch einfachere Möglichkeiten zur Abschätzung der zu erwartenden Ergebnisse ergänzt werden.

Die Schallausbreitung in Arbeitsräumen wird durch die **Schallausbreitungskurve** (SAK) gekennzeichnet [765]. Diese stellt die Schallpegelverteilung auf einem freien Pfad zwischen Schallquelle (gleichförmig abstrahlende Bezugsschallquelle) und dem zu betrachtenden Ort (Zielpunkt) dar. Die Funktionswerte der Schallausbreitungskurven $D(s)$, deren Entfernungen s üblicherweise als 1-, 2-, 4- oder 8 m-Differenzen oder auch logarithmisch gestuft angegeben werden, sind definiert als

$$D(s) = L_{ps} - L_W \quad \text{dB} \tag{4.43}$$

Dabei sind

L_{ps} Schalldruckpegel in den Entfernungen s von der Quelle in dB
L_W Schalleistungspegel der Schallquelle in dB.

Werden mehrere Pfade betrachtet, so können die Ergebnisse nach Gl. (2.11) oder mittels Bild 2.5 zu einer für den Raum typischen Schallausbreitungskurve zusammengefaßt werden.

Auf Bild 4.47 ist der Verlauf der Schallausbreitungskurven in einem Raum an zwei Beispielen dargestellt. Dabei handelt es sich um einen Flachraum der Abmessungen 100 m · 100 m · 6 m, für den eine Streukörperdichte von $q = 0{,}04$ m^{-1} (übliche durchschnittliche Dichte von Maschinenaufstellungen) angenommen wird. Die obere Kurve gilt für den Raum ohne zusätzliche Absorptionsmaßnahmen, die untere für den Fall einer hoch schallabsorbierenden Unterdecke. Im Vergleich zu Bild 4.45 wird deutlich, daß der Schalldruckpegel auch in größeren Entfernungen von der Quelle mit zunehmendem Abstand noch absinkt und sich kein diffuses Schallfeld gleichbleibenden Pegels einstellt. Zum Vergleich ist in Bild 4.47 die Schallausbreitungskurve mit eingetragen, die sich im Freifeld (ohne Bodenreflexionen) ergeben würde (**Bezugsschallausbreitungskurve** SAK$_B$ [765] oder C^{ref} [573]). Die Differenz der Werte zwischen der tatsächlichen SAK in einem Raum und der auf das Freifeld bezogenen SAK$_B$ wird als **Pegelüberhöhung** DLf bezeichnet. Im Falle des Beispieles in Bild 4.47 ergibt sich bei 10 m Abstand ein SAK-Wert von $-17{,}5$ dB ohne und von $-23{,}5$ dB mit schallabsorbierender Unterdecke. Die Pegelüberhöhung beträgt DLf = 13,5 dB ohne und 7,5 dB mit schallabsorbierender Unterdecke. An diesem Ort wurde demnach eine Pegelminderung von 6 dB erzielt. Die akustische Qualität eines Raumes ist um so besser, je kleiner DLf ist.

4.2 *Lärmschutzgerechte Planung von Räumen*

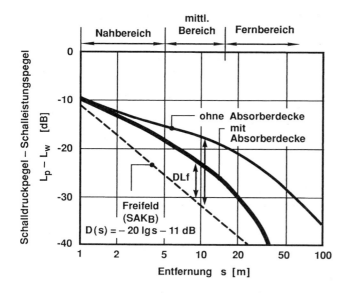

Bild 4.47 *Schallausbreitungskurven SAK in einem Flachraum ohne und mit schallabsorbierender Decke [90]*

Bei der **Beurteilung von Schallausbreitungskurven** ist es üblich, zwischen einem Nahbereich (1 m $\leq r \leq$ 5 m; wesentlich beeinflußt von Direktschallfeld und Richtwirkung der Quelle; wichtiger Bereich zur Beurteilung der akustischen Qualität in kleinen Räumen, z. B. Büros), einem mittleren Bereich (5 m < $r \leq$ 16 m [765] bzw. 4 m < $r \leq$ 24 m [573]; wichtigster Bereich zur Beurteilung der akustischen Qualität von größeren Arbeitsräumen) und einem Fernbereich (16 m < $r \leq$ 64 m; wesentlich beeinflußt von Streukörpern und Einbauten) zu unterscheiden. Im Beispiel des Bildes 4.47 erhält man für den mittleren Entfernungsbereich einen Mittelwert von DLf = 12,5 dB ohne und von DLf = 7,3 dB mit schallabsorbierender Unterdecke. Werte unter 8 dB kennzeichnen günstige akustische Bedingungen im Sinne des Arbeitsschutzes.

Als weitere Kenngröße für die akustische Qualität von Arbeitsräumen dient die **Pegelabnahme pro Abstandsverdopplung DL2**, ebenfalls als Mittelwert für die drei genannten Abstandsbereiche angegeben. Hier ergibt sich für das Beispiel in Bild 4.47 bei mittleren Entfernungen ein Wert von 2,8 dB ohne und von 5,5 dB mit Absorberdecke. Ein Vergleich mit den Anforderungen nach Abschn. 4.2.1 [41] zeigt, daß mit der schallabsorbierenden Unterdecke der geforderte Mindestwert von DL2 = 4 dB überschritten ist und damit die baulichen Bedingungen für Lärmbereiche eingehalten werden. Allerdings setzt das voraus, daß diese Überschreitung für alle Oktavbandmittenfrequenzen zwischen 500 und 4000 Hz zutrifft.

Die frequenzabhängige Bestimmung von Schallausbreitungskurven macht es erforderlich, daß alle benötigten Parameter, also Schalleistungspegel der Quellen und Schallabsorptionseigenschaften der Raumoberflächen und der Streukörper in Abhängigkeit von der Frequenz verfügbar sind. Wenn das z. B. in der wichtigen Phase der Vorplanung von Arbeitsräumen nicht der Fall ist, muß man sich bestimmter Näherungen bedienen.

Es wird z. B. vorgeschlagen [765], an Stelle des tatsächlichen Spektrums der Schallquellen einen durch Messungen an Maschinen verschiedener Branchen bestimmten Mittelwert zu verwenden. In Tabelle 4.12 ist dieses **Spektrum** (A-bewertet) angegeben. Seine Anwendung führt zu einer **frequenznormierten Schallausbreitungskurve** SAK_0. An anderer Stelle wird empfohlen [573], statt dessen das Spektrum des „Rosa Rauschens" (gleichviel Schallenergie je relative Bandbreite), ebenfalls A-bewertet, zu verwenden. Auch dieses Spektrum wurde in Tabelle 4.12 eingetragen. Die damit bestimmte Schallausbreitungskurve wird mit C_0 bezeich-

Tabelle 4.12 A-bewertete Frequenzspektren zur Bestimmung von Schallausbreitungskurven in Arbeitsräumen

Art des Spektrums	Oktavband-Mittenfrequenz f_m [Hz]					
	125	250	500	1 k	2 k	4 k
	Korrekturwert des Schalleistungspegels [dB], bezogen auf einen Gesamtschalleistungspegel von 0 dB					
Mittelwert von Maschinengeräuschen $L_{W,0}$ [765]	−22,1	−12,0	−6,4	−5,1	−10,1	−15,1
Rosa Rauschen $L_{W,Co}$ [573]	−22,3	−14,8	−9,4	−6,2	−5,0	−5,2

net. Eine noch stärkere, aber vielfach ausreichende Vereinfachung, stellt die Verwendung eines frequenzunabhängigen Spektrums bei gleichzeitiger Beschränkung auf die drei Oktavbereiche der Mittenfrequenzen 500 bis 2000 Hz dar.

Für den Fall, daß die **Schallabsorptionsgrade von Raumoberflächen** α_i **und von Streukörpern** α_S nicht verfügbar sind, können die in Tabelle 4.13 zusammengestellten Mittelwerte Verwendung finden. Für die Streukörper ist hierbei die Summe aller Oberflächen S_S von Strukturen wie Maschinen, Einrichtungsgegenstände, Einbauten (z. B. Rohrleitungen), Vorsprünge u. ä. zu berücksichtigen. Diese Oberflächen werden dabei mittels einfacher geometrischer Körper angenähert. Streukörper werden nur bei Frequenzen in Rechnung gestellt, bei denen ihre Hauptabmessung wenigstens der halben Wellenlänge entspricht. In Tabelle 4.13

Tabelle 4.13 Mittelwerte von Schallabsorptionsgraden α_i von Raumoberflächen und α_S von Streukörpern [765]

Art der Oberflächen	Oktavband-Mittenfrequenz f_m [Hz]					
	125	250	500	1 k	2 k	4 k
	Schallabsorptionsgrad α_i und α_S					
Unbehandelte Wand- und Deckenfläche	0,06	0,07	0,08	0,08	0,09	0,10
Schallabsorbierende Unterdecke, eben	0,30	0,55	0,70	0,85	0,85	0,90
Schallabsorbierende Unterdecke aus Platten o. ä. (Baffles)	0,30	0,35	0,65	0,85	0,90	1,00
Streukörper aus Metall (z. B. Maschinen)	0,03	0,04	0,04	0,05	0,05	0,06
Streukörper aus Holz (z. B. Einbauten)	0,08	0,08	0,09	0,09	0,10	0,10
Mindestabmaße für die Wirksamkeit von Strukturen [m]	1,35	0,70	0,35	0,17	0,09	0,04

4.2 Lärmschutzgerechte Planung von Räumen

sind diese Grenzen mit eingetragen worden. Die äquivalente Schallabsorptionsfläche des Raumes A und der mittlere Schallabsorptionsgrad α_{Raum} ergeben sich für jedes betrachtete Frequenzband aus

mit
$$A = \alpha_{\text{Raum}} S_{\text{ges}} = \sum \alpha_i S_i + \sum \alpha_S S_S \quad \text{m}^2 \tag{4.44}$$

S_{ges} gesamte Raumoberfläche in m²; $S_{\text{ges}} = \sum S_i$
S_i Teilflächen des Raumes in m²
S_S Oberflächen von Strukturen, Maschinen, Einbauten u. ä. in m²
α_i Schallabsorptionsgrade der Teilflächen des Raumes
α_S Schallabsorptionsgrade der Oberflächen von Strukturen usw.

Die Streukörperdichte q ist

$$q = \frac{\sum S_S}{4V} = \frac{1}{l_m} \quad \text{m}^{-1} \tag{4.45}$$

Dabei sind
V Raumvolumen in m³
l_m mittlere freie Weglänge des Schalles zwischen den Reflexionen in m.

Die Streukörperdichte ist danach der Weglänge, die ein gedachter Schallstrahl zwischen zwei Reflexionen im Mittel zurücklegt, umgekehrt proportional. Übliche Werte der Streukörperdichte in Arbeitsräumen liegen zwischen 0,01 und 0,2 m^{-1}. Sie sind in Tabelle 4.14 typischen Raumarten und Ausstattungen zugeordnet.

In der Praxis kann man davon ausgehen, daß in unbehandelten großen flachen Arbeitsräumen im mittleren Abstandsbereich (5 bis 16 m) unter Bezug auf das normierte Spektrum je Abstandsverdopplung Schalldruckpegelminderungen DL2 von 3 bis 4 dB auftreten, die durch Absorptionsmaßnahmen vorzugsweise an der Decke auf 4 bis 6 dB erhöht werden können. Die Pegelüberhöhung DLf liegt in unbehandelten Arbeitsräumen in diesem Abstandsbereich meist bei mehr als 9 bis 10 dB und läßt sich durch Absorptionsmaßnahmen auf Werte unter 8 dB senken. Die Ausgangswerte sind in flacheren Räumen ungünstiger als in höheren, lassen sich aber durch schallabsorbierende Maßnahmen an der Decke bei geringer Raumhöhe wirksamer verbessern. Kleine Räume können nur durch die im Nahbereich (1 bis 5 m) gewonnenen Kennwerte DL2 und DLf beurteilt werden. In sehr kleinen Büroräumen (ungefähr $V < 100$ m³) ist es sinnvoll, die Pegelüberhöhung DLf in einem Abstand von 1 m zu benutzen. Günstige Bedingungen liegen vor, wenn diese kleiner als etwa 4 dB ist.

Tabelle 4.14 Übliche Werte von Streukörperdichten q in verschiedenartigen Räumen, multipliziert mit der Raumhöhe H [88]

Raumart	qH
Flachdach, geringe Streukörperbelegung (20 bis 40% der Grundfläche) z. B. Maschinenraum in Kraftwerken	0,05 bis 0,10
Flachdach, mittlere Streukörperbelegung (40 bis 80% der Grundfläche) z. B. Raum mit Werkzeugmaschinen	0,10 bis 0,20
Sheddach, dichte Streukörperbelegung (60 bis 100% der Grundfläche) z. B. Shedhalle mit Textilmaschinen	0,30 bis 0,40

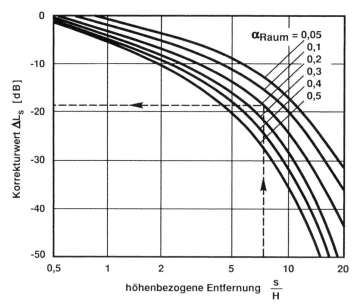

Bild 4.48 *Entfernungskorrektur ΔL_s zur näherungsweisen Bestimmung der Schallausbreitung in Flachräumen [88] (eingetragenes Beispiel s. Text)*
$\alpha_S = 0{,}1;\ qH = 0{,}2$

Da die Schallausbreitungskurven für Arbeitsräume im allgemeinen nur unter Einsatz rechentechnischer Verfahren bestimmt werden können, sind einfach abschätzbare **Orientierungswerte** sinnvoll. Das ist für mittlere Frequenzen (500 bis 1000 Hz) unter Verwendung der Beziehung

$$L_p = L_W - 20 \lg H + \Delta L_s \quad \text{dB} \tag{4.46}$$

denkbar, mit

H Raumhöhe in m
ΔL_s Korrekturwert in dB

Der **Korrekturwert** ΔL_s verringert sich mit zunehmender Entfernung und ist von der Dichte der Streukörper q und von deren Schallabsorptionsgrad α_S sowie vom mittleren Schallabsorptionsgrad α_{Raum} des Raumes abhängig. Auf Bild 4.48 sind **Näherungswerte** dieses Korrekturwertes für das Produkt aus Streukörperdichte q und Raumhöhe H von 0,2 und für einen Schallabsorptionsgrad α_S der Streukörper von 0,1 aufgetragen. Mit zunehmender Streukörperdichte erniedrigen sich diese Werte vor allem bei großen Entfernungen (z. B. um etwa 10 dB bei s/H = 10 und $qH = 0{,}4$). Bild 4.48 berücksichtigt eine Pegelerhöhung durch Reflexionen an den Wänden von 3 dB. Das ist ein Mittelwert. Bei schallabsorbierenden Wandflächen tritt evtl. gar keine Schalldruckpegelerhöhung auf. Wenn sich Quelle und Zielort in reflektierenden Kanten befinden, kann sich dieser Wert wie bereits erläutert auf ca. 6 dB erhöhen.

Beispiel

Es sei ein Arbeitsraum für Holzbearbeitung von 60 m · 40 m · 6 m (Länge · Breite · Höhe) betrachtet, in dem eine Maschine mit einem Schalleistungspegel von $L_W = 115$ dB (gültig bei mittleren Frequenzen) aufgestellt ist [88]. In der Halle befinden sich 75 Materialstapel, jeder mit einer Oberfläche von 26 m^2, die als Streukörper wirken. Der Schalldruckpegel sei in einer Entfernung von 45 m von der Maschine von Interesse.

4.2 Lärmschutzgerechte Planung von Räumen

Zur Ermittlung des Korrekturwertes für Gl. (4.46) ergibt sich aus diesen Angaben eine höhenbezogene Entfernung $s/H = 45/6 = 7{,}5$. Für den mittleren Schallabsorptionsgrad des Raumes kann nach Tabelle 4.11 $\alpha_{Raum} = 0{,}2$ angenommen werden. Für den Schallabsorptionsgrad der Streukörper aus Holz ergibt sich gemäß Tabelle 4.13 für mittlere und hohe Frequenzen $\alpha_S = 0{,}1$. Mit einem Raumvolumen von $V = 60 \cdot 40 \cdot 6 \ m^3 = 14\,400 \ m^3$ und einer Gesamtoberfläche der Streukörper $\sum S_S = 75 \cdot 26 \ m^2 = 1950 \ m^2$ erhält man aus Gl. (4.45) eine Streukörperdichte $q = \sum S_S/4 \ V = 1950/4 \cdot 14\,400 \ m^{-1} = 0{,}034 \ m^{-1}$ und mit der Raumhöhe H ergibt sich daraus $qH = 0{,}2$. Auf Bild 4.48, das für diesen Fall gültig ist, findet man für $s/H = 7{,}5$ einen Korrekturwert $\Delta L_s = -19 \ dB$. Mit dem Term $20 \lg H = 20 \lg 6 = 15{,}6 \ dB$ ergibt sich aus Gl. (4.46) ein Schalldruckpegel von $L_p = 115 - 15{,}6 - 19 = 80{,}4 \ dB$ an dem betrachteten, 45 m von der Quelle entfernten Zielort.

Es sei nochmals betont, daß es sich bei der Beispielrechnung nach Gl. (4.46) nur um eine Abschätzung handelt und sich viele Einflüsse in Rechenprogrammen wesentlich genauer berücksichtigen lassen. Insbesondere wird in größeren höhenbezogenen Entfernungen (etwa $s/H > 5$) die durch schallabsorbierende Unterdecken bewirkte Pegelminderung mit Gl. (4.46) überbewertet, weil in solchen Fällen ein größerer Teil der Schallenergie den Raum unter der Decke „durchstrahlt" und nicht auf die Absorptionsflächen gelenkt wird. Bild 4.49 vermittelt die prinzipiellen Einflüsse von Raumform und -ausstattung auf die Schallausbreitungskurven und verdeutlicht damit auch die Streubreite zu erwartender Rechenwerte.

Diese Betrachtungen gelten nur für eine einzige Schallquelle und machen bei mehreren eine Zusammenfassung der Schalldruckpegel an einem Ort nach Gl. (2.11) oder mittels Bild 2.5 nötig. Bei Flachräumen, in denen Schallquellen ähnlicher Schalleistung annähernd gleichmäßig über die gesamte Grundfläche verteilt sind (**Quellenfelder**), kann eine grobe Abschätzung des im Raum zu erwartenden Schalldruckpegels mit der Beziehung

$$L_p = L_{Wm} - 20 \lg a - 10 \lg \alpha_{Raum} + 3 \quad dB \tag{4.47}$$

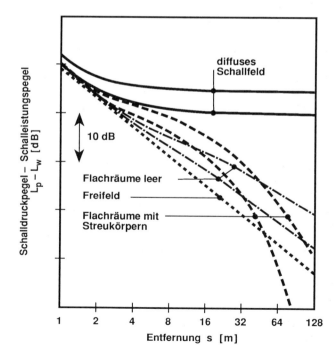

Bild 4.49 Typische Schallausbreitungskurven in Räumen. Obere Kurven jeweils für geringere, untere für stärkere schallabsorbierende Auskleidung [765]

erfolgen mit
$$a = \sqrt{\frac{S_B}{n}} \text{ m} \qquad (4.48)$$
Dabei ist

L_{Wm} Mittelwert der Schalleistungspegel aller Quellen in dB
a mittlerer Abstand der Schallquellen in m
S_B Grundfläche des Raumes in m^2
n Zahl der Schallquellen.

Die dabei erzielbare Schalldruckpegelminderung ΔL läßt sich auch mit
$$\Delta L = 10 \lg \frac{\alpha_{i,2} + 2q\alpha_S}{\alpha_{i,1} + 2q\alpha_S} \text{ dB} \qquad (4.49)$$
abschätzen. Dabei sind

$\alpha_{i,1}$ Mittelwerte der Schallabsorptionsgrade der Raumoberflächen ohne schallabsorbierende Maßnahmen
$\alpha_{i,2}$ Mittelwerte der Schallabsorptionsgrade der Raumoberflächen mit schallabsorbierenden Maßnahmen
α_S Schallabsorptionsgrade der Streukörper
q Streukörperdichte

4.2.4 Schallabstrahlung aus einem Raum nach außen

Um die Schallübertragung aus dem Innenraum eines Gebäudes nach außerhalb zu bestimmen, ist es in einem ersten Schritt erforderlich, diejenigen Schalleistungen zu ermitteln, die auf die einzelnen, den Schall nach außen abstrahlenden Begrenzungsflächen des Raumes auftreffen. Das gilt insbesondere für die Bauteile mit geringer Schalldämmung, wie Fenster und Türen, bei Industriehallen aber auch für große Außenwandflächen, Tore und Dächer. Unter Berücksichtigung der Schalldämm-Maße R dieser Bauteile (s. Abschn. 5.2) kann die vom Gebäude abgestrahlte Schalleistung berechnet werden, etwa mit dem Ziel, unter Beachtung der Schallausbreitungsbedingungen im Freien [562] [627] [721] [729] (s. Abschn. 2.3.2, Gl.(2.38)) die Einhaltung von Lärmgrenzwerten vor benachbarten Gebäuden zu überprüfen [21] [628] [704]. Der von einem als punktförmige Ersatzschallquelle gedachten Bauteil verursachte äquivalente Schalleistungspegel L_{WD}, der die **abgestrahlte Schalleistung** kennzeichnet, ist
$$L_{WD} = L_{W,in} - R \text{ dB} \qquad (4.50)$$
Der abstrahlungsrelevante Schalleistungspegel $L_{W,in}$ des jeweiligen Bauteiles ist aus dem abstrahlungsrelevanten Innenschalldruckpegel zu bestimmen, für den man in der Regel den Mittelwert des in etwa 1 bis 2 m Abstand vor der betreffenden Raumbegrenzungsfläche vorhandenen Schalldruckpegels $L_{p,in}$ verwendet [89] [721]. In einem diffusen Schallfeld, wie es bei den in Abschn. 4.2.2 betrachteten kubischen Räumen angenommen wurde, kann dabei von dem mittleren Schalldruckpegel im diffusen Schallfeld $L_{p\,diff}$ nach Gl. (4.34) ausgegangen werden, und für den abstrahlungsrelevanten Schalleistungspegel $L_{W,in}$ eines Außenbauteiles der Fläche S (in m^2) gilt
$$L_{W,in} = L_{p\,diff} + 10 \lg \frac{S}{4} = L_{p\,diff} + 10 \lg S - 6 \text{ dB} \qquad (4.51)$$
$L_{p\,diff}$ kann dabei durch eine einzelne oder auch durch mehrere Schallquellen, deren Schalleistungspegel dann nach Gl. (2.11) oder Bild 2.5 zusammenzufassen sind, verursacht sein.

4.2 Lärmschutzgerechte Planung von Räumen

Bezüglich der Schallübertragung nach außen sind die Flächen aller Bauteile, die eine voneinander abweichende Schalldämmung aufweisen, gesondert zu betrachten. Aus ihren äquivalenten Schalleistungspegeln L_{WD} gemäß Gl. (4.50) werden für den jeweiligen Nachweisort in der Nachbarschaft die zu erwartenden Schalldruckpegel nach Gl. (2.38) getrennt berechnet und zusammengefaßt. Die gedachte punktförmige Ersatzschallquelle wird dabei in der Mitte des betrachteten Bauteiles angenommen, bei den im allgemeinen vorherrschenden vertikalen Gebäudeteilflächen aber in etwa 2/3 ihrer Höhe.

Beispiel

Für das in Abschn. 4.2.2 erläuterte Beispiel eines Arbeitsraumes für Metallbearbeitung wäre für die Schallabstrahlung einer der beiden 100 m² großen Längswände nach Gl. (4.51) ein Schalleistungspegel $L_{W,in}$ = 86 + 10 lg 100 − 6 = 100 dB zugrunde zu legen. Nimmt man in dieser Wand fünf je 4 m² große Fenster als die für die Schallabstrahlung nach außen maßgeblichen Bauteile an, so verringert sich dieser Ausgangswert auf $L_{W,in}$ = 86 + 10 lg 20 − 6 = 93 dB. Mit einem Schalldämm-Maß R der Fenster von 30 dB beispielsweise (s. Abschn. 5.2.2) wäre dann für die Schallabstrahlung nach Gl. (4.50) mit einem äquivalenten Schalleistungspegel von L_{WD} = 93 − 30 = 63 dB zu rechnen.

In der Praxis ist diese Berechnung für alle Oktavband-Mittenfrequenzen, oder überschläglich für A-bewertete Schalldruck- und Schalleistungspegel unter Verwendung von bewerteten Schalldämm-Maßen R_W (s. Abschn. 5.1.1.2) durchzuführen.

In Räumen, in denen kein diffuses Schallfeld vorhanden ist, muß der für die Schallübertragung nach außen benötigte Schalldruckpegel in 1 bis 2 m Abstand vor den Begrenzungsflächen im allgemeinen aus den Schallausbreitungskurven SAK ermittelt werden. Das gilt sowohl für eine Einzelquelle als auch für mehrere, wobei deren Schalldruckpegel dann zusammenzufassen sind. Abschätzungen sind unter Verwendung der Gl. (4.46) und (4.47) möglich. Es ist wichtig, daß diese Berechnungen nicht nur getrennt für Bauteile unterschiedlicher Schalldämmung ausgeführt werden, sondern daß auch Wand- oder Deckenflächen, vor denen sich sehr unterschiedliche Schalldruckpegel ergeben, sinnvoll unterteilt und die Schallübertragungen dieser Teilflächen dann gesondert bestimmt werden.

Tabelle 4.15 Wert des Diffusitätsterms C_d für verschiedene typische Raumformen und Schallfelder [96]

Raumform, Schallfeld	Diffusitätsterm C_d [dB]
Relativ kleine, annähernd kubische Räume (diffuses Schallfeld); reflektierende Raumoberflächen	−6
Relativ kleine, annähernd kubische Räume (diffuses Schallfeld); absorbierende Raumoberflächen	−3
Große flache oder lange Hallen mit vielen Schallquellen (übliches Industriegebäude); reflektierende Raumoberflächen	−5
Industriegebäude mit wenigen bestimmenden, gerichtet strahlenden Schallquellen; reflektierende Raumoberflächen	−3
Industriegebäude mit wenigen bestimmenden, gerichtet strahlenden Schallquellen; absorbierende Raumoberflächen	0

Der in 1 bis 2 m Abstand vor den Begrenzungsflächen aus den Schallausbreitungskurven ermittelte Schalldruckpegel $L_{p,in}$ ist im allgemeinen nicht als abstrahlungsrelevanter Halleninnenpegel verwendbar, sondern bedarf der Korrektur durch einen Diffusitätsterm C_d gemäß

$$L_{W,in} = L_{p,in} + 10 \lg S + C_d \quad \text{dB} \tag{4.52}$$

Dieser **Diffusitätsterm** ist vom Schallabsorptionsgrad des betrachteten Bauteiles und vom Schalleinfallswinkel abhängig, damit auch von der Raumform und von der Verteilung der Schallabsorber und der Schallquellen im Raum. Auf Tabelle 4.15 sind geeignete Rechenwerte für C_d zusammengestellt. Mit $C_d = -6$ dB ergibt sich Gl. (4.51) als für Räume mit diffus reflektierenden Raumoberflächen gültige Beziehung.

4.2.5 Bauliche Maßnahmen zur Lärmminderung in Räumen

Die erörterten Grundlagen zur Berechnung von Schallfeldern in Räumen haben verdeutlicht, daß mit Schallabsorptionsmaßnahmen nur außerhalb des Direktschallfeldes der jeweiligen Schallquelle eine Schalldruckpegelminderung möglich ist. Anderenfalls sind neben **möglichst quellennahen Kapselungen**, Teilkapselungen oder Teiltrennwänden nur **persönliche Schallschutzmittel** einsetzbar, wenn **Maßnahmen an den Schallerzeugern** selbst nicht in dem nötigen Umfange realisierbar sind. In Arbeitsräumen sollte deshalb der technologische Prozeß so gestaltet werden, daß es möglichst wenig Arbeitsplätze in der Nähe von Schallquellen gibt, welche die in Abschn. 4.2.1 genannten Lärmgrenzwerte überschreiten. Moderne Produktionsverfahren sind in der Regel ohnehin von fern steuerbar, was aus Räumen oder Kabinen heraus erfolgen kann, die einen genügenden Schallschutz aufweisen. Dort wo Tätigkeiten in Lärmbereichen unvermeidbar bleiben, sind diese möglichst zusammengefaßt und von den übrigen Arbeitsplätzen getrennt einzurichten, da nur dann schallabsorbierende Maßnahmen oder Abschirmungen wirkungsvoll eingesetzt werden können. Zur Optimierung solcher Maßnahmen stehen heute vielfältige rechentechnische Simulationsmethoden zur Verfügung, bis hin zu Verfahren der virtuellen Realität visuell und akustisch (Auralisation) [99]. Mittels hochleistungsfähiger **Computertechnik** und durch Instrumentarien wie Datenhandschuh, Bildschirmhelm und Stereokopfhörer wird dabei das Erleben und Gestalten nur im Rechner implementierter räumlicher Umgebungen ermöglicht und auf diese Weise das Ergebnis von Planungen vorab erkennbar, vergleichbar und beeinflußbar gemacht.

Schallabsorptionsmaßnahmen zur Lärmminderung konzentrieren sich vorzugsweise auf die **Decke**. Sie sind dort auch besonders sinnvoll, insbesondere in Flachräumen. In annähernd kubischen Räumen kann auch ein Teil der **Wandflächen**, vor allem deren oberer Bereich, gut für die Anordnung von Schallabsorbern genutzt werden. Sind z. B. in Arbeitsräumen oder in Bürogroßräumen **Stellwände** vorgesehen, so bieten deren Oberflächen weitere Möglichkeiten für die Anbringung von Schallabsorbern. Vielfach werden Stellwände von den Herstellern direkt als ein- oder zweiseitig absorbierende Ausführungen angeboten. In Gaststätten, Foyers, Ausstellungen u. ä. stellen auch **textile Bodenbeläge** zur Lärmminderung geeignete Schallabsorber dar. Hier wirkt sich außerdem die Verminderung von Gehgeräuschen positiv aus.

Die **Anbringung technischer Schallabsorber** in einem Raum ist an denjenigen Stellen besonders wirkungsvoll, an denen sehr hohe Schalldruckpegel auftreten. Sie sollen also so dicht wie möglich an die Schallquellen herangebracht werden. Schallabsorbierende Decken sind möglichst tief abzuhängen. Wie bereits erläutert, sind Schallabsorber in Ecken und Kanten eines Raumes wegen des Druckstaues besonders wirkungsvoll. Im allgemeinen ist die schallabsorbierende Verkleidung möglichst großer Flächen zweckmäßig, denn die Kosten

4.2 Lärmschutzgerechte Planung von Räumen

für aufwendige Absorbermontagen an Säulen, Unterzügen, Vorsprüngen u. ä. sind meist sehr hoch.

Größere Pegelminderungen als mit ebenen Absorberdecken werden besonders in Flachräumen bei Anbringung von senkrecht von der Decke abgehängten beidseitig absorbierenden Platten (**Baffles**, s. Abschn. 4.1.2.4) erzielt. Deren schallabsorbierende Gesamtoberfläche (beide Seiten) soll wenigstens das 0,75fache der Deckenfläche betragen. Sie sind vor allem senkrecht zur Schallausbreitungsrichtung zu montieren.

Neben den Arbeitsräumen und Fertigungshallen stellen **Foyers, Schalterhallen, Großraumbüros, Treppenhäuser, Gaststätten, Sport- und Schwimmhallen** u. ä. eine Gruppe von Räumen dar, in denen Schallabsorptionsmaßnahmen zur **Lärmminderung** ebenfalls sinnvoll eingesetzt werden können. Hier geht es ergänzend zur Verringerung des Schalldruckpegels auch um eine Verkürzung der Nachhallzeit, weil die **Halligkeit** solcher Räume als lästig und störend empfunden wird. Schallabsorptionsmaßnahmen dienen damit einer raumakustischen Qualität, die zwar keiner Forderung unterliegt, aber insbesondere in Gebäuden mit höheren Komfortansprüchen, etwa in Foyers von Theatern und guten Hotels oder in anspruchsvollen Speiserestaurants, unerläßlich ist. Schallabsorptionsmaßnahmen in Vorräumen und Gängen tragen dabei auch zur Verminderung der Schallübertragung zwischen benachbarten Räumen über die Türen bei. Durch die Verkürzung der Nachhallzeit wird gleichzeitig die Sprachverständlichkeit erhöht. Das ist für Schalterhallen, Hotelrezeptionen u. ä., aber auch für den Betrieb von Lautsprecheranlagen z. B. in Sport- und Schwimmhallen von Bedeutung.

In Räumen der beschriebenen Kategorie kommt es vor allem auf eine schallabsorbierende Wirkung bei mittleren und hohen Frequenzen an, etwa zwischen 250 und 4000 Hz. Hier können geeignete Schallabsorber anhand ihres bewerteten Schallabsorptionsgrades α_w (s. Abschn. 4.1.1) ausgewählt werden [572] [626]. Tabelle 4.16 enthält Empfehlungen für den auf die Grundfläche des Raumes bezogenen Flächenanteil (etwa der Decke), der mit Schallabsorbern einer bestimmten, durch α_w ausgedrückten Qualität verkleidet werden sollte. Der Abstufung der Mindestwerte von α_w in Tabelle 4.16 liegt die mit Gl. (4.35) beschriebene Pegelminderung durch Schallabsorptionsmaßnahmen zugrunde.

Neben den technischen Schallabsorbern und auch in Verbindung mit diesen stellen **Abschirmungen** vor allem in Arbeitsräumen und Großraumbüros ein geeignetes Mittel für wirkungsvolle Lärmminderungen dar. Vielfach ist ihr Einsatz allerdings aufgrund des technologischen Prozesses ausgeschlossen oder eingeengt bzw. muß an diesen angepaßt werden. Die dann

Tabelle 4.16 Empfohlene Mindestflächen, die in Räumen verschiedener Funktion mit Schallabsorbern unterschiedlicher Qualität verkleidet werden sollten; angegeben als prozentualer Anteil der Raumgrundfläche S_B

Raumart (Beispiele)	bewerteter Schallabsorptionsgrad α_w		
	$\alpha_w \geq 0{,}8$	$0{,}8 > \alpha_w \geq 0{,}3$	$0{,}3 > \alpha_w \geq 0{,}15$
	Anteil der Raumgrundfläche S_B [%]		
Bürogroßräume, Rechenzentren	50	100	—
Restaurants, Speisesäle; Schwimm- und Sporthallen	40	80	150
Treppenhäuser, Flure, Vorräume, Foyers, Schalterhallen, Ausstellungen	30	60	100

erforderlichen quellennahen Abschirmungen wie Kapseln oder Teilkapseln werden meist von der Maschinenbauseite ausgeführt. Ihre Wirksamkeit ist um so größer, je näher sie an die lautesten Geräuschquellen herangebracht werden.

Bauseitig werden vor allem **abschirmende Stellwände** eingesetzt. Deren Wirkung verbessert sich mit zunehmender Höhe. Für eine **raumhohe Trennwand** ergibt sich zwischen zwei Orten in den durch diese gebildeten Teilräumen 1 und 2 eine Erhöhung der Schalldruckpegeldifferenz (**Einfügungsdämm-Maß**)

$$D_e = R' + 10 \lg \frac{A_1 A_2}{SA} \quad \text{dB} \tag{4.53}$$

Dabei sind

R' Bauschalldämm-Maß der Trennwand (s. Abschn. 5.2.1)
A_1, A_2 Äquivalente Schallabsorptionsflächen der durch Trennung entstandenen Räume 1 und 2 in m^2
A Äquivalente Schallabsorptionsfläche des Ausgangsraumes in m^2
S Trennwandfläche in m^2.

Maßgeblich ist hierbei die Größe des Bauschalldämm-Maßes R' der Wand.

In vielen praktischen Fällen, vor allem überall dort, wo Transportprozesse stattfinden, ist eine raumhohe Trennung nicht möglich. Die Wirkung von **teilhohen Trennwänden** ist nach

$$D_e = 10 \lg \frac{A_1 A_2 + S_\text{Ö}(A_1 + A_2)}{S_\text{Ö} A} \quad \text{dB} \tag{4.54}$$

vor allem von der Größe der verbleibenden Öffnungsfläche $S_\text{Ö}$ abhängig, wenn eine flächenbezogene Masse der Teiltrennwand von wenigstens 10 kg/m^2 vorausgesetzt werden kann. Auch die durch schallabsorbierende Ausstattung der Teiltrennwand erzielbare Erhöhung der äquivalenten Schallabsorptionsflächen der beiden Teilräume (A_1, A_2 im Vergleich zu A) wirkt sich günstig aus. Auf Tabelle 4.17 sind Beispiele von Schallpegeldifferenzen (Einfügungsdämm-Maße) für verschiedene Ausführungen und Einbaubedingungen von Teiltrennwänden dargestellt. Hierbei ist für unbehandelte Raumoberflchen ein mittlerer Schallabsorptionsgrad $\alpha = 0{,}05$, für Schallabsorber ein solcher von $\alpha = 0{,}90$ angenommen worden. Die Wert gelten für mittlere Frequenzen. Sie verdeutlichen, wie wichtig es ist, daß sich über der Teiltrennwand ein schallabsorbierender Deckenbereich befindet. Nur dann sind sie sinnvoll einsetzbar und bewirken Schalldruckpegelminderungen von mehr als 10 dB.

Tabelle 4.17 Schalldruckpegelminderungen (Einfügungsdämm-Maße) D_e durch Teiltrennwände der Höhe H_T in Räumen der Höhe H [88]

Varianten der schallabsorbierenden Verkleidung an der Decke	$H_T/H = 0{,}8$	$H_T/H = 0{,}6$
	Einfügungsdämm-Maß D_e [dB]	
ohne	3	2
gesamte Decke	16	14
nur über der Teiltrennwand	13	11
vor der Teiltrennwand	9	7

Das Einbeziehen von Teiltrennwänden in die Berechnung von Schallausbreitungsvorgängen in großen Räumen setzt den Einsatz leistungsfähiger **Rechenprogramme** voraus. Schallteilchensimulationsprogramme (s. Abschn. 4.3.3.6), ergänzt durch eine Simulation der Teiltrennwände mittels „transparenter Zwischenwände", die Raumteile hoher und niedriger Schallenergiedichte voneinander trennen, oder in Verbindung mit Beugungsalgorithmen, stellen geeignete Verfahren dar [100] [101].

4.3 Raumakustische Planung

Die verschiedentlich geäußerte Meinung, Akustik sei Glückssache, gibt dem raumakustischen Planungsprozeß noch immer einen etwas mystischen Anschein. Bei dem heutigen Wissensstand auf dem Gebiet der Raumakustik und mit dem verfügbaren Planungsinstrumentarium ist das unbegründet. Schuld an diesem Eindruck mag die Tatsache sein, daß die **Beurteilung der raumakustischen Eigenschaften** eines Saales vor allem bei Musik stark **von subjektiven, emotionalen Faktoren geprägt** ist, so daß differenzierte Bewertungen zustande kommen. Vielfach werden gerade von Musikern auch widersprüchliche Urteile geäußert. Bei neueren Auditorien, deren akustische Bedingungen tatsächlich zu Beanstandungen geführt haben, sind jedoch in der Regel im Planungs- und Ausführungsprozeß bekannte akustische Zusammenhänge nicht genügend beachtet worden.

Dem Raumakustiker ist es heute möglich, praktisch jede Grundform eines Saales, jede „**Primärstruktur**", durch Auswahl geeigneter Maßnahmen für Saalausbau und Oberflächengestaltung, also für die „**Sekundärstruktur**", akustisch funktionsfähig zu machen. Natürlich wird der Aufwand für sekundäre Maßnahmen um so größer, je mehr sich die Primärform von einer der jeweiligen Nutzung entsprechenden, zweckmäßigen architektonischen Gestaltung entfernt. Mit grundsätzlichen Problemen behaftete Entscheidungen sollten aus diesen Gründen vermieden werden, etwa für Konzertsäle extreme Fächerformen, bei denen die für den Räumlichkeitseindruck wichtigen seitlichen Reflexionen fehlen, tiefe Ränge, unter denen es schlecht mit Schall versorgte Platzbereiche gibt, oder konkave Raumformen, die zur Fokussierung stark gegenüber dem Direktschall verzögerter Reflexionen führen können. Andererseits gibt es aber, zumindest für größere Auditorien, keine optimale Raumform. Ein solches Optimum erscheint auch gar nicht als sinnvoll, denn neben den akustischen Anforderungen sind in jedem Saal vielfältige weitere Ansprüche zu erfüllen, z. B. bezüglich Bühnentechnik, Beleuchtung, Sichtbeziehung, Belüftung, Platzbedarf und nicht zuletzt hinsichtlich einer dem jeweiligen Auftrag gerecht werdenden Architektur. Eine all diese Aspekte zusammenfassende Optimallösung ist Planungsziel bei einem neuen Auditorium und sollte unter Führung der Architekten in Zusammenwirken mit den Fachplanern angestrebt werden. Damit wird nicht nur die architektonische Vielfalt der Saalbauten gefördert, sondern in verschiedenen Sälen für Musikdarbietungen wird auch der wünschenswerte, durch den Raum bedingte Unterschied des Klangerlebnisses gewährleistet. Dieser bildet einen wesentlichen Anreiz für den Besuch musikalischer Veranstaltungen im Vergleich zum Abhören von Tonaufnahmen.

4.3.1 Raumakustischer Planungsprozeß

Mit der Festlegung raumakustischer Maßnahmen im Planungsprozeß, wie er auf Bild 4.50 schematisiert dargestellt ist, soll erreicht werden, daß Musik und Sprache den **Hörerwartungen** (bei Sprecher- und Aufnahmestudios den technischen Anforderungen) gerecht werden. Die Hörerwartung wird durch Beurteilung der raumakustischen Qualität mittels **subjektiver**

Kriterien zum Ausdruck gebracht. Forschungsarbeiten mehrerer Jahrzehnte waren darauf gerichtet, solche subjektiven Qualitätsurteile zu formulieren und zu werten, sowie Zusammenhänge zu objektiven Schallfeldparametern, also objektiven Gütemaßen, herzustellen.

Die eigentliche Zielstellung der raumakustischen Planung besteht daher darin, für diese als **objektive Kriterien** bezeichneten Gütemaße, funktionsbezogene Optimalwerte zu gewährleisten. In einfacheren Fällen, d. h. bei kleinen Räumen, insbesondere solchen für Sprachkommunikation, läßt sich dazu mittels **grafischer und rechnerischer Verfahren** (z. B. Nachhallzeitberechnung) die geeignete Primär- und Sekundärstruktur eines Raumes festlegen. Diese Verfahren werden in den folgenden Abschnitten eingehender, auch anhand von Anwendungsbeispielen, erläutert. Für kompliziertere Fälle, vor allem zur Planung größerer Auditorien für Musikveranstaltungen, sind dem Akustiker als besonders sichere Verfahren **Modellmeßmethoden und Computersimulationen** verfügbar. Hierzu werden Grundlagen, Einsatzmöglichkeiten und beispielhaft einige Ergebnisse dargestellt.

Wie Bild 4.50 deutlich machen soll, gibt es neben diesen Verfahren aber auch **direkte raumakustische Planungsregeln**, mit denen ohne näheres Betrachten der Schallfeldparameter grundsätzliche Festlegungen zu Raumgeometrie und -ausstattung möglich sind. Das sind z. B. funktionsbezogene, von der Sitzplatzzahl abhängige Raumvolumina, bestimmte Grundabmessungen etwa für Podien, Orchestergräben, Rangeinbauten, oder Festlegungen zur Sitzplatzüberhöhung. Auf solche, auch als „Daumenregeln" zu bezeichnende Grundsätze wird in den folgenden Abschnitten besonderer Wert gelegt. Sie werden im Abschn. 4.4 unter Bezugnahme auf funktionelle Besonderheiten für verschiedene Raumarten wie Konferenz- und Seminarräume, Klassenzimmer, Hörsäle, Plenarsäle, Theater, Proberäume, Studios, Kinos, Konzertsäle, Opern, Stadthallen, Kirchen sowie Freilichtbühnen erörtert.

Eine für die raumakustische Planung großer Räume für Musikdarbietungen besonders vielversprechende neue Methode, auf die Bild 4.50 hinweist, stellt die **Auralisation** dar. Mittels rechentechnischer Verfahren wird es ermöglicht, in den noch nicht existierenden, sondern nur im Computer implementierten oder als verkleinertes Modell hergestellten Raum hineinzuhören. Auf diese Weise kann, von dem zu erwartenden Hörerlebnis ausgehend, in der Planungsphase eine direkte Einflußnahme auf Primär- und Sekundärstruktur erfolgen.

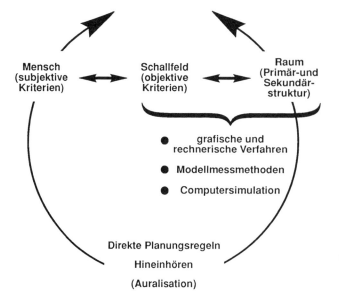

Bild 4.50 Schematische Darstellung des raumakustischen Planungsprozesses

4.3.2 Raumakustische Kriterien

4.3.2.1 Übersicht

Die **Halligkeit eines Raumes** ist wohl seine auffälligste akustische Eigenschaft. Sie läßt sich durch die Dauer des Nachhalles charakterisieren, d. h. durch die Abklingzeit eines Schallereignisses nach Beenden der Schallabstrahlung. Das hierauf basierende **Kriterium Nachhallzeit** wurde von *Sabine* vor etwa sieben Jahrzehnten definiert und stellt damit das älteste und bekannteste raumakustische Gütemerkmal dar. Eine optimale Nachhallzeit war über lange Zeit die einzige Zielgröße raumakustischer Planung und ist als Pauschalmaß für die akustische Qualität eines Raumes auch heute noch eine der wichtigsten. Aber schon allein aus der Tatsache, daß die Nachhallzeit überall in einem Saal gleich ist, es aber in jedem Auditorium unterschiedlich bewertete Platzbereiche gibt, ist zu folgern, daß daneben weitere raumakustische Gütemerkmale existieren müssen.

Diese lassen sich vornehmlich als Verhältnisse zeitlicher und bei Musik auch räumlicher Verteilungen der an den Zuhörerorten eintreffenden Schallenergien darstellen. Man faßt diese Kriterien daher gern unter dem Begriff **Energiekriterien** zusammen. Dabei kommt dem Energieanteil der Anfangsreflexionen, die dem Direktschall in kurzem zeitlichen Abstand, und zwar bei Sprache bis etwa 50 ms, bei Musik bis etwa 80 ms folgen, eine besonders große Bedeutung zu.

Die Verteilung der an einem Hörerort eintreffenden Reflexionen kann man mittels der **Raumimpulsantwort** darstellen. Wie auf Bild 4.51 als Beispiel gezeigt, ist das die zeitliche Folge von Schallrückwürfen nach Anregen eines Raumes mit einem kurzen Schallimpuls. Da eine solche Raumimpulsantwort das Schallfeld theoretisch vollständig beschreibt, zielt auf ihre Bestimmung die Anwendung moderner raumakustischer Planungsmethoden wie Modellmeßtechnik und Rechnersimulation ab. Anhand der Raumimpulsantwort lassen sich auch störende Reflexionen wie etwa Echos leicht erkennen, denn sie würden aus den gleichmäßig abfallenden Reflexionen, deren Konturen einem sich verjüngenden „Tannenbaum" ähneln, herausragen.

Eine Übersicht über raumakustische Kriterien, die in den folgenden Abschnitten besprochen werden, ist in Tabelle 4.18 gegeben.

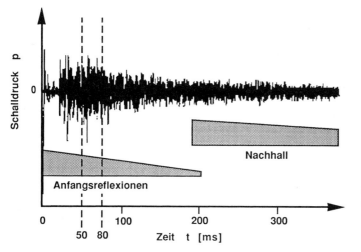

Bild 4.51 *Beispiel einer Raumimpulsantwort*

Tabelle 4.18 Raumakustische Kriterien und ihre Optimalwerte

Höreindruck	Kriterium	Optimum	
		Sprache	Musik
Nachhall, Klangfarbe	Nachhallzeit T (s. Bilder 4.54 u. 4.55)	ca. 1 s	ca. 2 s
	Anfangsnachhallzeit EDT	–	ca. 2,2 s
	Baßverhältnis BR	–	1,1 bis 1,3
Deutlichkeit, Durchsichtigkeit	Deutlichkeitsgrad D_{50}	> 50%	–
	Deutlichkeitsmaß C_{50}	> 0 dB	–
	Schwerpunktzeit TS	< 80 ms	100 bis 150 ms
	Klarheitsmaß C_{80}	–	−1 bis +3 dB
	Artikulationsverlust für Konsonanten Al_{cons}	< 15%	–
	Sprachübertragungsindex RASTI	> 50%	
Raumeindruck	Hallmaß H		+3 bis +8 dB
	Seitenschallgrad LF	–	25 bis 40%
	Seitenschallmaß $10 \lg LF$	–	−4 bis −7 dB
	Raumeindrucksmaß R	< 0 dB	+1 bis +7 dB
Lautstärke	Schalldruckpegelminderung ΔL	< 5 dB(A)	< 5 dB(A)
	Stärkemaß G	+1 bis +10 dB	+1 bis +10 dB

4.3.2.2 Nachhallzeit

Die **Nachhallzeit T (Reverberation Time RT)** ist gemäß Darstellung auf Bild 4.52 diejenige Zeit, in der nach Beenden der Schallabstrahlung in einem Raum der Schalldruck auf ein Tausendstel seines Ausgangswertes, d. h. der Schalldruckpegel um 60 dB, gesunken ist. Nach Sabine [102] gilt für die Nachhallzeit

$$T = 55{,}3 \, \frac{V}{A c_0} = 0{,}163 \, \frac{V}{A} \quad \text{s} \tag{4.55}$$

mit

V Raumvolumen in m³
c_0 Schallausbreitungsgeschwindigkeit in Luft; $c_0 \approx 340$ m/s
A äquivalente Schallabsorptionsfläche in m².

Die Nachhallzeit wächst danach bei ähnlicher schallabsorbierender Ausstattung von Räumen mit deren Volumen. Bild 4.53 vermittelt den durch Gl. (4.55) beschriebenen Zusammenhang in Form eines Arbeitsdiagrammes.

4.3 Raumakustische Planung

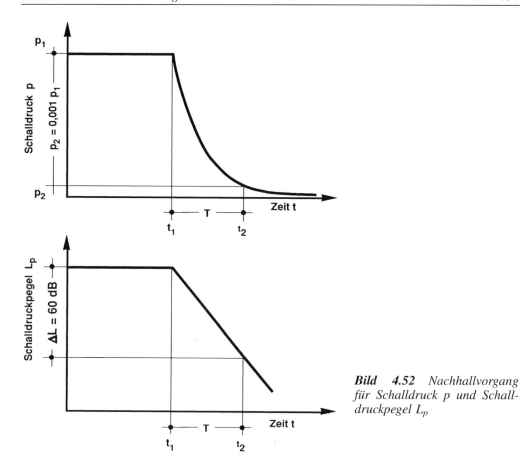

Bild 4.52 *Nachhallvorgang für Schalldruck p und Schalldruckpegel L_p*

Auf Grund des langjährigen Umganges mit dem Kriterium Nachhallzeit gibt es gesicherte Erfahrungen über Optimalwerte für Räume verschiedener Funktionen und Größe. Auf Bild 4.54 sind solche Optima für Nachhallzeiten T_m bei mittleren Frequenzen angegeben. Es gilt ein relativ breiter Toleranzbereich von etwa 20%.

Die optimalen mittleren Nachhallzeiten liegen für *Sprache (Näherungswert: 1 s)* niedriger als für *Musik (Näherungswert für sinfonische Musik: 2 s)*. Bei der Planung von Mehrzwecksälen sind als Zielgröße Zwischenwerte zu wählen, die an die Hauptnutzung des Raumes angepaßt sein sollten. Die als optimal empfundenen Nachhallzeiten von Räumen für verschiedenartige musikalische Darbietungen entsprechen weitgehend denen jener Räume, in welchen die Kompositionen zu ihrer Entstehungszeit aufgeführt worden sind. Daraus ergeben sich für Orgelmusik höhere Optimalwerte als für sinfonische Musik, für Kammermusik niedrigere, etwa mit denen für Mehrzwecknutzung übereinstimmend. Besonders geringe Nachhallzeiten sind in Auditorien erwünscht, die vorwiegend mit Beschallungsanlagen genutzt werden. Das sind Säle für Popkonzerte, Musical u. ä., denn hier soll die typische akustische Eigenart der jeweiligen Interpretation gewahrt und nicht durch raumakustische Eigenschaften des Saales beeinflußt werden. Gewünschter Hall kann dabei auf elektronischem Wege erzeugt werden.

Nach Bild 4.55 sollte der Frequenzverlauf der optimalen Nachhallzeiten für Sprache möglichst linear sein. In Räumen für Musikdarbietungen ist ein Anstieg der Nachhallzeit bei

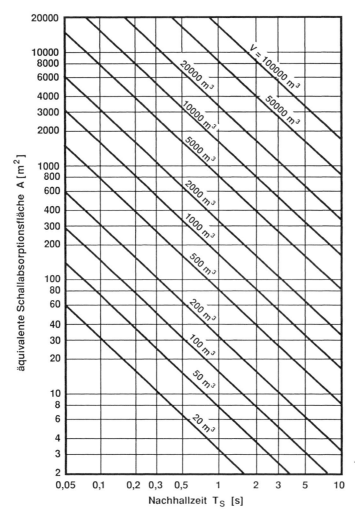

Bild 4.53 Zusammenhang zwischen äquivalenter Schallabsorptionsfläche A und Nachhallzeit T_S (nach Sabine) für unterschiedliches Raumvolumen V

tiefen Frequenzen (unter 250 Hz) erwünscht. Er gleicht die geringere Empfindlichkeit des Gehörs bei tiefen Frequenzen aus und gibt dem Klang „Wärme". Hierfür wurde das spezielle Kriterium **Baßverhältnis** (Baß Ratio)

$$BR = \frac{T_{125} + T_{250}}{T_{500} + T_{1000}} \tag{4.56}$$

eingeführt. Die Indizes bezeichnen die Oktavband-Mittenfrequenzen der Nachhallzeiten. Optimalwerte für BR liegen für Konzertsäle etwa zwischen 1,1 und 1,3, wobei die untere Grenze für Säle mit etwas höheren, die obere für Säle mit etwas niedrigeren Nachhallzeiten günstiger ist [73] [103].

Wenn die auf Bild 4.54 angegebenen **Optimalwerte der Nachhallzeit überschritten** sind, so bedeutet dies bei Sprache, daß nachfolgende Silben durch den zu langen Abklingvorgang der vorhergehenden verdeckt werden. Das mindert die Verständlichkeit. Bei Musik bewirkt ein zu langer Abklingvorgang vor allem bei tiefen Frequenzen, daß die Klänge verschmelzen und ein „mulmiger" musikalischer Eindruck zustandekommt. **Bei zu kurzer Nachhallzeit**

4.3 Raumakustische Planung

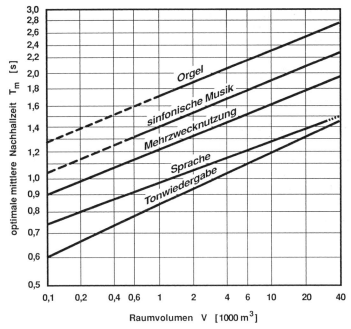

Bild 4.54 Optimale mittlere Nachhallzeiten T_m bei 500 bis 1000 Hz für verschiedene Raumfunktionen in Abhängigkeit vom Raumvolumen V

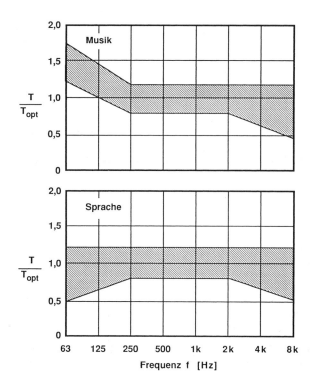

Bild 4.55 Frequenzabhängigkeit der Nachhallzeit T bezogen auf den Optimalwert der mittleren Nachhallzeit T_{opt} nach Bild 4.54

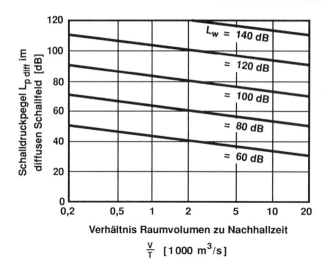

Bild 4.56 Schalldruckpegel im diffusen Schallfeld von Räumen $L_{p\,diff}$ abhängig von Raumvolumen V und Nachhallzeit T für Schallquellen verschiedener Schalleistungspegel L_W

ist der Raumeindruck „trocken", der Raum „trägt nicht". Das ist eine Eigenschaft, die nicht nur die akustische Wahrnehmung durch die Zuhörer beeinträchtigt, sondern auch das Musizieren oder Sprechen erschwert, weil keine befriedigende Anpassung an den Raum möglich ist.

Zu kurze Nachhallzeit kann außerdem dazu führen, daß vor allem im hinteren Saalbereich keine ausreichende Lautstärke erreicht wird, weil pegelerhöhende Reflexionen fehlen. Nach Gl. (4.34), die für kugelförmige Schallabstrahlung den Zusammenhang zwischen dem im diffusen Schallfeld eines Raumes erzielten Schalldruckpegel $L_{p\,diff}$ und dem Schalleistungspegel L_W der Quelle vermittelt und die man unter Verwendung der Sabine'schen Gleichung (4.55) auch schreiben kann

$$L_{p\,diff} = L_W + 10\lg T - 10\lg V + 14 \quad \text{dB} \tag{4.57}$$

vermindert sich der erreichbare Schalldruckpegel mit abnehmender Nachhallzeit. Auf Bild 4.56 ist dieser Zusammenhang dargestellt.

Die *Sabine'sche* **Nachhallgleichung** stellt eine Näherung für Räume dar, die keine allzugroßen schallabsorbierenden Eigenschaften aufweisen. Sie gilt für mittlere Schallabsorptionsgrade bis etwa $\alpha_{Raum} = 0{,}3$ mit genügender Genauigkeit, ist also z. B. für die Berechnung der Nachhallzeit in Konzertsälen gut einsetzbar. Für Räume mit niedrigen Nachhallzeiten, z. B. für Studios, empfiehlt sich aber die Verwendung der von *Eyring* angegebenen **Nachhallformel** [104]

$$T = 0{,}163 \frac{V}{-\ln(1-\alpha_{Raum})\,S_{ges}} \quad \text{s} \tag{4.58}$$

mit

α_{Raum} räumlicher Mittelwert des Schallabsorptionsgrades
S_{ges} Gesamtoberfläche aller Raumbegrenzungen in m^2
V Raumvolumen in m^3.

Auf Bild 4.57 ist dieser Zusammenhang dargestellt. Wenn erforderlich, wird in der Literatur auf die verwendete Nachhallgleichung mittels Index hingewiesen und zwar α_S bzw. T_S für Gleichung (4.55) und α_{Eyr} bzw. T_{Eyr} für Gleichung (4.58).

Subjektive Befragungen zu gleichartigen Musikdarbietungen, die in Räumen mit unterschiedlicher Nachhallzeit aufgenommen worden waren, haben bei den Testpersonen mehr-

4.3 Raumakustische Planung

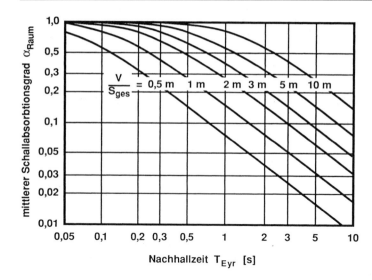

Bild 4.57 *Zusammenhang zwischen mittlerem Schallabsorptionsgrad α_{Raum} und Nachhallzeit T_{Eyr} (nach Eyring) für verschiedene Verhältnisse von Volumen V zu Raumoberfläche S_{ges}*

fach eine unbefriedigende Korrelation zwischen Nachhallzeit und empfundener Nachhalldauer ergeben. Eine Ursache hierfür liegt darin, daß es die in einem Raum verfügbare Dynamik meist gar nicht zuläßt, einen so großen Schalldruckpegelabfall tatsächlich zu hören, wie er bei der Nachhallzeitmessung ausgewertet wird, weil das Schallsignal schon früher unter den Grundgeräuschpegel gesunken ist (s. Abschn. 4.3.2.5). Der anfängliche Teil des meist nicht gleichmäßigen Abklingvorganges wird im Vergleich dazu im allgemeinen besser gehört und stimmt daher bei Musikdarbietungen auch eher mit dem subjektiv empfundenen Nachhallvorgang überein.

Daher ist es gebräuchlich, für detaillierte Bewertungen in Räumen für Musikdarbietungen durch Extrapolation dieses anfänglichen Teiles des Abklingvorganges eine **Anfangsnachhallzeit** zu bestimmen, wie auf Bild 4.58 gezeigt. Dabei umfaßt der Anfangsteil üblicherweise einen Schalldruckpegelabfall von 10 dB **(Early Decay Time EDT)**. In seltenen Fällen werden auch 15 oder 20 dB genutzt. Die Anfangsnachhallzeiten weisen eine größere Platzabhängigkeit auf als die Nachhallzeiten herkömmlicher Definition und sind deshalb als Pau-

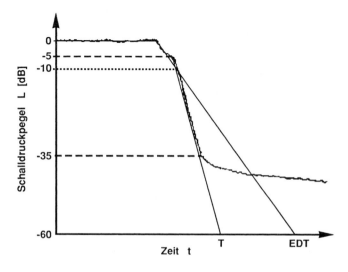

Bild 4.58 *Nachhallzeit T und Anfangsnachhallzeit EDT*

schalmaße für die akustische Qualität von Räumen weniger gut geeignet. Sie kommen deshalb vor allem zur Bewertung verschiedener Platzbereiche zur Anwendung. Je größer die Anfangsnachhallzeit im Vergleich zur herkömmlichen ist, um so besser wird der betreffende Platz bei Musikdarbietungen beurteilt [105] [106].

4.3.2.3 Berechnung der Nachhallzeit und erforderlicher Absorptionsmaßnahmen

Die Nachhallzeit von Zuhörerräumen wird in entscheidendem Maße von den Schallabsorptionseigenschaften der im Raum befindlichen Personen bestimmt. Wegen der unvermeidbaren **Publikumsabsorption** muß nach Gl. (4.55) ein bestimmtes Mindestvolumen vorhanden sein, wenn eine optimale Nachhallzeit erzielt werden soll. Daher läßt sich je Person ein erforderliches, von der Raumfunktion abhängiges Mindestvolumen angeben. Dieses Volumen je Zuhörerplatz, das vielfach auch als spezifisches Volumen oder als Volumenkennzahl bezeichnet wird, soll für Sprachdarbietungen wenigstens etwa 3 m^3, für kammermusikalische Veranstaltungen wenigstens 6 m^3 und bei sinfonischer Musik wenigstens 8 m^3 betragen.

In Tabelle 4.19 sind funktionsabhängige Bereiche von **Volumenkennzahlen** K zusammengestellt. Für die Höchstwerte ergibt sich aus den Forderungen nach einer optimalen Nachhallzeit keine so eindeutige Grenze wie für die Minimalwerte, denn durch zusätzliche Schallabsorptionsmaßnahmen ist es möglich, die Nachhallzeit zu vermindern. Beschränkungen ergeben sich hier vielmehr aus der mit Gleichung (4.34) verdeutlichten Tatsache, daß mit Zunahme der äquivalenten Schallabsorptionsfläche kein ausreichender Schalldruckpegel mehr erzielt werden kann. Daraus resultiert auch ein Maximalwert für das Gesamtvolumen des Raumes, der von der möglichen Schalleistung der Schallquelle und von der Hörerwartung, und damit von der Funktion des Saales, abhängt. Diese obere Volumengrenze wurde in Tabelle 4.19 mit angegeben. Natürlich gelten die Volumenbegrenzungen nicht bei Einsatz elektroakustischer Beschallungsanlagen.

Die Volumenkennzahlen der Tabelle 4.19 stellen eine äußerst wichtige Grundlage für die raumakustische Planung von Auditorien dar. Ihre Unterschreitung bedeutet in der Regel einen Mißerfolg der Planung, weil die erforderlichen raumakustischen Parameter nicht erreichbar sind. Wie bereits erläutert, kann ihre Überschreitung zwar bis zu einem gewissen

Tabelle 4.19 Volumenkennzahlen K und maximale Volumina V für Räume verschiedener Nutzung

Nutzung	Volumenkennzahl K [m^3/Platz]	maximales Volumen V [m^3]
Versammlungsräume, Seminarräume	3 ... 5	1 000
Sprechtheater, Hörsäle, Plenarsäle, Kongreßräume	4 ... 6	5 000
Mehrzwecksäle für Sprache und Musik	4 ... 7	8 000
Musiktheater (Oper und Operette)	5 ... 8	15 000
Kammermusiksäle	6 ... 10	10 000
Konzertsäle für sinfonische Musik	8 ... 12	25 000
Räume für Orgelmusik	10 ... 14	30 000

4.3 Raumakustische Planung

Maße kompensiert werden, doch hat dies meist einen höheren Kostenaufwand zur Folge. Zu Repräsentationszwecken, etwa bei Parlamentssälen oder bei Räumen für diplomatische Empfänge, mögen solche Lösungen dennoch ihre Berechtigung haben, dann allerdings in Verbindung mit Beschallungsanlagen.

Auch die Einhaltung der in Tabelle 4.19 angegebenen Volumenkennzahlen befreit bei der Planung eines Auditoriums nicht von der Notwendigkeit, die zu erwartende Nachhallzeit und die gegebenenfalls zu ihrer Optimierung notwendigen zusätzlichen äquivalenten Schallabsorptionsflächen zu berechnen. Diese **Berechnungen** werden für die Oktavband-Mittenfrequenzen von 125 bis 2000 Hz durchgeführt, bei Räumen für Musikdarbietungen ergänzend dazu im allgemeinen auch für 63 Hz und 4000 Hz. Vor Beginn der eigentlichen Rechnung sind die benötigten geometrischen Daten des Raumes zu ermitteln, sein Volumen V, seine Gesamtoberfläche S_{ges} und die einzelnen Flächen S_i, die unterschiedliche Schallabsorptionsgrade α_i aufweisen. In der Regel sind Rundungen der Flächenangaben auf volle, bei kleinen Räumen evtl. auf halbe Quadratmeter ausreichend.

Sodann kann als erster Schritt die Festlegung der anzustrebenden Optimalwerte der Nachhallzeiten des Raumes T_{opt} anhand der Bilder 4.54 und 4.55 erfolgen. Die dazu nötigen äquivalenten Schallabsorptionsflächen A_{opt} werden mittels der *Sabine*'schen Nachhallgleichung (4.55) bestimmt oder aus Bild 4.53 abgelesen. Daneben sollte anhand von Bild 4.57 geprüft werden, ob sich für die optimale Nachhallzeit ein mittlerer Schallabsorptionsgrad α_{Raum} des Raumes ergibt, der größer als etwa 0,3 ist. Dann empfiehlt sich die Anwendung der Eyring'schen Nachhallgleichung (4.58) bzw. die Bestimmung von α_{opt} mittels Bild 4.57. Es ist dann

$$A_{opt} = \alpha_{opt} S_{ges} \quad m^2 \tag{4.59}$$

Zum Vergleich mit A_{opt} ist nun als weiterer Schritt die äquivalente Schallabsorptionsfläche A_1 des zu planenden Raumes im Ausgangszustand zu ermitteln. Sie läßt sich nach der im Abschn. 4.1.1 erläuterten Gl. (4.10) wie folgt bestimmen:

$$A_1 = \sum \alpha_{1i} S_{1i} + \sum A_{1j} + A_{L1} \quad m^2 \tag{4.60}$$

Dabei sind

S_{1i} Teilflächen des Raumes in m^2
α_{1i} Schallabsorptionsgrade der Teilflächen
A_{1j} äquivalente Schallabsorptionsflächen einzelner Personen und nicht flächenhaft wirkender Schallabsorber und Einrichtungsgegenstände in m^2
A_{L1} äquivalente Schallabsorptionsfläche der Luft in m^2:
        $A_{L1} = 4 V m$ (s. Abschn. 4.1.3.3, Tabelle 4.10)
V Raumvolumen in m^3
m Energiedämpfungskonstante der Luft in m^{-1}

Bei den äquivalenten Schallabsorptionsflächen $\alpha_{1i} S_{1i}$ handelt es sich vor allem um die Raumbegrenzungsflächen wie Decke, Wände, Fußboden, Fenster und Gardinen (s. Tabellen 4.4 und 4.9), gegebenenfalls auch um von vornherein geplante Schallabsorber (s. Tabellen 4.4, 4.6 und 4.7). In Sälen mit einer abgetrennten Bühne kann deren Schallabsorption durch Näherungswerte des Schallabsorptionsgrades für die Bühnenöffnung (s. Tabelle 4.9) berücksichtigt werden. Natürlich sind hier je nach Bühnenausstattung größere Abweichungen zu erwarten. Diese lassen sich eingrenzen, indem einmal mit völlig absorbierender und einmal mit völlig reflektierender Bühnenöffnung gerechnet wird. Äquivalente Schallabsorptionsflächen $\alpha_{1i} S_{1i}$ sind auch für Teilflächen geringerer Schalldämmung, also hohen Schalltransmissionsgrades in Rechnung zu stellen. Das können auch Lochflächen sein, über die evtl. größere Nebenräume, z. B. Dachräume, angekoppelt sind (s. Abschn. 4.1.3.2). Die

Publikumsflächen und gegebenenfalls die Flächen für Chorsänger werden durch die entsprechenden Schallabsorptionsgrade (s. Tabelle 4.8) unter Beachtung der in Abschn. 4.1.3.1 gegebenen Hinweise (zusätzlicher Randstreifen von 0,5 m) erfaßt. Die bestuhlten Flächen müssen dabei natürlich von der Fußbodenfläche subtrahiert werden. Um die Absorptionseigenschaften des unbesetzten oder nur teilweise besetzten Saales abzuschätzen, werden für die jeweiligen Flächenanteile in einer Variantenrechnung die Schallabsorptionsgrade eines unbesetzten Gestühls (s. Tabelle 4.8) eingesetzt.

Die Absorptionseigenschaften einzelner oder weiter voneinander befindlicher Personen, z. B. Musiker auf dem Podium, werden in Gl. (4.60) durch die äquivalenten Schallabsorptionsflächen A_{1j} (s. Tabelle 4.8) erfaßt. Auch hier ist es zweckmäßig, in einem Auditorium zu erwartende Abweichungen, etwa zwischen der Besetzung des Podiums durch ein großes Sinfonieorchester einerseits oder durch solistische Ensembles andererseits durch vergleichende Berechnungen abzuschätzen. Die Größe A_{L1} in Gl. (4.60) berücksichtigt die Absorption bei der Schallausbreitung in Luft. Das ist vor allem im oberen Frequenzbereich von Bedeutung (s. Tabelle 4.10).

Aus den äquivalenten Schallabsorptionsflächen A_1 des unbehandelten Raumes lassen sich die Nachhallzeiten T_1 für die einzelnen Oktavband-Mittenfrequenzen bestimmen und zwar, wie bereits erläutert, abhängig vom mittleren Schallabsorptionsgrad α_{Raum} entweder nach *Sabine* (s. Bild 4.53) oder nach *Eyring* (s. Bild 4.57). Liegen diese Nachhallzeiten T_1 im Vergleich mit den Optimalwerten T_{opt} innerhalb einer Toleranzgrenze von $\pm$ 20%, so sind keine zusätzlichen Schallabsorptionsmaßnahmen nötig. Anderenfalls bestimmt man in einem weiteren Rechenschritt die Größe der zusätzlich erforderlichen äquivalenten Schallabsorptionsflächen ΔA aus

$$\Delta A = A_{opt} - A_1 \quad m^2 \tag{4.61}$$

ΔA ist derjenige Wert, der durch Einbringen von Schallabsorbern realisiert werden muß, in der Regel vor allem durch schallabsorbierende Flächen $\alpha_i S_i$, z. B. poröse Schallabsorber, Plattenschwinger, Lochplattenschwinger, Vorhänge (s. Tabellen 4.3 bis 4.5), aber auch durch äquivalente Schallabsorptionsflächen A_j von Einzelabsorbern, z. B. Helmholtzresonatoren (s. Tabellen 4.6 und 4.7). Es ist also

$$\Delta A = \sum \alpha_i S_i + \sum A_j \quad m^2 \tag{4.62}$$

Schallabsorptionsgrade handelsüblicher Schallabsorber sind den Herstellerangaben zu entnehmen. Dabei handelt es sich in der Regel um Meßwerte, die nach einem genormten Verfahren im Hallraum ermittelt worden sind (s. Abschn. 4.1.4). Hierbei kann es aus meßtechnischen Gründen vorkommen, daß, verursacht durch Beugung, Schallabsorptionsgrade $\alpha > 1$ auftreten. Bei den Berechnungen sollten diese Werte $\alpha = 1$ gesetzt werden. Ferner ist darauf zu achten, daß in den Fällen, in denen zusätzliche Schallabsorber auf Flächen aufgebracht werden, die bereits im unbehandelten Falle eine merkliche Schallabsorption aufweisen, nur die Differenzen der äquivalenten Schallabsorptionsflächen in Gl. (4.62) eingesetzt werden.

Aus einer **Kontrollrechnung**, bei der die Nachhallzeiten T_2 des fertig behandelten Raumes nach *Sabine* (s. Bild 4.53) oder nach *Eyring* (s. Bild 4.57) aus den erreichten äquivalenten Schallabsorptionsflächen

$$A_2 = A_1 + \Delta A \quad m^2 \tag{4.63}$$

bestimmt werden, ist zu entscheiden, ob das gewünschte Optimum der Nachhallzeit T_{opt} in genügender Näherung ($T_{opt} \pm$ 20%) erreicht worden ist. Anderenfalls sind ergänzende oder veränderte Schallabsorptionsmaßnahmen auszuwählen.

4.3 Raumakustische Planung

Tabelle 4.20 Äquivalenter Schallabsorptionsgrad $\alpha_{\text{äqu}}$ für Darbietungsräume im besetzten Zustand

Oktavband-Mittenfrequenz f_m [Hz]	63	125	250	500	1000	2000	4000
äquivalenter Schallabsorptionsgrad $\alpha_{\text{äqu}}$	0,85	0,95	1,05	1,15	1,25	1,35	1,45

Vielfach ist es wünschenswert, vor der ausführlichen Nachhallzeitberechnung für einen Raum eine **Abschätzung** vorzunehmen. Wenn das Publikum die wesentliche Schallabsorptionsfläche darstellt, ist eine grobe erste Orientierung bei mittleren Frequenzen (500 bis 1000 Hz) durch Annahme einer gegenüber Tabelle 4.8 etwas erhöhten äquivalenten Schallabsorptionsfläche von ca. 0,8 m² je Person möglich.

Eine zweite **Überschlagsmethode** zur Bestimmung der Nachhallzeit geht ebenfalls von der vorwiegend durch das Publikum bewirkten Schallabsorption aus. Den bestuhlten Flächen des Saales S_{Gest} (in m²) wird dabei gemäß Tabelle 4.20 ein äquivalenter Schallabsorptionsgrad $\alpha_{\text{äqu}}$ zugewiesen, der natürlich ebenfalls etwas größer angenommen ist, als der tatsächliche Schallabsorptionsgrad des Publikums. Für die Nachhallzeit T gilt dann

$$T = 0{,}163 \frac{V}{S_{\text{Gest}} \alpha_{\text{äqu}}} \text{ s} \qquad (4.64)$$

mit

V Raumvolumen in m³.

Gl. (4.64) ist besonders dazu geeignet, während der ersten Planungsschritte genauer als allein mittels der Volumenkennzahlen nach Tabelle 4.19 das für eine gewünschte Platzzahl nötige Volumen abzuschätzen, das die jeweils erforderliche Nachhallzeit gewährleistet.

Eine noch etwas **genauere Methode der Nachhallzeitabschätzung** verwendet eine Restschallabsorptionsfläche, geht aber ebenfalls von den dominierenden Absorptionseigenschaften des Publikums aus. Danach ist

$$A_{\text{ges}} = \alpha_{\text{Pu}} S_{\text{Pu}} + \alpha_{\text{Bü}} S_{\text{Bü}} + A_{\text{Mu}} N_{\text{Mu}} + \alpha_R S_R \quad \text{m}^2 \qquad (4.65)$$

mit

$\alpha_{\text{Pu}} S_{\text{Pu}}$ äquivalente Schallabsorptionsfläche des Publikums in m²
S_{Pu} Gestühlflächen einschließlich 0,5 m breite, umlaufende Fläche von anschließenden Gängen in m²
$\alpha_{\text{Bü}} S_{\text{Bü}}$ äquivalente Schallabsorptionsfläche einer eventuellen Bühnenöffnung in m²
$S_{\text{Bü}}$ Fläche der Bühnenöffnung in m²
$A_{\text{Mu}} N_{\text{Mu}}$ äquivalente Schallabsorptionsfläche der Musiker in m²
N_{Mu} Anzahl der Musiker (für Sinfonieorchester etwa 100)
$\alpha_R S_R$ äquivalente Schallabsorptionsfläche der Saaloberfläche in m²
S_R Saaloberfläche ohne Gestühlflächen S_{Pu}, ohne Fläche der Bühnenöffnung $S_{\text{Bü}}$ und ohne Fläche des Podiums bzw. des unabgedeckten Teiles des Orchestergrabens in m².

Für die in Gl.(4.65) benötigten Schallabsorptionsgrade sind in Tabelle 4.21 Rechenwerte für tiefe, mittlere und hohe Frequenzen angegeben. Der Schallabsorptionsgrad der restlichen Saaloberflächen bei mittleren Frequenzen ist zwischen 0,05 bei überwiegenden Stuck-, Marmor- oder Betonoberflächen und 0,1 bei überwiegenden Holzoberflächen je nach Raumbeschaffenheit anzusetzen.

Tabelle 4.21 Schallabsorptionsgrade α von Saaloberflächen und äquivalenter Schallabsorptionsflächen A_{Mu} von Musikern zur Bestimmung der äquivalenten Schallabsorptionsfläche eines Raumes mittels Restschallabsorption

Schallabsorbierende Flächen und Personen	Oktavband-Mittenfrequenz f_m [Hz]		
	125 bis 250	500 bis 1000	2000 bis 4000
	Schallabsorptionsgrad α		
Gestühlflächen (α_{Pu})	0,4	0,6	0,8
Bühnenöffnung ($\alpha_{Bü}$)	0,4	0,6	0,8
Restflächen (α_R)	0,1	0,05 bis 0,1	0,05
	äquivalente Schallabsorptionsfläche A [m^2]		
Musiker (A_{Mu})	0,7	1,1	1,1

Beispiel

Als ein Anwendungsbeispiel für die erläuterten Methoden zur Berechnung und Optimierung der Nachhallzeit sei ein Seminarraum betrachtet, der einen rechteckigen Grundriß der Abmessungen 15 m × 10 m haben und 4 m hoch sein soll. Es wird angenommen, daß in diesem Raum 100 Plätze auf 10 Reihen zu je 10 Plätzen verteilt sind. Es sei ein Holzgestühl vorhanden, das eine Fläche von 10 m × 6,5 m einnimmt und an das sich ringsherum ein Gang anschließt. Der Raum habe eine Fensterfläche von insgesamt 50 m^2. Der Fußboden soll aus hohlliegendem Parkett bestehen, und für Wände und Decke wird angenommen, daß sie mit einem Farbanstrich behandelt sind.

*Die Ergebnisse von Näherungsrechnungen für dieses Beispiel sind auf Tabelle 4.22 zusammengestellt. Als Überschlag (**Variante 1**) ergibt sich bei mittleren Frequenzen unter Annahme einer äquivalenten Schallabsorptionsfläche von 0,8 m^2 je Person für das Raumvolumen von 600 m^3 eine Nachhallzeit von T = 1,22 s. Unter Verwendung des äquivalenten Schallabsorptionsgrades $\alpha_{äqu}$ für Räume im besetzten Zustand (**Variante 2** auf Tabelle 4.22) erhält man bei einer Gestühlfläche von S_{Gest} = 65 m^2 z. B. bei einer Frequenz von 1000 Hz eine Nachhallzeit von 1,20 s (s. Gl. (4.64)). Zur Nutzung des Näherungsverfahrens mittels Restabsorption (**Variante 3**) muß man nach Gl. (4.65) von einer Publikumsfläche S_{Pu} ausgehen, die um einen umlaufenden Streifen von 0,5 m Breite größer als die Gestühlfläche S_{Gest} ist. Das heißt: $S_{Pu} = S_{Gest} + 0,5 (2 \cdot 10 + 2 \cdot 6,5)$ m^2 = 81,5 m^2. Als Restfläche S_R ist in Gl. (4.65) die Differenz aus der Gesamtoberfläche des Raumes S_{ges} = 500 m^2 und der Publikumsfläche einzusetzen: S_R = 500 − 81,5 = 418,5 m^2. Mit den Schallabsorptionsgraden der Tabelle 4.21 erhält man z. B. für das Frequenzgebiet 500 bis 1000 Hz eine mittlere Nachhallzeit von 1,25 s. Dabei ist für die mit Farbanstrich behandelten Wand- und Deckenoberflächen ein Schallabsorptionsgrad α_R = 0,07, etwa als Mittelwert des in Tabelle 4.21 angegebenen Bereiches, angenommen worden.*

Für eine genauere Berechnung der Nachhallzeit des Seminarraumes müssen die in den Tabellen 4.8, 4.9 und 4.10 enthaltenen Angaben zur Schallabsorption von Gestühl und Personen, von Raumbegrenzungsflächen und von Luft Verwendung finden. Tabelle 4.23 enthält die Rechenergebnisse für die Oktavband-Mittenfrequenzen von 125 bis 4000 Hz. Dabei wurde in einer 1. Variante für die Zuhörer ein Schallabsorptionsgrad der mit Publikum besetzten

4.3 Raumakustische Planung

Tabelle 4.22 Beispiel für die Berechnung der Nachhallzeit eines Seminarraumes nach Näherungsmethoden (Gln. (4.64) und (4.65))

Raumbegrenzungs-flächen	Fläche S [m²]	Oktavband-Mittenfrequenz f_m [Hz]										
		125		250		500		1000		2000		4000	
		Schallabsorptionsgrad α, äquivalente Schallabsorptionsfläche A [m²]										
		α	A	α	A	α	A	α	A	α	A	α	A
Variante 1: Äquivalente Schallabsorptionsfläche A von Personen für mittlere Frequenzen													
100 Personen							80		80				
T_1 [s]						1,22		1,22					
Variante 2: Äquivalenter Schallabsorptionsgrad $\alpha_{äqu}$ für Räume im besetzten Zustand													
Gestühlfläche	65	0,95	61,8	1,05	68,3	1,15	74,8	1,25	81,3	1,35	87,8	1,45	94,3
T_1 [s]		1,58		1,43		1,31		1,20		1,11		1,04	
Variante 3: Äquivalenter Schallabsorptionsgrad α_R für eine Restfläche													
Publikumsfläche	81,5	0,40	32,6	0,40	32,6	0,60	48,9	0,60	48,9	0,80	65,2	0,80	65,2
Restfläche	418,5	0,10	41,9	0,10	41,9	0,07	29,3	0,07	29,3	0,05	20,9	0,05	20,9
A_1 [m²]			74,5		74,5		78,2		78,2		86,1		86,1
T_1 [s]		1,31		1,31		1,25		1,25		1,14		1,14	

Fläche angenommen. In einer 2. Variante wurde mit der äquivalenten Schallabsorptionsfläche von 100 Personen gerechnet. Die bei beiden Varianten erhaltenen Nachhallzeiten unterscheiden sich wenig. Bei 1000 Hz beispielsweise liegen sie bei 1,11 bzw. 1,07 s. Ein Vergleich mit den Näherungswerten der Tabelle 4.22 zeigt aber, daß dort, wie für derartige Abschätzungen typisch, etwas höhere Werte ermittelt werden. Daraus abgeleitete zusätzliche äquivalente Schallabsorptionsflächen sind dann leicht etwas überdimensioniert.

Geht man für das Beispiel eines Seminarraumes von einer wünschenswerten optimalen Nachhallzeit von T_{opt} = 0,9 s aus (s. Bilder 4.54 und 4.55), so entspricht diese nach Gl. (4.55) oder Bild 4.53 bei dem Raumvolumen von 600 m³ einer äquivalenten Schallabsorptionsfläche A_{opt} = 108,6 m². Daraus leitet sich gemäß Gl. (4.61) ein Bedarf an zusätzlichen äquivalenten Schallabsorptionsflächen ΔA ab, der in Tabelle 4.22 mit eingetragen ist. Vor allem bei tiefen und mittleren Frequenzen sind Schallabsorptionsmaßnahmen erforderlich, um die Nachhallzeit zu optimieren. Das könnte z. B. durch eine Unterdecke realisiert werden, deren mittlerer Bereich als bei tiefen Frequenzen wirksamer Plattenschwinger ausgeführt wird. In einem umlaufenden Deckenfries könnte ein poröser Schallabsorber eingebaut werden, der vor allem bei mittleren Frequenzen wirksam sein muß.

In Tabelle 4.23 wurden zusätzlich als Variante 3 auch diejenigen Nachhallzeiten eingetragen, die sich für den Fall einer Besetzung des Raumes mit nur 20 Personen ergeben würden. Für diese Rechnung sind die in Tabelle 4.8 für einen größeren Abstand der Personen voneinander angegebenen äquivalenten Schallabsorptionsflächen verwendet worden. Wegen der

Tabelle 4.23 Beispiel für die Berechnung der Nachhallzeit eines Seminarraumes nach Gl. (4.55)

Raumbegrenzungs-flächen	Fläche S [m²]	Oktavband-Mittenfrequenz f_m [Hz]											
		125		250		500		1000		2000		4000	
		Schallabsorptionsgrad α, äquivalente Schallabsorptionsfläche A [m²]											
		α	A	α	A	α	A	α	A	α	A	α	A
Variante 1: Schallabsorptionsgrade der Publikumsflächen													
Oberfläche ohne Fußboden u. Fenster	300	0,02	6	0,03	9	0,04	12	0,05	15	0,06	18	0,08	24
Fenster	50	0,15	7,5	0,10	5	0,05	2,5	0,04	2	0,02	1	0,02	1
Fußboden	85	0,10	8,5	0,08	6,8	0,06	5,1	0,05	4,3	0,05	4,3	0,05	4,3
Publikum	81,5	0,40	32,6	0,60	48,9	0,75	61,1	0,80	65,2	0,85	69,3	0,80	65,2
Luftabsorption (4 mV)									1,8		6		18
A_1 [m²]			54,5		69,7		80,7		88,3		98,6		112,5
T_1 [s]			1,79		1,40		1,21		1,11		0,99		0,87
Variante 2: Äquivalente Schallabsorptionsfläche von 100 Personen (Publikum)													
Oberfläche ohne Fußboden u. Fenster	300	0,02	6	0,03	9	0,04	12	0,05	15	0,06	18	0,08	24
Fenster	50	0,15	7,5	0,10	5	0,05	2,5	0,04	2	0,02	1	0,02	1
Fußboden	150	0,10	15	0,08	12	0,06	9	0,05	7,5	0,05	7,5	0,05	7,5
100 Personen			30		45		60		65		75		75
Luftabsorption (4 mV)									1,8		6		18
A_1 [m²]			58,5		71		83,5		91,3		107,5		125,5
T_1 [s]			1,67		1,38		1,17		1,07		0,91		0,78
Optimalwerte													
T_{opt} [s]			0,9		0,9		0,9		0,9		0,9		0,9
A_{opt} [m²]			108,6		108,6		108,6		108,6		108,6		108,6
ΔA, gemittelt, gerundet [m²]			52		38		26		17		5		0
Variante 3: Äquivalente Schallabsorptionsfläche von 20 Personen (Musiker)													
20 Personen			9		13		17		20		22		22
A_1 [m²]			37,5		39		40,5		47,5		54,5		72,5
T_1 [s]			2,6		2,5		2,4		2,1		1,8		1,3

4.3 Raumakustische Planung

insgesamt wesentlich geringeren Publikumsabsorption erhält man für diesen Raumzustand viel größere Nachhallzeiten. Da in einem Seminarraum sicher häufig mit einer geringeren Zuhörerzahl zu rechnen ist, sollten die zusätzlichen Schallabsorptionsmaßnahmen entsprechend reichlicher bemessen werden. Aus diesem Grunde wird meist von vornherein mit einer 80%-Besetzung gerechnet. Im vorliegenden Beispiel würde sich dabei bei 1000 Hz die zusätzlich erforderliche äquivalente Schallabsorptionsfläche von 17 m^2 auf etwa 30 m^2 erhöhen.

4.3.2.4 Energiekriterien

Aus der Raumimpulsantwort des Bildes 4.51, die das Schallfeld an einem Hörerort charakterisiert, wurde der auf Bild 4.59 dargestellte, schematisierte zeitliche Verlauf der eintreffenden Schallenergien abgeleitet (Reflektogramm). Neben dem Abklingvorgang der statistisch verteilten späten Reflexionen, gekennzeichnet durch die Nachhallzeit, ist das Verhältnis der Energien von **Direktschall** W_D, **Anfangsreflexionen** W_I (I: Initial) und **Nachhall** W_R (R: Reverberation) zur Gesamtenergie W_{ges} wesentliches Merkmal für die Qualität eines Zuhörerplatzes [530]. Auf jeden Fall ist dafür zu sorgen, daß der Direktschall den Zuhörer möglichst ungestört erreicht. Hier entsprechen die akustischen Anforderungen denen nach guten Sichtbeziehungen (s. Abschn. 4.3.3.2).

Sowohl bei Sprache als auch bei Musik können als objektive Maße für den akustischen Eindruck Energieverhältnisse der hierfür jeweils nützlichen Anteile der Raumimpulsantwort zu den übrigen dienen. Meist beschränkt man sich bei der Beurteilung dieser Energiekriterien auf den mittleren Frequenzbereich (Oktave mit der Mittenfrequenz 1000 Hz). Zu optimalen

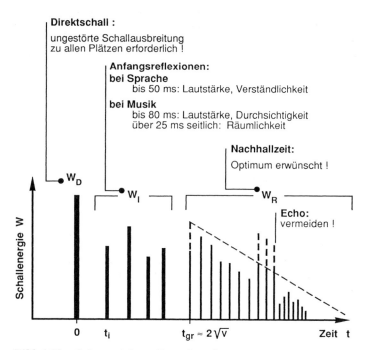

Bild 4.59 *Schematisierte Raumimpulsantwort*
t_i *Zeit zwischen Direktschall und erster Reflexion (Initial Time) in ms*
t_{gr} *Grenzzeit für den Übergang von Anfangsreflexionen zu diffusen Reflexionen (Nachhall) in ms*
V *Volumen in m^3*

Frequenzverläufen gibt es bisher nur ungenügende Kenntnisse hinsichtlich der subjektiv empfundenen Wirkungen.

Die Frage nach Gütemerkmalen, mit denen die „gute Akustik" eines Saales beschrieben werden kann, läßt sich nur funktionsbezogen beantworten. In **Räumen für Sprache** ist „gute Akustik" mit hoher Sprachverständlichkeit identisch. Als Maß hierfür wird meist die **Silbenverständlichkeit** benutzt. Das ist der beim gut artikulierten Sprechen zusammenhangloser Silben von Hörern richtig verstandene prozentuale Anteil. Silbenverständlichkeiten von mehr als 50% kennzeichnen eine gute, solche von mehr als 70% eine sehr gute Verständlichkeit.

Neben einem genügend hohen Schalldruckpegel, vor allem in Relation zum Grundgeräuschpegel, und angemessener Nachhallzeit, ist für die Silbenverständlichkeit die bis etwa 50 ms nach dem Direktschall am Hörerort eintreffende Schallenergie maßgeblich (s. Abschn. 3.1.2.1). Geeignete objektive Kriterien sind der **Deutlichkeitsgrad** oder die **Deutlichkeit** (Definition)

$$D_{50} = \frac{W_{0...50\,\text{ms}}}{W_{\text{ges}}} \tag{4.66}$$

und das **Deutlichkeitsmaß**

$$C_{50} = 10 \lg \frac{W_{0...50\,\text{ms}}}{W_{50\,\text{ms}...\infty}} \quad \text{dB} \tag{4.67}$$

$$= 10 \lg \frac{D_{50}}{1 - D_{50}} \quad \text{dB} \tag{4.68}$$

bei denen die bis 50 ms einfallende Energie $W_{0...50\,\text{ms}}$ zur gesamten W_{ges} oder zur restlichen $W_{50\,\text{ms}...\infty}$ ins Verhältnis gesetzt werden. Je größer diese Gütemaße sind, um so besser ist die Verständlichkeit. Mit einem Deutlichkeitsgrad $D_{50} > 50\%$ oder einem Deutlichkeitsmaß $C_{50} > 0$ dB werden sehr gute Silbenverständlichkeiten von mehr als 70% gewährleistet [78] [107] bis [109].

Ein weiteres Kriterium für die Sprachverständlichkeit ist die **Schwerpunktzeit** (Center Time)

$$TS = \frac{1}{W_{\text{ges}}} \int_0^\infty t \cdot W(t)\,dt \quad \text{s} \tag{4.69}$$

welche die Zeit des Energiemaximums kennzeichnet und die sich dadurch auszeichnet, daß sie zwischen günstigen und ungünstigen Schallenergien keine scharfe Zeitgrenze setzt, was der tatsächlichen Schallwirkung besser entspricht. Optimale Werte für Sprache liegen unterhalb von 80 ms [110].

Ergänzend zu diesen mit der Raumimpulsantwort verknüpften Energiemaßen sei auf zwei für die Sprachverständlichkeit verwendete Kriterien verwiesen, die aus meßtechnischen Entwicklungen und aus der Optimierung von Beschallungsanlagen abgeleitet worden sind und dafür auch fast ausschließlich eingesetzt werden. Der **Artikulationsverlust von Konsonanten** (Articulation Loss of Consonants)

$$Al_{\text{cons}} \approx 0{,}65 \left(\frac{s}{r_{\text{H}}}\right)^2 T \quad \% \tag{4.70}$$

mit
s Entfernung zwischen Schallquelle und Hörer in m
r_{H} Hallradius in m
T Nachhallzeit in s

4.3 Raumakustische Planung

sollte für eine brauchbare Verständlichkeit kleiner als etwa 15%, für eine gute Verständlichkeit kleiner als etwa 10% sein. Das hängt vom Verhältnis des Hörerabstandes zum Hallradius ab (s. Gl. (4.36)), wobei für gerichtete Abstrahlung an dessen Stelle die Richtentfernung r_r (s. Gl. (4.38)) tritt. Die Werte für Al_{cons} sind besonders für große Hörerentfernungen s zu überprüfen. Bei Einsatz von Lautsprechern mit hohem Bündelungsgrad γ werden sie verbessert. Die aus Gl. (4.70) gewonnenen Werte von Al_{cons} setzen einen genügend großen Störpegelabstand von mindestens etwa 30 dB voraus. Sie verschlechtern sich erheblich, wenn der Störpegelabstand abnimmt, z. B. ist bei nur 20 dB bereits mit einer Verdoppelung zu rechnen [111] [112].

Eine weitere Größe zur Kennzeichnung der Sprachverständlichkeit ist der **Sprachübertragungsindex** (Speech Transmission Index) STI oder dessen Vereinfachung (Rapid Speech Transmission Index) RASTI. Diese Größen bewerten ebenfalls den Störpegelabstand und sind aus der Veränderung der Modulationsfunktion mit einer speziellen Meßeinrichtung zuverlässig bestimmbar. RASTI-Werte von mehr als 50% entsprechen sehr guten Silbenverständlichkeiten von mehr als 70% [113].

In **Räumen für Musik** tritt die Übertragung kommunikativer Informationen im Vergleich zu ästhetischen Beurteilungsaspekten in den Hintergrund. Bei der Gütebewertung von Räumen für Musikdarbietungen gibt es daher größere Schwankungsbreiten, teilweise sogar eine Polarisierung von Urteilen. Darüber hinaus wird die Musikrezeption in der Regel auch durch andere, nicht akustische Wahrnehmungen, vor allem optische, und durch emotionale Bedingungen beeinflußt. Dennoch gibt es heute weitgehende Übereinstimmung über die Aussagekraft verschiedener raumakustischer Gütemerkmale für den Musikeindruck und auch eine recht gute Korrelation zu objektiven raumakustischen Kriterien. Für die raumakustische Planungspraxis sind daher auch bei Räumen für Musikdarbietungen Zielfunktionen ausreichender Genauigkeit verfügbar [1] [2] [59] [70] bis [73] [114] bis [116].

Eine große Bedeutung besitzt die **Durchsichtigkeit**, d. h. die Erkennbarkeit zeitlich aufeinander folgender Töne (Zeitdurchsichtigkeit) und die Unterscheidbarkeit gleichzeitig von verschiedenen Instrumenten erzeugter Klänge (Registerdurchsichtigkeit). Als objektiver Wert hierfür wird meist das **Klarheitsmaß** (Clarity)

$$C_{80} = 10 \lg \frac{W_{0\ldots 80\,\text{ms}}}{W_{80\,\text{ms}\ldots\infty}} \quad \text{dB} \tag{4.71}$$

genommen, das die bis 80 ms nach dem Direktschall eintreffende, die Durchsichtigkeit fördernde Energie, im Verhältnis zur nachfolgenden wertet. Bei polyphoner oder klassischer Musik ist eine etwas größere Durchsichtigkeit erwünscht als bei romantischer Musik. Einen geeigneten Bereich von Optimalwerten für Orchestermusik stellen Klarheitsmaße von -1 bis $+3$ dB dar. Auch die als Sprachkriterium bereits genannte **Schwerpunktzeit** TS (s. Gl. (4.69)) kann zur Beurteilung der Durchsichtigkeit von Musik Verwendung finden. Optimalwerte liegen bei etwa 100 bis 150 ms [117].

Im Gegensatz zu den Kriterien für die Sprachverständlichkeit geht es bei der Durchsichtigkeit der Musik nicht um die Einhaltung eines Grenzbereiches, sondern um das Gebiet optimaler Werte, denn die Durchsichtigkeit darf natürlich nicht zu groß werden. Es muß eine Ausgewogenheit zwischen frühen (bis etwa 80 ms) und späteren, stärker diffusen Reflexionen, erreicht werden. Die letzteren tragen zum **Raumeindruck** bei, bewirken ein Gefühl des „Eingehülltseins" in Musik, der Halligkeit, und das ist für ein Konzerterlebnis gleichermaßen bedeutsam. Ein objektives Maß hierfür kann das **Hallmaß**

$$H = 10 \lg \frac{W_{50\,\text{ms}\ldots\infty}}{W_{0\ldots 50\,\text{ms}}} \quad \text{dB} \tag{4.72}$$

sein, dessen Optimum zwischen 3 und 8 dB liegt. Es gilt $H = -C_{50}$ [118] [119].

Für den Raumeindruck bei Musikdarbietungen ist aber nicht nur die Halligkeit verantwortlich, sondern es kommt vor allem auf frühe, seitlich einfallende Reflexionen an. Diese verursachen den bei musikalischen Veranstaltungen gewünschten Eindruck der akustischen Weite der Schallquelle, der das Gefühl der Räumlichkeit vermittelt. Diese trägt mehr noch als die Halligkeit zum Raumeindruck bei. Solche seitlichen Reflexionen treten in den klassischen Konzertsälen, deren Form man gern mit einem „Schuhkarton" vergleicht (z. B. Wiener Musikvereinssaal, Boston Concert Hall), in besonders starkem Maße auf, weil diese Räume sehr schmal sind, so daß Seitenwandreflexionen die Zuhörer vor den Deckenreflexionen erreichen. Darauf ist die anerkannt „gute Akustik" solcher Räume zurückzuführen.

Als Maß für den Seitenschallanteil gibt es verschiedene Definitionen. Gebräuchlich ist der **Seitenschallgrad** (Lateral Energy Fraction)

$$LF = \frac{(W_{5\ldots 80\,\text{ms}})_{\text{seitl.}}}{W_{0\ldots 80\,\text{ms}}} \qquad (4.73)$$

Hierbei bedeutet $(W_{5\ldots 80\,\text{ms}})_{\text{seitl.}}$ die Energie der bis 80 ms seitlich einfallenden Reflexionen (Direktschallanteil ausgenommen), die meßtechnisch mittels eines Mikrofons mit einer Achterrichtcharakteristik bestimmt werden kann. Damit wird der von vorn einfallende Schallanteil ausgeschlossen und die seitlichen Anteile werden mit dem Kosinus des Einfallswinkels gewichtet (s. Abschn. 4.3.2.5). Wünschenswert ist für einen Konzertsaal ein Seitenschallgrad von 25 bis 40%. Es läßt sich auch ein **Seitenschallmaß** $10 \lg LF$ definieren, dessen Optima zwischen -6 und -4 dB liegen [120] bis [123].

Andere Methoden zur Kennzeichnung der Räumlichkeit basieren auf der Erkenntnis, daß sich die Korrelation zwischen den am linken und am rechten Ohr eintreffenden Schallsignalen um so mehr verringert, je größer der Einfluß seitlicher Reflexionen im Vergleich zum Direktschall und zu Reflexionen aus der Mittelebene ist. Der **interaurale Kreuzkorrelationskoeffizient** (Inter Aural Cross Correlation Coefficient) IACC, meßbar mit einem Kunstkopf, ist ein Maß hierfür [124] [125].

Um zu berücksichtigen, daß der Raumeindruck sowohl von der Halligkeit und Diffusität („Eingehülltsein in Musik") als auch von der durch frühen Seitenschall verursachten Räumlichkeit („Weite der Schallquelle") bestimmt wird, wurde ein **Raumeindrucksmaß**

$$R = 10 \lg \frac{W_{25\,\text{ms}\ldots\infty} - (W_{25\ldots 80\,\text{ms}})_{\text{vorn}}}{W_{0\ldots 25\,\text{ms}} + (W_{25\ldots 80\,\text{ms}})_{\text{vorn}}} \quad \text{dB} \qquad (4.74)$$

definiert. Dabei ist $(W_{25\ldots 80\,\text{ms}})_{\text{vorn}}$ die von vorn aus einem Raumöffnungswinkel von 80° einfallende Schallenergie, die man meßtechnisch mit Hilfe eines Richtmikrofones bestimmen kann (s. Abschn. 4.3.2.5). Optimale Raumeindrucksmaße für Musikveranstaltungen liegen bei +1 bis +7 dB [128].

Ausreichende **Lautstärke** ist eine Qualitätsanforderung an einen Hörerplatz, die sowohl bei Sprache als auch bei Musik Gültigkeit hat. Mit Gl. (4.57) ist der Zusammenhang gegeben, der es ermöglicht, im diffusen Schallfeld für Quellen eines bestimmten Schalleistungspegels den erzielbaren Schalldruckpegel in Abhängigkeit von Raumvolumen und Nachhallzeit zu berechnen. In Auditorien sind aber keine exakt diffusen Schallfelder zu erwarten, sondern mit der Entfernung tritt bei Schallausbreitung über das Publikum eine Schalldruckpegelabnahme auf (s. Abschn. 4.2.3). Das entspricht durchaus der Hörerwartung, nur darf diese Pegelminderung nicht zu groß sein, damit der Störpegeleinfluß nicht dominiert. Als Grenzwert werden zwischen den ersten Reihen im Saal und den entferntesten Plätzen **Schalldruckpegelminderungen** ΔL von etwa 5 dB(A) zugelassen [116] [129].

4.3 Raumakustische Planung

Zur Bewertung der Lautstärke dient auch das aus der Impulsantwort gewonnene **Stärkemaß** (Strength Faktor)

$$G = 10 \lg \frac{W_{\text{ges}}}{W_{\text{ges }10}} \text{ dB} \tag{4.75}$$

Hierbei ist $W_{\text{ges }10}$ eine Bezugs-Schalleistung, die bei freier Schallausbreitung (z. B. in einem reflexionsfreien Raum) in 10 m Abstand von der Quelle ermittelt wird. Optimalwerte für G liegen zwischen 0 und 10 dB [130] [131] [530].

Bei Orchestermusik kommt es nicht nur auf die Gesamtlautstärke, sondern auch auf die **Balance** zwischen den Lautstärken an, die von den einzelnen Orchestergruppen oder von einem Sänger hervorgerufen werden. Unterscheidet man bei einem Sinfonieorchester zwischen den Gruppen Streichinstrumente, Holzblasinstrumente, Blechblasinstrumente und Baßinstrumente, so wird bei richtig empfundener Balance als Langzeitmittel von den Holzblasinstrumenten der niedrigste Schalldruckpegel erzeugt. Der von den Streichinstrumenten und von den Baßinstrumenten verursachte A-bewertete Schalldruckpegel sollte bei optimaler Balance etwa 6 dB(A), der von den Blechblasinstrumenten hervorgerufene etwa 8 dB(A) und der durch Gesang erzeugte etwa 3 dB(A) größer sein. Eine gestörte Balance wird aber erst dann empfunden, wenn von diesen Relationen um mehr als etwa ±5 dB(A) abgewichen wird [132].

Eine weitere Größe zur Kennzeichnung von Zuhörerplätzen in Räumen für Musikdarbietungen ist die sog. „**Intimität**". Darunter wird das Gefühl verstanden, dem musikalischen Geschehen nahe, in dieses einbezogen zu sein. Ein Maß dafür ist der zeitliche Abstand zwischen dem Direktschall und den ersten am Zuhörerplatz eintreffenden Reflexionen (s. Bild 4.59). Optimalwerte für diese **Anfangszeit** t_i (Initial Time) liegen etwa zwischen 10 und 25 ms [73] [115].

Sowohl für Sprache als auch für Musik ist es wichtig, daß aus der abklingenden Raumimpulsantwort keine einzelnen Rückwürfe oder Rückwurfgruppen herausragen, denn diese können als **Echos**, d. h. als Wiederholung des Schallsignals wahrgenommen werden. Das beeinträchtigt die Sprachverständlichkeit, stört aber auch bei Musik. Wie auf Bild 4.59 schematisiert gezeigt, sind solche gefährlichen Rückwürfe in der Raumimpulsantwort deutlich markiert. Ihre Störwirkung nimmt zu, wenn der zeitliche Abstand zum Direktschall groß wird und die Reflexionen sehr energiereich sind. Auch hierfür gibt es ein objektives Maß, bei dem für eine ähnlich der Schwerpunktzeit definierte Größe geprüft wird, ob sich ihr Wert in Zeitschritten sprunghaft ändert. Dann besteht Gefahr eines hörbaren Echos [47].

4.3.2.5 Messung raumakustischer Kriterien

Entsprechend ihrer Definition kann man die **Nachhallzeit** dadurch messen, daß man den betreffenden Raum mit einem kontinuierlichen, breitbandigen Geräusch (statistisches Rauschen) beschallt, die **Schallquelle abschaltet** und den Abklingvorgang des Schallfeldes aufzeichnet und auswertet. Als Schallquelle wird dabei eine Lautsprecheranordnung mit möglichst kugelförmiger Abstrahlcharakteristik verwendet. Der im Raum erzeugte Schalldruckpegel muß so groß sein, daß die Abklingkurven ohne ungünstigen Störpegeleinfluß aufgezeichnet werden können. Das zur Schalldruckpegelmessung zu verwendende Kugelmikrofon ist nacheinander so im Raum aufzustellen (1,2 m über dem Fußboden), daß alle Raumbereiche gleichmäßig erfaßt werden. In kleinen Räumen sind mindestens vier Mikrofonstellungen bei zwei verschiedenen Positionen der Schallquelle üblich. In größeren Auditorien werden bei 500 Sitzplätzen mindestens sechs, bei 1000 Sitzplätzen mindesten acht und bei 2000 Sitzplätzen mindestens zehn Mikrofonstellungen empfohlen. Je Meßort sind wenigstens zwei Messungen auszuführen und zu mitteln. Üblicherweise wird unter Verwendung entsprechender Filter in Oktav- oder Terzbändern gemessen, und zwar bei Oktaven von 125 bis 4000 Hz, bei Terzen bis 5000 Hz, in Räumen für musikalische Darbietungen beginnend bei 63 Hz [530] [674].

Zur Ermittlung der Nachhallzeit T wird der Abklingvorgang des Schallfeldes, wie auf Bild 4.58 eingezeichnet, zwischen -5 und -35 dB unter dem Schalldruckpegel des kontinuierlichen Geräusches ausgewertet. Es wird auf -60 dB extrapoliert. Zur Messung der Anfangsnachhallzeit EDT ist der Abklingvorgang definitionsgemäß zwischen 0 und -10 dB zu registrieren und gleichfalls bis auf -60 dB zu extrapolieren. Früher wurden die Abklingkurven meist mittels Pegelschreiber sichtbar gemacht und von Hand ausgewertet. Heute sind in der Regel komplexe Meßeinrichtungen im Einsatz, die eine Auswertung durch Rechner, die Sichtbarmachung der Nachhallkurven am Bildschirm und ihren Ausdruck ermöglichen.

Neben der Nachhallzeit sind die meisten weiteren raumakustischen Kriterien **Energiemaße** (s. Tabelle 4.18), die durch Integration der **Raumimpulsantwort** in bestimmtem Zeitgrenzen gewonnen werden können. Zu ihrer Messung wird an ausgewählten Sendeorten (z. B. Orchestergraben, Podium, Bühne, Rednerstandort) ein möglichst kurzer Schallimpuls hohen Schalleistungspegels abgestrahlt. Nacheinander wird an repräsentativen Plätzen des Saales der Schalldruck als Funktion der Zeit gemessen und dargestellt. Der Schallimpuls kann elektronisch als Rauschimpuls erzeugt und von geeigneten Lautsprechern, üblicherweise mit Kugelcharakteristik, evtl. auch mit der nachgebildeten Richtcharakteristik eines Sprechers, abgestrahlt werden. Auch Spannungsüberschläge an Funkenstrecken oder Pistolenknalle können als Anregungsgeräusche dienen. Neuerdings werden vielfach auch spezielle nichtimpulsive Geräusche zur Anregung verwendet (z. B. pseudostatistisches Rauschen, sog. Maximalfolgen, Gleittöne, sog „Tone Sweeps" [77] [530]). Mit Rechnern läßt sich hierbei aus der gemessenen Antwortfunktion die Raumimpulsantwort ermitteln. Diese Verfahren sind wesentlich weniger von Störgeräuschen beeinflußbar und deshalb in großen Auditorien, wo der für die Messungen verfügbare Schalldruckpegel infolge erheblicher Entfernungen zwischen Sende- und Meßort gering ist, besonders vorteilhaft einsetzbar [133] [134].

Als Schallempfänger werden Mikrofone mit Kugelcharakteristik, in speziellen Fällen auch solche mit ausgesuchter Richtcharakteristik verwendet (z. B. Achtermikrofon für den Seitenschallgrad LF nach Gl. (4.73), Richtmikrofon für das Raumeindrucksmaß R nach Gl. (4.74)). Mehr und mehr werden auch Kunstköpfe (mit Ohrmuscheln und Gehörgängen [135]) für zweikanalige Aufnahmen eingesetzt, insbesondere zwecks Messung von Korrelationsfunktionen zur Kennzeichnung des Raumeindruckes (z. B. interauraler Korrelationskoeffizient IACC [125]).

Aus der **Raumimpulsantwort** können auch **Nachhallzeit** T und Anfangsnachhallzeit EDT ermittelt werden. Dazu wird in jedem Oktav- oder Terzband durch Rückwärtsintegration der quadrierten Raumimpulsantwort die Abklingkurve gewonnen und ausgewertet [136] [137]. Hierdurch läßt sich die Nachhallzeit mit größerer Genauigkeit und mit geringerem Zeitaufwand bestimmen, als durch die Methode des abgeschalteten Rauschens. Einflüsse des Störschallpegels können besser eliminiert werden.

Durch die **Absorptionseigenschaften der Zuhörer** werden die Meßwerte raumakustischer Kriterien maßgeblich beeinflußt. Um vergleichbare Ergebnisse zu erhalten, hat man sich auf drei Arten von Messungen geeinigt, nämlich im unbesetzten Zustand (gebrauchsfertiger Raum ohne Künstler und Publikum), im Studiozustand (gebrauchsfertiger Raum im Probezustand mit Künstlern, aber ohne Publikum) und im besetzten Zustand (gebrauchsfertiger Raum mit Künstlern und bei 80 bis 100% Besetzung der Sitzplätze).

Im besetzten Zustand eines Saales für musikalische Aufführungen sind raumakustische Messungen vielfach erschwert, weil sie den normalen Veranstaltungsablauf stören. Bei Einsatz moderner Meßtechniken ist dies wegen des geringen Zeitbedarfs gering. Dennoch beschränkt man sich zumindest zur näherungsweisen Ermittlung der Nachhallzeit häufig darauf, während des Musizierens Orchestertutti mit darauffolgender Generalpause mitzuschneiden und daraus die Abklingkurve zu gewinnen.

Vor allem bei Theatern und Opern werden die Meßwerte stark vom **Zustand der Bühne** und des Orchestergrabens beeinflußt. Hier muß z. B. zwischen Messungen bei offenem oder bei geschlossenem Vorhang, bei offenem oder abgedecktem Orchestergraben, mit Musikern im Graben oder auf der Bühne, mit oder ohne Konzertzimmer unterschieden werden. Bei offener Bühne spielen natürlich auch die Absorptions- und Reflexionseigenschaften der Dekorationen eine Rolle. Mit der Vorlage von Meßergebnissen sollen diese eindeutig beschrieben werden [530].

4.3.3 Planungsziele und -methoden

4.3.3.1 Zielstellung

Raumakustische Planungsmethoden sind sowohl auf die Optimierung der „**Primärstruktur**" (Größe und Grundform des Raumes; Anordnung von Bühne, Podium und Zuschauerbereich) als auch auf die zweckmäßige Festlegung der „**Sekundärstruktur**" (Oberflächengestaltung, Verteilung reflektierender und absorbierender Teilflächen) gerichtet. Die Entscheidung, ob dabei einfache „Faustregeln" genügen, ob rechnerische oder grafische Methoden eingesetzt werden sollten oder ob Modellmeßverfahren und Computersimulationen nötig sind, ergibt sich aus dem Kompliziertheitsgrad der Planungsaufgabe. Der wiederum ist vor allem durch die Funktion und die Größe des Raumes bedingt. Zunehmend komplizierter werden raumakustische Planungen, beginnend bei kleinen Räumen für Sprache (z. B. Seminarräume, Klassenzimmer, Sprecherstudios), über kleine Räume für Musik (z. B. Musikunterrichtsräume, Proberäume, Aufnahme- und Abhörstudios) hin zu großen Räumen für Sprache (z. B. Hörsäle, Plenarsäle, Sprechtheater) und zu großen Räumen für Musik (z. B. Konzertsäle, Opern). Auditorien sowohl für Sprach- als auch Musikdarbietungen (z. B. Kirchen, Stadthallen) stellen eine Besonderheit dar. In diesen Räumen für Mehrzwecknutzung ergeben sich vielfach grundsätzliche Schwierigkeiten bei der Kompromißsuche nach einem raumakustischen Optimum, das den Anforderungen für Sprache und für Musik gleichzeitig gerecht wird. Das gilt in besonderem Maße dann, wenn Darbietungen mit und ohne Beschallungsanlage möglich sein sollen. Spezielle akustische Probleme sind meist auch bei Freilichttheatern, Kinos, Sporthallen und -stadien je nach deren Nutzung zu lösen.

Nach Festlegung der **akustischen Funktion** eines Raumes und seiner **Zuhörerzahl** beginnt jeder Planungsprozeß mit grundsätzlichen Entscheidungen zu Volumen und Form. Zur Ermittlung eines optimalen **Volumens** wurden für unterschiedliche Funktionen von Sälen die Volumenkennzahlen bereits im Abschn. 4.3.2.3 (s. Tabelle 4.19) erläutert. Durch deren Beachtung werden Voraussetzungen geschaffen, um den Anforderungen bezüglich Nachhallzeit und weitgehend auch denen an einen ausreichenden Schalldruckpegel zu entsprechen.

Im Gegensatz zur Festlegung des Raumvolumens läßt sich für die **Raumform** kein Optimum angeben. Sie wirkt sich aber entscheidend auf die Energiekriterien aus, denn durch die Form eines Saales werden die Direktschallversorgung und die zeitliche und räumliche Verteilung der Anfangsreflexionen bestimmt. Obwohl sich die Energiekriterien für Sprache und Musik gemäß Tabelle 4.18 unterscheiden, gibt es für beide Fälle auch prinzipiell gemeinsame Planungsziele: Der Direktschall soll die Zuhörer ungehindert erreichen und durch nützliche Anfangsreflexionen unterstützt werden [116] [129] [138] [139].

4.3.3.2 Sitzreihenüberhöhung und Podiumsgestaltung

Um eine ausreichende Versorgung mit Direktschall zu gewährleisten, ist in größeren Räumen eine **Sitzreihenüberhöhung** dringend anzuraten. Streifende Schallausbreitung über das Publikum hinweg führt durch Beugung zu verstärkter Schallabsorption bei hohen Frequenzen und kann außerdem infolge von Interferenzen auch in einem begrenzten tieffrequenten Bereich eine besonders starke Absorption bewirken [140] bis [145]. Diese Effekte vermindern sich bei zunehmendem Blickfeldwinkel (Glanzwinkel). Das ist der Winkel zwischen Schalleinfallsrichtung und Steigung der Publikumsfläche am jeweiligen Zuhörerplatz. Bild 4.60 verdeutlicht, daß eine starke Sitzreihenüberhöhung einen großen Blickfeldwinkel α bedeutet. Dieser soll mindestens etwa 15° betragen, und damit er sich mit wachsendem Abstand von der Schallquelle nicht vermindert, muß die Sitzreihenüberhöhung zunehmen. Die Überhöhung d_2 in Bild 4.60 muß mindestens 6 cm sein (bei seitlich versetzten Plätzen), sollte aber möglichst bei ca. 10 cm liegen. Eine Sitzreihenüberhöhung ist in Zuhörerräumen mit mehr als 10 hintereinander angeordneten Reihen zweckmäßig. Die Überhöhung sollte etwa in der fünften Reihe beginnen. Reihenabstände von etwa 0,9 m und Sitzbreiten von etwa 0,6 m sind in großen Auditorien wünschenswert. Ungefähr zwischen 0,6 und 0,65 m² je Person liegt dabei der Platzbedarf einschließlich der Gänge.

Geometrisch läßt sich das wünschenswerte **Längsprofil der Zuhörerfläche** durch eine logarithmische Spirale annähern. Daraus ergibt sich nach Bild 4.60 für die Höhe h_r eines in der

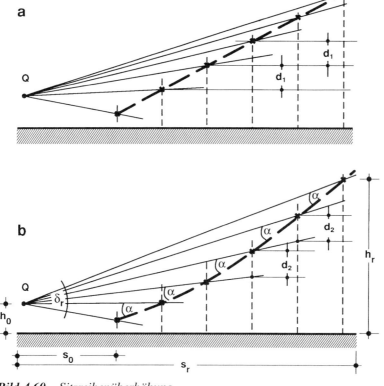

Bild 4.60 *Sitzreihenüberhöhung*
a   *gleichbleibende Überhöhung d_1: ungünstig*
b   *gleichbleibender Blickfeldwinkel (Glanzwinkel) α, gleichbleibende Überhöhung d_2: günstig*

4.3 Raumakustische Planung

Entfernung s_r (in m) von der Schallquelle Q gelegenen Platzes die Beziehung

$$h_r = h_0 + s_r \tan(\delta_r - \alpha) \quad \text{m} \tag{4.76}$$

mit

h_0 Höhe der Schallquelle Q über dem Saalfußboden in m
s_0 Abstand zwischen der Sitzreihe, bei der die Publikumsüberhöhung beginnt, und Schallquelle Q in m
δ_r Winkel zwischen den von der Schallquelle Q zu den beiden Sitzreihen in Entfernungen s_0 und s_r ausgehenden Schallstrahlen
α Blickfeldwinkel (Glanzwinkel); $\alpha \approx 15°$.

Der Winkel δ_r ergibt sich aus

$$\delta_r = \alpha \ln \frac{s_r}{s_0}. \tag{4.77}$$

Für ein Orchester auf dem Podium kann man näherungsweise mit einer Höhe $h_0 \approx 1{,}8$ m über dem Fußboden rechnen (ca. 0,8 m Rampenhöhe, etwa 1,0 m Instrumentenhöhe). Für den Abstand der Quelle Q hinter der Podiumskante sollte man im Hinblick auf den ungünstigsten Fall (Solisten am vorderen Podiumsrand) etwa 1 m annehmen.

Beispiel

In einem Konzertsaal soll die Sitzreihenüberhöhung in $s_0 = 6$ m Entfernung von dem wie vorstehend beschrieben festgelegten Ort der Schallquelle beginnen. Für die letzte Reihe des Saales, deren Höhe h_r hier von Interesse sein soll, wird ein Abstand $s_r = 36$ m zur Quelle angenommen. Aus Gl. (4.77) ergibt sich dann ein Winkel $\delta_r = 15°$ ln 36/6 = 27°. Mit einer Quellenhöhe $h_0 = 1{,}8$ m erhält man aus Gl. (4.76) für die letzte Reihe eine Höhe $h_r = 1{,}8 + 36 \tan(27° - 15°) = 1{,}8 + 7{,}7 = 9{,}5$ m.

Bild 4.60 verdeutlicht, daß **Podeste für Sprecher** oder hohe und **stark gestaffelte Podien** für Orchester förderlich für eine gute Direktschallversorgung sind. Sollen Räume mit ebener Publikumsfläche für Konzerte genutzt werden, so erfordert das sowohl eine hohe Podiumsrampe (80 cm) als auch eine große Höhenstaffelung des Orchesters (bei einem Sinfonieorchester insgesamt 1,2 bis 1,5 m hoch in etwa 4 bis 5 Stufen). Nur so läßt sich gewährleisten, daß die hinteren Instrumentenreihen nicht durch die davor sitzenden Musiker abgeschirmt werden.

4.3.3.3 Anfangsreflexionen in kleinen Zuhörerräumen

Eine Unterstützung des Direktschalles mit nützlichen Anfangsreflexionen wird in Räumen für Sprache dadurch erreicht, daß bestimmte Raumoberflächen Reflexionen so zu den schlechter mit Direktschall versorgten Plätzen (im allgemeinen in Saalmitte und hinten) lenken, daß diese dort innerhalb von 50 ms nach dem Direktschall eintreffen. Das bedeutet, daß die Laufwege dieser Reflexionen maximal ungefähr 17 m länger sein dürfen als der Direktschallweg.

Bild 4.61 zeigt am Beispiel eines Vortragsraumes, wie man in kleineren Räumen für Sprachveranstaltungen die Verteilung der ersten zwei bis drei Rückwürfe **auf grafischem Wege** nach den Gesetzen der geometrisch gerichteten Reflexion bestimmen und optimieren kann [1]. In den beiden Längsschnitten wird ein etwa in ein Viertel der Schnittebene ausgesandter Fächer von Schallstrahlen verfolgt, und zwar zunächst für eine ebene Decke und sodann für eine im vorderen und hinteren Saalbereich zur Mitte des Raumes hin geneigte Decke. Während die Dichte der ersten Reflexionen bei ebener Decke nach hinten abnimmt, findet im

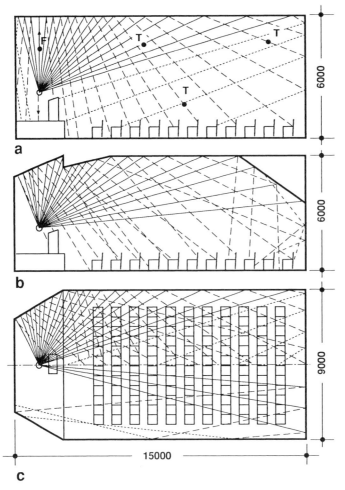

Bild 4.61 *Anwendung der grafischen Planungsmethode beim Entwurf eines Vortragsraumes [1]*
Direktschallfächer: ausgezogene Linien
Erste Reflexionen: gestrichelte Linien
Zweite Reflexionen: punktierte Linien
a) Deckenreflexionen im Längsschnitt bei ebener Decke mit Flatterecho F und „Theaterecho" T
b) Deckenreflexionen im Längsschnitt nach Optimierung der Deckenform
c) Seitenwandreflexionen (obere Saalhälfte) und Rückwandreflexionen (untere Saalhälfte) im Grundriß

zweiten Falle infolge der günstigeren Deckenneigung eine verstärkte **Reflexionslenkung** in dieses benachteiligte Gebiet statt. Bei horizontaler Decke treffen einige zweite Reflexionen über Decke und Rückwand wegen ihres großen Laufweges im vorderen Saalbereich stark verzögert zum Direktschall ein. Bei etwa 25 m Wegdifferenz beträgt die Verzögerungszeit 75 ms, und das bedeutet bei Sprache eine Verschlechterung der Deutlichkeit. Dieser Reflexionsweg ist auch für größere Zuhörerräume typisch. Er wird als „Theaterecho" bezeichnet. Bei geneigter Decke werden die zweiten Reflexionen entweder durch Publikumsabsorption vermieden oder treffen im hinteren Saalbereich kurzzeitig nach dem Direktschall ein, so daß sie die Deutlichkeit erhöhen. Statt einer geneigten Decke wäre zum Vermeiden des „Theater-

4.3 Raumakustische Planung

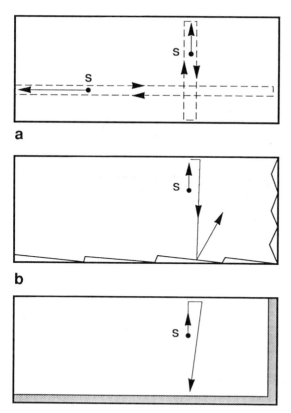

Bild 4.62 *Flatterechos [630]*
a) *Zustandekommen zwischen parallelen Flächen*
b) *Vermeiden durch Strukturen oder Schrägstellungen (Winkel $\geq 5°$)*
c) *Vermeiden durch breitbandig wirksame Schallabsorber*

echos" auch eine schräggestellte oder in horizontaler bzw. vertikaler Richtung gefaltete Rückwand möglich.

Besonders kritisch ist bei ebener Decke auch deren Parallelität zum Fußboden im vorderen Saalbereich. Hier kann es zu einem sog. „Flatterecho" kommen, d. h. zum längeren Hin- und Herpendeln der Schallenergie zwischen parallelen Flächen. Solche störenden „Flatterechos", wie sie auch zwischen Vorder- und Rückwand oder zwischen parallelen Seitenwänden möglich sind, müssen durch eine der auf Bild 4.62 skizzierten Maßnahmen vermieden werden.

Der Saalgrundriß auf Bild 4.61 verdeutlicht, daß von der Rückwand direkt, aber auch unter Beteiligung der Seitenwände, stark gegenüber dem Direktschall verzögerte Reflexionen in den vorderen Raumbereich gelangen. Auch das läßt sich durch eine Faltung der Rückwand oder durch Neigung ihres oberen Teiles zum Saal hin vermeiden. Wenn es im Zusammenhang mit der Optimierung der Nachhallzeit sinnvoll ist, können Teile der Rückwand auch schallabsorbierend ausgebildet werden. Auch die **Seitenwände** sollten durch sinnvolle Reflexionslenkung zur Schallversorgung der hinteren Platzbereiche beitragen.

Bild 4.63 zeigt, wie es in einfacher Weise möglich ist, bei einem Saalentwurf festzustellen, welche Reflexionsflächen für bestimmte Konfrontationen von Schallquellen und Zuhörerplätzen innerhalb und welche außerhalb einer zulässigen Differenz der Übertragungswege für Direktschall und für erste Reflexionen liegen. Da die **Ellipse** diejenige Kurve ist, auf der alle Punkte liegen, deren Entfernungssumme zu ihren zwei Brennpunkten gleich groß ist

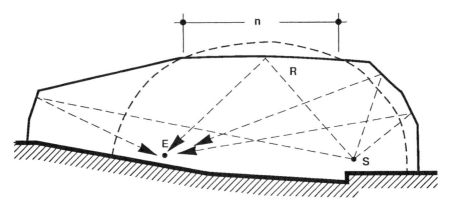

Bild 4.63 *Ellipsenkonstruktion zur Feststellung zulässiger Laufwegdifferenzen Δl zwischen Direktschall (SE) und Reflexionen (SRE) [1]*
S   Sendeort
E   Empfangsort
R   Reflexionspunkt
n   Deckenabschnitt, der zulässige Reflexionen liefert

(Fadenkonstruktion!), umschließt sie z. B. bei einem maßstäblich um 17 m vergrößerten Sender-Empfängerabstand alle für Sprache nützlichen Reflexionsflächen des Raumes für diesen Zuhörerplatz.

4.3.3.4 Saalgrundriß und Schallquellenstandort

Beim Entwurf von Zuhörerräumen kommt es sowohl auf deren Form als auch auf die Anordnung der Quelle, d. h. auf die Art der Konfrontation von Rednern bzw. Musikern zu den Zuhörern an [1] [2] [59] [70] bis [73] [138] [139] [146]. Das gilt weniger für Säle, die für den Betrieb mit Beschallungsanlagen gedacht sind, weil diese Anlagen der jeweiligen Saalform angepaßt werden können.

Bei rechteckigen Saalgrundrissen nach Bild 4.64 beispielsweise hat die klassische Anordnung des Podiums vor einer Schmalseite des Saales ausgeprägte Seitenwandreflexionen in

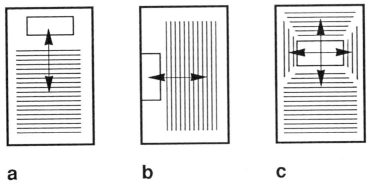

Bild 4.64 *Verschiedene Podiumsanordnungen bei rechteckigen Saalgrundrissen [2]*
a) vor schmaler Wand
b) vor breiter Wand
c) von den Wänden abgerückt

4.3 Raumakustische Planung

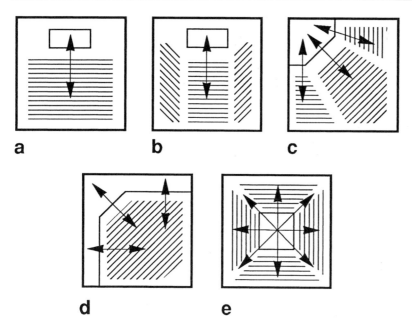

Bild 4.65 Verschiedene Podiumsanordnungen bei quadratischen Saalgrundrissen [2]
a) b) vor einer Wand   d) in einer Ecke und vor zwei Wänden
c)   in einer Ecke   e) in Saalmitte

den mittleren und hinteren Publikumsbereich zur Folge, die einen guten Raumeindruck bewirken, wenn der Saal genügend schmal ist (etwa ≤ 20 m). Derartige **„Schuhkartonformen"** von Räumen sind bei ausreichend hoher Decke (etwa ≥ 16 m) besonders gute Konzertsäle (z. B. Musikvereinssaal Wien, Philharmonic Hall Boston, Konzerthaus Berlin). Wird hingegen bei gleichem Saalgrundriß die Schallquelle vor einer Längsseite angeordnet, so fehlen die für Musik wichtigen seitlichen Anfangsreflexionen. Bei entsprechender Deckenausbildung sind solche Lösungen aber für Sprache durchaus geeignet. Da die mittlere Zuhörerentfernung zur Schallquelle relativ gering ist, kann in der Regel eine gute Direktschallversorgung gewährleistet werden.

Bei Konzertsälen führt ein Abrücken des Podiums von der Schmalseite mehr zur Saalmitte hin, etwa zum Einordnen eines Chorgestühls, zu Balanceproblemen. Das gilt für das Chorgestühl selbst, das bei Veranstaltungen ohne Chor meist von Zuhörern genutzt wird, aber auch für die seitlichen Plätze neben dem Podium. Das gewohnte „Nebeneinander" der Instrumentengruppen stimmt auf diesen Plätzen nicht mehr und infolge der vor allem bei hohen Frequenzen stark nach vorn orientierten Richtcharakteristik von Instrumenten und Gesangsstimmen kommt es meist zu fehlender Brillanz. Eine gute Durchmischung des Orchesterschalles im Podiumsbereich, bewirkt durch umgebende Reflexionsflächen, kann das etwas ausgleichen. Um einen das Gemeinschaftserlebnis fördernden „Ringkontakt" des Publikums zu gewährleisten, wird der Nachteil einer gestörten Balance vielfach in Kauf genommen. Die Anzahl der auf diese Weise benachteiligten Plätze sollte jedoch bei allen Räumen für Musik minimiert werden.

Ähnliche Problemstellungen wie für rechteckige Räume ergeben sich nach Bild 4.65 für **quadratische Grundrisse**. Bei niedrigen Zuhörerzahlen läßt sich diese Saalform im allgemeinen mit verschiedenen Podiumsanordnungen problemlos nutzen. Die Schallquellenanordnung in einer Ecke ist für Sprache besonders geeignet, weil die Schallabstrahlung hierbei

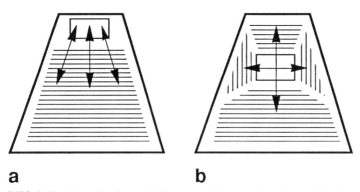

Bild 4.66 Verschiedene Podiumsanordnungen bei fächerförmigen Saalgrundrissen [2]
a) vor schmaler Wand
b) von den Wänden abgerückt

durch kräftige Anfangsreflexionen unterstützt wird. Bei Musikdarbietungen wirken sich in diesem Falle die fehlenden seitlichen Reflexionen negativ aus.

Wenn sich die Saalwände, wie auf Bild 4.66 gezeigt, zur **Fächerform** öffnen, gibt es bei Musikveranstaltungen infolge mangelnder früher Seitenwandreflexionen ebenfalls benachteiligte Plätze im mittleren Saalbereich. Bild 4.67 verdeutlicht diesen Tatbestand anhand typischer Verteilungen des Seitenschallgrades in Rechteck- und Fächergrundrissen. Für Sprache sind Fächerformen wegen vergleichsweise geringer Publikumsentfernung von der Quelle günstig. Bei Musiksälen kann durch eine geeignete Sekundärstruktur, etwa durch aufgesetzte Dreieckformen gemäß Bild 4.68, Abhilfe geschaffen werden. Außerdem sind Untergliederungen der Publikumsfläche günstig, wenn zur Abgrenzung einzelner Publikumsblöcke Höhensprünge nach Art von Weinbergterrassen vorgesehen werden. Diese Untergliederung nach dem **„Weinbergprinzip"** kam erstmals bei der Berliner Philharmonie zur Anwendung [147]. Sie ermöglicht eine große Zahl von Reflexionsflächen im Saal, die bei entsprechender Größe und Neigung zur Ausbildung früher Reflexionen genutzt werden können. Bei genü-

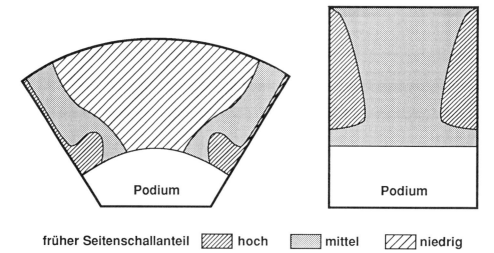

Bild 4.67 Vergleich typischer Verteilungen des Seitenschallgrades LF in fächerförmigen und rechteckigen Sälen [59]

4.3 Raumakustische Planung

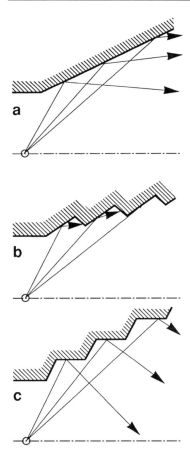

Bild 4.68 *Reflexionslenkung in fächerförmigen Sälen*
 a) *nach hinten*
 b) *diffuse Reflexionen*
 c) *zur Saalmitte*

gender Breite der Oberseite dieser Zwischenwände kommen zwischen diesen Flächen und der Decke des Saales auch Mehrfachreflexionen zustande, die zum Nachhall beitragen.

Saalgrundrisse mit konkav gekrümmten Begrenzungen sind in akustischer Hinsicht besonders kritisch. Geometrisch gerichtete Reflexionen an den Saalbegrenzungen führen hier durch **Fokussierung** zu Schallkonzentrationen (s. Abschn. 4.1.5.1). Wenn die Konzentrationsgebiete im Publikumsbereich liegen, bedeuten sie eine ungleichmäßige Schallversorgung, d. h. ein sehr unausgeglichenes Schallfeld, und bei zeitlichen Differenzen von mehr als 50 ms zum Direktschall bewirken sie dann bei Sprache eine erhebliche Verminderung der Verständlichkeit. Das kann **in großen kreisförmigen oder elliptischen Sälen** auftreten, und zwar vor allem dann, wenn sich die Schallquelle in Brennpunktnähe befindet. Bei einem Kreisraum mit außermittiger Quelle konzentrieren sich die ersten Reflexionen in einem sichelförmig begrenzten Gebiet (Kaustik) auf der gegenüberliegenden Saalseite [70]. Nimmt man beispielsweise an, daß die Schallquelle etwa 3 bis 4 m vom Zentrum des Kreises entfernt ist, so wird die kritische 17 m-Differenz zwischen Direktschall und ersten Reflexionen in diesem Zuhörergebiet bereits bei einem Saalradius von ca. 12 m erreicht. Der Plenarsaal des Deutschen Bundestages in Bonn (s. Abschn. 4.4.5), in dem im unteren kreisförmig begrenzten Saalbereich kritische Schallkonzentrationen auftraten, hat einen Radius von ca. 20 m. Umlaufende Glaswände verursachten in diesem Saal geometrisch gerichtete Reflexionen. Bild 4.69 zeigt an zwei Fächern von Schallstrahlen das Zustandekommen von Schallkonzentrationen nach den ersten Reflexionen. Gegenmaßnahmen müssen darauf abzielen,

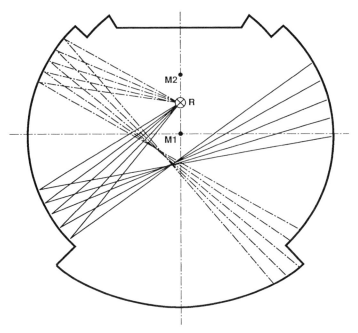

Bild 4.69 *Fokussierung der ersten Reflexionen im Kreisraum bei außermittiger Quelle, dargestellt an zwei Fächern von Schallstrahlen.*
Beispiel: Plenarsaal des Deutschen Bundestages in Bonn [63]
R   Sendeort (Rednerpult, Zentrallampel)
M_1 Kreismittelpunkt der Seitenwände; Durchmesser 41 m
M_2 Kreismittelpunkt der Rückwand; Durchmesser 48 m

diese fokussierenden Reflexionen zu verhindern, z. B. durch Absorption, durch diffus reflektierende Strukturen und Oberflächen oder durch sinnvolle Reflexionslenkung, d. h. durch geometrisch gerichtete Reflexionen zu absorbierenden Flächen des Saales, etwa zu den letzten Stuhlreihen.

Bei Grundrissen von Opern und Theatern gibt es gemäß Bild 4.70 häufig zwei konkave Begrenzungsflächen, die zu störenden Schallkonzentrationen führen können. Das ist einmal der Rundhorizont, der die Bühne begrenzt, und zum anderen die vielfach gekrümmt ausgeführte Saalrückwand. Wenn sich diese Krümmungen nicht vermeiden lassen, sollte dafür gesorgt werden, daß der Mittelpunkt des Kreisbogens beim Rundhorizont hinter dem Publi-

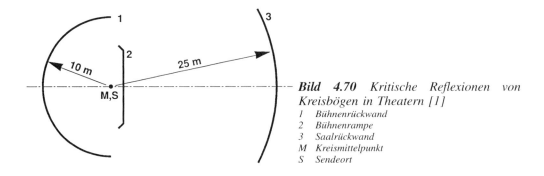

Bild 4.70 *Kritische Reflexionen von Kreisbögen in Theatern [1]*
1 Bühnenrückwand
2 Bühnenrampe
3 Saalrückwand
M Kreismittelpunkt
S Sendeort

4.3 Raumakustische Planung

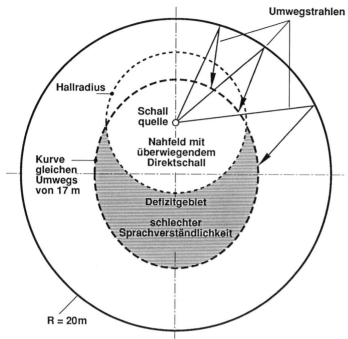

Bild 4.71 Gebiet schlechter Sprachverständlichkeit infolge fehlender früher Reflexionen in großen Kreisräumen [148]

kumsbereich und bei der Saalrückwand hinter der Bühne liegt. Zusätzliche Maßnahmen zum Verhindern geometrisch gerichteter Reflexionen, wie sie bereits genannt wurden, sind wünschenswert. Der Rundhorizont, wie generell jede Bühnenrückwand, sollte möglichst nicht absorbierend ausgeführt werden, damit diese Fläche für unterstützende frühe Reflexionen aus dem Bühnenbereich nutzbar bleibt.

Auf eine weitere **Problematik kreisförmiger Säle** soll Bild 4.71 aufmerksam machen. Hier ist bei einem Radius von 20 m für eine um 4 m aus dem Mittelpunkt verschobene Schallquelle dargestellt, in welchen Bereich innerhalb der ersten 50 ms nach dem Direktschall überhaupt keine Reflexion gelangen kann. Er ist durch die Kurve eines gleichen Umweges der Reflexionen von 17 m begrenzt. Außerdem ist in Bild 4.71 unter Annahme einer ungerichteten Schallabstrahlung der Hallradius eingezeichnet, der das Gebiet kennzeichnet, innerhalb dessen die Direktschallenergie größer als die des diffusen Schallfeldes ist. Es markiert sich ein Defizitgebiet, innerhalb dessen die für eine gute Deutlichkeit nützliche Energie der ersten 50 ms kleiner ist als die Energie späterer Reflexionen. Das bedeutet Deutlichkeitsgrade unter 50%. Diese sind nur dadurch zu verbessern, daß auf andere Weise als durch Wandreflexionen, also etwa über die Decke oder durch zusätzliche Reflexionsflächen in Quellennähe, frühe Schallrückwürfe in diesen Saalbereich gelenkt werden. Im Falle des Einsatzes einer Beschallungsanlage kann auch durch geeignete Richtcharakteristik der Lautsprecher für Abhilfe gesorgt werden.

Der durch Bild 4.71 verdeutlichte Nachteil eines Kreisraumes läßt sich auch zahlenmäßig durch einen Vergleich der Flächen, die in Räumen verschiedener Form durch die Kurve gleichen Umweges von 17 m begrenzt werden, belegen. Diese Fläche beträgt im Kreisraum mit 20 m Radius 32% der Gesamtfläche. Im Quadrat gleicher Grundfläche sind es 23%, im Rechteckraum (Seitenverhältnis 1/2) nur 8%. Zieht man das Gebiet überwiegenden Direktschalles ab, wie auf Bild 4.71 dargestellt, so bleibt beim Kreisraum ein Defizitgebiet von 16%. Im Quadrat- und Rechteckraum überlappen sich die Gebiete, und es ist kein Defizitgebiet übrig [148].

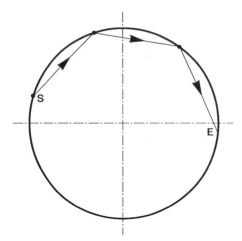

Bild 4.72 „*Flüstergalerieeffekt*": *an konkaven Begrenzungsflächen umlaufende Reflexionen [1]*
S Sendeort
E Empfangsort

Eine weitere kritische Eigenschaft des Kreisraumes, aber auch anderer durch Bögen begrenzter Säle, ist der sog. „**Flüstergalerieeffekt**", der auf Bild 4.72 skizziert ist. Darunter ist das Umlaufen von Reflexionen an den Saalbegrenzungen zu verstehen, das dazu führen kann, daß auf der einen Saalseite geflüsterte Worte auf der anderen Saalseite gut zu verstehen sind. Dieser Effekt wird durch Kuppeln über dem Kreisbogen verstärkt, wie etwa in der St. Pauls Cathedrale in London mit ihrer bekannten Flüstergalerie. Der „Flüstergalerieeffekt" führt in Räumen für Sprache zur verstärkten Übertragung von Geräuschen, etwa von Gesprächen auf Gängen vor den Saalaußenwänden, und kann damit Störungen bewirken. In Räumen für Musik haben umlaufende Reflexionen eine Fehlortung der Schallquelle zur Folge und beeinträchtigen damit die Balance im hinteren Saalbereich, weil die energiereichen Schallanteile dann nicht von vorn aus Richtung der Schallquelle sondern von der Seite am Zuhörerort eintreffen. Maßnahmen gegen den „Flüstergalerieeffekt" sind vor allem **Abschottungen**, die das Umlaufen der Reflexionen verhindern. Auf den Rängen von Theater- und Opernsälen ist das vielfach durch die Abtrennung einzelner Platzbereiche, wie z. B. in der Semperoper Dresden (s. Bild 4.92), oder durch die Begrenzung von Logen, wie z. B. in der Mailänder Scala und in der Großen Oper Paris [73], gegeben. Besonders aufwendige raumakustische Maßnahmen sind nötig, wenn kreisförmige Säle mit Kuppeln auch für Konzerte genutzt werden sollen, wie das z. B. beim Kongreßsaal am Alexanderplatz in Berlin der Fall ist (s. Bild 4.112). Neben durchsichtigen Abschottungen, Wandschrägstellungen und Plexiglasreflektoren unter der Decke sind hier im oberen Wandbereich künstlerisch gestaltete Strukturen eingesetzt worden, um die Fokussierung der Reflexionen und ihr Umlaufen zu vermeiden.

In elliptischen Saalgrundrissen kommt es bei Schallquellenstandorten in Nähe eines der beiden Brennpunkte zu Konzentrationen in Nähe des anderen. Trotzdem sind solche Saalgrundformen zu guten Konzertsälen entwickelt worden, allerdings unter erheblichem Aufwand für große Reflektoren, wie z. B. in der Christchurch Town Hall (s. Bild 4.101), oder Diffusoren, wie z. B. im Michael Fowler Centre in Wellington [115].

4.3.3.5 Wand- und Deckenformen, Ränge, Balkone und Galerien

Nachdem im Verlauf einer Planung über den Grundriß eines Saales entschieden ist, erfolgt die **Festlegung der mittleren Deckenhöhe** so, daß die Anforderungen an die Volumenkennzahl nach Tabelle 4.19 erfüllt werden können. Das ergibt bei Räumen für Musik größere Deckenhöhen als bei Räumen für Sprache. Damit kann gleichzeitig gewährleistet werden, daß bei Musik ein möglichst großer Anteil der Anfangsenergie über die seitlichen Reflexionen eintrifft, um dadurch den Raumeindruck zu fördern. Die gewünschte Verteilung der Anfangsenergie bestimmt auch Neigung und Ausformung der Decke vor allem im vorderen Saalbereich über der Quelle, da dieser für die Ausbildung früher Reflexionen besonders wichtig ist.

Bei **Sprache** sollen Reflexionen aus diesem Deckengebiet, wie auf Bild 4.61 dargestellt, gezielt in den mittleren und hinteren Zuhörerbereich gelenkt werden, um damit den natürlichen Lautstärkeabfall infolge der Schallausbreitung auszugleichen. Zwischen diesen Reflexionen und dem Direktschall dürfen keine Laufwegdifferenzen von mehr als etwa 17 m zustande kommen (s. Bild 3.4). Über der Schallquelle sind Deckenhöhen von etwa 8 m und Neigungswinkel zwischen 10° und 20° (abhängig von Saallänge und Sitzreihenüberhöhung) in der Regel angemessen.

Bei **Musik** sind größere Deckenhöhen nötig, damit Seitenreflexionen vor denen von der Decke eintreffen. In Kammermusiksälen sind etwa 10 m, in Konzertsälen für sinfonische Musik etwa 15 bis 18 m Deckenhöhe über dem Podium empfehlenswert. Ergeben sich in Konzertsälen wegen des erforderlichen Volumens größere Deckenhöhen über dem Podium, so werden dort meist zusätzliche Reflektoren benötigt. Auch in Sälen für Musik soll durch Reflexionslenkung die Versorgung des mittleren und hinteren Zuhörerbereiches unterstützt werden. Dazu darf aber nur ein Teil der Deckenfläche über dem Podium herangezogen werden. Durch Strukturen oder konvexe Deckenausbildung sollten stärker streuende Reflexionen erzielt werden, damit das Schallfeld möglichst gleichmäßig ist. Ein Teil der Deckenfläche über dem Orchesterpodium muß durch Reflexionen zurück zum Podium für eine Durchmischung des Orchesterklanges sorgen und soll zum guten gegenseitigen Hören der Musiker beitragen. Das dürfen keine großflächigen zum Podium parallelen Deckenteile sein, weil diese zu Flatterechos führen würden.

Maßnahmen der Schallenkung sind **im vorderen Deckenbereich**, der sich an das Podium oder die Bühne anschließt, besonders wichtig. In Theatern und Opernhäusern soll aber meist in diesem Deckenteil eine Beleuchterbrücke untergebracht werden. Hierfür sind Ausführungen zu bevorzugen, die möglichst wenig von der für Reflexionen benötigten Deckenfläche in Anspruch nehmen oder gar abschatten. Geeignet sind z. B. transparente Brücken mit reflektierender Abdeckung oder Einzelöffnungen für die dringend benötigten Scheinwerfer. Aus akustischen Gründen sollte stets versucht werden, die Beleuchterbrücke in Richtung Saalmitte zu verschieben oder Scheinwerferöffnungen in den Seitenwänden vorzusehen.

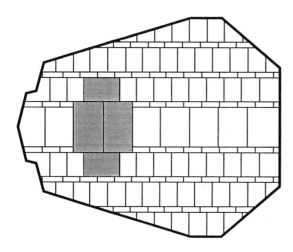

Bild 4.73 Deckenplan im Neuen Gewandhaus Leipzig. Zylindersegmente verschiedener Größen und Radien [149]

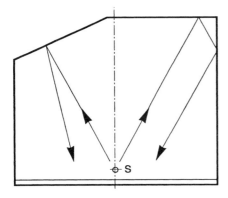

Bild 4.74 Verkürzung des Weges von Deckenreflexionen durch Neigung [72]

Auch im **hinteren Saalbereich** soll die Decke Reflexionen bevorzugt in das mittlere und hintere Publikumsgebiet lenken. Bild 4.61 zeigt die Wirkung einer optimierten Deckenform im Vergleich zur ebenen Decke. Für quellenferne Deckenteile sind sowohl in Räumen für Sprache als auch in Räumen für Musik stärker diffus reflektierende Strukturen zweckmäßig. Vielfach besteht der Wunsch, diese optisch den vorderen Deckenteilen anzugleichen. Das kann z. B. dadurch geschehen, daß sie geometrisch ähnlich, jedoch mit kleineren Querabmessungen oder in größerer Tiefe ausgeführt werden. Im Neuen Gewandhaus Leipzig beispielsweise ist die gesamte Decke aus Zylindersegmenten aufgebaut. Gemäß dem Deckenplan, der auf Bild 4.73 dargestellt ist, besitzen diese über dem Podium größere Radien und Abmessungen, reflektieren also stärker geometrisch gerichtet als die in größerer Podiumsentfernung, an denen infolge kleinerer Radien und Abmessungen stärker diffuse Reflexionen auftreten.

Nicht nur durch die Deckenform in der Längsachse sondern auch durch ihre **Ausbildung in Querrichtung** können die akustischen Eigenschaften eines Saales beeinflußt werden. Bild 4.74 verdeutlicht, daß sich der zeitliche Abstand von Deckenreflexionen zum Direktschall verkürzt, wenn die Deckenhöhe sich zu den seitlichen Saalwänden hin verringert. Das ist für Sprache günstig. In Räumen für Musik, in denen später eintreffende Deckenreflexionen zu bevorzugen sind, ist ein horizontaler oder sogar ein nach den Seiten hin ansteigender Verlauf des Deckenquerschnittes meist besser geeignet.

Ähnlich wie auf Bild 4.61 an dem optimierten Deckenverlauf gezeigt, können auch die **Seitenwände** von Sälen durch **Gliederungen der Horizontalen** zur optimalen Schallenkung in den mittleren und hinteren Saalbereich genutzt werden. Auf die Möglichkeit, mittels Dreieckstrukturen die ungünstige Wirkung sich nach außen öffnender Saalseitenwände zu kompensieren, war bereits anhand von Bild 4.68 hingewiesen worden.

Auch durch **Neigung der Wände in vertikaler Richtung** oder durch entsprechend geneigte Strukturen kann Einfluß auf die akustischen Eigenschaften eines Saales genommen werden. Wie Bild 4.75 zeigt, lenken nach außen geneigte Wandflächen die Reflexionen von der absorbierenden Publikumsfläche weg, nach innen geneigte zu dieser hin. Im Vergleich zur senkrechten Wandstellung kann das im ersten Falle eine Verlängerung, im zweiten Falle eine Verkürzung der Nachhallzeit bewirken. Voraussetzung für eine Nachhallzeitverlängerung ist eine reflektierende Deckenfläche. Es hat sich erwiesen, daß die Verlängerung der Nachhallzeit besonders groß wird, wenn Reflexionen über nach außen geneigte Seitenwände im Bereich einer möglichst großen Saalbreite zustande kommen. Im Neuen Gewandhaus Leipzig (s. Bild 4.100) und im Budapester Kongreßzentrum (s. Bild 4.110) wurden diese Möglichkeiten durch den Einbau nach oben gerichteter großer Wandstrukturen (je mehrere m^2) genutzt. Auch die Reflexionslenkung in einen reflektie-

4.3 Raumakustische Planung

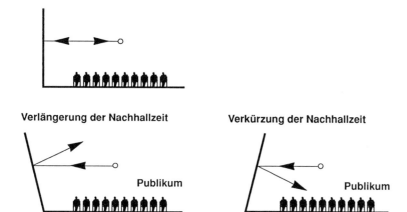

Bild 4.75 *Verlängerung und Verkürzung der Nachhallzeit durch schräge Wandflächen*

rend ausgebildeten Teilbereich eines Saales, in ein sog. „Nachhallreservoir" kann eine Verlängerung der Nachhallzeit bewirken. In der Semperoper Dresden (s. Bild 4.92) beispielsweise stellt das Volumen oberhalb des vierten Ranges ein solches „Nachhallreservoir" dar, in das Reflexionen über nach oben geneigte Vorderseiten der Rangbrüstungen gelangen.

Ränge, Balkone und Galerien wirken sich als Gliederungselemente in einem Saal meist akustisch günstig aus, weil sie bei richtiger Dimensionierung diffuse Reflexionen bis hin zu tiefen Frequenzen ermöglichen. Seitliche Ränge vermindern außerdem die wirksame Saalbreite und verbessern durch verstärkte seitliche Anfangsreflexionen den Raumeindruck. Im Wiener Musikvereinssaal (s. Bild 4.96; Saalbreite: 20 m; Breite zwischen den Rängen: 14 m) und im Berliner Konzerthaus (s. Bild 4.97; Saalbreite: 22 m; Breite zwischen den Rängen: 17 m) beispielsweise ist das in ausgeprägtem Maße der Fall.

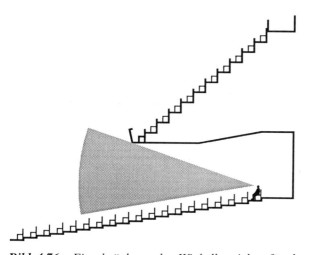

Bild 4.76 *Einschränkung des Winkelbereiches für den Einfall von Reflexionen durch einen tiefen Rang [72]*

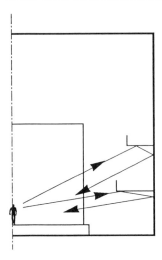

Bild 4.77 Winkelspiegelreflexionen an Rangunterseiten [72]

Natürlich dürfen Ränge, Balkone und Galerien die darunter befindlichen Publikumsbereiche nicht unzulässig abschatten. Sie sollen also nicht zu tief sein. Bild 4.76 macht deutlich, in welch starkem Maße der Winkelbereich des Schalleinfalles aus dem Raum von einem tiefen Rang eingeschränkt wird. Das hängt maßgeblich auch von der lichten Höhe des Ranges ab. Es sollte gewährleistet sein, daß die Rangtiefe nicht größer als das ein- bis zweifache seiner lichten Höhe ist. Ab zweiten Rang ist zu empfehlen, daß generell nicht mehr als drei Sitzreihen vorgesehen werden.

Die Unterseiten von Rängen und ihre Rückwände, aber auch die Vorderseiten der Rangbrüstungen sollten für sinnvolle Reflexionen genutzt werden. Bei seitlichen Rängen können Winkelspiegelreflexionen nach Bild 4.77 sehr gut zur Erhöhung des Seitenschallanteiles beitragen. Voraussetzung ist ausreichende Höhe der Rangunterseiten. Hintere Ränge sollten durch nach vorn geneigte Unterseiten zur Reflexion in die hinteren Zuhörerbereiche beitragen. Auch hier ist darauf zu achten, daß ein „Theaterecho" über

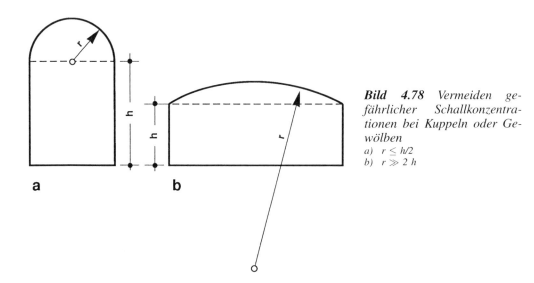

Bild 4.78 Vermeiden gefährlicher Schallkonzentrationen bei Kuppeln oder Gewölben
a) $r \leq h/2$
b) $r \gg 2h$

4.3 Raumakustische Planung

die Rangunterseite und die Rückwand zu den ersten Publikumsreihen vermieden wird. An den Vorderseiten der Brüstungen dürfen ebenfalls keine störenden, d. h. langverzögerten und bei konvexen Saalformen gar konzentrierten Reflexionen auftreten. Diffus reflektierende Strukturen oder entsprechende Neigungen der Brüstungen sind erforderlich.

Wie bei den Saalgrundrissen erörtert, beinhalten **kreisförmige oder elliptische Saaldecken** ebenfalls die Gefahr, daß durch Fokussierung **kritische Reflexionen** zustande kommen. Das ist bei Kuppeln der Fall, und Bild 4.78 macht deutlich, daß der Radius einer Kuppel deshalb sehr klein im Vergleich zur Raumhöhe sein muß, denn dann konzentrieren sich die Reflexionen oberhalb des Publikumsbereiches, oder sehr groß sein sollte, damit der Konzentrationspunkt außerhalb des Saales liegt.

Gekrümmte Flächen sind nicht in allen Fällen wegen ihrer fokussierenden Wirkung zu fürchten, sondern können gerade aus diesem Grunde auch zur **Schallversorgung** benachteiligter hinterer Saalbereiche herangezogen werden können. Das gilt vor allem in Räumen für Sprache, weil dort möglichst alle ersten Reflexionen auf den Zuhörerbereich gerichtet werden sollen.

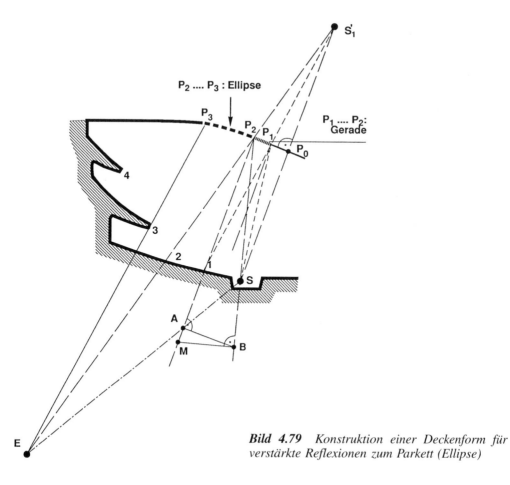

Bild 4.79 Konstruktion einer Deckenform für verstärkte Reflexionen zum Parkett (Ellipse)

Beispiel

In einem Zweirangtheater ist nach Bild 4.79 (Seite 171) der hintere Parkettbereich in die beiden Teilgebiete 1–2 und 2–3 aufgeteilt worden, von denen das erste über die Decke durch eine gerade Fläche, das zweite verstärkt durch eine elliptische mit Reflexionen versorgt werden soll. Zu der im Orchestergraben angenommenen punktförmigen Schallquelle S wurde zunächst die Spiegelschallquelle S_1' eingezeichnet. Die von dieser zu den Punkten 1 und 2 im Parkett ausgehenden Schallstrahlen markieren die Punkte P_1 und P_2 der Decke, die durch eine Gerade zu verbinden sind. Nun kann das Deckenstück, das als Ellipse ausgebildet werden soll, in seiner Länge durch einen Punkt P_3 begrenzt werden. Die an der Brüstung des ersten Ranges vorbeiführende Linie P_3–3 bringt man mit der Verlängerung der Verbindung zwischen S_1'–P_2–2 zum Schnitt und findet so den Brennpunkt E der Ellipse. Diese könnte nun als Fadenkonstruktion mit den beiden Brennpunkten S und E zwischen P_2 und P_3 gezeichnet werden. Man kann aber nach den Gesetzen der Geometrie auch den Mittelpunkt M eines diese Ellipse annähernden Kreisbogens suchen. Dazu bringt man die Winkelhalbierende zwischen den Strahlen P_2–S und P_2–2 mit der Verlängerungslinie S–E der Brennpunkte der Ellipse zum Schnitt. Das Lot auf dieser Winkelhalbierenden im Schnittpunkt A führt auf der Verlängerung der Linie P_2–S zum Punkt B. Das Lot an dieser Stelle schneidet die Winkelhalbierende im gesuchten Kreismittelpunkt M.

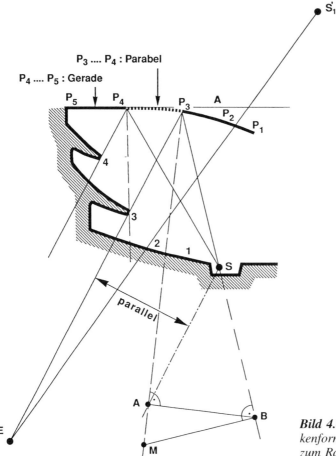

Bild 4.80 *Konstruktion einer Deckenform für verstärkte Reflexionen zum Rang (Parabel)*

Bild 4.80 zeigt, wie sich angrenzend an dieses Ellipsenstück der Decke ein Parabelstück P_3-P_4 konstruieren läßt, das zu verstärkter Schallenkung von Deckenreflexionen zum ersten Rang genutzt werden soll. Hier wird die Winkelhalbierende zwischen den Linien P_3-3-E und P_3-S herangezogen, um nach geometrischen Gesetzmäßigkeiten den Mittelpunkt M eines dieses Parabelstück annähernden Kreisbogens zu finden (Parallele zu P_3-3-E durch S liefert den Schnittpunkt A auf der Winkelhalbierenden; Lot in A und Lot in B führen zu M). Im gewählten Beispiel könnte dann das hintere Deckenstück wiederum als Gerade ausgeführt werden. Der Gefahr eines „Theaterechos" von der Saalrückwand wäre z. B. durch vorgesetzte Strukturen zu begegnen.

4.3.3.6 Modellmeßverfahren und Computersimulationsmethoden

Die bisherigen Ausführungen haben verdeutlicht, daß es bei größeren Auditorien komplizierter Form zwar gelingt, die Auswirkungen bestimmter architektonischer Maßnahmen auf die akustischen Eigenschaften des Saales abzuschätzen und zu beeinflussen, daß aber eine Gesamtbewertung der raumakustischen Qualität in der Regel nicht möglich ist. Man hat nach solchen Möglichkeiten einer komplexen Beurteilung der akustischen Eigenschaften, d. h. der Vorausbestimmung der auf Tabelle 4.18 zusammengestellten raumakustischen Kriterien gesucht und sie in Modellmeßverfahren und Rechnersimulationsmethoden gefunden. Akustischen Fachplanern und Instituten stehen diese Verfahren heute für die raumakustische Planung zur Verfügung.

Raumakustische Modellmeßverfahren nutzen die Tatsache, daß die Schallausbreitungsvorgänge in einem Originalraum und in einem Modellraum einander entsprechen, wenn die Geometrie des Raumes und die Wellenlänge des zur Untersuchung benutzten Schallsignales im gleichen Maßstab verkleinert und die Reflexionseigenschaften der Raumoberflächen im Modell nachgebildet werden. Modellmaßstäbe zwischen 1:10 und 1:50 sind eingesetzt worden, solche von 1:16 bis 1:20 sind heute am gebräuchlichsten, weil sie genügend genaue Ergebnisse bei noch praktikablen Modellgrößen gewährleisten. Als Modellmeßverfahren werden vorwiegend Impulsmeßmethoden verwendet, um damit die Raumimpulsantwort zu bestimmen. Aus dieser lassen sich gemäß Abschn. 4.3.2.4 und 4.3.2.5 alle gewünschten Kriterien ermitteln [150] bis [154].

Modelle für raumakustische Messungen werden meist aus Holz, Gips oder Plexiglas hergestellt. Sie setzen Zeichnungen im Maßstab 1:100, möglichst 1:50 voraus und benötigen eine Herstellungszeit von 2 bis 4 Wochen (Modellbaukosten: z. Z. ca. 20 bis 50 TDM). Für die Modellauskleidung müssen Materialien verfügbar sein, die im Modell äquivalente Schallabsorptionseigenschaften zum Original besitzen. Oberflächen großer Reflexionsgrade werden z. B. mit speziellen Lacken behandelt. Zur Modellnachbildung von Publikumsflächen können Matten aus Baumwolle oder aus Schaumkunststoffen bestimmter Dicke und Qualität dienen.

Als Modellschallsender werden vor allem Funkenknallsender eingesetzt, bei denen durch Anlegen hoher Spannung ein Überschlag zwischen zwei Wolframelektroden erzeugt wird. Durch Einstellen der Entladeenergie läßt sich das Frequenzmaximum verschieben. Bei einem Modellmaßstab von 1:20 sind Modellfrequenzen von etwa 5 bis 160 kHz nötig. Bei niedrigeren Frequenzen versagt die Modellmeßtechnik, weil sich Tiefenschlucker nicht mit genügender Genauigkeit im Modell nachbilden lassen. Der Impuls muß genügend große Intensität haben, ausreichend kurz (etwa < 100 µs) und reproduzierbar sein. Funkenknallsender haben je nach Anordnung der Elektroden halbkugel- oder kugelförmige Richtcharakteristik und sind damit für eine grobe Nachbildung von Orchester, Sprecher oder Lautsprecher geeignet. Durch Verwendung von Abschattungskörpern und Reflexionselementen kann man aber die Richtcharakteristik von Sängern, Sprechern, Lautsprecherzeilen oder Orchestergruppen auch genauer nachbilden. Als Modellschallempfänger dient im einfachsten Falle ein 1/4″-Mikrofon. Es sind aber auch kleine zweikanalige Kunstkopfnachbildungen mit elektrostatischen Mikrofonen (ca. 5 mm Membrandurchmesser) im Einsatz [1] [2] [155] [156].

Der Modellschallsender wird nacheinander an verschiedenen, den Schallquellenbereich charakterisierenden Standorten aufgestellt. Dazu werden die Aufstellungsorte des Modellschallempfängers so gewählt, daß alle typischen Zuhörerbereiche durch einen Meßort erfaßt sind. Das vom Empfänger aufgenommene Signal wird dann im allgemeinen einem Rechner zugeführt, der die weitere Bearbeitung übernimmt. Üblicherweise werden die Impulsantworten in Form von Reflektogrammen des Schalldruckes und der mit der Ohrträgheit des menschlichen Gehörs bewerteten Schallenergie dargestellt, wie sie Bild 4.81 als Beispiel zeigt. Mit dem Rechner muß eine Kompensation der im Modell zu großen Schalldämpfung bei der Schallausbreitung in Luft erfolgen (s. Abschn. 4.1.3.3) [158], und es ist eine Filterung möglich (Oktavbänder bzw. Sprach- oder Musikspektren).

Raumakustische Modellmeßverfahren werden seit den frühen 50er Jahren eingesetzt und haben somit eine lange Tradition [159]. Sie stellen nach wie vor das sicherste Planungsinstrumentarium dar, und die Anschaulichkeit eines Modells erweist sich vor allem in der Zusammenarbeit der Akustiker mit den am visuellen Eindruck orientierten Architekten als großer Vorzug. Veränderungen an der „Sekundärstruktur" eines Auditoriums können rasch vollzogen und in ihren optischen und akustischen Auswirkungen schnell bewertet werden. Der Aufwand für den Bau des Modells und für größere Umbauten ist natürlich erheblich. Gerade zu grundsätzlichen Aussagen bezüglich der „Primärstruktur" eines Saales sind Computersimulationsmethoden daher besser geeignet [116].

Rechentechnische Simulationsverfahren für Schallausbreitungsvorgänge in Räumen werden seit dem Ende der 60er Jahre genutzt und sind in den letzten Jahrzehnten zu hoher Perfektion entwickelt worden. Sie gehen davon aus, daß sich die Schallenergie in einem

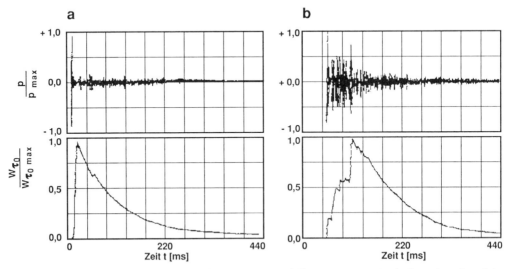

Bild 4.81 Reflektogramme als Ergebnisse von Modellmessungen mittels Impulsmeßverfahren. Zeitachse auf Originalmaßstab umgerechnet [157]
  oben: Schalldruck, bezogen auf den Maximalwert
  unten: mit der Ohrträgheit bewertete Schallenergie, bezogen auf den Maximalwert
  a)   Platz im Parkett vorn: viel Anfangsenergie
  b)   Platz im Parkett hinten: viel späte Energie

4.3 Raumakustische Planung

Raum auf Schallstrahlen geradlinig ausbreitet und vernachlässigen damit die Wellennatur des Schalles, erfassen also Beugungserscheinungen nicht. Das begrenzt ihre Einsatzmöglichkeit z. B. dann, wenn es darum geht, Oberflächenstrukturen zu optimieren. Auch die Computersimulationen zielen darauf ab, die Raumimpulsantwort zu bestimmen. Zwei prinzipiell unterschiedliche Verfahren, nämlich die Spiegelschallquellenmethode [160] einerseits und das Strahlverfolgungsverfahren [161], sowie dessen verwandte Methode, das Schallteilchensimulationsverfahren [162] andererseits, sind gebräuchlich.

Das **Spiegelschallquellenverfahren** nutzt die bereits in Abschn. 4.1.5.1 beschriebene Möglichkeit, geometrisch gerichtete Reflexionsvorgänge anhand von Spiegelquellen darzustellen. Auf Bild 4.30 war gezeigt worden, wie durch Hinzufügen von Spiegelquellen zunehmend höherer Ordnung für jeden ausgewählten Hörerplatz eine immer genauere Darstellung der Raumimpulsantwort möglich wird. Im Rechner werden die Beiträge aller Reflexionen erfaßt und hinsichtlich Intensität, Zeit und Einfallsrichtung gewertet. Bei jedem Reflexionsvorgang kann dabei ein der jeweiligen Raumoberfläche entsprechender Schallabsorptionsgrad berücksichtigt werden. Die Zahl der Spiegelquellen steigt mit zunehmender Ordnung sehr stark an (geometrische Reihe). Außerdem ist bei nichtquaderförmigen Räumen stets zu prüfen, ob denn die jeweilige Spiegelquelle tatsächlich für den betrachteten Zuhörerort wirksam ist. Daher erfordern genaue Raumimpulsantworten einen erheblichen Rechenzeitaufwand. Um den zu verringern, bricht man das Spiegelschallquellenverfahren meist vorzeitig ab, konstruiert einen exponentiell abklingenden „Nachhallschwanz" aus der berechneten Nachhallzeit und fügt beide Teile zur gewünschten Raumimpulsantwort aneinander.

Bei der **Strahlverfolgungsmethode** (Ray Tracing) gehen von der Schallquelle Schallstrahlen aus, von denen jeder einen Ausschnitt aus einer Kugelwelle repräsentiert. Mit wachsender Laufzeit vergrößert sich sein Querschnitt. Der Zuhörerbereich ist in einzelne Detektorfelder aufgelöst. Wird ein solches Feld von einem Kegel gestreift, so bekommt es eine der Laufzeit des Strahles entsprechende Energie zugeordnet. Auftreffzeit und Einfallsrichtung werden registriert.

Beim **Schallteilchensimulationsverfahren** wird von der Schallquelle aus eine große Anzahl (einige 10000) Teilchen als Energieträger ausgeschickt. Zur Nachbildung einer Kugelschallquelle erfolgt das möglichst gleichmäßig in alle Raumrichtungen. Die Schallteilchen breiten sich geradlinig mit konstanter Geschwindigkeit auf Strahlen aus. Sie werden an den Raumbegrenzungsflächen reflektiert, wobei der jeweilige Schallabsorptionsgrad berücksichtigt wird. Die Reflexion kann geometrisch gerichtet aber auch vollständig oder teilweise diffus

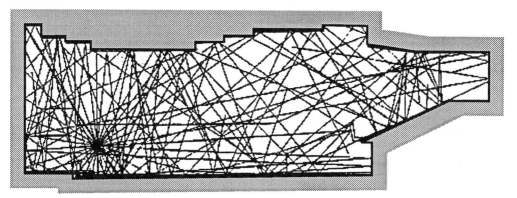

Bild 4.82 Rechentechnisch ermittelter Verlauf von Schallstrahlen bei der Planung eines Rathaussaales [101]

sein. Dazu wird der entsprechende Diffusitätsgrad (s. Abschn. 4.1.5.2) vorgegeben. Auch hier wird die Publikumsfläche in Detektorfelder unterteilt, etwa in Form ausgedehnter einlagiger Schichten von Quadern. Für diese Quader werden im Rechner Eintreffzeit und -richtung sowie Energie der Schallteilchen registriert, und daraus läßt sich bei genügend langer Rechenzeit ein Reflektogramm darstellen.

Natürlich können diese Reflektogramme im Rechner sofort weiterverarbeitet werden. So lassen sich die gewünschten raumakustischen Kriterien bestimmen. Ordnet man den Wertebereichen dieser Kriterien Farben oder Grautönungen zu, so können diese in Form von Landkarten dargestellt werden. Das Bild auf dem Einband dieses Buches zeigt ein Beispiel [148]. Die akustische Qualität der verschiedenen Platzbereiche eines Saales läßt sich durch diese Art der Visualisierung sehr anschaulich markieren. Vielfach ist es aber auch von Interesse, die ersten Reflexionsvorgänge in einem Raum zu verfolgen, etwa um Reflexionsrichtungen verschiedener Flächen zu kontrollieren oder um Konzentrationen zu erkennen. Das ist mit grafischen Schallstrahlendarstellungen möglich, wie auf Bild 4.82 an einem Beispiel gezeigt.

Im Falle komplizierter Raumformen erfordern alle rechentechnischen Simulationsmethoden zunächst einen recht hohen Zeitaufwand (Größenordnung: mehrere Tage), um die geometrischen Daten in den Rechner einzugeben. Die Rechenzeit für die Ermittlung der Verteilung von Kriterien hängt selbstverständlich ebenfalls von der Kompliziertheit des Auditoriums ab (Größenordnung: Stunden bis Tage). Gewöhnlich wird für Musik und Sprache mit 1000 Hz als repräsentative Mittenfrequenz gearbeitet. Ist eine frequenzabhängige Betrachtung gewünscht, so müssen weitere Berechnungen mit jeweils entsprechenden Daten der Saaloberflächen für Reflexion und Absorption durchgeführt werden. Alles in allem sind die Resultate aber rascher verfügbar als die von Modellmessungen. Mit genügendem Aufwand und unter Nutzung von Kombinationsmöglichkeiten verschiedener Verfahren sind ausreichend genaue und verläßliche Ergebnisse erzielbar [163] bis [166]. Vergleichsrechnungen haben allerdings gezeigt, daß in der Planungspraxis teilweise auch stark vereinfachende Methoden eingesetzt werden, die zu sehr ungenauen Resultaten führen können [167].

Sobald für einen Platz die nach Einfallsrichtungen spezifizierten Raumimpulsantworten verfügbar sind, kann man auf rechentechnischem Wege die Voraussetzungen schaffen, in den Saal „hineinzuhören", ohne daß dieser tatsächlich existiert. Das wird als **Auralisation** bezeichnet. Dazu müssen die kopfbezogenen Außenohrübertragungsfunktionen für beide Ohren bekannt sein und in den Übertragungsweg einbezogen werden. Jede dieser Funktionen beschreibt die Übertragung für den aus einer bestimmten Richtung auf ein Ohr einfallenden Schall bis in den Ohrkanal hinein vor das Trommelfell. Sicher wäre es am besten, für den Auralisierungsprozeß die individuellen Außenohrübertragungsfunktionen des jeweiligen Hörers zu benutzen, um die Eigenheiten von Ohrmuschel, Kopfform und Schulterpartie genau zu erfassen. Es sind aber auch durch Mittelwerte gute Näherungen möglich. Die im Rechner mit den Außenohrübertragungsfunktionen behandelten Raumimpulsantworten werden mit einer trockenen, d. h. möglichst nachhallarmen Musik- oder Sprachaufnahme gefaltet (mathematischer Prozeß), und das liefert ein Signal, das in guter Näherung dem Höreindruck am betreffenden Platz des Auditoriums entspricht. Es kann stereophon mit Kopfhörern oder bei besonderen Vorkehrungen (elektronische Kompensation des Übertragungsweges der jeweils anderen Seite) auch mit Lautsprechern abgehört werden. Damit ist die Möglichkeit gegeben, in einen als Modell vorhandenen oder in den Computer eingegebenen virtuellen Raum, von dem man nur die Raumimpulsantworten kennt, hineinzuhören und auf diese Weise den zu erwartenden Klangeindruck vorab zu beurteilen [99] [168] bis [174].

Der Rechenzeitaufwand für den Auralisierungsprozeß ist heute noch sehr groß. Die Qualität der Höreindruckes ist vielfach noch unbefriedigend. In Zukunft wird diese Methode aber ein weiteres sehr bedeutsames Planungsinstrument zur Optimierung der raumakustischen Eigenschaften großer Säle darstellen. In Verbindung mit den schon relativ weit entwickelten Verfahren, die es ermöglichen, eine visuelle virtuelle Umgebung zu erzeugen, in der interaktives Bewegen und Handeln möglich sind, lassen sich faszinierende neue Entwurfsmethoden erahnen.

4.4 Ausführungsbeispiele für Räume verschiedener raumakustischer Funktion

Die bereits erläuterten prinzipiellen Einflüsse von Raumform und -größe, Decken- und Wandgestaltung, Fußbodenausbildung usw. werden nachfolgend bezogen auf spezielle Funktionen präzisiert. Ziel ist die Vermittlung von Grundkenntnissen über diejenigen akustischen Zusammenhänge, über die in der Planungspraxis sehr frühzeitig entschieden wird, evtl. bevor Fachplaner hinzugezogen sind. Es wird auch auf einige Beispiele eingegangen, doch nur um an ihnen typische positive oder negative Einflüsse auf die Raumakustik aufzuzeigen. Hinsichtlich weiterer Planungsbeispiele sei auf die entsprechende Literatur verwiesen [1] [7] [12] [59] [70] bis [73] [114] [115] [129] [146] [175] bis [180].

4.4.1 Kleine Räume für Sprache (Klassenzimmer, Seminarräume, Besprechungszimmer)

Unter dieser Kategorie werden Räume mit einem **Volumen** von etwa 150 bis 500 m^3 verstanden, gedacht für 30 bis 150 Personen. Die Volumenkennzahl sollte 3 bis 5 m^3 je Person betragen, die mittlere Nachhallzeit bei 0,8 bis 1,0 s liegen. Ihr Frequenzverlauf sollte möglichst linear sein oder nach tiefen Frequenzen etwas absinken [183] [630]. Um das zu sichern, ist eine Nachhallzeitberechnung nach Abschn. 4.3.2.3 durchzuführen. Wenn die genannten Volumenkennzahlen nicht überschritten werden, sind meist vorzugsweise Schallabsorptionsmaßnahmen bei tiefen Frequenzen nötig, die z. B. in Form von Plattenschwingern realisiert werden können. Es empfiehlt sich, nur mit 80% Besetzung des Raumes zu rechnen. Für Kinder in Klassenzimmern sind für die Schallabsorption nur etwa 50% der in Tabelle 4.8 für die Publikumsabsorption angegebenen Werte anzusetzen.

Die **Raumhöhe** sollte nicht größer als etwa 1/3 der Raumlänge sein und darf auf keinen Fall 8 m überschreiten, damit die Laufwegdifferenz zwischen den ersten Reflexionen von Saalrückwand und Decke und dem Direktschall im vorderen Zuhörerbereich nicht größer als 17 m wird (s. Bilder 4.61 und 4.63). Die Raumhöhe sollte aber auch nicht zu niedrig gewählt werden, damit Deckenreflexionen den mittleren und hinteren Zuhörerbereich mit zusätzlicher, die Verständlichkeit fördernder Schallenergie versorgen. In Anbetracht der Richtcharakteristik eines Sprechers und um wirksame Wandreflexionen zu gewährleisten, ist es zweckmäßig, die Raumbreite auf etwa 3/4 der Raumlänge zu begrenzen. **Raumproportionen** sollten vor allem bei Räumen an der unteren Grenze des oben genannten Volumenbereiches so gewählt werden, daß Verhältnisse von Länge, Breite, Höhe, die ganzzahligen Vielfachen entsprechen, vermieden werden. Wie im Abschn. 4.4.3 im Zusammenhang mit kleinen Räumen für Musik näher erläutert wird, soll damit der ungünstige Einfluß ausgeprägter Eigenfrequenzen im tiefen Frequenzgebiet vermieden werden. Ferner dürfen ungegliederte reflektierende Raumbegrenzungsflächen nicht zueinander parallel sein, damit keine Flatterechos auftreten (s. Bild 4.62).

Wie Bild 4.61 zeigt, ist die **Decke** die wichtigste Reflexionsfläche sowohl für den Redner als auch bei Diskussionen aus dem Zuhörerbereich. Wenn Schallabsorptionsmaßnahmen für mittlere und hohe Frequenzen nötig werden, dann sollten die erforderlichen porösen Schall-

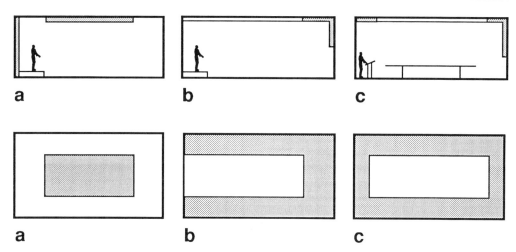

Bild 4.83 *Unzweckmäßige und zweckmäßige Verteilung von breitbandigen Schallabsorbern [630]*
oben: Längsschnitt;   unten: Deckenansicht
a)   unzweckmäßig: nützliche Reflexionsflächen werden unwirksam gemacht
b) c) zweckmäßig: nützliche Reflexionsflächen bleiben erhalten

absorber nach Bild 4.83 nur an den Rändern der Decke angeordnet werden. Der mittlere Deckenbereich muß für dieses Frequenzgebiet reflexionswirksam bleiben, kann aber erforderlichenfalls zur Absorption tiefer Frequenzen als Plattenschwinger ausgeführt werden. Um eine optisch einheitliche Decke zu erzielen, ist das z. B. dadurch möglich, daß die gelochte oder geschlitzte Abdeckung poröser Absorber mit einer reflektierenden Platte entsprechender Dicke (s. Gl. (4.22)) hinterlegt wird.

Die **Seitenwände** stellen vor allem in etwas größeren Räumen ebenfalls wichtige Reflexionsflächen zur Versorgung des hinteren Zuhörerbereiches dar. Wandformen, die diese Reflexionsrichtungen unterstützen sollen, sind analog zur Decke gemäß Bild 4.61 zu gestalten. Die Wand hinter dem Redner sollte schallreflektierend sein, um den Direktschall unterstützende frühe Reflexionen zu gewährleisten. Der Abstand zum Rednerstandort ist dazu möglichst kleiner als etwa 2 m zu wählen. Die **Rückwand** kann bevorzugt für die erforderlichen Schallabsorptionsmaßnahmen genutzt werden. Anderenfalls sollte sie vor allem in größeren Räumen gezielt auf die letzten Plätze gerichtet oder z. B. mittels Dreiecks- oder Zylinderstrukturen diffus reflektierend gestaltet sein.

Teppichbodenbeläge sind aus akustischer Sicht sinnvoll, nicht nur wegen ihrer Schallabsorption bei hohen Frequenzen, sondern auch, weil sie die Entstehung von Geräuschen beim Gehen und gegebenenfalls auch beim Stühlerücken vermindern. **Hohlliegende Fußböden** können zur Absorption tiefer Frequenzen dienen (s. Tabelle 4.9). Bei Räumen mit mehr als etwa 10 Sitzreihen ist eine **Sitzreihenüberhöhung** zweckmäßig (s. Bild 4.60). Vereinfacht können auch eine oder mehrere Stufen gewählt werden.

4.4.2   Aufnahmestudios für Sprache

Sprecher- und Interviewstudios sowie Synchronstudios können relativ klein sein (≤ 30 m^3) und erhalten in der Regel rundum eine **breitbandig schallabsorbierende Ausstattung**. Sehr kurze mittlere Nachhallzeiten von 0,2 bis 0,3 s sind erwünscht. Sie sollen möglichst frequenzunabhängig sein. Sehr tiefe Frequenzen (etwa unter 80 Hz) spielen dabei aber keine Rolle, da sie für Sprachübertragungen unbedeutend sind und gegebenenfalls auf elektronischem Wege abgesenkt werden können.

Hörspielstudios bestehen meist aus einem Komplex von 2 bis 3 etwas größeren Räumen (50 bis 200 m^3) mit unterschiedlichen Nachhallzeiten. Üblich sind Werte von 0,4 bis 0,6 s sowie ein ausgesprochen reflexionsarmer („schalltoter") Raum. Da es auch bei diesem nicht auf die sehr niedrigen Frequenzen ankommt, können neben Plattenschwingern und Membranabsorbern auch poröse Decken- und Wandauskleidungen, z. B. aus Mineralfasermatten von etwa 0,3 m Dicke, gewählt werden. Evtl. wird bei einem Hörspielstudio auch in einem Raum eine sog. „schalltote Ecke" eingerichtet, in der breitbandige Schallabsorptionsmaßnahmen konzentriert sind.

In allen Aufnahmestudios spielt Lärmfreiheit eine besonders große Rolle. Lösungen hierzu bietet z. B. die Haus-in-Haus-Bauweise (s. Abschn. 5.2.1.4).

4.4.3 Kleine Räume für Musik (Musikunterrichtsräume, Übungs- und Proberäume)

Bei dieser Raumkategorie muß zwischen **kleineren Einzel- und Gruppenübungsräumen bzw. -unterrichtsräumen** einerseits und größeren Probesälen für Chöre und Orchester andererseits unterschieden werden. Räume der erstgenannten Art haben ein Volumen von 30 bis 200 m^3. Die mittlere Nachhallzeit sollte 0,4 bis 0,8 s betragen, also relativ kurz sein, um Spieltechnik und Präzision gut hören und beurteilen zu können. Manche Musiker bevorzugen allerdings etwas längere Nachhallzeiten, da der Eindruck größerer Halligkeit zu erhöhter Spielfreude beitragen kann. Das ist besonders in Musikschulen für Kinder und Jugendliche von Bedeutung. Aus diesem Grunde wird vielfach auch für eine **variable Nachhallzeit** gesorgt, etwa durch Einbringen eines schallabsorbierenden Stoffvorhanges vor einer Wand, der je nach Wunsch geöffnet oder geschlossen werden kann. In Übungsräumen mit einem Flügel ist dieser Vorhang am wirkungsvollsten, wenn er vom Spieler gesehen rechts angeordnet ist [184] [185].

Der Frequenzverlauf der Nachhallzeit sollte weitgehend linear sein. Das verlangt im allgemeinen neben den zu Gewährleistung der geforderten mittleren Nachhallzeit nötigen porösen Absorbern den Einbau von **Schallabsorbern für tiefe Frequenzen**. Dafür werden meist Plattenschwinger benutzt. Sie sollten im Wechsel mit den breitbandigen Schallabsorbern an der Decke und an einer oder zwei aneinandergrenzenden Wänden montiert werden. Durch diesen Wechsel der Absorptionseigenschaften werden etwas diffuse Reflexionen erzeugt, die wünschenswert sind, weil das Schallfeld dann gleichmäßiger wird [186] [187]. Das läßt sich bei mittleren und hohen Frequenzen noch dadurch unterstützen, daß die Plattenschwinger in Form von Zylindersegmenten oder Dreieckstrukturen ausgeführt werden. Der Fußboden sollte eine reflektierende Oberfläche haben, also kein Teppichboden sein. Das würde eine zu große Höhenabsorption bewirken und zu mangelnder Brillianz führen. **Hohlliegende Holzdielen- oder Parkettfußböden** können erforderlichenfalls zur Tiefenabsorption herangezogen werden. Wegen der Gefahr von Flatterechos sind gemäß Bild 4.62 einander parallele reflektierende Raumbegrenzungsflächen zu vermeiden. Neben den beschriebenen Absorberanordnungen kann das auch durch schräggestellte Trennwände oder durch Schrank- bzw. Regaleinbauten, Tür- und Fensternischen erzielt werden [354] [355].

Bei kleinen Räumen für Musik sind deren **geometrische Proportionen** im Hinblick auf die **Eigenfrequenzen** besonders zu beachten. Bei den Eigenfrequenzen f_n eines Rechteckraumes

$$f_n = 170 \sqrt{\left(\frac{n_1}{l_x}\right)^2 + \left(\frac{n_2}{l_y}\right)^2 + \left(\frac{n_3}{l_z}\right)^2} \text{ Hz} \qquad (4.78)$$

mit

l_x, l_y, l_z Länge, Breite, Höhe des Raumes in m
n_1, n_2, n_3 laufender Zähler (Mode) 0, 1, 2, 3, 4, ...

treten im Raum Maxima und Minima des Schalldruckes auf. Ursache ist, daß wenigstens eine Raumabmessung ein ganzzahliges Vielfaches der Wellenlänge ist, so daß sich in dieser Raumrichtung eine „stehende Welle" ausbilden kann. Das stört aber die Gleichmäßigkeit des Schallfeldes nur, wenn der Frequenzabstand der Eigenfrequenzen untereinander groß ist und hierfür gilt eine obere Grenzfrequenz $f_{n,gr}$ von etwa

$$f_{n,gr} \approx 2 \cdot 10^3 \sqrt{\frac{T}{V}} \text{ Hz} \tag{4.79}$$

Dabei sind

T Nachhallzeit in s
V Volumen in m^3.

Je größer das Volumen wird, um so mehr verschiebt sich die Grenzfrequenz zu tiefen Frequenzen hin, und der Einfluß der Eigenfrequenzen verliert damit an Bedeutung. Für Nachhallzeiten $T \approx 0{,}5$ s beispielsweise erhält man aus Gl. (4.79) für ein Volumen von 30 m^3 eine Grenzfrequenz von 250 Hz, für ein Volumen von 200 m^3 noch immer eine solche von 100 Hz. In Räumen dieser Größe ist also bei Musik wegen ihrer tieffrequenten Spektralanteile mit Störungen infolge ungleichmäßiger Schallpegelverteilungen im Raum bei bestimmten tiefen Frequenzen zu rechnen. Für Abhilfe läßt sich durch Tiefabsorber sorgen. Anhand von Gl. (4.78) kann man die einzelnen Eigenfrequenzen auch errechnen und die Maxima der benötigten tieffrequenten Resonanzabsorber danach festlegen (s. Abschn. 4.1.2.2 bis 4.1.2.4). Diese Absorber müssen dann an einer der Begrenzungsflächen des Raumes montiert werden, zwischen denen die betreffenden Eigenfrequenzen auftreten. Man bezeichnet diese Schallabsorber, die evtl. in Schrankeinbauten o. ä. integriert sein können, häufig auch als „Baßfallen". Vielfach läßt sich der Umstand sinnvoll nutzen, daß die Schallabsorptionswirkung in den Kanten besonders groß ist (s. Abschn. 4.2.2).

Besonders ausgeprägt ist die **Ungleichmäßigkeit des Schallfeldes** in Räumen dann, wenn **mehrere Eigenfrequenzen zusammenfallen**, d. h. wenn sie gleichzeitig zwischen verschiedenen gegenüberliegenden Raumbegrenzungsflächen auftreten. Das passiert in Räumen, bei denen Seitenverhältnisse gleich oder ganzzahlige Vielfache voneinander sind. Solche Raumproportionen sind also zu vermeiden. Die Abweichungen von ganzzahligen Vielfachen sollten wenigstens etwa 10% betragen.

Beispiel

Bei einer Raumhöhe von $l_z = 3$ m könnten Raumbreite l_x oder Raumlänge l_y zwischen (1,1 bis 1,9) $l_z = 3{,}3$ bis 5,7 m, (2,1 bis 2,9) $l_z = 6{,}3$ bis 8,7 m , (3,1 bis 3,9) $l_z = 9{,}3$ bis 11,7 m usw. gewählt werden. Legt man die Breite auf $l_y = 5$ m fest, so wären Längen l_x zwischen (1,1 bis 1,9) $l_y = 5{,}5$ bis 9,5 m, (2,2 bis 2,9) $l_y = 11$ bis 14,5 m usw. möglich. Das bedeutet, daß Raumlängen l_x zwischen 5,7 bis 6,3 m, 8,7 bis 9,3 m, 9,5 bis 11 m usw. auszuschließen sind. Eine Länge $l_x = 8$ m beispielsweise ist möglich. Bei Raumabmessungen von 8 m × 5 m × 3 m (Verhältnis 2,7:1,7:1) wäre demnach die Gefahr besonders starker Schalldruckpegelschwankungen im Raum infolge zusammenfallender Eigenfrequenzen ausgeschlossen. Weitere unproblematische Seitenverhältnisse sind z. B. 1,5:1,2:1, 1,6:1,3:1, 1,9:1,4:1, 2,2:1,6:1 oder 2,5:1,5:1.

Die gewählten Raumabmessungen 8 m × 5 m × 3 m bedeuten ein Raumvolumen von 120 m^3. Nach Gl. (4.79) ergibt sich dafür bei einer angenommenen Nachhallzeit von $T = 0{,}5$ s eine

4.4 Ausführungsbeispiele

Grenzfrequenz kritischer Eigenfrequenzen von $f_{n,gr}$ = 128 Hz. Aus Gl. (4.78) erhält man unterhalb von 100 Hz für diesen Fall die in der folgenden Tabelle zusammengestellten Eigenfrequenzen f_n:

Moden n_1	n_2	n_3	f_n [Hz]	Moden n_1	n_2	n_3	f_n [Hz]
1	0	0	21,3	3	1	0	72,3
0	1	0	34,0	2	1	1	78,6
1	1	0	40,1	2	2	0	80,2
2	0	0	42,5	4	0	0	85,0
2	1	0	54,4	3	0	1	85,3
1	0	1	60,5	0	2	1	88,5
3	0	0	63,8	1	2	1	91,0
0	1	1	66,1	4	1	0	91,5
0	2	0	68,0	3	1	1	91,8
1	1	1	69,4	3	2	0	93,2
2	0	1	70,8	2	2	1	98,2
1	2	0	71,2				

Die zunehmende Eigenfrequenzdichte wird hier bereits deutlich. Gezielte Schallabsorptionsmaßnahmen in Längsrichtung und in Querrichtung des Raumes müssen sich auf den Frequenzbereich unter 50 Hz richten.

Um die Musizierfreude zu fördern, sollten **Musikunterrichtsräume in Schulen** etwas längere Nachhallzeiten aufweisen. Werte von 1,2 bis 1,5 s bei mittleren Frequenzen und ein geradliniger Frequenzverlauf werden empfohlen. Die Volumenkennzahl sollte 5 bis 6 m³ je Schüler betragen. Für übliche Schulklassen bedeutet das ein Volumen von 150 bis 200 m³.

Bei größeren Musikproberäumen z. B. für Chor oder sinfonisches Orchester spielen die Eigenfrequenzen der Räume wegen des großen erforderlichen Volumens im allgemeinen keine Rolle mehr. Bei der Festlegung des Volumens derartiger Räume ist bei Proberäumen für Chöre, Volksmusikgruppen u. ä. mit mindestens 10 m³ je Sänger oder Musiker, bei Orchesterprobesälen mit mindestens 25 m³ je Musiker zu rechnen. Das bedeutet für einen klassischen Chor mit 80 Sängern ein Raumvolumen von 800 m³, für ein Sinfonieorchester mit 120 Musikern ein solches von mindestens 3000 m³. Die Nachhallzeiten sollten niedriger sein als die von Konzertsälen, damit die Präzision des Zusammenspieles kritischer gehört wird. Mittlere Nachhallzeiten von 1,1 bis 1,3 s mit geringfügigem Anstieg nach tiefen Frequenzen hin sind zu empfehlen. Das relativ große Raumvolumen für Orchesterprobesäle ist vor allem deshalb nötig, weil sonst infolge der großen Schalleistung des Orchesters ein zu hoher Schalldruckpegel im Raum entsteht.

Die **Geometrie von Probesälen** für Chor oder Orchester ergibt sich vorwiegend aus den Aufstellungsbedingungen für die Sänger und Musiker. Für den Chor ist eine Aufstellungsbreite von 12 bis 14 m wünschenswert. In dieser Breite sollen vor der Rückwand 5 bis 6 etwa 1,0 bis 1,2 m tiefe Podeste mit einer Höhenstaffelung von 0,15 bis 0,2 m eingebaut werden. Ein Raumgrundriß von etwa 10 m × 14 m und eine Höhe von 5 bis 6 m sind zu empfehlen.

Ein Sinfonieorchester benötigt eine Aufstellungsfläche von etwa 18 m × 10 m. Daraus resultiert eine **Mindestgröße für den Orchesterprobesaal** von ca. 20 m × 14 m. Die Raumhöhe sollte das 0,6 bis 0,8fache der kürzesten Raumkante, mindestens also etwa 8 m betragen. Für die 4 bis 5 Podeste zur Orchesteraufstellung ist eine Mindesttiefe von je 1,3 m zu empfehlen. Zur Höhenstaffelung sollten die Stufen zwischen den Podesten 0,2 bis 0,3 m hoch sein. Der Abstand des Dirigentenplatzes von der vorderen Musikerreihe ist auf den 2 bis 3fachen Hallradius (s. Gl. 4.36), d. h. auf ungefähr 3 m zu bemessen.

Die **Rückwand hinter dem Dirigenten** sollte mindestens etwa zu 50% breitbandig schallabsorbierend sein, um damit den bei Konzerten dort vorhandenen Zuhörerbereich nachzubilden. Von der **Deckenfläche** sind etwa 30 bis 50% breitbandig schallabsorbierend, der übrige Teil möglichst diffus reflektierend auszuführen. Es empfiehlt sich, die Absorberflächen zur Förderung diffuser Reflexionen über den gesamten Deckenbereich zu verteilen. Die **Seitenwände** und die **Rückwand** hinter Chor oder Orchester sollten in ihrem oberen Teil diffus reflektierende Strukturen von etwa 200 bis 300 mm Tiefe erhalten, die gleichzeitig als Plattenschwinger ausgebildet werden können (s. Abschn. 4.1.2.2). Davor empfiehlt es sich, schallabsorbierende Stoffvorhänge oder -rollos bis in 3 bis 4 m Höhe anzubringen, um auf diese Weise eine Anpassung an unterschiedliche Besetzungen zu ermöglichen. Der **Fußboden** sollte reflektierend sein und kann erforderlichenfalls in Form eines hohl liegenden Parkettes zur Tiefenabsorption genutzt werden. Selbstverständlich sind große parallele Oberflächen zu vermeiden, damit keine Flatterechos (s. Bild 4.62) auftreten können [7] [188].

4.4.4 Aufnahme- und Abhörstudios für Musik

Aufnahmestudios für Musik werden je nach Musikgattung und Klangkörpergröße mit unterschiedlichem Volumen und in verschiedener Form und Ausstattung benötigt. Das Spektrum reicht vom großen Sendesaal für sinfonische Konzerte, der Konzertsaalcharakter hat und meist auch über Zuhörerplätze verfügt, über mittelgroße Säle für Kammermusik, Unterhaltungsmusik und Mehrzwecknutzung (Volumen etwa 500 bis 1500 m^3; Grundfläche 150 bis 200 m^2) bis zu kleinen Räumen für die Aufnahme der Darbietungen von Solisten und kleinen Gruppen (Volumen etwa 50 bis 200 m^3). Die raumakustischen Anforderungen sind je nach Nutzungsart sehr unterschiedlich. Die Nachhallzeiten für große und mittelgroße Räume richten sich nach denen entsprechender Aufführungsstätten (s. Bilder 4.54 und 4.55). Für die Aufnahme sinfonischer Musik werden dabei noch etwas längere Nachhallzeiten bevorzugt, weil man den Direktschallanteil und damit die Durchsichtigkeit für bestimmte Instrumente durch Verringern des Mikrofonabstandes erhöhen kann. Kleine Räume für die Aufnahme von Popmusik u. ä. sollen im allgemeinen sehr kurze Nachhallzeiten besitzen. Hier kommt es auf Präzision und Spieltechnik an. Die gewünschte „Verhallung" erfolgt auf elektronischem Wege.

In allen Musikstudios sind **diffus reflektierende Oberflächen** nötig, um ein gleichmäßiges Schallfeld zu erzielen. Auf das Vermeiden von Flatterechos und das im vorhergehenden Abschnitt erläuterte **Problem der Eigenfrequenzen** ist bei diesen Räumen besonderes Augenmerk zu richten. Zur Anpassung an spezielle Aufnahmesituationen wird in Studios vielfach eine Variabilität der raumakustischen Bedingungen gewünscht. Die Palette hierfür reicht von Stoffvorhängen und -rollos über umklappbare Absorber-Reflektor-Elemente bis zu meist schallabsorbierenden Stellwänden und Kabinen zur getrennten Aufnahme bestimmter Instrumente.

Ein Beispiel für besonders weitgehende akustische Variabilität findet sich im **Institut de Recherche et Coordination Acoustique/Musique (IRCAM)** in Paris. In diesem Haus für experimentelle Musik ist neben einer großen Zahl kleiner Aufnahmeräume, zu denen auch ein Hallraum und ein reflexionsarmer Raum zählen, ein Mehrzweck-Studioraum mit etwa 400 Zuhörerplätzen vorhanden, dessen mittlere Nachhallzeit zwischen 0,5 s und 2 s variiert werden kann. Dazu ist die Decke zur Volumenänderung in drei Teilen höhenverstellbar. Die Wände sind mit drehbaren prismenförmigen Elementen besetzt, wie sie auf Bild 4.84 skiz-

4.4 Ausführungsbeispiele

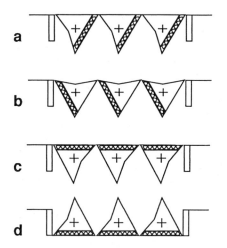

Bild 4.84 Mögliche Einstellungen drehbarer Prismen in einem Mehrzweckstudioraum im IRCAM in Paris
a) geometrisch gerichtet reflektierend
b) etwas diffus reflektierend
c) absorbierend
d) stark diffus reflektierend

ziert sind. Diese ermöglichen die Einstellung einer absorbierenden, einer geometrisch gerichtet reflektierenden und zweier verschieden stark diffus reflektierender Oberflächen, und das ist in aneinandergrenzenden Teilbereichen verschieden wählbar.

Allen beschriebenen Aufnahmeräumen ist ein **Abhörraum** (Regieraum) zuzuordnen, in der Regel mit Sichtkontakt über ein Studiofenster. Im Regieraum befinden sich die meist hintereinander angeordneten Arbeitsplätze für Toningenieur und Tonmeister. Wegen der benötigten technischen Ausstattung und der Positionierung der Lautsprecher für stereophones Abhören dürfen Abmessungen von 6,5 m Länge und 5,5 m Breite, sowie ein Volumen von 120 m^3 nicht unterschritten werden. Raumproportionen mit ganzzahligen Vielfachen der Seitenlängen sind wegen der Eigenfrequenzen zu vermeiden. Mittlere Nachhallzeiten von etwa 0,3 s und ein möglichst linearer Frequenzverlauf vor allem zwischen 200 und 4000 Hz werden verlangt [189]. In Blickrichtung von den genannten Abhörplätzen aus sind die beiden Lautsprecher vorn im Raum links und rechts angeordnet. Für die Verteilung der Schallabsorber hat sich das Prinzip „Dead End-Life End" (DELE) bewährt. Danach werden die Schallabsorptionsmaßnahmen auf der Raumseite um die Lautsprecher herum konzentriert. Die Rückwand hinter den Abhörplätzen erhält eine vorzugsweise diffus reflektierende Ausstattung. Eine maximale Zeitdifferenz zwischen Direktschall und ersten Reflexionen von etwa 12 ms (Umweg etwa 4 m) sollte nicht überschritten werden. Wegen der Eigenfrequenzen sind tieffrequente Schallabsorber in großem Maße erforderlich [190] bis [192].

Es sei hier besonders darauf hingewiesen, daß in allen Studios und Regieräumen aufwendige Vorkehrungen nötig sind, um genügend geringe Störpegel zu gewährleisten. Das betrifft sowohl die Schalldämmung zu Nachbarräumen und nach außen (s. Abschn. 5.2) als auch den Schutz vor Lärm technischer Ausstattungen.

4.4.5 Große Räume für Sprache (Hörsäle, Kongreßräume, Plenarsäle)

Für den Entwurf großer Räume für Sprachveranstaltungen gelten prinzipiell die gleichen Gesichtspunkte wie sie im Abschn. 4.4.1 für die kleineren erörtert wurden. Die Volumenkennzahl sollte hier zwischen 4 bis 6 m^3 je Person liegen. Das ist z. B. bei 500 Plätzen ein Saalvolumen von etwa 2500 m^3. Nach Bild 4.54 ist bei mittleren Frequenzen eine Nachhallzeit von etwa 0,9 bis 1,2 s erwünscht; nach Bild 4.55 soll diese einen möglichst linearen Frequenzverlauf aufweisen.

Auditorien mit etwa 500 Plätzen sind auch von ungeübten Sprechern gerade noch **ohne Beschallungsanlage** nutzbar. Darüber hinaus werden Lautsprecheranlagen benötigt. Anforderungen an diese sind u. a. von Saalfunktion, -größe und -form sowie von der Verteilung der Zuhörer im Raum abhängig (s. Abschn. 4.3.3.4) [11] [12]. Die Nachhallzeit in Sälen mit Beschallungsanlagen sollte nach Bild 4.54 besonders niedrig sein und ebenfalls einen linearen oder gar nach tiefen Frequenzen hin abfallenden Frequenzverlauf besitzen. Für einen Raum mit 6000 m^3 beispielsweise ist eine mittlere Nachhallzeit von 0,9 bis 1,3 s erwünscht.

Bei größeren Räumen ohne Beschallungsanlage ist es besonders wichtig, daß der Direktschall alle Zuhörerplätze gut erreicht. Dazu ist eine Sitzplatzüberhöhung nach Abschn. 4.3.3.2 vorzusehen. Unterstützende frühe erste Reflexionen sollen vor allem hinter dem Redner (Wandabstand 2 m) und im vorderen Deckenbereich zustande kommen. Raumhöhen von maximal 8 bis 10 m und eine nach oben gerichtete Neigung des vorderen Deckenteiles von etwa 15 bis 25° sind empfehlenswert.

Im Ergebnis von Nachhallzeitberechnungen erhält man meist Anforderungen an **Schallabsorptionsmaßnahmen bei tiefen Frequenzen**, insbesondere in fensterlosen Räumen. Bei größeren Volumenkennzahlen werden auch breitbandig wirkende Schallabsorber erforderlich, die im Raum so verteilt werden müssen, daß die wichtigsten Reflexionsflächen (Wand hinter dem Redner, Deckenspiegel, vordere Seitenwände gemäß Bild 4.83) erhalten bleiben. Vorzugsweise sollte die Rückwand des Saales für diese Schallabsorptionsmaßnahmen genutzt werden, weil damit gleichzeitig der Gefahr des „Theaterechos" begegnet wird.

Bei größeren Hörsälen (mehr als etwa 200 Plätze) ist es zweckmäßig, die Hauptabmessung des Raumes wie auf Bild 4.85 dargestellt, aus der Kantenlänge des Projektionsformates a zu entwickeln. Der Abstand zur letzten Zuhörerreihe darf nicht größer als etwa 6 a sein. Die maximale Saalhöhe sollte zwischen 2 a und 3 a liegen. Für die Breite des Hörsaales werden bei rechteckigen Grundrissen maximal etwa 5 a, bei den vielfach aus Sichtgründen bevorzugten Fächerformen höchstens 7 a empfohlen. Bei fächerförmigen Sälen sollte der Öffnungswinkel 30° nicht überschreiten.

Als Beispiel zeigt Bild 4.86 Grundriß und Schnitt eines **großen Hörsaales der Universität Stuttgart**. Die erwähnten geometrischen Grundregeln sind bei diesem Saal beachtet. Breitbandige Schallabsorptionsmaßnahmen wurden an der Rückwand konzentriert. Der Saal hat 720 Plätze. Bei einem Volumen von 3900 m^3 ergibt sich daraus eine Volumenkennzahl von 5,4 m^3 pro Platz. Die mittlere Nachhallzeit liegt bei 1,1 s. Der Saal ist mit einer zentralen Beschallungsanlage ausgestattet.

Kongreßräume sind nach den gleichen raumakustischen Grundregeln zu planen wie Hörsäle. Abweichungen sind insbesondere in großen Kongreßhallen hinsichtlich des Podiums zu erwarten, weil hier vielfach eine größere Platzzahl für das Kongreßpräsidium benötigt wird. In der Regel werden hier Beschallungsanlagen eingesetzt [11] [12]. Bei mehr als etwa 500

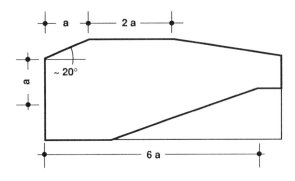

Bild 4.85 Hörsaalabmessungen, entwickelt aus der Kantenlänge a des Projektionsformates [193]

4.4 Ausführungsbeispiele

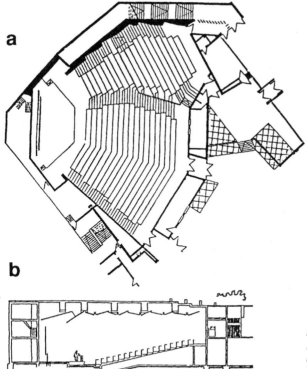

Bild 4.86 Hörsaal der Universität Stuttgart [194]
a) Grundriß
b) Längsschnitt

Plätzen ist das auch dringend zu empfehlen. Die von den Lautsprechern abzustrahlende Schalleistung W_{ak} läßt sich in grober Näherung für das diffuse Schallfeld gemäß

$$W_{ak} \approx 4 \cdot 10^{-2} \frac{V}{T} \text{ W} \tag{4.80}$$

mit

V Volumen in m^3
T Nachhallzeit in s

bestimmen (s. Gl. (4.57)). Unter Berücksichtigung des Wirkungsgrades der Lautsprecher (Größenordnung 1%) ergibt sich daraus die benötigte Verstärkerleistung der Beschallungsanlage.

Es werden **zentrale und dezentrale Beschallungsanlagen** unterschieden. Bei den erstgenannten sind die Lautsprecher in Nähe des Rednerstandortes aufgestellt, meist etwas vor diesem im Deckenbereich entweder auf beiden Saalseiten oder in der Mitte in Form einer Lautsprecherampel. Die Richtcharakteristik der Lautsprecher und ihr Aufstellungsort müssen so gewählt werden, daß möglichst wenig Schallenergie in das Mikrofon gelangt. Anderenfalls würde bei höherer Verstärkung eine Mitkopplung auftreten. Die Anlage wird instabil („Aufschaukeln"), und es kommt zur Verständlichkeitsminderung infolge zunehmender Halligkeit und schließlich zum Pfeifen. Eine große Bündelung der Lautsprecherabstrahlung in eine Vorzugsrichtung läßt sich durch eine geeignete kompakte Anordnung mehrerer Einzellautsprecher, üblicherweise in Zeilenform, erzielen.

Bei dezentralen Anlagen werden die Lautsprecher im Saal verteilt, meist auf den beiden Seitenwänden im oberen Bereich oder an der Decke, beginnend etwa in 15 m Abstand zum

Rednerstandort. Damit lassen sich weiter entfernte Plätze besser mit Schallenergie versorgen als mit einer zentralen Anlage. Es besteht aber die Gefahr, daß es in Lautsprechernähe zu einer **Trennung zwischen optischer und akustischer Lokalisation** kommt. Das läßt sich durch den Einsatz von **Verzögerungseinrichtungen** vermeiden, die so eingestellt werden müssen, daß das erste Schallsignal vom Rednerstandort eintrifft. Nach dem Gesetz der ersten Wellenfront (s. Abschn. 3.1.3) wird diese primäre Quelle dann geortet, selbst wenn der von den näheren aber verzögerten Lautsprechern am Hörerplatz verursachte Schalldruckpegel größer ist. Natürlich lassen sich zentrale und dezentrale Anlagen auch kombinieren, etwa um Saalbereiche unter Galerien oder Rängen gesondert mit Schallenergie zu versorgen. Eine besondere Form der dezentralen Beschallung stellen Stuhl- oder Tischbeschallungsanlagen dar. Hierbei werden kleine Lautsprecher entweder in der Rückenlehne des Vordersitzes oder auf dem jeweiligen Arbeitstisch angeordnet.

Für **Plenarsäle** werden gern ringförmige Anordnungen für die Plätze der Parlamentarier gewählt. Das legt für den Saalgrundriß die Entscheidung zu einer Kreisform nahe, wie das u. a. beim neuen **Plenarsaal für den Deutschen Bundestag in Bonn** erfolgt ist. Auf Bild 4.69 ist der Grundriß der unteren Ebene dieses Saales schematisiert dargestellt. Er enthält ringförmig angeordnete Plätze für 760 Abgeordnete, teils mit teils ohne Arbeitstische. Vor den beiden Seitenwänden und vor der Rückwand sind zwei Seitentribünen und eine Mitteltribüne mit insgesamt etwa 500 Plätzen für Besucher rechtwinklig eingestellt. Bild 4.87 gewährt einen Blick in den Saal und zeigt Rednerpult und Präsidiumsplatz fast in Saalmitte, etwa 4 m in Richtung zur Adlerwand verschoben. Etwa über dieser Stelle hängt auch die zentrale Beschallungsampel. Diese ist von sechs Satellitenampeln umgeben, die ein richtungsbezogenes Hören gestatten. Jeder Sprecher von einem der zahlreichen Saalmikrofone aus, die auf den Tischen und zwischen den Sitzreihen vorhanden sind, wird aus der entsprechenden Richtung wahrgenommen.

Bild 4.87 Blick in den Plenarsaal des Deutschen Bundestages in Bonn (Architekt: Behnisch) nach Realisierung der nötigen Verbesserungsmaßnahmen [63]

4.4 Ausführungsbeispiele 187

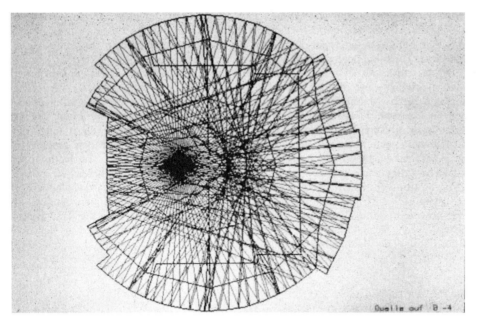

Bild 4.88 *Rechnersimulation der Fokussierung von Schallstrahlen nach ersten Reflexionen im Plenarsaal des Deutschen Bundestages in Bonn [148]*

Infolge der vorzugsweisen Verwendung von Saalbegrenzungen aus Glas ergaben sich im Plenarbereich als typische Mängel der Kreisform starke Fokussierungseffekte, auf die im Abschn. 4.3.3.4 schon hingewiesen wurde und die auf Bild 4.88 nochmals anhand einer Computergrafik dargestellt sind. Im Zusammenhang mit der ursprünglich zu wenig scharf auf die schallabsorbierende Gestühlfläche abgegrenzten Richtcharakteristik der Lautsprecher-

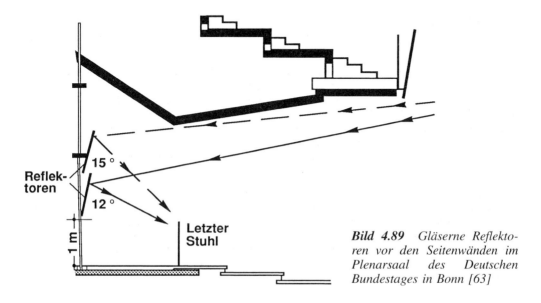

Bild 4.89 *Gläserne Reflektoren vor den Seitenwänden im Plenarsaal des Deutschen Bundestages in Bonn [63]*

ampeln wurden diese kritischen Reflexionen in starkem Maße angeregt. Ihr konzentriertes Einwirken auf die Mikrofone führte zu den erwähnten Mitkopplungseffekten, die die Nutzbarkeit der Beschallungsanlage einschränkten. Verbesserungsmaßnahmen zielten auf eine stärker gerichtete Lautsprecherabstrahlung ab, die u. a. durch eine größere Kompaktheit der Ampeln erreicht wurde. Es sollten aber auch die Konzentrationen später Reflexionen beseitigt werden, möglichst ohne die optische Transparenz zu beeinträchtigen. Dazu wurde eine Reihe raumakustischer Maßnahmen ausgeführt. Neben verbesserter Schallabsorption an der Adlerwand, im äußeren Deckenbereich sowie auf den Hauptlaufwegen gehörten vor die Glaswand gesetzte Reflexionsflächen dazu. Wie Bild 4.89 zeigt, waren diese unter den seitlichen Tribünen nach unten auf die hinteren Sitzreihen gerichtet. Vor den großen gekrümmten Wandflächen neben der Adlerwand wurden sie so ausgerichtet, daß Reflexionen von Schalleinwirkungen aus der Zentralampel zu absorbierenden Deckenbereichen gelenkt werden. Vor bestimmten Glasflächen wurden auch mikroperforierte Vorsatzschalen eingesetzt (s. Abschn. 4.1.2.2), die, optimiert für einen möglichst breiten Frequenzbereich, als Lochplattenschwinger ohne Dämmstoff im Luftraum wirken und die optische Transparenz gewährleisten. Nach Realisierung aller akustischen Ergänzungsmaßnahmen war der Saal voll funktionsfähig. Die Nachhallzeit beträgt im mittleren Frequenzgebiet 1,1 s [63] [148] [195] bis [199].

4.4.6 Sprechtheater

Dank geübter Stimmen von Schauspielern kann die genannte Grenze von 500 Plätzen bei Sprechtheatern ohne Beschallungsanlage überschritten werden. Auditorien für bis etwa 1000 Zuhörern lassen bei guten raumakustischen Eigenschaften eine problemlose Theaterfunktion zu. Die Volumenkennzahl sollte bei 4 bis 6 m³ je Platz liegen. Das bedeutet im genannten Fall von 1000 Plätzen ein Volumen von 5000 bis 6000 m³ für den Zuhörersaal. Bei linearem Frequenzverlauf wird eine mittlere Nachhallzeit von 0,9 bis 1,2 s gewünscht (s. Bilder 4.54 und 4.55). Dazu wird für die Bühnenöffnung der in Tabelle 4.9 angegebene Schallabsorptionsgrad (Mittelwert: $\alpha_m = 0{,}6$) angenommen. Die Nachhallzeitberechnung zeigt insbesondere bei fensterlosen Räumen die Notwendigkeit, Tiefenabsorber einzubauen. Beim Gestühl sollte durch Polsterung der von den Personen besetzten Flächen (Sitz, Rückenlehne innen, Armauflagen) dafür gesorgt werden, daß die Absorptionseigenschaften im besetzten und im unbesetzten Zustand möglichst ähnlich sind.

Beim klassischen **Proszeniumstheater**, bei dem der Bühnenraum mit seinen vielfältigen theatertechnischen Einbauten (Dreh- und Senkbühne, Seiten- und Hinterbühne, Bühnenturm mit Zügen, Beleuchterbrücken usw.) vom Zuhörerraum getrennt ist, sind **Decken- und Wandteile im Vorbühnenbereich** die wichtigsten Reflexionsflächen. Sie dienen der Lenkung früher Schallrückwürfe in den mittleren und hinteren Zuhörerbereich. Für mittlere Standorte auf der Bühne verlangt das an der Decke ansteigende und an den Wänden sich öffnende Winkel von etwa 10° bis 15°. Sind diese Reflexionen unzureichend, so führt das auf mittleren Parkettplätzen zu dem gefürchteten akustischen „Loch" [200].

Als Beispiel eines Theaters, bei dem durch Optimierung dieses Deckenbereiches eine wesentlich bessere Reflexionslenkung in das hintere Parkett erzielt wurde, sei die **Deutsche Volksbühne in Berlin** erwähnt. Dieses 1915 als Dreirangtheater eröffnete Haus ist nach Kriegszerstörungen zunächst wiedererrichtet und 1971 nochmals umgebaut worden. Bild 4.90 zeigt den Längsschnitt durch den ursprünglichen Zuhörersaal, in dem es im Parkett Probleme mit der Sprachverständlichkeit gab, (zumal dorthin auch keine Seitenwandreflexionen gelangten) und durch den Saal in veränderter Form. Durch Einbeziehen

4.4 Ausführungsbeispiele

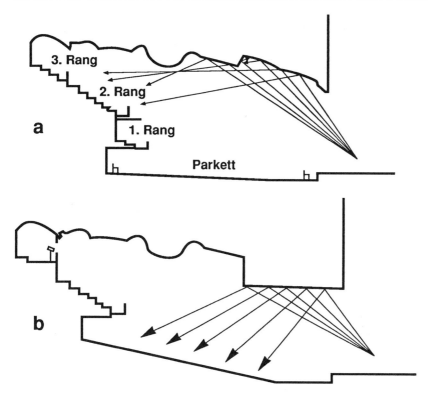

Bild 4.90 Längsschnitt durch den Zuschauerraum der Volksbühne Berlin (Architekt: Kaufmann) und Darstellung der ersten Reflexionen von der Decke [1]
a) ursprünglicher Zustand
b) mit Deckenplafonds, ansteigendem Parkett und Beleuchterstation im dritten Rang

des ersten Ranges in das Parkett wurde eine gute Sitzreihenüberhöhung ermöglicht, und durch einen großen Vorbühnenplafonds, der allerdings eine Reihe von Beleuchteröffnungen enthält, erfolgt eine bevorzugte Versorgung des mittleren Parkettbereiches mit Anfangsreflexionen. Außerdem wird der dritte Rang nur noch als Beleuchterstation genutzt. Der Umbau hat sich akustisch stark verbessernd ausgewirkt. Für die verbliebenen 800 Plätze ist aber das Volumen von 6000 m^3 (Volumenkennzahl ca. 7,5 m^3 je Platz) etwas zu groß, so daß die mittlere Nachhallzeit von ungefähr 1,4 s an der oberen Grenze des optimalen Bereiches liegt.

Für ein typisches Proszeniumstheater wird eine Hauptbühne mit Abmessungen von 18 m × 18 m benötigt. Die Portalbreite sollte etwa 12 m, die Portalhöhe etwa 8 m betragen. Auf die Gefahr von Schallkonzentrationen infolge eines Rundhorizontes war bereits hingewiesen worden (s. Abschn. 4.3.3.4).

Neben dem klassischen Proszeniumstheater gibt es andere Theaterformen, die darauf abzielen, das „Guckkastenprinzip" zu vermeiden und die Zuschauer durch räumliche Nähe stärker in das Theaterspiel einzubeziehen [201]. Eine solche Theaterform ist das **Podiumstheater**, bei dem sich die Bühne, ähnlich wie in einem Konzertsaal das Podium, zum Publikum hin öffnet. Ein bekanntes Beispiel hierfür ist das 1976 eröffnete **Olivier Theatre im National Theatre London**, das auf Bild 4.91 dargestellt ist. Dieses Einrangtheater

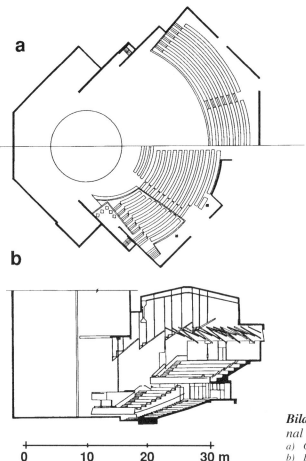

Bild 4.91 Olivier Theatre im National Theatre London [72]
a) Grundriß
b) Längsschnitt

mit 1160 Plätzen hat ein sehr großes Volumen (13500 m³), so daß umfangreiche Absorptionsmaßnahmen nötig waren, um Nachhallzeiten von etwa 1 s zu erzielen. Im mittleren Zuhörerbereich wurde über mangelnde Deutlichkeit geklagt. Wie bei dieser Theaterform typisch, wird das dadurch verursacht, daß die Reflexionen von den seitlichen Wänden die mittleren Plätze zu spät erreichen. Bei Beibehaltung der Fächerform hilft dann nur eine gezielte Optimierung der Decke, wie im Längsschnitt zu erkennen, um Reflexionen von dort in diesen Saalbereich zu lenken.

Eine weitere häufiger genutzte Theaterform ist das **Arenatheater**, das, einem Zirkus ähnelnd, ein Podium in Saalmitte besitzt, um das sich in einer Ebene oder in mehreren rangartig das Publikum gruppiert. Das Arenatheater hat meist Experimentiercharakter. Es profitiert in der Regel von geringen Abständen zwischen dem Publikum und der Bühne, so daß eine gute Direktschallversorgung gewährleistet ist. Ein etabliertes Arenatheater ist beispielsweise das 1973 eröffnete Royal Exchange Theatre in Manchester. Dieses in ein bestehendes Gebäude eingebaute Theater bietet etwa 700 Besuchern im Parkett (sieben um die Bühne angeordnete Sitzreihen) und auf zwei Rängen (jeweils nur zwei Reihen) Platz. Bei einer mittleren Nachhallzeit von etwa 1 s wird eine gute Sprachverständlichkeit erreicht [72].

4.4.7 Musiktheater (Opernhäuser)

Der Ursprung heutiger Opernaufführungen wird in der italienischen Hofoper des 16. Jahrhunderts gesehen [7] [72] [202]. Bei entsprechenden Veranstaltungen in den Adelspalästen gab es zunächst keine feste räumliche Zuordnung der Instrumentalmusiker zu den Sängern, deren gemeinsames Musizieren bei der Oper, das ist ihr spezifisches Merkmal, unmittelbares Bühnengeschehen darstellt. Im 17. Jahrhundert wurde es üblich, dem damals noch kleinen Orchester seinen Platz vor der Bühne zuzuweisen. Erstes öffentliches Opernhaus dieser Art war das 1637 in Venedig eröffnete Teatro San Casiano. Die Deutsche Staatsoper in Berlin Unter den Linden ist noch 1742 im Stil einer italienischen Hofoper eröffnet worden, wurde dann allerdings später mehrfach umgebaut. Aus den notwendigen Sichtbeziehungen sowohl der Sänger von der Bühne als auch der Musiker zum Dirigenten entwickelte sich der Orchestergraben, wie wir ihn heute in jedem Opernhaus vorfinden, entweder als völlig offenen Graben oder etwas unter die Bühne geschoben und dadurch teilweise überdeckt.

Markante **Entwicklungsetappen des Opernhausbaues**, zu denen Tabelle 4.24 die Zusammenstellung einiger Beispiele enthält, sind im 18. Jahrhundert die hufeisenförmigen Mehrrangtheater mit Logen, die den Angehörigen der höfischen Gesellschaft persönlich zugeordnet waren. Die Entstehung dieser Logentheater in Italien, die sich dann fast über 200 Jahre lang in Europa ausbreiteten, läßt sich auf Feste und Turniere zurückführen, die auf Höfen und Plätzen stattfanden, bei denen die Zuschauer von Balkonen und Fenstern angrenzender Gebäude das Geschehen verfolgten. Bekanntestes Beispiel eines solchen Logentheaters ist die berühmte Mailänder Scala, die fünf Ränge mit Logen besitzt. Die auf Tabelle 4.24 für dieses Opernhaus angegebene mittlere Nachhallzeit von 1,1 s gilt etwa für die Mitte des Parketts. Im Bereich der mit Stoff ausgekleideten Logen ist sie geringer.

Im 19. Jahrhundert hat sich der **Bau von Mehrrangtheatern** auch mit anderen konkaven Wandformen (Zylinder- oder Kegelstumpfsegmente), meist mit etwas weniger Rängen, fortgesetzt. Die Zahl der Logen verminderte sich. Es gab daneben Galerieplätze für Besucher aus dem Bürgertum wie etwa in Covent Garden Opera in London [72] [73], ein Dreirangtheater, oder es blieb gar als einzige Loge nur die für das Königshaus erhalten, wie etwa in der zum Mehrrangtheater umgebauten Deutschen Staatsoper in Berlin Unter den Linden [159] [203] oder in der **Dresdener Semperoper** [204] bis [206]. In diesem Haus mit fünf Rängen, von denen der fünfte nur Stehplätze enthielt, werden seit dem Wiederaufbau nur noch vier Ränge für Zuschauer genutzt. Der fünfte dient technischen Zwecken (Beleuchtung). Der Fortfall der Logen brachte aus akustischer Sicht die Gefahr umlaufender Reflexionen an den gekrümmten Saalwänden („Flüstergalerieeffekt"). Wie Bild 4.92 zeigt, ließ sich diese Gefahr durch Abschottungen zwischen den Platzbereichen der Ränge beseitigen. Das Bild vermittelt gleichzeitig einen Eindruck von den nach oben zeigenden Hauptreflexionsrichtungen der Rangbrüstungen, die, wie auf Bild 4.75 dargestellt, eine Einspeisung von Schallenergie in das Nachhallreservoir im Bereich des fünften Ranges, und damit eine Nachhallzeitverlängerung, bewirken.

Eine Besonderheit des Opernbaues im 19. Jahrhundert stellt das auf die Ideen von *Wagner* zurückgehende Festspielhaus in Bayreuth dar [72] [73]. Fächerform des Zuschauerbereiches und ein stark ansteigendes Parkett, seitliche Abschottungen und Säulen sowie vor allem ein weitgehend abgedeckter, tiefer und besonders großer Orchestergraben sind Besonderheiten dieses Hauses. Sie sind zugeschnitten auf den von *Wagner* gewünschten mystischen Klang seiner Musik. Das Haus ist aber wenig geeignet für ein anderes Repertoire und fand auch praktisch keine Nachahmung. Für die **Abkehr von dem Logentheater** war es aber ein wichtiger Bahnbereiter.

Tabelle 4.24 Geometrische Daten und mittlere Nachhallzeiten T_m bekannter Opernhäuser (besetzter Zustand)

Ort	Opernhaus	erbaut (erneuert)	Volumen [m³]	Plätze	K [m³/Platz]	T_m [s]
Bayreuth	Festspielhaus	1876	10 300	1 800	5,7	1,6
Berlin	Deutsche Staatsoper	1742 (1844, 1986)	7 000	1 350	5,0	1,2
Berlin	Komische Oper	1892 (1967)	6 500	1 200	5,4	1,2
Berlin	Deutsche Oper	1961	10 800	1 900	5,7	1,5
Buenos Aires	Teatro Colon	1908	20 550	2 500	7,4	1,7
Dresden	Semperoper	1878 (1985)	12 500	1 290	9,6	1,7
Hamburg	Staatsoper	1861 (1955)	9 700	1 650	5,9	1,3
Leipzig	Opernhaus	1960	9 600	1 700	5,7	1,5
London	Royal Opera House Covent Garden	1858	10 100	2 120	4,6	1,1
Mailand	Teatro alla Scala	1778 (1946)	10 200	2 300	4,6	1,1
München	Bayerische Staatsoper	1818 (1963)	13 000	1 750	7,5	1,4
New York	Metropolitan Opera	1966	30 500	3 800	8,0	1,8
Paris	Theatro National de l'Opera	1875	9 960	2 130	4,7	1,1
Paris	Opera de la Bastille	1989	21 000	2 700	7,7	1,5
Salzburg	Neues Festspielhaus	1960	14 000	2 160	6,5	1,4
San Francisco	War Memorial Opera House	1932	20 900	2 070	6,1	1,6
Sydney	Opera House	1973	8 200	1 550	5,3	1,2
Taipei	Nationaltheater	1987	11 200	1 522	7,4	1,4
Wien	Staatsoper	1869 (1955)	10 660	1 660	6,5	1,4

4.4 Ausführungsbeispiele 193

Bild 4.92 Blick in die Dresdener Semperoper nach dem Wiederaufbau 1985 (Architekt: Hänsch) [1]

Der **Opernhausbau des 20. Jahrhunderts** hat sich zum Teil an die klassischen Vorbilder gehalten, zum Teil sind neue, meist einfachere Raumformen gewählt worden, wie etwa in der **Deutschen Oper Berlin** mit zwei hinteren Rängen und einigen seitlichen Balkonen. Wie Bild 4.93 zeigt, sind bei diesem Entwurf genaue Betrachtungen zur Schallenkung über die Decke in den mittleren Zuschauerbereich angestellt worden. Die im Bild dargestellte Deckenform wurde bei der praktischen Ausführung in Teilflächen aufgelöst. Ein besonders herausragendes Operngebäude ist die Metropolitan Opera in New York [72] [73]. Die Zahl von 3800 Zuschauerplätzen führte zum Entwurf eines Fünfrangtheaters riesiger Dimension mit Entfernungen der letzten Plätze bis zur Bühne von mehr als 50 m. Hier war eine hohe mittlere Nachhallzeit von 1,8 s erforderlich (s. Tabelle 4.24), um im hinteren Bereich dieses Auditoriums genügend große Schalldruckpegel zu erzeugen.

Typische Formen weiterer neuer Opernhäuser sind Ein- und Zweirangtheater, wie sie etwa durch die Oper in Sydney, bekannt durch die Schiffsegeln ähnelnde äußere Form [208], die Oper Leipzig [209] oder auch die Opera de la Bastille in Paris [73] repräsentiert werden.

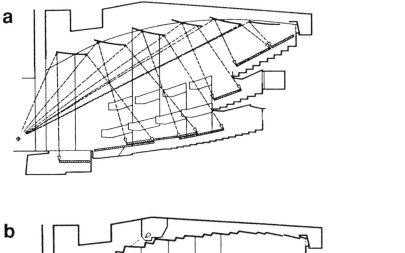

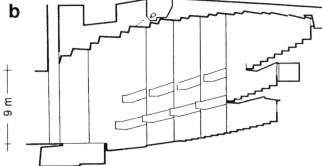

Bild 4.93 Optimierung der Deckenform in der Deutschen Oper Berlin (Architekt: Bornemann) zur Versorgung bestimmter Teilbereiche des Saales mit ersten Reflexionen [207]
a) Strahlenstudie
b) Ausführung

Trotz unterschiedlicher Detailformen kann man für diese Art von Opernsälen den auf Bild 4.94 skizzierten verallgemeinerten Grundriß mit den eingetragen geometrischen Hauptdaten als eine Grundlage für erfolgversprechende Entwürfe empfehlen.

Die **Zahl der Zuhörerplätze** in Opernhäusern sollte möglichst unter 2000 liegen. Wie Tabelle 4.24 zeigt, wurden auch Säle mit größeren Platzzahlen realisiert. **Volumenkennzahlen** von etwa 5,0 bis 8,0 m^3 je Platz sind erwünscht, um mittlere Nachhallzeiten zwischen 1,2 und 1,6 s zu erzielen. Beim Frequenzverlauf der Nachhallzeit wird ein geringer Anstieg nach tiefen Frequenzen hin angestrebt. Bei der Berechnung der **Nachhallzeit** muß man die **Wirksamkeit der Bühnenöffnung** abschätzen, etwa durch Anwendung der in Tabelle 4.9 angegebenen Werte. In der Praxis treten natürlich größere Streuungen in Abhängigkeit von der Bühnenausstattung auf. Die in Tabelle 4.24 für einige Opernhäusern angegebenen Nachhallzeiten müssen unter diesem Aspekt gesehen werden. Es zeigt sich, daß die mit viel Stoffausstattung versehenen Säle von Covent Garden oder der Grand Opera Paris relativ niedrige, die Metropolitan Opera New York und das Festspielhaus Bayreuth, aber auch die Semperoper Dresden besonders hohe Nachhallzeiten aufweisen. In der Dresdener Semperoper hatten relativ lange Nachhallzeiten Tradition (Nachhallreservoir!). Beim Wiederaufbau wurde viel Wert darauf gelegt, keine Verminderung der Nachhallzeit zuzulassen. Die Verbreiterung des Saales und der Wegfall sichtbehindernder Plätze haben sogar zu einer noch etwas längeren Nachhallzeit beigetragen.

Ein besonders wichtiges Reflexionsgebiet in Opernsälen ist der **Proszeniumsbereich**, die sog. „Treffzone". Das ist der Übergang von der Bühne zum Zuschauersaal, das Gebiet über und neben dem Orchestergraben. Um in diesem Bereich große Reflexionsflächen zu erhal-

4.4 Ausführungsbeispiele

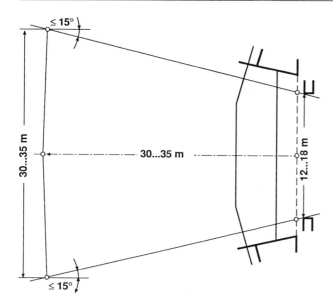

Bild 4.94 *Geometrische Angaben zur Planung eines akustisch geeigneten Grundrisses für ein Opernhaus [210]*

ten, bedarf es in der Regel enger Abstimmung mit der Beleuchtungstechnik, weil sich hier gleichzeitig begehrte Standorte für Scheinwerfer befinden. In diesem Reflexionsgebiet kommt es darauf an, besonders für die Sänger auf der Bühne frühe Reflexionen in den mittleren und hinteren Zuhörerbereich zu lenken. Das bedeutet, daß die über und vor dem Orchestergraben gelegene Deckenfläche eben oder nur wenig ($\leq 10°$) nach oben geneigt sein sollte (s. Bild 4.93), möglichst in einer konvexen oder gegliederten Form. Durch diesen Deckenplafond und möglichst in ihrer Neigung entsprechend ausgebildete Prozeniumswände wird außerdem für Reflexionen aus dem Orchestergraben in diesen zurück gesorgt und auf diese Weise das gegenseitige Hören der Musiker gefördert. Gleichzeitig bedeutet die geringe Neigung der Prozeniumsflächen eine Unterstützung der Balance zwischen Orchester und Sängern zugunsten letzterer, und das ist wegen deren vergleichsweise geringerer Schalleistung auch sehr wichtig, damit die Gesangsstimmen nicht durch die Orchestermusik verdeckt werden.

Für den **Orchestergraben** ist ein Platzbedarf von 100 bis 130 m^2 erforderlich, abhängig von der Größe des Orchesters (etwa 1,4 bis 1,5 m^2 je Musiker). Abmessungen Länge zu Breite von etwa 15 m × 7 m sind empfehlenswert. Der Orchestergraben muß auf mindestens 2,5 m absenkbar sein. Besser sind frei einstellbare Tiefen bis etwa 3,5 m, die dann optimal gewählt werden können, evtl. auch in Abhängigkeit von der Art der jeweiligen Aufführung. Die Begrenzung des Grabens zum Publikum hin sollte nicht höher sein als etwa 1 m über Fußbodenoberkante im Parkett. Für die Überdeckung des Orchestergrabens durch die Bühne gilt eine Grenze von etwa 2 m. Im Orchestergraben sind Tiefenabsorber erforderlich, die am zweckmäßigsten vor der Rückwand unter der Bühne vorgesehen werden, vorzugsweise in Form von Plattenschwingern. Dabei ist es empfehlenswert, gleichzeitig für etwas Diffusität zu sorgen, z. B. durch Ausbildung der Plattenschwinger als Dreieckstrukturen. Mit dieser gezielten Tiefenabsorption soll der Frequenzverlauf des Orchesterklanges im Saal ausgeglichen werden, weil tiefe Frequenzen stärker um den Grabenrand herumgebeugt werden als hohe und das Klangbild dadurch leicht an Brillianz verliert. Im Bereich unter der Grabenüberdeckung ist auch in gewissen Umfange eine breitbandige Schallabsorption zweckmäßig, vor allem gezielt in der Nähe besonders lauter Instrumente (Blechbläser, Schlagzeug). An den Seiten des Orchestergrabens sind Stoffvorhänge oder -rollos empfehlenswert, um eine gewisse Variabilität der akustischen Bedingungen zu gewährleisten. Weiterhin empfiehlt es

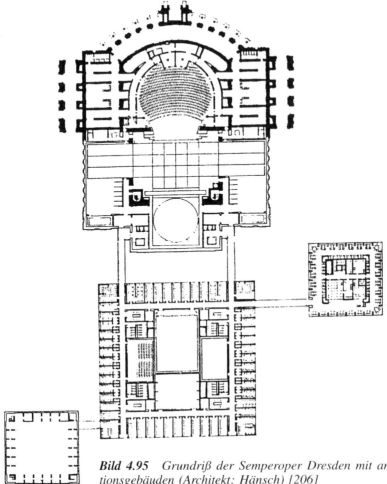

Bild 4.95 *Grundriß der Semperoper Dresden mit angeschlossenen Funktionsgebäuden (Architekt: Hänsch) [206]*

sich, einige als Tiefenabsorber ausgebildete halbhohe Stellwände bereitzuhalten, um erforderlichenfalls im Orchestergraben die Abtrennung bestimmter Instrumentengruppen zu ermöglichen. Die vordere Wand des Orchestergrabens hinter dem Dirigenten sollte für mittlere und hohe Frequenzen reflektierend sein, um die Schallabstrahlung in den Saal zu unterstützen [72] [211] [212].

Aus akustischen Gründen sind **Portalbreiten** zwischen 12 und 18 m, **Portalhöhen** zwischen 8 und 10 m wünschenswert, damit die bereits erwähnten Reflexionen in genügend kurzem Zeitabstand zum Direktschall zustande kommen. Für die **Hauptbühne** einer Oper sind Abmessungen von 15 m × 15 m bis 20 m × 20 m gebräuchlich. Mit **Nebenbühnen, Hinterbühne**, Platz für Untermaschinerie, Schnürboden und Platz für Obermaschinerie bedeutet das einen wesentlich größeren Bedarf an umbautem Volumen, als der eigentliche Opernsaal selbst. Bild 4.95 verdeutlicht das am Beispiel des Grundrisses der Semperoper Dresden. Hier sind außerdem zusätzliche, mit dem Opernhaus über Brücken verbundene Gebäude errichtet worden, um Probesäle für Orchester, Chor und Ballett sowie **Probebühnen**, Umkleideräume Gaststätten u. ä. unterzubringen. Auch dabei müssen die vielfältigsten bau- und raumakusti-

4.4 Ausführungsbeispiele 197

schen Erfordernisse Beachtung finden, damit ein reibungsloses Nebeneinander dieser verschiedenen Funktionen möglich ist.

Meist sollen Opernhäuser auch für sinfonische Konzerte benutzt werden. Das Orchester spielt dann auf der Bühne und sollte dort begrenzt von reflektierenden Flächen, d. h. in einem sog. **Konzertzimmer**, plaziert werden. Es ist empfehlenswert, die Wände dieses Konzertzimmers zwecks guter Durchmischung des Klanges etwas zu untergliedern und schrägzustellen. Die Seitenwände sollten sich zum Saal hin öffnen (Winkel ca. 10°). Das Konzertzimmer ist abzudecken, zweckmäßigerweise in mehreren Streifen, die im vorderen Teil einen leichten Anstieg (etwa 10°) nach oben aufweisen. Damit sie auch bei tiefen Frequenzen wirksam sind, sollen sämtliche Reflexionsflächen aus mindestens 20 kg/m^2 schweren Platten bestehen.

4.4.8 Konzertsäle für sinfonische Konzerte

Konzertveranstaltungen haben ihren Ursprung wie Opernaufführungen im höfischen Musizieren, das in dazu geeigneten größeren Räumen, vor allem in Ballsälen, stattfand. Bekannte Säle dieser Art aus dem 18. Jahrhundert sind z. B. der Redoutensaal der Wiener Hofburg oder die Musiksäle von Schloß Eszterházy oder Schloß Eisenstadt. Am Ende des 18. und zu Beginn des 19. Jahrhunderts entstanden öffentliche Konzertsäle, in denen sinfonische Musik breiten bürgerlichen Kreisen zugänglich gemacht wurde, so 1775 die Hannover Square Rooms in London mit 800 Plätzen, 1781 ein Saal mit etwa 400 Plätzen im Leipziger Gewandhaus und 1830 unter den Tuchlauben in Wien ein Saal für etwa 700 Personen [7] [72].

Noch heute **bekannte Konzertsäle** wurden in der 2. Hälfte des 19. Jahrhunderts eröffnet, z. B. 1851 der Christal Palace in London (ausgebrannt 1936), 1870 der Musikvereinssaal in Wien, 1877 die St. Andrews Hall in Glasgow, 1886 das Neue Gewandhaus in Leipzig (zerstört 1944), 1887 der Saal im Concertgebouw in Amsterdam und 1900 die Symphony Hall Boston [72] [73]. Volumina und mittlere Nachhallzeiten dieser Säle sind zusammen mit den Daten weiterer bekannter Konzertsäle in Tabelle 4.25 zusammengestellt. Alle diese Säle waren Rechteckräume, Säle in „**Schuhkartonform**", wie auf Bild 4.96 am Beispiel des **Wiener Musikvereinssaales**, des wohl berühmtesten unter ihnen, dargestellt. Solche Säle besitzen bei angemessener Platzzahl (<2000) und ausreichendem Volumen (ca. 10 m^3 je Person) eine mittlere Nachhallzeit von 1,8 bis 2,0 s, was nach Bild 4.54 dem Optimum entspricht. Sie weisen bei geringer Breite (Musikvereinssaal: 20 m), großer Höhe (Musikvereinssaal: 17 m), nicht zu großer Länge (Musikvereinssaal: 40 m von der Rückwand des Ranges zum vorderen Podiumsrand) und breitbandig wirkenden Strukturen für diffuse Reflexionen (Galerien, Balkone, Brüstungen, Figuren, Reliefs, Nischen und Verzierungen) eine Ausgewogenheit von Durchsichtigkeit und Raumeindruck auf, die sie zu ausgezeichneten Konzertsälen macht. Auf die große Bedeutung seitlicher Reflexionen für die Räumlichkeit solcher Rechtecksäle war bereits hingewiesen worden.

Noch heute werden Konzertsäle in „Schuhkartonform" gebaut. Bild 4.97 zeigt als Beispiel den Großen Saal des **Konzerthauses Berlin**, der in klassizistischer Architektur beim Wiederaufbau des im Kriege zerstörten Berliner Schauspielhauses anstelle eines früheren Theatersaales in der Mitte dieses dreiflügligen Gebäudes eingerichtet worden ist. Der Saal hat hinten einen Mittelrang und auf beiden Längsseiten je zwei übereinandergelegene Seitenränge. Eine Nachhallzeit von 2,0 s bei mittleren Frequenzen, ansteigend auf 2,2 s bei 125 Hz, Klarheitsmaße von 0,5 dB im Parkett und von −1,5 dB auf dem Mittelrang, Raumeindrucksmaße von 3,2 dB im Parkett und von 4,0 dB auf dem Mittelrang sind kennzeichnend für Wärme des Klanges und guten Raumeindruck, verbunden mit ausreichender Durchsichtigkeit [213] [214].

Tabelle 4.25 Geometrische Daten und mittlere Nachhallzeiten T_m bekannter Konzertsäle (besetzter Zustand)

Ort	Konzertsaal	erbaut (erneuert)	Volumen [m³]	Plätze	K [m³/Platz]	T_m [s]
Amsterdam	Concertgebouw	1887	18 800	2 210	8,5	2,0
Baltimore	Joseph Meyerhoff Symphony Hall	1986	21 500	2 470	8,7	1,9
Basel	Stadtkasino	1876	10 500	1 400	7,5	1,7
Berlin	Philharmonie (alt)	1888	18 000	1 960	9,2	1,9
Berlin	Philharmonie (neu) (Großer Saal)	1963	24 500	2 220	11,0	2,0
Berlin	Philharmonie (neu) (Kammermusiksaal)	1987	12 500	1 170	10,7	1,8
Berlin	Konzerthaus (Großer Saal)	1820 (1984)	15 000	1 430	10,5	2,0
Berlin	Konzerthaus (Kammermusiksaal)	1820 (1984)	2 100	440	4,8	1,3
Berlin	Deutsche Staatsoper (Apollosaal)	1742 (1986)	2 000	250	8,0	1,7
Berlin	Großer Sendesaal des SFB	1959	12 900	1 120	11,5	2,0
Bonn	Beethovenhalle	1959	15 700	1 410	11,2	1,7
Boston	Symphony Hall	1900	18 800	2 630	7,1	1,8
Bristol	Colston Hall	1951	13 450	2 120	6,3	1,7
Cardiff	St. David's Hall	1982	22 000	1 960	11,2	1,9
Christchurch	Town Hall	1972	20 700	2 650	7,7	2,3
Croydon	Fairfield Hall	1962	15 400	1 760	8,8	1,7
Dallas	MC Dermott Concert Hall	1989	23 900	2 060	11,6	1,3
Edinburgh	Usher Hall	1914	16 000	2 550	6,3	1,7
Frankfurt/M.	Alte Oper	1880 (1981)	25 000	2 420	10,3	1,9
Frankfurt/O.	Konzertkirche Carl Phillip Emanuel Bach	1970	13 500	900	15,0	2,9
Glasgow	St. Andrews Hall	1877	16 500	2 500	6,6	1,8
Göteburg	Konzerthaus	1935	11 900	1 370	8,7	1,7
Köln	Philharmonie	1986	21 000	2 000	10,5	1,7
Leipzig	Gewandhaus (alt)	1884	10 300	1 560	6,6	1,5
Leipzig	Neues Gewandhaus (Großer Saal)	1981	21 000	1 900	11,1	2,0

4.4 Ausführungsbeispiele

Ort	Konzertsaal	erbaut (erneuert)	Volumen [m³]	Plätze	K [m³/Platz]	T_m [s]
Leipzig	Neues Gewandhaus (Kleiner Saal)	1981	4 300	490	8,7	1,7
Lennox	Tanglewood Music Shed	1959	42 450	6 000	7,1	2,1
Linz	Brucknerhaus	1974	13 000	1 420	9,2	1,7
Liverpool	Phylharmonic Hall	1939	13 600	1 950	7,1	1,5
London	Barbican Concert Hall	1982	17 750	2 030	8,7	1,7
London	Royal Albert Hall	1871	86 700	5 100	17,2	2,5
London	Royal Festival Hall	1951	22 000	2 900	7,6	1,7
Magdeburg	Konzerthalle (Kirche)	1975	12 000	500	24,0	3,2
Manchester	Free Trade Hall	1951	15 400	2 530	6,1	1,5
München	Herkulessaal	1953	13 600	1 290	10,6	1,9
München	Konzertsaal am Gasteig	1985	30 000	2 430	12,3	2,0
New York	Carnegie Hall	1891	24 250	2 760	8,8	1,7
New York	Every Fisher Hall	1962	24 600	2 640	9,3	1,5
Nottingham	Royal Concert Hall	1982	17 510	2 500	7,0	1,9
Nürnberg	Meistersingerhalle	1965	23 000	2 000	11,5	2,0
Osaka	Symphony Hall	1982	17 000	1 700	10,0	2,0
Paris	Salle Pleyel	1927 (1981)	19 200	2 400	8,0	1,7
Philadelphia	Academy of Music	1857	15 700	2 980	5,3	1,4
Rotterdam	De Doelen	1976	28 000	2 200	12,7	2,1
Stuttgart	Liederhalle	1956	16 000	2 000	8,0	1,7
Taipei	Chiang Kai Shek Memorial Hall	1987	16 700	2 080	8,0	2,0
Tel Aviv	Frederic R. Mann Auditorium	1957	21 200	2 710	7,8	1,6
Tokio	Hitomi Memorial Hall	1980	19 400	2 380	8,2	1,8
Tokio	Suntory Hall	1986	22 000	2 010	10,9	2,1
Toronto	Massey Hall	1893	14 200	2 500	5,7	1,9
Toronto	Roy Thomson Hall	1982	28 300	2 810	10,1	1,5... 2,0
Watfort	Town Hall	1940	11 600	1 590	7,3	1,5
Wellington	Michael Fowler Centre	1983	22 700	2 570	8,8	2,1
Wien	Musikvereinssaal	1870	15 000	1 680	8,9	2,0
Zürich	Großer Saal der Tonhalle	1895	11 400	1 550	7,4	1,6

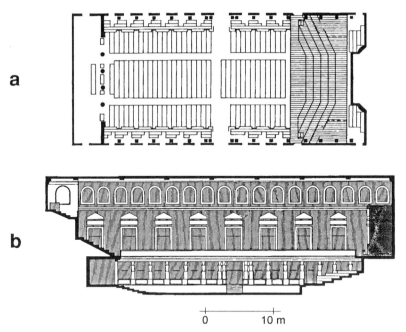

Bild 4.96 *Musikvereinssaal Wien (Architekt: von Hausen) [1]*
a) *Grundriß (Parkettbereich)*
b) *Längsschnitt*

Ein Teil der Rechtecksäle hat ihrer Entwicklung aus Ballsälen gemäß keine Sitzplatzüberhöhung im Parkett. Wie bereits im Abschn. 4.3.3.2 erläutert, verlangt das ein hohes Podium (Wiener Musikvereinssaal: 1 m) und eine große **Höhenstaffelung des Orchesters** (Wiener Musikvereinssaal: 5 Stufen zu je 0,28 m). Auch im Konzerthaus Berlin sind wegen des ebenen Parkettes große Höhenstufungen im Podiumsbereich vorgesehen worden. Die auf Bild 4.97 erkennbaren einzelnen Elemente des Podiums sind kontinuierlich in ihrer Höhenposition einstellbar, maximal so, daß jeweils bis zu 1,0 m hohe Stufen möglich sind. Die Gesamthöhe des letzten der fünf Podiumselemente, die jedes mindestens 1,4 m breit sind, kann auf 1,5 m über dem Niveau des vordersten eingestellt werden. Das Vorpodium ist bis auf Fußbodenniveau des Parkettes absenkbar und kann auf diese Weise bei geringerem Platzbedarf der Musiker zusätzlich bestuhlt werden.

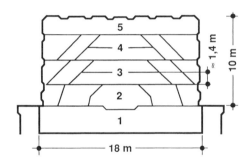

Bild 4.97 *Grundriß des Orchesterpodiums im Großen Saal des Berliner Konzerthauses*
1 Vorpodium
2 bis 5 Hauptpodien

4.4 Ausführungsbeispiele 201

Bild 4.98 *Blick in den Großen Saal des Berliner Konzerthauses (Architekt: Prasser) [1]*

Die Breite eines **Konzertpodiums** sollte an der Rampe ca. 18 bis 20 m betragen. Der Platzbedarf je Musiker liegt bei 1,7 bis 2,0 m². Das bedeutet eine Gesamtfläche des Podiums von etwa 200 m². Diese Größe sollte nicht wesentlich überschritten werden, weil dadurch das Zusammenspiel der Musiker erschwert wird und sich auch die Durchmischung des Orchesterklanges verschlechtert. Selbstverständlich muß der Boden des Orchesterpodiums schwer und massiv sein. Üblich sind mehrere cm dicke Holzbohlen mit einem aufgeleimten Parkett- oder Holzboden. Wegen der Notwendigkeit, auch tiefe Frequenzen zu reflektieren, ist eine flächenbezogene Masse von mindestens 40 kg/m² erforderlich.

Es ist wichtig, daß die Podiumsfläche im vorderen Teil reichlich bemessen wird, damit dort Bodenreflexionen der Streicher, sowie von Instrumentalsolisten oder Sängern möglich sind. Bei letzteren ist das wegen des nach unten orientierten Maximums der Schallabstrahlung besonders wichtig. Sänger sollten deshalb auch nicht an der vorderen Podiumskante stehen.

Flächenbezogene Massen von 40 kg/m² gelten auch als Mindestwerte für die Flächen, die das Orchesterpodium seitlich und rückwärtig begrenzen. Wenn das bei vorgerücktem Podium nicht gleichzeitig die Saalwände sind, müssen hohe, das Podium an diesen drei Seiten umgebende Reflexionsflächen angeordnet werden, die die Schallabstrahlung in den Zuhörerbereich durch frühe Reflexionen unterstützen. Sie sollen auch die Durchmischung fördern und das Zusammenspiel erleichtern. Über dem hinteren, hochgestaffelten Podiumsteil, sind als Höhe dieser Begrenzungsflächen wenigstens etwa 2 m empfehlenswert. Diese Flächen sollten in vertikaler oder in horizontaler Richtung etwas gegliedert sein. Zum Auditorium hin ist ein Öffnungswinkel bis maximal 15° zweckmäßig. Wegen der Gefahr von Flatterechos dürfen die seitlichen Begrenzungen auf keinen Fall parallel zueinander stehen. Um Zusammenspiel und Durchmischung zu fördern, ist es außerdem wünschenswert, daß die Begrenzungsflächen oder Teile davon etwas zum Podium hin geneigt werden.

Meist wird in Konzertsälen eine **große Orgel** eingebaut. Bevorzugter Standort ist die Wand hinter dem Orchester. Um den Zusammenklang zu fördern, sollte der Abstand nicht zu groß sein. Bei der Planung eines Konzertsaales ist es besonders wichtig, daß die für die großen Orgelpfeifen benötigte Höhe (für 32′-Pfeifen etwa 11 m, für 16′-Pfeifen etwa 6 m) gewährleistet wird. Die Einbautiefe einer großen Konzertorgel beträgt etwa 3 m.

Der Konzertsaal in „Schuhkartonform" führt zu schlechten Sichtbeziehungen und zu besonders weiten Entfernungen der hinteren Plätze (>45 m), wenn eine größere Zuhörerzahl als etwa 2000 gewünscht ist. Es wurden deshalb auch andere Saalformen entworfen, die teilweise zwar zu gut funktionsfähigen, vielfach aber auch zu aus akustischer Sicht nicht besonders positiv bewerteten Lösungen führten. Genannt sei die 1871 in London eröffnete Royal Albert Hall [215], ein **elliptischer Kuppelbau** mit mehr als 5000 Plätzen, in dem ausgeprägte Echos auftraten. Nach verschiedenen weniger wirksamen Versuchen wurde hier eine schallabsorbierende Unterdecke eingebaut. Unter dieser hängen im gesamten Raum konvex geformte Reflektoren, ergänzt durch spezielle Reflektorflächen über dem Podium. Ein weiteres Beispiel ist der 1927 fertiggestellte leicht **trapezförmige** Salle Pleyel in Paris [216], entworfen für etwa 3000 Plätze, die mittels einer ausgewählten konkaven Deckenform gezielt mit ersten Reflexionen versorgt wurden. Es mangelte jedoch an Nachhall, weil infolge der Absorption durch das Publikum kein ausreichend diffuses Schallfeld zustandekam. In der in **Rechteckform** mit einer Kapazität von 2900 Plätzen errichteten Royal Festival Hall London [217], die 1951 eröffnet wurde, gab es eine gute Bewertung bezüglich Klarheit und Durchsichtigkeit des Klanges auf allen Plätzen. Hingegen führten die durch große Breite des Saales (im Mittel 32 m) verursachte mangelnde Räumlichkeit und die durch geringe Volumenkennzahl (7,6 m^3 je Platz) sowie durch Materialien mit großer Tiefenabsorption bedingte niedrige Nachhallzeit ($T_m \approx 1,4$ s) zu Beanstandungen. Hier wurde zum ersten Male zur **Nachhallzeitverlängerung** das **elektroakustische System** der „Assisted Resonanz" eingesetzt. Bei diesem inzwischen zum technischen Standard entwickelten Verfahren werden mehrere hundert Mikrofone in spezielle Resonatoren eingebaut und diese in der Decke des Saales montiert. Jedes Mikrofon ist über Verstärker und Filter mit einem Lautsprecher verbunden, der ebenfalls in der Decke untergebracht ist und von dem das aufgenommene Signal wieder abgestrahlt wird. Bei geeigneter Anordnung und Einstellung des Systems läßt sich eine erhebliche Nachhallzeitverlängerung vor allem bei tiefen Frequenzen erzielen. In der Royal Festival Hall wurde die mittlere Nachhallzeit auf 1,7 s verlängert. Bei 125 Hz wurde sie sogar von 1,3 auf 2,1 s erhöht, was im Saal den vorher vermißten „warmen" Klang erzeugt. Inzwischen sind neben dem System der „Assisted Resonanz" noch andere Verfahren zur Nachhallzeitverlängerung vor allem in Mehrzwecksälen im Einsatz (z. B. Multi Channel Reverberation MCR, Electronic Reflected Energy System ERES) [11] [12]. Ferner entstanden einige Konzertsäle in **Fächerform**, so beispielsweise 1985 die Kulttuuritalo Halle mit 1500 Plätzen und 1971 die Finnlandia Halle mit 1750 Plätzen, beide in Helsinki. Beiden Sälen mangelt es wegen fehlender energiereicher seitlicher Reflexionen in Saalmitte etwas an Räumlichkeit [72] [73].

4.4 Ausführungsbeispiele 203

Eine erfolgreiche Weiterentwicklung, anwendbar für alle Konzertsaalformen, stellt das bereits im Abschn. 4.3.3.4 erwähnte **„Weinbergprinzip"** dar [147] [218]. Wie auf Bild 4.99 am Beispiel der **Berliner Philharmonie**, in der es erstmals angewandt wurde, gezeigt, ermöglichen Höhensprünge zwischen den Publikumsblöcken die Nutzung von Trennwandflächen im Zuhörerbereich zur Ausbildung von Anfangsreflexionen, auch von seitlichen. Durch diese können selbst in sehr breiten Sälen die fehlenden Seitenwandreflexionen im mittleren Saalbereich ersetzt werden [219].

Dieses Prinzip ist inzwischen in einer Reihe von Sälen mit gutem Erfolg angewendet worden. Als Beispiel zeigt Bild 4.100 den Großen Saal im **Neuen Gewandhaus in Leipzig**. Dieser Saal besitzt Fächerform. Die in Modellversuchen festgelegten Größen und Neigungen der Zwischenwände erwiesen sich hier als wesentliche Instrumentarien für die Optimierung der

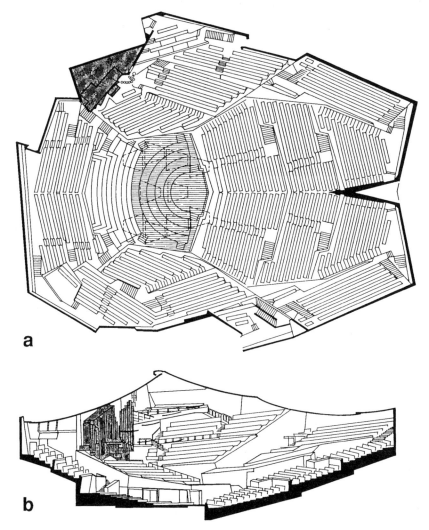

Bild 4.99 *Berliner Philharmonie (Architekt: Scharoun) [1]*
a) Grundriß
b) Längsschnitt

Bild 4.100 Blick in den Großen Saal des Neuen Gewandhauses Leipzig (Architekt: Skoda)

akustischen Eigenschaften dieses Saales. Bei einer mittleren Nachhallzeit von 2,0 s werden im mittleren Saalbereich Klarheitsmaße von −0,6 dB und Raumeindrucksmaße von +4,5 dB bestimmt, bestätigend für die insgesamt positive Bewertung der akustischen Qualität dieses Konzertsaales [149] [220].

Besonders risikobehaftet sind **Saalformen mit konkaven Begrenzungswänden**, speziell Säle mit **elliptischen Grundrissen**. Auch hierfür gibt es aber einige bewährte Lösungen, die sich durch gute akustische Eigenschaften auszeichnen. Als Beispiel zeigt Bild 4.101 Grundriß und Schnitt der **Christchurch Town Hall** [221], bei der durch große Reflektorflächen über dem Podium und vor den Seitenwänden kritische fokussierende Reflexionen vermieden werden. Durch genaue Ausrichtung dieser großen Reflexionsflächen, die im Modell vorbereitet wurde, konnte für ausreichende seitliche Reflexionen gesorgt werden. Ein ähnliches Ergebnis wurde im Michael Fowler Centre in Wellington durch den Einsatz großer *Schroeder*-Diffusoren (s. Abschn. 4.1.5.2) erzielt [222]. Diese Beispiele verdeutlichen, daß es mit Sekundärstrukturen, die allerdings eines größeren Aufwandes bedürfen, möglich ist, auch akustisch ungünstige Grundformen für eine Konzertsaalnutzung geeignet zu machen.

In allen Konzertsälen stellt das **Publikum die wichtigste Absorptionsfläche** dar. Da bei Konzertproben die akustischen Eigenschaften des unbesetzten Saales möglichst wenig von denen des besetzten abweichen sollen, muß das leere Gestühl einen ähnlichen Schallabsorptionsgrad besitzen wie das besetzte. Wie bereits erwähnt, sind dazu die von der sitzenden Person abgedeckten Stuhlflächen mit einer geeigneten Stoffpolsterung zu versehen (s. Abschn. 4.1.3.1). Es empfiehlt sich, durch Probemessungen in einem Hallraum die Absorptionseigenschaften an 10 bis 12 Stühlen vorab zu testen [608] [643].

Ergänzend zur Publikumsabsorption sind in Konzertsälen im allgemeinen **Schallabsorber für tiefe Frequenzen** erforderlich. Diese dürfen keinesfalls am Podium oder in dessen unmittelbarer Nähe angeordnet sein, damit zunächst eine ungehinderte Abstrahlung der tiefen

4.4 Ausführungsbeispiele

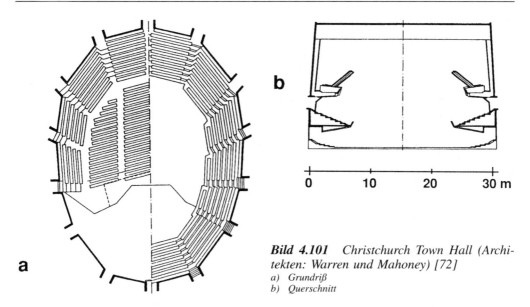

Bild 4.101 Christchurch Town Hall (Architekten: Warren und Mahoney) [72]
a) Grundriß
b) Querschnitt

Frequenzen in den Saal zustandekommt. Tiefenschlucker lassen sich durch Plattenschwinger z. B. in Verbindung mit Wand- und Deckenstrukturen realisieren. Ungenutzte Hohlräume werden gern als Helmholtzresonatoren über entsprechend bemessene Öffnungen angekoppelt. Das können z. B. Hohlräume unter Stufen, im Brüstungsbereich, in hohlen Säulen und Gesimsen sein, so daß die Existenz dieser Absorber im Saal gar nicht wahrgenommen wird. Als Beispiel zeigt Bild 4.102 einen Schnitt durch Helmholtzresonatoren, die im Neuen Gewandhaus Leipzig in die Brüstungen von Trennwänden im Saal eingebaut worden sind. Sie sind durch Schlitze an das Schallfeld des Saales angekoppelt, die so angeordnet wurden, daß sie problemlos auch mit Leisten verschlossen werden können. Damit war die Möglichkeit gegeben, die Absorptionseigenschaften dieses Saales bei tiefen Frequenzen während seiner Erprobung in gewissem Umfange zu optimieren.

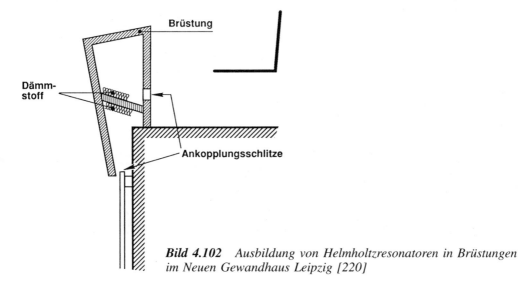

Bild 4.102 Ausbildung von Helmholtzresonatoren in Brüstungen im Neuen Gewandhaus Leipzig [220]

4.4.9 Kammermusiksäle

Säle für Kammermusik müssen ähnlichen prinzipiellen Anforderungen genügen wie die für sinfonische Musik. Angepaßt an die geringere Schalleistung, die Solisten oder Instrumentalgruppen im Vergleich zu Sinfonieorchestern abstrahlen, und dem Bedürfnis entsprechend, **größere „Intimität"**, d. h. größere Nähe der Zuhörer zu den Musizierenden zu gewährleisten, sind diese Säle kleiner. Bei klassischer Musik entspricht das im allgemeinen auch der Größe derjenigen Räume, in denen diese Kompositionen in der Zeit ihres Entstehens aufgeführt wurden. In der Regel sind Platzzahlen etwa zwischen 200 und 800 üblich. Eine Ausnahme bildet z. B. der Kammermusiksaal der Berliner Philharmonie, der fast 1200 Zuhörer faßt [73]. Nach Tabelle 4.19 wird empfohlen, Volumenkennzahlen zwischen 6 und 10 m^3 je Person und damit ein maximales Volumen von ca. 8000 m^3 einzuhalten. Auch die mittleren Nachhallzeiten sollten etwas geringer sein als für sinfonische Konzerte, auf Bild 4.54 eher den Angaben für Mehrzwecknutzung entsprechen, also etwa zwischen 1,3 und 1,6 s liegen. Es wird eine größere Durchsichtigkeit gewünscht (Klarheitsmaße 2 bis 3 dB), gleichzeitig ist ein niedrigerer Raumeindruck angemessen (Seitenschallgrad 25 bis 30%). Das bedeutet, daß der Ausbildung früher Reflexionen großer Wert beizumessen ist, den seitlichen aber weniger Beachtung geschenkt werden muß.

Der Platzbedarf für die Musiker ist entsprechend geringer; etwa 50 m^2 **Podiumsfläche** sind ausreichend. Die zum guten gegenseitigen Hören der Musiker und zur Durchmischung des Klanges für Sinfonieorchester beschriebenen Maßnahmen an der Podiumsbegrenzung gelten sinngemäß. Mehr noch als bei großen Orchestern muß bedacht werden, daß die Richtcharak-

Bild 4.103 *Blick in den Kammermusiksaal des Berliner Konzerthauses (Architekt: Prasser)* [1]

teristik der Soloinstrumente und Gesangsstimmen dazu führt, daß nur in der Hauptabstrahlrichtung ohne Verfälschung des Frequenzverlaufes und ohne Beeinträchtigung durch fehlerhafte Balance gehört werden kann. Saalformen mit zum Podium rückwärtigen und seitlichen Zuhörerbereichen sollten daher möglichst vermieden, zumindest die Zahl dieser Plätze minimiert werden.

Vielfach werden Kammermusiksäle beim Bau von Konzerthäusern ergänzend zum großen Konzertsaal eingerichtet. Bild 4.103 zeigt den Kammermusiksaal im **Konzerthaus Berlin**, der an der Stelle liegt, an der sich im Schinkel'schen Schauspielhaus früher ebenfalls ein Konzertsaal befand [213]. Dieser Saal ist rechteckig, hat an beiden Längsseiten eine schmale Galerie und an der Rückseite einen Rang. Die akustisch günstigen Raumabmessungen (Länge:Breite:Höhe von 13 m:8 m:8 m) bewirken energiereiche Anfangsreflexionen auch von den Seiten. Strukturen unterschiedlicher Abmessungen an Wänden und Decke führen infolge diffuser Reflexionen zu einem ausgeglichenen Schallfeld. Eine Besonderheit stellt die 6 m tiefe Bühne dar, die verwandlungsfähig ist (eindrehbare Seitenwandelemente, absenkbare und schwenkbare Deckenteile, verstellbare Podiumsflächen), und die sogar die Ausbildung eines kleinen Orchestergrabens erlaubt, so daß in diesem Saal auch Kammeropern aufgeführt werden können.

Der im **Gewandhaus Leipzig** eingerichtete Kammermusiksaal, dessen Grundriß auf Bild 4.104 gezeigt ist, war ursprünglich als Mehrzwecksaal geplant. Er besitzt daher eine relativ große Breite von ca. 40 m. Um die Musiker auf dem Podium mit wirksamen Reflexionsflächen zu umgeben, sind Schiebewände und Stellwände verfügbar, mittels derer diese Breite zumindest im Podiumsbereich auf ein dem jeweiligen Platzbedarf angepaßtes Maß eingeengt werden kann.

In dem auf Bild 4.105 dargestellten Kammermusiksaal der **Berliner Philharmonie**, der sich auf Grund seiner Größe sehr wenig von einem Konzertsaal für Sinfonieorchester unterscheidet, wurde das Wagnis unternommen, das Podium in die Saalmitte zu legen. Für die seitlichen und rückwärtigen Plätze sollen eine gute Durchmischung und nach allen Richtungen orientierte Anfangsreflexionen ausgleichend wirken. Diese werden durch eine entsprechend gestaltete Podiumsbegrenzung erzeugt. Außerdem wird durch zahlreiche Reflexionsflächen innerhalb des nach dem „Weinbergprinzip" gegliederten Publikumsbereiches für ein ausgeglichenes Schallfeld gesorgt und die für Kammermusik etwas lange, für den Saal aber wohl angemessene Nachhallzeit von 1,8 s erreicht.

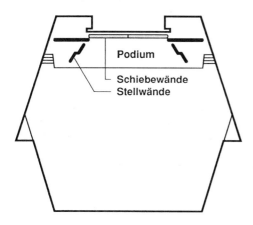

Bild 4.104 Grundriß des Kammermusiksaales im Neuen Gewandhaus Leipzig (Architekt: Skoda) [149]

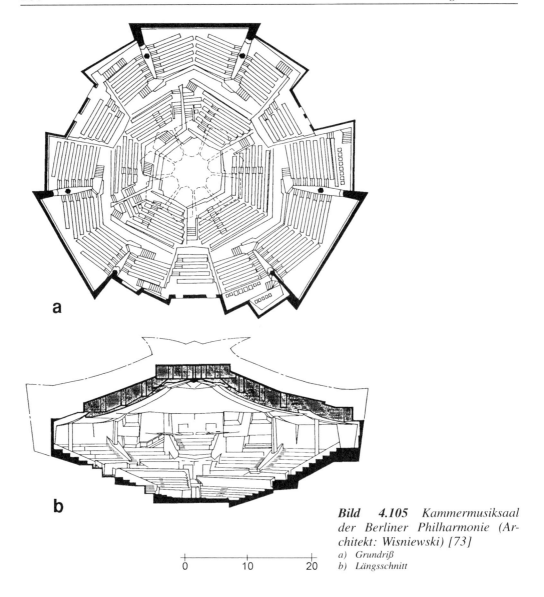

Bild 4.105 Kammermusiksaal der Berliner Philharmonie (Architekt: Wisniewski) [73]
a) Grundriß
b) Längsschnitt

4.4.10 Kirchen

Fester Bautyp frühchristlicher Kirchen ist die römische **Basilika**, ein zunächst einfacher Hallenbau mit einem hohen Mittelschiff und ein oder zwei meist niedrigeren Seitenschiffen. Die Kirchen waren ursprünglich nicht als Räume zum Hören gedacht, sondern dienten liturgischen Handlungen. Ihre Mächtigkeit hatte symbolhaften Charakter. Es gab bis zum 15./16. Jahrhundert (Reformation) kein Gestühl außer für den Klerus, an den allein auch Lesungen gerichtet waren, die später durch singenden Vortrag ergänzt oder ersetzt wurden. Damit war eine bessere Anpassung an die längeren Nachhallzeiten möglich. Die Predigten an die Gemeinde wurden im 12. bis 14. Jahrhundert eingeführt. Der Prediger stand entweder auf dem

4.4 Ausführungsbeispiele 209

Lettner oder nutzte einen fahrbaren Predigerstuhl, für den ein akustisch möglichst geeigneter Platz gesucht wurde, vielfach in einem der Seitenschiffe. Um die Sprachverständlichkeit zu verbessern, entstand die **Kanzel**, angeordnet vor einem nördlichen Pfeiler des Hauptschiffes in erhöhter Position und mit einem reflektierenden Kanzeldeckel versehen. Sie diente der besseren Versorgung der vor der Kanzel sitzenden Gemeinde mit Direktschall und mit frühen Reflexionen.

Die Predigerorden des 14. bis 16. Jahrhunderts benötigten Räume zum Hören und Verstehen von Sprache. Als solche entstanden die **Saalkirchen**, wie sie im Prinzip neben einigen anderen Formen wie Kreuzkirche oder Rundkirche auch heute noch ausgeführt werden. Sie besitzen geringere Höhe, meist flach gewölbte oder ebene Decken, haben auch kleinere Grundrißabmessungen und damit kleinere Volumina. Die Kanzel rückt bei diesen Predigtkirchen meist neben den Altar.

Während die riesigen Kathedralen teilweise **Nachhallzeiten** von mehr als 10 s, in Einzelfällen bis zu 30 s besitzen (Kölner Dom: 13 s bei 100 Hz; 230 000 m^3; St. Marien Lübeck: 9,5 s bei 120 Hz; 100 000 m^3), finden sich in Saalkirchen Maximalwerte zwischen etwa 5 und 10 s (St. Michaelis Hamburg: 6,3 s bei 500 Hz; 32 000 m^3). In romanischen und gotischen Bauformen gibt es meist Maxima der Nachhallzeit bei tiefen Frequenzen, weil hier wenig Einbauten mit Eigenschaften von Tiefenabsorbern vorhanden sind. Im Barock werden die verglasten Flächen größer und es kommen zum Teil sehr umfangreiche Holzeinbauten hinzu, wodurch eine stärkere Tiefenabsorption bewirkt wird. Das Nachhallzeitmaximum verschiebt sich daher in den mittleren Frequenzbereich [223].

In der um 1700 erbauten **Thomaskirche in Leipzig**, deren Grundriß Bild 4.106 zeigt, ist trotz des großen Raumvolumens von 18 000 m^3 im leeren Raum eine relativ geringe mittlere Nachhallzeit von 3,5 bis 4 s vorhanden, die im voll besetzten Zustand auf etwa 2 s absinkt. Das läßt sich darauf zurückführen, daß sich in der Kirche viele, meist hölzerne Einbauten befinden, u. a. auch hohl liegende Holzpodeste unter dem Gestühl, und daß der Kirchenraum stark untergliedert ist durch Emporen, Säulen, Fürstensitz und Portal. Die Kirche besitzt daher günstige Voraussetzungen für Orgel- und Chormusik in polyphonem Satz und für schnelle Tonfolgen, wie sie Bach'scher Musik eigen ist.

Infolge der unterschiedlichen funktionellen Anforderungen an eine Kirche hat diese den **Charakter eines Mehrzwecksaales**, an den extreme Ansprüche gestellt werden. In der

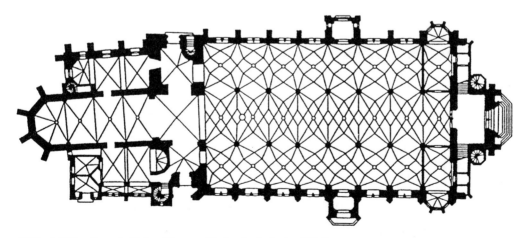

Bild 4.106 *Grundriß der Thomaskirche in Leipzig [224]*

Kirche soll **Sprache** gut verständlich sein. Dazu sind kurze Nachhallzeiten von etwa 1 s und große Deutlichkeit erwünscht. **Orgelmusik** hingegen und **große Chorwerke** erfordern Nachhallzeiten von 2 bis 3 s (s. Bild 4.54), nach tiefen Frequenzen hin möglichst etwas ansteigend. Bei Neuplanungen empfiehlt es sich als Kompromiß eine Nachhallzeit von 1,5 bis 2 s anzustreben. Dazu ist pro Person ein Volumen von 6 bis 10 m^3 erforderlich. Da die Besucherzahlen in Kirchen stark schwanken, muß bei Vorhandensein einfachen Holzgestühles mit größerer Variationsbreite der Nachhallzeit gerechnet werden. Eine Polsterung des Kirchengestühls zumindest in Form von Sitzkissen ist aus diesem Grunde empfehlenswert.

Um bei den genannten für **Sprache** relativ langen Nachhallzeiten eine ausreichende Verständlichkeit zu gewährleisten, müssen vor allem in Rednernähe reflektierende Flächen für gezielte Anfangsreflexionen in den hinteren Raumbereich genutzt werden. Geeignete Mittel bilden Kanzeldeckel, Flächen seitlich und hinter der Kanzel, Flügelaltar, niedrige (6 bis 8 m) und gezielt geneigte Decke über dem Altarbereich, entsprechende Wandflächen neben diesem sowie Gewährleistung von Bodenreflexionen vor dem Redner.

Als Beispiel einer Kirchenplanung, bei der die genannten Gesichtspunkte Beachtung fanden, sei die Kirche **Maria — Königin des Friedens in Berlin** genannt, die 1983 geweiht wurde. Bild 4.107 zeigt den Grundriß dieser Kirche (Polygon von 20 m maximaler Länge und 14 m maximaler Breite) und läßt im Schnitt die optimierte Deckenform erkennen (Höhe im Mittel 7,5 m). Bei einem Volumen von 1700 m^3 und einer Platzkapazität für 170 Besucher ergibt

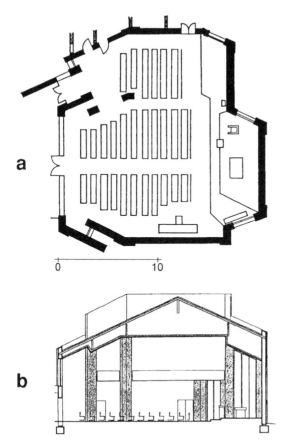

Bild 4.107 Kirche Maria — Königin des Friedens in Berlin (Architekt: Rudnick) [1]
a) Grundriß
b) Längsschnitt

4.4 Ausführungsbeispiele 211

sich eine Volumenkennzahl von 10 m^3 je Platz. Im besetzten Zustand liegt die Nachhallzeit bei 1,7 s. Zur Absorption tiefer Frequenzen enthält die Decke Schlitzresonatoren. Die Rückwand ist diffus reflektierend gestaltet, teilweise durch Schrägstellung von Fenstern, teilweise durch *Schroeder*-Diffusoren (s. Abschn. 4.1.5.2), aufgebaut aus Mauerwerk.

Eine kleine Orgel ist vorn seitlich eingebaut. Dieser Standort ist im Vergleich zu den vielfach an der Rückwand aufgestellten Orgeln günstig. Im Hinblick auf musikalische Veranstaltungen, die in Kirchen häufig stattfinden, sind Standorte vorn oder vorn seitlich wegen sonst fehlerhafter Balance zu bevorzugen. Die Aufstellung der Orgel sollte stets im Hauptraum, nicht in Nebenräumen oder Nischen erfolgen, damit eine ungehinderte Schallabstrahlung in die Kirche möglich ist. Wichtig ist, daß für den Orgeleinbau bei der Planung bereits eine genügende Höhe berücksichtigt wird (s. Abschn. 4.4.8).

Die genannten Gesichtspunkte zur Optimierung des Direktschalles und der Anfangsreflexionen gelten natürlich auch in den Fällen, in denen in bestehenden Kirchen mit langen Nachhallzeiten die Sprachverständlichkeit verbessert werden soll. Hier lassen sich auch **Beschallungsanlagen** sinnvoll nutzen. Zweckmäßig sind Lautsprecherzeilen, deren Richtwirkung scharf auf die von Personen besetzte Fläche eingegrenzt wird, damit der große Kirchenraum möglichst gar nicht voll angeregt wird. Die tiefen Frequenzen, die zur Verständlichkeit wenig beitragen, können dabei elektronisch abgesenkt werden. In größeren Kirchenräumen müssen Beschallungsanlagen bei dezentraler Lautsprecheraufstellung Verzögerungseinrichtungen besitzen, damit die Orientierung des Höreindruckes auf den Redner nach dem Gesetz der ersten Wellenfront (s. Abschn. 3.1.3) erhalten bleibt [11] [12].

4.4.11 Mehrzwecksäle (Stadttheater, Stadthallen)

Die Frage nach dem **Nutzungsprofil** ist entscheidend für die akustischen Maßnahmen, die bei der Planung eines Mehrzwecksaales zu berücksichtigen sind. Dabei ist es besonders wichtig, darüber Klarheit zu erlangen, welchen Stellenwert Konzerte von Sinfonie- oder Kammerorchestern besitzen. Sind diese als regelmäßige Veranstaltungen geplant, so bestimmt diese Funktion den Entwurf des Saales in akustischer Hinsicht maßgeblich. Das gilt ganz besonders in Bezug auf den Raumeindruck (Seitenschall und Halligkeit), so daß die hierfür in den Abschnitten 4.4.8 und 4.4.9 erläuterten Maßnahmen primäre Bedeutung besitzen. Hinsichtlich der Nachhallzeit ist ein Kompromiß meist unvermeidlich. In Bild 4.54 sind wünschenswerte mittlere Nachhallzeiten für Mehrzwecknutzung angegeben, die etwa 0,2 s unter denen für sinfonische Konzerte liegen.

In Stadttheatern sind üblicherweise die Funktionen Oper und Sprechtheater vereint. Hierfür sind vor allem diejenigen Hinweise zu beachten, die in den Abschnitten 4.4.6 und 4.4.7 für die Gestaltung des Proszeniumsbereiches gegeben wurden, weil die Ausbildung früher Reflexionen an dieser Stelle für die Balance zwischen Bühne und Orchestergraben, aber auch für Deutlichkeit und Durchsichtigkeit entscheidend ist. Meist ist die Stadttheaterfunktion mit gelegentlichen Konzerten verbunden. Hierzu wird die Aufstellung des Orchesters in einem sog. „Konzertzimmer" auf der Bühne empfohlen (s. Abschn. 4.4.7).

Das Deutsche Nationaltheater in Weimar ist ein typisches Beispiel eines Stadttheaters. Dieses 1779 als Komödienhaus errichtete Gebäude wurde mehrfach durch Brand und Kriegseinwirkungen zerstört und ist jetzt nach letzten Erneuerungsmaßnahmen ein Zweirangtheater. Grundriß und Schnitt sind auf Bild 4.108 dargestellt. Bei 860 Plätzen und einem Saalvolumen von 5000 m^3 ergibt sich eine Volumenkennzahl von 5,8 m^3 je Platz. Damit wird im besetzten Saal eine mittlere Nachhallzeit von 1,0 s bei leichtem Anstieg zu tiefen Frequenzen hin erreicht.

212   4 Schallausbreitung in Räumen

Die weitgehend horizontale Gestaltung der Decke im Proszeniumsbereich dient der Versorgung des mittleren Parketts mit Anfangsreflexionen und fördert die Balance zwischen Bühne und Orchestergraben. Der hintere Deckenteil und die Seitenwände dienen der Reflexionslenkung zu den Rängen. Es wurden teilweise diffus reflektierende Deckenstrukturen verwendet, die durch Modellversuche optimiert worden waren. Deutlichkeitsgrade von etwa 50% bestätigen den Erfolg der raumakustischen Maßnahmen.

Eine interessante Lösung, die den unterschiedlichen akustischen Anforderungen an ein Stadttheater besonders gut gerecht wird, stellt das nach einem Brand wiederaufgebaute und 1997 eröffnete **Theater der Stadt Magdeburg** dar. Der Saal hat etwa 700 Sitzplätze, davon ca. 200 auf einem hinteren Rang. Möglichen akustischen Nachteilen des leicht fächerförmigen Grundrisses wird durch etwa 2,5 m breite, raumhohe Sägezahnstrukturen vor den Seitenwänden begegnet, die Reflexionen bevorzugt zur Saalmitte lenken (s. Bild 4.68). Diese Strukturen dienen gleichzeitig als Tiefenschlucker. Sie sind teilweise als Plattenschwinger, Lochplattenschwinger oder Schlitzresonatoren ausgebildet. Da wegen der für Konzert- und Opernaufführungen gewünschten längeren Nachhallzeit das gesamte konstruktiv verfügbare Volumen genutzt werden sollte (ca. 4000 m^3), wurde eine nur optisch wirksame Unterdecke in Form von großen, aus Lochblechen hergestellten Deckensegeln eingehängt. Bild 4.109 zeigt das am Längsschnitt des Saales. Die gelochten Deckensegel verbergen gleichzeitig die beiden Beleuchterbrücken. Auch die an der konkav gekrümmten Saalrückwand benötigten diffus reflektierenden Strukturen, die als Zylindersegmente mit Radien von 1,2 m bzw. 1,6 m ausgeführt wurden, sind hinter einer Lochblechverkleidung verborgen, die den optischen

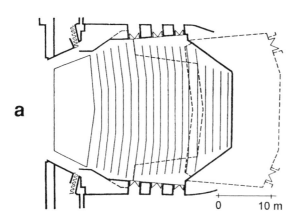

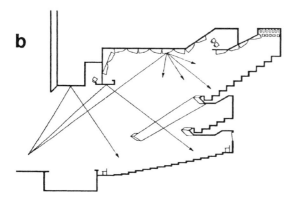

Bild 4.108 Deutsches Nationaltheater Weimar (Architekten: Heilmann und Littmann; Wiederaufbau: Harting und Schultze) [1]
a) Grundriß
b) Längsschnitt

4.4 Ausführungsbeispiele

hinteren Saalabschluß bildet. Als Besonderheit ist oberhalb der Deckensegel im hinteren Saalbereich die Abtrennung eines Teilvolumens von etwa 800 m^3 möglich, die zur Verbesserung der Sprachverständlichkeit bei Schauspielaufführungen u. ä. eine Verminderung der mittleren Nachhallzeit von etwa 0,2 bis 0,3 s bewirkt. Die Größe des Orchestergrabens und seine Öffnungsfläche können variiert werden, um verschiedenen Musikgenres gerecht zu werden.

Beim **Großen Saal des Budapester Kongreßzentrums**, in den Bild 4.110 einen Einblick gewährt, ist auch auf die Nutzung für Musikveranstaltungen großer Wert gelegt worden. Die Entscheidung dazu wurde allerdings erst getroffen, nachdem die Fächerform des Saales (Öffnungswinkel 72°), seine große Breite (maximal 52 m) und geringe Höhe (etwa 14 m) bereits festgelegt waren. Der Saal ist wegen der Mehrzwecknutzung variabel bestuhlbar und besitzt bei Konzerten 1880 Plätze. Bei einem Volumen von 13500 m^3 bedeutet das eine Volumenkennzahl von 7,2 m^3 je Platz, die kleiner als der in Tabelle 4.19 genannte untere Grenzwert für sinfonische Konzerte ist. Raumakustische Maßnahmen, die auch hier durch Modellversuche optimiert wurden, sind deshalb vor allem darauf gerichtet, eine möglichst lange Nachhallzeit und trotz der für Konzerte ungünstigen Saalgeometrie ein gleichmäßiges, diffuses Schallfeld zu erzielen. Als besonders wirksam erwiesen sich dazu die auf Bild 4.111 skizzierten großen Seitenwandstrukturen, durch die Schallrückwürfe über die Vorderseiten einer rückwärtigen Technikgalerie und über die Decke von einer Saalseite zur anderen gelenkt werden. Dadurch wird die Nachhallenergie verstärkt (s. Bild 4.75). Die reich gegliederten und gekrümmten Seitenwände neben dem Podium tragen zur Durchmischung und zum gegenseitigen Hören der Musiker bei, bewirken aber auch Reflexionen in den mittleren Saalbereich. Dorthin zielen auch reflexionslenkende Maßnahmen an der Decke. Mit einer mittleren Nachhallzeit von etwa 1,7 s und Klarheitsmaßen zwischen −1,3 und +2,5 dB im

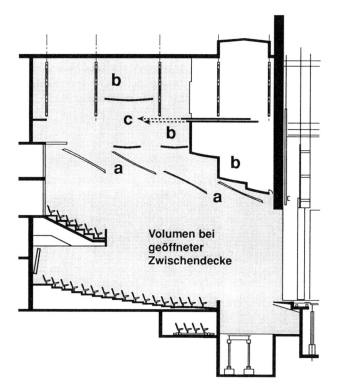

Bild 4.109 Längsschnitt durch den Zuhörersaal des Theaters Magdeburg (Architekt: Stricker)
a) akustisch transparente Deckensegel
b) akustisch wirksame Saaldecke
c) Elemente zum Öffnen und Verschließen

Bild 4.110 Blick in den Patria-Saal des Budapester Kongreßzentrums (Architekt: Finta) [225]

besetzten Saal sind sowohl für Konzerte als auch für Kongresse gute raumakustische Voraussetzungen gegeben.

Bei Kongreßveranstaltungen wird eine Beschallungsanlage eingesetzt. Sie besteht u. a. aus einer Zentralampel, aus Pultlautsprechern und aus dezentral angeordneten Lautsprechern im Rangbereich. Zentralampel und dezentrale Lautsprecher werden ihrer Entfernung zum Rednerpult entsprechend verzögert betrieben.

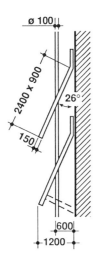

Bild 4.111 Seitenstrukturen des Patria-Saales im Budapester Kongreßzentrum [225]

4.4 Ausführungsbeispiele 215

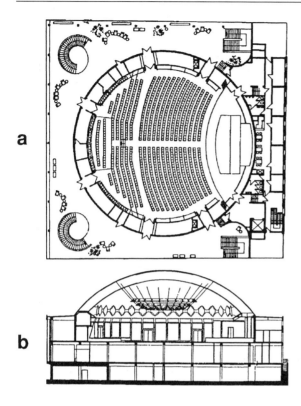

Bild 4.112 *Großer Saal im Kongreßzentrum Berlin am Alexanderplatz (Architekt: Henselmann) [226]*
a) *Grundriß*
b) *Längsschnitt*

Daß besonders umfangreiche raumakustische Maßnahmen an der Sekundärstruktur von Räumen mit kreisförmigem Grundriß nötig sind, sei an dem bereits erwähnten **Kongreßsaal in Berlin am Alexanderplatz** nochmals verdeutlicht. Dieser auf Bild 4.112 gezeigte Saal von 33 m Durchmesser besitzt eine als Kuppel ausgebildete Decke von 13 m maximaler Höhe. Bei einem Volumen von 8 000 m^3 und ca. 1 000 Plätzen ergibt sich eine Volumenkennzahl von 8 m^3 je Platz. Diese ist den in diesem Kongreßsaal u. a. vorgesehenen Konzertveranstaltungen angepaßt.

Um Fokussierungen in Saalmitte zu vermeiden, wurden die Wände so nach innen geneigt, daß die ersten Reflexionen die hinteren Sitzreihen treffen. Unter dem umlaufenden Band der Regiefenster, die eine besonders große Neigung nach unten erhalten mußten, wurden die Wände durch feinere Strukturen gegliedert. Dem Auftreten des „Flüstergalerieeffektes" (s. Abschn. 4.3.3.4) wirken schottenartig eingesetzte senkrechte Flächen aus Glas entgegen. Im umlaufenden Kuppelansatz sind diffus reflektierende, konvexe Strukturen angeordnet, die, künstlerisch gestaltet, Hauptschmuckelemente des Saales darstellen. Zum Vermeiden der fokussierenden Wirkung der Kuppel und gleichzeitig zur Schallenkung vom Podium zum hinteren Saalbereich wurden Plexiglaselemente in entsprechender Neigung ringförmig unter der Kuppel aufgehängt. Alle diese Details wurden anhand von Modellversuchen vorbereitet.

Der Saal hat bei mittleren Frequenzen eine Nachhallzeit von 1,7 s. Sie steigt zum tiefen Frequenzgebiet hin etwas an, begrenzt durch die Absorptionswirkung von Helmholtzresonatoren, die im oberen Wandbereich eingebaut wurden. Erwartungsgemäß mangelt es in Saalmitte wegen fehlender seitlicher Reflexionen an Räumlichkeit, doch ist der Saal trotz seiner akustisch kritischen Primärform für alle Nutzungsarten funktionsfähig.

4.4.12 Sport- und Schwimmhallen

In diesen Hallen muß durch Schallabsorptionsmaßnahmen vor allem für eine möglichst **geringe Nachhallzeit** gesorgt werden, um auf diese Weise den Geräuschpegel gemäß Gl. (4.57) niedrig zu halten. Breitbandig wirkende Schallabsorber als Unterdecken, in Sporthallen teilweise auch Schallabsorber als Wandverkleidungen, sind übliche Ausführungen. Hierbei ist auf Ballwurfsicherheit zu achten. In Schwimmhallen müssen vor Feuchteeinflüssen geschützte Absorber verwendet werden (s. Abschn. 4.1.2.1).

In größeren Sport- und Schwimmhallen mit Besuchertribünen werden für Informationszwecke Beschallungsanlagen vorgesehen. Auch hier sind für deren Verständlichkeit geringe Nachhallzeiten zweckmäßig (s. Bild 4.54). Es sind zusätzliche Tiefenabsorber zu empfehlen, um den Frequenzverlauf der Nachhallzeit zu linearisieren. Für leere Sporthallen sollte die Nachhallzeit oberhalb von 500 Hz auf 1,8 s begrenzt werden.

Große Sporthallen werden unter Verwendung transportablen Gestühls teilweise auch als **Mehrzweckhallen** benutzt, etwa für Kongresse, Popmusikveranstaltungen, Filmvorführungen o. ä. Soweit diese Veranstaltungen bei Einsatz von Beschallungsanlagen durchgeführt werden, ergeben sich in der Regel bei genügend geringer Nachhallzeit keine raumakustischen Probleme. Voraussetzung ist, daß Flatterechos und energiereiche späte Reflexionen vermieden sind. Kritischer ist die Durchführung von Theater-, Opern- oder Konzertveranstaltungen ohne elektroakustische Unterstützung, weil dann längere Nachhallzeiten und Maßnahmen zur Reflexionslenkung notwendig werden. Letztere erfordern gezielt wirksame reflektierende Flächen auch im Deckenbereich. Gute Kompromisse sind meist nur unter Nutzung aufwendiger Variationsmöglichkeiten zu realisieren (z. B. drehbare Absorber-Reflektorflächen, veränderbare Deckenhöhen und -neigungen, Reflexionsflächen hinter und neben dem Orchester, d. h. Aufbau eines „Konzertzimmers", und variable Publikumsanordnungen).

4.4.13 Kinotheater

Zu Beginn des 20. Jahrhunderts entstanden die ersten Filmtheater als „Ladenkinos", eingerichtet in Wohnungen oder Geschäftsräumen. Etwa bis 1930 folgten spezielle Kinobauten, teilweise als prunkvolle Paläste (z. B. Gloriapalast in Berlin), ausgerichtet am Theaterbau und meist auch mit einer kleinen Bühne ausgestattet. In diesen für Stummfilmvorführungen genutzten Räumen gab es keine spezifischen akustischen Anforderungen, denn als Schallquellen kamen Erzähler, Klavier oder Kinoorgel in Betracht. Das änderte sich mit der Einführung des Tonfilms nach 1930, da nun eine der Lausprecherübertragung angepaßte raumakustische Gestaltung nötig wurde. Die wesentliche Anforderung an den Raum besteht dabei darin, die Eigenart der Tonaufnahme im Wiedergaberaum nicht zu verfälschen. Das verlangt eine sehr **geringe Nachhallzeit** bei mittleren Frequenzen, die noch etwas unter der auf Bild 4.54 für Tonwiedergabe empfohlenen liegen sollte, und einen linearen Frequenzverlauf. Hierfür angemessen sind Volumenkennzahlen von etwa 4 m^3 je Platz.

In den Kinoneu- und -umbauten, die in den Nachkriegsjahren begannen, vollzog sich der Übergang zum Breitwandverfahren und zu mehrkanaligen Tonübertragungssystemen. Letzteres bedeutet, daß hinter der Bildwand mehrere Lautsprechergruppen aufgestellt sind. Teilweise werden diese ergänzt durch Lautsprecher im Raum, die vor allem der Wiedergabe von Effekten dienen, und die über Verzögerungseinrichtungen betrieben werden (s. Abschn. 4.4.5). Die raumakustische Aufgabe einer Vermittlung von Hörverhältnissen, die der Aufnahmesituation entsprechen, ist aber geblieben [227].

4.4 Ausführungsbeispiele 217

Um diese Aufgabe zu erfüllen ist es zweckmäßig, breitbandig wirkende Schallabsorber an den beiden Stirnseiten des Saales anzuordnen, also hinter der Bildwand (hinter den Lautsprechern) und an der Saalrückwand. Teppichböden sind empfehlenswert, um damit gleichzeitig die Gehgeräusche zu verringern. Bei der Nachhallzeitberechnung nach Abschn. 4.3.2.2 erweisen sich Publikums- und Gestühlflächen als wichtigste Schallabsorber. Es ist dabei sinnvoll, eine 80%-Besetzung anzunehmen. Um den Einfluß des Besetzungsgrades zu vermindern, ist entsprechendes Polstergestühl zweckmäßig (s. Abschn. 4.1.3.1). Bei den in Kinos üblichen Klappstühlen sollte auch die Sitzunterseite schallabsorbierend ausgeführt sein. Weitere erforderliche Schallabsorptionsmaßnahmen müssen auf Seitenwände und Decke verteilt werden. Dabei ist zu beachten, daß vor allem vorn und in Saalmitte reflektierende Flächen erhalten bleiben sollten, die so auszurichten sind, daß die Versorgung des hinteren Publikumsbereiches mit frühen Reflexionen zum Ausgleich des Lautstärkeabfalles unterstützt wird. Um einen ausgeglichenen Frequenzverlauf der Nachhallzeit zu erreichen, sind zusätzliche Tiefenabsorber erforderlich. In den modernsten IMAX-Kinos wird eine Vielzahl von Lautsprechern an allen Seiten des Raumes verteilt. Um die gewünschten speziellen Soundeffekte erzeugen zu können, muß der Raum nahezu wie ein reflexionsarmer Raum ausgestattet werden.

4.4.14 Freilichtbühnen

Bis auf die griechischen Amphitheater, wie sie vor etwa 2 500 Jahren errichtet wurden, kann man die Tradition der Freilichtbühnen zurückführen. Die teilweise sehr großen Amphitheater, von denen die auf Bild 4.113 dargestellte Anlage von **Epidaurus** mit 14 000 Plätzen und mit einer Entfernung der letzten Zuhörerreihe zur Podiumsmitte von ca. 70 m wohl die bekannteste ist, werden wegen ihrer guten Sprachverständlichkeit gerühmt. Gründe dafür sind die starke Sitzreihenüberhöhung (Epidaurus: Anstiegswinkel 26°), eine große Vorbühnenfläche für Bodenreflexionen, reflektierende Flächen hinter der Bühne (Tempel, Szena) und nicht zuletzt der niedrige Störschallpegel infolge ruhiger Umgebung. Die Römer führten Teilüberdachungen und seitliche Begrenzungen der Bühne ein und sorgten dadurch für weitere wirksame Flächen für Anfangsreflexionen. Aus römischer Zeit stammen auch die großen Arenen, die allerdings vor allem für Kampfspiele genutzt wurden, und es gab bereits erste kleinere Theater mit teilweiser oder völliger Überdachung des Zuhörerbereiches [228].

Auch heute noch ist für den Entwurf einer Freilichtbühne die Suche nach einem ruhigen Standort oder die Festlegung von **Lärmschutzmaßnahmen** (z. B. Errichten von Abschirmwänden) die wichtigste Voraussetzung für ihr Funktionieren. Nach den Regeln der Schallausbreitung ist bei einem Sprecher im Freien mit Schallpegelminderungen von 5 bis 6 dB je Entfernungsverdopplung zu rechnen. Nach Gl. (2.33) ergibt sich bei einem geübten Spre-

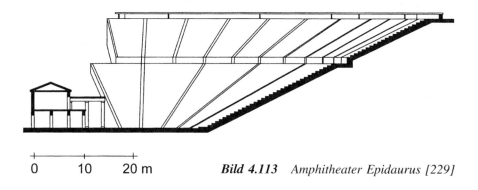

Bild 4.113 Amphitheater Epidaurus [229]

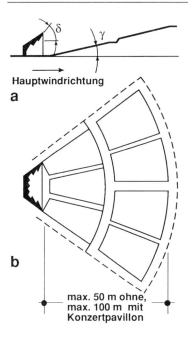

Bild 4.114 Geometrische Angaben für die Planung einer Freilichtbühne [1]
a) Grundriß
b) Längsschnitt

cher, der einen Schalleistungspegel von 93 dB(A) erzeugt, in einer Entfernung von 50 bis 60 m ein Schalldruckpegel von ca. 50 dB(A). Ausreichende Verständlichkeit setzt dann voraus, daß der Grundgeräuschpegel auf maximal etwa 40 bis 45 dB(A) begrenzt ist. Das stellt gegenüber Verkehrslärm eine hohe Anforderung dar, wenn man davon ausgeht, daß beispielsweise in 25 m Entfernung von einer Fahrspur selbst bei geringer Verkehrsstärke von nur etwa 100 Kfz/h bei reinem Pkw-Verkehr mit 57 dB(A), bei 10% Lkw-Anteil mit 60 dB(A) zu rechnen ist (s. Bild 2.18). Lärmabschirmende Maßnahmen sind bei Straßenentfernungen unter 500 m daher unerläßlich. Die Ausrichtung von Freilichtbühnen sollte so erfolgen, daß die Hauptwindrichtung von der Bühne zum Publikum orientiert ist. Dann wird die in Windrichtung verstärkte Schallübertragung bei entsprechenden Wetterlagen genutzt.

Der genannten Gründe wegen ist es empfehlenswert, bei Freilichtbühnen die Abstände zwischen letzter Zuhörerreihe und Podium auf etwa 50 m zu begrenzen. Dieser Wert kann überschritten werden, wenn für Konzerte das Podium durch geeignet ausgerichtete Reflexionsflächen begrenzt wird, etwa in Form des in Abschn. 4.4.7 beschriebenen „Konzertzimmers". Solch ein **Konzertpavillon**, wie man ihn häufig in Kuranlagen findet, soll Reflexionen möglichst konzentriert auf die hinteren Zuhörerreihen richten, aber gleichzeitig für die Durchmischung des Klanges und für gutes gegenseitiges Hören der Musiker sorgen. Trapezförmige Formen mit ansteigender Überdachung und Unterglliederung aller Begrenzungsflächen sind günstig. Parabelfömige Konzertmuscheln, wie man sie teilweise vorfindet, sind wegen der gestörten Balance (s. Abschn. 4.1.5.1) unzweckmäßig.

In Freilichtbühnen sollte eine möglichst große **Sitzreihenüberhöhung** gem. Abschn. 4.3.3.2 vorgesehen werden. Für den Anstiegswinkel γ der Sitzreihen werden mindestens 12° empfohlen. Für den in Bild 4.114 eingetragenen Winkel δ für die Neigung der die Bühne überdeckenden Teilflächen ergibt sich dann aus

$$\delta \approx \frac{\gamma}{2} + 45° \tag{4.81}$$

4.4 Ausführungsbeispiele

ein Wert von etwa 50°. Die resultierende Gesamtneigung des Bühnendaches muß natürlich geringer sein und soll je nach Größe der Anlage und abhängig von der Sitzreihenüberhöhung 10° bis 20° betragen.

Viele Veranstaltungen auf Freilichtbühnen finden unter Nutzung von **Beschallungsanlagen** statt. Dann gibt es aus akustischen Gründen hinsichtlich Größe und Form keine Beschränkungen und es können auch höhere Grundgeräuschpegel zugelassen werden. Bei großen Konzertveranstaltungen (Popkonzerte, aber auch sinfonische Konzerte) finden zentrale Lautsprecheraufstellungen im Bühnenbereich Verwendung. In größeren Freilichtbühnen sind meist auch dezentrale Anlagen verfügbar. Die im Zuhörerbereich aufgestellten Lautsprecher müssen dann zum Vermeiden von Ortungsverschiebungen über Verzögerungseinrichtungen betrieben werden (s. Abschn. 4.4.5). Es sei hier darauf hingewiesen, daß die Nutzung von Beschallungsanlagen auf Freilichtbühnen zu einer erheblichen Belästigung der Umgebung führen kann. Gegebenenfalls sind entsprechende Lärmschutzmaßnahmen erforderlich.

Viele Freilichtbühnen nutzen natürliche Gegebenheiten. Bei der **Felsenbühne Rathen** in der Sächsischen Schweiz oder bei der **Naturbühne der Luisenburg** im Fichtelgebirge, beides Freilichttheater mit etwa 2 000 Plätzen, dienen hinter der Bühne aufragende Felswände als wirksame Reflexionsflächen. Besonderen Reiz gewinnt diese Art von Bühnen dadurch, daß die natürliche Umgebung in die Inszenierung einbezogen werden kann. Das ist auch bei der **Seebühne in Bregenz am Bodensee** so, in der jährlich im Sommer Opern-, Musical- oder Operettenfestspiele stattfinden. Hier steht die Freilichtbühne im See und die ca. 5 000 Zuschauer sitzen auf ansteigenden Reihen am Seeufer. Es steht eine riesige Bühnenfläche zur Verfügung, und das Orchester kann vor dieser oder in einem speziellen Raum (Orchestergraben) unter der Bühne musizieren. Hier ist eine moderne Beschallungsanlage (Delta-Stereofonie) verfügbar, die es ermöglicht, den jeweiligen Standort der Sänger oder Musiker richtig wiederzugeben, und zwar sowohl hinsichtlich der seitlichen Richtung als auch bezüglich der Tiefenstaffelung. Eine große Zahl von Lautsprechergruppen u. a. auch für das Zuspiel auf der Bühne findet dabei Verwendung [12].

Musikalische Freilichtveranstaltungen werden gern **in Innenhöfen historischer Bauten** durchgeführt, wie etwa Serenaden im Dresdener Zwinger oder Sommerkonzerte im Berliner Schlüterhof. Hier ergeben sich an den meist reich gegliederten Fassaden der begrenzenden Gebäude diffuse seitliche Wandreflexionen, die trotz der offenen, d. h. schallabsorbierenden „Decke" eines solchen Innenhofes eine beachtliche Räumlichkeit bewirken können [1].

5 Schallschutz im Hochbau

5.1 Grundlagen der Schalldämmung von Bauteilen

Die meßtechnische oder rechnerische Bestimmung der Schalldämmung von Bauteilen ist das wichtigste Arbeitsgebiet der Bauakustik. Kenntnisse über die schalldämmenden Eigenschaften von Bauteilen sind Voraussetzung für die Planung geeigneter Maßnahmen zum Schutz von Räumen vor Lärm. Ziel ist dabei die ausreichende Senkung der von einem lauten Raum aus dem gleichen Gebäude, insbesondere aus einem direkt benachbarten Raum, oder der von außen eindringenden Geräusche. Durch Maßnahmen der Schalldämmung läßt sich eine wesentlich größere Schallpegelminderung erzielen als durch Abstandsvergrößerung, Abschirmung oder Absorption, die in Abschn. 4 beschrieben sind. Für Räume, die dem Aufenthalt von Menschen dienen, werden in Normen und Richtlinien **Mindestforderungen** an die Schalldämmung vorgeschrieben [619], aber auch Empfehlungen für wünschenswerte **höhere Qualitätsstufen** der Schalldämmung gegeben [767] (s. Abschn. 5.1.3.1). Nachweise über eine ausreichende Schalldämmung können durch Vergleiche mit als geeignet anerkannten Ausführungen (s. Abschn. 5.1.3.1) [621], in Verbindung mit oder in Zukunft auch allein durch Berechnungen (s. Abschn. 5.1.1.3 und 5.1.2.3) [93] bis [96] [622] sowie auf meßtechnischem Wege (s. Abschn. 5.1.1.4, 5.1.2.4 und 5.1.3) [601] bis [604] geführt werden.

Unter dem Begriff Schalldämmung versteht man einerseits die **Luftschalldämmung**, wobei die Anregung eines Bauteiles durch Luftschallwellen erfolgt, andererseits die **Trittschalldämmung**, bei der es sich um eine spezielle Form der Körperschallanregung, d.h. der direkten mechanischen Anregung von Decken, Treppen, Treppenpodesten und ähnlichen Bauteilen, handelt. Trittschall entsteht im bauakustischen Sinne nicht nur beim Begehen eines Bauteiles, sondern auch bei wohnüblicher Nutzung wie Möbelrücken, Herabfallen von Gegenständen, Betrieb von Haushaltsgeräten etc.. Beim Klopfen, Bohren, Hämmern oder bei Anregung durch Vibrationen spricht man ganz allgemein von Körperschall. Die Anregung eines Bauteiles durch Luft- oder Körperschall bewirkt in benachbarten Räumen eine Luftschallabstrahlung. Aufgabe der Bauakustik ist es, diese durch eine gute Schalldämmung der Bauteile so gering wie möglich zu halten.

5.1.1 Luftschalldämmung

5.1.1.1 Größen

Eine schalldämmende Konstruktion soll von der auf eine Seite auffallenden Schalleistung W_1 nur die Übertragung eines möglichst kleinen Teiles W_2 auf die andere Seite zulassen (s. Bild 4.1). Der absorbierte Teil W_{abs} wird, wie in Abschn. 4.1.1 dargelegt, durch den Schallabsorptionsgrad α beschrieben. Als Maß für die Schallübertragung dienen die **Schalltransmissionsgrade** τ oder τ', bei denen der übertragene Leistungsanteil W_2 bzw. $W_2 + W_3$ nach den Gln. (4.4a) bzw. (4.4b) auf die einfallende Schalleistung W_1 bezogen wird.

Der Schalltransmissionsgrad ist definitionsgemäß stets gleich oder kleiner als der Schallabsorptionsgrad der betreffenden Konstruktion. In der Praxis treten Werte von ca. 10^{-8} bis

5.1 Grundlagen der Schalldämmung von Bauteilen

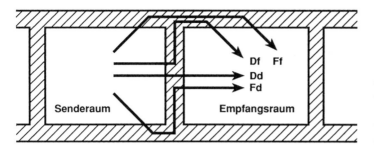

Bild 5.1 Schemazeichnung der Luftschallübertragungswege zwischen benachbarten Räumen [675]

10^{-1} auf. Um einfacher handhabbare Zahlenwerte zu erhalten, wird eine logarithmische Darstellung gewählt [623] [647] und das Schalldämm-Maß R zur Kennzeichnung der Luftschalldämmung von Bauteilen wie folgt aus dem Kehrwert des Transmissionsgrades definiert:

$$R = 10 \lg \frac{W_1}{W_2} = 10 \lg \frac{1}{\tau} \quad \text{dB} \tag{5.1}$$

Den genannten Transmissionsgraden entsprechen danach **Schalldämm-Maße** von 10 bis 80 dB.

Im allgemeinen ist damit zu rechnen, daß ein Teil der Schallübertragung unter Beteiligung der **flankierenden Bauteile** erfolgt. Auf Bild 5.1 sind die **Luftschallübertragungswege zwischen benachbarten Räumen** schematisch dargestellt. D und d stehen für die Direktschall-, F und f für die Flankenschallübertragung; Groß- bzw. Kleinbuchstaben weisen auf die Anregung bzw. auf die Abstrahlung hin. Neben der Flankenschallübertragung ergeben sich oft zusätzliche Schallübertragungswege durch Öffnungen, z. B. bei Rohrdurchführungen, Schächten oder Kanälen. Gemeinsam mit den Flankenwegen bezeichnet man alle diese zusätzlichen Übertragungswege als **Nebenwege** (übertragener Schalleistungsanteil nach Bild 4.1: W_3). Um die durch Nebenwegübertragung erhöhte Gesamtschalleistung zu berücksichtigen, wird als Maß für die Luftschalldämmung in Gebäuden ein **Bau-Schalldämm-Maß** R' definiert:

$$R' = 10 \lg \frac{W_1}{W_2 + W_3} = 10 \lg \frac{1}{\tau'} \quad \text{dB} \tag{5.2}$$

Schalldämm-Maß und Bau-Schalldämm-Maß werden in Abhängigkeit von der Frequenz in Terzschritten oder bei vereinfachten Meß- und Rechenverfahren in Oktavschritten angegeben. Der in der Bauakustik übliche **Frequenzbereich** liegt nach Bild 2.1 zwischen 100 und 3150 Hz. Das gilt für Terzband-Mittenfrequenzen. Bei Oktavschritten werden Mittenfrequenzen von 125 bis 2000 Hz genutzt (s. Tabelle 2.1). Treten Probleme der Luftschalldämmung bei sehr tiefen bzw. bei sehr hohen Frequenzen auf, so wird der Frequenzbereich um die Terzbänder mit Mittenfrequenzen 80, 63 und 50 Hz bzw. 4000 und 5000 Hz oder um die Oktavbänder mit Mittenfrequenzen 63 Hz bzw. 4000 Hz erweitert [640]. Bei tiefen Frequenzen ergeben sich in kleinen Räumen besondere meßtechnische Probleme, weil die für Messungen nötige Diffusität infolge des Auftretens von Eigenfrequenzen gestört sein kann (s. Abschn. 4.4.3) [356].

Das mit Gl. (5.1) definierte Schalldämm-Maß wird überall dort verwendet, wo **Bauteileigenschaften** charakterisiert werden, also z. B. Berechnungen oder Messungen der Schalldämmung erfolgen. Den Nutzer eines Raumes, der vor Lärmwirkungen aus einem anderen Raum oder von außen geschützt werden soll, interessiert aber weniger die Schalldämmung der seinen Raum begrenzenden Bauteile, als vielmehr die zur Schallquelle hin tatsächlich entstehende Schalldruckpegeldifferenz. Deshalb werden zur Kennzeichnung der schalltechnischen Eigenschaften eines Bauteils einschließlich seiner Einbausituation und seiner Wirkung in Gebäuden auch Größen verwendet, die auf den in den betrachteten Räumen oder außen vorhandenen (z. B. gemessenen) Schalldruckpegeln basieren. Auch diese Größen werden in Oktav- oder Terzschritten angegeben.

Erzeugt man in einem Raum (Senderaum) ein Geräusch mit einem Schalldruckpegel L_{p1}, so wird der Schalldruckpegel L_{p2} des im Nachbarraum (Empfangsraum) wahrzunehmenden Geräusches sowohl durch die Wirkung der trennenden und flankierenden Bauteile als auch durch die Raumeigenschaften des Empfangsraumes bestimmt. Die Differenz der beiden mittleren Schalldruckpegel im Senderaum und im Empfangsraum bezeichnet man als **Schalldruckpegeldifferenz** D:

$$D = L_{p1} - L_{p2} \quad \text{dB} \tag{5.3}$$

Sie beschreibt die Geräuschminderung in Gebäuden als eine der subjektiven Wahrnehmung entsprechende Größe (s. Abschn. 2.1.3). In der Praxis wird die Schalldämmung auch dann durch eine Schalldruckpegeldifferenz gekennzeichnet, wenn Schall zwischen neben- oder übereinanderliegenden Räumen im wesentlichen über gemeinsame lufttechnische Anlagen, z. B. im Geschoßwohnungsbau über Sammelschachtanlagen oder Luftheizungen, übertragen wird. In solchen Fällen wird die Schallpegelminderung durch die **Schachtpegeldifferenz** [672] charakterisiert:

$$D_K = L_{p,K1} - L_{p,K2} \quad \text{dB} \tag{5.4}$$

Hierin bedeuten

$L_{p,K1}$ mittlerer Schalldruckpegel in der Nähe der Schacht- oder Kanalöffnung im Senderaum in dB

$L_{p,K2}$ mittlerer Schalldruckpegel in der Nähe der Schacht- oder Kanalöffnung im Empfangsraum in dB.

Zur Kennzeichnung der Schalldämmung sind Schalldruckpegeldifferenzen nicht geeignet, da sie durch Veränderung der Eigenschaften des Empfangsraumes, z. B. durch Anbringen von schallabsorbierenden Materialien, beeinflußt werden. Um diese Einflüsse zu eliminieren, kann zur Beschreibung der Luftschalldämmung in Gebäuden die **Norm-Schallpegeldifferenz** D_n verwendet werden, die eine Schalldruckpegeldifferenz darstellt, korrigiert durch die auf eine Bezugsabsorptionsfläche bezogene äquivalente Schallabsorptionsfläche des Raumes:

$$D_n = D - 10 \lg \frac{A}{A_0} \quad \text{dB} \tag{5.5}$$

mit

A_0 Bezugsabsorptionsfläche, im allgemeinen 10 m², bei Klassenzimmern in Schulen 25 m²

A äquivalente Schallabsorptionsfläche im Empfangsraum in m² (s. Abschn. 4.1.1).

Daneben kommt zur Kennzeichnung der Schalldämmung in Gebäuden auch die **Standard-Schallpegeldifferenz** D_{nT} zum Einsatz, bei der ein Bezug auf die Nachhallzeit hergestellt wird:

$$D_{nT} = D + 10 \lg \frac{T}{T_0} \quad \text{dB} \tag{5.6}$$

Darin sind

T Nachhallzeit im Empfangsraum in s

T_0 Bezugsnachhallzeit, im allgemeinen 0,5 s.

5.1 Grundlagen der Schalldämmung von Bauteilen

Da die Nachhallzeiten verschieden großer Wohnräume infolge ihrer Möblierung in der Praxis nur wenig schwanken und eine Nachhallzeit von 0,5 s einen geeigneten, auch weitgehend frequenzunabhängigen Mittelwert darstellt, werden Standard-Schallpegeldifferenzen in den letzten Jahren immer häufiger zur Festlegung normativer Anforderungen im Wohnungsbau benutzt [182].

Der Zusammenhang zwischen Schalldruckpegeldifferenz D benachbarter Räume und Bau-Schalldämm-Maß R' wird sowohl von der Fläche S des Trennbauteiles (in m²) als auch von der äquivalenten Schallabsorptionsfläche A des Empfangsraumes (in m²) beeinflußt:

$$D = L_{p1} - L_{p2} = R' - 10 \lg \frac{S}{A} \quad \text{dB} \tag{5.7}$$

Erfolgt die Schallübertragung unter Ausschluß von Nebenwegen nur durch das Trennbauteil, so steht in Gl. (5.7) anstelle des Bau-Schalldämm-Maßes R' das Schalldämm-Maß R.

Voraussetzung für die Gültigkeit von Gl. (5.7) ist, daß in beiden Räumen ein diffuses Schallfeld vorliegt (s. Abschn. 4.2.2). Die äquivalente Schallabsorptionsfläche üblich möblierter Wohn- und Schlafräume ist näherungsweise gleich ihrer Grundfläche. Unter Ausschluß von Nebenwegübertragungen ist in diesen Fällen die Schalldruckpegeldifferenz in vertikaler Richtung etwa gleich dem Schalldämm-Maß der Decke, in horizontaler Richtung wegen der in der Regel kleineren Wandfläche etwa 3 dB größer als das Schalldämm-Maß der Wand. Bei Türen ist die Schalldruckpegeldifferenz etwa 10 dB größer als ihr Schalldämm-Maß. Ferner ist die Schalldruckpegeldifferenz zwischen leeren Räumen etwa 6 dB kleiner als zwischen möblierten.

Zwischen D_{nT}, D_n und R' besteht die Beziehung

$$D_{nT} = D_n + 10 \lg \frac{V}{30} = R' + 10 \lg \frac{V}{S} - 5 \quad \text{dB} \tag{5.8}$$

mit

V Volumen des Empfangsraumes in m³
S Fläche der Trennwand in m².

Bei konstruktiv gleichartigen Bauteilen ergeben sich aus unterschiedlichen Flächen gemäß Gl. (5.7) verschiedene Schalldruckpegeldifferenzen und demzufolge nach Gln. (5.5) und (5.6) auch verschiedene Norm- und Standard-Schallpegeldifferenzen. Tabelle 5.1 verdeutlicht hierzu an einfachen Zahlenbeispielen die Zusammenhänge. In Fällen, in denen keine eindeutige Zuordnung einer Trennfläche möglich ist, werden anstelle des Bau-Schalldämm-Maßes stets Norm- oder Standard-Schallpegeldifferenzen verwendet (s. Bild 5.2). Bei zusammengesetzten Grund-

Tabelle 5.1 Zusammenstellung von Rechenergebnissen zum Vergleich verschiedener Schalldämmgrößen am praktischen Beispiel eines Raumpaares mit und ohne Möblierung für ein ausgewähltes mittleres Frequenzband
$S = 12$ m², $V_1 = 72$ m³, $V_2 = 60$ m³

Raum 1	L_{p1} [dB]	T_1 [s]	Raum 2	L_{p2} [dB]	T_2 [s]	A_2 [m²]	D [dB]	D_n [dB]	D_{nT} [dB]	R' [dB]
leer	100,0	1,5	leer	49,3	1,4	7,0	50,7	52	55	53
leer	100,0	1,5	möbliert	43,9	0,4	24,5	56,1	52	55	53
möbliert	95,2	0,5	leer	44,5	1,4	7,0	50,7	52	55	53
möbliert	95,2	0,5	möbliert	39,1	0,4	24,5	56,1	52	55	53

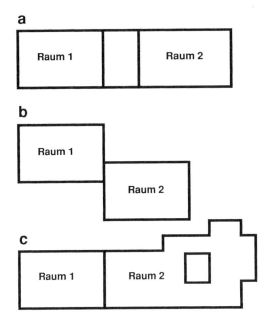

Bild 5.2 Beispiele von Raumanordnungen, bei denen die Norm- oder Standard-Schallpegeldifferenz zur Kennzeichnung der Schalldämmung verwendet wird
a mit zwischengelegenem Raum
b versetzte Räume
c angekoppelte Räume

rißformen (z. B. ein mit offenem Küchen- und Eßbereich oder mit einer nicht abgeschlossenen Treppe erweitertes Wohnzimmer) ist die Angabe eines Raumvolumens physikalisch nicht sinnvoll [230]. Dort ist nur die Anwendung der Standard-Schallpegeldifferenz zweckmäßig.

Zur Beschreibung der Luftschalldämmung bestimmter Bauteile werden besonders gekennzeichnete Norm-Schallpegeldifferenzen verwendet. Das sind die **Element-Norm-Schallpegeldifferenz** $D_{n,e}$ für kleine Bauteile wie z. B. Lüftungsleitungen, Belüftungseinrichtungen, Außenluftzuführungen, Kabeldurchführungen [642], die **Norm-Flankenpegeldifferenz** $D_{n,f}$ für Doppel- und Hohlraumböden [673] und die **Norm-Schallpegeldifferenz für abgehängte Decken** $D_{n,c}$ [641] (s. Abschn. 5.1.1.4).

Probleme der Luftschalldämmung bestehen nicht nur innerhalb von Gebäuden, sondern auch zum **Außenraum**. Bei Geräuscheinwirkung von außen, etwa durch den Verkehr verursacht, kann das für eine gewünschte Schalldruckpegeldifferenz erforderliche Bau-Schalldämm-Maß der Fassade näherungsweise mittels Gl. (5.7) errechnet werden. Als Schalldruckpegel L_{p1} ist dabei der Mittelwert in etwa 2 m Entfernung vor der Fassade anzusetzen. Meßtechnisch ermittelte Größen zur Kennzeichnung der Luftschalldämmung von Fassaden werden unter Hinweis auf das verwendete Meßverfahren angegeben (s. Abschn. 5.1.1.4).

Meist werden Grenzwerte für den höchstzulässigen Lärm in Form von äquivalenten Dauerschallpegeln (A-bewertet) festgelegt (s. Abschn. 5.1.3). Dann läßt sich das erforderliche bewertete **Bau-Schalldämm-Maß der Fassade** R'_w (s. Abschn. 5.1.1.2) näherungsweise wie folgt ermitteln:

$$R'_w \approx L_{A\,eq1} - L_{A\,eq2} + 10 \lg \frac{S}{A} + 3 \quad \mathrm{dB} \qquad (5.9)$$

Hierbei sind

$L_{A\,eq1}$ äquivalenter Dauerschallpegel des Geräusches etwa 2 m vor der Fassade in dB(A)
$L_{A\,eq2}$ zulässiger äquivalenter Dauerschallpegel im Innenraum in dB(A)
S Fläche der Fassade in m^2
A äquivalente Schallabsorptionsfläche des Raumes in m^2

5.1 Grundlagen der Schalldämmung von Bauteilen

Ist eine Fassade nicht eben, sondern besitzt Galerien, Balkone oder Terrassen, so kann durch Abschirmung eine zusätzliche Pegelminderung zustande kommen, die maximal etwa 3 dB beträgt.

Bei **Geräuschübertragungen aus einem lauten Raum**, z. B. einer Werkstatt, **nach außen**, erhält man nach Gl. (4.50) aus der Differenz zwischen dem Schalleistungspegel $L_{W,in}$ im Raum vor dem betreffenden Bauteil der Fassade und dessen Schalldämm-Maß R den äquivalenten Schalleistungspegel L_{WD}, der die Schallabstrahlung unter Annahme einer Punktschallquelle kennzeichnet (s. Abschn. 4.2.4). Unter Verwendung der Immissionsgleichung (2.38) kann dann unter Beachtung der im Abschn. 2.3.2 erläuterten Einflußgrößen der Schalldruckpegel an einem gewählten Bezugspunkt berechnet werden. Für die Praxis sind hierfür Rechenprogramme verfügbar. Bei ungestörter Schallausbreitung aus einem Raum, in dem ein diffuses Schallfeld vorhanden ist, gilt für einen Bezugspunkt in der Entfernung s (in m) die Näherung

$$D \approx R' - 10 \lg S + 20 \lg s + 14 \quad \text{dB} \tag{5.10}$$

mit
D Schalldruckpegeldifferenz zwischen mittlerem Schalldruckpegel im Raum und Schalldruckpegel am Bezugspunkt
R' Bau-Schalldämm-Maß des schallabstrahlenden Teiles der Fassade in dB
S Fläche dieses Fassadenteiles in m².

In kleinem Abstand vor der Außenwand ($s < 0{,}4 \sqrt{S}$) ist näherungsweise

$$D \approx R' + 6 . \quad \text{dB} \tag{5.11}$$

5.1.1.2 Bewertungsverfahren

Alle zur Kennzeichnung der Schalldämmung von Bauteilen verwendeten Größen sind frequenzabhängig und können in Diagrammen oder in Tabellen angegeben werden. Zur einfacheren Handhabung dieser Größen besteht Bedarf an Einzahlangaben. Die Bildung eines mittleren Schalldämm-Maßes R_m als arithmetisches Mittel der in den einzelnen Terz- oder Oktavbändern vorliegenden Schalldämm-Maße hat den Nachteil, daß eine schlechte Schalldämmung in einem bestimmten Frequenzbereich durch eine gute in einem anderen ausgeglichen werden kann. Bauteile, die zwar bei hohen Frequenzen hohe Schalldämm-Maße erreichen, im Hauptbereich der menschlichen Sprache etwa zwischen 125 und 1600 Hz jedoch

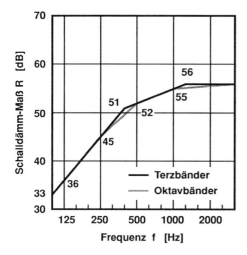

Bild 5.3 Bezugskurven zur Bewertung der Luftschalldämmung [518] [609]

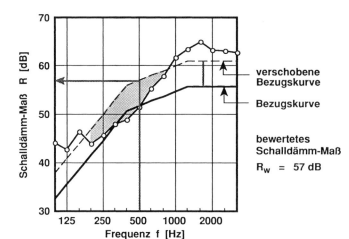

Bild 5.4 Beispiel für die Ermittlung des bewerteten Schalldämm-Maßes R_w

eine geringe Schalldämmung aufweisen, wären mit dem mittleren Schalldämm-Maß R_m nicht praxisgerecht bewertet.

Um die Schalldämmung durch eine Einzahlangabe hinreichend genau charakterisieren zu können, wurde deshalb ein **Bezugskurvenverfahren** eingeführt [518] [609]. Dabei wird ein **bewertetes Schalldämm-Maß** R_w dadurch gebildet, daß die frequenzabhängig vorliegende Schalldämmkurve mit einer sogenannten Bezugskurve (oder Sollkurve) verglichen wird. Die Bezugskurve (s. Bild 5.3) hat den idealisierten Verlauf des Schalldämm-Maßes einer 25 cm dicken Vollziegelwand. Bei der Bewertung wird sie gedanklich soweit nach oben oder unten verschoben, bis die Summe der Unterschreitungen durch die Schalldämmkurve so groß wie möglich ist, aber höchstens 32,0 dB bei Werten in 16 Terzbändern, oder 10,0 dB bei Werten in 5 Oktavbändern erreicht. Dies bedeutet jeweils eine zulässige mittlere Unterschreitung von 2 dB. Die Verschiebung erfolgt in ganzzahligen dB-Schritten. Das bewertete Schalldämm-Maß ist der Wert der verschobenen Bezugskurve bei 500 Hz. Zur Erläuterung dieses Verfahrens ist auf Bild 5.4 ein Beispiel dargestellt.

Das bewertete Schalldämm-Maß steht mit dem früher üblichen **Luftschallschutzmaß** LSM [670] oder E_L [231] in folgendem Zusammenhang:

$$R_w = \text{LSM} + 52 = E_L + 52 \quad \text{dB} \tag{5.12}$$

Mit dem früher ebenfalls gebräuchlichen **Isolationsindex** I_a [518] ist es zahlenmäßig identisch.

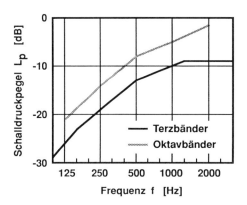

Bild 5.5 Referenzspektren zur Berechnung des Spektrum-Anpassungswertes C (A-bewertetes rosa Rauschen) [609]

5.1 Grundlagen der Schalldämmung von Bauteilen

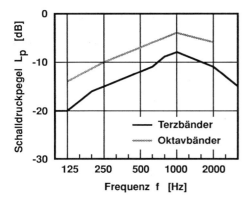

Bild 5.6 Referenzspektren zur Berechnung des Spektrum-Anpassungswertes C_{tr} (A-bewerteter städtischer Straßenverkehrslärm) [609]

Nach dem hier beschriebenen Verfahren lassen sich auch alle übrigen die Luftschalldämmung charakterisierenden Größen bewerten. Entsprechend werden als bewertete Größen neben R_w auch R'_w, $D_{n,w}$ und $D_{nT,w}$ gebildet (aber auch $D_{n,c,w}$, $D_{n,e,w}$, $D_{n,f,w}$, $R'_{tr,w}$, $R'_{45°,w}$, $D_{2m,n,w}$ und $D_{2m,nT,w}$; s. Abschn 5.1.1.4).

An dem Verlauf der Bezugskurve ist kritisiert worden, daß sie die im Wohnbereich oder durch Verkehr verursachten Geräuschspektren zu wenig berücksichtigt, indem sie tiefe Frequenzen zu gering, hohe Frequenzen dagegen zu stark bewertet. Aus diesem Grunde wurden **Spektrum-Anpassungswerte** C und C_{tr} [609] definiert. Dahinter steckt der Wunsch, bei der Bewertung der Schalldämmung auch darüber Angaben machen zu können, wie sich ein Bauteil oder ein Gebäude gegenüber unterschiedlichen Lärmarten, wie z. B. Wohnlärm oder Verkehrslärm, verhält. Ausgangsgrößen zur Bestimmung der Spektrum-Anpassungswerte sind die auf den Bildern 5.5 und 5.6 dargestellten Referenzspektren. Deren Zahlenwerte sind in den Tabellen 5.2 und 5.3 zusammengestellt. Das Referenzspektrum Nr. 1 (A-bewertetes „rosa Rauschen") dient vor allem der Nachbildung von Wohngeräuschen, aber auch von Straßen- und Schienenverkehrsgeräuschen bei hohen Geschwindigkeiten. Das Referenzspektrum Nr. 2 bildet das Geräusch innerstädtischen Straßenverkehrs nach, ist aber auch für Schienenverkehr mit geringer Geschwindigkeit verwendbar. Die Spektren sind A-bewertet und so normiert, daß ihr Gesamtschalldruckpegel 0 dB beträgt. Tabelle 5.4 zeigt die Zuordnung verschiedener Geräuscharten zu den Referenzspektren [609].

Zur **Bestimmung der Spektrum-Anpassungswerte** wird im ersten Schritt eine Differenz der A-bewerteten Schalldruckpegel eines Referenzspektrums vor und hinter dem betrachteten Bauteil wie folgt ermittelt:

$$R_A = -10 \lg \sum_{i=1}^{n} 10^{(L_i - R_i)/10} \quad \text{dB(A)} \tag{5.13a}$$

oder

$$R_{A,tr} = -10 \lg \sum_{i=1}^{n} 10^{(L_{i,tr} - R_i)/10} \quad \text{dB(A)} \tag{5.13b}$$

Darin sind

L_i Werte des verwendeten Referenzspektrums Nr. 1 (s. Bild 5.5 und Tabelle 5.2)
$L_{i,tr}$ Werte des verwendeten Referenzspektrums Nr. 2 (s. Bild 5.6 und Tabelle 5.3)
i Index für die Terz- oder Oktavbänder.

Die Spektrum-Anpassungswerte C und C_{tr} ergeben sich als Differenz der A-bewerteten Schalldruckpegeldifferenzen und der bewerteten Schalldämm-Maße:

$$C = R_A - R_W \quad \text{dB} \tag{5.14a}$$

Tabelle 5.2 Referenzspektrum zur Berechnung des Spektrum-Anpassungswertes C [609] Spektrum 1 – A-bewertetes rosa Rauschen

Frequenz	C [dB]		$C_{50-3150}$ [dB]		$C_{50-5000}$ [dB]	
	Terz	Oktave	Terz	Oktave	Terz	Oktave
50			−40		−41	
63			−36	−31	−37	−32
80			−33		−34	
100	−29		−29		−30	
125	−26	−21	−26	−21	−27	−22
160	−23		−23		−24	
200	−21		−21		−22	
250	−19	−14	−19	−14	−20	−15
315	−17		−17		−18	
400	−15		−15		−16	
500	−13	−8	−13	−8	−14	−9
630	−12		−12		−13	
800	−11		−11		−12	
1000	−10	−5	−10	−5	−11	−6
1250	−9		−9		−10	
1600	−9		−9		−10	
2000	−9	−4	−9	−4	−10	−5
2500	−9		−9		−10	
3150	−9		−9		−10	
4000					−10	−5
5000					−10	

oder

$$C_{tr} = R_{A,tr} - R_w \quad \text{dB} \qquad (5.14\,\text{b})$$

In gleicher Weise lassen sich die Spektrum-Anpassungswerte für andere die Schalldämmung charakterisierende Größen wie Bau-Schalldämm-Maße, Norm-Schallpegeldifferenzen, Stan-

5.1 Grundlagen der Schalldämmung von Bauteilen

Tabelle 5.3 Referenzspektrum zur Berechnung des Spektrum-Anpassungswertes C_{tr} [609] Spektrum 2 — A-bewerteter städtischer Straßenverkehrslärm

Frequenz	C_{tr} [dB]		$C_{tr, 50\text{-}5000}$ [dB]	
	Terz	Oktave	Terz	Oktave
50			−25	
63			−23	−18
80			−21	
100	−20		−20	
125	−20	−14	−20	−14
160	−18		−18	
200	−16		−16	
250	−15	−10	−15	−10
315	−14		−14	
400	−13		−13	
500	−12	−7	−12	−7
630	−11		−11	
800	−9		−9	
1000	−8	−4	−8	−4
1250	−9		−9	
1600	−10		−10	
2000	−11	−6	−11	−6
2500	−13		−13	
3150	−15		−15	
4000			−16	−11
5000			−18	

dard-Schallpegeldifferenzen berechnen. Bei der Darstellung von Meßergebnissen werden die Spektrum-Anpassungswerte z. B. wie folgt angegeben:

$$R_w(C; C_{tr}) = 41(0; -5) \quad \text{dB} \tag{5.15a}$$

oder

$$D_{n,w}(C; C_{tr}) = 55(-1; -3) \quad \text{dB}. \tag{5.15b}$$

Tabelle 5.4 Anwendung der Referenzspektren zur Bestimmung der Spektrum-Anpassungswerte C und C_{tr} [609]

Lärmquelle	entsprechender Spektrum-Anpassungswert
Wohnaktivitäten (Reden, Musik, Radio, TV) Kinderspielen Schienenverkehr mit mittlerer und hoher Geschwindigkeit Autobahnverkehr > 80 km/h Düsenflugzeug in kleinem Abstand Betriebe, die überwiegend mittel- und hochfrequenten Lärm abstrahlen	C (Spektrum 1)
städtischer Straßenverkehr Schienenverkehr mit geringer Geschwindigkeit Propellerflugzeug Düsenflugzeug in großem Abstand Discomusik Betriebe, die überwiegend tief- und mittelfrequenten Lärm abstrahlen	C_{tr} (Spektrum 2)

Im allgemeinen ist C etwa -1 dB. Wenn jedoch in einer Schalldämmkurve ein tiefer Einbruch in einem einzelnen Frequenzband vorhanden ist, wird $C < -1$ dB. Vor allem beim Vergleich verschiedener Konstruktionen kann es zweckmäßig sein, R_w und C bzw. C_{tr} heranzuziehen. Anforderungen können als Summe der Schalldämm-Maße und der Spektrum-Anpassungswerte formuliert werden, beispielsweise für Fassaden

$$R'_w + C_{tr} = 47 \text{ dB} \tag{5.16a}$$

oder zwischen Wohnungen

$$D_{nT,w} + C = 54 \text{ dB} \tag{5.16b}$$

In manchen Fällen ist die akustische Wirksamkeit von Bauteilen auch außerhalb des bauakustischen Frequenzbereiches (100 Hz bis 3150 Hz) von Interesse. Um Frequenzen in einem erweiterten Bereich von 50 Hz bis zu 5000 Hz berücksichtigen zu können, sind in den Tabellen 5.2 und 5.3 auch die entsprechenden Werte der Referenzspektren enthalten.

5.1.1.3 Einfluß verschiedener Übertragungswege

In nahezu allen praktischen Fällen ist damit zu rechnen, daß die Schallübertragung nicht nur durch das trennende Bauteil (Schalltransmissionsgrad τ), sondern auch auf Nebenwegen erfolgt. Das sind die Flankenwege nach Bild 5.1, aber auch Übertragungswege durch Teilflächen geringerer Schalldämmung (z. B. Fenster oder Türen) oder durch Öffnungen (z. B. Undichtheiten, Rohrleitungen, Kanäle oder Schlitze). Für die Schallausbreitung in Gebäuden ist der Einfluß dieser Übertragungswege von grundsätzlicher Bedeutung. Der resultierende Schalltransmissionsgrad τ' ergibt sich als Summe der Schalltransmissionsgrade auf den einzelnen Übertragungswegen.

■ **Flankenwegübertragung**
Gemäß Bild 4.1 und Bild 5.1 ist die Gesamtschalleistung W_3 (s. Gl. (5.2)), die über Flankenwege übertragen wird

$$W_3 = W_{Df} + W_{Fd} + W_{Ff} \quad \text{W} \tag{5.17}$$

5.1 Grundlagen der Schalldämmung von Bauteilen

Da in der Regel jeweils vier flankierende Bauteile beteiligt sind, erfolgt die Flankenschallübertragung zwischen zwei benachbarten Räumen auf insgesamt zwölf verschiedenen Wegen. Der Anteil jedes einzelnen Weges wird neben der Größe der beteiligten Bauteile und ihrer konstruktiven Ausführung vor allem von der Wirkung der **Stoßstelle**, d. h. der Bauteilverbindung, auf die Körperschallausbreitung bestimmt.

Methoden der **Berechnung von Schallausbreitungsvorgängen unter Berücksichtigung der Flankenwege** werden z. Z. in das europäische Normenwerk eingeführt [93] bis [96]. Man unterscheidet dabei zwischen detaillierten Rechenmodellen, bei denen in Terz- oder Oktavschritten vorgegangen wird, und vereinfachten Verfahren, bei denen frequenzbewertete Größen genutzt werden (s. Abschn. 3.1.1 und 5.1.1.2). Die rechnerische Behandlung von Körperschallausbreitungsvorgängen ist mit größerem Aufwand verbunden, so daß sich der Einsatz **rechnergestützter Verfahren** lohnt. Neben den über die Normung eingeführten Rechenmodellen sind auch Methoden der **statistischen Energieanalyse** zur Berechnung von Schallausbreitungsvorgängen in Gebäuden geeignet. Hierbei wird die Raumkombination, zwischen der eine Schallausbreitung erfolgt, als gekoppeltes Schwingungssystem betrachtet und der Schallenergieaustausch analysiert [232] [233]. Auch dazu ist der Einsatz von Rechnern nötig. Eines der Hauptprobleme aller rechentechnischen Verfahren besteht in der z. Z. noch unzureichenden Verfügbarkeit der notwendigen Eingabedaten. Im folgenden wird daher auf diese Rechenverfahren auch nicht im einzelnen eingegangen. Es werden nur einige ausgewählte, vereinfachte Rechenschritte erläutert, die Abschätzungen erlauben und Zusammenhänge erkennen lassen.

Für jeden Flankenweg läßt sich ein **Flankendämm-Maß** definieren, z. B.

$$R_{Ff} = 10 \lg \frac{W_1}{W_{Ff}} \quad \text{dB} \tag{5.18}$$

Die Schall-Längsübertragung allein über die flankierenden Bauteile (Wege Ff in Bild 5.1) stellt einen speziellen Fall der Flankenschallübertragung dar. Verbesserungen der Schalldämmung des Trennbauteiles haben, soweit sie nicht die Körperschallübertragung über die Stoßstelle berühren, keinen Einfluß auf diesen Flankenweg. Das Flankendämm-Maß R_{Ff} bezeichnet man daher auch als **Grenzdämm-Maß**. In mehrgeschossigen massiven Wohngebäuden liegt das bewertete Flankendämm-Maß $R_{Ff,w}$ in der Größenordnung von 58 dB. Insgesamt kann man damit rechnen, daß in Gebäuden dieser Art etwa 50% der in Nachbarräume fremder Wohnungen übertragenen Schallenergie auf Flankenwegen dorthin gelangt.

Aus dem Schalldämm-Maß R und den Flankendämm-Maßen R_{Ff}, R_{Df} und R_{Fd} errechnet sich das **Bau-Schalldämm-Maß** R' gemäß

$$R' = -10 \lg \left(10^{-\frac{R}{10}} + 10^{-\frac{R_{Ff}}{10}} + 10^{-\frac{R_{Df}}{10}} + 10^{-\frac{R_{Fd}}{10}} \right) \quad \text{dB} \tag{5.19}$$

Näherungsweise kann jedes Flankendämm-Maß wie nachfolgend als Beispiel für den Weg Ff dargestellt errechnet werden:

$$R_{Ff} = \frac{R_F}{2} + \frac{R_f}{2} + \Delta R_F + \Delta R_f + D_{v,Ff} + 10 \lg \frac{S}{\sqrt{S_F S_f}} + 10 \lg \frac{\delta_F}{\delta_f} \quad \text{dB} \tag{5.20}$$

Hierbei sind

R_F Schalldämm-Maß des betrachteten angeregten Bauteiles im lauten Raum (Senderaum) in dB

R_f Schalldämm-Maß des betrachteten schallabstrahlenden Bauteiles im Nachbarraum (Empfangsraum) in dB

ΔR_F Luftschallverbesserungsmaß durch eine eventuelle Vorsatzkonstruktion vor dem angeregten Bauteil in dB

ΔR_f Luftschallverbesserungsmaß durch eine eventuelle Vorsatzkonstruktion vor dem abstrahlenden Bauteil in dB
$D_\text{v,Ff}$ Schnellepegeldifferenz (s. Gl. (2.10)) zwischen dem angeregten und dem abstrahlenden Bauteil in dB
S Fläche des trennenden Bauteiles in m^2
S_F Fläche des angeregten Bauteiles in m^2
S_f Fläche des abstrahlenden Bauteiles in m^2
σ_F Abstrahlgrad (s. Gl. (2.21)) des angeregten Bauteiles
σ_f Abstrahlgrad des abstrahlenden Bauteiles.

In den Gln. (5.19) und (5.20) sind die Flankenwege Ff, Df und Fd bezüglich aller vier flankierenden Bauteile $i = 1$ bis 4 zu betrachten, und die Ergebnisse sind zu addieren, beispielsweise gemäß

$$R_\text{Ff} = -10 \lg \sum_{i=1}^{4} 10^{-\frac{R_\text{Ff,i}}{10}} \text{ dB} \qquad (5.21)$$

In manchen Fällen dominiert die Flankenwegübertragung über ein Bauteil, besonders bei **durchgehenden leichten Vorsatzkonstruktionen** wie schwimmenden Estrichen, Unterdecken oder vor Fassaden innen angebrachten, verputzten Wärmedämmschichten. Dann genügt es meist, nur diesen Übertragungsweg zu betrachten. Für diesen Fall wird neben dem Flankendämm-Maß auch eine Norm-Flankenpegeldifferenz $D_\text{n,f}$ gemäß Gl. (5.5) verwendet. Sie kann im Laboratorium gemessen werden und ist mit der früher als Schall-Längsdämm-Maß R_L üblichen Größe zahlenmäßig identisch [673] [675]. Für Unterdecken steht anstelle des allgemeineren f der Index c ($D_\text{n,c}$ nach [641]).

Die Gln. (5.19) bis (5.21) gelten für Terz- oder Oktavbänder, sind aber als Vereinfachung auch für die nach Abschn. 5.1.1.2 bewerteten Größen anwendbar. Auf die Umrechnung von R_w in R'_w und umgekehrt wird in Abschn. 5.1.1.4 näher eingegangen.

Mit **Vorsatzkonstruktionen** (Leichtwände auf Ständern, Unterdecken oder schwimmende Estriche), die am Trennbauteil unterbrochen sind, können gemäß Abschn. 5.2 bei richtiger konstruktiver Ausbildung erhebliche Verbesserungen der Schalldämmung erzielt werden. Vor leichten massiven Bauteilen sind Luftschallverbesserungsmaße bis zu etwa 25 dB, vor schweren bis zu etwa 10 dB möglich.

Bei schweren massiven Bauteilen, bei denen die Koinzidenzgrenzfrequenz f_c (s. Abschn. 2.2.1) unterhalb des interessierenden Frequenzbereiches liegt, kann der Abstrahlgrad $\sigma = 1$ gesetzt werden. In Gl. (5.20) entfällt der letzte Summand, wenn das für das angeregte und das abstrahlende Bauteil zutrifft. Bei leichten Konstruktionen sind die frequenzabhängigen Werte des Abstrahlgrades zu verwenden. Bei vereinfachten Rechnungen mit bewerteten Größen läßt sich der Einfluß des Abstrahlgrades nicht berücksichtigen.

Die **Stoßstelle der Bauteile** hat auf die Körperschallausbreitung sehr großen Einfluß. Bei genaueren Rechnungen wird dieser durch das **Stoßstellendämm-Maß** K gekennzeichnet [93], das die Verminderung der Körperschalleistung (analog zur Verringerung der Luftschalleistung durch das Schalldämm-Maß R) beschreibt. Neben der in der Näherungsgleichung (5.20) enthaltenen **Schnellepegeldifferenz** D_v werden dabei die Verbindungslängen der Bauteile an der Stoßstelle und ihre Dämpfungseigenschaften (Verlustfaktoren η, ausgedrückt durch die sog. äquivalente Absorptionslänge a, die durch Messung der Körperschallnachhallzeiten T_R nach Abschn. 5.1.1.4 bestimmt werden kann) berücksichtigt.

5.1 Grundlagen der Schalldämmung von Bauteilen

Beispielsweise ist das **Stoßstellendämm-Maß** für den Übertragungsweg Ff (s. Bild 5.1)

$$K_{Ff} = \frac{D_{v,Ff} + D_{v,fF}}{2} + 10 \lg \frac{l_{Ff}}{\sqrt{a_F a_f}} \quad \text{dB} \tag{5.22}$$

mit

$D_{v,Ff}$ Schnellepegeldifferenz zwischen dem angeregten und dem abstrahlenden Bauteil in dB

$D_{v,fF}$ Schnellepegeldifferenz zwischen dem abstrahlenden und dem angeregten Bauteil in dB

l_{Ff} Länge der Verbindungskante zwischen angeregtem und abstrahlendem Bauteil in m

a_f äquivalente Absorptionslänge des abstrahlenden Bauteiles in m

a_F äquivalente Absorptionslänge des angeregten Bauteiles in m.

Diese Übertragungswege sind entlang der üblicherweise vier verschiedenen Bauteile auf dem Wege Ff gesondert zu betrachten [93] und analog zu Gl. (5.21) zu addieren.

Näherungsweise kann für die Absorptionslänge a eines Bauteiles (in m) zahlenmäßig die Größe seiner Fläche S (in m²) angesetzt werden. Das gilt insbesondere bei Leichtbauteilen, bei Bauteilen mit großen inneren Verlustfaktoren und bei Bauteilen, die nicht fest mit den angrenzenden verbunden sind.

Näherungswerte von Schnellepegeldifferenzen D_v sind auf Bild 5.7 für verschiedene Arten von Bauteilverbindungen (Kreuz, Stoß und Ecke) in Abhängigkeit vom Massenverhältnis der aufeinanderstoßenden Bauteile angegeben [234]. Sie gelten für feste, kraftschlüssige Bauteilverbindungen und für geometrische Abmessungen der Bauteile, wie sie in üblichen mehrgeschossigen, massiven Wohngebäuden auftreten. Die Werte auf Bild 5.7 beziehen sich auf Meßergebnisse, die mit punktförmiger Körperschallanregung (bei flächenhafter Anregung ist D_v in der Regel etwas kleiner) hinter der ersten Bauteilverbindung (hinter der zweiten beträgt D_v nur das 0,5 bis 0,7fache, hinter weiteren nur das 0,3 bis 0,5fache) bei einer Frequenz von 500 Hz (nach höheren Frequenzen hin steigt D_v geringfügig an) gewonnen wurden. Sie können aber näherungsweise bei der Abschätzung des Einflusses der Flankenwegübertragung auch als bewertete Schnellepegeldifferenzen $D_{v,w}$ verwendet werden. An Verbindungsstellen gleich schwerer Bauteile ergeben sich danach z. B. Schnellepegeldifferenzen zwischen 6 und 14 dB. Bei Masseverhältnissen 1:2 beispielsweise ist bei der

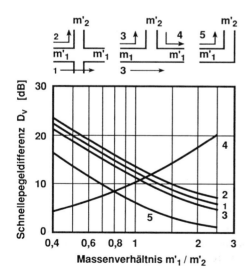

Bild 5.7 Schnellepegeldifferenzen D_v der ersten Bauteilverzweigung für aneinanderstoßende massive Bauteile der flächenbezogenen Massen m'_1 und m'_2 für $f = 500$ Hz [234]

Übertragung vom leichteren zum schwereren Bauteil mit 14 bis 21 dB, in umgekehrter Richtung nur mit 1 bis 7 dB zu rechnen.

Beispiel

Betrachtet man die Schallübertragung auf dem Flankenweg Ff zwischen benachbarten Räumen für kreuzförmige Bauteilverbindungen unter der Annahme, daß alle Bauteile gleich groß und gleich schwer sein sollen (D_v = 12 dB) und ihre flächenbezogene Masse 598 kg/m² beträgt (Schwerbeton, 260 mm dick), so ergibt sich mit R_w = 61 dB (s. Abschn. 5.2.1.2) aus Gl. (5.20) für alle vier flankierenden Bauteile gemeinsam

$$R_{Ff,w} = 30{,}5 + 30{,}5 + 12 + 10 \lg (1/4) = 67 \text{ dB} \tag{5.23a}$$

Das bewertete Flankendämm-Maß $R_{Ff,w}$ liegt damit 6 dB über dem bewerteten Schalldämm-Maß R_w des Trennbauteiles. Ist dieses unter sonst gleichen Bedingungen eine nur 120 mm dicke Betonwand (m' = 276 kg/m²; m'_1/m'_2 = 2,2; D_v = 7 dB), so wird

$$R_{Ff,w} = 30{,}5 + 30{,}5 + 7 + 10 \lg (1/4) = 62 \text{ dB} \tag{5.23b}$$

Hier beträgt das bewertete Schalldämm-Maß R_w etwa 49 dB (s. Abschn. 5.2) und das bewertete Flankendämm-Maß $R_{Ff,w}$ ist damit 13 dB größer als dieses. Der Einfluß der Flankenwegübertragung auf die Gesamtschalldämmung ist also bei den im Vergleich zum Trennbauteil schwereren Flankenbauteilen wesentlich geringer.

■ Schallübertragung durch zusammengesetzte Bauteile

In der Praxis tritt häufig der Fall auf, daß Trennwände und Decken aus Flächenanteilen unterschiedlicher Schalldämmung zusammengesetzt sind, wie beispielsweise Wände mit Türen oder Fenstern. Bei bekannten Schalldämm-Maßen R_i der einzelnen Wandteile ist das resultierende Schalldämm-Maß R_{res} der Gesamtwand von Interesse. Das erhält man, indem man die in den Empfangsraum gelangende Schalleistung aus den Teilleistungen zusammensetzt, die durch die einzelnen Wandteile übertragen werden. Die Teilleistungen sind dem jeweiligen Schalltransmissionsgrad τ_i und der Teilfläche S_i proportional. So ergibt sich für den gesamten **Schalltransmissionsgrad** τ_{res}:

$$\tau_{res} = \frac{\sum S_i \tau_i}{\sum S_i} \tag{5.24}$$

Bei einem Bauteil, bestehend aus n Teilflächen, erhält man das **resultierende Schalldämm-Maß** R_{res} aus den Schalldämm-Maßen R_i der einzelnen Teilflächen:

$$R_{res} = -10 \lg \frac{\sum_{i=1}^{n} S_i \cdot 10^{-R_i/10}}{\sum_{i=1}^{n} S_i} \quad \text{dB} \tag{5.25}$$

Für zwei Teilflächen S_1 und S_2 mit den Schalldämm-Maßen R_1 und R_2 vereinfacht sich Gl. (5.25) wie folgt:

$$R_{res} = -10 \lg \left\{ \frac{1}{S_1 + S_2} \left(S_1 \cdot 10^{-R_1/10} + S_2 \cdot 10^{-R_2/10} \right) \right\} \quad \text{dB} \tag{5.26}$$

Aus Gl. (5.26) wurde das als Bild 5.8 dargestellte Nomogramm entwickelt. Es gestattet, in Abhängigkeit von der Differenz der Schalldämm-Maße der Teilflächen $R_1 - R_2$ und vom Flächenanteil der kleineren Teilfläche die Verminderung ΔR des Schalldämm-Maßes im Vergleich zum Schalldämm-Maß der größeren der beiden Teilflächen abzulesen.

5.1 Grundlagen der Schalldämmung von Bauteilen

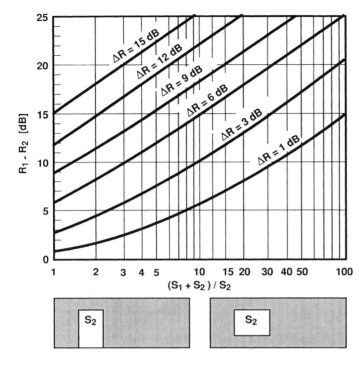

Bild 5.8 Nomogramm zur Ermittlung des Schalldämm-Maßes zusammengesetzter Bauteile $R_{res} = R_1 - \Delta R$

Eine gröbere Abschätzung von R_{res} ist durch eine weitere Vereinfachung der Gl. (5.26) möglich, wenn $R_2 \ll R_1$:

$$R_{res} = R_2 + 10 \lg \frac{S_1 + S_2}{S_2} \quad \text{dB} \tag{5.27}$$

In diesem Falle wird das resultierende Schalldämm-Maß praktisch ausschließlich vom Schalldämm-Maß des Bauteiles mit der niedrigeren Schalldämmung und von dessen Flächenanteil bestimmt.

Beispiel

Ist in einer $S_1 + S_2 = 20\ m^2$ großen Wand eine Tür von $S_2 = 2\ m^2$ Größe enthalten, deren Schalldämm-Maß $R_2 = 20\ dB$ ist, so erhält man aus Gl. (5.27) ein resultierendes Schalldämm-Maß von $R_{res} = 30\ dB$. Wenn das Schalldämm-Maß R_1 der Wand selbst nur 35 dB beträgt, so ergibt sich aus Gl. (5.26) und aus Bild 5.8 (mit $R_1 - R_2 = 15\ dB$; $(S_1 + S_2)/S_2 = 10$; $\Delta R = 6\ dB$) ein genaueres resultierendes Schalldämm-Maß von $R_{res} = 29\ dB$. Ist in der Wand anstelle der 2 m^2 großen Tür eine gleich große Öffnung enthalten ($R_2 = 0$), dann ergibt sich das resultierende Schalldämm-Maß nur aus dem Flächenverhältnis und es ist $R_{res} = 10\ dB$.

Die Berechnungen nach Gln. (5.25) bis (5.27) können nur dann durchgeführt werden, wenn alle benötigten Schalldämmgrößen tatsächlich als Schalldämm-Maße vorliegen. Vielfach werden Bauteile wie Lüfter, Rolladenkästen u. ä. bei Messungen in Prüfständen (s. Abschn. 5.1.1.4) nicht mit dem Schalldämm-Maß sondern mit einer Norm-Schallpegeldifferenz gekennzeichnet. Da sich die im Prüfstand untersuchte Größe derartiger Bauteile meist von der beim praktischen Einsatz unterscheidet, wird sie von der Prüfstelle mit angegeben [642]. In solchen Fällen läßt sich das resultierende Schalldämm-Maß eines zusammengesetzten Bauteiles, wie beispielsweise Fenster mit eingebautem Lüfter oder Rolladenkasten, wie folgt berechnen:

$$R_{\text{res}} = -10 \lg \left\{ \frac{1}{S_1 + S_2} \left(S_1 \cdot 10^{-\frac{R_1}{10}} + S_2 \frac{A_0}{S_{2,\text{Lab}}} \cdot 10^{-\frac{D_{n,2}}{10}} \right) \right\} \text{ dB} \quad (5.28)$$

Darin sind

S_1 Fläche des ursprünglichen Bauteiles z. B. Fenster, in m²
S_2 Fläche des zusätzlichen Bauteiles im Bau in m²
$S_{2,\text{lab}}$ Fläche des zusätzlichen Bauteiles im Prüfstand gemäß Prüfzeugnis in m²
R_1 Schalldämm-Maß des ursprünglichen Bauteiles in dB
$D_{n,2}$ Norm-Schallpegeldifferenz des zusätzlichen Bauteiles im Prüfstand in dB
A_0 Bezugsabsorptionsfläche; $A_0 = 10$ m².

Die Verschlechterung der Schalldämmung eines Fensters durch den Einbau eines zusätzlichen Bauteiles, z. B. einer Zuluftschleuse, läßt sich auch aus dem als Bild 5.9 dargestellten Nomogramm in Abhängigkeit von der Differenz $D_{n,2} - R_1$ und dem Flächenverhältnis S_2/S_1 ermitteln. Näherungsweise gelten Gl. (5.28) und Bild 5.9 auch für die bewerteten Schalldämmgrößen des Fensters und des zusätzlichen Bauteiles.

Ein ähnliches Problem liegt vor, wenn die **Wirkung von Fugen** berücksichtigt werden soll. Zur Kennzeichnung der Schalldämmung von Fugen wird vielfach ein flächennormiertes Fu-

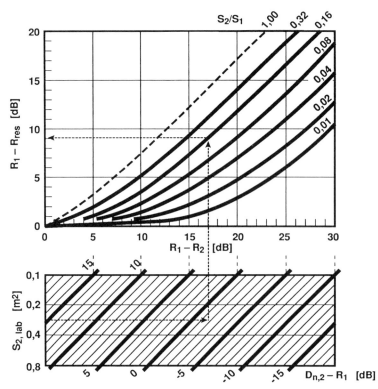

Bild 5.9 Nomogramm zur Berechnung der Verschlechterung ($R_1 - R_{res}$) der Schalldämmung eines Bauteiles (z. B. Fensters) mit dem Schalldämm-Maß R_1 durch den Einbau eines zusätzlichen Bauteiles (z. B. einer Zuluftschleuse) mit einer Norm-Schallpegeldifferenz $D_{n,2}$

5.1 Grundlagen der Schalldämmung von Bauteilen

gen-Schalldämm-Maß R_{Fn} verwendet:

$$R_{Fn} = L_{p1} - L_{p2} + 10 \lg \frac{S_n}{A} \quad \text{dB} \tag{5.29}$$

mit

S_n Bezugsfläche; $S_n = 1\ \text{m}^2$.

Zwischen dem tatsächlichen Schalldämm-Maß R_F der Fuge und dem normierten Fugen-Schalldämm-Maß R_{Fn} besteht die folgende Beziehung:

$$R_F = R_{Fn} + 10 \lg \frac{S_F}{S_n} \quad \text{dB} \tag{5.30}$$

Hierbei ist

S_F Fläche der Fuge am Bau in m^2.

Zur Bestimmung der resultierenden Schalldämmung eines Bauteils mit Fugen können die Gln. (5.25) bzw. (5.26) verwendet werden.

Bei der Schallübertragung durch Fugen, Schlitze und andere kleine Öffnungen ist zu beachten, daß die **durch die Öffnung übertragene Schalleistung** in der Regel nicht dem Anteil der Öffnungsfläche an der Gesamtfläche entspricht, sondern daß diese infolge von Resonanz- und Beugungserscheinungen hiervon abweicht und auch erheblich größer sein kann [66]. Das bedeutet, daß der Schalltransmissionsgrad der Öffnung Werte annehmen kann, die größer als eins sind. Besonders große Schallübertragungen treten in Frequenzbereichen auf, in denen die Öffnungstiefen zwischen 1/4 und 1/2 der Wellenlänge liegen. Bei Fenstern und Türen beispielsweise sind im Falle von Undichtheiten im Einbau- oder Schließbereich Schlitztiefen von 5 bis 10 cm möglich. Das kann im Frequenzbereich von 1000 bis 4000 Hz zu einer resonanzartig verstärkten Schallübertragung führen, hervorgerufen durch Schalltransmissionsgrade, die Werte bis zu 100 aufweisen können. Berechnungsmethoden sind verfügbar, doch scheitert ihr erfolgreicher Einsatz meist an fehlenden genauen Eingabedaten, etwa zur Schlitzgeometrie o. ä. [235].

5.1.1.4 Meßverfahren

Messungen der Luftschalldämmung von Bauteilen werden üblicherweise an Prüfobjekten durchgeführt, die zwischen zwei Räumen (Sende- und Empfangsraum) eingebaut sind (Zweiraumverfahren). Messungen an Außenbauteilen können auch zwischen einem abgeschlossenen Meßraum und dem Außenraum vor dem Gebäude erfolgen. Die Messungen sind in speziellen bauakustischen Laboratorien (Prüfständen [501] [600] [668]) durchführbar (Eignungsprüfungen, Baumusterprüfungen nach „Präzisionsmethoden" [503] [509] [510] [512] [568] bis [571] [607] [640] [641] [642] [667] [669]), aber auch am Bau möglich (Güteprüfungen nach „Ingenieurmethoden" [504] [505] [601] [669] oder mittels „Kurzprüfverfahren" [565]). In den zitierten Vorschriften sind detaillierte Festlegungen für die Messung der Luftschalldämmung bei unterschiedlichen Genauigkeitsanforderungen enthalten.

■ **Zweiraumverfahren**

Wie auf Bild 5.10 a dargestellt, befindet sich das Prüfobjekt zwischen zwei Räumen. Im **Senderaum** wird der Prüfschall (Terz-, Oktav- oder Breitband-Rauschen) mit Lautsprechern erzeugt. Diese müssen bestimmte Anforderungen hinsichtlich Schalleistung, Frequenzverlauf und Richtcharakteristik erfüllen. Im Sende- und **Empfangsraum** werden die mittleren Schalldruckpegel L_{p1} und L_{p2} mit Mikrofonen (meist Kondensatormikrofonen) gemessen, um daraus die Schallpegeldifferenz nach Gl. (5.3) zu bestimmen. Bei der Messung muß sowohl eine zeitliche als auch eine räumliche Mittelung der Meßwerte gewähr-

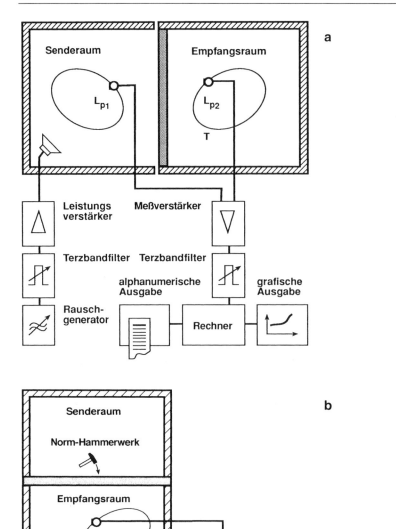

Bild 5.10 Schemazeichnungen der Meßaufbauten zur Bestimmung der Schalldämmung eines trennenden Bauteiles am Bau oder im Laboratorium
a Messung der Luftschalldämmung (Zweiraumverfahren)
b Messung der Trittschalldämmung

5.1 Grundlagen der Schalldämmung von Bauteilen

leistet sein. Letzteres erfordert eine ausreichende Diffusität (s. Abschn. 4.2.2). Zur Abtastung der Schallfelder werden in der Regel mechanische Vorrichtungen zur Bewegung der Mikrofone im Raum eingesetzt. Der jeweils während eines Bewegungsablaufes (meist Kreisbogen in einer geneigten Ebene) registrierte Schalldruckpegel wird gemittelt. Die Auswertung der gemessenen Größen erfolgt nach Gln. (5.5) bis (5.7). Ferner muß die Nachhallzeit im Empfangsraum gemessen werden (s. Abschn. 4.1.4). Das Zweiraumverfahren ist zur Messung der Luftschalldämmung an allen Bauteilen in Laboratorien („in Prüfständen") und zur Ermittlung der Schallübertragung zwischen Räumen in Gebäuden („am Bau") geeignet.

Bauakustische Laboratorien bestehen aus Kombinationen von je zwei über- oder nebeneinanderliegenden Meßräumen, zwischen die die zu prüfenden Bauteile eingebaut werden. Um eine ausreichend gute Übereinstimmung zwischen Ergebnissen aus verschiedenen Laboratorien zu gewährleisten, sind bestimmte Größen der Prüfobjekte (Wände $\approx$ 10 m^2, Decken 10 bis 20 m^2) und der Meßräume (50 bis 70 m^3) sowie weitere konstruktive Anforderungen in Normen festgelegt [501] [600]. Um für die Messungen ein ausreichend diffuses Schallfeld zu erzeugen, werden die Meßräume als Hallräume, d. h. mit möglichst vollständig reflektierenden Oberflächen, ausgeführt. Bei tiefen Frequenzen ist eine Nachhallzeit zwischen 1 und 2 s vorgeschrieben. Wände und Decken als Prüfobjekte sollen die gesamte Trennfläche zwischen Sende- und Empfangsraum bilden. Für die Prüfung von Türen, Fenstern und Verglasungen sowie von anderen kleinen Bauteilen (Meßwerte: Element-Norm-Schallpegeldifferenz $D_{n,e}$) gibt es detaillierte Festlegungen über den Einbau dieser Elemente in eine Prüfwand und über deren Beschaffenheit [510] [642]. Ihre Schalldämmung muß so groß sein, daß die Schallübertragung von Sende- zu Empfangsraum nur über die Prüfobjekte erfolgt. Die Prüfstände werden so aufgebaut, daß die **Flankenwegübertragung** zwischen den beiden Meßräumen (s. Bild 5.1) weitgehend **unterbunden** ist. Das kann durch Trennfugen zwischen den Räumen erfolgen, die die Körperschallübertragung unterbrechen oder auch durch die Verkleidung der flankierenden Bauteile mit Vorsatzkonstruktionen, um damit deren Schallanregung und -abstrahlung zu vermindern. Für die Messung der Schalldämmung bei Unterdecken mit einem darüberliegenden Hohlraum (Meßwerte: Norm-Schallpegeldifferenz für abgehängte Unterdecke $D_{n,c}$) und bei Doppel- und Hohlraumböden (Meßwerte: Norm-Flankenpegeldifferenz $D_{n,f}$) gibt es besondere Festlegungen für die Prüfstände und für die Meßmethoden [509] [512] [607] [641].

Neben den Prüfständen mit unterdrückten Flankenwegen nach internationalen Normen [600] sind in Deutschland bisher auch **Prüfstände mit festgelegten bauähnlichen Flankenwegen** gebräuchlich [668]. In diesen Laboratorien werden Bau-Schalldämm-Maße R' gemessen und hieraus zum Vergleich mit normativen Anforderungen (s. Abschn. 5.1.3) [619] bewertete Bau-Schalldämm-Maße R'_w ermittelt. In der Praxis ergibt sich daraus die Notwendigkeit, die aus Messungen in unterschiedlichen Prüfständen stammenden Werte R_w und R'_w ineinander umzurechnen. Näherungsweise sind die folgenden Umrechnungen möglich [622]:

1. Berechnung von R'_w für Vergleiche mit Anforderungen [619] aus Werten des im Laboratorium ermittelten bewerteten Schalldämm-Maßes R_w:

$$R'_w = -10 \lg \left(10^{\frac{-R_w}{10}} + 10^{\frac{-(R_{Ff,w} + \delta)}{10}} \right) \text{ dB} \tag{5.31}$$

Darin sind

$R_{Ff,w}$ bewertetes Flankendämm-Maß des Prüfstandes mit bauähnlicher Flankenübertragung bei Einbau einer Leichtbauwand in dB (Näherung: $R_{Ff,w} \approx (55 \pm 1)$ dB)

δ Erhöhung des bewerteten Flankendämm-Maßes des Prüfstandes bei schweren Trennbauteilen (in dB) wie folgt:

Bei kraftschlüssiger Verbindung zwischen Prüfobjekt und Prüfstand und bei Überwiegen des Flankenweges Ff ist

$$\delta = 3 \text{ dB} \quad \text{für} \quad \frac{m'_\text{f}}{m'_\text{t}} \leq 2{,}1 \qquad (5.32\,\text{a})$$

$$\delta = 9 \text{ dB} - 18{,}8 \lg \frac{m'_\text{f}}{m'_\text{t}} \text{ dB} \quad \text{für} \quad 2{,}1 < \frac{m'_\text{f}}{m'_\text{t}} < 3 \qquad (5.32\,\text{b})$$

$$\delta = 0 \quad \text{für} \quad \frac{m'_\text{f}}{m'_\text{t}} \geq 3 \qquad (5.32\,\text{c})$$

mit

m'_f mittlere flächenbezogene Masse der flankierenden Prüfstandsbauteile in kg/m² (Näherung: $m'_\text{f} \approx 450$ kg/m²)

m'_t flächenbezogene Masse des Prüfobjektes in kg/m².

Bei nicht kraftschlüssiger Verbindung von Prüfobjekt und Prüfstand wird $\delta = 0$ gesetzt.

2. Berechnung von R_w aus Werten des in Prüfständen mit bauähnlicher Flankenübertragung [668] ermittelten bewerteten Bau-Schalldämm-Maßes R'_w:

$$R_\text{w} = R'_\text{w} + 4 \text{ dB} \qquad (5.33)$$

für $R'_\text{w} > R_{\text{Ff,w}} - 2$ dB,

$$R_\text{w} = -10 \lg \left(10^{\frac{-R'_\text{w}}{10}} - 10^{\frac{-(R_{\text{Ff,w}} + \delta)}{10}} \right) \text{ dB} \qquad (5.34)$$

für $R'_\text{w} \leq R_{\text{Ff,w}} - 2$ dB und mit Werten für δ gemäß Gln. (5.32a) bis (5.32c).

Für **Schalldämmungsmessungen am Bau** wird das Zweiraumverfahren in gleicher Weise eingesetzt wie für die Prüfstände beschrieben, doch werden hierbei die Flankenwegübertragungen so erfaßt, wie sie im jeweiligen Gebäude vorhanden sind. Natürlich muß bei den Messungen beachtet werden, daß keine unbeabsichtigten Nebenwegübertragungen möglich sind. So sollte z. B. bei der Messung von Wohnungstrennwänden und -decken der Nebenweg über ein gemeinsames Treppenhaus durch wenigstens vier geschlossene Türen ausreichend unterdrückt sein. Ziel von Schalldämmungsmessungen am Bau ist in der Regel nicht die Bestimmung der Schalldämmung eines Bauteiles, sondern die Ermittlung der Schallübertragung zwischen benachbarten Räumen. Die Ergebnisse dienen der Güteprüfung und werden als Bau-Schalldämm-Maße R', als Norm-Schallpegeldifferenzen D_n oder als Standard-Schallpegeldifferenzen D_nT angegeben und zum Vergleich mit Anforderungen bewertet [619].

Neben den beschriebenen, auch als „**Ingenieurmethoden**" bezeichneten Verfahren, werden für Messungen am Bau auch „**Kurzprüfverfahren**" [565] eingesetzt, bei denen um ± 2 dB abweichende Ergebnisse in Kauf genommen werden. Sie dienen der möglichst raschen Kontrolle der Schallübertragung, wenn es um die Prüfung einer großen Zahl benachbarter Räume geht. Als Vereinfachung beschränkt man sich dabei auf Oktavbandpegel und nimmt die räumliche Mittelung der Schalldruckpegel durch manuelles Schwenken eines Schallpegelmessers im Raum vor. Auf die Messung der Nachhallzeit wird verzichtet. Die nach Gln. (5.5) bis (5.7) benötigten Nachhallzeitkorrekturen werden abhängig von Raumgröße und Raumausstattung anhand einer Tabelle [565] abgeschätzt. Bei noch weitergehenden Meßvereinfachungen wird auf eine Frequenzanalyse vollständig verzichtet, und es werden nur die A-bewerteten Schalldruckpegel bestimmt.

■ **Messung von Außenwänden und Fenstern an Gebäuden**

Wenn das Prüfobjekt die Außenwand oder das Fenster eines Gebäudes ist, kann die Schallerregung von außen durch **Verkehrslärm** erfolgen. Es werden die Mittelwerte der äquivalen-

5.1 Grundlagen der Schalldämmung von Bauteilen

ten Dauerschallpegel $L_{eq1,s}$ außen, direkt an der Oberfläche des Prüfobjektes (in max. 2 cm Abstand) und L_{eq2} im Meßraum in Terz- oder Oktavbändern bestimmt. Das Verfahren kann überall dort angewandt werden, wo eine genügend kontinuierliche Verkehrslärmeinwirkung vorhanden ist. In großer Meßhöhe sollte die Methode jedoch wegen des streifenden Schalleinfalles nicht angewendet werden. Das Bau-Schalldämm-Maß $R'_{tr,s}$ eines Prüfobjektes der Fläche S errechnet sich aus den Meßwerten zu

$$R'_{tr,s} = L_{eq1,s} - L_{eq2} + 10 \lg \frac{S}{A} - 3 \quad \text{dB} \tag{5.35}$$

Die äquivalente Schallabsorptionsfläche A ist auch hierbei aus einer Nachhallzeitmessung im Meßraum zu ermitteln (s. Abschn. 4.1.4).

Die Schallerregung von außen kann auch durch **Lautsprecherschall** erfolgen. Der Lautsprecher soll so plaziert werden, daß der Schall auf die zu prüfende Fläche unter einem Winkel von etwa 45° auffällt. Bestimmt werden dabei die mittleren Schalldruckpegel $L_{p1,s}$ außen direkt an der Oberfläche des Prüfobjektes sowie L_{p2} im Empfangsraum. Die Auswertung erfolgt nach der Gleichung

$$R'_{45°} = L_{p1,s} - L_{p2} + 10 \lg \frac{S}{A} - 1{,}5 \quad \text{dB} \tag{5.36}$$

Die äquivalente Schallabsorptionsfläche A ist auch hier aus einer Nachhallzeitmessung im Meßraum zu ermitteln (s. Abschn. 4.1.4).

Sowohl bei Messungen mit Verkehrslärm als auch bei Lautsprecherbeschallung kann das Mikrofon an der Außenseite in einem Abstand von 2 m vor der Außenoberfläche plaziert werden. Der dort gemessene mittlere Schalldruckpegel wird als $L_{p1,2m}$ bezeichnet. Als Schallpegeldifferenz zum mittleren Schalldruckpegel im Innenraum L_{p2} ergibt sich dann

$$D_{2m} = L_{p1,2m} - L_{p2} \quad \text{dB} \tag{5.37}$$

Eine Norm- oder eine Standard-Schallpegeldifferenz können daraus wie folgt errechnet werden:

$$D_{2m,n} = D_{2m} + 10 \lg \frac{A_0}{A} \quad \text{dB} \tag{5.38}$$

und

$$D_{2m,nT} = D_{2m} + 10 \lg \frac{T}{T_0} \quad \text{dB} \tag{5.39}$$

Dabei sind $A_0 = 10$ m^2 und $T_0 = 0{,}5$ s.

Neben den beschriebenen Methoden zur Schalldämmungsmessung an Fassadenteilen wird hierfür neuerdings auch ein **Intensitätsverfahren** empfohlen [505] [602]. Es wird vor allem dann eingesetzt, wenn die traditionellen Verfahren wegen zu großer Flankenübertragung oder wegen zu hohen Störgeräuschpegels im Empfangsraum versagen. Wichtigster Bestandteil der Meßeinrichtung ist eine Schallintensitätsmeßsonde [685], mit der die Meßfläche in einem Abstand von etwa 10 bis 30 cm abgetastet wird. Damit wird ein mittlerer Schallintensitätspegel gewonnen (s. Abschn. 2.2.1) und aus diesem und dem mittleren Schalldruckpegel auf der äußeren Oberfläche des Prüfobjektes (Lautsprecher außen) oder dem mittleren Schalldruckpegel im Raum (Lautsprecher innen) läßt sich das Schalldämm-Maß bestimmen.

■ **Körperschallmessungen**

Körperschallmessungen dienen vorzugsweise der Bestimmung des mittleren Schnellepegels (s. Gl. (2.10)) von Bauteilen. Dazu werden Schwingungsaufnehmer (meist piezoelektrische Beschleunigungsempfänger) an der Bauteiloberfläche befestigt (z. B. durch Klebung). Um den Schwingungszustand des zu untersuchenden Bauteiles nicht zu beeinflussen, müssen die Schwingungsaufnehmer möglichst leicht sein. Es erfolgt eine Mittelung aus Ergebnissen an unterschiedlichen Positionen der Bauteiloberfläche.

Es ist oft wünschenswert, die schalltechnische Qualität bereits im Rohbau zu überprüfen, da die Beseitigung etwa vorhandener **Schallbrücken** in diesem Bauzustand noch leicht möglich ist. Wegen des Fehlens von Türen und Fenstern können solche Messungen vielfach nicht mit Hilfe von Mikrofonen durchgeführt werden. Hier empfiehlt sich der Einsatz von Körperschallmeßverfahren. Aus dem mittleren Schnellepegel L_v eines Bauteiles kann die von diesem abgestrahlte Schalleistung mittels Gl. (2.22) gewonnen werden. Bestimmt man auf diese Weise z. B. die auf das Trennbauteil auffallende Schalleistung W_1 und die von den vier flankierenden Bauteilen in den Empfangsraum abgestrahlten Schalleistungen W_{Df} und W_{Ff} (s. Bild 5.1), so läßt sich ein Flankendämm-Maß

$$R_{(Df+Ff)} = 10 \lg \frac{W_1}{W_{Df} + W_{Ff}} \text{ dB} \tag{5.40}$$

ermitteln, das Rückschlüsse auf die schalltechnische Qualität zuläßt. Mit Hilfe von Gl. (5.7) läßt sich daraus für einen Schalldruckpegel L_{p1} im Senderaum bei Kenntnis der äquivalenten Schallabsorptionsfläche des Empfangsraumes der Schalldruckpegel L_{p2} in diesem Raum bestimmen, der nur von der Schallabstrahlung der flankierenden Bauteile herrührt.

Körperschallmessungen dienen auch dazu, den **Verlustfaktor** η von Bauteilen oder Bauteilverbindungen zu ermitteln, der z. B. zur Kennzeichnung des Stoßstellendämm-Maßes benötigt wird (s. Abschn. 5.1.1.3). Dazu wird die **Körperschallnachhallzeit** T_R (in s) in Abhängigkeit von der Frequenz f (in Hz) gemessen:

$$\eta = \frac{2{,}2}{f\,T_R} \tag{5.41}$$

Das ist die Abklingzeit des Schnellepegels um 60 dB nach einer Schallerregung. Üblicherweise wird diese durch Extrapolation der Abklingkurve des Körperschalles zwischen -5 und -20 dB gewonnen. Die Schallerregung kann durch Schlag mit einem mit Gummikappen versehenen Hammer erfolgen. Aus der Körperschallnachhallzeit T_R (in s) ergibt sich die für genaue Berechnungen der Schallübertragung zwischen Räumen (s. Gl. (5.22)) benötigte **äquivalente Absorptionslänge** a (in m) näherungsweise gemäß

$$a = \frac{2S}{T_R \sqrt{f}} \tag{5.42}$$

mit

S Bauteilfläche in m².

Auch zur Messung von Körperschallausbreitungsvorgängen werden neuerdings Intensitätsmeßverfahren eingesetzt, auf die bereits hingewiesen wurde [236].

5.1.2 Trittschalldämmung

5.1.2.1 Größen

Im Gegensatz zur Luftschalldämmung, die auf einer Schallpegeldifferenz basiert, geht man bei der Trittschalldämmung von einer speziellen Körperschallanregung aus und legt einen Schalldruckpegel als Kenngröße fest. Dazu ist ein geeichtes Anregungsgerät, ein sogenanntes **Norm-Hammerwerk** [506] [603] [667] erforderlich. Beim Betrieb dieses Norm-Hammerwerkes treffen zehn impulsartige Schläge pro Sekunde auf das zu prüfende Bauteil,

5.1 Grundlagen der Schalldämmung von Bauteilen

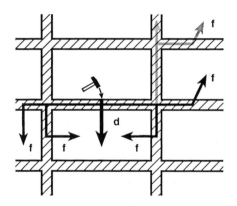

Bild 5.11 Schemazeichnung der Trittschallübertragungswege zwischen nebeneinander und übereinander liegenden Räumen

meist eine Decke (s. Bild 5.10b). Im Empfangsraum, der in der Regel darunter liegt, nach Bild 5.11 aber auch horizontal oder diagonal benachbart sein kann, entsteht durch Schallabstrahlung von der Unterseite der Decke ein mittlerer Trittschallpegel L_i. Um die Eigenschaften des Empfangsraumes zu eliminieren wird analog zur Norm-Schallpegeldifferenz in Gl. (5.5) der **Norm-Trittschallpegel L_n** gebildet:

$$L_n = L_i + 10 \lg \frac{A}{A_0} \quad \text{dB} \tag{5.43}$$

Dabei bedeuten

L_i Trittschallpegel im Empfangsraum bei Hammerwerkanregung der untersuchten Decke in dB

A äquivalente Schallabsorptionsfläche im Empfangsraum in m², bestimmt aus einer Nachhallzeitmessung (s. Abschn. 4.1.4)

A_0 Bezugsabsorptionsfläche, im allgemeinen 10 m², bei Klassenzimmern in Schulen 25 m².

Wenn an der Trittschallübertragung, wie am Bau üblich, auch Flankenwege beteiligt sind, wird der Norm-Trittschallpegel analog zur Verfahrensweise bei der Luftschalldämmung als L'_n gekennzeichnet. Daneben wird ein **Standard-Trittschallpegel L'_{nT}** verwendet:

$$L'_{nT} = L_i + 10 \lg \frac{T_0}{T} \quad \text{dB} \tag{5.44}$$

Dabei sind

T Nachhallzeit im Empfangsraum in s

T_0 Bezugsnachhallzeit, für Wohnräume 0,5 s.

Zwischen beiden Größen besteht die Beziehung

$$L'_{nT} = L'_n - 10 \lg \frac{V}{30} \quad \text{dB} \tag{5.45}$$

mit

V Volumen des Empfangsraumes in m³.

Rohdecken besitzen eine **unzureichende Trittschalldämmung** und bedürfen daher einer Verbesserung durch eine **Deckenauflage** (z. B. schwimmende Estriche oder Bodenbeläge, etwa Teppichböden). Die Verbesserung der Trittschalldämmung kann als Differenz der Norm-Trittschallpegel einer Decke ohne und mit Deckenauflage angegeben werden. Diese Differenz wird als **Trittschallminderung ΔL** bezeichnet. Sie ist kennzeichnend für die trittschallmindernde Wirkung einer Deckenauflage. Bei Betonrohdecken ist die Trittschallminderung weitgehend unabhängig von der Decke, auf der sie bestimmt wurde, und daher auf andere Decken übertragbar:

$$\Delta L = L_{n,0} - L_n \quad \text{dB} \tag{5.46}$$

Dabei bedeuten

$L_{n,0}$ Norm-Trittschallpegel ohne Deckenauflage in dB
L_n Norm-Trittschallpegel mit Deckenauflage in dB.

Die Größen zur Kennzeichnung der Trittschalldämmung werden in Abhängigkeit von der Frequenz in Terzschritten oder bei vereinfachten Meß- und Rechenverfahren in Oktavschritten angegeben. Der dabei für Terzband-Mittenfrequenzen übliche Frequenzbereich liegt zwischen 100 und 3150 Hz (Messungen neuerdings bis 5000 Hz), erforderlichenfalls nach tiefen Frequenzen hin bis 50 Hz erweitert. Bei Oktavschritten werden Mittenfrequenzen von 125 bis 2000 Hz (Messungen neuerdings bis 4000 Hz) genutzt, evtl. ergänzt um 63 Hz (s. Tabelle 2.1). Da es sich im Gegensatz zum Luftschall bei den Trittschallkurven um Darstellungen von Schalldruckpegeln handelt, liegen die in Oktavbändern angegebenen Werte aufgrund der Pegeladdition (s. Gl. (2.11)) im Mittel um 4,8 dB über denen in Terzbändern.

5.1.2.2 Bewertungsverfahren

Ähnlich wie zur Bildung des bewerteten Schalldämm-Maßes wurden auch beim Trittschallschutz **Bezugskurven** gemäß Bild 5.12 festgelegt. Diese Bezugskurven für Terz- und Oktavbänder entsprechen dem schematisierten Mittelwert der Norm-Trittschallpegel-Verläufe einer Vielzahl von Holzbalkendecken. Bei der Bildung des **bewerteten Norm-Trittschallpegels** $L_{n,w}$ bzw. $L'_{n,w}$ (oder des bewerteten Standard-Trittschallpegels $L'_{nT,w}$) wird die Bezugskurve so weit verschoben, bis die Summe der Überschreitungen durch die Trittschallkurve so groß wie möglich ist, aber höchstens 32,0 dB bei Werten in 16 Terzbändern oder 10,0 dB bei Werten in 5 Oktavbändern erreicht. Dies bedeutet jeweils eine mittlere Überschreitung von 2 dB. Die Verschiebung erfolgt in ganzzahligen dB-Schritten. Der Wert der verschobenen Bezugskurve bei 500 Hz gibt den bewerteten Norm- oder Standard-Trittschallpegel an. Der bewertete Norm-Trittschallpegel $L_{n,w}$ und das früher verwendete, in der Fachliteratur immer noch häufig zu findende **Trittschallschutzmaß** *TSM* (bzw. E_T [231]) stehen zueinander in folgender Beziehung:

$$L_{n,w} = 63 - TSM = 63 - E_T \quad \text{dB} \tag{5.47}$$

Die **Verbesserungswirkung einer Deckenauflage** hängt in gewissen Grenzen von der Art der verwendeten Rohdecke ab. Aus diesem Grund wird die trittschallmindernde Wirkung von Deckenauflagen im Laboratorium auf einer einheitlichen Norm-Rohdecke (s. Abschn.

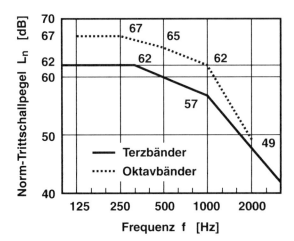

Bild 5.12 Bezugskurven zur Bewertung der Trittschalldämmung [519] [610]

5.1 Grundlagen der Schalldämmung von Bauteilen

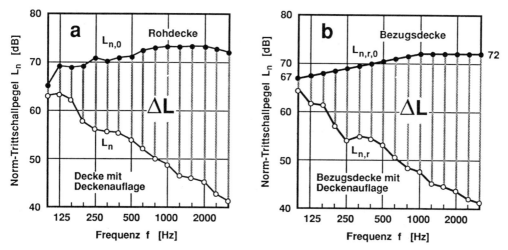

Bild 5.13 Zur Ermittlung der bewerteten Trittschallminderung ΔL_w einer Deckenauflage
a Differenz (Trittschallminderung ΔL) der Norm-Trittschallpegel ohne ($L_{n,0}$) und mit Deckenauflage (L_n)
b Norm-Trittschallpegel der Bezugsdecke ($L_{n,r,0}$) und einer fiktiven Decke aus Bezugsdecke und Deckenauflage ($L_{n,r}$)
links: Meßergebnisse; rechts Rechenwerte

5.1.2.4) gemessen. Zur Bewertung wird die dort in Abhängigkeit von der Frequenz ermittelte Trittschallminderung ΔL von den idealisierten Norm-Trittschallpegel-Werten einer Bezugsdecke $L_{n,r,0}$ abgezogen, wie auf Bild 5.13 gezeigt. Der bewertete Norm-Trittschallpegel der Bezugsdecke $L_{n,r,0,w}$ beträgt 78 dB. Die **bewertete Trittschallminderung** ΔL_w (früher: **Trittschallverbesserungsmaß** VM [670] bzw. ΔE_T [231]) ergibt sich als Differenz der bewerteten Norm-Trittschallpegel der Bezugsdecke und der so gewonnenen Trittschallkurve einer fiktiven wohnfertigen Decke $L_{n,r,w}$ [519] [610]:

$$\Delta L_w = L_{n,r,0,w} - L_{n,r,w} = 78 - L_{n,r,w} \quad \text{dB} \tag{5.48}$$

Um bereits während der Planung einer Deckenkonstruktion rechnerisch anhand von Einzahlangaben voraussagen zu können, welcher bewertete Norm-Trittschallpegel der fertigen Decke zu erwarten ist, wird neben der bewerteten Trittschallminderung ΔL_w der Deckenauflage zur Kennzeichnung der Decke ohne diese der sogenannte **äquivalente bewertete Norm-Trittschallpegel** $L_{n,eq,0,w}$ der Rohdecke benötigt:

$$L_{n,w} = L_{n,eq,0,w} - \Delta L_w \quad \text{dB} \tag{5.49}$$

Der äquivalente bewertete Norm-Trittschallpegel kennzeichnet die Trittschalldämmung einer Rohdecke unter Berücksichtigung ihrer mit einer üblichen Deckenauflage zu erwartenden Eignung als Fertigdecke. Er wird aus dem Norm-Trittschallpegel der Rohdecke berechnet, indem zunächst von den gemessenen $L_{n,0}$-Werten bestimmte Trittschallminderungen ΔL_r einer Bezugsdeckenauflage subtrahiert werden. Anschließend wird der bewertete Norm-Trittschallpegel dieser gedachten Deckenkonstruktion $L_{n,1,w}$ gebildet. Zu diesem Wert wird nunmehr die bewertete Trittschallminderung der Bezugs-Deckenauflage $\Delta L_{r,w} = 19$ dB addiert [519] [610].

Beispiel

Ist beispielsweise ein Maximalwert des bewerteten Norm-Trittschallpegels einer Decke von $L'_{n,w} = 53$ dB zu gewährleisten (s. Tabelle 5.6) und weist die Rohdecke (18 cm Vollbeton-Plattendecke; $m' = 405$ kg/m^2 angenommen) nach Gl. (5.84) einen bewerteten äquivalenten

Norm-Trittschallpegel $L_{n, eq, 0, w}$ = 73 dB auf, so muß nach Gl. (5.49) eine Deckenauflage vorgesehen werden, die eine bewertete Trittschallminderung ΔL_w = 20 dB aufweist. Aus Tabelle 5.24 ist dazu z. B. ein schwimmender Estrich auszuwählen, der aus einer mindestens 60 kg/m² schweren Estrichplatte auf einer Dämmschicht mit einer maximalen dynamischen Steifigkeit von s' = 50 MN/m³ besteht.

Die für Deckenauflagen auf massiven Rohdecken definierten bewerteten Trittschallminderungen ΔL_w sind für eine Anwendung auf **Holzbalkendecken** ungeeignet. Gleichartige Deckenauflagen, insbesondere schwimmende Estriche, bewirken hier unterschiedliche Trittschallminderungen. Im allgemeinen sind diese bei hohen Frequenzen geringer. Für eine holzbaubezogene bewertete Trittschallminderung $\Delta L_{H, w}$ gibt es noch keine genormte Definition. In Analogie ist vorgeschlagen worden, sie unter Bezug auf den schematisierten Frequenzverlauf des Norm-Trittschallpegels einer üblichen Holzbalkendecke zu bilden [511] [606].

Ähnlich wie bei der Luftschalldämmung wird auch bezüglich der Bewertung der Trittschalldämmung die Kritik geäußert, daß die Bezugskurve die Trittschalldämmung nicht ihrer tatsächlichen Störwirkung gemäß, sondern bei tiefen Frequenzen zu gering, bei hohen Frequenzen dagegen zu stark bewertet. So werden z. B. Holzfußböden mit hohen Trittschallpegeln bei niedrigen Frequenzen (manchmal sogar mit starken Spitzen) offensichtlich zu gut eingestuft. Sinnvoll wäre die Anwendung von speziellen Bezugskurven [237] oder gar die Benutzung einer andersartigen Anregung (z. B. herabfallender Autoreifen oder Gummiball [238], Unterlage einer elastischen Schicht ($s' \approx 34$ MN/m³; $\eta \geq 0{,}2$) zwischen Hämmern und Decke [358]). Als Kompromißlösung wird zur Verbesserung der Bewertung auch hier ein **Spektrum-Anpassungswert** C_I für Gehen eingeführt, bisher aber zur Anwendung nur empfohlen [357]. Dazu werden die Ergebnisse einer Messung von L_n, L'_n oder L'_{nT} in Terzbändern im Frequenzbereich von 100 bis 2500 Hz oder in Oktavbändern im Frequenzbereich von 125 bis 2000 Hz gemäß Gl. (2.11) energetisch addiert, beispielsweise für L_n:

$$L_{n, ges} = 10 \lg \sum_{i=1}^{k} 10^{\frac{L_{n,i}}{10}} \quad \text{dB} \tag{5.50}$$

mit

k Anzahl der Frequenzbänder.

Der Spektrum-Anpassungswert C_I wird dann berechnet aus

$$C_I = L_{n, ges} - 15 - L_{n, w} \quad \text{dB} \tag{5.51}$$

Die Ergebnisse sollen in der Form wie beispielsweise

$$L_{n, w}(C_I) = 48(-2) \quad \text{dB} \tag{5.52}$$

angegeben werden. Anforderungen lassen sich wie beim Luftschall als Summe formulieren z. B.

$$L'_{n, w} + C_I < 55 \quad \text{dB} \tag{5.53}$$

Ergänzend zu C_I ist für die Trittschallminderung ein Spektrum-Anpassungswert $C_{I, \Delta}$ definiert worden. Das ist die Differenz der Spektrum-Anpassungswerte der zur Ermittlung der bewerteten Trittschallminderung verwendeten Bezugsdecke (s. Bild 5.13) ohne ($C_{I, r, 0}$ = −11 dB) und mit der zu kennzeichnenden Deckenauflage ($C_{I, r}$):

$$C_{I, \Delta} = C_{I, r, 0} - C_{I, r} = -11 - C_{I, r} \quad \text{dB} \tag{5.54}$$

Eine korrigierte bewertete Trittschallminderung ist dann [519] [610]

$$\Delta L_{lin} = \Delta L_w + C_{I, \Delta} \quad \text{dB} \tag{5.55}$$

5.1.2.3 Einfluß verschiedener Übertragungswege

Da es sich beim Trittschall um eine Form der Körperschallanregung handelt, kommen von den für die Luftschallübertragung in Abschn. 5.1.1.3. genannten Nebenwegen praktisch nur die **Flankenwege** in Betracht. Dabei ist im Falle der Trittschallübertragung von einer Decke in den direkt daruntergelegenen Raum der Beitrag der Flankenwege natürlich gering. Nur dann, wenn die flankierenden Wände im Vergleich zur Decke im Mittel sehr leicht sind (Massenverhältnis etwa ≤ 3) ist durch Flankenwegübertragung mit einem merklichen Beitrag von etwa 3 bis 4 dB zum Trittschallpegel zu rechnen.

Probleme der Trittschallübertragung gibt es aber, wie Bild 5.11 zeigt, nicht nur in vertikaler sondern auch in horizontaler oder diagonaler Übertragungsrichtung. Das ist insbesondere bei der Trittschallanregung von Treppenläufen, Treppenpodesten, Fluren, Verteilergängen u. ä. der Fall. Hier ist der **Einfluß der Bauteilverzweigungen** auf die Flankenübertragung bedeutungsvoll. Näherungsweise kann man damit rechnen, daß der in einem horizontal oder diagonal angrenzenden Raum hervorgerufene Trittschallpegel im Vergleich zur vertikalen Übertragung um die auf Bild 5.7 dargestellte Schnellepegeldifferenz vermindert ist. Maßnahmen zur Trittschallminderung (in der Regel Deckenauflagen) können entsprechend niedriger dimensioniert werden. Bei diagonaler Trittschallübertragung ist auch eine im Empfangsraum angeordnete Unterdecke ein wirksamer Trittschallschutz.

Wie beim Luftschall werden z. Z. auch bei der Trittschallübertragung **Berechnungsmethoden** in das internationale Normenwerk eingeführt, die es ermöglichen, den Einfluß des direkten Weges und der Flankenwege einzeln zu erfassen und zusammenzufügen [94]. Auch hier gibt es ein detailliertes Modell für die Rechnung mit Terz- oder Oktavbandpegeln, bei dem der Einsatz von Rechenprogrammen anzuraten ist und ein vereinfachtes Verfahren für die Verwendung bewerteter Größen. Wie beim Luftschall ist bisher das Fehlen ausreichender Eingabedaten zu beklagen.

5.1.2.4 Meßverfahren

■ Messung des Trittschallpegels

Die zu prüfende Decke befindet sich nach Bild 5.10 b in der Regel zwischen zwei übereinander liegenden Prüfräumen. Die Schallerregung dieser Decke erfolgt an mehreren (mindestens vier) unregelmäßig verteilten Stellen mit einem **Norm-Hammerwerk** (siehe Abschnitt 5.1.2.1). Bei Deckenkonstruktionen mit Balken oder Rippen soll eine erhöhte Anzahl von Hammerwerkspositionen gewählt und dieses diagonal zur Deckenspannrichtung aufgestellt werden. Im Empfangsraum werden die Trittschallpegel in Terz- oder Oktavbändern mit Mikrofonen gemessen. Zu jeder Hammerwerksposition wird der Schalldruckpegel zeitlich und räumlich gemittelt, meist mit Hilfe von bewegten Mikrofonen. Die räumliche Mittelung setzt eine ausreichende Diffusität des Schallfeldes voraus (s. Abschn. 4.1). Anschließend wird der Trittschallpegel aus den Ergebnissen der einzelnen Hammerwerkspositionen durch energetische Mittelung gewonnen. Ergänzend ist im Empfangsraum eine Nachhallzeitmessung (s. Abschn. 4.1.4) erforderlich. Dann erfolgt die Auswertung nach Gln. (5.43) oder (5.44).

Nach dem beschriebenen Verfahren sind Trittschallmessungen sowohl im Laboratorium („in Prüfständen") als auch in der Praxis („am Bau") durchführbar. Für die **Prüfstände** enthalten die Normen analog zur Luftschalldämmung detaillierte Festlegungen über Größe, Beschaffenheit, Einbaubedingungen, Meßgenauigkeit u. ä. [506] [600] [603]. In den Prüfständen ist die Flankenwegübertragung unterbunden (Meßgröße: L_n). Bei Messungen **am Bau** sind Flankenwege eingeschlossen (Meßgrößen: L'_n und L'_{nT}) [507] [604]. Für Baumessungen können bei geringeren Genauigkeitsansprüchen auch „**Kurzprüfverfahren**" eingesetzt werden [565]. Wie bei der Luftschallmessung erfolgt die Bestimmung des mittleren Schalldruckpegels hierbei durch Schwenken eines Schallpegelmessers im Raum und die Nachhallzeitkorrektur wird abgeschätzt.

■ Messung der Trittschallminderung

Zur Bestimmung der Trittschallminderung einer Deckenauflage wird diese im Laboratorium auf einer **Prüfdecke** mit bereits bekannten Norm-Trittschallpegeln $L_{n,0}$ verlegt. Als Prüfdecke ist eine Stahlbetonplattendecke der Dicke (140 ± 20) mm vorgeschrieben [508] [605]. Die zu prüfende **Deckenauflage** wird einer von drei Kategorien zugeordnet. Kategorie I sind kleine Prüfgegenstände z. B. nachgiebige Beläge aus Kunststoff, Gummi, Kork o. ä. Hier müssen die Proben (mindestens vier) wenigstens die Größe des Hammerwerkes haben. Zur Kategorie II gehören homogene oder komplexe großflächige Deckenauflagen wie z. B. schwimmende Estriche. Diese sollten die gesamte Prüfdecke (mindestens 10 m^2) bedecken. Die Möblierung kann dabei durch eine gleichmäßige Belastung (20 bis 25 kg/m^2; ein Gewicht je m^2) nachgebildet werden. Kategorie III umfaßt Spannstoffe, d. h. elastische Beläge, die die Prüfdecke ebenfalls von Wand zu Wand bedecken sollen. Eine Belastung ist hier nicht nötig. Nach Aufbringen der Deckenauflage auf die Prüfdecke werden die Norm-Trittschallpegel $L_{n,1}$ der fertigen Decke gemessen. Aus deren Differenz zu den Norm-Trittschallpegeln der Prüfdecke ohne Deckenauflage $L_{n,0}$ ergibt sich gemäß Gl. (5.46) die Trittschallminderung ΔL.

Mit einem **Kurzprüfverfahren** kann die bewertete Trittschallminderung von Fußbodenbelägen überschläglich an kleinen Probestücken (ca 200×300 mm^2) direkt bestimmt werden [1]. Dazu werden die Belagproben auf eine feste Unterlage gelegt und mit einem Trittschallhammer beklopft, auf dem ein Beschleunigungsempfänger befestigt ist. Da die trittschallmindernde Wirkung des Weichbelages von seiner Federwirkung verursacht wird (s. Abschn. 5.2.4.3), besteht ein fester zahlenmäßiger Zusammenhang zwischen dem Spitzenwert der gemessenen Beschleunigung und der bewerteten Trittschallminderung.

Für schwimmende Estriche läßt sich die bewertete Trittschallminderung aus der dynamischen Steifigkeit s' der Dämmschicht und der flächenbezogenen Masse m' der lastverteilenden Platte ermitteln (s. Bild 5.60). Dazu gibt es für die **Messung der dynamischen Steifigkeit** ein genormtes Verfahren, das auf einer Resonanzmethode beruht [557] [644]. Auf einen 200×200 mm^2 großen Probekörper der Dämmschicht wird eine gleichgroße etwa 8 kg schwere Platte vollflächig aufgebracht. In Analogie zum Aufbau eines schwimmenden Estrichs wird die Dämmschichtprobe mit einer Folie abgedeckt und darauf ein mindestens 5 mm dicker Gipsbrei aufgetragen, in den die Platte eingebettet wird. Das System wird bei veränderbaren Frequenzen zu Schwingungen angeregt, und z. B. mit Hilfe von Körperschallempfängern kann dann die Resonanzfrequenz bestimmt werden. Aus dieser läßt sich eine dynamische Steifigkeit je Flächeneinheit des Probekörpers s'_t errechnen (s. Gl. (5.77)), die man als „scheinbare" dynamische Steifigkeit bezeichnet. Sie ist nämlich nur unter bestimmten Voraussetzungen mit der dynamischen Steifigkeit s' identisch, die beim Einbau der gleichen Dämmschicht in einen schwimmenden Estrich wirksam wird. Das liegt daran, daß bei der Resonanzmethode die im Dämmstoff eingeschlossene Luft unter Umständen seitlich entweichen kann. Das ist bei längenbezogenen Strömungswiderständen $r < 100$ kPa s/m^2 der Fall, und dann muß zum Meßwert s'_t die dynamische Steifigkeit der Luft (s. Gl. (5.71)) addiert werden, es sei denn, diese ist vernachlässigbar klein.

In früher gültigen Normen war festgelegt, daß der Probekörper vor der Messung der dynamischen Steifigkeit vorbelastet werden sollte [644]. Damit wollte man vor allem die Beanspruchung der Dämmschicht auf der Baustelle simulieren. Da die Art dieser Beanspruchung aber sehr unsicher ist, die dynamische Steifigkeit verschiedener Dämmstoffarten jedoch durch die Vorbelastung in unterschiedlicher Weise verändert wird (z. B. vermindert sich s' bei bestimmten Schaumkunststoffen), ist diese Vorbelastung neuerdings entfallen.

5.1.3 Anforderungen an die Luft- und Trittschalldämmung

5.1.3.1 Schallübertragung aus einem fremden Wohn- oder Arbeitsbereich

Der Schallschutz in Gebäuden hat große Bedeutung für die Gesundheit und das Wohlbefinden der Menschen (s. Abschn. 3.2). Er bezieht sich in erster Linie auf Wohnungen, aber auch auf andere Aufenthaltsorte im Inneren von Gebäuden (z. B. Klassenzimmer in Schulen, Krankenzimmer und Behandlungsräume in Krankenanstalten, Schlafräume in Beherbergungsstätten, Arbeitsräume in Bürobauten). Das **Anforderungsniveau** an den Luft- und Trittschallschutz war in den letzten Jahren häufig Gegenstand von Diskussionen und Meinungsverschiedenheiten bis hin zu gerichtlichen Auseinandersetzungen. In der gültigen Norm für den baulichen Schallschutz, der DIN 4109 [619], die in den meisten Bundesländern bauaufsichtlich eingeführt wurde, sind zumindest für den öffentlich-rechtlichen Bereich unbestreitbare, eindeutige Mindestanforderungen festgelegt. Bei der Planung und Ausführung ist jedoch zu bedenken, daß neben den baurechtlichen Anforderungen zivilrechtlich eine Bauweise geschuldet wird, die mindestens den allgemein anerkannten Regeln der Technik entsprechen muß. Mehrfach ist darauf hingewiesen worden, daß das bei den genormten Mindestanforderungen heute nicht mehr der Fall ist [767].

Auch bei Einhaltung der festgelegten **Mindestanforderungen** kann nicht erwartet werden, daß Geräusche aus benachbarten Räumen überhaupt nicht wahrzunehmen sind. Bei geringem Grundgeräuschpegel in einem Raum bedeutet z. B. ein bewertetes Bau-Schalldämm-Maß von R'_w = 52 dB, daß laute Sprache aus dem Nachbarraum hörbar, aber nicht verständlich ist, während ein Wert von R'_w = 42 dB bereits ein Verstehen lauter Sprache ermöglicht. Weitere Beispiele zum Zusammenhang zwischen Schalldämmung und Hören bzw. Verstehen von Sprache aus dem Nachbarraum sind in Tabelle 5.5 zusammengestellt.

In Tabelle 5.6 sind die **Anforderungen an die Luft- und Trittschalldämmung** sowie **Vorschläge für einen erhöhten Schallschutz** für die häufigsten Bauteile und Bausituationen auszugsweise angegeben [619]. Die Festlegungen beziehen sich auf Wohngebäude (Mehrfamilien-Geschoßhäuser und Einfamilien-Reihen- bzw. Doppelhäuser), Beherbergungsstätten, Krankenanstalten und Sanatorien sowie auf Schulgebäude. Der geltenden Rechtsprechung und den gestiegenen Nutzeransprüchen entsprechend sollte heute immer die Einhaltung eines erhöhten Schallschutzes angestrebt werden.

Für den **Schallschutz** in Wohnungen wurden zur Bewertung der schalltechnischen Güte drei Schallschutzstufen SSt eingeführt [767]. Die diesen zugeordneten schalltechnischen Kenn-

Tabelle 5.5 Bewertetes Bau-Schalldämm-Maß R'_w und das Hören und Verstehen von Sprache

Sprachverständlichkeit	erforderliches bewertetes Bau-Schalldämm-Maß R'_w [dB]	
	Grundgeräuschpegel L_A = 20 dB(A)	Grundgeräuschpegel L_A = 30 dB(A)
nicht zu hören	67	57
zu hören, jedoch nicht zu verstehen	57	47
teilweise zu verstehen	52	42
gut zu verstehen	42	32

Tabelle 5.6 Anforderungen an die Luft- und Trittschalldämmung sowie Vorschläge für einen erhöhten Schallschutz (auszugsweise) [619] [621]

Bauteil	Mindestschallschutz		erhöhter Schallschutz	
	R'_w [dB]	$L'_{n,w}$ [dB]	R'_w [dB]	$L'_{n,w}$ [dB]
Geschoßhäuser mit Wohnungen und Arbeitsräumen				
Decken unter allgemein nutzbaren Dachräumen[1]	53	53	≥ 55	≤ 46
Wohnungstrenndecken[2,3] Decken unter Bad und WC[1,2,3]	54	53	≥ 55	≤ 46
Decken über Kellern, Hausfluren, u. ä. unter Aufenthaltsräumen[2,4]	52	53	≥ 55	≤ 46
Decken über Durchfahrten, Einfahrten von Sammelgaragen u. ä. unter Aufenthaltsräumen[2,4]	55	53	–	≤ 46
Decken unter/über Spiel- oder ähnlichen Gemeinschaftsräumen[4,5]	55	46	–	≤ 46
Decken unter Terassen und Loggien über Aufenthaltsräume[3,4] Decken unter Laubergänge[4] Decken und Treppen innerhalb von Wohnungen, die sich über zwei Geschosse erstrecken[2,4], Decken unter Hausfluren[2,3,4]	–	53	–	≤ 46
Treppen, Treppenläufe und -podeste[6]	–	58	–	≤ 46
Wohnungstrennwände und Wände zwischen fremden Arbeitsräumen	53	–	≥ 55	–
Treppenraumwände und Wände neben Hausfluren[7]	52	–	≥ 55	–
Wände neben Durchfahrten, Einfahrten von Sammelgaragen u. ä. Wände von Spiel- oder ähnlichen Gemeinschaftsräumen	55	–	–	–
Türen, die von Hausfluren oder Treppenräumen in Flure und Dielen von Wohnungen und Wohnheimen oder von Arbeitsräumen führen[8]	27	–	≥ 37	–
Türen, die von Hausfluren oder Treppenräumen unmittelbar in Aufenthaltsräume – außer Flure und Dielen – von Wohnungen führen[8]	37	–		

5.1 Grundlagen der Schalldämmung von Bauteilen   251

Fortsetzung der Tabelle 5.6

Bauteil	Mindestschallschutz		erhöhter Schallschutz	
	R'_w [dB]	$L'_{n,w}$ [dB]	R'_w [dB]	$L'_{n,w}$ [dB]
Einfamilien-Doppelhäuser und Einfamilien-Reihenhäuser				
Decken[3,4])	–	48	–	≤ 38
Treppenläufe und -podeste und Decken unter Fluren[2,3])	–	53	–	≤ 46
Haustrennwände	57	–	≥ 67	–
Beherbergungsstätten				
Decken, Treppenläufe und -podeste, wie in Geschoßhäusern			≥ 55	≤ 46
Wände zwischen Übernachtungsräumen, sowie zwischen Fluren und Übernachtungsräumen	47	–	≥ 52	–
Türen zwischen Fluren und Übernachtungsräumen	32	–	≥ 37	–
Krankenanstalten, Sanatorien				
Decken, Treppenläufe und -podeste, wie in Geschoßhäusern			≥ 55	
Wände zwischen Krankenräumen, Fluren und Krankenräumen, Untersuchungs- bzw. Sprechzimmern, Fluren und Untersuchungs- bzw. Sprechzimmern, Krankenräumen und Arbeits- und Pflegeräumen	47		≥ 52	
Wände zwischen Operations- bzw. Behandlungsräumen, Fluren und Operations- bzw. Behandlungsräumen	42			
Wände zwischen Räumen der Intensivpflege, Fluren und Räumen der Intensivpflege	37			
Türen zwischen Untersuchungs- bzw. Sprechzimmern, Fluren und Untersuchungs- bzw. Sprechzimmern[8])	37		≥ 37	
Türen zwischen Fluren und Krankenräumen, Operations- bzw. Behandlungsräumen, Fluren und Operations- bzw. Behandlungsräumen[8])	32			

Fortsetzung der Tabelle 5.6

Bauteil	Mindestschallschutz		erhöhter Schallschutz	
	R'_w [dB]	$L'_{n,w}$ [dB]	R'_w [dB]	$L'_{n,w}$ [dB]
Schulen und vergleichbare Unterrichtsbauten				
Decken zwischen Unterrichtsräumen oder ähnlichen Räumen	55	53		
Decken unter Fluren[4])		53		
Decken zwischen Unterrichtsräumen oder ähnlichen Räumen und „besonders lauten" Räumen (z. B. Sporthallen, Musikräume, Werkräume)[5])	55	46		
Wände zwischen Unterrichtsräumen oder ähnlichen Räumen	47			
Wände zwischen Unterrichtsräumen oder ähnlichen Räumen und Fluren	47			
Wände zwischen Unterrichtsräumen oder ähnlichen Räumen und Treppenhäusern	52			
Wände zwischen Unterrichtsräumen oder ähnlichen Räumen und „besonders lauten" Räumen (z. B. Sporthallen, Musikräume, Werkräume)	55			
Türen zwischen Unterrichtsräumen oder ähnlichen Räumen und Fluren[8])	32			

[1]) Bei Gebäuden mit nicht mehr als 2 Wohnungen betragen die Anforderungen $R'_w = 52$ dB und $L'_{n,w} = 63$ dB.
[2]) Weichfedernde Bodenbeläge dürfen bei dem Nachweis der Anforderungen an den Trittschallschutz nicht angerechnet werden.
[3]) Weichfedernde Bodenbeläge dürfen für den Nachweis eines erhöhten Trittschallschutzes angerechnet werden.
[4]) Die Anforderung an die Trittschalldämmung gilt nur für die Trittschallübertragung in fremde Aufenthaltsräume, ganz gleich, ob sie in waagerechter, schräger oder senkrechter Richtung (nach oben) erfolgt.
[5]) Wegen der verstärkten Übertragung tiefer Frequenzen können zusätzliche Maßnahmen zur Körperschalldämmung erforderlich sein.
[6]) Keine Anforderungen an Treppenläufe in Gebäuden mit Aufzug und an Treppen in Gebäuden mit nicht mehr als 2 Wohnungen.
[7]) Für Wände mit Türen gilt die Anforderung $R'_{w\,(Wand)} = R_{w\,(Tür)} + 15$ dB.
[8]) Es gilt das bewertete Schalldämm-Maß R_w.

werte betreffen Anforderungen an die Luft- und Trittschalldämmung (Nachbarwohnungen und Außengeräusche), aber auch Grenzwerte der Geräusche haustechnischer Anlagen und aus baulich mit dem Gebäude verbundenen Gewerbebetrieben (s. Abschn. 3.2.3). Kennwerte der SSt I und II entsprechen bezüglich der Luft- und Trittschalldämmung zwischen Räumen den Mindestanforderungen bzw. den Vorschlägen für einen erhöhten Schallschutz nach Tabelle 5.6. Die Werte der SSt III sind so weit angehoben, daß der Ruheschutz gegenüber allen Geräuscharten weitgehend erfüllt wird. Im Vergleich zur SSt II wird für die Luftschall-

5.1 Grundlagen der Schalldämmung von Bauteilen

Tabelle 5.7 Subjektive Beurteilung üblicher Geräusche aus Nachbarwohnungen für drei Schallschutzstufen (SSt) [767]

Geräuschemission	Beurteilung der Immission in der Nachbarwohnung		
	SSt I	SSt II	SSt III
Laute Sprache	verstehbar	i. allg. verstehbar	i. allg. nicht verstehbar
Sprache mit angehobener Sprechweise	i. allg. verstehbar	i. allg. nicht verstehbar	nicht verstehbar
Sprache mit normaler Sprechweise	i. allg. nichtverstehbar	nicht verstehbar	nicht hörbar
Gehgeräusche	i. allg. störend	i. allg. nicht mehr störend	nicht störend
Geräusche aus Wasserinstallationen	unzumutbare Belästigungen werden i. allg. vermieden	gelegentlich störend	nicht oder nur selten störend
Hausmusik, laut eingestellte Rundfunk- und Fernsehgeräte, Parties	deutlich hörbar		i. allg. hörbar

dämmung zwischen Räumen ein um 3 dB erhöhtes bewertetes Bau-Schalldämm-Maß, für die Trittschalldämmung ein um 7 dB niedriger zulässiger bewerteter Norm-Trittschallpegel verlangt. Tabelle 5.7 vermittelt einen Eindruck von der subjektiven Bewertung des mit diesen drei Schallschutzstufen in Wohngebäuden erreichten Schallschutzes.

In der DIN 4109 [619] ist auch das **Verfahren zum Nachweis des geforderten Schallschutzes** geregelt. Die Nachweisführung für Bauteile kann ohne und mit bauakustischen Messungen (Eignungsprüfungen) erfolgen. Es sind keine Messungen erforderlich, wenn die verwendeten Bauteile Ausführungen entsprechen, die im Beiblatt 1 zu DIN 4109 [620] beschrieben sind und wenn erforderlichenfalls (für Skelettbauten) eine gleichfalls in diesem Beiblatt festgelegte Nachweisrechnung erfolgt. Im Abschn. 5.2 wird auf die Ausführung von Bauteilen für bestimmte Anforderungen an die Schalldämmung näher eingegangen. Für abweichende, andersartige Bauteile muß die Eignung durch Messung der Luft- bzw. Trittschalldämmung (bei Schächten und Kanälen der Schachtpegeldifferenz) in Prüfständen nachgewiesen werden. Die Ergebnisse dieser Messungen, deren Durchführung in den Abschn. 5.1.1.4 und 5.1.2.4 erläutert wurde, dürfen aber nicht direkt mit den Anforderungen verglichen werden. Um zu berücksichtigen, daß die mit Sorgfalt in den Prüfständen eingebauten Bauteile in der Regel sicher zu besseren schalltechnischen Werten führen, als sie üblicherweise in der Praxis erreicht werden, wird die Einhaltung sog. **Vorhaltemaße** verlangt. Diese Vorhaltemaße betragen bei der Luftschalldämmung von Decken, Wänden, Fenstern, Schächten und Kanälen 2 dB, bei der Luftschalldämmung von Türen 5 dB und bei der Trittschalldämmung von Decken und Treppen 2 dB. In der Norm [620] wird zwischen Rechenwerten der bewerteten Kenngrößen ($R'_{w,R}$ bei Wänden und Decken, $R_{w,R}$ bei Fenstern und Türen, $D_{K,w,R}$ bei Schächten und Kanälen, $L'_{n,w,R}$ bei Decken und Treppen und $\Delta L_{w,R}$ bei Deckenauflagen) und entsprechenden Meßwerten aus Prüfständen ($R'_{w,P}$, $R_{w,P}$, $D_{K,w,P}$, $L_{n,w,P}$, $L'_{n,w,P}$ und $\Delta L_{w,P}$) unterschieden. Nur die Rechenwerte, die um die genannten Vorhaltemaße gegenüber den Meßwerten korrigiert sind und bei denen erforderlichenfalls auch die tatsächlich in dem betreffenden Gebäude vorhandene Flankenwegübertragung als Korrekturgröße Berücksichtigung fand (bei Wänden und Decken, deren flankierende Bauteile eine mittlere flächenbezogene Masse aufweisen, die von (300 ± 25) kg/m^2 abweicht), dürfen zum Vergleich mit den Anforderungen verwendet werden.

In Sonderfällen können Eignungsprüfungen an Bauteilen auch in ausgeführten Bauten durchgeführt werden, z. B. dann, wenn sich die Bauteile wegen ihrer Größe nicht in Prüfstände einbauen lassen oder bei Sonderbauarten. Hierbei werden keine Vorhaltemaße gefordert.

5.1.3.2 Geräusche von haustechnischen Anlagen und Betrieben

Wenn es um den Schallschutz vor Geräuschen aus technischen Schallquellen fest installierter Anlagen eines Hauses, geht (z. B. Einrichtungen der Wasserinstallationen in Badezimmern und Küchen, Heizungsanlagen, Fahrstühle u. ä), oder um Gewerbebetriebe im gleichen Gebäude, werden Anforderungen sowohl an die Schalldämmung der trennenden Bauteile als auch bezüglich eines maximal zulässigen Geräuschpegels gestellt. Die letztgenannten Immissionsgrenzwerte enthält Tabelle 3.6. Um diese Grenzwerte einzuhalten, wenn sich neben

Tabelle 5.8 Anforderungen an die Luft- und Trittschalldämmung von Bauteilen zwischen „besonders lauten" und schutzbedürftigen Räumen [619]

Art der Räume	bewertetes Bau-Schalldämm-Maß R'_w [dB]	bewerteter Norm-Trittschallpegel $L'_{n,w}$[1]) [dB]
Räume mit besonders lauten haustechnischen Anlagen oder Anlageteilen	57[2]) bzw. 62[3])	43[4])
Betriebsräume von Handwerks- und Gewerbebetrieben; Verkaufsstätten	57[2]) bzw. 62[3])	43
Küchenräume von Beherbungsstätten, Krankenhäusern und dergleichen	55	43
Küchenräume wie vor, jedoch auch nach 22 Uhr in Betrieb	57[5])	33
Gasträume, nur bis 22 Uhr in Betrieb	55	43
Gasträume, auch nach 22 Uhr in Betrieb	62	33
Räume von Kegelbahnen	67	33[6]) 13[7])
Gasträume mit elektroakustischen Anlagen	72[8])	28

[1]) jeweils in Richtung der Schallausbreitung
[2]) Schalldruckpegel L_{AF} = 75 bis 80 dB(A)
[3]) Schalldruckpegel L_{AF} = 81 bis 85 dB(A)
[4]) nicht erforderlich, wenn geräuscherzeugende Anlagen ausreichend körperschallgedämmt aufgestellt werden
[5]) bei Großküchenanlagen gilt R'_w = 62 dB
[6]) in der Kegelstube
[7]) auf der Kegelbahn
[8]) Schalldruckpegel L_{AF} = 85 bis 95 dB(A)

5.1 Grundlagen der Schalldämmung von Bauteilen

schutzbedürftigen Räumen (Raumarten der Tabelle 5.6) „besonders laute Räume" befinden, muß die Luft- und Trittschalldämmung der trennenden Bauteile die hohen Anforderungen der Tabelle 5.8 erfüllen.

5.1.3.3 Schallübertragung von und nach außen

Bei Geräuscheinwirkungen von außen hängt die erforderliche Schalldämmung der Außenbauteile von der jeweiligen **Lärmsituation der Umgebung** sowie von der **Art der Nutzung** der zu schützenden Räume ab. Die Lärmsituation wird gemäß Tabelle 5.9 einem von sieben Lärmpegelbereichen zugeordnet, die durch den vorhandenen oder zu erwartenden „**maßgeblichen Außenlärmpegel**" gekennzeichnet sind. Dieser kann aus vorliegenden Meßdaten, nach Berechnungen oder durch Schätzungen ermittelt werden. Bei Straßen-, Schienen- und Wasserverkehr wird der nach den im Abschn. 3.2.3 vermittelten Grundlagen bestimmte Beurteilungspegel nach Addition eines Sicherheitszuschlages von 3 dB(A) als „maßgeblicher Außenlärmpegel" eingesetzt [628]. Bei Luftverkehr wird der „maßgebliche Außenlärmpegel" aus dem mittleren maximalen Schalldruckpegel durch Subtrahieren von 20 dB(A) gewonnen ($L_{AF,max} - 20$ dB(A)). Bei Gewerbe- und Industrieanlagen ist von den jeweils tatsächlich vorhandenen Geräuschimmissionen auszugehen. Dafür sind in der Regel Messungen erforderlich. Tabelle 5.9 enthält die Anforderungen an die Luftschalldämmung von Außenbauteilen in Abhängigkeit vom jeweils zugrunde zu legenden Lärmpegelbereich und der Nutzung der Räume.

Im Abschn. 4.2.4 ist erläutert worden, auf welche Weise sich aus der im Inneren eines lauten Raumes auf die Außenbauteile auftreffenden Schalleistung oder aus dem dort vorhandenen Schalldruckpegel die von der Fassade **abgestrahlte Schalleistung** und der Schall-

Tabelle 5.9 Anforderungen an die Luftschalldämmung von Außenbauteilen [619]

Lärmpegelbereich	„maßgeblicher Außenlärmpegel" L_A [dB(A)]	Raumarten		
		Bettenräume[1]	Aufenthaltsräume[2]	Büroräume[3]
		erforderliches bewertetes Bau-Schalldämm-Maß R'_w der Fassade [dB]		
I	bis 55	35	30	–
II	56 bis 60	35	30	30
III	61 bis 65	40	35	30
IV	66 bis 70	45	40	35
V	71 bis 75	50	45	40
VI	76 bis 80	–[4]	50	45
VII	>80	–[4]	–[4]	50

[1]) in Krankenanstalten und Sanatorien
[2]) in Wohnungen, Übernachtsräume in Beherbergungsstätten, Unterrichtsräume und ähnliches
[3]) an Außenbauteile von Räumen, bei denen der eindringende Außenlärm aufgrund der in den Räumen ausgeübten Tätigkeiten nur einen untergeordneten Beitrag zum Innenraumpegel leistet, werden keine Anforderungen gestellt.
[4]) Die Anforderungen sind hier aufgrund der örtlichen Gegebenheiten festzulegen.

Tabelle 5.10 Einteilung von Fenstern in Schallschutzklassen [730]

Schallschutz-klasse	bewertetes Schalldämm-Maß R'_w des am Bau funktionsfähig eingebauten Fensters [dB]	erforderliches bewertetes Schalldämm-Maß R_w des im Prüfstand eingebauten funktionsfähigen Fensters [dB]
1	25 bis 29	≥ 27
2	30 bis 34	≥ 32
3	35 bis 39	≥ 37
4	40 bis 44	≥ 42
5	45 bis 49	≥ 47
6	≥ 50	≥ 52

druckpegel an einem Immissionsort in bestimmter Entfernung von dem Gebäude bestimmen lassen [96] (s. auch Abschn. 2.3.2 und 5.1.1.1). Aus einem Vergleich dieses Schalldruckpegels mit Immissionsgrenzwerten, die vor allem von der Art des Bebauungsgebietes abhängen [628] [704] [729] (z. B. Orientierungswerte gemäß Tabelle 3.2), ergeben sich die Anforderungen an die Schalldämmung der Fassade.

Die entweder zum Schutz gegen Außenlärm oder gegen unzulässige Schallübertragung von innen nach außen in der beschriebenen Weise für die Fassade bestimmten Bau-Schalldämm-Maße in Frequenzbändern oder bewerteten Bau-Schalldämm-Maße sind resultierende Werte für die gesamte Außenwand eines Raumes. Der Anteil von Fenstern, Türen und anderen Zusatzeinrichtungen der Fassade ist nach Abschn. 5.1.1.3 zu berücksichtigen. Die Fenster stellen dabei in der Regel den kritischsten Teil der Fassade dar (s. Abschn. 5.2.2). Da die Ableitung von Anforderungen speziell an die Schalldämmung der Fenster aufgrund der vielfältigen komplexen Einflüsse nicht mit allzu großer Genauigkeit möglich ist und da es auch sinnvoll erscheint, in einer Fassade eines Gebäudes gleichartige Fensterkonstruktionen einzusetzen, werden sie nach ihren bewerteten Schalldämm-Maßen zur Vereinfachung in sechs Klassen eingeteilt [730]. Wie in Tabelle 5.10 dargestellt, umfaßt jede Klasse einen 5-dB-Bereich. Um bestimmten Lärmschutzforderungen zu genügen, ist es in der Planungspraxis üblich, Fenster einer entsprechenden Klasse zu verlangen.

5.2 Konstruktive Lösungen für den baulichen Schallschutz

In diesem Abschnitt sollen die akustischen Eigenschaften von Bauteilen besprochen werden, die konstruktive Lösungen für verschiedene Gebäudearten für unterschiedliche Raumnutzungen und entsprechende Schallschutzanforderungen ermöglichen. Es handelt sich dabei vor allem um Angaben zur Luftschalldämmung von Wänden, Fenstern und Türen sowie um die Luft- und Trittschalldämmung von Deckenkonstruktionen.

Bei der Frage, mit welchen Kennwerten die betreffenden Bauteileigenschaften beschrieben werden sollen, ist zu beachten, daß infolge der **Harmonisierung der europäischen Normen in Deutschland** in nächster Zeit **zwei Schallschutzkonzeptionen** Beachtung finden müssen.

5.2 Konstruktive Lösungen für den baulichen Schallschutz

Während in den bisherigen Vorschriften [619] verlangt wird, daß die Schalldämmung der Bauteile so gekennzeichnet wird, wie sie im eingebauten Zustand wirksam ist, also unter Bezug auf die zu erwartende mittlere Flankenwegübertragung, wird in den zukünftigen europäischen Normen von der nebenwegfreien Schalldämmung ausgegangen und der resultierende Schallschutz je nach baulicher Situation errechnet (s. Abschn. 5.1.2.3) [93] bis [96]. Deshalb sollen hier für beide Konzeptionen geeignete Kennwerte der Schalldämmung von Bauteilen erörtert werden. Es ist jedoch nicht immer möglich, die bewerteten Schalldämm-Maße R_w oder die bewerteten Norm-Trittschallpegel $L_{n,w}$ anzugeben, weil die bisherige Praxis in Deutschland nur die Bestimmung eines entsprechenden Bau-Schalldämm-Maßes R'_w oder Norm-Trittschallpegels $L'_{n,w}$ verlangte. Folglich überwiegt im aktuell verfügbaren Datenmaterial der Anteil von Meßdaten, die unter sogenannten bauähnlichen Prüfbedingungen, d. h. in Prüfständen mit bauähnlicher Flankenübertragung ermittelt wurden [668]. Möglichkeiten der Umrechnung von R'_w in R_w und umgekehrt wurden in Abschnitt 5.1.1.4 besprochen [622].

5.2.1 Wandkonstruktionen als Innen- und Außenbauteile

Aus akustischer Sicht sind sämtliche Bauteile, so auch alle Wandkonstruktionen, in zwei prinzipiell unterschiedliche Kategorien zu teilen, nämlich in „einschalige" oder „mehrschalige" Bauteile. Die Wirkungsweise von mehrschaligen Bauteilen läßt sich aufgrund der Prinzipien der zweischaligen Bauteile erklären. Deshalb werden im Folgenden in erster Linie nur **ein- und zweischalige Bauteile** behandelt. Eine Gegenüberstellung von akustisch einschaligen (auch mehrschichtigen) und zweischaligen Wandkonstruktionen ist auf Bild 5.14 zu finden.

5.2.1.1 Luftschalldämmung einschaliger Bauteile

Bereits Anfang des Jahrhunderts wurde von *Berger* [240] erkannt, daß mit wachsender Masse von einschaligen Bauteilen auch deren Schalldämmung ansteigt. Dieses **Massenge-**

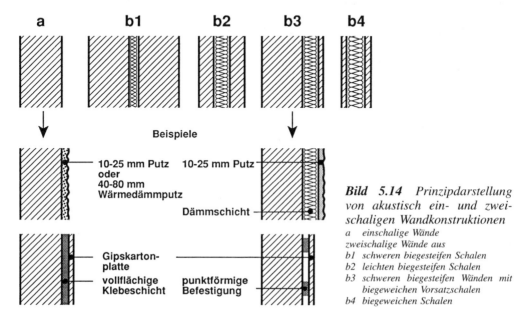

Bild 5.14 Prinzipdarstellung von akustisch ein- und zweischaligen Wandkonstruktionen
a einschalige Wände
zweischalige Wände aus
b1 schweren biegesteifen Schalen
b2 leichten biegesteifen Schalen
b3 schweren biegesteifen Wänden mit biegeweichen Vorsatzschalen
b4 biegeweichen Schalen

setz wird deshalb oft auch als Bergersches Gesetz bezeichnet. Für das Schalldämm-Maß einschaliger, homogener, dichter, unendlich ausgedehnter Platten kann für den Schalleinfall ebener Wellen die folgende Näherungsgleichung angegeben werden:

$$R = 10 \lg \left[1 + \left(\frac{\pi f m'}{\varrho_0 c_0} \cos \delta\right)^2\right] \approx 20 \lg \frac{\pi f m'}{\varrho_0 c_0} \cos \delta \quad \text{dB} \tag{5.56}$$

Darin sind

f	Frequenz in Hz
m'	flächenbezogene Masse der Platte in kg/m^2
δ	Schalleinfallswinkel (Winkel zum Lot auf der Platte)
ϱ_0	Dichte der Luft; $\varrho_0 \approx 1{,}25$ kg/m^3
c_0	Schallgeschwindigkeit in Luft; $c_0 \approx 340$ m/s

Die Beziehung verdeutlicht, daß die Schalldämmung bei großen Schalleinfallswinkeln (streifender Schalleinfall; $\delta \rightarrow 90°$) besonders gering ist. Das Schalldämm-Maß für senkrechten Schalleinfall $R_\perp$ ($\delta \rightarrow 0°$) ergibt sich aus Gl. (5.56) mit $\cos \delta = 1$. Für gleich verteilte Schalleinfallswinkel (diffusen Schalleinfall) gilt näherungsweise

$$R_{\text{diff}} = R_\perp - 10 \lg (0{,}23\, R_\perp) \quad \text{dB} \tag{5.57}$$

Wegen der begrenzten Abmessungen der Bauteile und Räume treten in der Praxis große Schalleinfallswinkel (streifender Schalleinfall) nur vermindert auf, und man benutzt daher für praxisübliche Schallfelder besser die Näherung

$$R = R_\perp - 5 = 20 \lg (f m') - 47 \quad \text{dB} \tag{5.58}$$

Dieses Massegesetz, das sowohl bei Frequenzerhöhung um eine Oktave als auch bei Verdopplung der flächenbezogenen Masse des Bauteiles eine Verbesserung des Schalldämm-Maßes um 6 dB bedeutet, gilt, wie auf Bild 5.15 dargestellt, nur in einem eingeschränkten, meist tieferen Frequenzgebiet zwischen den Eigenschwingungen der Bauteile (Platteneigenfrequenzen f_n) und den Auswirkungen der Koinzidenz oder Spuranpassung (Koinzidenzgrenzfrequenz f_c; s. Abschn. 2.1.2). Beide Einflüsse führen zu einer Verschlechterung der Schalldämmung in einem bestimmten Frequenzbereich. Dabei spielen die Eigenschwingungen in der Praxis keine bedeutende Rolle, da sie bei üblichen Raumabmessungen meist nur unterhalb des in der Bauakustik interessierenden Frequenzbereiches (<100 Hz) auftreten. Die **Eigenfrequenzen f_n** einer ebenen, an den Rändern „aufgestützten" Platte

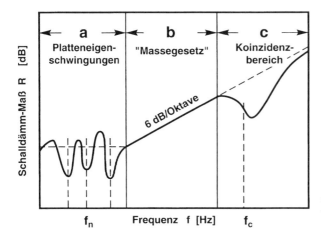

Bild 5.15 Kennzeichnende Frequenzbereiche der Schalldämmung einschaliger Bauteile (schematisiert)
f_n *Platteneigenfrequenzen*
f_c *Koinzidenzgrenzfrequenz*

5.2 Konstruktive Lösungen für den baulichen Schallschutz

berechnen sich aus

$$f_n = \frac{\pi}{2}\sqrt{\frac{B'}{m'}}\left[\left(\frac{n_x}{a}\right)^2 + \left(\frac{n_y}{b}\right)^2\right] \quad \text{Hz} \tag{5.59}$$

mit

B' Biegesteifigkeit der Platte bezogen auf ihre Breite in Nm
m' flächenbezogene Masse der Platte in kg/m^2
n_x, n_y natürliche ganze Zahlen 1, 2, 3 ...
a, b Seitenlängen der Platte in m

Die Biegesteifigkeit einer Platte (s. auch Gln. (2.5) bis (2.7)) ist:

$$B' = \frac{Et^3}{12(1-\mu^2)} \approx \frac{Et^3}{10{,}5} \quad \text{Nm} \tag{5.60}$$

Hierbei sind

E Elastizitätsmodul in Pa
t Plattendicke in m
μ Poissonsche Querkontraktionszahl; Mittelwert für Baustoffe $\mu \approx 0{,}35$.

Maßgeblich ist die Grundfrequenz $f_{1,1}$ ($n_x = n_y = 1$) der Eigenschwingungen, bei der sich die stärkste Verminderung der Schalldämmung ergibt.

Beispiel

Für eine 20 cm dicke Schwerbetonplatte erhält man aus der Zusammenstellung von Materialeigenschaften in Tabelle 5.11 mit einer Rohdichte von 2400 kg/m³ eine flächenbezogene Masse von m' = 480 kg/m². Mit dem gleichfalls aus Tabelle 5.11 abgelesenen Elastizitätsmodul E = 30 GPa ergibt sich aus Gl. (5.60) eine Biegesteifigkeit je Breiteneinheit von B' ≈ 23 · 10⁶ Nm. Mit Seitenlängen einer Wand von a = 5 m und b = 2,5 m erhält man aus Gl. (5.59) eine Grundfrequenz f₁,₁ ≈ 70 Hz, die unterhalb des üblichen bauakustisch interessanten Frequenzbereiches liegt.

Die Grundfrequenz einer an allen Kanten „eingespannten" rechteckigen Platte ist um einen Faktor von etwa 1,8 bis 2,3 größer als nach Gl. (5.59). In der Praxis kommt nie eine der idealisierten Randbedingungen „aufgestützt" oder „eingespannt" vor. Durch praktisch mögliche Änderungen der Randeinspannung von Platten können weder die Grundfrequenz noch die Schalldämmung merklich beeinflußt werden.

Luftschall erzeugt beim Einfall auf Platten primär **erzwungene Biegewellen**. Bei deren Auftreffen auf Ränder oder andere Inhomogenitäten entstehen durch Reflexion **freie Biegewellen**. Bei den in der Praxis vorkommenden endlichen Plattenabmessungen sind die vom Luftschall erzwungenen Biegewellen immer von freien Biegewellen überlagert. Unter **Koinzidenz** oder **Spuranpassung** wird nach Abschn. 2.1.2 der Zustand eines Bauteiles verstanden, bei dem die Wellenlänge von freien Biegewellen λ_B mit der auf die Bauteiloberfläche projizierten Wellenlänge λ_0 des einfallenden und abgestrahlten Luftschalles übereinstimmt. Bildet die Flächennormale mit der Luftschallrichtung den Winkel δ, so ist gemäß Bild 5.16 Koinzidenz gegeben, wenn

$$\lambda_0 = \lambda_B \sin\delta \quad \text{m} \tag{5.61}$$

bzw.

$$c_0 = c_B \sin\delta \quad \text{m/s} \tag{5.62}$$

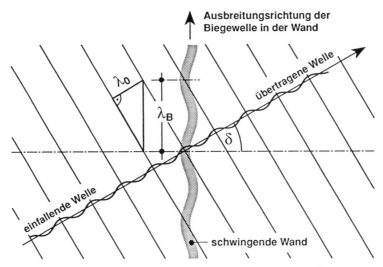

Bild 5.16 Prinzipdarstellung der Entstehung der Koinzidenz

mit

c_0 Schallgeschwindigkeit in Luft; $c_0 \approx 340$ m/s
c_B Biegewellen-Ausbreitungsgeschwindigkeit in m/s.

Die Biegewellen-Ausbreitungsgeschwindigkeit ist nach Gln. (2.5) bis (2.7) von der Frequenz abhängig. Die **Koinzidenzgrenzfrequenz** f_c (vielfach auch nur als Grenzfrequenz bezeichnet) ist die niedrigste Frequenz, bei der Koinzidenz auftreten kann (sin $\delta = 1$, d. h. streifender Schalleinfall). Sie ergibt sich aus der hierfür aus Gl. (5.62) folgenden Bedingung $c_0 = c_B$ und aus den Gln. (2.5) und (2.6) zu

$$f_c = \frac{c_0^2}{2\pi}\sqrt{\frac{m'}{B'}} = \frac{c_0^2}{2\pi t}\sqrt{\frac{12\varrho(1-\mu^2)}{E}} \quad \text{Hz} \tag{5.63}$$

oder näherungsweise

$$f_c \approx \frac{6{,}4 \cdot 10^4}{t}\sqrt{\frac{\varrho}{E}} \approx \frac{6{,}4 \cdot 10^4}{c_L \cdot t} \quad \text{Hz} \tag{5.64}$$

Tabelle 5.11 Ausgewählte Eigenschaften verschiedener Materialien und Baustoffe [1] [8] [241]

Materialart	Rohdichte ϱ [1000 kg/m³]	Elastizitätsmodul E [GPa]	innerer Verlustfaktor η_{int}
Baustoffe			
Asphaltestrich	1,5 ... 2,3	5 ... 20	0,05 ... 0,4
Asbestbeton	1,9 ... 2,0	23 ... 28	0,007 ... 0,02
Eichenholz	0,7 ... 1,0	2 ... 10	0,01
Faserzementplatte	2,0 ... 2,1	20 ... 30	0,01
Gips, Gipsplatte	1,0 ... 1,2	3,5 ... 7	0,006

Fortsetzung der Tabelle 5.11

Materialart	Rohdichte ϱ [1000 kg/m³]	Elastizitätsmodul E [GPa]	innerer Verlustfaktor η_{int}
Gipsestrich	1,2	20	0,006
Gipskartonplatte	0,9 ... 1,0	3,2	0,03
Glas	2,5	60 ... 80	0,0006 ... 0,002
Hartfaserplatte	1,0	3 ... 4,5	0,015
Holzspanplatte	0,6 ... 1,0	2 ... 5	0,01 ... 0,03
Holzwolle-Leichtbauplatte	0,6 ... 0,7	0,1 ... 0,2	0,08 ... 0,5
Kalkputz	1,7	44	0,03
Kalksandstein	1,4 ... 2,0	3 ... 15	0,01 ... 0,02
Leichtbeton	0,7 ... 1,4 1,3 ... 1,6	1,5 ... 13 9 ... 30	0,015 0,012
Magerbeton	2,0	15	0,008
Nadelholz	0,4 ... 0,7	1 ... 5	0,008 ... 0,01
Porenbeton	0,5 ... 1,0	0,5 ... 4	0,007 ... 0,015
Schaumglas	0,13 ... 0,16	1,3 ... 1,6	0,01 ... 0,1
Schwerbeton	2,0 ... 2,5	25 ... 40	0,004 ... 0,006
Sperrholz	0,6 ... 0,8	5 ... 12	0,01 ... 0,02
Zementestrich	2,2	30	0,006
Ziegelmauerwerk	1,4 ... 2,0	3 ... 16	0,01 ... 0,04
Kunststoffe			
Gummi	1,0 ... 1,4	0,005 ... 0,015	0,04 ... 0,12
Organisches Glas	1,2	5,6	0,02 ... 0,6
Kork	0,2 ... 0,35	0,015 ... 0,027	0,16
PVC (hart)	1,3	2,7	0,04
PVC-Hartschaum	0,04 ... 0,06	0,01 ... 0,03	0,03 ... 0,06
Metalle			
Aluminium	2,7	68,5 ... 74	0,00003 ... 0,0001
Blei	11,3	15,7 ... 18	0,02 ... 0,1
Kupfer	8,9	122 ... 125	0,002
Messing	8,5	95 ... 107	0,001
Stahl	7,8	190 ... 210	0,00002 ... 0,0003

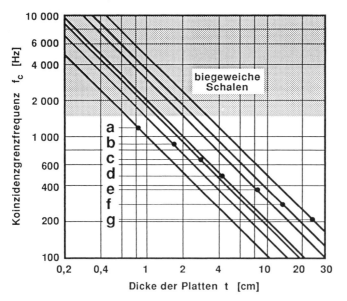

Bild 5.17 Koinzidenzgrenzfrequenz f_c verschiedener Materialien in Abhängigkeit von der Plattendicke t [1]
a Glas
b Schwerbeton
c Sperrholz
d Vollziegel
e Gips, Gipskarton
f Hartfaser
g Leichtbeton

Hierbei sind

m'	flächenbezogene Masse des Bauteiles in kg/m²
B'	Biegesteifigkeit des Bauteiles, bezogen auf seine Breite in Nm
t	Bauteildicke in m
ϱ	Rohdichte des Materials in kg/m³ (s. Tabelle 5.11, z. B. nach [1] [8] [241])
μ	Poissonsche Querkontraktionszahl; Mittelwert für Baustoffe $\mu \approx 0{,}35$
E	Elastizitätsmodul in Pa (s. Tabelle 5.11)
c_L	Ausbreitungsgeschwindigkeit der Longitudinalwellen nach Gl. (2.4) in m/s.

Die auf Bild 5.15 skizzierte Verminderung der Schalldämmung im Koinzidenzbereich ist bei niedrigen Koinzidenzgrenzfrequenzen und bei großen Verlustfaktoren η des Baustoffes (s. Tabelle 5.11) besonders gering und ergibt im Frequenzverlauf des Schalldämm-Maßes dann in der Regel nur ein horizontales Plateau. Für eine hohe Schalldämmung sind Bauteile zu bevorzugen, deren Koinzidenzgrenzfrequenz entweder an der unteren Grenze des in der Bauakustik interessierenden Frequenzbereiches (dick, biegesteif) oder an dessen oberer Grenze (dünn, biegeweich, schwer) liegt. Auf Bild 5.17 ist die **Koinzidenzgrenzfrequenz verschiedener Materialien** in Abhängigkeit von der Bauteildicke dargestellt. Bauteile mit $f_c < 200$ Hz (z. B. Schwerbetonplatten mehr als etwa 100 mm dick) werden als ausreichend biegesteif, solche mit $f_c > 1600$ Hz (z. B. Gipskartonplatten dünner als etwa 20 mm) als ausreichend biegeweich (biegeweiche Schalen) bezeichnet.

Oberhalb der Koinzidenzgrenzfrequenz verläuft die Schalldämmung wieder geradlinig mit einer Steigung von 25 dB je Frequenzdekade. Das Schalldämm-Maß errechnet sich für diesen Bereich [8] [242] in guter Übereinstimmung mit praktischen Ergebnissen zu

$$R = 20 \lg \frac{\pi f m'}{\varrho_0 c_0} + 10 \lg \frac{2\eta f}{\pi f_c} \quad \text{dB} \tag{5.65}$$

oder

$$R \approx 20 \lg (f m') + 10 \lg \frac{f}{f_c} + 10 \lg \eta - 45 \quad \text{dB} \tag{5.66}$$

5.2 Konstruktive Lösungen für den baulichen Schallschutz

Darin sind

f	Frequenz in Hz
m'	flächenbezogene Masse des Bauteiles in kg/m²
ϱ_0	Dichte der Luft; $\varrho_0 \approx 1{,}25$ kg/m³
c_0	Schallgeschwindigkeit in Luft; $c_0 \approx 340$ m/s
η	Verlustfaktor
f_c	Koinzidenzgrenzfrequenz in Hz

Der **Gesamtverlustfaktor** η besteht aus einem inneren (η_{int}) und einem äußeren Verlustfaktor (η_{ext}). Der **innere Verlustfaktor** η_{int} kennzeichnet den Anteil der bei der Ausbreitung von Biegewellen in Wärme umgewandelten Energie der Schallschwingungen. Er bewirkt bei der Körperschallausbreitung eine Dämpfung, d. h. eine Verminderung der Schwingungsamplituden mit wachsender Entfernung von der Anregungsstelle. Neben anderen Materialeigenschaften sind innere Verlustfaktoren von Baustoffen in Tabelle 5.11 angegeben. Sie sind abhängig von der Struktur der Materialien. Bei kompliziert zusammengesetzten Materialgefügen (z. B. bei bestimmten Kunststoffen) wird ein größerer Teil der Schwingungsenergie in Wärme umgewandelt als bei Materialien mit gleichmäßigem Aufbau (z. B. bei Metallen). Die Energieableitung an den Bauteilverbindungsstellen bewirkt eine zusätzliche Bedämpfung, die als **äußerer Verlustfaktor** η_{ext} bezeichnet wird (s. Abschn. 5.1.1.4). Gemäß Gln. (5.65) und (5.66) bewirkt die Zunahme beider Verlustfaktoren eine Erhöhung der Schalldämmung bei und oberhalb der Koinzidenzgrenzfrequenz.

5.2.1.2 Schwere und leichte einschalige Wände

Die Schalldämmung von einschaligen, dichten, homogenen, monolithischen Wänden z. B. aus Mauerwerk, Gips oder Beton hängt nach Abschn. 5.2.1.1. im wesentlichen von deren flächenbezogener Masse m' ab. Diese liegt bei den in der Praxis vorkommenden Wänden zwischen 50 und 1000 kg/m². Bild 5.18 zeigt schematisierte Frequenzverläufe des Bau-Schalldämm-Maßes R' für Wände verschiedener flächenbezogener Massen.

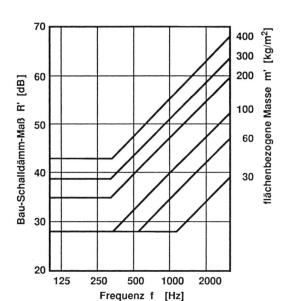

Bild 5.18 Typische Frequenzverläufe des Bau-Schalldämm-Maßes R' von einschaligen, monolithischen Wänden verschiedener flächenbezogener Massen m' [239]

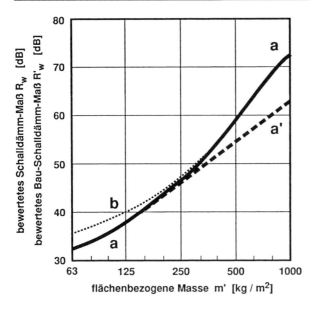

Bild 5.19 Mittlere bewertete Schalldämm-Maße R_w bzw. bewertete Bau-Schalldämm-Maße R'_w von einschaligen monolitischen Wänden in Abhängigkeit von der flächenbezogenen Masse m' [93]
a   Beton, Ziegel, Gips (ohne Flankenwege)
a' Beton, Ziegel, Gips (mit bauüblichen Flankenwegen)
b   Leichtbeton (ohne Flankenwege)

Für überschlägige Betrachtungen geeignete bewertete Schalldämm-Maße R_w und bewertete Bau-Schalldämm-Maße R'_w von einschaligen monolithischen Bauteilen sind auf Bild 5.19 in Abhängigkeit von der flächenbezogenen Masse dargestellt. Infolge größeren Verlustfaktors erreichen Leichtbetonwände bei geringen flächenbezogenen Massen höhere Schalldämm-Maße als Schwerbetonwände.

Für $m' > 150$ kg/m² kann für das Schalldämm-Maß auch folgende **rechnerische Näherung** verwendet werden [93]:

$$R_w \approx 37{,}5 \lg m' - 42 \quad \text{dB} \tag{5.67}$$

Die Spektrum-Anpassungswerte liegen für größere flächenbezogene Massen in den Bereichen

$$-2 < C < -1 \quad \text{dB} \tag{5.68}$$

und

$$C_{tr} \approx 16 - 9 \lg m' \quad \text{dB} \quad (\text{innerhalb} -7 \leq C_{tr} < -1 \text{ dB}) \tag{5.69}$$

Die **flächenbezogene Masse** von gemauerten Wänden errechnet sich aus der Rohdichte ϱ der Steine oder Platten. Dabei müssen das Stein- bzw. Plattenformat, d. h. der Fugenanteil, sowie der verwendete Mörtel (Normalmörtel mit $\varrho \approx 1500$ kg/m³ oder Leichtmörtel mit $\varrho \approx 1000$ kg/m³) berücksichtigt werden. Es spielt nur eine geringfügige Rolle, ob die Lagerfugen voll verfugt oder geklebt und die Stoßfugen einfach verzahnt, mit Mörteltaschen verfüllt oder knirsch gestoßen werden. Die flächenbezogene Masse versteht sich einschließlich eventueller Putzschichten, soweit sie fest mit der Wand verbunden sind. Dabei kann für die verschiedenen Putze mit den Werten der Tabelle 5.12 gerechnet werden. Die Zunahme der flächenbezogenen Masse durch die **Putzschichten** ist zwar im Verhältnis zur Wandmasse meist relativ gering, die Putze haben dennoch bei gemauerten Wänden eine nicht zu vernachlässigende Aufgabe, denn sie sorgen für deren Dichtigkeit. Bild 5.20 zeigt die Auswirkungen der akustischen „Durchlässigkeit" bzw. „Dichtigkeit" an einem Beispiel [243]. Verputzte Wände sind mehrschichtige Konstruktionen, die bezüglich ihrer Schalldämmung wie einschalige Bauteile wirken. Demgegenüber sind z. B. Wärmedämm-Verbundsysteme aus akusti-

5.2 Konstruktive Lösungen für den baulichen Schallschutz

Tabelle 5.12 Flächenbezogene Massen m' von verschiedenen Wandputzen

Putzart	Dicke t [mm]	flächenbezogene Masse m' [kg/m²]
Kalkgipsputz oder Gipsputz	10 15	10 15
Kalkputz oder Kalkzementputz oder Zementputz	10 15 20	18 25 30
Kunstharzputz	3 6	2 5
Akustikputz	25 30	12 15
Wärmedämmputz	40 60 80	8 12 16

scher Sicht nicht mehr als einschalige, sondern als mehrschalige Bauteile zu behandeln. Verkleidete oder verputzte steife Dämmschichten bewirken dabei vielfach eine Verschlechterung der Schalldämmung (s. Abschn. 5.2.1.5).

Wände aus Mauerwerk werden aus gestalterischen Gründen auch als Sichtmauerwerk ausgeführt. Finden dabei haufwerksporige Mauersteine Verwendung, die viele große durchgehende Poren besitzen, so bleibt das Schalldämm-Maß deutlich unter den Werten, die mit gleich schweren, dichten (verputzten) Wänden erreicht werden können. In solchen Fällen läßt sich durch ein- oder zweiseitiges Schlämmen sowie ein- oder zweiseitiges Verspachteln eine Verbesserung der Schalldämmung erzielen. Ein Beispiel für die Wirkung solcher **Abdichtungen** zeigt Bild 5.21.

Unterschiedliche Wandmaterialien können bei gleicher flächenbezogener Masse zu voneinander abweichenden Schalldämm-Maßen führen. Infolge größerer innerer Verlustfaktoren (s. Tabelle 5.11) werden bei Verwendung von **Porenbeton** oder von **Leichtbetonen** mit ver-

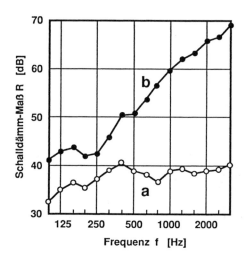

Bild 5.20 Einfluß eines dünnen Putzes (ca. 3 mm dick; $m'_{Putz} \approx 3$ kg/m²) auf die Schalldämmung einer 17,5 cm dicken Kalksandsteinwand ($m'_{Wand} \approx 350$ kg/m² ohne Putz)
a unverputzt $R_w = 39\ (0;-1)$ dB
b beidseitig dünn verputzt $R_w = 55\ (-1;-4)$ dB

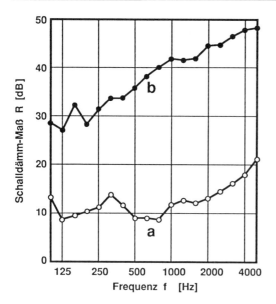

Bild 5.21 Schalldämmung einer 11,5 cm dicken Wand aus Bimsbetonsteinen im unverputzten und im einseitig geschlämmten Zustand ($m'_{Wand} \approx 85\ kg/m^2$) [244]
a unverputzt $R_w = 12\ (0;\ -1)\ dB$
b einseitig geschlämmt $R_w = 40\ (-1;\ -3)\ dB$

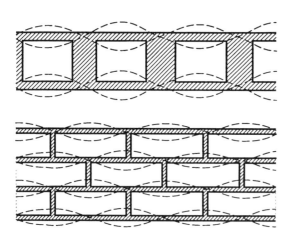

Bild 5.22 Wirkungsschema für die Entstehung von resonanzfähigen Systemen aus Hohlräumen und Stegen

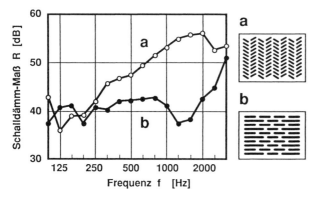

Bild 5.23 Einfluß der Steingeometrie auf die Schalldämmung bei Leichtziegelwänden [247]
a Lochbild „unregelmäßig"
   ($m' \approx 290\ kg/m^2$) $R_w = 51\ (-1;\ -3)\ dB$
b Lochbild „regelmäßig"
   ($m' \approx 302\ kg/m^2$) $R_w = 42\ (-1;\ -2)\ dB$

5.2 Konstruktive Lösungen für den baulichen Schallschutz

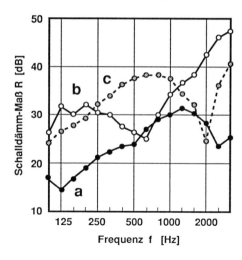

Bild 5.24 Einfluß des Koinzidenzeffektes von biegesteifen, leichten Wänden und Platten (Kurven b und c) auf den Verlauf der Schalldämmung im Vergleich zu einer biegeweichen Schale (Kurve a)
a 13 mm Gipsplatte ($m' \approx 13$ kg/m^2)
   $R_w = 27\ (-1;-2)$ dB
b 70 mm Gipswand ($m' \approx 70$ kg/m^2)
   $R_w = 35\ (-1;-2)$ dB
c 12 mm Glas ($m' \approx 30$ kg/m^2)
   $R_w = 35\ (-4;-3)$ dB

schiedenen Zuschlagstoffen, vor allem bei niedrigen flächenbezogenen Massen um bis zu 3 dB höhere bewertete Schalldämm-Maße erzielt (ausreichende Dichtheit vorausgesetzt). Bei verschiedenartigen **Lochbildern** z. B. **von Ziegelsteinen**, können noch größere Unterschiede der Schalldämm-Maße auftreten [245] [246]. Hohlräume und dünne Stege bilden, wie auf Bild 5.22 dargestellt, resonanzfähige Systeme. Die Folge von Dicken- und Hohlraumresonanzen sind Einbrüche in der Schalldämmkurve, die im Vergleich zu homogenen Wänden um bis zu 10 dB niedrigere bewertete Schalldämm-Maße bewirken können. Auf Bild 5.23 ist an Beispielen gezeigt, daß eine Steingeometrie mit asymmetrischen, ungleichmäßigen Lochbildern akustisch prinzipiell günstiger ist, als eine mit symmetrischer, gleichmäßiger Verteilung der Hohlräume.

Grundsätzlich problematisch sind Massivwände mit flächenbezogenen Massen von weniger als ca. 250 kg/m^2, weil sich bei diesen die Einflüsse der Koinzidenz im mittleren Frequenzbereich auswirken. Bei vielen **Bauplatten** aus Gips, Bimsbeton oder Porenbeton mit Dicken von ca. 6 bis 10 cm trifft das zu. Wie Bild 5.24 beispielsweise an zwei Plattenmaterialien

Tabelle 5.13 Schalldämm-Maße R von einschaligen, biegesteifen Wänden verschiedener Wanddicken t und flächenbezogener Massen m' [93]

Wandausführung	t [mm]	m' [kg/m^2]	Oktavband-Mittenfrequenz f_m [Hz]						$R_W\ (C;\ C_{tr})$ [dB]
			125	250	500	1000	2000	4000	
			Schalldämm-Maß R [dB]						
Leichtbeton	120	156	36	34	35	44	53	56	42 (−1; −3)
	300	390	37	42	51	58	58	58	54 (−2; −6)
Porenbeton	100	65	30	31	27	32	41	45	32 (0; −1)
	200	130	30	29	34	43	46	46	39 (−1; −3)
Kalksandvollstein	110	193	34	33	39	49	58	65	44 (−1; −4)
	240	420	38	46	54	62	68	68	56 (−1; −6)
Schwerbeton	120	276	34	36	46	54	62	69	49 (−2; −6)
	260	598	42	51	59	67	74	75	61 (−1; −7)

Tabelle 5.14 Bewertete Bau-Schalldämm-Maße R'_w gebräuchlicher, einschaliger, biegesteifer Wände (Mittelwerte von Meßergebnissen)

Wandausführung [1])	Dicke t [mm]	flächenbez. Masse m' [kg/m²]	bewertetes Bau-Schalldämm-Maß R'_w [dB]
Schwerbeton	120 140	276 330	49 52
Schwerbeton, unverputzt	100 180 250	230 430 600	46 55 60
Schwerbeton, beidseitig 25 mm Gipsplatten anbetoniert	120	360	54
Porenbeton	100 115 175 250	65 70 95 130	35 38 40 44
Leichtbetonstein	200	220	47
Leichtbetonstein mit Blähton-Zuschlag	240 300	290 320	53 54
Bimsbeton	60	110	36
Bimsbetonstein	115 240	140 340	45 52
Bimsbeton-Hohlblockstein Hohlräume mit Sand gefüllt Hohlräume mit Beton gefüllt	240 240 240	280 350 370	49 52 53
Vollgips, unverputzt	70 100 260	95 105 315	33 41 42
Porengips	60 100	36 62	28 35
Glasbau-Hohlsteine, unverputzt	80 95	70 80	40 46
Vollziegel	115 175 240	260 380 460	49 52 55
porosierte Ziegel	115 175	110 160	42 43
Hochlochziegel	115 240 300	200 350 450	47 53 56
Ziegel-Hohlblockstein a) b)	240 240	300 290	42 51
Kalksandstein	240	510	55
Hohlkörperstein aus Holzfasern, mit Beton gefüllt	240	440	53

[1]) Wände beidseitig verputzt, soweit nichts anderes vermerkt
a) Lochbild ungünstig; b) Lochbild günstig

5.2 Konstruktive Lösungen für den baulichen Schallschutz

im Vergleich zu einer biegeweichen Vorsatzschale zeigt, treten infolge des Koinzidenzeffektes Einbrüche im Frequenzverlauf des Schalldämm-Maßes auf, die sich auch auf das bewertete Schalldämm-Maß ungünstig auswirken [248] [249].

Tabelle 5.13 enthält für einige einschalige Bauteile Rechenwerte des Schalldämm-Maßes R für Oktavband-Mittenfrequenzen, sowie die bewerteten Schalldämm-Maße R_w und die Spektrum-Anpassungswerte C und C_{tr} [93]. In Tabelle 5.14 sind aus Meßwerten gewonnene bewertete Bau-Schalldämm-Maße R'_w von einschaligen Wänden zusammengestellt, die als Wohnungstrennwände, anderweitige Zimmertrennwände oder Außenwände Verwendung finden. Diese Werte gelten unter der Voraussetzung, daß die angrenzenden flankierenden Bauteile im Mittel eine flächenbezogene Masse von etwa 300 kg/m² haben und daß keine übermäßige Flankenwegübertragung, wie z. B. durch abgehängte Unterdecken oder durchgehende schwimmende Estriche, vorliegt. Sie beinhalten kein Vorhaltemaß, sind also mit Mindestforderungen an die Schalldämmung nicht direkt vergleichbar [619] (s. Abschn. 5.1.3).

Sehr leichte, weniger als ca. 30 kg/m² schwere, **dünne Bauplatten** kommen in der Praxis selten als einschalige Wände zum Einsatz. Sie werden oft in Verbindung mit gemauerten Wänden z. B. als Trockenputz eingesetzt oder als eine biegeweiche Schale für zwei- oder mehrschalige Wandkonstruktionen verwendet (s. Abschn. 5.2.1.3). Die Schalldämmung der

Tabelle 5.15 Bau-Schalldämm-Maße R' von leichten einschaligen, biegeweichen Plattenmaterialien der Dicke t und der flächenbezogenen Masse m' [1]

Wandausführung	t [mm]	m' [kg/m²]	Oktavband-Mittenfrequenz f_m [Hz]						R'_W [dB]
			125	250	500	1000	2000	4000	
			Bau-Schalldämm-Maß R' [dB]						
Aluminiumblech	0,5	1,3	10	12	14	19	25	28	19
	2	5	13	15	22	26	30	33	24
Alu-Sandwichblech	3	6	17	18	25	30	32	32	27
Gipsplatte glasfaserbewehrt	26	29	23	26	33	37	35	35	33
Gipskartonplatte	9,5	9	18	24	27	30	31	28	29
	12,5	11	21	26	28	31	30	32	30
Holz- und Sperrholzplatte	10	7	19	19	22	25	25	19	24
	15	11	18	22	24	27	25	32	25
	25	15	16	25	26	24	30	36	27
Holzspanplatte	22	15	22	22	27	28	22	24	26
Stahlblech	1	8	17	23	30	32	35	38	32
	3,5	28	29	33	36	39	41	31	39
	7	55	33	38	39	40	30	42	35
Gummiplatte	4	4	11	13	19	24	25	30	23
	10	8	16	21	24	27	29	24	28
	42	55	33	40	44	39	51	53	48

einzelnen Schalen ist ihrer flächenbezogenen Masse entsprechend gering. In Tabelle 5.15 sind für einige Beispiele dieser Art aus Meßwerten gewonnene Bau-Schalldämm-Maße R' für Oktavband-Mittenfrequenzen zusammengestellt.

5.2.1.3 Luftschalldämmung mehrschaliger Bauteile

Ordnet man zwei einschalige Bauteile in einem bestimmten Abstand hintereinander an, so ist in der Regel zu erwarten, daß die Schalldämmung höher ist, als die eines einschaligen Bauteiles gleicher Gesamtmasse. Der Gewinn an Schalldämmung (Luftschallverbesserungsmaß ΔR; bewertetes Luftschallverbesserungsmaß ΔR_w) hängt dabei im wesentlichen von der bestehenden **Kopplung der beiden Schalen** ab, wobei diese vor allem über das eingeschlossene Luftpolster oder eine eingebrachte Dämmschicht, in vielen Fällen jedoch auch über konstruktive Verbindungen gegeben ist. Durch diese Kopplung wird Schallenergie von der ersten auf die zweite Wandschale übertragen und von dieser abgestrahlt. Eine zweischalige Konstruktion weist deshalb dann eine besonders hohe Schalldämmung auf, wenn die Kopplung der Wandschalen gering ist.

Eine zweischalige Wand kann mit einem **Schwingungssystem aus zwei Massen** (den beiden Schalen) und einer sie verbindenden **Feder** (Kopplung durch Luftpolster, Dämmschicht oder Ständerkonstruktion) verglichen werden. Die **Resonanzfrequenz** f_0 dieses Schwingungssystems ist gegeben durch die Beziehung

$$f_0 = \frac{10^3}{2\pi} \sqrt{s'\left(\frac{1}{m'_1} + \frac{1}{m'_2}\right)} \approx 160 \sqrt{s'\left(\frac{1}{m'_1} + \frac{1}{m'_2}\right)} \quad \text{Hz} \tag{5.70}$$

Darin sind

s' dynamische Steifigkeit der „Feder" in MN/m^3
m'_1 flächenbezogene Masse einer Wandschale in kg/m^2
m'_2 flächenbezogene Masse der anderen Wandschale in kg/m^2.

Für zweischalige Wände, deren beide Schalen vollflächig mit einer im Wandzwischenraum befindlichen Dämmschicht verbunden sind (Sandwichbauart), finden sich die für Gl. (5.70) benötigten Angaben zur dynamischen Steifigkeit in Tabelle 5.23 (s. Abschn. 5.2.4.3). Stehen die beiden Wandschalen selbsttragend nebeneinander (z. B. dünne Platten auf getrennten Ständern), so bildet die eingeschlossene Luftschicht die Feder. Bringt man in den Wandzwischenraum lose eine poröse Dämmschicht (z. B. Mineralfasermatten) ein, deren längenbezogener Strömungswiderstand $r \geq 5$ kPas/m^2 beträgt (s. Abschn. 4.1.2.1, Tabelle 4.1), so ergibt sich für die dynamische Steifigkeit s' dieses bedämpften Luftzwischenraumes die Näherung

$$s' \approx \frac{10}{d_L} \quad \text{MN/m}^3 \tag{5.71}$$

und aus Gl. (5.70) wird

$$f_0 \approx 510 \sqrt{\frac{1}{d_L}\left(\frac{1}{m'_1} + \frac{1}{m'_2}\right)} \quad \text{Hz} \tag{5.72}$$

mit

d_L Dicke des Luftzwischenraumes in cm

Ohne Dämmstoff im Wandzwischenraum kann die dynamische Steifigkeit der Luftschicht erheblich größer werden. Dies bewirkt vor allem bei zweischaligen Leichtwandkonstruktionen um 5 bis 10 dB niedrigere Schalldämm-Maße bei mittleren Frequenzen.

5.2 Konstruktive Lösungen für den baulichen Schallschutz

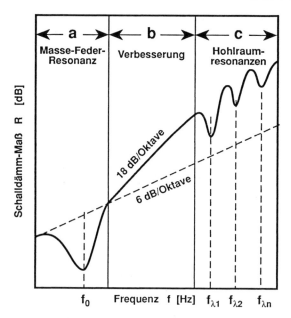

Bild 5.25 *Prinzipieller Verlauf des Schalldämm-Maßes R zweischaliger Bauteile in Abhängigkeit von der Frequenz f*
f_0 *Resonanzfrequenz des Masse-Feder-Systems*
f_λ *Eigenfrequenzen des Luftzwischenraumes*

Auf Bild 5.25 ist der schematisierte **Frequenzverlauf des Schalldämm-Maßes** R zweischaliger Bauteile dargestellt. Unterhalb der Resonanzfrequenz f_0 des Schwingungssystems entspricht die Schalldämmung der eines gleich schweren einschaligen Bauteiles. Bei der **Resonanzfrequenz** selbst tritt eine Verschlechterung ein, und erst bei höheren Frequenzen ist die Schalldämmung des zweischaligen Bauteiles besser als die des einschaligen. Dort läßt sich das resultierende Schalldämm-Maß R beschreiben durch [250]

$$R = R_1 + \Delta R \quad \text{dB} \tag{5.73}$$

mit

R_1 Schalldämm-Maß einer Wandschale (bei unterschiedlichen der dickeren)
ΔR Luftschallverbesserungsmaß durch die zweite Schale.

Theoretisch gilt [251]

$$\Delta R = 40 \lg \frac{f}{f_0} \cdot \quad \text{dB} \tag{5.74}$$

Der steile Anstieg von ΔR mit 12 dB/Oktave oberhalb der Resonanzfrequenz f_0 erstreckt sich nur auf einen beschränkten Frequenzbereich von 2 bis 3 Oktaven. Als praktisch erreichbaren Grenzwert des resultierenden Bau-Schalldämm-Maßes R' bei hohen Frequenzen ($f > 8500/d_L$; d_L in cm) ist bei Bau-Schalldämm-Maßen R'_1 und R'_2 der beiden Wandschalen in der Regel mit deren Summe zu rechnen. Dort wo Flankenwegübertragungen eine besondere Rolle spielen, kann man in Sonderfällen als Grenzwert

$$R' = R'_1 + R'_2 + 6 \quad \text{dB} \tag{5.75}$$

annehmen.

Im Hohlraum zwischen den beiden Schalen treten je nach Schalenabstand bei höheren oder bereits bei mittleren Frequenzen **Hohlraumresonanzen** auf, die auf die Eigenschwingungen des Hohlraumes zurückzuführen sind. Von den in Abschn. 4.4.3 mit Gl. (4.78) beschriebenen Eigenfrequenzen eines Rechteckraumes ist hier der Fall $n_2 = n_3 = 0$ von besonderer

Bedeutung. Hierfür gilt nämlich, daß der Schalenabstand ein ganzzahliges Vielfaches n der halben Wellenlänge des Luftschalles ist, und das bedeutet Eigenfrequenzen $f_{\lambda n}$ gemäß

$$f_{\lambda n} = 17\,000\,\frac{n}{d_L}\ \text{Hz} \tag{5.76}$$

mit

d_L Schalenabstand in cm
n ganze natürliche Zahlen 1, 2, 3 ...

Gemäß Bild 5.25 treten bei diesen Eigenfrequenzen (für $d_L = 10$ cm beispielsweise bei 1700, 3400, 5100 Hz usw.) Verminderungen der Schalldämmung auf. Diese Einflüsse sind aber bei Füllung des Wandzwischenraumes mit einem porösen Dämmstoff wegen dessen schallabsorbierender Wirkung gering. Dieser erfüllt damit eine doppelte Funktion. Er vermindert die Steifigkeit der Luftschicht und bedämpft gleichzeitig die Hohlraumresonanzen.

5.2.1.4 Zweischalige Wände aus biegesteifen Schalen

Von den auf Bild 5.14 dargestellten Ausführungsformen zweischaliger Wände werden die aus zwei schweren biegesteifen Schalen vorzugsweise im Bereich von **Gebäudetrennfugen** angeordnet, da dort ihre hohe Schalldämmung besonders gut zur Geltung kommen kann. Sie werden vor allem als Haustrennwände von Zweifamilien- oder Einfamilienreihen- und -doppelhäusern, zum Teil auch als Wohnungstrennwände in Geschoßwohnungsbauten sowie in sonstigen Gebäuden mit hohen Anforderungen an die Schalldämmung, z. B. im **Studiobau**, eingesetzt. Liegt die Resonanzfrequenz nach Gl. (5.72) ausreichend niedrig (bei 3 cm Wand-

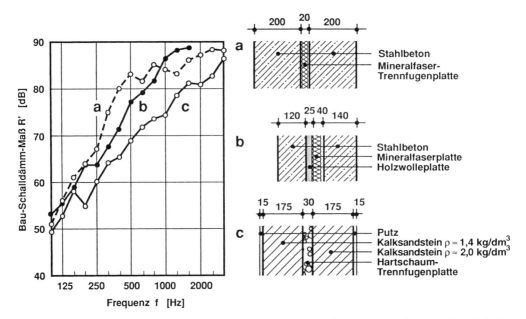

Bild 5.26 Schalldämmung verschiedener Haustrennwände aus zwei biegesteifen Schalen bei durchgehender Gebäudetrennfuge [254] [255]
a   Stahlbeton-Wand   ($m' \approx 970\ kg/m^2$) $R'_w = 79\ (-4;-10)\ dB$
b   Stahlbeton-Wand   ($m' \approx 630\ kg/m^2$) $R'_w = 76\ (-2;-7)\ dB$
c   Kalksandsteinwand   ($m' \approx 590\ kg/m^2$) $R'_w = 71\ (-2;-7)\ dB$

5.2 Konstruktive Lösungen für den baulichen Schallschutz

Tabelle 5.16 Bewertete Bau-Schalldämm-Maße R'_w zweischaliger Wände aus biegesteifen Schalen (Meßwerte) [1]

Wandaufbau	t_1 [mm]	d_L [mm]	t_2 [mm]	m' [kg/m²]	Oktavband-Mittenfrequenz f_m [Hz]						R'_w [dB]
					125	250	500	1000	2000	4000	
					Bau-Schalldämm-Maß R' [dB]						
Stahlbeton-Schalen ohne Hohlraum- dämpfung	40	25	70	275	33	38	43	50	57	55	49
	70	10	70	340	43	44	50	54	55	60	53
	40	50	70	275	35	42	45	53	58	60	50
	70	50	70	340	44	42	48	54	59	58	52
	40	100	70	275	44	42	47	55	58	62	52
	70	100	70	340	43	41	48	54	59	65	53
Leichtbeton-Schalen mit 50 mm Mineralfaser- Hohlraumdämpfung	70	110	120	175	42	44	46	48	53	60	51
	70	160	70	135	38	41	42	44	52	60	47
	70	50	70	135	37	43	41	44	55	63	47
	115	80	115	190	45	42	46	59	56	64	52
Gips-Schalen ohne Hohlraumdämpfung	70	60	70	170	32	40	39	45	53	64	46
	80	60	80	210	38	42	41	46	54	62	47
Gips-Schalen mit 30 mm Mineralfaser- Hohlraumdämpfung	60	30	60	100	39	40	40	48	55	64	48
	70	60	70	160	35	40	41	46	56	63	47
	80	30	80	170	36	41	39	43	52	67	46

t_1; t_2: Dicken der beiden Schalen; d_L: Schalenabstand; m': flächenbezogene Masse der gesamten zweischaligen Wand

abstand beispielsweise wird durch zwei 120 mm dicke Betonwände mit flächenbezogenen Massen der Wandschalen von je 276 kg/m² eine Resonanzfrequenz von etwa 25 Hz erreicht). Eine Kopplung der Schalen durch Mörtelbrücken, durchlaufende Geschoßdecken, Bauschutt, Außenputz usw. ist ebenso zu vermeiden wie Undichtheiten. So lassen sich sehr hohe Schalldämm-Maße erzielen. Damit können die in Reihen- und Doppelhäusern für eine erhöhte Schalldämmung angestrebten bewerteten Bau-Schalldämm-Maße $R'_w > 67$ dB [252] [253] erreicht oder übertroffen werden. Näherungsweise kann man das bewertete Schalldämm-Maß von Wänden dieser Konstruktionsart dadurch ermitteln, daß man dem aus Bild 5.19 für die Summe der flächenbezogenen Massen der Einzelschalen ermittelten Wert 12 dB aufschlägt.

Bild 5.26 zeigt Beispiellösungen und charakteristische Schalldämmkurven derartiger Konstruktionen. Typisch ist der steil ansteigende Verlauf des Schalldämm-Maßes bis meist über 1000 Hz. Bei höheren Frequenzen wirken sich die im Abschn. 5.2.1.3 beschriebenen Einflüsse der Hohlraumresonanzen negativ auf die Schalldämmung aus. Zwischen den Schalen sollte eine poröse Dämmschicht angeordnet werden. Wie die Erfahrungen zeigen, kann diese, die auch zur Vermeidung von Mörtelbrücken dient, relativ hart sein (z. B. Weichfaserplatten) [256]. Der Schalenabstand sollte mindestens 30 mm, bei erhöhten Anforderungen 50 mm betragen. Die Trennung der Wandschalen ist möglichst bis zur Dachhaut und bis zum Kellerfundament vorzunehmen [257]. Das Kellerfundament muß nur bei besonders hohen Anforderungen (z. B. Studios, Musikdarbietungs- und proberäume) getrennt werden. Auf Tabelle 5.16 sind bewertete Bau-Schalldämm-Maße (Meßwerte ohne Vorhaltemaß [1]) von Beispielen zweischaliger biegesteifer Wände zusammengestellt.

Wenn keine Gebäudetrennfuge möglich ist, können die **Flankenwege** durch andere, oftmals sehr aufwendige Maßnahmen, wie beim Beispiel auf Bild 5.27, mit Hilfe von Stahlfedern

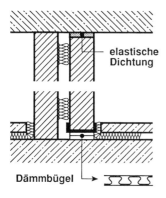

Bild 5.27 Ausführungsbeispiel für eine zweischalige Studiowand aus biegesteifen Schalen, von denen eine auf Federbügeln gelagert ist

[258], unterbunden werden. In der Regel sind zusätzliche Maßnahmen wie schwimmender Estrich, abgehängte Unterdecke und Vorsatzschalen an den Seitenwänden nötig. Die konsequente Ausführung dieser zweischaligen Bauart, bei der dann auch die Decken nur auf den vom übrigen Gebäude mittels durchgehender Fugen getrennten Wänden aufliegen, bezeichnet man als „Haus-in-Haus"-Bauweise. Sie ermöglicht eine besonders hohe Schalldämmung und findet vor allem beim Bau von Studios und von Laboratorien für akustische Messungen Anwendung.

Zweischalige Wände aus sehr leichten biegesteifen Schalen können sich akustisch ungünstiger verhalten, als eine einschalige Wand mit derselben Gesamtmasse. Insbesondere sollten Wandaufbauten unter Verwendung von zwei gleichen Schalen, wie an einem Beispiel auf Bild 5.28 gezeigt, vermieden werden. Der Grund für die unbefriedigende Schalldämmung solcher Konstruktionen ist der Koinzidenzeinfluß bei mittleren Frequenzen, der durch den symmetrischen Wandaufbau verstärkt wird. Eine **„Verstimmung"** der beiden Schalen durch die Wahl unterschiedlicher Schalendicken oder verschiedenen Materials ist eine wirkungsvolle Maßnahme, um diesen Einfluß abzumindern.

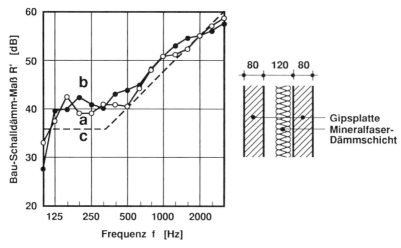

Bild 5.28 Schalldämmung einer zweischaligen Wand aus leichten, biegesteifen Schalen mit symmetrischem Aufbau
a   Zwischenraum leer $R'_w = 48\,(-1;-4)\ dB$
b   Zwischenraum mit Mineralfaserplatten gefüllt $R'_w = 49\,(-1;-5)\ dB$
c   gleichschwere Einfachwand (schematisiert)

5.2.1.5 Zweischalige Wände aus einer biegesteifen und einer biegeweichen Schale (Wände mit Vorsatzschalen)

Die Kombination aus einer schweren biegesteifen und einer leichten biegeweichen Wandschale ist akustisch eine günstige Lösung, wenn die Resonanzfrequenz des Masse-Feder-Systems richtig gewählt ist und der Koinzidenzeffekt der einzelnen Schalen beachtet wird. Eine starke „**Verstimmung**" der beiden Schalen wird dabei dadurch realisiert, daß die Koinzidenzgrenzfrequenz der schweren Schale zu den möglichst tiefen, die der leichten dagegen zu den hohen Frequenzen hin „verschoben" wird (s. Gln. (5.63) oder (5.64)). So können die hohe Masse der biegesteifen Schale und die geringe Schallabstrahlung der biegeweichen Schale optimal ausgenutzt werden. Die biegesteife Schale ist dabei im Regelfall die tragende konstruktive Wand, die z. B. aus Mauerwerk oder Beton besteht. Vor dieser **Massivwand** wird die zweite Schale, die sogenannte **Vorsatzschale** errichtet. Als Vorsatzschalen dienen meist dünne, 10 bis 30 mm dicke Platten, z. B. Gipskarton-, Span- oder Faserzementplatten, Holzwolle-Leichtbauplatten, Holzverschalungen usw. Im Hinblick auf eine möglichst niedrige Resonanzfrequenz ($f_0 < 80$ Hz ist anzustreben) liegt der optimale Abstand zwischen 40 und 80 mm. Da die flächenbezogene Masse der Massivwand üblicherweise groß gegenüber der der Vorsatzschale ist, läßt sich die Resonanzfrequenz vereinfacht auch aus

$$f_0 = 160 \sqrt{\frac{s'}{m'}} \quad \text{Hz} \tag{5.77}$$

für eine direkt über eine Dämmschicht der dynamischen Steifigkeit s' (in MN/m^3) befestigte Vorsatzschale (Verbundplatte) oder aus

$$f_0 = 510 \sqrt{\frac{1}{m' d_L}} \quad \text{Hz} \tag{5.78}$$

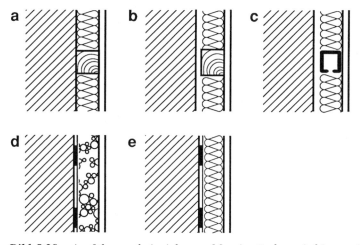

Bild 5.29 Ausführungsbeispiele von Massivwänden mit biegeweichen Vorsatzschalen
a mit angedübeltem Holzständerwerk (Verbesserung gering)
b mit freistehendem Holzständerwerk (Verbesserung groß)
c mit freistehendem Metallständerwerk (Verbesserung groß)
d als Verbundplatten aus Polystyrol-Hartschaumplatten und Gipskartonplatten (Verbesserung von s' abhängig)
e als Verbundplatten aus Mineralfaserplatten und Gipskartonplatten Befestigung punkt- oder linienförmig (Verbesserung von s' abhängig)

für eine im Abstand d_L (in cm) freistehende Vorsatzschale (z. B. an Ständern) mit loser Dämmstoffüllung im Zwischenraum bestimmen. Es ist

m' flächenbezogene Masse der Vorsatzschale in kg/m²

Beispiel

Rechnet man mit einer flächenbezogenen Masse von ungefähr 12 kg/m² für eine freistehende Vorsatzschale (z. B. 12,5 mm dicke Gipskartonplatte), so ergibt sich aus Gl. (5.78) für eine gewünschte Resonanzfrequenz von 63 Hz ein Wandabstand von etwa 5,5 cm.

Um die Vorsatzschale befestigen und einen ausreichenden Abstand zur Massivwand gewährleisten zu können, wird in der Regel eine **Unterkonstruktion** benötigt. Hierzu dient meistens ein hölzernes oder metallisches Ständerwerk. Der Hohlraum wird mit porösem Schallabsorptionsmaterial (längenbezogener Strömungswiderstand $r > 5$ kPas/m²) gefüllt. Der Füllungsgrad soll nicht unter 60% liegen. Der Einfluß der Hohlraumbedämpfung ist bei diesen Wandarten besonders groß. Bei speziellen Konstruktionen (Verbundplatten) übernimmt eine etwas steifere Dämmschicht die Rolle der Unterkonstruktion.

Bild 5.29 zeigt einige prinzipielle **Ausführungsbeispiele** von Wänden mit Vorsatzschalen. Der Verlauf des Luftschallverbesserungsmaßes von drei typischen Vorsatzschalen ist auf Bild 5.30 in Abhängigkeit von der Frequenz dargestellt. Es ist dabei deutlich zu erkennen, daß die Art der Befestigung der Unterkonstruktion an die tragende Wand eine entscheidende Auswirkung hat. Ungünstig ist es, wenn die biegeweichen Platten an angedübelten Ständerwerken oder gar direkt an der Tragwand befestigt werden. Günstig ist eine Befestigung mit-

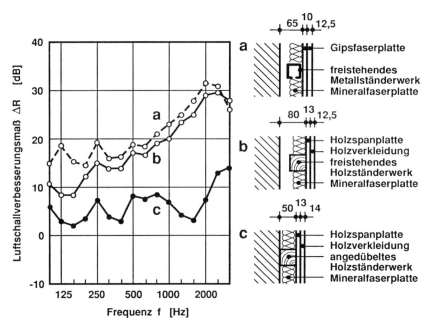

Bild 5.30 *Luftschallverbesserungsmaß ΔR von biegeweichen Vorsatzschalen vor Massivwänden [259]*

a	*Metallständerwerk freistehend*	$m' \approx 25{,}5$ kg/m²	$\Delta R_w = 19$ dB
b	*Holzständerwerk freistehend*	$m' \approx 18{,}4$ kg/m²	$\Delta R_w = 15$ dB
c	*Holzständerwerk angedübelt*	$m' \approx 15{,}5$ kg/m²	$\Delta R_w = 6$ dB

5.2 Konstruktive Lösungen für den baulichen Schallschutz

tels freistehender Ständerwerke. Eine Montage als Verbundplatten, bei denen die biegeweiche Schale mit der Dämmschicht einen Verbund bildet, ist ebenfalls vorteilhaft, wobei diese an die Massivwand nur punktweise angeklebt werden sollten. Eine nach den letztgenannten Prinzipien konstruierte Vorsatzschale hat ein bewertetes Luftschallverbesserungsmaß ΔR_w von 13 bis 15 dB zur Folge. Die mögliche Verbesserung ist von der Art der Tragwand abhängig.

Für Resonanzfrequenzen unter 200 Hz kann man näherungsweise mit folgenden bewerteten Luftschallverbesserungsmaßen ΔR_w rechnen [93]:

$$f_0 < 80\,\mathrm{Hz}: \qquad \Delta R_\mathrm{w} = 35 - 0{,}5 R_\mathrm{w} \quad \mathrm{dB} \qquad (5.79\,\mathrm{a})$$

$$80 \leq f_0 \leq 125\,\mathrm{Hz}: \qquad \Delta R_\mathrm{w} = 32 - 0{,}5 R_\mathrm{w} \quad \mathrm{dB} \qquad (5.79\,\mathrm{b})$$

$$125 < f_0 < 200\,\mathrm{Hz}: \qquad \Delta R_\mathrm{w} = 28 - 0{,}5 R_\mathrm{w} \quad \mathrm{dB} \qquad (5.79\,\mathrm{c})$$

Dabei ist

R_w bewertetes Schalldämm-Maß der Massivwand ohne Vorsatzschale in dB.

Beispiel

Mit einer guten Vorsatzschale ($f_0 = 80$ Hz) vor einer Massivwand mit $R_w = 54$ dB ist danach ein bewertetes Luftschallverbesserungsmaß von etwa $\Delta R_w = 8$ dB zu erzielen. Die gleiche Vorsatzschale hätte vor einer Massivwand mit nur $R_w = 30$ dB ein bewertetes Luftschallverbesserungsmaß $\Delta R_w = 20$ dB zur Folge, wäre also erwartungsgemäß wesentlich wirkungsvoller.

Resonanzfrequenzen oberhalb 200 Hz bewirken keine Verbesserung der Schalldämmung, sondern können diese verschlechtern. Wenn die Resonanz mitten im interessierenden Fre-

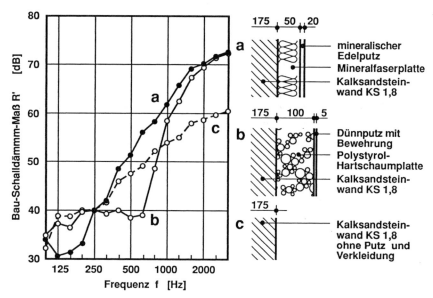

Bild 5.31 Bau-Schalldämm-Maß R' einer Kalksandsteinwand ohne und mit Wärmedämm-Verbundsystemen [262]

a   mit Putz auf einer Dämmschicht aus Mineralfaserplatten ($s' < 10$ MN/m³) $R'_w = 51\ (-3;-8)$ dB
b   mit Putz auf einer Dämmschicht aus Polystyrol-Hartschaum ($s' < 30$ MN/m³) $R'_w = 47\ (-1;-4)$ dB
c   ohne Putz oder Verkleidung $R'_w = 51\ (-1;-5)$ dB

quenzgebiet auftritt (etwa 500 bis 1000 Hz), kann das bewertete Luftschallverbesserungsmaß bis −10 dB betragen.

Wie auf Bild 5.14 gezeigt, gilt eine Putzschicht auf einer Dämmschicht − **Wärmedämm-Verbundsystem** − auch als eine akustisch zweischalige Konstruktion. Dabei übernimmt die Putzschicht die Rolle der biegeweichen Schale. Wenn die dynamische Steifigkeit der Dämmschicht über 30 MN/m^3 liegt, muß bei üblichen Putzen mit einer Minderung des bewerteten Schalldämm-Maßes der Massivwand um bis zu 5 dB gerechnet werden. Das ist auf eine ausgeprägte Resonanz im Frequenzbereich zwischen 100 Hz und 500 Hz zurückzuführen. Bei Anwendung von Dämmschichten mit einer dynamischen Steifigkeit zwischen 10 und 30 MN/m^3 ist entweder eine geringfügige oder keine Verschlechterung, aber auch keine Verbesserung des bewerteten Schalldämm-Maßes der Außenwand zu erwarten. Erst bei Dämmschichten mit dynamischen Steifigkeiten von weniger als 10 MN/m^3 wird eine Verbesserung der Schalldämmung erreicht [261]. Zwei Beispiele für Wärmedämm-Verbundsysteme mit unterschiedlichen Materialien als Dämmschichten sind auf Bild 5.31 dargestellt. Es muß betont werden, daß es dabei nicht auf die Art des Materials, sondern auf dessen dynamische Steifigkeit ankommt. Für eine Auswahl üblicher Dämmschichten sind in Tabelle 5.23 die dynamischen Steifigkeiten angegeben.

5.2.1.6 Zweischalige Wände aus biegeweichen Schalen

Wände aus zwei biegeweichen Schalen ermöglichen bei richtiger Dimensionierung mit geringstmöglicher Masse eine hohe Schalldämmung. Wegen der geringen Schalendicken wird in den meisten Fällen eine **Stützkonstruktion** erforderlich sein, die aber die beiden Wandschalen weder versteifen noch Schallbrücken zwischen ihnen bilden soll. Dazu darf sie nicht als Rahmen ausgeführt werden, sondern soll aus einzelnen Ständern bestehen, die wenigstens 600 mm seitlichen Abstand voneinander haben. Stahlständer (U-, M- oder C-Profile aus 0,6 bis 0,8 mm Blech) sind wegen ihrer elastischen Eigenschaften günstiger als Holzständer. Eine besonders hohe Schalldämmung läßt sich mit getrennten Ständern für jede Wandschale erzielen.

Als **Plattenmaterialien** kommen die gleichen zur Anwendung, die bei den Vorsatzschalen (s. Abschn. 5.2.1.5) aufgeführt wurden, und wie bei diesen soll der Luftzwischenraum eine lose Dämmstoffüllung erhalten. Für die Resonanzfrequenz f_0, oberhalb der sich das Schalldämm-Maß gegenüber dem der gleichschweren Einzelschale verbessert (s. Gl. (5.70)) und für die auch hier $f_0 < 80$ Hz angestrebt werden sollte, ergibt sich für den häufigen Fall der Verwendung zweier gleichartiger Wandschalen, von denen jede die flächenbezogene Masse m' (in kg/m^2) aufweist, die vereinfachte Beziehung

$$f_0 = 720 \sqrt{\frac{1}{m' d_\mathrm{L}}} \quad \mathrm{Hz} \tag{5.80}$$

mit

d_L Schalenabstand in cm.

Beispiel

Für eine Wand aus zwei 12,5 mm dicken Gipskartonplatten ($m' \approx 9$ kg/m^2) erhält man aus Gl. (5.80) für eine Resonanzfrequenz von 63 Hz einen Schalenabstand von 14,5 cm. In der Praxis sind Abstände von 5 bis 20 cm gebräuchlich.

Wenn zwei gleichartige Wandschalen über einen Dämmstoff als Stützkern miteinander verbunden sind (Sandwichbauart), dann läßt sich die Resonanzfrequenz vereinfacht aus

$$f_0 = 230 \sqrt{\frac{s'}{m'}} \quad \mathrm{Hz} \tag{5.81}$$

5.2 Konstruktive Lösungen für den baulichen Schallschutz

Tabelle 5.17 Bewertete Bau-Schalldämm-Maße R'_w zweischaliger Wände aus 12,5 mm dikken Gipskartonplatten ($m' \approx 9$ kg/m^2), Hohlraumbedämpfung aus Mineralfaserplatten mit längenbezogenem Strömungswiderstand $r \geq 5$ kPa s/m^2 (Messwerte) [1] [263] [359]

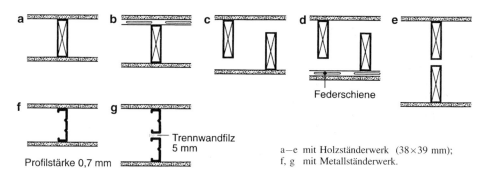

a–e mit Holzständerwerk (38×39 mm);
f, g mit Metallständerwerk.

Typ	Hohlraum-dicke d_L [mm]	Ständer-abstand [mm]	Dämm-schichtdicke [mm]	bewertetes Bau-Schalldämm-Maß R'_w [dB]		
				Beplankungsart		
				2 × einfach	1 × einfach, 1 × doppelt	2 × doppelt
a	30	600	–	34		
	45	600	–	35		
	75	600	–	35		
	90	400	60	39	41	43
b	100	400	80	48	52	57
c	120	600	80	49	52	57
d	140	400	160	52	57	62
e	200	400	160	58	63	68
f	50	625	40	42		50
	75	600	–	39		
	75	600	40	44	46	
	100	600	–	42		
	100	625	80	45		51
	150	600	120	52		
g	105	625	80			62
	205	525	80			63

bestimmen, mit

s' dynamische Steifigkeit der Dämmschicht in MN/m^3 (s. Tabelle 5.23)
m' flächenbezogene Masse einer der beiden Wandschalen in kg/m^2.

In der Praxis sind bei dieser **Sandwichbauart** meist Kompromisse zwischen der für eine gute Schalldämmung gewünschten niedrigen dynamischen Steifigkeit des Stützkernes und der gleichzeitigen Forderung nach hoher Stabilität und Standfestigkeit nötig.

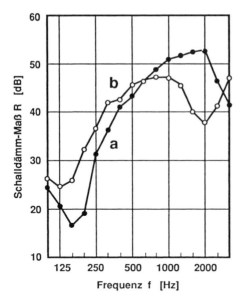

Bild 5.32 Einfluß der Schalendicke auf die Schalldämmung einer doppelschaligen Wand aus Holzspanplatten [264]
a Schalendicke 10 mm $R_w = 40\ (-4;-9)$ dB
b Schalendicke 16 mm $R_w = 43\ (-3;-5)$ dB

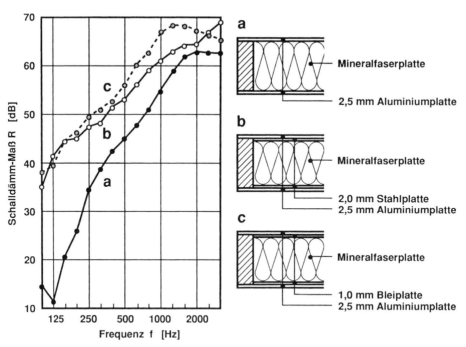

Bild 5.33 Einfluß schwerer Zusatzplatten auf die Schalldämmung einer doppelschaligen Wand aus 2,5 mm dicken Aluminiumplatten in „Sandwichbauweise" [266]
a nur Aluminiumplatten ($m' \approx 27\ kg/m^2$) $R_w = 40\ (-5;-11)$ dB
b Aluminiumplatten und Stahlplatten ($m' \approx 58\ kg/m^2$) $R_w = 58\ (-2;-7)$ dB
c Aluminiumplatten und Bleiplatten ($m' \approx 50\ kg/m^2$) $R_w = 59\ (-1;-6)$ dB

5.2 Konstruktive Lösungen für den baulichen Schallschutz

Tabelle 5.17 enthält Angaben über die bewerteten Bau-Schalldämm-Maße R'_w (Meßwerte ohne Vorhaltemaße) von leichten nichttragenden Innenwänden aus Gipskartonplatten. Wie an diesen Beispielen zu erkennen ist und aus den Gln. (5.80) und (5.81) folgt, läßt sich die Schalldämmung nicht nur durch Abstandsvergrößerung bzw. Verringern der dynamischen Steifigkeit des Stützkernes verbessern, sondern auch durch Erhöhung der flächenbezogenen Masse, z. B. also der Dicke der Wandschalen. Dabei tritt jedoch nicht immer im gesamten Frequenzbereich eine Verbesserung der Schalldämmung auf. Die Koinzidenzgrenzfrequenz kann sich bei Erhöhung der Dicke in den bauakustisch interessierenden Frequenzbereich verschieben, wie am Beispiel auf Bild 5.32 gezeigt ist. In diesem Fall wurde die Dicke der als Wandschalen verwendeten Spanplatten von 10 auf 16 mm geändert und damit die Biegesteifigkeit der Schalen ungünstig erhöht. Besser sind daher Doppel- oder Mehrfachbeplankungen, bei denen jede Wandschale aus mehreren Einzelschalen besteht, die miteinander nicht vollflächig, sondern nur punktförmig verbunden sind. Damit wird zwar die Masse vergrößert, die Biegesteifigkeit der Schalen aber nur geringfügig erhöht [265].

In der **Holz-Tafelbauweise** müssen die tragenden Unterkonstruktionen aus statischen Gründen als Rahmen hergestellt werden. Dadurch wird der Anteil an Schallbrücken größer als bei üblichen Ständerwerken. Es muß daher mit einer Minderung im Vergleich zu den in Tabelle 5.17 genannten Werten gerechnet werden.

Im Holz- und Metallbau werden auch Außenwände als leichte mehrschalige Wände ausgeführt. In **Metallbauweisen**, bei denen mit besonders leichten Baustoffen (z. B. Aluminiumplatten) konstruiert wird, können zusätzliche Platten zur Erhöhung der flächenbezogenen Masse als wirkungsvolle Verbesserungsmaßnahmen zum Einsatz kommen. Wenn diese, wie auf Bild 5.33 dargestellt, eine mehrfach höhere flächenbezogene Masse als die ursprüngliche Platte haben, bewirken sie eine erhebliche Verbesserung der Schalldämmung. Auch hierbei ist es wichtig, daß die Biegesteifigkeit möglichst nicht vergrößert wird.

5.2.2 Fenster

Fenster zählen zu den schalltechnisch komplizierten Konstruktionen. Bedingt durch die Grundanforderung an ein Fenster, die Lichtdurchlässigkeit, bestehen nur beschränkte Möglichkeiten, den Schallschutz eines Fensters durch Modifizierung der Eigenschaften des „Wandmaterials", des Glases, zu beeinflussen. Daneben verursacht die Notwendigkeit, Fenster zu öffnen, Beschränkungen der Masse und Probleme der Dichtung. Tabelle 5.18 zeigt an einer Übersicht und an Beispielen, wie durch das Zusammenwirken der im folgenden erörterten **Konstruktionsparameter** Fenster bestimmter Schallschutzklassen (s. Tabelle 5.10) realisiert werden können.

Anders als bei trennenden Bauteilen im Inneren von Gebäuden kann bei Außenbauteilen je nach Einbausituation ein gerichteter, evtl. auch **streifender Schalleinfall** auftreten z. B. bei hohen Gebäuden an stark befahrenen Straßen oder bei Schrägverglasungen. Nach Gl. (5.56) ist die Schalldämmung dann geringer als im Prüfstand für diffusen Schalleinfall ermittelt. Die dabei oft bis zu 10 dB niedrigeren bewerteten Bau-Schalldämm-Maße sollten bei einem Vergleich mit Anforderungen (s. Abschn. 5.1.3.3) Beachtung finden. Der Koinzidenzeinbruch verschiebt sich bei streifendem Schalleinfall um ca. eine Oktave zu tieferen Frequenzen hin. Die Koinzidenzgrenzfrequenz f_c für Glasscheiben ist unter Bezug auf Gl. (5.64)

$$f_c = \frac{12\,000}{t} \text{ Hz} \tag{5.82}$$

mit

t Scheibendicke in mm.

Tabelle 5.18 Konstruktionsparameter von Fenstern verschiedener Schalldämmung

Fensterart	Scheiben-abstand d_L [mm]	Gesamt-scheiben-dicke t_{Ge} [mm]	Scheiben-aufbau (Beispiele)	Zahl der Fälze bzw. Anschläge	Zahl der umlaufenden Dichtungs-profile	Rahmen-ausbildung	bewertetes Schall-dämm-Maß R_w [dB] des Fensters	Schall-schutz-klasse
beliebig	beliebig	beliebig	–	1	–	–	≤24	0
Kastenfenster	beliebig	beliebig	–	2	–	–	25…29	1
Verbundfenster	beliebig	beliebig	–	2	–	–		
Isolierglasfenster	beliebig	beliebig	4/10/4	2	1	–		
Kastenfenster	beliebig	beliebig	4/75/4	2/Flügel	–	formstabil, dicht eingebaut	30…34	2
Zweirahmenfenster	beliebig	beliebig	4/12/6	2	2			
Verbundfenster	≥30	≥8	4/32/4	2	1			
Isolierglasfenster	≥60	≥10	6/16/4	2	2			
Zweirahmenfenster[1]	75	10	6/75/4	2/Flügel	2	formstabil, schwer, dicht	35…39	3
Kastenfenster[1]	75	10	6/75/4	2/Flügel	2			
Verbundfenster[1]	50	12	8/50/4	2/Flügel	2			
Isolierglasfenster[1] [2]	16	14	8/16/6	3	2			
Zweirahmenfenster[3]	120	10	6/130/4	2/Flügel	2	formstabil, schwer, dicht	40…44	4
	100	12	8/100/4	2/Flügel	2			
Kastenfenster[3]	120	10	6/130/4	2/Flügel	2			
	100	12	8/100/4	2/Flügel	2			
Verbundfenster[3]	60	16	10/60/6	2/Flügel	2			
Zweirahmenfenster[3] [4]	150	12	8/150/4	2/Flügel	3		45…49	5
Sonderkonstruktion							≥50	6

[1]) hoher Anpreßdruck
[2]) Rahmendicke bei Holz: 70 mm
[3]) sehr hoher Anpreßdruck
[4]) Hohlraumdämpfung

5.2 Konstruktive Lösungen für den baulichen Schallschutz

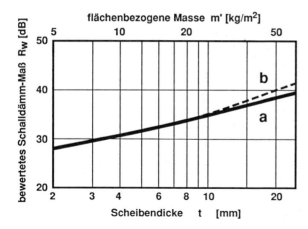

Bild 5.34 Bewertetes Schalldämm-Maß R_w von Normal- und Verbundsicherheitsglasscheiben für diffusen Schalleinfall
a Normalglas
b Verbundsicherheitsglas (geschichtetes Glas)

5.2.2.1 Einfach- und Verbundsicherheitsverglasungen

Die Schalldämmung einer einfachen Verglasung hängt, abgesehen vom Schalleinfallswinkel, in erster Linie von der **Scheibendicke**, d. h. von der flächenbezogenen Masse ab. Einen geringeren Einfluß haben Scheibengröße, Proportionen der Scheibe sowie ihre Einspannung in den Rahmen und die Sprossen.

Die flächenbezogene Masse m' von Glasscheiben liegt je nach Scheibendicke t (in mm), die üblicherweise 2 bis 12 mm beträgt, gemäß

$$m' = 2{,}5t \quad \text{kg/m}^2 \tag{5.83}$$

zwischen 5 und 30 kg/m². Auf Bild 5.34 sind die bewerteten Schalldämm-Maße R_w von einzelnen Glasscheiben in Abhängigkeit von der flächenbezogenen Masse (bzw. der Scheibendicke) dargestellt. **Verbundsicherheitsgläser**, die aus zwei oder mehreren, mittels dünner Kunststoffschichten (Folien oder Gießharzschichten) verbundenen Scheiben bestehen, sind aus schalltechnischer Hinsicht bei Gesamtdicken bis zu etwa 6 mm den Einfachverglasungen gleichzusetzen. Erst bei größeren Scheibendicken, bei denen sich die Koinzidenz im oberen interessierenden Frequenzbereich negativ auswirkt, führen die Zwischenschichten der Verbundsicherheitsgläser zu Vorteilen gegenüber gleichdicken Normalgläsern. Trotz zunehmender Dicke erhöht sich die Biegesteifigkeit der geschichteten Scheiben nur wenig und ihr Verlustfaktor ist aufgrund der Kunststoffzwischenschichten größer als der von Einfachscheiben.

5.2.2.2 Doppel- und Dreifachverglasungen ohne und mit Gasfüllung

Zwei- und Dreischeiben-Isolierverglasungen wurden vorrangig mit dem Ziel entwickelt, den Wärmeschutz von Fenstern zu verbessern. Eine Erhöhung der Schalldämmung ist damit aber nur unter bestimmten Voraussetzungen verbunden. Bis zu Abständen von 8 mm ist die Kopplung der Scheiben bei Doppelverglasungen über das Luftpolster so stark (hohe Resonanzfrequenz gemäß Gl. (5.72)), daß die Schalldämmung nicht größer, sondern evtl. sogar geringer ist, als die einer Einfachverglasung gleicher Gesamtglasdicke. Auf Bild 5.35 ist das verdeutlicht. Auch bei Abständen von 12 mm ist noch kein nennenswerter Unterschied zwischen der Schalldämmung einer Doppelverglasung und der einer gleichdicken Einfachscheibe zu erkennen. Erst bei **Scheibenabständen** von mehr als etwa 16 mm ergeben sich Verbesserungen durch die Zweischeiben-Isolierverglasung.

Die Kopplung der Scheiben von Mehrfach-Isolierverglasungen kann durch **Füllung** des Scheibenzwischenraumes **mit Gasen** geringerer oder höherer Dichte als die der Luft herab-

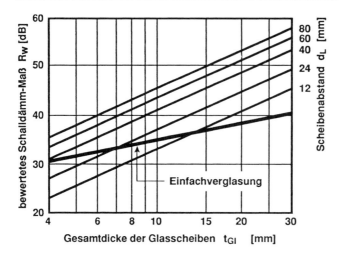

Bild 5.35 Bewertetes Schalldämm-Maß R_w von Doppelverglasungen in Abhängigkeit von der Gesamtscheibendicke der beiden Scheiben t_{Gl} im Vergleich mit Einfachverglasungen

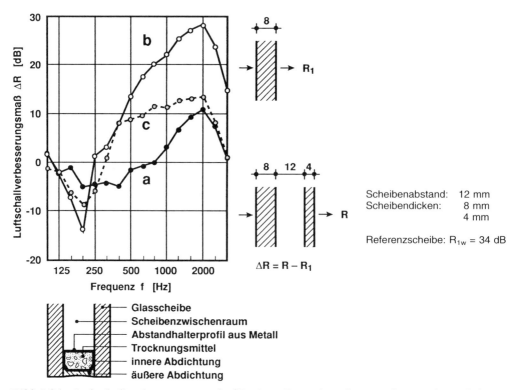

Bild 5.36 Luftschallverbesserungsmaß ΔR einer Doppelverglasung ohne und mit Schwergasfüllung im Scheibenzwischenraum
a Luft im Scheibenhohlraum $\Delta R_w = 2$ dB; b Schwergas im Scheibenhohlraum (ohne starre Verbindung der Scheiben) $\Delta R_w = 8$ dB; c Schwergas im Scheibenhohlraum mit Randverbindung gemäß schematischer Darstellung: zweistufiges Randverbundsystem $\Delta R_w = 4$ dB

5.2 Konstruktive Lösungen für den baulichen Schallschutz

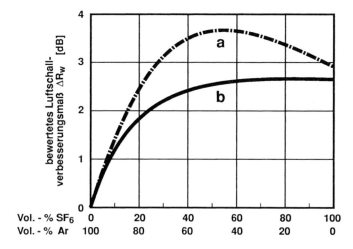

Bild 5.37 Bewertetes Luftschallverbesserungsmaß ΔR_w, hervorgerufen durch eine Gasgemischfüllung in Abhängigkeit vom Ar/SF_6-Mischungsverhältniß am Beispiel zweier typischer Isolierglassysteme [267]
a Scheibenaufbau: 6/12/4
b Scheibenaufbau: 8/16/4

gesetzt werden. Hierzu lassen sich verschiedene Gase, wie z. B. Helium, Wasserstoff, Argon, Krypton, Schwefelhexafluorid oder Gasmischungen verwenden. Aus schalltechnischen Gründen hat sich das Schwergas Schwefelhexafluorid (SF_6) als am günstigsten erwiesen. Ein besonderer Vorteil dieses Gases, das schwerer als Luft ist, besteht darin, daß, im Gegensatz beispielsweise zu Helium oder Wasserstoff, Diffusionsverluste infolge des Gasdruckgefälles praktisch ausgeschlossen sind. Ein Beispiel für die erzielbare Verbesserung der Schalldämmung durch Schwergasfüllungen ist auf Bild 5.36 gegeben.

Für **Wärmeschutzscheiben** ist Argon (Ar) heute das vorherrschende Füllgas. Je nach Scheibenaufbau wird durch eine vollständige Argonfüllung der Wärmedurchgangskoeffizient [618] um 0,3 bis 0,4 W/m^{2}K reduziert. Für Schwefelhexafluorid-Argon-Mischungen, wie sie zur gleichzeitigen Verbesserung der Wärme- und Schalldämmung eingesetzt werden, hängt der Wärmedurchgangskoeffizient vom Scheibenabstand und vom Anteil des Mischpartners ab. Zum Beispiel ergibt sich bei einem Scheibenabstand von 12 mm mit einem Gasgemisch, bestehend aus 70% Ar und 30% SF_6, ein Minimum für den Wärmedurchgangskoeffizienten. Mit diesem Mischungsverhältnis kann also sowohl eine gute Wärmedämmung als auch eine verbesserte Schalldämmung erreicht werden. Bild 5.37 zeigt an einem Beispiel den Einfluß des SF_6/Ar-Mischungsverhältnisses auf das bewertete Schalldämm-Maß für zwei typische Isolierglassysteme. Eine Verbesserung von ca. 3 dB wird mit einem SF_6-Mischanteil von ca. 50% erreicht. Höhere Mischanteile beeinflussen die Schalldämmung nicht mehr wesentlich. Mit einer Kryptonfüllung, die aus Wärmeschutzgründen ebenfalls vorteilhaft ist, läßt sich das bewertete Schalldämm-Maß um bis etwa 2 dB erhöhen.

Um eine hohe Schalldämmwirkung von **Isolierglasscheiben** zu erzielen, sind also die folgenden Konstruktionsprinzipien zu empfehlen [268]:
- Wahl von mindestens einer Scheibe mit einer hohen flächenbezogenen Masse (Glasdicke > 6 mm),
- Einsatz unterschiedlich dicker Scheiben (voneinander abweichende Koinzidenzgrenzfrequenzen der einzelnen Scheiben),
- Realisierung eines großen Scheibenabstandes (20, 24 mm: tiefe Resonanzfrequenz),
- Schwergasfüllung im Scheibenzwischenraum (höhere Schalldämmung oberhalb der Resonanzfrequenz),
- Verwendung von Verbundsicherheitsglas (Verschiebung der Koinzidenzgrenzfrequenz der Scheibe zu höheren Frequenzen hin).

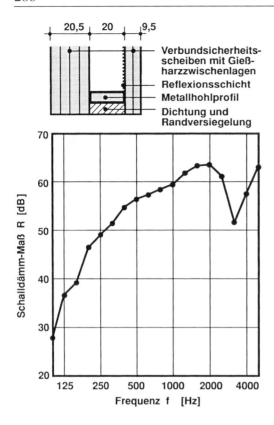

Bild 5.38 Schalldämmung einer Isolierglasscheibe besonders hoher akustischer Qualität $R_w = 56\ (-3;-10)$ dB [269]

Unter Beachtung der genannten Prinzipien können Isolierglasscheiben ein bewertetes Schalldämm-Maß bis zu ca. 55 dB erzielen, wie auf Bild 5.38 an einem Beispiel gezeigt wird.

Bei **Dreifachverglasungen** tritt ein besonders deutlicher Widerspruch zwischen Wärme- und Schallschutz auf. Die Mittellage einer dritten Scheibe ist für eine erhöhte Wärmedämmung die günstigste Anordnung. Die damit erzielte Schalldämmung ist jedoch geringer als bei der Addition der flächenbezogenen Massen zweier Scheiben auf einer Seite. Auf Bild 5.39 sind die bewerteten Schalldämm-Maße für drei Ausführungsvarianten von Zwei- und Dreifachscheiben etwa gleicher Gesamtglasdicke und Gesamtkonstruktionsdicke jeweils mit Luft- und Gasfüllungen gegenübergestellt. Es wird deutlich, daß bei der SF_6-Füllung die bewerteten Schalldämm-Maße um 3 dB größer sind, als bei einer Füllung mit Luft oder mit Argon. Unter Beachtung der Spektrums-Anpassungswerte C_{tr} wird das allerdings ausgeglichen [270] [271] [272].

Weitere Möglichkeiten zur Verbesserung der Schalldämmung ergeben sich, wenn keine vollständige Transparenz sondern nur eine Transluzenz von Isolierverglasungen gewünscht wird, wie z. B. bei Oberlichtbändern, Brüstungselementen oder Lichtelementen im Dach zur gleichmäßigen, diffusen Ausleuchtung von Räumen. In Wärmeschutzverglasungen für diffusen Tageslichtdurchgang finden Füllungen aus **Aerogelgranulat** oder **Kapillarplatten** Anwendung. Für das Beispiel einer Doppelverglasung mit Aerogelschicht ist auf Bild 5.40 das Schalldämm-Maß als Funktion der Frequenz dargestellt. Bei Druckausgleich zwischen Scheibenzwischenraum und Umgebung ergeben sich wegen der nur leichten mechanischen Kopplung der Gläser über die Aerogelschicht und aufgrund der hohen Porosität des Granulats die

5.2 Konstruktive Lösungen für den baulichen Schallschutz

Scheibenaufbau	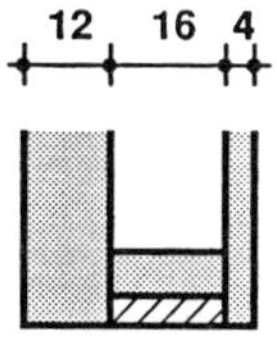 12 16 4	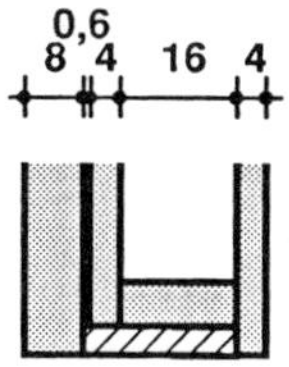 0,6 8 4 16 4	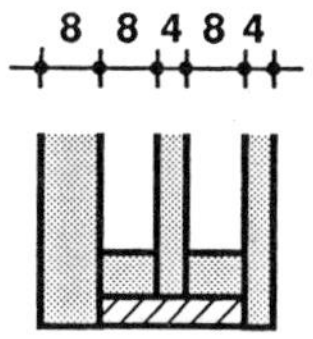 8 8 4 8 4
Luftfüllung	R_w = 40 (–1;–5) dB k = 2,9 W/m²K	R_w = 41 (–1;–5) dB k = 2,9 W/m²K	R_w = 38 (–1;–5) dB k = 2,1 W/m²K
Ar-Füllung	R_w = 40 (–1;–5) dB k = 1,5 W/m²K	R_w = 41 (–1;–5) dB k = 1,5 W/m²K	R_w = 38 (–1;–5) dB k = 0,7 W/m²K
SF_6-Füllung	R_w = 43 (–1;–8) dB k = 2,9 W/m²K	R_w = 44 (–1;–8) dB k = 2,9 W/m²K	R_w = 41 (–1;–8) dB k = 2,1 W/m²K

Bild 5.39 *Ausführungsbeispiele von Zwei- und Dreischeiben-Isolierverglasungen*
Scheibendicke: ca. 32 mm
Gesamtglasdicke: ca. 16 mm

höchsten Schalldämm-Maße. Auch bei Isolierglasscheiben mit innenliegenden Kapillardämmstoffplatten (Kapillaren senkrecht zur Scheibenebene) aus Polycarbonat kann mit einem etwas höheren bewerteten Schalldämm-Maß gerechnet werden als bei einer gleich verglasten luftgefüllten Isolierglasscheibe. Beispiele der bewerteten Schalldämm-Maße von zwei typischen Isolierglasscheiben mit Kapillareinlage sind in Tabelle 5.19 angegeben.

Tageslichtlenksysteme, die beispielsweise aus Lichtlenkprofilen mit spiegelnden Oberflächen bestehen, können zur Erfüllung unterschiedlicher lichttechnischer Funktionen in den Luftzwischenraum von Doppelverglasungen eingebaut werden. In schalltechnischer Hinsicht wird dabei die Ausbildung stehender Wellen im Luftzwischenraum verhindert, und dadurch lassen sich Verbesserungen des bewerteten Schalldämm-Maßes um 1 bis 2 dB erzielen.

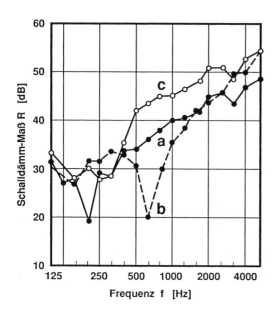

Bild 5.40 *Schalldämmung einer Doppelverglasung (Scheibenaufbau: 10/20/4) mit Luft und mit Aerogelgranulat im Scheibenzwischenraum [273]*
a   Luftfüllung; Innendruck 950 hPa
    R_w = 37 (−1;−5) dB
b   Aerogelgranulat; Innendruck 550 hPa
    R_w = 34 (−3;−5) dB
c   Aerogelgranulat; Innendruck 950 hPa
    R_w = 42 (−2;−6) dB

Tabelle 5.19 Bewertete Schalldämm-Maße R_w und Wärmedurchgangskoeffizienten k von zwei Isolierglaskonstruktionen für verschiedene Scheibenabstände bzw. Dicken der Kapillareinlage d_L

Dicke der Kapillareinlage d_L [mm]	Typ	Wärmedurchgangskoeffizient k [W/m²K]	bewertetes Schalldämm-Maß R_w [dB]
8	A B	3,36	32 36
12	A B	2,50	36 39
16	A B	2,20	37 41
24	A B	1,70	40 42
40	A B	1,14	44 45

A Drahtglas 7 mm/Kapillareinlage/Rohglas 7 mm
B Verbundsicherheitsglas 8 mm/Kapillareinlage/Vlies/Kristallspiegelglas 6 mm

Untersuchungen an Fenstern mit gasgefüllten Scheiben haben gezeigt, daß sich die durch eine Gasfüllung des Zwischenraumes erzielte Verbesserung der Schalldämmung bei fertigen Fenstern unter Umständen nur sehr wenig auswirkt. Das beruht darauf, daß bei mittleren und höheren Frequenzen, wie z. B. auf Bild 5.36 gezeigt, eine starke Schalltransmission über die **Randverbindung** (Fensterrahmen und Laibung sowie Undichtheiten) stattfindet, die gegenüber der Schallübertragung über den Zwischenraum überwiegt. Um solche „Nebenwirkungen" zu minimieren, sind folgende Anforderungen an die Gesamtkonstruktion eines Fensters zu beachten, wenn Schallschutz-Isolierverglasungen oder andere Verglasungen (z. B. transluzente Verglasungen) mit hoher Schalldämmung eingesetzt werden [269]:

- wenigstens sechsfache Verriegelung,
- versetzt angeordnete Dichtungsebenen,
- größtmöglicher Abstand der Dichtungen,
- Fugendurchlaßkoeffizient (a-Wert) $< 1,0$ m³/m²h (daPa)$^{2/3}$,
- dem Scheibengewicht angepaßte Beschläge,
- schalldichte Montage der Verglasung im Fensterrahmen,
- fachgerechter Wandanschluß.

5.2.2.3 Verglasungen aus mehreren Einfachscheiben

Isolierverglasungen können aus technisch-wirtschaftlichen Gründen nur mit Scheibenabständen bis zu etwa 24 mm ausgeführt werden. Die Kopplung zweier Einfachscheiben läßt sich jedoch durch weitere **Vergrößerung des Abstandes** vermindern und die Resonanzfrequenz des Systems (s. Gl. (5.72)) zu tiefen Frequenzen hin verschieben. Aus dem Diagramm auf Bild 5.41 kann die Resonanzfrequenz von Doppelverglasungen in einfacher Weise abgelesen werden. Große Scheibenabstände werden in der Regel mit Verbund- oder Kastenfenstern realisiert. In Sonderfällen (z. B. Studiofenster) werden manchmal zwei oder gar drei voneinander völlig getrennte Rahmen hintereinander angeordnet (Mehrrahmenfenster).

5.2 Konstruktive Lösungen für den baulichen Schallschutz

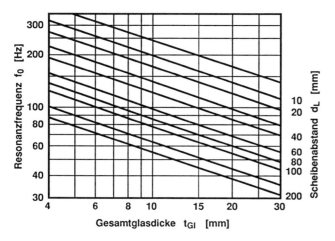

Bild 5.41 Resonanzfrequenz von Doppelverglasungen aus gleichdicken Scheiben in Abhängigkeit von der Gesamtglasdicke t_{Gl} und dem Scheibenabstand d_L

Der akustische Nachteil von Fenstern mit größeren Scheibenabständen besteht darin, daß sich im Luftzwischenraum stehende Wellen ausbilden können (s. Gl. (5.76)). Durch eine **Hohlraumdämpfung**, die natürlich nur durch Anordnung eines porösen Dämmstoffes am Fensterrahmen realisiert werden kann, läßt sich deren Einfluß vermindern. Damit wird außerdem bewirkt, daß

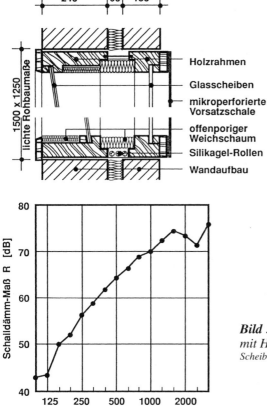

Bild 5.42 Schalldämmung eines Studiofensters mit Holzrahmen, gemessen im Laboratorium
Scheibenaufbau: 8 mm Floatglas $R_w = 66\ (-2; -8)$ dB
11 mm Verbundsicherheitsglasglas
mittlerer Abstand 13 cm
mikroperforierte Vorsatzschale

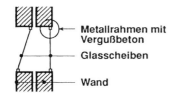
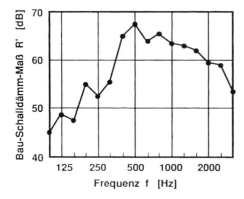

Bild 5.43 Schalldämmung eines Studiofensters mit Metallrahmen, gemessen im ausgeführten Studiobau [278]
$R'_w = 61\ (-3; -3)\ dB$

die Resonanz weniger ausgeprägt ist. Der Aufwand für eine Hohlraumdämpfung ist erst bei Scheibenabständen von mindestens 50 mm sinnvoll (z. B. bei Kasten- oder Mehrrahmenfenstern) und führt dann zu einer Verbesserung des bewerteten Schalldämm-Maßes um bis zu 3 dB.

An die Schalldämmung von **Fenstern im Studiobereich** bestehen besonders hohe Anforderungen. Sie sollen die Sichtverbindung zwischen einem Aufnahmeraum, z. B. einem Fernsehstudio, und dem dazugehörigen Regieraum ohne jegliche akustische Störung gewährleisten. Anforderungen an die Schalldämmung lassen sich aus den Grenzwerten der in Studios zulässigen Störpegel ableiten (s. Tabelle 3.8) [274]. Dabei ergeben sich vielfach erforderliche bewertete Schalldämm-Maße von $R_w \geq 60$ dB [275]. Um diesen hohen Anforderungen entsprechen zu können, werden in der Regel zwei- oder dreifach verglaste Mehrrahmenfenster mit großen Scheibenabständen verwendet. Durch Schrägstellung einer Scheibe, bei Dreifachfenstern der inneren, lassen sich die ungünstigen Einflüsse sowohl der Resonanz als auch der stehenden Wellen vermindern.

Studiofenster sind meist Sonderkonstruktionen, vielfach aus Metall. Es sind aber auch Holzbaukonstruktionen im Einsatz. Deren Gewichtsvorteil kann bei Studiobauten in Trockenbauweise mit leichten Systemwänden besonders gut genutzt werden [276] [277]. Das als Beispiel auf Bild 5.42 dargestellte zweifach verglaste Mehrrahmenfenster aus Holz mit einem im Laboratorium gemessenen bewerteten Schalldämm-Maß von $R_w = 66$ dB wurde durch eine mikroperforierte Vorsatzschale aus Acrylglas ergänzt. Diese wirkt als Schallabsorber (s. Abschn. 4.1.2.2) und hat die Aufgabe, insbesondere in kleinen Räumen die Reflexionen am Fenster zu bedämpfen. Bild 5.43 zeigt die Schalldämmkurve für ein Metallrahmenfenster, gemessen in einem ausgeführten Tonstudio. Die Metallrahmen sind mit Vergußbeton eingesetzt, und auch hier ist eine Scheibe schräggestellt. Die zu erwartende Zunahme der Schalldämmung mit der Frequenz beschränkt sich aber auf den unteren Frequenzbereich. Das ist ganz offensichtlich auf Nebenwegübertragungen zurückzuführen und verdeutlicht, wie wichtig sorgfältiger Einbau für die Wirksamkeit hochschalldämmender Fenster ist.

5.2.2.4 Einfluß des Rahmens, der Beschläge und von Sprossen

Der Fensterrahmen soll in seiner Gesamtheit, d. h. einschließlich der Flügelrahmen und eventueller Sprossen, die dank Verglasung maximal erzielbare Schalldämmung nicht vermin-

5.2 Konstruktive Lösungen für den baulichen Schallschutz

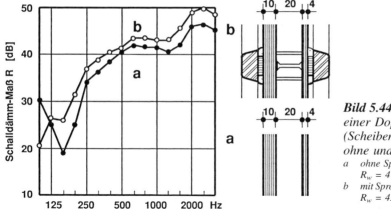

Bild 5.44 Schalldämmung einer Doppelverglasung (Scheibenaufbau: 10/20/4) ohne und mit Sprossen [279]
a ohne Sprossen
$R_w = 41\ (-3;\ -7)$ dB
b mit Sprossen (körperschallisoliert)
$R_w = 43\ (-2;\ -6)$ dB

dern. Bei größeren Fensterkonstruktionen erreichen die **Rahmenanteile** an der Gesamtfläche der Fensterrohbauöffnung bis zu 30%. Bei diesen Flächenverhältnissen wird die Schalldämmung des Fensters nicht nur von der Verglasung, sondern sehr stark auch von der Rahmenkonstruktion beeinflußt. Bei Einfachfenstern heißt das, daß die flächenbezogene Masse des Rahmens wenigstens der der Scheibe entsprechen muß. Mehrfachverglasungen höherer Schalldämmung erfordern entsprechend aufwendige Rahmenkonstruktionen.

Die Beschläge sind für die Größe und die Gleichmäßigkeit des erzielbaren **Anpreßdruckes** des Flügels an den Rahmen verantwortlich und damit von erheblichem Einfluß auf die Schalldämmung. Die Zahl der Verriegelungen und der Schließmechanismus sollen so gewählt werden, daß mit vergleichsweise geringen Kräften hohe und gleichmäßige Anpreßdrücke erreicht werden können. Das gewinnt mit zunehmender Anforderung an die Fensterschalldämmung (auf jeden Fall für Forderungen $R_w > 35$ dB) wachsende Bedeutung.

Fenster mit Sprossen sind insofern schalltechnisch kritisch, als die Gefahr besteht, daß Undichtigkeiten an den Sprossenkreuzen eine zusätzliche Schallübertragung zur Folge haben. Sorgfalt bei der Ausführung ist unerläßlich. Beim Einbau von Sprossen im Scheibenzwischenraum eines Isolierglases kann eine Reduzierung der Schalldämmung infolge von Körperschallübertragungen zustande kommen. Das läßt sich jedoch dann ausschließen, wenn das Sprossenelement im Scheibenzwischenraum keinen direkten Kontakt zu den Scheiben aufweist, wie beim Beispiel auf Bild 5.44. Die dort beobachtete positive Wirkung auf die Schalldämmung ergibt sich offensichtlich durch die Massenerhöhung infolge aufgesetzter Sprossen und Abstandshalter. Die eigentliche zu erwartende Beeinträchtigung der Zweischaligkeit der Scheibe wird hierdurch wirkungsvoll kompensiert.

5.2.2.5 Fugendichtungen

Erfahrungen zeigen, daß die im Labor gemessenen und durch Prüfzeugnisse bestätigten Werte der Schalldämmung von Fenstern am Bau vielfach erheblich (bis zu etwa 10 dB) unterschritten werden. Der wesentlichste Grund dafür sind die **Undichtheiten** der Fugen. Dabei ist prinzipiell zwischen den (inneren und äußeren) Anschlußfugen (oder Einbaufugen) zwischen Wand und Rahmen einerseits und den Funktionsfugen (oder Arbeitsfugen) zwischen Rahmen und Flügel andererseits zu unterscheiden. Um den Schalldurchgang zu vermindern, können unterschiedliche Dichtungsarten verwendet werden.

Bei den **Anschlußfugen** ist stets eine Versiegelung, d. h. ein Verfüllen des gesamten Hohlraumes sinnvoll. Voraussetzungen einer ausreichenden Fugenschalldämmung sind eine genügend hohe Rohdichte des verwendeten Füllmaterials und eine gute, dauerhafte Kontaktfläche

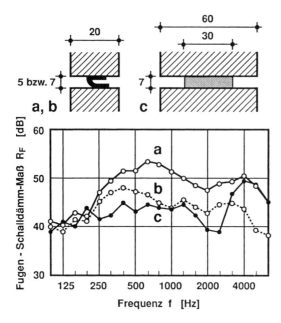

Bild 5.45 Fugen-Schalldämm-Maß R_F einer Fuge mit Lippendichtung und mit einer Dichtung aus geschlossenporigem Schaumstoff (PVC-Schaumstoffband) [280]
a Lippendichtung,
Fugenbreite 5 mm, Anpreßkraft 130 N/m
$R_{F,w} = 45\ (0;\ -1)$ dB
b Lippendichtung,
Fugenbreite 7 mm, Anpreßkraft 30 N/m
$R_{F,w} = 50\ (-1;\ -1)$ dB
c Fugendichtung aus geschlossenporigem Schaumstoff,
Fugenbreite 7 mm, Anpreßkraft 10 N/m
$R_{F,w} = 43\ (-1;\ 0)$ dB

zu den anschließenden Bauteilen. Verschiedene Arten geeigneter dauerelastischer Dichtstoffe (z. B. Kitte, Schäume) sind hierfür verfügbar. Sie sollten auf keinen Fall offenporig sein.

Zur **Abdichtung von Funktionsfugen** dienen elastische oder poröse Dichtungen. Elastische Dichtungen sollen beim Schließen des Fensters eine Einfederung von 1 bis 5 mm aufweisen und lassen bei umlaufend gleichmäßiger Anpressung flächennormierte Fugen-Schalldämm-Maße (s. Gl. 5.29) von $R_{Fn} = 40$ dB und mehr erreichen. Bild 5.45 zeigt das am Beispiel einer Lippendichtung und eines geschlossenporigen Schaumstoffbandes. Werden Restfugen vermieden, so hängt die erreichbare Fugenschalldämmung vor allem von der flächenbezogenen Masse des eingesetzten Dichtungsmaterials ab. Zur Verbesserung der Schalldämmung können zwei oder drei Profildichtungen in aufeinanderfolgender Anordnung eingesetzt werden. Durch die zwischen den Dichtungen entstehenden Hohlräume läßt sich eventuell eine zusätzliche Verbesserung der Schalldämmung erreichen.

Als **poröse Dichtungen** dienen vor allem Schaumstoffe (Polyurethan- oder Polyester-Schaumstoffe) und Schaumgummiarten (z. B. Moosgummi). Die Schalldämmung derartig gedichteter Fugen hängt im wesentlichen von der Schalldämpfung in der Fuge ab. Kennzeichnend hierfür ist der längenbezogene Strömungswiderstand r des Dichtungsmaterials (siehe Abschnitt 4.1.2.1). Geschlossenzellige Schaumstoffe weisen sehr hohe längenbezogene Strömungswiderstände auf ($r > 200$ kPa s/m^2) und sind daher zur Ausfüllung von Fugen gut geeignet. Von Nachteil ist, daß diese Materialien meist relativ steif sind und nur unter hohem Druck Unebenheiten der Fugenflächen ausgleichen, so daß vielfach schmale Restfugen erhalten bleiben. Offenzellige Schaumstoffe sind dagegen im allgemeinen besonders nachgiebig und passen sich ohne größeren Druck den Fugenunebenheiten an. Sie müssen jedoch in der Fuge meist wenigstens auf etwa 1/5 ihrer ursprünglichen Dicke zusammengepreßt werden, um einen längenbezogenen Strömungswiderstand von wenigstens $r = 100$ kPa s/m^2 und damit eine ausreichend hohe Fugen-Schalldämmung zu erzielen. Das läßt sich auch mit wesentlich geringerer Zusammenpressung erreichen, wenn der Strömungswiderstand des Schaumstoffes durch Ummantelung mit einer elastischen Gummi- oder Kunststoffhaut erhöht wird (Bild 5.45 Kurve c).

Auch durch spezielle **konstruktive Gestaltung der Fugen** können Verbesserungen der Schalldämmung erzielt werden. Neben ein- oder mehrfach geknickten Fugenverläufen sind

5.2 Konstruktive Lösungen für den baulichen Schallschutz

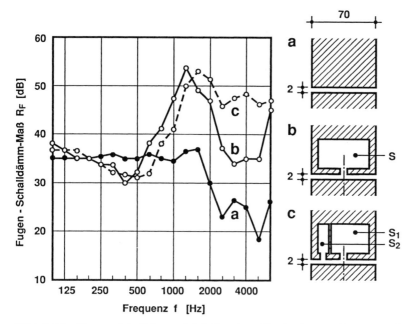

Bild 5.46 Fugen-Schalldämm-Maß R_F einer Fuge ohne und mit verschiedenen angekoppelten Resonatorvolumina [281]

a   ohne Resonator $R_{F,w} = 32\ (-3;0)$ dB
b   mit einem Hohlraum als Resonator
     $S = 1600$ mm^2 $R_{F,w} = 38\ (-1;-1)$ dB
c   mit zwei Hohlräumen
     $S_1 = 1200$ mm^2 und $S_2 = 400$ mm^2 $R_{F,w} = 39\ (-1;-3)$ dB

angekoppelte Hohlräume, die als Helmholtzresonatoren wirken (s. Abschn. 4.1.2.3), besonders bei größeren Rahmentiefen empfehlenswert. Die Resonanzfrequenz der Helmholtzresonatoren, bei der die maximale Schallabsorption auftritt, sollte auf den Frequenzbereich resonanzartig verstärkter Schalltransmission durch die Fugen (Fugentiefen zwischen 1/4 und 1/2 der Wellenlänge; s. Abschn. 5.1.1.3) abgestimmt sein. Dabei kann auch die Unterteilung eines größeren Hohlraumes, wie auf Bild 5.46 schematisch dargestellt, eine Verbesserung der Fugendämmung bewirken [281].

5.2.2.6 Lüftungseinrichtungen und Rolladenkästen

Im geöffnetem Zustand sinken die Schalldämm-Maße von Fenstern bis auf einen Minimalwert von 5 bis 15 dB ab. Zur Lüftung von Räumen, die nicht zum Schlafen benutzt werden, kann man sich u. U. der sogenannten **„Stoßlüftung"** bedienen, die darin besteht, die Fenster kurzzeitig zu öffnen. Während dieser Öffnungszeit muß dann selbstverständlich eine erhöhte Lärmeinwirkung in Kauf genommen werden. Bei zweiseitig orientierten, aber nur einseitig durch Lärm beeinflußten Grundrissen, läßt sich eventuell auch mit einer Lüftung allein von der lärmabgewandten Seite her auskommen.

Sind Räume zu belüften, die mit **Fenstern höherer Schallschutzklassen** ausgestattet sind (etwa von der Schallschutzklasse 3 an; s. Tabelle 5.10), so empfiehlt sich der Einbau zusätzlicher Lüftungseinrichtungen. Sie werden in den zu belüftenden Räumen im Bereich des Fensters so angeordnet, daß die einströmende Luft oberhalb der Heizung in den Raum eintritt und damit bei kühler Witterung zwangsläufig angewärmt wird. Die Lüftungsöffnungen

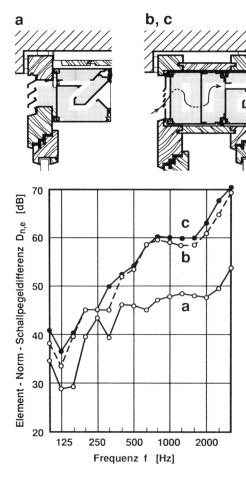

Bild 5.47 Element-Norm-Schallpegeldifferenzen $D_{n,e}$ von Schalldämmlüftern in einfacher Ausführung sowie mit einer Vergrößerung der Einbautiefe; Meßbeispiele aus einem nebenwegfreien Prüfstand ohne Fenster
a Einbautiefe 158 mm, ohne Gebläse
   $D_{n,e,w} = 47 (-2; -5)$ dB
b Einbautiefe 308 mm, ohne Gebläse
   $D_{n,e,w} = 55 (-2; -6)$ dB
c wie b, mit Gebläse (nicht eingeschaltet)
   $D_{n,e,w} = 57 (-2; -6)$ dB

müssen mit vorgeschalteten Schalldämpferstrecken versehen sein, die so bemessen sind, daß die Schalldämmung der gesamten Außenwand (Fenster, Lüftungseinrichtung, Wandanteil) den vorgegebenen Anforderungen entspricht. Das resultierende Schalldämm-Maß eines Fensters mit eingebautem Lüfter läßt sich nach Gl. (5.28) berechnen oder mittels Bild 5.9 abschätzen.

Auf Bild 5.47 sind **Varianten von Lüftungselementen**, sog. Schalldämmlüfter dargestellt, die im Fensterbereich entweder in den Glasfalz oder in den Blendrahmen von Holz-, Kunststoff- oder Metallfenstern eingesetzt, aber auch direkt in das Mauerwerk eingebaut werden können [282]. Die erzielbare Schalldämmung hängt u.a. von der Bautiefe, von der Ausführung des Wetterschutzes sowie von den Abmessungen und der Art der Luftzufuhr (natürliche oder mechanische Belüftung) ab. Ähnliches gilt auch für die zum Be- und Entlüften sowie zur Wärmerückgewinnung eingesetzten neueren Lüftungsgeräte, die der Wärmeschutzverordnung genügen [271].

Innen eingebaute **Rolladenkästen** können ohne schalldämmende Zusatzmaßnahmen vor allem infolge mangelhafter Dichtung und geringer flächenbezogener Masse zu Schwachstellen hinsichtlich des Schallschutzes werden. Der Auslaßspalt sollte deshalb nicht größer als notwendig gewählt werden. Bei leichten Konstruktionen ist eine zusätzliche Beschichtung zur Erhöhung der flächenbezogenen Masse des Kastenmaterials wirkungsvoll. Die Auskleidung des Kastenhohlraumes mit schallabsorbierendem Material (z. B. Mine-

5.2 Konstruktive Lösungen für den baulichen Schallschutz

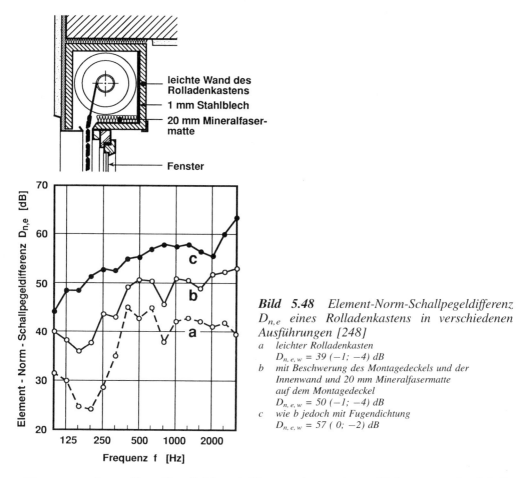

Bild 5.48 Element-Norm-Schallpegeldifferenz $D_{n,e}$ eines Rolladenkastens in verschiedenen Ausführungen [248]
a leichter Rolladenkasten
  $D_{n,e,w} = 39\ (-1;\ -4)$ dB
b mit Beschwerung des Montagedeckels und der Innenwand und 20 mm Mineralfasermatte auf dem Montagedeckel
  $D_{n,e,w} = 50\ (-1;\ -4)$ dB
c wie b jedoch mit Fugendichtung
  $D_{n,e,w} = 57\ (\ 0;\ -2)$ dB

ralfasererzeugnisse, offenzellige Schäume) führt zu einer weiteren Verbesserung der Schalldämmung. Ein einfaches Ausführungsbeispiel ist auf Bild 5.48 gezeigt. Dabei wird die schalltechnische Wirkung von Verbesserungsmaßnahmen besonders anschaulich verdeutlicht.

5.2.3 Türen

Bei Türen gibt es hinsichtlich Materialauswahl und konstruktiver Ausbildung bessere Anpassungsmöglichkeiten an die Schallschutzforderungen als bei Fenstern. Die notwendige Beweglichkeit (Massebeschränkungen) und die durch Anschluß- und Funktionsfugen bedingten akustischen Probleme sind aber ähnlich. Erfahrungsgemäß sind bei Türen besonders große Unterschiede zwischen den bei sorgfältigem Einbau in einem Laboratorium gemessenen Werten der Schalldämmung und den in der Praxis erzielten Ergebnissen zu verzeichnen. Daher ist für den Vergleich mit Forderungen ein Vorhaltemaß von 5 dB festgelegt (s. Abschn. 5.1.3) [619].

5.2.3.1 Türblätter

Es ist zwischen einschaligen und mehrschaligen Aufbauten zu unterscheiden. **Einschalige Türblätter** sind nahezu homogen aus einer oder aus mehreren, fest miteinander verbunde-

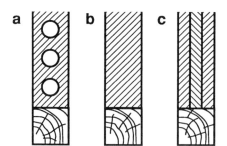

Bild 5.49 *Ausführungsbeispiele von einschaligen Türblättern*
a   Röhrenplatte (Röhren horizontal oder vertikal)
b   Vollspanplatte
c   mehrere Spanplatten miteinander verklebt

nen Schichten hergestellt. Dabei können die einzelnen Schichten auch Hohlräume aufweisen, wie z. B. bei Röhrenspanplatten. Einige typische einschalige Türblätter sind auf Bild 5.49 dargestellt [239]. Ihre Verwendung für den Bau von schalldämmenden Türen ist allerdings begrenzt, weil hierfür sehr große flächenbezogene Massen erforderlich wären. Um beispielsweise ein bewertetes Schalldämm-Maß von $R_w = 37$ dB zu erzielen (s. Tabelle 5.6), müßte die flächenbezogene Masse nach Gl. (5.67) etwa $m' > 130$ kg/m^2 betragen.

Es ist daher sinnvoll, bei hohen Schallschutzanforderungen **mehrschalige Türblätter** einzusetzen. Möglichst schwere aber biegeweiche Schalen sind dabei am vorteilhaftesten. Der

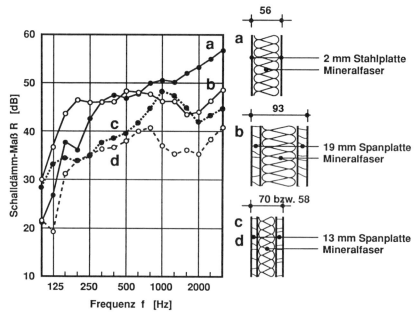

Bild 5.50 *Schalldämmung gebrauchsfertiger Türen mit zweischaligen Türblättern Dämmschicht: Mineralfaserplatten* [283] [284]
a   *Stahltürblatt*
    $t = 56$ mm, $m' = 40$ kg/m^2 $R_w = 49 (-3; -9)$ dB
b   *Türblatt aus Spanplatten*
    $t = 93$ mm, $m' = 53$ kg/m^2 $R_w = 45 (-1; -2)$ dB
c   *Türblatt aus Span- und Hartfaserplatten*
    $t = 70$ mm, $m' = 46$ kg/m^2 $R_w = 43 (-1; -3)$ dB
d   *Türblatt aus Spanplatten*
    $t = 58$ mm, $m' = 33$ kg/m^2 $R_w = 38 (-2; -4)$ dB

5.2 Konstruktive Lösungen für den baulichen Schallschutz

Zwischenraum sollte mit einem schallabsorbierenden Material genügend geringer dynamischer Steifigkeit (s. Gl. (5.70)) und ausreichend hohen längenspezifischen Strömungswiderstandes ($r > 5$ kPas/m^2) gefüllt sein (z. B. Mineralfaserprodukte). Als Schalen kommen, wie die Beispiele auf Bild 5.50 zeigen u.a. Spanplatten oder Stahlblech zur Anwendung. Besonders günstig sind Schalen, die aus mehreren biegeweichen, aber nicht starr und vollflächig, sondern möglichst nur punktförmig miteinander verbundenen Platten bestehen (z. B. geschlitzte Weichfaserplatten). Auch die früher übliche innenseitige Verkleidung von hochwertigen Türen mit einem Polster, das mit dickem Stoff oder mit Leder bezogen wurde, stellt eine Art zweischaliges Türblatt dar und bewirkt in der Regel eine, allerdings meist nur geringfügige, Erhöhung der Schalldämmung.

5.2.3.2 Fugendichtungen und gebrauchsfertige Türen

Wie bei Fenstern kann eine ausreichende Schalldämmung auch bei Türen nur erzielt werden, wenn Schlitze im Einbau- und Funktionsbereich durch gute Fugendichtung vermieden werden. Bild 5.51 gibt den Zusammenhang zwischen der **Schlitzfläche** S und der zu erwartenden Schalldämmung einer gebrauchsfertigen Tür wieder, deren Türblatt ohne Schlitze ein bewertetes Schalldämm-Maß von $R_w = 40$ dB aufwies. Beispielsweise reicht eine Schlitzfläche von 1 cm^2, die einem Schlitz von 0,2 mm Breite und 0,5 m Länge entspricht, aus, um die Schalldämmung dieser Tür um 3 dB zu verschlechtern.

Die **Verbindungen zwischen Zarge und Wandkonstruktion** müssen wie beim Fensterrahmen dauerbeständig mit einem gut haftenden Dichtungsmaterial verfüllt werden. Die Füllungen sollen vor allem dicht sein. Bei Stahlzargen ist deren übliches Einsetzen mit Mörtel auch in schalltechnischer Hinsicht geeignet. Zur Füllung der Hohlräume zwischen Holz- oder Kunststoffzargen und der Wand können im allgemeinen sowohl Mineralfasererzeugnisse als auch Montageschäume zur Gewährleistung ausreichender Schalldämmung verwendet werden.

In den **Schließfugen** der Türen werden vor allem elastische Dichtungen eingesetzt, für die wie bei Fenstern eine Einfederung von mindestens 1 bis 5 mm empfehlenswert ist. Die Schließkräfte sollten nicht über das für die notwendige Fugendichtung erforderliche Maß hinaus erhöht werden, damit sich die Türblätter nicht verziehen. Diese müssen entsprechend eben und verwindungssteif sein. Haus- und Wohnungseingangstüren sollten zur einwandfreien Blattführung mit einem dritten Band ausgestattet sein. Während in der Zarge in der Regel

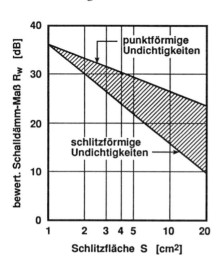

Bild 5.51 Maximal erreichbare bewertete Schalldämm-Maße R_w gebrauchsfertiger Türen (Türfläche: 2 m^2; bewertetes Schalldämm-Maß des dicht eingebauten Türblattes: $R_w = 40$ dB) in Abhängigkeit von der Schlitzfläche S vorhandener Undichtigkeiten [285]

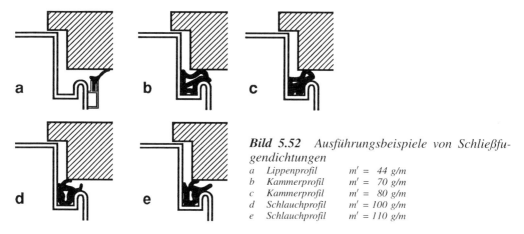

Bild 5.52 *Ausführungsbeispiele von Schließfugendichtungen*
a Lippenprofil $m' = 44$ g/m
b Kammerprofil $m' = 70$ g/m
c Kammerprofil $m' = 80$ g/m
d Schlauchprofil $m' = 100$ g/m
e Schlauchprofil $m' = 110$ g/m

einfache **Anschlagdichtungen** eingesetzt werden, wie sie beispielsweise Bild 5.52 zeigt, wird im Bodenbereich vielfach keine Anschlagschwelle gewünscht. Gerade im Bodenbereich ist aber die Fugendichtung der Tür wichtig, weil die Schalltransmission dort infolge des in Raumkanten erhöhten Schalldruckpegels besonders groß sein kann (s. Abschn. 4.2.2). Als Möglichkeiten, eine Anschlagschwelle zu vermeiden, sind auf Bild 5.53 eine **gewölbte Höckerschwelle** und **mechanische Bodendichtungen** dargestellt. Vor allem im Bodenbereich von Türen ist auch mittels Resonatoren eine Verbesserung der Fugenschalldämmung möglich, wie an Beispielen für Fenster auf Bild 5.46 gezeigt. Wenn Türen auch rauchdicht sein sollen (z. B. Wohnungseingangstüren), sind solche Maßnahmen allein aber ungeeignet.

Tabelle 5.20 enthält eine Zusammenstellung der **Konstruktionsparameter von Türen**, deren Beachtung es ermöglicht, eine bestimmte geforderte Schalldämmung zu gewährleisten. Ein dichter Einbau der Zarge ist dabei Voraussetzung. Analog zu den Fenstern (s. Tabelle 5.18) müssen Maßnahmen am Türblatt (wie dort an den Fensterflügeln) mit denen an der Dichtung aufeinander abgestimmt sein.

Natürlich läßt sich die Schalldämmung von Türen auch dadurch wesentlich verbessern, daß mehrere Einzeltüren hintereinander angeordnet werden. Bei sehr hohen Schallschutzanforde-

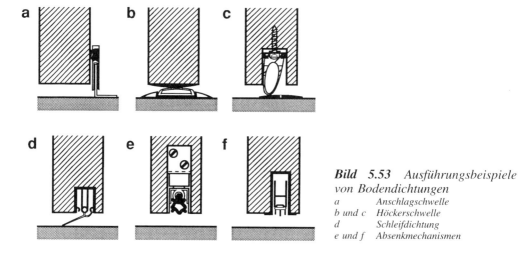

Bild 5.53 *Ausführungsbeispiele von Bodendichtungen*
a   Anschlagschwelle
b und c Höckerschwelle
d   Schleifdichtung
e und f Absenkmechanismen

5.2 Konstruktive Lösungen für den baulichen Schallschutz

Tabelle 5.20 Konstruktionsparameter von Türen verschiedener Schalldämmung

Art des Türblattes	Dichtung der Funktionsfuge	bewertetes Schalldämm-Maß R_w [dB] des Türblattes	bewertetes Schalldämm-Maß R'_w [dB] der Tür
Aufbau beliebig, $m' \approx 15$ kg/m²	beliebiges Dichtungsprofil	25	22
ein- oder mehrschichtig, $m \approx 25$ kg/m²	weiche Schlauch-, Kammer- oder Lippendichtung	30	27
mehrschichtig, $m' \approx 35$ kg/m² oder mehrschalig	weiche Schlauch-, Kammer- oder Lippendichtung, möglichst Doppelfalzdichtung	37	32[1]
mehrschalig, schwere Einzelschalen	Doppelfalzdichtung mit weichem Schlauch-, Kammer- oder Lippenprofil	42	37[1]
mehrschalig, aus sehr schweren Einzelschalen (z. B. Stahlblech, Spanplatte mit Bleiblech beplankt); Doppeltüren	Doppelfalzdichtung mit hochwertigem Schlauch-, Kammer- oder Lippenprofil	47	42[2]
mehrschalig, aus sehr schweren Einzelschalen unter Verwendung von sandgefüllten Kammern, $m' \approx 150$ kg/m²; Doppeltüren mit Schallschleuse	Doppelfalzdichtung mit hochwertigem Schlauch-, Kammer- oder Lippenprofil	55	47[3]

[1] formstabile, dicht eingebaute Zarge, genügender Anpreßdruck
[2] sehr formstabile, dicht eingebaute Zarge (Stahlzarge); sehr hoher Anpreßdruck
[3] Spezialzarge; individuelles Einmessen jeder Tür; sehr hoher Anpreßdruck

rungen, etwa am Eingang von Zuhörersälen oder Studios, wird zwischen diesen Türen ein großer Abstand vorgesehen (>1 m) und dieser Bereich schallabsorbierend ausgestattet. Eine solche Türanordnung wird als **Schallschleuse** bezeichnet.

5.2.4 Decken

Für eine übersichtliche Darstellung empfiehlt es sich, zwischen der Luft- und Trittschalldämmung von Decken ohne und mit Deckenauflagen (Fußbodenaufbauten) zu unterscheiden. Decken ohne Deckenauflagen (Rohdecken) können als einschalige Massivdecken oder als zweischalige Konstruktionen (z. B. mit Unterdecken) ausgeführt sein. Gebrauchsfertige Decken (Fertigdecken) sind in der Regel mehrschalig, meist zweischalig. Eine Ausnahme bilden

Tabelle 5.21 Äquivalente Norm-Trittschallpegel $L_{n,eq,0}$ in Oktavbandbreite für einige Massiv-Rohdecken der Dicke t und der flächenbezogenen Masse m' [94]

Deckenaufbau	t [mm]	m' [kg/m²]	Oktavband-Mittenfrequenz f_m [Hz]						$L_{n,eq,0,w}$ (C_I) [dB]
			125	250	500	1000	2000	4000	
			Norm-Trittschallpegel $L_{n,eq,0}$ [dB]						
Leichtbeton	200	260	72	78	77	77	76	70	77 (−9)
	300	390	68	70	70	70	70	64	71 (−9)
100 mm Schwerbeton (mit 20 mm Verbundestrich)	120	268	73	78	78	78	78	76	80 (−11)
180 mm Schwerbeton (mit 50 mm Verbundestrich)	230	509	60	65	66	67	68	66	69 (−11)

Stahlbetonplattendecken mit Verbundestrich, die akustisch einschalige Bauteile darstellen. Als gebrauchsfertige Decken finden sie aber nur in den seltenen Fällen sehr niedriger Anforderungen an die Trittschalldämmung Verwendung. Holzbalkendecken nehmen wegen ihrer im Vergleich zu Massivdecken andersartigen akustischen Eigenschaften eine Sonderstellung ein. Durchgehende Unterdecken, Doppel- und Hohlraumböden, Treppen, Böden von Balkonen und Loggien sowie Dachkonstruktionen werden ebenfalls gesondert besprochen.

5.2.4.1 Massiv-Rohdecken (Stahlbetonplattendecken, Hohlkörperdecken)

Für die Luftschalldämmung einschaliger Massivdecken gelten die in Abschn. 5.2.1.1 dargelegten Zusammenhänge sinngemäß. Auch hier ergibt sich das bewertete Schalldämm-Maß in Abhängigkeit von der flächenbezogenen Masse aus Bild 5.19 bzw. Gl. (5.67), solange die Massenverteilung in der Decke nicht zu inhomogen ist. Zur Ermittlung der flächenbezogenen Masse der einschaligen Rohdecke dürfen der Putz und eine eventuell vorhandene Ausgleichsschicht (Verbundestrich) mitgerechnet werden. Bei Stahlblech-Beton-Verbunddecken kann die zusätzliche Masse der Stahlschalung angerechnet werden, wobei die eventuelle

Bild 5.54 Ausführungsbeispiele von Hohlkörper- und Lochdecken, die wie Massivdecken wirken

a Stahlsteindecke
   $m' = 300$ kg/m² $R'_w = 49$ dB $L'_{n,w} = 86$ dB
b Stahlsteindecke
   $m' = 400$ kg/m² $R'_w = 53$ dB $L'_{n,w} = 87$ dB
c Stahlbeton-Hohldielendecke
   $m' = 185$ kg/m² $R'_w = 49$ dB $L'_{n,w} = 88$ dB
d Ziegelsplitt-Hohlkörperdecke
   $m' = 260$ kg/m² $R'_w = 49$ dB $L'_{n,w} = 86$ dB
e Stahlbeton-Hohlplattendecke
   $m' = 160$ kg/m² $R'_w = 48$ dB $L'_{n,w} = 87$ dB
f Stahlbeton-Balkendecke mit Füllkörpern
   $m' = 360$ kg/m² $R'_w = 49$ dB $L'_{n,w} = 82$ dB
g Stahlbeton-Balkendecke mit Füllkörpern
   $m' = 250$ kg/m² $R'_w = 46$ dB $L'_{n,w} = 91$ dB

5.2 Konstruktive Lösungen für den baulichen Schallschutz

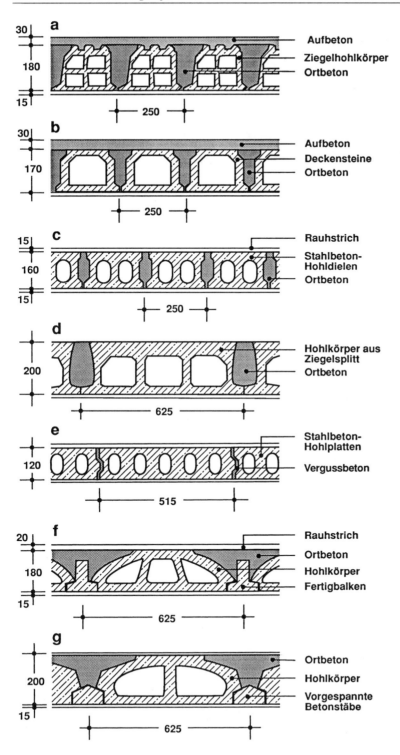

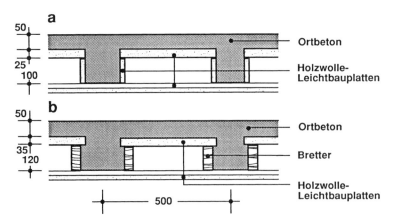

Bild 5.55 Ausführungsbeispiele von Hohlkörperdecken mit „verlorenen" Schalungskästen aus Holzwolle-Leichtbauplatten
a $m' = 225$ kg/m² $\quad R'_w = 48$ dB $\quad L'_{n,w} = 82$ dB
b $m' = 260$ kg/m² $\quad R'_w = 40$ dB $\quad L'_{n,w} = 83$ dB

Schwächung des Betonquerschnittes durch die Verwendung von Stahlblechen als verlorene Schalung aber zu beachten ist.

Der bewertete äquivalente Norm-Trittschallpegel für **homogene Deckenplatten** läßt sich näherungsweise nach folgender Beziehung aus der flächenbezogenen Masse der Rohdecke m' (in kg/m²) berechnen [94]:

$$L_{n,eq,0,w} = 164 - 35 \lg m' \quad \text{dB} \tag{5.84}$$

Das gilt für Schwerbeton-Decken mit flächenbezogenen Massen zwischen etwa 100 und 600 kg/m². Decken aus Leicht- oder Porenbeton erreichen etwas günstigere, d. h. niedrigere Werte. Auf Tabelle 5.21 sind die äquivalenten Norm-Trittschallpegel einiger massiver Rohdecken für die Oktavband-Mittenfrequenzen angegeben [94]. Aus Gründen der Reziprozität stehen sie wie folgt mit den Schalldämm-Maßen R im Zusammenhang:

$$L_{n,eq,0} + R = 43 + 20 \lg f \quad \text{dB} \tag{5.85a}$$

für Angaben in Oktavbandbreite und

$$L_{n,eq,0} + R = 38 + 20 \lg f \quad \text{dB} \tag{5.85b}$$

für Angaben in Terzbandbreite.

Insbesondere in den Bauten der 50er Jahre kamen **Hohlkörperdecken und Lochdecken** in einer Vielzahl von Varianten zum Einsatz [286]. Einige Typen, wie die Beispiele auf Bild 5.54, können näherungsweise als einschalige Bauteile betrachtet werden. In vielen Fällen [287] sind die Hohlräume allerdings zu groß. Wie auf Bild 5.22 gezeigt treten Resonanzerscheinungen auf, die zur Verschlechterung der Schalldämmung gegenüber einer gleichschweren homogenen Decke führen. Besonders ungünstig sind Rippendecken nach Bild 5.55 mit geschlossenen, unmittelbar verputzten Hohlkörpern aus Holzwolle-Leichtbauplatten.

Tabelle 5.22 enthält Angaben zur Luft- und Trittschalldämmung verschiedener **Massiv-Rohdecken aus Schwerbeton**. Es handelt sich um Meßwerte ohne Vorhaltemaße, die nicht für einen direkten Vergleich mit Forderungen [619] (s. Tabellen 5.6 und 5.8) geeignet sind. Zu diesem Zweck müßten von den bewerteten Bau-Schalldämm-Maßen R'_w 2 dB subtrahiert und zu den bewerteten äquivalenten Norm-Trittschallpegeln $L_{n,eq,0,w}$ 2 dB addiert werden.

Tabelle 5.22 Bewertete Bau-Schalldämm-Maße R'_w und bewertete äquivalente Norm-Trittschallpegel $L_{n,eq,0,w}$ von Massiv-Rohdecken aus Schwerbeton (Meßwerte)

flächenbezogene Masse m' einschl. Putz [kg/m²]	bewertetes Bau-Schalldämm-Maß R'_w [dB]		bewerteter äquivalenter Norm-Trittschallpegel $L_{n,w,eq}$ [dB]	
	ohne	mit	ohne	mit
	biegeweiche Unterdecke		biegeweiche Unterdecke	
Massivdecken ohne Hohlräume				
155	44	52	81	75
175	45	52	80	74
200	46	52	79	73
240	47	52	78	73
295	50	54	75	72
350	52	55	73	71
405	54	56	71	70
460	55	57	69	69
515	56	57	67	67
570	57	57	66	66
Massivdecken mit Hohlräumen				
≥200	46	52	82	75
≥250	48	53	80	74
≥300	50	54	78	73
≥400	54	56	74	71
≥500	56	57	70	69

5.2.4.2 Massiv-Rohdecken mit Unterdecken

Biegeweiche Unterdecken verbessern die Luftschalldämmung von Massivdecken analog zu biegeweichen Vorsatzschalen bei Wänden (s. Abschn. 5.2.1.5). Sie erhöhen auch die Trittschalldämmung, im allgemeinen aber wegen der verbleibenden Flankenwegübertragung nicht in ausreichendem Maße. Besonders wirksam können Unterdecken zur Verbesserung von leichten Hohlkörper- und Lochdecken eingesetzt werden. Beispiele hierfür sind auf Bild 5.56 dargestellt. Einige Typen von Massivdecken z. B. Decken mit freistehenden Rippen, mit dicht aneinanderliegenden Balken, sowie mit Fertigbalken oder Stahlleichtträgern und

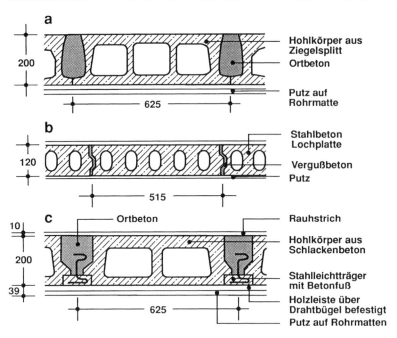

Bild 5.56 *Verbesserung der Luft- und Trittschalldämmung von Hohlkörper- und Lochdecken durch Unterdecken* [287]

a   Ziegelsplitt-Hohlkörperdecke
    ohne Unterdecke:
    $m' = 260 \ kg/m^2$ $\qquad R'_w = 49 \ dB \qquad L'_{n,w} = 86 \ dB$
    mit Unterdecke:
    $m' \approx 275 \ kg/m^2$ $\qquad R'_w = 55 \ dB \qquad L'_{n,w} = 74 \ dB$
b   Stahlbeton-Hohlplattendecke
    ohne Unterdecke:
    $m' = 160 \ kg/m^2$ $\qquad R'_w = 48 \ dB \qquad L'_{n,w} = 87 \ dB$
    mit Unterdecke:
    $m' \approx 175 \ kg/m^2$ $\qquad R'_w = 55 \ dB \qquad L'_{n,w} = 73 \ dB$
c   Balkendecke mit Stahlleichtträgern und Füllkörpern
    ohne Unterdecke:
    $m' = 300 \ kg/m^2$ $\qquad R'_w = 50 \ dB \qquad L'_{n,w} = 84 \ dB$
    mit Unterdecke:
    $m' \approx 310 \ kg/m^2$ $\qquad R'_w = 55 \ dB \qquad L'_{n,w} = 71 \ dB$

Zwischenbauteilen haben keine ebene Untersicht. Diese zu erzielen, wie z. B. im Wohnungsbau üblich, erfordert den Einbau von Unterdecken. Dadurch entstehen große Hohlräume, wie an den Beispielen auf Bild 5.57 gezeigt. Die Schalldämmung solcher Decken hängt vor allem von der flächenbezogenen Masse der tragenden Elemente, von der Höhe des Hohlraumes, sowie davon ab, ob die Unterdecke starr oder federnd befestigt wird.

Geeignet als Unterdecken sind z. B. Gipskarton- und Gipsfaserplatten, Holzwolle-Leichtbauplatten, Ziegeldrahtgewebe oder Rohrmatten, geputzt, oder andere dichte Leichtbauplatten (z. B. Mineralfaserplatten, Kunststoffplatten oder Holzspanplatten). Wichtig ist eine möglichst wenig starre Befestigung. Dazu hat sich eine doppelte Lattung gut bewährt. Zweckmäßig ist auch eine Abhängung der Unterdecke mit Drahtabhängern, wie auf Bild 5.58 dargestellt. Wie bei Wänden mit Vorsatzschalen (s. Abschn. 5.2.1.5) ist eine Hohlraumdämpfung vorteilhaft, z. B. mittels weicher, offenporiger Dämmstoffe in einer Dicke von wenigstens ca. 50 mm und mit einem längenbezogenen Strömungswiderstand r von 5 bis 10 kPas/m^2.

5.2 Konstruktive Lösungen für den baulichen Schallschutz

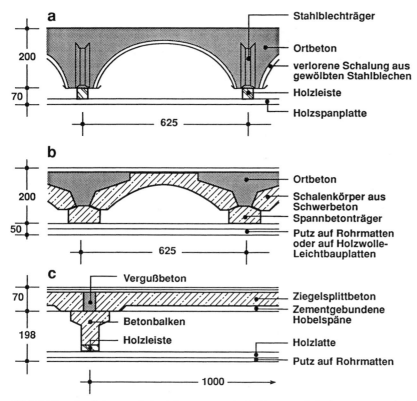

Bild 5.57 Ausführungsbeispiele von zweischaligen Rohdecken mit großen Hohlräumen zwischen Massivdecke und Unterdecke
a Decke mit freistehenden Rippen auf verlorener Schalung aus gewölbten Stahlblechen
$m' = 270$ kg/m² $\quad R'_w = 50$ dB $\quad L'_{n,w} = 76$ dB
b Fertigbalkendecke mit gewölbten Zwischenbauteilen aus Schwerbeton
$m' = 300$ kg/m² $\quad R'_w = 53$ dB $\quad L'_{n,w} = 78$ dB
c Fertigbalkendecke mit Ziegelsplittbetonplatten
$m' = 200$ kg/m² $\quad R'_w = 50$ dB $\quad L'_{n,w} = 78$ dB

5.2.4.3 Gebrauchsfertige Massivdecken (Rohdecken mit Deckenauflagen)

Gebrauchsfertige Decken bestehen in der Regel aus der **Rohdecke (ohne oder mit Unterdecke) und der Deckenauflage**. Bei dieser kann zwischen den vier auf Bild 5.59 dargestellten Arten unterschieden werden. Verbundstriche tragen nur in dem meist geringen Umfange ihrer Massenerhöhung (s. Gln. (5.67) und (5.84)) zur Verbesserung der Luft- und Trittschalldämmung bei (Größenordnung: 1 bis 2 dB). Eine erhebliche Verbesserung läßt sich durch **schwimmende Estriche** erzielen. Diese bestehen aus einer lastverteilenden Platte, die von der Rohdecke und den angrenzenden Wänden durch Dämmstoffe getrennt ist, d. h., daß sie auf einer weich federnden Dämmschicht „schwimmt". Die lastverteilende Platte kann sowohl monolithisch hergestellt (z. B. Zement-, Calciumsulfat-, Asphaltestriche) als auch als raumgroße Tafel oder in Form kleinerer Platten (elementierte Estriche, Trockenestriche) verlegt sein. Asphaltestriche verhalten sich wegen ihrer höheren Materialdämpfung günstiger als Zement- oder Calciumsulfatestriche. Bei ihnen empfiehlt es sich aber, zur Erhöhung der Druckfestigkeit eine zusätzliche druckausgleichende Platte (z. B. Holzfaserdämmplatte o. ä.) auf der Dämmschicht zu verlegen.

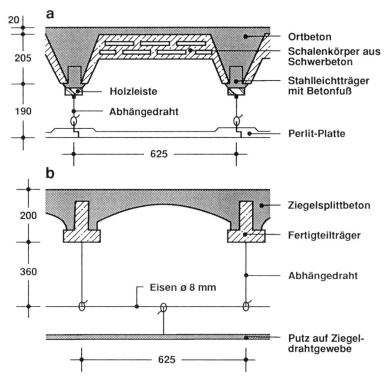

Bild 5.58 *Verbesserung der Luft- und Trittschalldämmung von Decken durch Abhängen der Unterdecke mit Drahtbügeln*

a *Balkendecke mit Stahlleichtträgern und Zwischenbauteilen*
  ohne Unterdecke $R'_w = 47\ dB$ $L'_{n,w} = 85\ dB$
  Unterdecke direkt an den Trägern befestigt
                $R'_w = 51\ dB$ $L'_{n,w} = 79\ dB$
  Unterdecke mit Drahtabhängern
                $R'_w = 55\ dB$ $L'_{n,w} = 73\ dB$

b *Fertigbalkendecke mit gewölbten Zwischenbauteilen aus Ziegelsplittbeton*
  Unterdecke direkt an den Trägern befestigt
                $R'_w = 46\ dB$ $L'_{n,w} = 89\ dB$
  Unterdecke mit Drahtabhängern
                $R'_w = 57\ dB$ $L'_{n,w} = 69\ dB$

Schwimmender Estrich und Massivdecke bilden ein zweischaliges Deckensystem, dessen Resonanzfrequenz f_0 durch die Gln. (5.70) bzw. (5.77) beschrieben wird. Für das Luftschallverbesserungsmaß ΔR oberhalb der Resonanzfrequenz haben die Gln. (5.73) und (5.74) einschließlich der dazu formulierten Einschränkungen Gültigkeit. Für die Trittschallminderung ΔL gilt theoretisch ebenfalls Gl. (5.74), und für Asphalt- und Trockenestriche entspricht sie auch den praktischen Ergebnissen. Die Verminderung des Norm-Trittschallpegels einer Decke beträgt danach 12 dB je Oktave oberhalb der Resonanzfrequenz f_0. Bei allen anderen Arten schwimmender Estriche (z. B. aus Zement oder Calciumsulfat) wird die Beziehung

$$\Delta L = 30\lg \frac{f}{f_0} \quad dB \tag{5.86}$$

den praktischen Ergebnissen besser gerecht [94]. Sie bedeutet eine Verminderung des Norm-Trittschallpegels einer Decke um 9 dB je Oktave oberhalb der Resonanzfrequenz f_0.

Den genannten Beziehungen entsprechend ist die Verbesserung der Luft- und Trittschalldämmung um so höher, je geringer die **dynamische Steifigkeit** s' der Dämmschicht und je

5.2 Konstruktive Lösungen für den baulichen Schallschutz

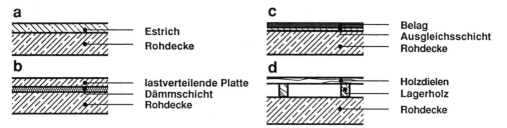

Bild 5.59 *Ausführungsarten von Deckenauflagen*
a Verbundestrich; b schwimmender Estrich; c Weichbelag; d Holzfußboden

größer die flächenbezogene Masse m' der lastverteilenden Platte ist. Bei einer flächenbezogenen Masse der lastverteilenden Platte von 50 kg/m² beispielsweise darf die dynamische Steifigkeit der Dämmschicht zur ausreichenden Verbesserung der Luftschalldämmung von Decken in Wohngebäuden u. ä. (s. Tabelle 5.6) je nach Rohdecke maximal 30 bis 50 MN/m³ betragen. Damit wird gleichzeitig auch die erforderliche Verbesserung der Trittschalldämmung erzielt. Den Zusammenhang zwischen der bewerteten Trittschallminderung ΔL_w eines schwimmenden Estrichs und der dynamischen Steifigkeit s' der verwendeten Dämmschicht zeigt Bild 5.60 für verschiedene flächenbezogene Massen m' der lastverteilenden Platte.

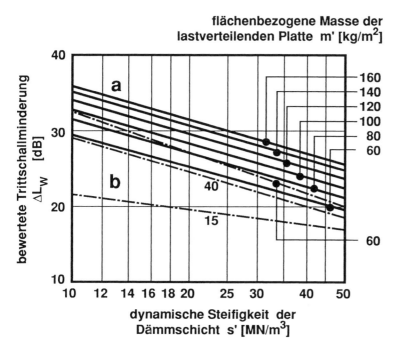

Bild 5.60 *Bewertete Trittschallminderung ΔL_w schwimmender Estriche in Abhängigkeit von der dynamischen Steifigkeit s' der Dämmschicht*
a (ausgezogene Kurven):
  Estriche aus Zement und Calziumsulfat
b (strichpunktierte Kurven):
  Gußasphalt- und Trockenestriche

Tabelle 5.23 Dynamische Steifigkeiten s' verschiedener Dämmschichten [239] [241] [288]

Materialart	Dicke t_0 ohne Belastung [mm]	Dicke t im eingebauten Zustand [mm]	dynamische Steifigkeit s' [MN/m^3]
Glasvlies		0,5	400
		0,8	270
		1	220
		1,5	130
		1,6	110
		3	55
Glaswolle	13	10	16
	20	15	10
	25	20	8
	30	25	6
	35	30	5
	40	35	5
Glaswolle (mit geringer Zusammendrückbarkeit)	22	20	20
	27	25	16
	32	30	13
Gummischrot	20	12	30
Holzwolle-Leichtbauplatte			
— lose verlegt	25	25	230
— im Mörtelbett	25	25	1100
Kokosfasermatte	10	7	36
	15	12	29
Korkplatte, lose verlegt		12	550
Korkschrotmatte	8	7	150
	15	13	80
Korkschrotschüttung		20	80
Mehrschichtplatten aus 20 mm Melaminharzschaum und extrudiertem Polystyrol-Hartschaum	40		18
	60		17
	80		17
	100		17
	120		16
Melaminharzschaum, offenzellig	20		18
	40		8
	60		5
	80		4
	100		4
	120		3

5.2 Konstruktive Lösungen für den baulichen Schallschutz

Fortsetzung der Tabelle 5.23

Materialart	Dicke t_0 ohne Belastung [mm]	Dicke t im eingebauten Zustand [mm]	dynamische Steifigkeit s' [MN/m^3]
Polystyrol-Hartschaumplatte, extrudiert XPS	20 40 60 80 100 120	20 40 60 80 100 120	770 390 260 190 150 130
Polystyrol-Hartschaumplatte, expandiert EPS (unbehandelt)	20 40 60 80 100 120	20 40 60 80 100 120	125 63 42 31 25 21
Polystyrol-Hartschaumplatte, expandiert EPS (elastifiziert)	20 40 60		8 4 3
Polyurethanschaum, weich	10	9	35
Steinwolle	12 22 27 32 42 52 62 72	10 20 25 30 40 50 60 70	40 40 30 50 50 50 50 50
Weichfaserplatte	15	13	150
Wellpappe/Wollfilzpappe	3	3	180
Wellpappe, nicht bituminiert	5	3	135

Auch hier wird zwischen Zement- und Caciumsulfatestrichen einerseits sowie Gußasphalt- und Trockenestrichen andererseits unterschieden.

Einige Orientierungswerte für die **dynamische Steifigkeit von Dämmschichten** für schwimmende Estriche sind in Tabelle 5.23 zusammengestellt. Schüttungen aus Materialien, die sich zusammenrütteln können (z. B. Sand, Hochofenschlacke) sind nicht als Dämmschichten geeignet. Angaben über die durch schwimmende Estriche verschiedener Ausführungen erzielbaren bewerteten Trittschallminderungen enthält Tabelle 5.24.

Tabelle 5.24 Bewertete Trittschallminderungen ΔL_w von schwimmenden Estrichen auf Massivdecken (Rechenwerte) [620]

Deckenauflage	dynamischen Steifigkeit der Dämmschicht [MN/m³]	$\Delta L_{w,R}$ [dB]	
		mit hartem Bodenbelag	mit weichfederndem Bodenbelag $\Delta L_{w,R} \geq 20$ dB
Gußasphaltestrich $m' \geq 45$ kg/m²	< 50 < 40 < 30 < 20 < 15 < 10	20 22 24 26 27 29	20 22 24 26 29 32
Zementestrich $m' \geq 70$ kg/m²	< 50 < 40 < 30 < 20 < 15 < 10	22 24 26 28 29 30	23 25 27 30 33 34

Voraussetzung für das Erreichen dieser Werte in der Praxis ist eine **körperschallbrückenfreie Ausführung** des schwimmenden Estrichs. Wie auf Bild 5.61 gezeigt, sind dabei vor allem Körperschallbrücken zwischen Estrich und Rohdecke, daneben aber auch zwischen Estrich und Wand zu vermeiden. Körperschallbrücken zwischen Estrich und Rohdecke können bei der Bauausführung z. B. durch Verletzung der Schutzfolie unter einem Naßestrich,

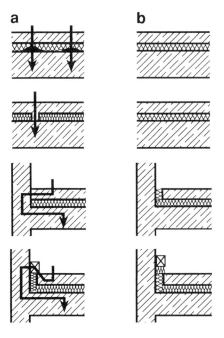

Bild 5.61 Gefahr von Schallbrücken bei schwimmenden Estrichen
a mit Schallbrücken
b ohne Schallbrücken

5.2 Konstruktive Lösungen für den baulichen Schallschutz

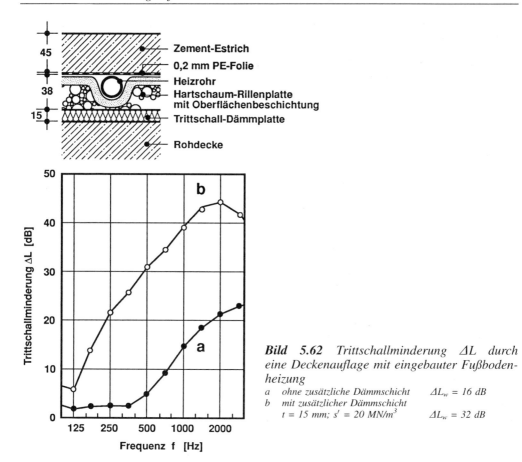

Bild 5.62 Trittschallminderung ΔL durch eine Deckenauflage mit eingebauter Fußbodenheizung
a ohne zusätzliche Dämmschicht $\Delta L_w = 16\ dB$
b mit zusätzlicher Dämmschicht
 $t = 15\ mm;\ s' = 20\ MN/m^3$ $\Delta L_w = 32\ dB$

durch Mörtelklumpen auf der Rohdecke oder durch Rohrleitungen in der Dämmschicht entstehen. Die Heizschlangen von Fußbodenheizungen sind deshalb gemäß Bild 5.62 so auszulegen, daß unter den Heizleitungen noch eine ausreichende Dämmschichtdicke vorhanden ist [289]. Um Körperschallbrücken zwischen Estrich und Wand zu vermeiden, ist der Einbau von **Randdämmstreifen** notwendig. Dafür können relativ harte Dämmstoffe mit einer dynamische Steifigkeit bis zu 200 MN/m³ verwendet werden. Bei der Bauausführung muß darauf geachtet werden, daß die Fuge zwischen Estrich und Wand nicht durch einen harten Bodenbelag, durch Mörtelreste, aushärtende Teppichkleber o. ä. überbrückt wird.

Das **Aufbringen eines weichfedernden Belages** (z. B. Teppichboden, Gummi- oder PVC-Belag) auf eine Decke verbessert lediglich die Trittschalldämmung. Beispiele für weichfedernde Bodenbeläge und die mit ihnen erzielbaren bewerteten Trittschallminderungen sind in Tabelle 5.25 zusammengestellt. Teppichböden lassen danach besonders große Verbesserungen erwarten. Vielfach ist ihr Einsatz besonders vorteilhaft, etwa in Foyers von Auditorien oder auf Gängen in Hotels, weil sie gleichzeitig die Gehgeräusche vermindern und für hohe Frequenzen einen Schallabsorber darstellen. Wenn ein weichfedernder Bodenbelag auf einem schwimmenden Estrich oder auf einem Holzfußboden verlegt wird, dann addieren sich die frequenzabhängig vorliegenden Trittschallminderungen beider Deckenauflagen. Die beiden bewerteten Trittschallminderungen dürfen jedoch nicht addiert werden. Es ergibt sich lediglich die geringe aus Tabelle 5.26 ersichtliche Verbesserung. Durch einen Weichbelag geringer trittschallmindernder Wirkung läßt sich danach ein schlechter schwimmender Estrich oder Holzfußboden nicht verbessern.

Tabelle 5.25 Bewertete Trittschallminderungen ΔL_w von verschiedenen weichfedernden Belägen auf Massivdecken (Rechenwerte) [239] [241] [620]

Weichfedernder Belag	Trägerschicht/Unterschicht	Dicke t [mm]	$\Delta L_{w,R}$ [dB]
Gummibelag	keine Porengummi	3 ... 4 5	9 ... 13 24
Korkparkett	keine	6	15
Linoleum	keine Filzpappe Korkment poröse Holzfaserplatte	2,5 3 4 5	7 14 15 16
Nadelfilz	keine	5	17 ... 22
PVC	keine	1,5 ... 3,6	3 ... 11
PVC-Verbundbelag	genadelter Jutefilz Korkment Schaumstoff Synthesefaser-Vliesstoff	5 ... 8	13 16 16 13
Sisal-/Kokosfaser-Läufer	keine	4	17 ... 22
Teppich (aus Polyamid, Polypropylen, Polyacrynitrit, Polyester, Wolle und deren Mischungen)	Unterseite geschäumt Unterseite ungeschäumt	4 6 8 4 6 8	19 24 28 19 21 24
Velour-Teppich	Waffelrücken	12	26

Damit **Weichbeläge** eine große Trittschallminderung erzielen, sollen sie entweder vollständig aus einem möglichst weichen Material (z. B. Gummibelag, Teppich) oder aus einer weichen Unterschicht (z. B. Filz, Vlies, Schaum, Kork) mit einer Verschleißschicht (z. B. aus PVC) bestehen. Bei bestimmten mehrschichtigen Weichbelägen ist mit einer Verschlechterung der Luftschalldämmung zu rechnen, dann nämlich, wenn die Verschleißschicht als Masse und die weiche Unterschicht als Feder ein Resonanzsystem bilden, dessen Resonanzfrequenz f_0 (s. Gl. (5.77)) im interessierenden Frequenzbereich liegt. Solche Verschlechterungen können auch auftreten, wenn keramische Platten oder Parkettbeläge mittels dünner, elastischer Ausgleichschichten verlegt werden.

Das Wirkungsprinzip des auf Bild 5.59 als letzte Variante dargestellten **Holzfußbodens** ist bei Luftschallanregung mit dem einer Vorsatzschale identisch, die auf einer Holz-Unterkonstruktion montiert ist. Holzfußböden auf Lagerhölzern tragen dann besonders wirkungsvoll zur Verbesserung der Luft- und Trittschalldämmung bei, wenn die Lagerhölzer auf weichfedernden Dämmstoffstreifen aufgelegt sind und der Zwischenraum zwischen den Dielen und der Rohdecke lose mit einem schallabsorbierenden Dämmstoff ausgefüllt wird. Ihre Wirkung ist dann der von schwimmenden Estrichen vergleichbar. Für einige Ausführungsbeispiele sind Werte der zu erwartenden bewerteten Trittschallminderungen in Tabelle 5.27 angegeben.

5.2 Konstruktive Lösungen für den baulichen Schallschutz

Tabelle 5.26 Resultierende bewertete Trittschallminderung ΔL_w, wenn auf einen schwimmenden Estrich oder auf einen Holzfußboden der bewerteten Trittschallminderung $\Delta L_{1,w}$ ein weichfedernder Gehbelag mit einer bewerteten Trittschallminderung $\Delta L_{2,w}$ aufgebracht wird [239]

$\Delta L_{1,w}$ [dB]	$\Delta L_{2,w}$ [dB]	ΔL_w [dB]
15	≤14 15	15 16
20	≤18 19 20	20 21 22
23	≤19 21 23	23 25 27
25	≤17 19 21 23 25	25 26 27 29 31

Tabelle 5.27 Bewertete Trittschallminderungen ΔL_w von Holzfußböden auf Massivdecken (Rechenwerte) [241] [620]

Belag	Trägerschicht/Unterschicht	$\Delta L_{w,R}$ [dB]
Parkettbelag	20 mm Kork 7 mm Bitumenfilz 10 mm Holzfaserplatte 20 mm Torfplatte 25 mm Holzwolle-Leichtbauplatte 25 mm Holzwolle-Leichtbauplatte + 10 mm Kokosfasermatten 10 mm Holzfaserplatte + 5 mm Mineralfaserplatte	6 15 16 16 17 27 28
Riemenböden (24 mm) auf Lagerhölzern	keine 60 mm Schlackeschüttung 10 mm Mineralwolle-Dämmstreifen	16 21 24
Spanplatte (22 mm)	15 mm Mineralfaserplatte	25
Spanplatte (22 mm) auf Lagerhölzern	10 mm Mineralwolle-Dämmstreifen + ≥30 mm Hohlraumdämpfung	24

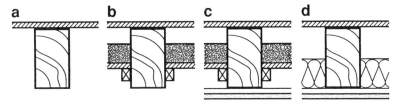

Bild 5.63 *Typische Ausführungsarten von Holzbalkenrohdecken*
a mit sichtbaren Balken; b mit teilweise sichtbaren Balken und mit Zwischenboden (Blindboden); c mit Zwischenboden und unterseitiger Verkleidung (Altbaukonstruktionen); d mit unterseitiger Verkleidung und Hohlraumdämpfung (zeitgemäße Konstruktionen, z. B. in Tafelbauweise)

5.2.4.4 Holzbalkendecken

Die akustischen Eigenschaften von Holzbalkendecken sind schwerer abschätzbar als die von Massivdecken, weil die Rohdecken in der Regel weder als sehr schwer noch als sehr steif im Vergleich zu Deckenauflage und Unterdecke angenommen werden können. Je nach Konstruktionsart beeinflussen sich die Elemente der Decke gegenseitig, und es können Systeme mit mehreren Resonanzen entstehen.

Holzbalkendecken lassen sich nach **Art der Konstruktion** in die auf Bild 5.63 dargestellten vier Gruppen einteilen. Von den meisten Decken werden die Anforderungen an den Luft- und Trittschallschutz (s. Tabellen 5.6 und 5.8) [619] von Haus aus nicht erfüllt. Infolge der relativ geringen flächenbezogenen Masse und wegen ausgeprägter Körperschallbrücken zwischen den Schalen treten charakteristisch hohe Schallübertragungen im tiefen Frequenzbereich auf, etwa zwischen 100 und 500 Hz. Wie bedeutsam der Anteil der Körperschallübertragung über die Deckenbalken ist, zeigt sich z. B. daran, daß bereits ein größerer Balkenabstand (>80 cm) gegenüber dem üblichen Abstand (ca. 62,5 cm) eine Verbesserung der Luft- und Trittschalldämmung zur Folge hat.

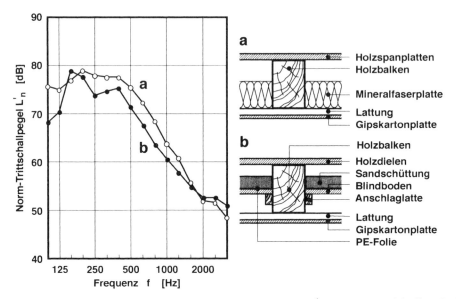

Bild 5.64 *Frequenzverlauf des Norm-Trittschallpegels L'_n von zwei Holzbalken-Rohdecken*
a $m' = 60$ kg/m² $L'_{n,w} = 72\ (-1)$ dB; b $m' = 130$ kg/m² $L'_{n,w} = 69\ (\ 0\ )$ dB

5.2 Konstruktive Lösungen für den baulichen Schallschutz

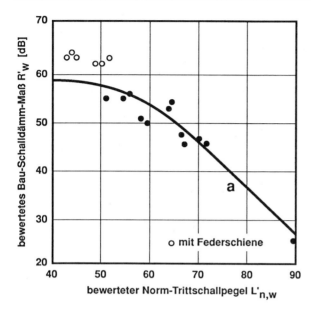

Bild 5.65 Zusammenhang zwischen bewertetem Bau-Schalldämm-Maß R'_w und bewertetem Norm-Trittschallpegel $L'_{n,w}$ von Holzbalkendecken [292]
a zu erwarten [290]

Die **obere Deckenschale** (Dielung) ist üblicherweise durch Schrauben oder Nageln fest mit den Balken verbunden. Durch ihre Entkopplung von den Balken (z. B. durch Zwischenlegen von Dämmstoffstreifen geringer dynamischer Steifigkeit) läßt sich der Trittschallpegel bei den kritischen tiefen Frequenzen um 4 bis 15 dB vermindern [290]. Aus statischen Gründen soll jedoch auf die Verbindung zwischen der oberen Deckenschale und den Balken insbesondere in Tafelbauweise (Fertighausbau) vielfach nicht verzichtet werden. Dann müssen akustisch wirksame Verbesserungen an anderen Konstruktionsteilen oder mittels Zusatzmaßnahmen vorgesehen werden.

Auf Bild 5.64 sind Frequenzverläufe des Norm-Trittschallpegels von zwei häufig ausgeführten Holzbalkenrohdecken dargestellt. Sie verdeutlichen, daß die Maxima der Trittschallübertragung im unteren Frequenzgebiet liegen. **Verbesserungsmaßnahmen** müssen deshalb vor allem **bei tiefen Frequenzen** wirksam sein [291]. Andererseits zeigt Bild 5.65, daß man davon ausgehen kann, daß eine Holzbalkendecke mit gutem Trittschallschutz auch eine hohe Luftschalldämmung aufweist [292] [293].

Aus schalltechnischer Sicht ist eine **Holzbalkendecke mit unterseitig sichtbaren Balken** äußerst problematisch. Selbst mit einem guten schwimmenden Estrich auf der Oberseite der Decke lassen sich in der Regel keine befriedigenden Luft- und Trittschalldämmungen erzie-

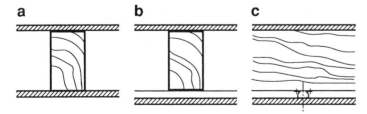

Bild 5.66 Einfluß der Art der Befestigung einer Deckenverkleidung (Gipskarton-, oder Spanplatten) auf die Trittschalldämmung von Holzbalkendecken
a direkt verleimt, genagelt oder verschraubt $L_{n,w}$ = 85 dB; b über Querlattung $L_{n,w}$ = 72 dB; c über Metall-Federschienen oder Federbügel und Querlattung $L_{n,w}$ = 65 dB

len [294]. Eine zusätzliche Beschwerung auf der Oberseite kann evtl. die erforderliche Verbesserung bewirken, wenn, in Ausnahmefällen, auf eine Unterdecke verzichtet werden soll.

Bei **Holzbalkendecken mit einer ebenen Deckenuntersicht** ist die Befestigungsart der unteren Schale für die erreichbare Schalldämmung von entscheidender Bedeutung. Bei direkter, starrer Befestigung durch Schrauben, Nageln oder Leimen ist die Körperschallübertragung über die Balken stark ausgeprägt. Durch Trennung der Verbindung, die in verschiedener Weise erfolgen kann, wird diese vermindert, und im günstigsten Falle verbleibt nur die Übertragung über den Deckenhohlraum. Die Verringerung des bewerteten Norm-Trittschallpegels beträgt hierbei im Extremfall bis zu etwa 20 dB. Zwischen den beiden Grenzfällen „keine Verbindung" und „starre Verbindung" gibt es Zwischenstufen, deren Auswirkungen auf Bild 5.66 dargestellt sind. Eine wesentliche Verbesserung ergibt sich danach bereits, wenn von unten an den Holzbalken Querleisten oder Metall-Federschienen angebracht werden, an denen die Unterschale befestigt wird. Bei Querleisten läßt sich die Körperschallübertragung dadurch besonders wirkungsvoll unterbinden, daß sie über federnd ausgebildete Blechbügel an den Balken befestigt werden. Am besten wäre natürlich eine Montage der unteren Verkleidung an gesonderten Tragehölzern [295]. Das wird in der Praxis jedoch wegen des erhöhten Aufwandes nur in seltenen Einzelfällen ausgeführt.

Vor allem dann, wenn die **unterseitige Deckenverkleidung** nur wenig Kontakt mit den Holzbalken hat, spielt ihre Beschaffenheit eine wesentliche Rolle. Die früher hauptsächlich verwendete Putzschale auf Rohrung und Lattung hat sich dabei schalltechnisch günstig verhalten, da sie verhältnismäßig schwer (ca. 30 kg/m^2) und nicht zu biegesteif war. Die heute verwendeten Verkleidungen aus Gipskartonplatten oder Holzspanplatten (10 bis 12 kg/m^2)

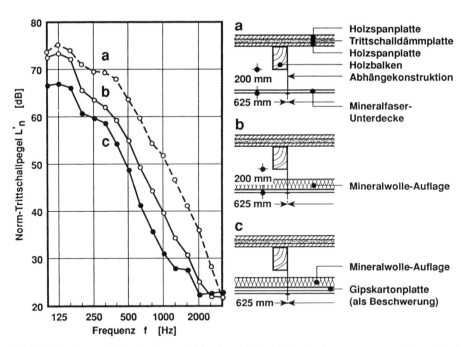

Bild 5.67 *Norm-Trittschallpegel L'_n einer Holzbalkendecke mit unterseitiger Deckenschale aus dichten Mineralfaserplatten ($m' = 5{,}5$ kg/m^2) ohne und mit zusätzlichen Auflagen*

a ohne zusätzliche Auflagen $L'_{n,w} = 66\ (\ 0)\ dB$ $R'_w = 49\ dB$
b mit einer Mineralwolleauflage $L'_{n,w} = 62\ (+1)\ dB$ $R'_w = 50\ dB$
c mit einer Beschwerung aus Gipskartonplatten und
   mit einer Mineralwolleauflage $L'_{n,w} = 56\ (+1)\ dB$ $R'_w = 52\ dB$

5.2 Konstruktive Lösungen für den baulichen Schallschutz

sowie aus gepreßten Mineralfaserplatten (5 bis 6 kg/m^2) sind leichter und erweisen sich daher meist als ungünstiger. Elementierte Unterdeckensysteme aus einzelnen Platten besitzen außerdem je nach Montagesystem einen hohen Fugenanteil. Infolge von Undichtigkeiten wird der Schalldurchgang hierbei vielfach erhöht. Wie auf Bild 5.67 gezeigt, kann durch das lose Auflegen von schallabsorbierenden Materialien (z. B. Mineralwolleplatten oder -filze) und von Gipskartonplatten auf der Oberseite der Unterschale eine Verminderung des bewerteten Norm-Trittschallpegels um bis zu etwa 10 dB erreicht werden [296].

Früher ist bei Holzbalkendecken der Lufthohlraum zwischen den Balken in der Regel mit einem **Blindboden**, d. h. mit einem Einschub und einer darauf aufgebrachten Füllung versehen worden (s. Bild 5.63). Als Füllung fanden Strohlehm, Schlacke oder Sand Verwendung. Ergebnis dieser Maßnahme ist eine erhöhte flächenbezogene Masse der Decke, die sich vor allem dann günstig auswirkt, wenn die Unterdecke fest mit den Holzbalken verbunden ist.

Wenn die Bedingungen der Baupraxis es zulassen, sollten folgende Prinzipien zur Optimierung der schalltechnischen Eigenschaften einer Holzbalkendecke realisiert werden:
- Entkopplung der oberen Deckenschale von den Balken (z. B. durch Zwischenlegen von Dämmstoffstreifen geringer dynamischer Steifigkeit),
- Verwendung einer schweren oberen Deckenschale mit geringer Biegesteifigkeit,
- Bedämpfung und gegebenenfalls auch Beschwerung des Deckenhohlraumes (Blindboden),

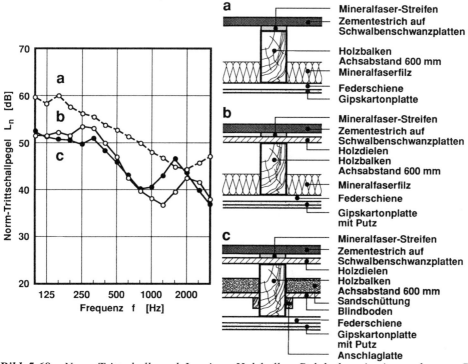

Bild 5.68 Norm-Trittschallpegel L_n einer Holzbalken-Rohdecke mit einer schweren Betonschale auf Stahl-Schalungsplatten in unterschiedlichen Ausführungen [297]
a ohne Dielung, ohne Blindboden
   $m' = 118$ kg/m^2 $L_{n,w} = 54$ (−2) dB $R_w = 63$ (−2) dB
b mit Holzdielen, ohne Blindboden
   $m' = 146$ kg/m^2 $L_{n,w} = 49$ (−3) dB $R_w = 66$ (−3) dB
c mit Holzdielen, mit Blindboden
   $m' = 220$ kg/m^2 $L_{n,w} = 49$ (−4) dB $R_w = 67$ (−3) dB

- Entkopplung der unteren Deckenschale von den Balken (z. B. durch Federschienen),
- Verwendung einer möglichst schweren unteren Deckenschale (z. B. durch Doppelbeplankung oder durch zusätzlichen Putz).

Bei den Beispielen auf Bild 5.68 finden diese **Prinzipien** Anwendung. Wegen der von den Balken entkoppelten Betonschale muß allerdings eine relativ hohe flächenbezogene Masse der Decke (ca. 120 bis zu 220 kg/m^2) in Kauf genommen werden. Ein Vorteil dieser Konstruktion besteht darin, daß die Betonschale auf einer Stahlplatte als verlorene Schalung hergestellt wird, die in der Tragrichtung zwar eine hohe, in der Querrichtung jedoch nur eine geringe Biegesteifigkeit besitzt, so daß die Platte als ausreichend biegeweich (s. Gl. 5.63) betrachtet werden kann. Dennoch kann sie einen hohen Anteil der Tragfähigkeit der Decke übernehmen und deshalb von den Balken durch weiche Mineralfaserstreifen entkoppelt werden [297].

5.2.4.5 Deckenauflagen für Holzbalkendecken

Wie bei Massivdecken läßt sich die Trittschallanregung auch bei Holzbalkendecken durch **schwimmende Estriche oder Weichbeläge** (z. B. Teppichbeläge) wirksam verringern. Allerdings ergibt der gleiche Estrich auf einer Holzbalkendecke einen deutlich anderen Verlauf der Trittschallminderung als auf einer Massivdecke. Wie Bild 5.69 anhand des Beispiels eines schwimmenden Trockenestrichs zeigt, ist sie im allgemeinen bei hohen Frequenzen geringer. Im Abschn. 5.1.2.2 wurde erläutert, daß deshalb die auf Betondecken bezogenen bewerteten Trittschallminderungen ΔL_w für die Holzbaupraxis nicht besonders gut geeignet sind und durch eine holzbaubezogene bewertete Trittschallminderung $\Delta L_{H,w}$ ersetzt werden sollen [294].

Die bewertete Trittschallminderung gut ausgeführter schwimmender Estriche auf Holzbalkendecken liegt bei $\Delta L_{H,w}$ = 15 bis 20 dB. Auch hier kommt es vor allem auf die Verwendung einer weichfedernden Dämmschicht mit genügend geringer dynamischer Steifigkeit an (s. Tabelle 5.23). Anstelle der monolithisch ausgeführten schwimmenden Estriche werden in Holzbauten trocken verlegbare, leichte Fußbodenausführungen (**Trockenestriche**) bevorzugt.

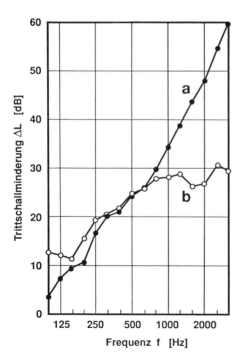

Bild 5.69 Trittschallminderung ΔL durch einen schwimmenden Trockenestrich [298]
a auf einer Beton-Rohdecke $\Delta L_w = 27\ dB$
b auf einer Holzbalken-Rohdecke $\Delta L_{H,w} = 18\ dB$

5.2 Konstruktive Lösungen für den baulichen Schallschutz

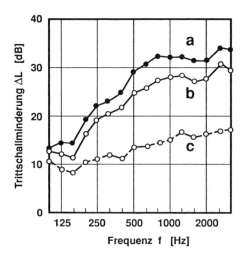

Bild 5.70 Trittschallminderung ΔL eines schwimmenden Trockenestrichs auf einer Holzbalkendecke bei verschiedenen dynamischen Steifigkeiten s' der Dämmschicht
a $s' = 10$ MN/m^3 $\Delta L_{H,w} = 20$ dB
b $s' = 20$ MN/m^3 $\Delta L_{H,w} = 18$ dB
c ohne Dämmschicht $\Delta L_{H,w} = 12$ dB

Dafür kommen vor allem Holzspanplatten oder zweischichtige Gipskarton- oder Gipsfaser-Verlegeplatten auf verschiedenen Dämmschichten zur Anwendung. Mit zusätzlichen Schüttungen auf den Dielen, die als Beschwerung dienen, ohne die Biegesteifigkeit nennenswert zu erhöhen, können die durch geringe flächenbezogene Masse gegebenen Nachteile von Trockenestrichen ausgeglichen werden. Die auf den Bildern 5.70 und 5.71 dargestellten Beispiele zeigen den Einfluß der dynamischen Steifigkeit von Dämmschichten und der flächenbezogenen Masse von **Schüttungen** auf die Trittschallminderung von schwimmenden Trokkenestrichen, die auf einer Holzbalkendecke verlegt wurden [298].

Anstelle von Schüttungen kann die flächenbezogenen Masse auch durch das **Auflegen von Betonplatten** o. ä. (etwa 50 bis 75 kg/m^2) auf die Holzbalkendecke erhöht werden. Die Wirksamkeit solch einer Plattenschicht ist deshalb besonders groß, weil sie infolge der Fugen zwischen den Platten „biegeweich" ist. Die Verbesserung der Schalldämmung durch einen schwimmenden Trockenestrich läßt sich auch dadurch erhöhen, daß die flächenbezogenen Masse der lastverteilenden Platte vergrößert wird. Wie auf Bild 5.72 dargestellt ist, kann das beispielsweise durch einen elementierten Estrich aus Betonplatten oder durch Sandmatten erfolgen, die auf die Dämmschicht aufgelegt werden [299] [300].

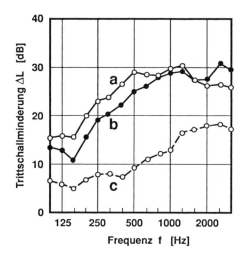

Bild 5.71 Trittschallminderung ΔL eines schwimmenden Trockenestrichs auf einer Holzbalkendecke bei verschiedenen Schüttungen zwischen Dielung und Dämmschicht
Dämmschicht: 30 mm Polystyrolhartschaum-Platten ($s' < 20$ MN/m^3)
a Kießschüttung $m' = 85$ kg/m^2 $\Delta L_{H,w} = 22$ dB
b Naturglasschüttung $m' = 24$ kg/m^2 $\Delta L_{H,w} = 18$ dB
c ohne Schüttung $\Delta L_{H,w} = 12$ dB

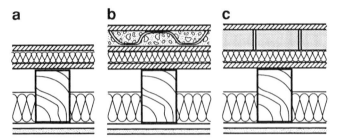

Bild 5.72 Bewertete Trittschallminderung $\Delta L_{H,w}$ eines Trockenestrichs auf einer Holzbalkendecke bei Erhöhung der flächenbezogenen Masse der lastverteilenden Platte
a   ohne Maßnahmen (Gipsfaserplatten) $\Delta L_{H,w} = 13$ dB
b   mit 38 mm Sandmatten auf Gipsfaserplatten $\Delta L_{H,w} = 21$ dB
c   mit 40 mm elementiertem Estrich aus Betonplatten $\Delta L_{H,w} = 30$ dB

Weichfedernde Gehbeläge sind auf Holzbalkendecken zur Trittschalldämmung weniger wirksam als auf Massivdecken, da sie auf diesen bevorzugt die hochfrequenten Geräuschanteile des Trittschalls reduzieren. Wie erläutert wurde, kommt es aber bei Holzbalkendecken vor allem auf Maßnahmen für den tieffrequenten Bereich an. Auf Bild 5.73 ist das am Beispiel eines Teppichbelags verdeutlicht.

5.2.4.6 Durchgehende abgehängte Unterdecken

Diese Unterdecken gewährleisten zwischen ihrer Oberseite und der Unterseite der Rohdecke einen über mehrere Räume eines Stockwerkes hindurchgehenden **Deckenhohlraum**. Dies bietet eine Reihe von Vorteilen, insbesondere für die Verlegung der Ver- und Entsorgungsleitungen der einzelnen Räume, für Lüftungs- und Klimaanlagen, Elektroinstallations- und Kommunikationsleitungen. Auch die nachträgliche Wartung dieser Installationen sowie zusätzliche Verlegungen sind möglich, da der Deckenhohlraum bei den meisten Unterdeckensystemen leicht zugänglich bleibt.

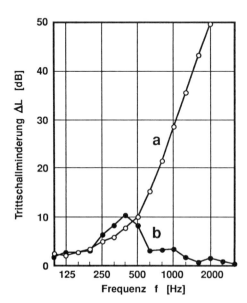

Bild 5.73 Trittschallminderung ΔL durch einen Nadelfilz-Teppichbelag [301]
a   auf einer Beton-Rohdecke $\Delta L_w = 19$ dB
b   auf einer Holzbalken-Rohdecke $\Delta L_{H,w} = 3$ dB

5.2 Konstruktive Lösungen für den baulichen Schallschutz

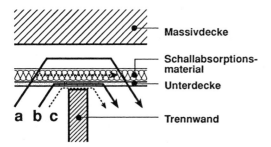

Bild 5.74 Prinzipdarstellung der Schallübertragungswege zwischen benachbarten Räumen bei durchgehenden abgehängten Unterdecken
a Luftschallübertragung über den Deckenhohlraum
b Körperschallübertragung durch die Unterdecke
c Luftschallübertragung über Undichtigkeiten

Den Vorzügen dieser Unterdecken steht das Problem gegenüber, daß der über mehrere Räume hinweggehende Deckenhohlraum einen Weg für die **Schallübertragung von Raum zu Raum** darstellt [302], wodurch die Schalldämmung stark beeinträchtigt werden kann. Gegenüber der Schallübertragung im Deckenhohlraum und zweimal durch die Unterdecke hindurch, wie auf Bild 5.74 skizziert, ist die Körperschallübertragung entlang der Unterdecken infolge der üblicherweise vorhandenen Konstruktionsfugen meist ohne Bedeutung. Ausnahmen könnten z. B. durchgehende Randschienen sein. Es ist deshalb ratsam, stets eine Trennung sämtlicher Befestigungselemente im Wandbereich vorzusehen.

Es gibt detaillierte Berechnungsverfahren zur Bestimmung der Schall-Längsübertragung bei durchgehenden abgehängten Unterdecken [303] [304]. Sie erfordern jedoch meist sehr genaue Kenntnisse über Materialeigenschaften und konstruktive Details, die in der Praxis vielfach nicht vorliegen. Deshalb sind meßtechnische Untersuchungen zur Schall-Längsübertragung, die an Prototypen in speziellen, dafür geeigneten Prüfständen [305] [509] [641] oder auch am Bau durchgeführt werden können, besonders bedeutungsvoll (s. Abschn. 5.1.1.4).

Es kommen **Unterdeckensysteme** aus verschiedenen Materialien (Metall, Gipskarton, Mineralfaser, Kunststoff o. ä.) und unter Verwendung unterschiedlicher Befestigungsmethoden

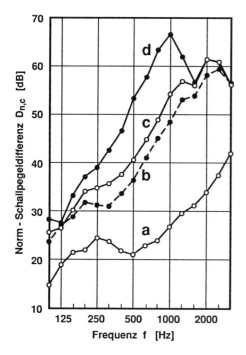

Bild 5.75 Norm-Schallpegeldifferenz $D_{n,c}$ einer Mineralfaser-Unterdecke für Schall-Längsübertragung bei rückseitiger Beschichtung und bei Dämmschichtauflagen [307]
Abhängehöhe $\approx$ 750 mm
a ohne Maßnahmen, sichtbares Montagesystem
Plattendicke 15 mm, $m' = 5{,}3$ kg/m^2
$r = 3{,}0$ kPas/m
$D_{n,c,w} = 28\ (-1;\ -3)$ dB
b mit zusätzlicher Beschichtung der Plattenrückseite und Bandraster-Montagesystem,
Plattendicke 20 mm, $m' = 7{,}4$ kg/m^2
$D_{n,c,w} = 43\ (-2;\ -6)$ dB
c wie b, jedoch mit Teilauflage einer Dämmschicht,
Plattendicke 20 mm, $m' = 7{,}4$ kg/m^2
$D_{n,c,w} = 45\ (-1;\ -6)$ dB
d wie b, jedoch mit vollflächiger Auflage einer Dämmschicht
Plattendicke 20 mm, $m' = 8{,}9$ kg/m^2
$D_{n,c,w} = 51\ (-3;\ -8)$ dB

zum Einsatz [764]. Die wichtigsten Einflußparameter für die Schallübertragung sind dabei die flächenbezogene Masse der Deckenplatten, die Dichtheit, das Vorhandensein und die Eigenschaften einer schallabsorbierenden Deckenauflage sowie die Abhängehöhe der Unterdecke [306]. Bei geschlossenen Unterdecken, die eine besonders gute Schalldämmung ermöglichen, darf das Montagesystem möglichst nicht zu akustisch wirksamen Fugen führen. Günstig sind „verdeckte" Montagearten, bei denen die Fugen versetzt und die Tragschienen „unsichtbar" angeordnet werden. In den Deckenhohlraum sollte eine schallabsorbierende Dämmschicht (wenigstens 40 mm dick; längenbezogener Strömungswiderstand $r > 5$ kPa s/m^2) eingebracht werden. Fugenlose Gipsbauplattendecken mit Doppelbeplanung ($m' \approx 25$ kg/m^2) beispielsweise ermöglichen dann für die Schall-Längsübertragung bewertete Norm-Schallpegeldifferenzen bis zu $D_{n,c,w} = 60$ dB.

Vielfach sind **schallabsorbierende Eigenschaften** erwünscht. Das ist hinsichtlich der Schalldämmung problemlos möglich, wenn die Schallabsorber unter der eigentlichen Unterdecke montiert werden. Häufig werden aber auch Lochplatten mit eingelegten offenporigen Dämmstoffen oder selbsttragende schallabsorbierende Mineralfaserplatten in Unterdeckensystemen verwendet (s. Abschn. 4.1.2.1). Damit sind im allgemeinen nur bewertete Norm-Schallpegeldifferenzen $D_{n,c,w}$ bis zu etwa 20 bis 30 dB zu erreichen. Zur Verringerung der Schall-Längsübertragung ist hier eine geschlossene rückseitige Abdeckung empfehlenswert. Bei Mineralfaser-Deckensystemen beispielsweise kann die bewertete Norm-Schallpegeldifferenz bereits durch eine dünne rückseitige Farb-, Kunststoff- oder Aluminium-Beschichtung um bis zu etwa 5 dB verbessert werden. Bild 5.75 zeigt das an einem Beispiel. Hier ist auch der

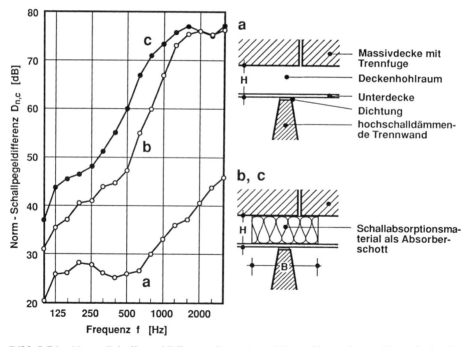

Bild 5.76 *Norm-Schallpegeldifferenz $D_{n,c}$ einer Mineralfaserplatten-Unterdecke für Schall-Längsübertragung bei Einbringen von Absorberschotts [309]*
flächenbezogene Masse $m' = 5,6$ kg/m^2, Abhängehöhe $H = 700$ mm, Bandraster-Montagesystem
a   ohne Absorberschott $D_{n,c,w} = 33\ (-1;-3)$ dB
b   mit Absorberschott einer Breite $B = 500$ mm $D_{n,c,w} = 52\ (-1;-6)$ dB
c   mit Absorberschott einer Breite $B = 800$ mm $D_{n,c,w} = 61\ (-2;-8)$ dB

Einfluß einer schallabsorbierenden Dämmschicht im Deckenhohlraum als Teilauflage im Trennwandbereich und als vollflächige Auflage dargestellt [307] [308]. Damit sind bewertete Norm-Schallpegeldifferenzen $D_{n,c,w}$ bis etwa zu 40 bis 50 dB erreichbar.

Eine andere Möglichkeit, die Schall-Längsübertragung über durchgehende abgehängte Unterdecken zu vermindern, besteht darin, im Deckenhohlraum eine **Abschottung** oberhalb der Trennwandebene einzubauen. Diese Abschottung kann entweder eine Fortsetzung der Wandkonstruktion oder ein sogenannter Absorberschott, eine „Aufstapelung" von Schallabsorbern (meistens aus Mineralfaserplatten) bis zur Unterseite der Rohdecke, sein. Auf Bild 5.76 sind Ergebnisse von Messungen an Unterdecken mit und ohne Absorberschotts dargestellt. Die bewertete Norm-Schallpegeldifferenz $D_{n,c,w}$ kann hierdurch um mehr als 20 dB verbessert werden.

5.2.4.7 Durchgehende Doppel- und Hohlraumböden

Unter den Begriff Doppelboden fallen alle elementierten, vorgefertigten und austauschbaren Bodensysteme, welche einen Installationsraum schaffen, der überall und ohne besonderen Aufwand frei zugänglich ist [310]. Hohlraumböden hingegen sind Estrichböden, die auf einer speziellen Unterkonstruktion aufgebracht werden. Durch die Struktur der Unterkonstruktion wird ein Hohlraum geschaffen, der je nach Bedarf für Unterflurinstallation, Lüftung, Heizung, Klimatisierung usw. genutzt werden kann [311] [766]. Beiden Systemen ist gemeinsam, daß zwischen Rohdecke und Bodenkonstruktion ein entlang mehrerer benachbarter Räume hindurchgehender Hohlraum entsteht. Wie bei durchgehenden abgehängten Unterdecken ist mit einer stark ausgeprägten **Schall-Längsübertragung** zu rechnen, wenn keine zusätzlichen Maßnahmen zur Erhöhung der Schalldämmung vorgesehen werden. Im Vergleich zu Unterdecken kommt erschwerend hinzu, daß es sich bei Doppel- und Hohlraumböden nicht nur um die horizontale Luftschallübertragung, sondern auch um die horizontale Körperschall-, vor allem Trittschallübertragung zwischen nebeneinanderliegenden Räumen handelt. Die Bilder 5.77 und 5.78 zeigen die wichtigsten **Schallübertragungswege**.

Durch Doppelböden läßt sich das bewertete Schalldämm-Maß von massiven Rohdecken **in vertikaler Richtung** um ca. 7 bis 9 dB verbessern. Dabei spielen vor allem die flächenbezogene Masse des Plattenmaterials, die Fugendichtigkeit zwischen den Platten, die Anzahl von Lüftungsöffnungen, die Hohlraumdämpfung und die Hohlraumhöhe eine Rolle. Bei Hohlraumböden mit einem „Standardaufbau" ist nur eine geringfügige Verbesserung bis zu

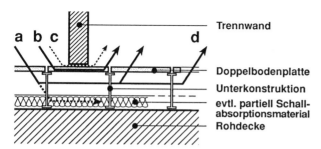

Bild 5.77 *Prinzipdarstellung der Schallübertragungswege zwischen benachbarten Räumen bei durchgehenden Doppelböden*
a   Luftschallübertragung über den Hohlraum
b   Körperschallübertragung durch die Doppelbodenplatten
c   Luftschallübertragung über Undichtigkeiten (Fugen zwischen Wand und Doppelböden, z. B. durchgehender Teppichboden, aber auch zwischen den einzelnen Doppelbodenplatten)
d   Schallausbreitung über Lüftungsöffnungen

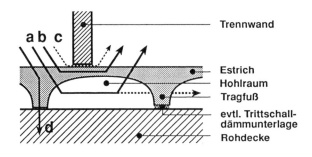

Bild 5.78 Prinzipdarstellung der Schallübertragungswege zwischen benachbarten Räumen bei durchgehenden Hohlraumböden
a Luftschallübertragung über den Hohlraum
b Körperschallübertragung durch den Hohlraumboden
c Luftschallübertragung über Undichtigkeiten (Fugen zwischen Wand und Hohlraumboden, z. B. durchgehender Teppichboden)
d Körperschalleinleitung in die Rohdecke

etwa 2 dB zu erwarten. Höhere Werte von ca. 4 bis 7 dB können erst mit einer größeren Estrichdicke erzielt werden [312]. Wie auf Bild 5.78 erkennbar, ist bei Hohlraumböden mit einer erheblichen Körperschalleinleitung in die Rohdecke zu rechnen.

Die genannten konstruktiven Parameter beeinflussen auch die **Schall-Längsdämmung** von Doppelböden [313]. Zusätzliche Maßnahmen, wie z. B. eine vollflächige oder partielle **Hohlraumbedämpfung** oder ein **Absorberschott** im Bereich der Trennwand bewirken nur dann eine merkliche Verbesserung, wenn die Schallübertragung hauptsächlich über den Hohlraum erfolgt, nicht aber bei überwiegender Körperschall-Längsleitung. Leichte Konstruktionen ($m' \approx 20$ bis 30 kg/m^2) erreichen bewertete Norm-Flankenpegeldifferenzen von $D_{n,f,w} \approx 40$ bis 45 dB. Bei höherer flächenbezogener Masse der Platten (bis $m' \approx 80$ kg/m^2) und mit Schallabsorptionsmaßnahmen im Hohlraum können $D_{n,f,w}$-Werte bis ca. 55 dB, mit Absorberschotts bis ca. 60 dB erzielt werden [314].

Bei Hohlraumböden beeinflussen die flächenbezogene Masse der Druckplatte und der konstruktive Aufbau die Schall-Längsdämmung. Da die Körperschallübertragung hier meist überwiegt, erweisen sich **Fugen** im Bereich der Trennwand, die den Hohlraumboden in der gesamten Länge der Wand durchtrennen, als besonders wirksam. Selbstverständlich ist auf die sorgsame Dichtung dieser Fugen z. B. mittels dauerplastischer Dichtstoffe zu achten. Mit wirksamer Trennfuge erzielen Hohlraumböden in horizontaler Richtung wie Doppelböden bewertete Norm-Flankenpegeldifferenzen bis zu $D_{n,f,w} \approx 55$ dB.

Für den **Trittschallschutz**, sowohl in horizontaler als auch in vertikaler Übertragungsrichtung, ist bei allen Bodensystemen die flächenbezogene Masse von Einfluß. Doppelböden lassen bei horizontaler Trittschallübertragung zwischen benachbarten Räumen bewertete Norm-Trittschallpegel von $L'_{n,w} \approx 53$ bis 60 dB erwarten. Durch ein Absorberschott im Trennwandbereich werden diese um ca. 7 bis 10 dB reduziert. Die Art der Stützenkonstruktion und eine Hohlraumbedämpfung sind meist nur von geringem Einfluß. Bei Hohlraumböden ist in Abhängigkeit von der Konstruktionsart mit sehr unterschiedlichen Trittschallübertragungen zu rechnen. Hier sind elastische Unterlagen unter dem Tragfuß der Estrichplatte z. B. in Form von dünnen Trittschalldämmbahnen aus Elastomer-Kunststoffschaum oder von gestanzten Weichgummischeiben wirksame Verbesserungsmaßnahmen.

Die **bewertete Trittschallminderung** des verwendeten Fußbodenbelages ΔL_w ist bei beiden Bodensystemen meist die wichtigste Einflußgröße bezüglich des Trittschallschutzes sowohl in horizontaler als auch in vertikaler Ausbreitungsrichtung. Durch Doppelböden lassen sich auf einer Massivrohdecke ohne Belag bewertete Trittschallminderungen von etwa 14 bis 20 dB, mit einem Teppichbelag von ca 25 bis 30 dB realisieren. Bei Hohlraumböden liegen diese Werte ohne Belag etwa zwischen 10 und 15 dB und mit einem Teppichboden oder mit Trittschallentkopplung zwischen ca 20 und 30 dB [315].

Bei Doppel- und Hohlraumböden kommt es beim Begehen teilweise zu einer erheblichen **Schallabstrahlung** in den eigenen Raum, d. h. zu lauten „Gehgeräuschen" [316] [317]. Der

5.2 Konstruktive Lösungen für den baulichen Schallschutz

Schalldruckpegel des Gehgeräusches hängt dabei sowohl von der Fußbodenkonstruktion als auch vom Schuhwerk ab und kann in der Regel mit einem **Teppichbelag** am wirkungsvollsten vermindert werden.

5.2.4.8 Treppen

Im Geschoßwohnungsbau sind vor allem massive Treppenläufe und Treppenpodeste im Einsatz. Sie müssen den Forderungen der Tabelle 5.6 entsprechen. Holztreppen, die insbesondere wegen ihrer Eigengeräuschentwicklung von Bedeutung für den Schallschutz sein können, kommen in der Regel nur im „eigenen Wohnbereich" vor, und für sie gibt es deshalb keine Anforderungen [619]. Für Stahltreppen, die im Mehrgeschoßbau vor allem als Fluchttreppen, aber in der zeitgenössischen Architektur auch immer mehr als Gestaltungselemente eingesetzt werden, gelten die für Massivtreppen gültigen schalltechnischen Grundsätze.

Zur **Minderung der horizontalen und diagonalen Trittschallübertragung von Treppen** in angrenzende Wohnräume sind mehrere bautechnische Lösungen üblich. In Tabelle 5.28 sind die häufigsten Ausführungsvarianten beschrieben und die damit zu erzielenden Werte der äquivalenten bewerteten Norm-Trittschallpegel und der bewerteten Norm-Trittschallpegel angegeben. Die erstgenannten Werte finden unter Nutzung von Gl. (5.49) zur Abschätzung der resultierenden Trittschalldämmung Verwendung, wenn ein weicher Gehbelag oder ein schwimmender Estrich mit einer bestimmten bewerteten Trittschallminderung ΔL_w aufgebracht wird. Die zweitgenannten Werte gelten z. B. für Fertigteil-Konstruktionen, wenn keine zusätzlichen Maßnahmen vorgesehen sind. Es wird deutlich, daß mit einer durchgehenden Gebäudetrennfuge (zweischalige Treppenraumwand) Trittschallminderungen in einer Größenordnung von 15 bis 20 dB erreicht werden können.

Tabelle 5.28 Äquivalente bewertete Norm-Trittschallpegel $L_{n,eq,0,w,R}$ und bewertete Norm-Trittschallpegel $L'_{n,w,R}$ für verschiedene Ausführungen von massiven Treppenläufen und Treppenpodesten unter Berücksichtigung der Ausbildung der Treppenraumwand (Rechenwerte, auszugsweise [620])

Treppen und Treppenraumwand	$L_{n,eq,0,w,R}$ [dB]	$L'_{n,w,R}$ [dB]
Treppenpodest[1]), fest verbunden mit einschaliger, biegesteifer Treppenraumwand (flächenbezogene Masse 380 kg/m^2)	66	70
Treppenlauf[1]), fest verbunden mit einschaliger, biegesteifer Treppenraumwand (flächenbezogene Masse 380 kg/m^2)	61	65
Treppenlauf[1]), abgesetzt von einschaliger, biegesteifer Treppenraumwand	58	58
Treppenpodest[1]), fest verbunden mit Treppenraumwand bei durchgehender Gebäudetrennfuge (wie Haustrennwände)	≤ 53	≤ 50
Treppenlauf[1]), abgesetzt von Treppenraumwand bei durchgehender Gebäudetrennfuge	≤ 46	≤ 43
Treppenlauf[1]), abgesetzt von Treppenraumwand bei durchgehender Gebäudetrennfuge, auf Treppenpodest elastisch gelagert	38	42

[1]) gilt für Stahlbetonpodest oder -treppenlauf mit einer Dicke $t \geq 120$ mm

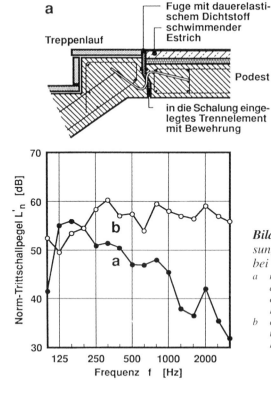

Bild 5.79 Beispiel für eine bautechnische Lösung zur Minderung der Trittschallübertragung bei einem Treppenlauf-Podest-Anschluß [318]
a mit einem in die Schalung gelegten Trennelement, einer darin integrierten Bewehrung und mit einer mit dauerelastischem Dichtstoff geschlossener Fuge
$L'_{n,w} = 49\ (-2)\ dB$
b ohne Maßnahme; Treppenlauf und Podest zusammen betoniert
$L'_{n,w} = 63\ (-9)\ dB$

Die Werte der Tabelle 5.28 zeigen, daß vom **Treppenpodest** in angrenzende Räume eine höhere Trittschallübertragung zu erwarten ist als vom Treppenlauf. Treppenpodeste werden deshalb häufig mit einem **schwimmenden Esstrich** versehen. Bei **Treppenläufen** bietet eine **Trennfuge** zur Treppenraumwand ausreichenden Trittschallschutz, wenn der Treppenlauf vom Podest schalltechnisch getrennt wird. Das kann durch eine elastische Lagerung geschehen oder mit Hilfe der auf Bild 5.79 dargestellten Lösung. Unter Verwendung eines zur Aufnahme von Zug- und Druckkräften eingelegten Bewehrungselementes wird hier eine mit dauerelastischem Dichtstoff verfüllte Trennfuge realisiert.

5.2.4.9 Böden von Loggien und Balkonen, Dachkonstruktionen

Bei auskragenden Böden von Balkonen, Loggien und Laubengängen ist die Trittschallübertragung in horizontal, meist nur in **diagonal darunter angrenzende Räume** zu beachten, sofern diese als Aufenthaltsräume genutzt werden und zu fremden Wohn- oder Arbeitsbereichen gehören. Wie bei Treppen sind Trennfugen auch hier geeignete Schallschutzmaßnahmen. Oft können bautechnische Lösungen, die ursprünglich für den Wärmeschutz entwickelt worden sind, wirksam eingesetzt werden. Auf Bild 5.80 sind Beispiele solcher Lösungen skizziert.

Decken zum **Dachgeschoß** sind in akustischer Hinsicht wie die Decken zwischen den anderen Geschossen zu behandeln, abhängig natürlich von den aus der Nutzungsart des Dachgeschosses resultierenden Anforderungen (s. Tabellen 5.6 und 5.8).

Bei ausgebauten Dächern gehen die Schallschutzanforderungen an die Dachkonstruktion über die üblicherweise nach außen hin geltenden hinaus, wenn sich das Gebäude im Anflug-

5.2 Konstruktive Lösungen für den baulichen Schallschutz

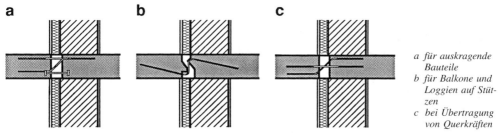

a für auskragende Bauteile
b für Balkone und Loggien auf Stützen
c bei Übertragung von Querkräften

Bild 5.80 Prinzipzeichnung bautechnischer Lösungen zur Minderung der Trittschallübertragung bei einem Balkonplatte-Decken-Anschluß o. ä. [319]

bereich eines Flughafens befindet. Nach der Schallschutzverordnung zum Fluglärmgesetz [29] wird im Lärmschutzbereich I von einem äquivalenten Dauerschallpegel von $L_{eq} > 67$ dB(A), im Lärmschutzbereich II von $L_{eq} > 75$ dB(A) ausgegangen. Im ersten Falle erfordert das ein bewertetes Bau-Schalldämm-Maß von $R'_w \geq 45$ dB, im zweiten Falle von $R'_w \geq 50$ dB.

Bei Dachausbauten steht meistens nicht der Schallschutz, sondern, insbesondere seit der neuen Wärmeschutzverordnung [271], der *Wärmeschutz* im Vordergrund. Dabei stellt sich die Frage, ob bei einem geneigten Dach die volle Sparrenhöhe mit einem Wärmedämmstoff, wie z. B. Mineralfasern, ausgefüllt werden soll. Hierbei stehen alle bauphysikalischen Aspekte im Einklang. Wie Bild 5.81 an Beispielen zeigt, sprechen nicht nur die wärme- und feuchtetechnischen Argumente sondern auch die schalltechnischen für eine **Vollsparrendämmung**.

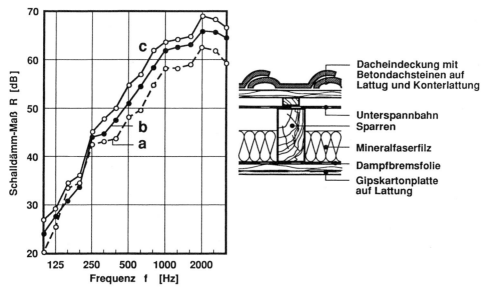

Bild 5.81 Schalldämmung einer geneigten Dachkonstruktion bei unterschiedlichen Füllungsgraden der Sparrenzwischenräume mit Mineralfaserdämmstoff [320]
a 60 mm dicke Mineralfaserfilzauflage $R_w = 48 \, (-3; -10)$ dB
b 120 mm dicke Mineralfaserfilzfüllung
    (hinterlüftete Konstruktion) $R_w = 50 \, (-3; -9)$ dB
c 160 mm dicke Mineralfaserfilzfüllung
    Vollsparrendämmung $R_w = 52 \, (-3; -9)$ dB

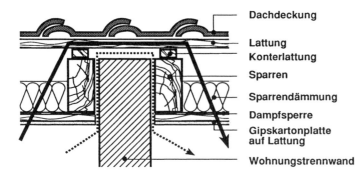

Dachdeckung
Lattung
Konterlattung
Sparren
Sparrendämmung
Dampfsperre
Gipskartonplatte auf Lattung
Wohnungstrennwand

Bild 5.82 *Schematische Darstellung von möglichen Schallübertragungswegen bei Wohnungstrennwänden in einem ausgebauten Dachgeschoß*

Ein typisches Problem für den Dachausbau zu Wohnzwecken ist die Tatsache, daß der Schallschutz der dort eingesetzten **Wohnungstrennwand** in der Regel deutlich geringer ausfällt als in den darunterliegenden Stockwerken. Die hierfür verantwortlichen Schallübertragungswege sind auf Bild 5.82 dargestellt. Eine vollflächige, dicke Sparrendämmung und zusätzlich evtl. eine Bedämpfung des Hohlraums zwischen den Dachlatten und der Konterlattung über der Trennwand mit Mineralfaserplatten sind geeignete Schallschutzmaßnahmen.

5.3 Schallschutz für haustechnische Anlagen

Bei technischen Schallquellen fest installierter Anlagen eines Hauses (z. B. Einrichtungen der Wasserinstallation, Heizungs- und Lüftungsanlagen, Fahrstühle, Müllabwurfsanlagen u. ä.), oder bei Gewerbebetrieben, Gemeinschaftswaschanlagen, Sport- und Schwimmeinrichtungen, die sich im gleichen Gebäude befinden, werden nach Abschn. 5.1.3.2 Anforderungen sowohl an die Schalldämmung der trennenden Bauteile (s. Tabelle 5.8) als auch bezüglich eines maximal zulässigen Geräuschpegels (s. Tabelle 3.6) gestellt. Hierbei besteht z. Z. ein unterschiedliches Schallschutzniveau für **Wasserinstallationen** ($L_{In} \leq 35$ dB(A)) und **sonstige haustechnische Anlagen** ($L_{AF, max} \leq 30$ dB(A)) [619], obwohl aus der Sicht des Schallschutzes in Fachkreisen die Meinung vertreten wird [321], daß Störgeräusche von mehr als 30 dB(A) in schutzbedürftigen Räumen zu starken Belästigungen führen und den zeitgemäßen Erwartungen an den Schallschutz nicht Rechnung tragen. Außer Betracht bleiben dabei Geräusche von ortsveränderlichen Maschinen und Geräten (z. B. Staubsauger, Waschmaschinen, Küchengeräte und Sportgeräte) im eigenen Wohnbereich.

Im vorliegenden Abschnitt werden Fragen des Schallschutzes im Bereich der Haustechnik nur für die im Wohnbereich besonders wichtigen **Sanitärinstallationen und für Aufzugsanlagen** behandelt. Bei Lüftungs- und Klimaanlagen ist es in der Praxis ohnehin üblich, daß bauseitig zwar die schalltechnischen Anforderungen vorgeschrieben werden (s. Tabellen 3.6 und 3.7), deren Gewährleistung durch Planung und Ausführung aber von den Spezialfirmen der Branche übernommen wird.

5.3.1 Installationsgeräusche

5.3.1.1 Armaturengeräusche und ihre Messung im Laboratorium

Armaturen der Sanitärinstallationen wie Auslaufarmaturen, Mischbatterien, Druckspüler, Absperr- und Drosselventile, Druckminderer etc. gehören neben dem Straßenverkehr zu den

5.3 Schallschutz für haustechnische Anlagen

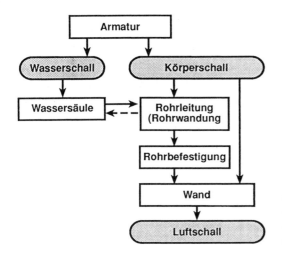

Bild 5.83 Schallausbreitung von Armaturengeräuschen in Form von Wasserschall und Körperschall sowie Umwandlung in Luftschall [324]

störendsten Geräuschquellen im Wohnbereich. Ursache der Geräusche sind vor allem **Druckstöße, Kavitations- und Wirbelerscheinungen** [322] [323]. Wie auf Bild 5.83 durch ein Flußdiagramm veranschaulicht, führen die Schwingungsvorgänge in der Wassersäule zu einem Mitschwingen der Rohrwandungen. Dieser Körperschall wird von den Rohrleitungen über Befestigungselemente und andere Schallbrücken in den Baukörper geleitet und schließlich über Wände und Decken als wahrnehmbares Armaturengeräusch abgestrahlt. Daneben tritt ein primärer Körperschallanteil auf, der nicht erst durch Umwandlung aus Wasserschall entsteht, sondern durch Wechselwirkungen zwischen der Flüssigkeit und der mechanischen Struktur in der Armatur selbst verursacht wird [325].

In erster Linie entstehen die Geräusche bei starken Querschnittsverengungen z. B. am Ventilsitz. Sie nehmen bei einem größeren Durchmesser des Ventilsitzes stark ab [326]. Diese Erkenntnis wird für die **Konstruktion geräuscharmer Armaturen** genutzt. Zur Unterdrückung von Kavitationserscheinungen und zur Begrenzung des Wasserdurchflusses wird am Ausgang geräuscharmer Armaturen ein Strömungswiderstand in Form eines einfachen perforierten Bleches oder Röhrchens eingebaut (Perlator) [326].

Zur Kennzeichnung der Geräuschemission von Armaturen dient der **Armaturengeräuschpegel** L_{ap}. Dieser wird im Laboratorium unter definierten Bedingungen unter Verwendung einer Vergleichsschallquelle, des sogenannten Installationsgeräuschnormales (IGN) bestimmt [539] [676]. Das Installationsgeräuschnormal ist ein genormtes Einsatzstück mit speziellen Bohrungen für den Wasserdurchlauf.

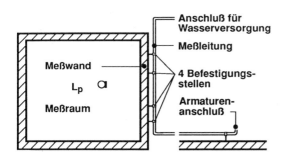

Bild 5.84 Schematische Darstellung der Prüfanordnung zur Bestimmung des Armaturengeräuschpegels nach [676]

Tabelle 5.29 Schalltechnische Anforderungen an Armaturen [676] bis [680])

Armaturengruppe	Armaturengeräuschpegel L_{ap} [dB(A)]	im Bau zu erwartender Installationsschallpegel L_{In} [dB(A)]	
		Nachbarraum unmittelbar angrenzend	Sanitärraum von Wohnraum durch einen zwischenliegenden Raum getrennt
I	≤ 20	30	20
II	≤ 30	40	30

Die **Prüfanordnung** ist auf Bild 5.84 schematisch dargestellt. Im Installationsraum wird die zu untersuchende Armatur im Wechsel mit dem Installationsgeräuschnormal an eine Meßleitung angeschlossen. Der bei Wasserdurchfluß in der Meßleitung verursachte Körperschall überträgt sich über Rohrschellen auf die Meßwand, die ihn als Luftschall in den Meßraum abstrahlt. Dort wird der Schalldruckpegel L_p gemessen, üblicherweise in Terz- oder Oktavschritten im Frquenzbereich zwischen 100 und 5000 Hz (bei Terzen) oder zwischen 125 und 4000 Hz (bei Oktaven). In definierter Weise erfolgt eine Korrektur der bei Betrieb der Armatur gewonnenen Werte anhand der mit dem Installationsgeräuschnormal am gleichen Ort gemessenen. Nach A-Bewertung (s. Tabelle 3.1) und Addition der Bandpegel (gemäß Gl. (2.11)) ergibt sich der Armaturengeräuschpegel L_{ap} in dB(A). Er entspricht in grober Näherung dem A-bewerteten Schalldruckpegel, der sich bei Betrieb der Armatur bei gleichem Fließdruck und Volumenstrom im benachbarten Raum ergibt, wenn die Rohrleitungen nicht direkt an der Wand zum Nachbarraum verlegt sind.

Der **Armaturengeräuschpegel** ist umso größer, je größer der Durchfluß (durchgelassenes Wasservolumen je Zeiteinheit) ist. Eine unveränderte Einstellung der Armatur vorausgesetzt nimmt der Armaturengeräuschpegel bei Verdoppelung des Durchflusses um 12 dB(A) zu. Für den Schallschutz besteht daher eine wichtige Aufgabe darin, den Durchfluß so weit zu reduzieren, daß er für den praktischen Gebrauch gerade noch ausreichend ist. Aus diesem Grund soll der Ruhedruck einer Wasserleitungsanlage vor den Armaturen nicht mehr als 0,5 MPa betragen. Armaturen unterliegen der amtlichen **Prüfzeichenpflicht**. Sie werden aufgrund des ermittelten Armaturengeräuschpegels in die zwei in Tabelle 5.29 aufgeführten Armaturengruppen eingestuft.

5.3.1.2 Installationsgeräusche und ihre Messung am Bau

Das tatsächliche schalltechnische Verhalten von Sanitärinstallationen am Bau wird nicht nur von den **Betriebsgeräuschen der Armaturen**, sondern auch von einer Vielzahl anderer Einflüsse bestimmt. Weitere wichtige Lärmquellen sind **ablaufendes und aufprallendes Wasser** sowie **Betätigungsgeräusche**. Die verschiedenen Sanitärobjekte und die Wasserarmaturen gemeinsam mit Rohrleitungen, Befestigungselementen und dem Baukörper stellen, wie auf Bild 5.85 anhand einiger typischer Schallübertragungswege schematisch skizziert, ein komplexes akustisches System dar.

Die Geräuschemissionen einer Anlage im gebrauchsfertigen Zustand werden durch den im Bau ermittelten **Installationsschallpegel** L_{In} gekennzeichnet. Dazu wird der räumliche Mittelwert des A-bewerteten Schalldruckpegels L_A im zu schützenden Raum bei Betätigung der zu prüfenden Installation gemessen. Der Installationsschallpegel errechnet sich daraus unter

5.3 Schallschutz für haustechnische Anlagen

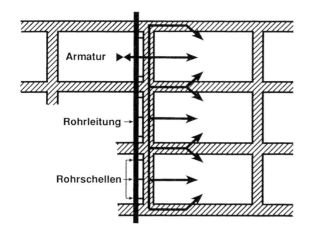

Bild 5.85 Prinzipdarstellung von möglichen Schallquellen und Schalleinleitungspunkten der Wasserinstallationen sowie der Schallausbreitungswege der Installationsgeräusche in Gebäuden

Berücksichtigung der Schallabsortionseigenschaften des Raumes wie folgt [681]:

$$L_{In} = L_A + 10 \lg \frac{A}{A_0} \quad dB(A) \tag{5.89}$$

Darin sind:

A äquivalente Schallabsorptionsfläche des zu schützenden Raumes in m²
A_0 Bezugsabsorptionsfläche; in Wohnräumen gilt: $A_0 = 10$ m².

Die äquivalente Schallabsorptionsfläche läßt sich aus einer Nachhallzeitmessung gewinnen (s. Gl. (4.55) und Abschn. 4.3.2.5) oder aus der Raumgeometrie, Oberflächenbeschaffenheit und Ausstattung abschätzen (s. Abschn. 4.3.2.3).

In dieser Weise können nicht nur die Armaturengeräusche sondern auch z. B. Prallgeräusche beim Wassereinlauf (L_{ein}), der durch den Wasserablauf hervorgerufene Schalldruckpegel (L_{ab}) sowie durch weitere Betriebszustände der Anlage verursachte Geräusche, die von Interesse sind, überprüft werden. Tabelle 5.29 enthält neben den Grenzwerten für die beiden Armaturengruppen auch die am Bau zu erwartenden Installationsschallpegel L_{In} in Abhängigkeit von der Grundrißanordnung der betroffenen Räume. Demnach dürfen Armaturen der Gruppe II nur dann angewendet werden, wenn die Installationswand nicht unmittelbar an einen Wohn- oder Schlafraum angrenzt. Dies bedeutet für die Praxis, daß im Hochbau vorzugsweise Armaturen der Gruppe I Verwendung finden sollten.

Ergänzend zur Messung des Installationsschallpegels sind am Bau auch Untersuchungen unter Verwendung des **Installationsgeräuschnormals** gebräuchlich. Hierbei wird anstelle der Armatur das Installationsgeräuschnormal an die zu prüfende Wasserversorgungsanlage angeschlossen und der A-bewertete Schalldruckpegel L_{IGN} bestimmt. Die äquivalente Schallabsorptionsfläche ist dabei nach Gl. (5.89) zu berücksichtigen. Aus den Ergebnissen dieser Untersuchungen können detaillierte Angaben z. B. über das Eigengeräusch der Wasserinstallationsanlage oder über den durch Körperschallabstrahlung der verschiedenen beteiligten Baukonstruktionen verursachten Schalldruckpegel hergeleitet werden.

Mit einer für die Praxis meist ausreichenden Genauigkeit läßt sich der **Armaturengeräuschpegel** L_{ap} mittels folgender einfacher Beziehung aus dem mit Installationsgeräuschnormal gemessenen A-bewerteten Schalldruckpegel L_{IGN} abschätzen:

$$L_{ap} \leq 72 - L_{IGN} \quad dB(A). \tag{5.90}$$

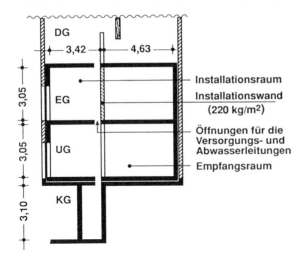

Bild 5.86 *Installationsprüfstand über vier Stockwerke zur Untersuchung und zum Vergleich der Geräusche von Armaturen, Sanitärobjekten, Wasserversorgungs- und Abwassersystemen unter bauähnlichen Bedingungen [327]*

Mit Hilfe dieses Zusammenhanges ist auch der Nachweis der Eignung für den Schallschutz einer bestimmten Bauausführung in Verbindung mit Armaturen einer der beiden Armaturengruppen erbracht worden [619], doch ist das nach heutiger Kenntnis nicht unproblematisch.

Beispiel:

Zwei Installationssysteme (Fall 1 und 2) sind zu vergleichen. In beiden Fällen sind Armaturen der Gruppe I ($L_{ap} \leq 20$ dB(A)) vorgesehen. Bei Messungen mit dem Installationsgeräuschnormal ergab sich im nächstbenachbarten schutzbedürftigen Raum ein A-bewerteter Schalldruckpegel im Fall 1 von $L_{IGN} = 45{,}0$ dB(A) und im Fall 2 von $L_{IGN} = 57{,}5$ dB(A). Mit Gl. (5.90) kann daraus derjenige maximal zulässige Armaturengeräuschpegel L_{ap} bestimmt werden, für den die Anforderungen der Tabelle 3.6 erfüllt werden. Im Fall 1 ergibt sich ein Wert von $L_{ap} \leq 72 - 45 \leq 27$ dB(A). Die vorgesehene Armatur ($L_{ap} \leq 20$ dB(A)) bietet also noch ausreichende Reserven. Dagegen wäre im Fall 2 der höchstzulässige Armaturengeräuschpegel $L_{ap} \leq 72 - 57{,}5 \leq 14{,}5$ dB(A). Dieser Pegel wäre bei der vorgesehenen Armatur überschritten. Die Anforderungen können damit nicht erfüllt werden.

Wenn es um die schalltechnische Entwicklung und Optimierung einzelner Komponenten geht, gleichzeitig aber die Wirksamkeit der getroffenen geräuschmindernden Maßnahmen im Zusammenhang mit dem gesamten Installationssystem beurteilt werden soll, müssen die Untersuchungen unter Berücksichtigung der komplexen installationstechnischen und baulichen Bedingungen erfolgen. **Musterinstallationen** in ausgeführten Bauten bieten für derartige Untersuchungen meist geeignete Voraussetzungen. Ausreichend definierte und gut reproduzierbare Bedingungen für die Erfassung der komplizierten Zusammenhänge bei der Anregung und Fortleitung der Installationsgeräusche lassen sich aber in einem Installationsprüfstand besonders gut realisieren. Auf Bild 5.86 ist ein solcher **Prüfstand** schematisch dargestellt, in dem Installationsanlagen unter bauüblichen Bedingungen aber gleichzeitig mit allen Vorteilen eines Laboratoriums untersucht werden können.

5.3.1.3 Körperschallverhalten von Armaturen und Sanitärobjekten

Auf die Bedeutung eines primären Körperschallanteils, der vor allem bei leisen **Armaturen** in den Vordergrund tritt [325], war bereits anhand von Bild 5.83 hingewiesen worden. Ebenfalls als Körperschall treten Betätigungsgeräusche von Armaturen häufig als besonders laute und lästige

5.3 Schallschutz für haustechnische Anlagen

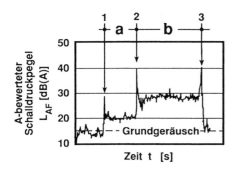

Bild 5.87 Verlauf des A-bewerteten Schalldruckpegels in Abhängigkeit von der Zeit mit kurzzeitigen Pegelspitzen bei der Betätigung einer Wannenbatterie, gemessen am Bau im nächsten schutzbedürftigen Raum [321]
a Fließgeräusch bei 0,3 MPa
b Aufprallgeräusch
1 Öffnen der Armatur (Auslauf Wanne)
2 Umstellen auf Brause
3 Schließen der Armatur

Geräuschspitzen in Erscheinung. Sie werden aufgrund von mechanischen Stoßvorgängen an bestimmten Armaturenteilen wie z. B. Keramik-Steuerscheiben, Hebelmischern, automatischen Umstellern bei Wannenauslauf-Armaturen, Füll- und Schließventilen von WC-Spülkästen beim Öffnen, Schließen oder Umstellen verursacht [328]. Bild 5.87 zeigt als Beispiel die Geräuschcharakteristik einer Wannen-Batterie mit typischen Pegelspitzen, die beim Öffnen der Armatur, Umstellen auf Brause und Schließen der Armatur auftreten. Für die Messung der Körperschallvorgänge an Armaturen sind mehrere spezielle Prüfverfahren in Gebrauch [325] [329] [330].

Tabelle 5.30 Mittelwerte gemessener Installationsgeräuschpegel L_{In} [331]

Geräusch	Installationsgeräuschpegel L_{In} [dB(A)]		
	alle untersuchten Objekte	Objekte, die zu Beschwerden führten	Ergebnisse von Abnahmemessungen
Einlaufgeräusch	27,5		
Wanne	28,8	29,2	26,3
Brause	28,4	29,0	26,3
Dusche	28,4	28,2	29,6
Waschbecken	26,2	26,5	24,9
WC	26,1	26,8	24,4
Bidet	24,5	25,1	21,0
Ablaufgeräusch	28,8		
Wanne	26,5	27,2	22,5
Dusche	26,2	27,2	23,0
Waschbecken	26,1	26,7	23,9
WC-Spülung	30,7	31,0	28,0
Impulsgeräusch	32,6		
Brause	33,3	31,0	39,0[1])
Dusche	32,2	33,0	29,5[1])
Waschbecken	32,0	33,5[1])	29,0[1])
Prall-/Nutzergeräusch	34,6		
Brause-Prallgeräusch	33,4	33,0	34,0[1])
Dusche-Prallgeräusch	40,9	40,7	42,0[1])
WC-Nutzergeräusch	33,2	33,3	31,0[1])

[1]) Anzahl der Messungen < 2

Beim Körperschallverhalten von **Objekten der Sanitärinstallation** handelt es sich um zwei Problembereiche. Einerseits geht es um ihre Körperschallanregbarkeit z. B. durch Wasserstrahl oder Nutzung, und zum anderen ist die von ihnen ausgehende Körperschallanregung des Baukörpers von Bedeutung. Die Analyse einer größeren Anzahl in Wohngebäuden gemessener Installationsgeräuschpegel, deren Ergebnis in Tabelle 5.30 zusammengestellt ist, zeigt, daß die höchsten Werte von den Betätigungsgeräuschen (Impulsgeräuschen) und von Prall- und Nutzergeräuschen erreicht werden. Die Störwirkung durch die Körperschallkomponente ist demnach bei den Wasserinstallationsanlagen besonders groß.

Das Körperschallverhalten von Sanitärobjekten kann mit einem **Körperschallgeräuschnormal** (KGN) untersucht werden [332]. Kernstück des KGN ist ein Installationsgeräuschnormal (IGN) [676], das einen genormten Wasserstrahl erzeugt, der, auf Bauteile oder Sanitärobjekte gerichtet, zu einer definierten Körperschallanregung führt. Eine andere Meßmethode basiert auf dem Prinzip der Trittschallmessung [333]. Man verwendet ein Hammerwerk, allerdings ein wesentlich kleineres als das Norm-Hammerwerk, zur Anregung der Installationsgegenstände und auch der an diese angrenzenden Decken und Wände. Wie beim Trittschall kann in dem jeweils betroffenen schutzbedürftigen Raum der räumlich gemittelte Schalldruckpegel gemessen und zwecks besserer Vergleichbarkeit auf eine Bezugsabsorptionsfläche von $A_0 = 10$ m^2 umgerechnet werden (s. Gl. (5.89)).

5.3.1.4 Schutz vor Installationsgeräuschen

Zahlreiche Untersuchungen und Diskussionen zu den z. Z. gültigen Anforderungen (z. B. [334] bis [337]) haben verdeutlicht, daß die Installationsschallpegel durch Beachtung planerischer, bautechnischer und installationstechnischer Erkenntnisse in den zu schützenden Räumen von Wohngebäuden auf unter 30 dB(A) gesenkt werden können. Dabei geht man davon aus, daß die Verwendung von leisen Armaturen Stand der Technik ist. Ergänzend zu geräuscharmen Armaturen stehen den Planern und Handwerkern eine Reihe von Maßnahmen zur Verfügung, um Lärmbelästigungen aus dem Installationsbereich im Hochbau weitgehend zu unterbinden. In den folgenden Abschnitten werden dazu einige Erläuterungen gegeben. Dabei geht es um planerische Fragen, d. h. die sinnvolle Anordnung von Sanitärräumen und schutzbedürftigen Räumen in Gebäuden (Grundrißgestaltung). Sodann sind bautechnische Aspekte zu beachten, vor allem den Aufbau der Installationswand betreffend. Schließlich müssen installationstechnische Probleme durch zweckmäßige Auswahl von Armaturen und Sanitärobjekten und deren schallschutzgerechten Einbau Berücksichtigung finden.

■ **Anordnung von Sanitärräumen und schutzbedürftigen Räumen (Grundrißgestaltung)**
Gut gewählte Grundrißanordnungen, wie sie Bild 5.88 zeigt, können Schallübertragungsprobleme aus dem Sanitärbereich vor allem in horizontaler Richtung vorwegnehmen. Der gemeinsame Vorteil dieser Beispiele ist, daß in jeder Wohnung nur ein einziger Installationskern entsteht und diese übereinander angeordnet sind. In diagonaler Richtung können aber bei ungeeigneten Deckenkonstruktionen auch bei solchen günstigen Grundrißarten Störungen vor allem in Form von Nutzergeräuschen auftreten. Wegen der für den Sanitärbereich erhöhten Gefahr der Körperschallanregung und -übertragung ist auf die Erfüllung eines erhöhten Trittschallschutzes durch schwimmende Estriche o. ä. zwischen nebeneinander oder versetzt untereinander liegenden Räumen zu achten. Die auf Bild 5.89 aufgetragenen Meßergebnisse verdeutlichen den mangelnden Trittschallschutz zwischen schräg untereinander liegenden Räumen infolge des fehlenden schwimmenden Estrichs im Bad. Ein solcher ist deshalb in Bädern und Küchen auch dann erforderlich, wenn diese untereinander angeordnet sind.

5.3 Schallschutz für haustechnische Anlagen

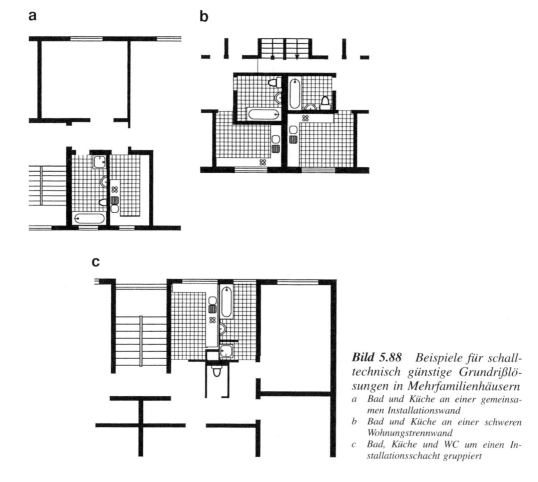

Bild 5.88 Beispiele für schalltechnisch günstige Grundrißlösungen in Mehrfamilienhäusern
a Bad und Küche an einer gemeinsamen Installationswand
b Bad und Küche an einer schweren Wohnungstrennwand
c Bad, Küche und WC um einen Installationsschacht gruppiert

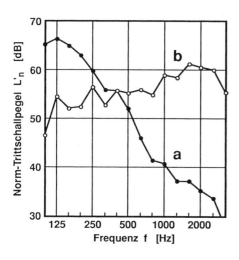

Bild 5.89 Trittschalldämmung einer 14,5 cm dicken Massivplattendecke in einem Mehrfamilienhaus (Grundriß a auf Bild 5.88) [339]
Fußbodenaufbau:
    Schlafzimmer   Linoleumbelag
                              Riemenboden auf Glaswollematten
        Bad   Linoleumbelag
                      35 mm Zementestrich
                      5 mm Wellpappe
a Vertikalmessung Schlafzimmer 1. OG/Schlafzimmer EG
   $L'_{n,w} = 56(+1)\,dB$
b Diagonalmessung Bad 1. OG/Schlafzimmer EG
   $L'_{n,w} = 66(-12)\,dB$

■ Einfluß der Installationswand und der Trenndecke

Als eine der wichtigsten Grundregeln für die Bauausführung gilt: je schwerer die Wand ist, an der Rohrleitungen und Armaturen befestigt sind, desto niedriger sind die Installationsgeräusche. Als Mindestwert für die **flächenbezogene Masse** von Installationswänden m'_0 sind deshalb 220 kg/m² festgelegt [334] [619]. Soll eine Armatur der Gruppe I an einer Trennwand mit einer flächenbezogenen Masse m' (in kg/m²) montiert werden, dann läßt sich der Installationsschallpegel L_{In} im Nachbarraum anhand der folgenden Beziehung abschätzen:

$$L_{In} = 30 - 20 \lg \frac{m'}{m_0} \quad \text{dB(A)} \tag{5.91}$$

Bei Verwendung einer Armatur der Gruppe II ist der zu erwartende Installationsschallpegel um 10 dB(A) höher.

Beispiel:

Eine Armatur der Gruppe I ist an einer leichten monolithischen Wand mit einer flächenbezogenen Masse von 175 kg/m² installiert worden. Im angrenzenden Raum ist dementsprechend ein Installationsschallpegel von L_{In} = 30 − 20 lg (175/220) = 32 dB(A) zu erwarten.

Installationswände aus **biegeweichen Schalen**, wie sie z. B. im Holzbau eingesetzt werden, können günstiger sein, als leichte biegesteife Wände. Auch mit Installationswänden wesentlich niedrigerer flächenbezogener Masse als 220 kg/m² lassen sich dadurch Installationsschallpegel unter 30 dB(A) erzielen [338]. Solche Wände dürfen allerdings nur dann verwendet werden, wenn durch eine Eignungsprüfung nachgewiesen ist, daß die Übertragung von Installationsgeräuschen im Vergleich mit einer Massivwand mit einer flächenbezogener Masse von 220 kg/m² nicht größer ist [619].

Bei Erhöhung der flächenbezogenen Masse einer Installationswand verringert sich zwar der direkt von der Wand in den Nachbarraum abgestrahlte Luftschall erheblich, der auf die Massivdecke übertragene Körperschall aber nur wenig. Für die diagonale Körperschallübertragung entlang einer Massivdecke ist deshalb die flächenbezogene Masse der Decke entscheidend: je schwerer, desto günstiger [239]. Die Luftschallabstrahlung von Installationswänden läßt sich auch durch biegeweiche Vorsatzschalen, die im Nachbarraum angebracht werden, vermindern (s. Abschn. 5.2.1.5). Ihre Wirksamkeit hängt jedoch stark davon ab, ob auch andere abgrenzende Bauteile an der Körperschallübertragung beteiligt sind. In diesem Falle müssen auch die betreffenden flankierenden Bauteile, z. B. die Decke mit Vorsatzschalen verkleidet werden.

■ Sanitärtechnische Schallschutzmaßnahmen

Zahlreiche der heute verfügbaren Armaturen, Sanitärobjekte und Installationsweisen gewährleisten bei sachgerechtem Einbau eine ausreichende Geräuschminderung für benachbarte schutzbedürftige Räume [321]. Die dabei ergriffenen sanitärtechnischen Maßnahmen lassen sich in primäre, auf die **Verminderung der Geräuschentstehung** bezogene, und sekundäre, vor allem die **Körperschallisolierung** betreffende, einteilen. Als Beispiel sind diese für die verschiedenen Ursachen der Geräusche von WC-Installationen, die häufig besonders störend sind, in Tabelle 5.31 zusammengestellt.

Die herkömmliche **Unterputzinstallation** in Aussparungen, Schlitzen und Öffnungen von Wänden und Decken bereitet aus schalltechnischer Sicht, wenn die Anforderungen der einschlägigen Rechtsvorschriften, Normen und Richtlinien eingehalten werden sollen, große Schwierigkeiten. Einen Ausweg bietet die **Vorwandinstallation** [340] [341] mit ihren drei grundsätzlichen Möglichkeiten:

5.3 Schallschutz für haustechnische Anlagen

Tabelle 5.31 Ursachen und sanitärtechnische Maßnahmen bei Geräuschen der WC-Installation [339]

Vorgang	Geräuschursache	Primärmaßnahme	Sekundärmaßnahme
Auslösen, Unterbrechen	Auslaufventil	strömungsgünstigere Gestaltung, zeitliche Änderung des Funktionsablaufs	Kastenisolierung (Schüssel-, Spülbogenisolierung)
Gurgeln im Auslaufventil	Luftansaugung im Auslaufventil	Vermeidung von Unterdruck	Kastenisolierung
Gurgeln in der Schüssel	Luftansaugung in der Schüssel	Vermeidung von Unterdruck (optimierte Leitungsgeometrie)	Schüsselisolierung
Füllgeräusche	Fließgeräusch im Füllventil	leiseres Füllventil	Isolierung von Zuleitung und Kasten
	Plätschern im Kasten	optimierter Wassereinlauf	Kastenisolierung
Tastenbetätigung	harter Anschlag	Mechanik ohne Spiel, elastische Zwischenschichten, bedämpfter Bewegungsablauf	–
Spureinlauf	Plätschern in der Schüssel	(Nutzerverhalten), optimierte Schüsselform	Schüsselisolierung
Deckelschlag	harter Aufschlag	(Nutzerverhalten), elastische Zwischenschichten, Verhindern des freien Fallens	Schüsselisolierung
Abwassergeräusche in den Falleitungen	Aufprall von Wasser	optimierte Leitungsführung	Isolierung der Rohre vom Baukörper, Bedämpfung der Rohre

- Konventionelle Leitungsverlegung vor der Wand mit Ausmauerung oder Verkleidung,
- Leitungsverlegung vor der Wand mit Montagehilfen und Vormauerung oder Verkleidung,
- Leitungsverlegung vor der Wand mit Installationsbausteinen und Restausmauerung.

Hierbei kann die Geräuscheinleitung in den Baukörper bei allen Sanitäreinrichtungen wie WCs, Dusch- und Badewannen sowie Waschtischen durch eine konsequente **Körperschallentkopplung** stark gemindert werden. Dazu werden sogenannte Schallschutz-Sets in der Praxis mit Erfolg eingesetzt [342] [343]. Tabelle 5.32 zeigt das an Beispielen von Meßergebnissen, die mit den auf Bild 5.90 schematisch dargestellten **Schallschutz-Sets** im Installationsprüfstand erzielt werden konnten. Die Differenz der im Empfangsraum mit und ohne Schallschutz-Sets gemessenen Schalldruckpegel ergibt die Einfügungsdämmung D_e, die die Wirksamkeit einer Maßnahme kennzeichnet. In allen

Tabelle 5.32 Ergebnisse von Schallmessungen an verschiedenen Sanitäreinrichtungen im Installationsprüfstand (s. Bild 5.86) mit und ohne Anwendung von sogenannten Schallschutz-Sets nach Bild 5.90 [344]

Sanitäreinrichtung	Anregungsart	Schalldruckpegel L_{AF} [dB(A)] im Empfangsraum	
		ohne Schallschutz-Set	mit Schallschutz-Set
Einbau-Badewanne aus Stahlblech	Brausestrahl auf Wannenoberfläche	40,3	25,9
	Brausestrahl auf Wasseroberfläche	32,9	21,6
Einbau-Duschwanne aus Stahlblech	Brausestrahl auf Wannenoberfläche	40,3	25,9
	Brausestrahl auf Wasseroberfläche	32,9	21,6
wandhängende WC-Schüssel	Spülvorgang	28,4	25,2
	Spureinlauf	33,0	21,2
	Deckelschlag	68,2	55,8
Waschtisch	handelsübliche Armatur	22,6	6,2
	Kleinhammerwerk	33,5	23,2

Fällen beträgt diese mehr als 10 dB(A). Zwei Beispiele für den Frequenzverlauf der Einfügungsdämmung eines Schallschutz-Sets bei einer WC-Schüssel sind auf Bild 5.91 für zwei Anregungsarten angegeben. Der Verlauf der Kurve b zeigt eine Verschlechterung bei 125 Hz und verdeutlicht damit, daß die Resonanzfrequenz des bei der Körperschallisolation wirksamen Feder-Masse-Systems bei möglichst tiefen Frequenzen liegen muß.

Badewannen können unter Verwendung von kompakten Wannenträgern aufgestellt werden. Wie Bild 5.92 schematisch zeigt, sollten diese möglichst vollständig körperschallisoliert sein.

Körperschallisolierungen von Rohren, wie Gummieinlagen in Rohrschellen, Rohrummantelungen mit elastischem Dämmstoff und weich gefütterte Rohrhülsen bei Rohrdurchführungen, verhindern die Übertragung auf die Installationswand bzw. in die Decke sowie die Weiterleitung des Körperschalls in den Baukörper. Mit diesen Maßnahmen sind um 5 bis 20 dB(A) geminderte Installationsschallpegel zu erwarten, allerdings nur dann, wenn weder die Armatur selbst noch die Rohrleitung an anderer Stelle mit dem Baukörper direkt verbunden ist.

Die moderne Installationstechnik verfügt über Rohrleitungssysteme, die deutlich niedrigere Installationsgeräuschpegel erreichen als konventionelle Stahlrohrinstallationen. An einem Beispiel auf Bild 5.93 zeigt sich das schalltechnisch vorteilhafte Verhalten einer **Rohr-in-Rohr-Installation** gegenüber einer Stahlrohrinstallation. Auch für Abwasserrohre stehen geräuscharme Ausführungen und Befestigungsarten zur Verfügung [345].

5.3 Schallschutz für haustechnische Anlagen

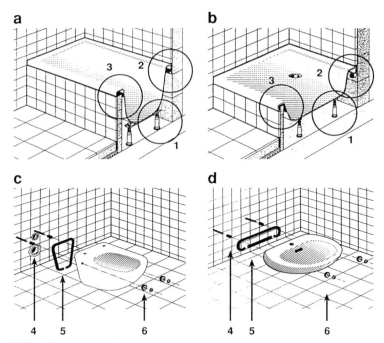

Bild 5.90 Beispiele von Schallschutz-Sets für Sanitäreinrichtungen [344]
a   Einbau-Badewanne aus Stahlblech
b   Einbau-Duschwanne aus Stahlblech
c   wandhängende WC-Schüssel
d   Waschtisch
1   punktförmige, elastische Stützen
2   Entkopplung zwischen Wanne und Wand
3   körperschallisolierte Anbindung Wanne und Wannenabdeckung
4   elastische Schraubenverbindungen
5   elastische Unterlagen zwischen Sanitärobjekt und Wand
6   elastische Schraubenverbindungen

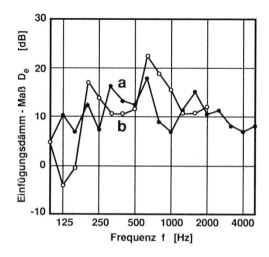

Bild 5.91 Einfügungsdämmung D_e in Abhängigkeit von der Frequenz bei der Anwendung eines Schallschutz-Sets für eine wandhängende WC-Schüssel (Messung im Installationsprüfstand nach Bild 5.86) [344]
a   Deckelschlag
b   Spureinlauf (KGN-Anregung)

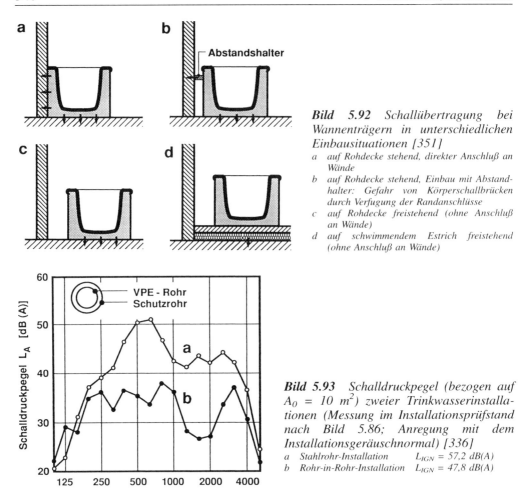

Bild 5.92 Schallübertragung bei Wannenträgern in unterschiedlichen Einbausituationen [351]
a   auf Rohdecke stehend, direkter Anschluß an Wände
b   auf Rohdecke stehend, Einbau mit Abstandhalter: Gefahr von Körperschallbrücken durch Verfugung der Randanschlüsse
c   auf Rohdecke freistehend (ohne Anschluß an Wände)
d   auf schwimmendem Estrich freistehend (ohne Anschluß an Wände)

Bild 5.93 Schalldruckpegel (bezogen auf $A_0 = 10$ m^2) zweier Trinkwasserinstallationen (Messung im Installationsprüfstand nach Bild 5.86; Anregung mit dem Installationsgeräuschnormal) [336]
a   Stahlrohr-Installation $L_{IGN} = 57{,}2$ dB(A)
b   Rohr-in-Rohr-Installation $L_{IGN} = 47{,}8$ dB(A)

5.3.2 Aufzugsgeräusche

Aufzugsanlagen erzeugen Geräusche insbesondere durch den Elektromotor und dessen Getriebe. Im **Maschinenraum** sind vielfach A-bewertete Schalldruckpegel bis über 75 dB(A) vorhanden [346], mit relativ breitbandigen Spektren sowohl bei der Fahrt als auch beim Abbremsvorgang [347]. Ein bewertetes Bau-Schalldämm-Maß von 52 dB gegenüber einem angrenzenden vor Lärm zu schützenden Raum reicht in der Regel aus, um dort den Grenzwert von 30 dB(A) (s. Tabelle 3.6) [619] einzuhalten.

In welchem Umfange **Maßnahmen zur Verminderung der Luftschallübertragung** in angrenzende Räume notwendig sind, entscheiden das tatsächliche Geräuschverhalten der Aufzugsmaschine, die Lage des Maschinenraumes und die Bauweise des Gebäudes. Sofern es sich um eine schwere Bauweise handelt (flächenbezogene Masse der Bauteile $m' \geq 330$ kg/m^2), sind in Wohngebäuden keine zusätzlichen Maßnahmen zur Verbesserung der Luftschalldämmung notwendig, wenn an die Maschinenräume weder horizontal noch diagonal Wohnräume grenzen [2].

5.3 Schallschutz für haustechnische Anlagen

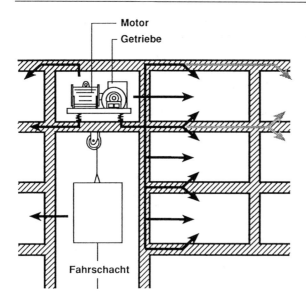

Bild 5.94 *Schematische Darstellung der Luft- und Körperschallübertragung von einem Maschinenraum in benachbarte Räume*

Außerdem entstehen an Aufzugsanlagen Geräusche beim Schließen und beim Ver- bzw. Entriegeln der **Türen**. Diese können weitgehend vermieden werden, wenn Drehtüren einschließlich Türfallen in ihrer Funktion geräuscharm ausgeführt bzw. leise Schiebetüren eingesetzt werden [1]. Im Aufzugsschacht liegt der mittlere A-bewertete Schalldruckpegel bei etwa 50 dB(A). Er wird verursacht durch die Schallübertragung aus dem Maschinenraum und durch Fahrgeräusche.

Die Geräuschübertragung von dem Maschinenraum einer Aufzugsanlage in benachbarte Räume erfolgt, wie Bild 5.94 vereinfacht zeigt, in überwiegendem Maße durch **Körperschalleinleitung**. Besonders störend sind kurzzeitige Geräuschspitzen, die beim Anfahren und Halten (Bremsvorgänge) auftreten. Bild 5.95 zeigt das am typischen Zeitverlauf des Körperschallpegels einer Aufzugsanlage (mit polumschaltbarem Drehstrom-Motor) [348]. Eine einwandfreie Schwingungsisolierung der Aufzugsmaschine und geeignete körperschalldämmende Maßnahmen am Baukörper sind deshalb ein dringendes Erfordernis [717].

Die Güte des Körperschallschutzes eines Bauwerks gegenüber Aufzugsgeräuschen kann geprüft werden [717], indem unmittelbar auf der Schachtdecke ein Norm-Hammerwerk betrie-

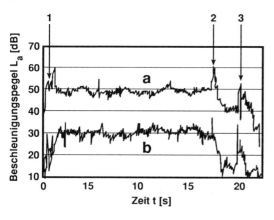

Bild 5.95 *Zeitverlauf des Beschleunigungspegels einer elastisch gelagerten Aufzugsanlage [347]*
a *gemessen auf dem Windenrahmen*
b *gemessen auf der Schachtdecke*
1 *Anfahren*
2 *Umschalten auf Langsamfahrt*
3 *Abbremsen*

ben und der Norm-Trittschallpegel L_n im nächsten Aufenthaltsraum gemessen wird (s. Abschn. 5.1.2.4). Danach liegt **„vollständiger baulicher Körperschallschutz"** vor, wenn die folgenden Werte eingehalten werden:

- $L_n \leq 40$ dB bei den Oktavband-Mittenfrequenzen $f_m = 63$ Hz und $f_m = 125$ Hz sowie
- $L_n \leq 45$ dB bei der Oktavband-Mittenfrequenz $f_m = 250$ Hz.

Ein **„hinreichender baulicher Körperschallschutz"** liegt vor, wenn

- $L_n \leq 50$ dB bei der Oktavband-Mittenfrequenz $f_m = 125$ Hz und
- $L_n \leq 55$ dB bei der Oktavband-Mittenfrequenz $f_m = 250$ Hz ist.

Wird der Fahrschacht von Aufenthaltsräumen umgrenzt, so sind Schacht und Schachtdecke vom Gebäude durch eine umlaufende Fuge zu trennen, um einen vollständigen baulichen Körperschallschutz zu erzielen. Die Fuge ist dabei mit elastischem Material abzuschließen. Lediglich punktförmige Verbindungen, z. B. durch Bewehrungsstähle, sind zulässig. Grenzen Wohnräume unmittelbar an den Fahrschacht, so ist zusätzlich zur Schachtwand eine schwere Wand mit einer flächenbezogenen Masse von $m' \geq 330$ kg/m² vorzusehen [2]. Um die an den Führungsschienen durch Fahrkorb und Gegengewicht verursachten Schleifgeräusche wirkungsvoll zu vermeiden, können gummi- oder kunststoffbereifte Führungsrollen verwendet werden [349]. Zur Einhaltung eines Mindestschallschutzes ist das ausreichend [619]. Für einen erhöhten Schallschutz wird eine elastische Befestigung der Führungsschienen empfohlen.

Ein hinreichender baulicher Körperschallschutz kann selbst bei direkter baulicher Verbindung von Aufzugsschacht und Gebäude erreicht werden, wenn der nächstgelegene Aufent-

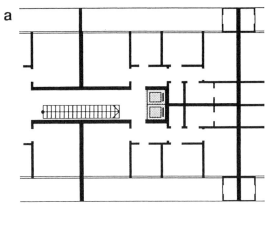

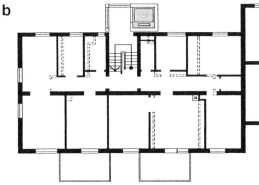

Bild 5.96 Schalltechnisch günstige Grundrißlösungen von Aufzugsanlagen in Mehrfamilienhäusern [287]
a Aufzugsanlage umgeben von nicht schutzbedürftigen Räumen
b Aufzugsanlage außerhalb des Gebäudes und durch Gebäudetrennfuge getrennt beim nachträglichen Einbau

5.3 Schallschutz für haustechnische Anlagen

haltsraum nicht unmittelbar an den Aufzugsschacht grenzt und die gemeinsame Decke von Schacht und Wohnung durch mindestens zwei schwere Wände gekreuzt wird. Bestehen also für die an den Fahrschacht direkt angrenzenden Räume keine Anforderungen, so ist eine einschalige massive Ausführung mit einer flächenbezogenen Masse der Schachtwand von $m' \geq 200$ kg/m² ausreichend [1]. Bild 5.96 enthält hierzu zwei schalltechnisch günstige Grundrißbeispiele: in beiden Fällen liegen in der Nähe des Fahrschachtes keine schutzbedürftigen Räume. Die Schachtdecke sollte eine mindestens 25 cm dicke Stahlbetondecke sein.

Bei der Altbaumodernisierung oder in anderen Fällen, in denen es nicht möglich ist, bauliche Schallschutzmaßnahmen in Form von Gebäudetrennfugen oder durch günstige Grundrißlösungen zu verwirklichen, kann eine hohe Körperschalldämmung durch **doppelelastische Lagerung des Aufzugsaggregates** erzielt werden [347]. Hierbei ergeben sich zwei Resonanzfrequenzen f_{01} und f_{02}. Wie Bild 5.97 in einer Schemadarstellung zeigt, steigt die Schnellepegeldifferenz hierbei oberhalb der zweiten Resonanzfrequenz mit 24 dB/Oktave im Vergleich zum Pegelanstieg bei einer einfachelastischen Lagerung von 12 dB/Oktave oberhalb der Resonanzfrequenz. Die Masse des Zwischenfundaments und die Steife der Federn bestimmen die Lage der zweiten Resonanzfrequenz maßgeblich. Die Stärke, mit der sich der Dämmeinbruch bei den Resonanzfrequenzen ausbildet, hängt vom Verlustfaktor des Systems ab. In der Praxis stehen verschiedene kompakte körperschalldämmende Elemente, die nach dem Prinzip der doppelelastischen Lagerung wirken, zur Verfügung [350]. Mit ihnen kann der Schalldruckpegel in angrenzenden Räumen verglichen mit einer einfachelastischen Lagerung um 12 bis 15 dB(A) gesenkt werden.

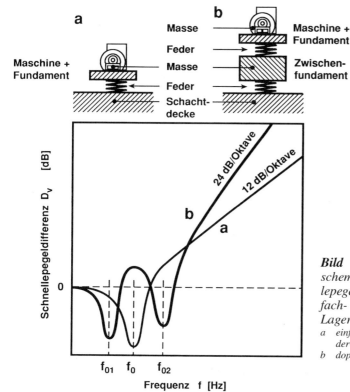

Bild 5.97 Prinzipzeichnung und schematischer Verlauf der Schnellepegeldifferenz D_V bei einer einfach- und einer doppelelastischen Lagerung
a einfachelastische Lagerung (Masse-Feder-System)
b doppelelastische Lagerung

6 Formelzeichen

Lateinische Kleinbuchstaben

a	Abstand, Länge, Seitenlänge [cm] und [m]; äquivalente Absorptionslänge [m]
b	Breite, Schlitzbreite, Strukturbreite [cm] und [m]; Baufluchenabstand [m]
c	Schallausbreitungsgeschwindigkeit [m/s]
c_B	Biegewellenausbreitungsgeschwindigkeit [m/s]
c_L	Ausbreitungsgeschwindigkeit der Longitudinalwellen [m/s]
c_0	Schallausbreitungsgeschwindigkeit in Luft; $c_0 \approx 340$ m/s
$c_0 \varrho_0$	Schallkennimpedanz; $c_0 \varrho_0 \approx 430$ Ns/m^3
d	Durchmesser, Tiefe, Strukturtiefe [cm] und [m]; Abstand, Publikumsüberhöhung [m]
d_L	Wandabstand, Abstand zwischen zwei Wandschalen, Abstand zwischen Wand und Schallabsorber [cm] und [m]
d_s	Strukturtiefe von Streukörpern [m]
e	Entfernung, Gebäudetiefe, Gebäudeabstand [m]
f	Frequenz [Hz]
f_c	Koinzidenzgrenzfrequenz [Hz]
f_{Pl}	Platteneigenfrequenz [Hz]
f_m	Bandmittenfrequenz [Hz]
f_n	Eigenfrequenz [Hz]
f_{opt}	optimale Frequenz [Hz]
f_u	untere Grenzfrequenz [Hz]
f_0	Resonanzfrequenz [Hz]
$f_{0,5}$	Halbwertsfrequenz [Hz]
$f_{\lambda n}$	Eigenfrequenz infolge stehender Wellen im Zwischenraum mehrschaliger Bauteile [Hz]
g	Strukturperiode von Streukörpern [m]
h	Höhe, Hindernishöhe [m]
h_{eff}	wirksame Schirmhöhe [m]
h_r	Höhe eines Publikumsplatzes im Saal [m]
h_0	Höhe eines Schallquellenstandortes im Saal [m]
Δh	Höhenzunahme [m]
k	Anordnungsfaktor [−]; Wärmedurchgangskoeffizient [W/m^{2}K]
l	Länge, Schlitzlänge [m]
l_{Ff}	Länge der Verbindungskante zwischen einem angeregten und einem abstrahlenden flankierenden Bauteil [m]
l_m	mittlere freie Weglänge [m]
Δl	Laufwegdifferenz [cm] und [m]
m	Energiedämpfungskonstante der Luft [1/m]
m'	flächenbezogene Masse [kg/m^2]
m'_{eff}	wirksame flächenbezogene Masse [kg/m^2]
m'_L	wirksame Lochmasse [kg/m^2]
n	natürliche Zahl (z. B. Anzahl von Schallquellen) [−]
p	Schalldruck [Pa]

Formelzeichen 345

p_r Schalldruck auf einer Bezugsachse [Pa]
p_δ Schalldruck im Winkel δ zu einer Bezugsachse [Pa]
p_0 Bezugsschalldruck; $p_0 = 20$ µPa
Δp Schalldruckdifferenz [Pa]
q Halbierungsparameter, Äquivalenzparameter [dB]; Streukröperdichte [1/m]
r Radius [m]; längenbezogener Strömungswiderstand [kPas/m^2]
r_g Grenzradius [m]
r_H Hallradius [m]
r_r Richtentfernung [m]
s Entfernung, Radius [m]; Strukturfaktor [−]
s' dynamische Steifigkeit [MN/m^3]
s'_t scheinbare (gemessene) dynamische Steifigkeit einer Dämmschichtprobe [MN/m^3]
t Dicke, Plattendicke, Schichtdicke, Materialdicke [mm], [cm] und [m]; Temperatur [°C]; Zeit [ms],[s] und [h]
t_{eff} wirksame Plattendicke [mm] und [cm]
t_{Gl} Gesamtglasdicke einer Mehrscheibenverglasung [mm]
t_{gr} Grenzzeit für den Übergang von Anfangsreflexionen zu diffusen Reflexionen [ms]
t_i Anfangszeit (Initial Time) [ms]
Δt Laufzeitdifferenz [s] und [ms]; Temperaturdifferenz [°]; Mündungskorrektur [mm] und [cm]
u Strömungsgeschwindigkeit [m/s]
v Schallschnelle [m/s]
v_0 Bezugsschallschnelle; $v_0 = 50$ nm/s
z Schirmwert [m]

Lateinische Großbuchstaben
A äquivalente Schallabsorptionsfläche [m^2]
A_k äquivalente Schallabsorptionsfläche von Personen und Gegenständen [m^2]
A_L äquivalente Schallabsorptionsfläche infolge der Luftabsorption [m^2]
Al_{cons} Artikulationsverlust von Konsonanten (Articulation Loss of Consonants) [%]
A_{Mu} äquivalente Schallabsorptionsfläche, die ein Musiker darstellt [m^2]
A_{opt} optimale äquivalente Schallabsorptionsfläche [m^2]
A_0 Bezugsabsorptionsfläche; üblicherweise $A_0 = 10$ m^2
ΔA Zunahme der äquivalenten Schallabsorptionsfläche [m^2]
B Breite [m]
B' Biegesteifigkeit einer Platte bezogen auf ihre Breite [Nm] und [kgm^2/s^2]
BR Baßverhältnis (Baß Ratio) [−]
C Bündelungsmaß [dB]; Spektrumanpassungswert (rosa Rauschen) [dB]
C_d Diffusitätsterm [dB]
C_I Spektrumanpassungswert einer Decke (Gehgeräusche) [dB]
$C_{I\Delta}$ Spektrumanpassungswert einer Deckenauflage (Gehgeräusche) [dB]
C_{tr} Spektrumanpassungswert (städtischer Straßenverkehrslärm) [dB]
C^{ref} Bezugsschallausbreitungskurve
C_0 Schallausbreitungskurve bezogen auf das Spektrum des A-bewerteten rosa Rauschens
C_{50} Deutlichkeitsmaß [dB]
C_{80} Klarheitsmaß (Clarity) [dB]
D Schalldruckpegeldifferenz, Einfügungsdämm-Maß [dB]; Richtungsmaß [dB]
D_{BM} Boden- und Meteorologiedämpfungsmaß [dB]
D_d Bewuchsdämpfungsmaß [dB]
D_e Einfügungsdämm-Maß, Einfügungsdämpfungsmaß [dB]
D_{Ff} Norm-Flankenpegeldifferenz für den Flankenweg Ff entlang flankierender Bauteile in Sende- und Empfangsraum [dB]

$D_{Ff,w}$	bewertete Norm-Flankenpegeldifferenz für den Flankenweg Ff entlang flankierender Bauteile in Sende- und Empfangsraum [dB]
D_G	Bebauungsdämpfungsmaß [dB]
D_I	Richtwirkungsmaß [dB]
D_K	Schachtpegeldifferenz [dB]
D_L	Luftabsorptionsmaß [dB]
DLf	Pegelüberhöhung bezogen auf das Freifeld [dB]
DL2	Pegelabnahme pro Abstandsverdoppelung [dB]
D_n	Norm-Schallpegeldifferenz [dB]
$D_{n,c}$	Norm-Schallpegeldifferenz für die Schallübertragung entlang abgehängter Unterdecken [dB]
$D_{n,c,w}$	bewertete Norm-Schallpegeldifferenz für die Schallübertragung entlang abgehängter Unterdecken [dB]
$D_{n,e}$	Element-Norm-Schallpegeldifferenz kleiner Bauteile [dB]
$D_{n,e,w}$	bewertete Element-Norm-Schallpegeldifferenz kleiner Bauteile [dB]
$D_{n,f}$	Norm-Flankenpegeldifferenz (vorzugsweise von Doppel- oder Hohlraumböden) [dB]
$D_{n,f,w}$	bewertete Norm-Flankenpegeldifferenz (vorzugsweise von Doppel- oder Hohlraumböden) [dB]
D_{nT}	Standard-Schallpegeldifferenz [dB]
$D_{nT,w}$	bewertete Standard-Schallpegeldifferenz [dB]
$D_{n,w}$	bewertete Norm-Schallpegeldifferenz [dB]
D_R	Reflexionsmaß [dB]
D_s	Abstandsmaß [dB]
$D(s)$	Funktionswert der Schallausbreitungskurve (SAK) in einem Raum [dB]
D_v	Schnellepegeldifferenz [dB]
D_z	Abschirmmaß [dB]
$D_{2m,n}$	Norm-Schallpegeldifferenz von Fassaden [dB]
$D_{2m,nT}$	Standard-Schallpegeldifferenz von Fassaden [dB]
$D_{2m,nT,w}$	bewertete Standard-Schallpegeldifferenz von Fassaden [dB
$D_{2m,n,w}$	bewertete Norm-Schallpegeldifferenz von Fassaden [dB]
D_{50}	Deutlichkeitsgrad, Deutlichkeit (Definition) [−]
E	Elastizitätsmodul [Pa] und [GPa]
EDT	Anfangsnachhallzeit (Early Decay Time) [s]
E_L	Luftschallschutzmaß [dB]
E_T	Trittschallschutzmaß [dB]
G	Stärkemaß (Strength Factor) [dB]
H	Höhe, Raumhöhe, Höhe eines Immissionsortes [m]; Hallmaß [dB]
I	Schallintensität [W/m^2]
I_a	Isolationsindex für Luftschall [dB]
I_0	Bezugs-Schallintensitt; $I_0 = 1$ pW/m^2
IACC	interauraler Kreuzkorrelationskoeffizient (Inter Aural Cross Correlation Coefficient) [−]
K	Korrekturzuschlag [dB]; Stoßstellendämm-Maß [dB], Volumenkennzahl [m^3/Platz]
K_I	Koeffizient zur Berücksichtigung der Störung durch die Impulshaltigkeit eines Geräusches [dB]
K_{inf}	Koeffizient zur Berücksichtigung der Störung durch den Informationsgehalt eines Geräusches [dB]
K_j	Koeffizient zur Berücksichtigung der Störwirkung eines Geräusches [dB]
K_R	Koeffizient zur Berücksichtigung der besonderen Störwirkung eines Geräusches während bestimmter Ruhezeiten [dB]
K_{Ton}	Koeffizient zur Berücksichtigung der Störung durch die Tonalität eines Geräusches [dB]

Formelzeichen

K_0	Raumwinkelmaß [dB]
L	Schallpegel [dB]
L_a	Körperschall- (Beschleunigungs-)pegel [dB]
L_A	A-bewerteter Schalldruckpegel [dB(A)]
$L_{A\,eq}$	A-bewerteter äquivalenter Dauerschallpegel [dB(A)]
L_{AF}	AF-bewerteter Schalldruckpegel [dB(AF)]
L_{AI}	AI-bewerteter Schalldruckpegel [dB(AI)]
$L_{A\,okt}$	A-bewerteter Oktavband-Schalldruckpegel [dB(A)]
L_{Am}	A-bewerteter Mittelungspegel [dB(A)]
$L_{A\,max}$	A-bewerteter maximaler Schalldruckpegel [dB(A)]
L_{ap}	Armaturengeräuschpegel [dB(A)]
$L_{A\,rd}$	Beurteilungspegel (bezogen auf einen Tag oder auf eine Arbeitsschicht) [dB(A)]
$L_{A\,rw}$	Beurteilungspegel (bezogen auf eine Arbeitswoche) [dB(A)]
L_{AS}	AS-bewerteter Schalldruckpegel [dB(AS)]
$L_{A\,terz}$	A-bewerteter Terzband-Schalldruckpegel [dB(A)]
L_B	B-bewerteter Schalldruckpegel [dB(B)]
L_C	C-bewerteter Schalldruckpegel [dB(C)]
L_{eq}	äquivalenter Dauerschallpegel [dB]
LF	Seitenschallgrad (Lateral Energy Fraction) [%]
L_{FT}	Taktmaximalpegel [dB]
L_i	Trittschallpegel [dB]
L_I	Schallintensitätspegel [dB]
L_{Ia}	Installationsschallpegel [dB(A)]
L_{IGN}	Installationsschallpegel bei Anregung mit dem Installationsgeräusch normal (IGN) [dB(A)]
L_m	Mittelungspegel [dB]
L_n	Norm-Trittschallpegel ohne Nebenwegübertragung [dB]
L'_n	Norm-Trittschallpegel, ermittelt am Bau oder mit bauähnlichen Nebenenwegen [dB]
L_N	Lautstärkepegel [phon]
$L_{n,\,eq,\,0}$	äquivalenter Norm-Trittschallpegel einer Rohdecke [dB]
$L_{n,\,eq,\,0,\,w}$	bewerteter äquivalenter Norm-Trittschallpegel einer Rohdecke [dB]
$L_{n,\,r,\,0}$	Norm-Trittschallpegel einer Bezugsdecke [dB]
$L_{n,\,r,\,0,\,w}$	bewerteter Norm-Trittschallpegel einer Bezugsdecke; $L_{n,\,r,\,0,\,w} = 78$ dB
L'_{nT}	Standard-Trittschallpegel, ermittelt am Bau oder mit bauähnlichen Nebenwegen [dB]
$L'_{nT,\,w}$	bewerteter Standard-Trittschallpegel, ermittelt am Bau oder mit bauähnlichen Nebenwegen [dB]
$L_{n,\,w}$	bewerteter Norm-Trittschallpegel ohne Nebenwegübertragung [dB]
$L'_{n,\,w}$	bewerteter Norm-Trittschallpegel, ermittelt am Bau oder mit bauähnlichen Nebenwegen [dB]
L_{okt}	Oktavband-Schalldruckpegel [dB]
L_p	Schalldruckpegel [dB]
$L_{p\,diff}$	Schalldruckpegel im diffusen Schallfeld [dB]
$L_{p\,dir}$	Schalldruckpegel im Freifeld [dB]
$L_{p,\,d1}$	Nahpegel [dB]
$L_{p,\,in}$	Schalldruckpegel in einem Raum etwa 1 bis 2 m vor einem Bauteil, dessen Schallabstrahlung nach außen betrachtet werden soll [dB]
$L_{p\,max}$	maximaler Schalldruckpegel [dB]
L_{ps}	Schalldruckpegel im Abstand s von der Schallquelle [dB]
L_{pv}	Schalldruckpegel, verursacht von einer Vergleichsschallquelle [dB]
L_{p1}	Schalldruckpegel im Senderaum [dB]
L_{p2}	Schalldruckpegel im Empfangsraum [dB]

L_{p3}	3-m-Pegel [dB]
LSM	Luftschallschutzmaß [dB]
L_{terz}	Terzband-Schalldruckpegel [dB]
L_v	Schnellepegel [dB]
L_W	Schalleistungspegel [dB]
L_{WA}	A-bewerteter Schalleistungspegel [dB(A)]
L_{W,C_0}	bezogener Schalleistungspegel für rosa Rauschen [dB]
L_{WD}	äquivalenter Schalleistungspegel zur Kennzeichnung der nach außen von einem als Punktstrahler gedachten Bauteil abgestrahlten Schalleistung [dB]
$L_{W,in}$	abstrahlungsrelevanter Schalleistungspegel eines Bauteiles [dB]
L_{Wm}	mittlerer Schalleistungspegel [dB]
L_{Wv}	Schalleistungspegel einer Vergleichsschallquelle [dB]
$L_{W,0}$	bezogener Schalleistungspegel mittlerer Maschinengeräusche [dB]
L_1	Summenhäufigkeitspegel, Perzentilpegel (in 1% der Mittelungszeit überschrittener maximaler Schalldruckpegel) [dB]
L_{50}	Summenhäufigkeitspegel, Perzentilpegel (in 50% der Mittelungszeit überschrittener maximaler Schalldruckpegel) [dB]
L_{95}	Summenhäufigkeitspegel, Perzentilpegel (in 95% der Mittelungszeit überschrittener maximaler Schalldruckpegel) [dB]
ΔL	Trittschallminderung [dB]; Pegeldifferenz [dB]
$\Delta L_{A,a,Str}$	A-bewertete Schalldruckpegelminderung durch Absorption an einer Abschirmwand [dB(A)]
$\Delta L_{A,R,Str}$	A-bewertete Schalldruckpegelminderung infolge verminderter Transmission durch eine Abschirmwand [dB(A)]
$\Delta L_{H,w}$	holzbaubezogene bewertete Trittschallminderung [dB]
ΔL_r	Trittschallminderung einer Bezugsdeckenauflage [dB]
$\Delta L_{r,w}$	bewertete Trittschallminderung einer Bezugsdeckenauflage; $-\Delta L_{r,w} = 19$ dB
ΔL_s	Entfernungskorrektur zur näherungsweisen Bestimmung der Schallausbreitung in Flachräumen [dB]
ΔL_w	bewertete Trittschallminderung [dB]
M	Verkehrsstärke [Kfz/h]
N	Lautheit [sone]; bezogener Schirmwert [−]
N_{Mu}	Anzahl der Musiker eines Orchesters [−]
PTS	bleibende Hörschwellenverschiebung (Permanent Threshold Shift) [dB]
R	Raumeindrucksmaß [dB]; Schalldämm-Maß ohne Nebenwegübertragung [dB]
R'	Bau-Schalldämm-Maß, ermittelt am Bau oder mit bauähnlichen Nebenwegen [dB]
R_A	Hilfsgöße zur Ermittlung des Spektrumanpassungswertes bei rosa Rauschen [dB]
RASTI	vereinfachter Sprachübertragungsindex (Rapid Speech Transmission Index) [%]
$R_{A,tr}$	Hilfsgröße zur Ermittlung des Spektrumanpassungswertes bei städtischem Straßenverkehrslärm [dB]
R_{Df}	Flankendämm-Maß für den Übertragungsweg Df vom Trennbauteil auf die flankierenden Bauteile des Empfangsraumes [dB]
R_{diff}	Schalldämm-Maß bei diffusem Schalleinfall [dB]
R_F	Fugenschalldämm-Maß [dB]
R_{Fd}	Flankendämm-Maß für den Übertragungsweg Fd von den flankierenden Bauteilen des Senderaumes auf das Trennbauteil [dB]
R_{Ff}	Flankendämm-Maß für den Übertragungsweg Ff von den flankierenden Bauteilen des Senderaumes auf die flankierenden Bauteile des Empfangsraumes, Grenzdämm-Maß [dB]
R_{Fn}	normiertes Fugenschalldämm-Maß [dB]
$R_{F,w}$	bewertetes Fugenschalldämm-Maß [dB]
R_L	Schall-Längsdämm-Maß [dB]

Formelzeichen

R_m	mittleres Schalldämm-Maß [dB]
R_{res}	resultierendes Schalldämm-Maß [dB]
R_s	spezifischer Strömungswiderstand [kPas/m]
R'_{tr}	Bau-Schalldämm-Maß von Fassaden, gemessen mit Verkehrslärm als Schallquelle [dB]
$R'_{tr,w}$	bewertetes Bau-Schalldämm-Maß von Fassaden, gemessen mit Verkehrslärm als Schallquelle [dB]
R_w	bewertetes Schalldämm-Maß ohne Nebenwegübertragung [dB]
R'_w	bewertetes Bau-Schalldämm-Maß, ermittelt am Bau oder mit bauähnlichen Nebenwegen [dB]
$R_\perp$	Schalldämm-Maß bei senkrechtem Schalleinfall [dB]
$R'_{45°}$	Bau-Schalldämm-Maß von Fassaden, gemessen mit Lautsprecherschall von außen bei 45° Schalleinfallswinkel [dB]
$R'_{45°,w}$	bewertetes Bau-Schalldämm-Maß von Fassaden, gemessen mit Lautsprecherschall von außen bei 45° Schalleinfallswinkel [dB]
ΔR	Luftschallverbesserungsmaß [dB]
ΔR_w	bewertetes Luftschallverbesserungsmaß (Verbesserung der Luftschalldämmung als Differenz der bewerteten Schalldämm-Maße) [dB]
S	Fläche, Bauteilfläche, Querschnittsfläche, Hüllfläche [mm^2], [cm^2] und [m^2]
SAK	Schallausbreitungskurve [–]
SAK$_0$	frequenznormierte Schallausbreitungskurve, bezogen auf ein A-bewertetes mittleres Maschinengeräusch [–]
SAK$_B$	Bezugsschallausbreitungskurve (Schallausbreitungskurve im Freifeld) [–]
S_B	Grundrißfläche eines Raumes [m^2]
$S_{Bü}$	Fläche einer Bühnenöffnung [m^2]
S_f	Fläche eines abstrahlenden flankierenden Bauteiles [m^2]
S_F	Fläche einer Fuge [cm^2] und [m^2]; Fläche eines angeregten flankierenden Bauteiles [m^2]
S_{Gest}	Gesamtoberfläche aller Raumbegrenzungen [m^2]
S_n	Bezugsfläche; $S_n = 1$ m^2
$S_Ö$	Öffnungsfläche [m^2]
S_{Pu}	Gestühlflächen eines Saales einschließlich 0,5 m breiter umlaufender Flächen anschließender Gänge [m^2]
S_R	Restoberfläche eines Saales (ohne Gestühlflächen und Flächen von Podium, Orchestergraben und Bühnenöffnung) [m^2]
S_S	Summe aller Oberflächen von Strukturen und Streukörpern [m^2]
STI	Sprachübertragungsindex (Speach Transmission Index) [%]
T	Periodendauer [s]; Nachhallzeit (Reverberation Time RT) [s]; Beobachtungszeit [s], [min] oder [h]
T_{Eyr}	Nachhallzeit nach Eyring [s]
T_m	mittlere Nachhallzeit (Mittelwert für den Frequenzbereich 500 bis 1000 Hz) [s]
T_{opt}	optimale Nachhallzeit [s]
T_r	Beurteilungszeitraum [s] und [h]
T_R	Körperschallnachhallzeit [ms] und [s]
T_S	Nachhallzeit nach Sabine [s]
TS	Schwerpunktzeit (Center Time) [ms]
TSM	Trittschallschutzmaß [dB]
TTS	reversible Hörschwellenverschiebung (Temporary Threshold Shift) [dB]
T_0	Bezugsnachhallzeit; üblicherweise $T_0 = 0,5$ s
V	Volumen, Resonatorvolumen [dm^3] und [m^3]
V_{ges}	Gesamtvolumen [dm^3] und [m^3]
V_L	Porenvolumen [m^3]

VM	Verbesserungsmaß des Trittschallschutzes [dB]
V_w	wirksames Volumen [m³]
W	Schalleistung [W]
W_{ak}	von Lautsprechern abgestrahlte Schalleistung [W]
W_{ges}	Gesamtschalleistung [W]
$W_{ges\,10}$	Bezugsschalleistung, ermittelt im freien Schallfeld in 10 m Entfernung von der Schallquelle [W]
W_0	Bezugs-Schalleistung; $W_0 = 1\,pW$

Griechische Kleinbuchstaben

α	Schallabsorptionsgrad [−]; Winkel [°]
$\alpha_{äqu}$	äquivalenter Schallabsorptionsgrad für einen Raum im besetzten Zustand [−]
$\alpha_{Bü}$	Schallabsorptionsgrad einer Bühnenöffnung [−]
α_{Eyr}	Schallabsorptionsgrad nach Eyring [−]
α_L	Schallabsorptionskoeffizient für die Schallausbreitung in Luft [dB/km]
α_m	arithmetischer Mittelwert von Schallabsorptionsgraden unterschiedlicher Frequenz [−]
α_{opt}	optimaler Schallabsorptionsgrad [−]
α_p	praktischer Schallabsorptionsgrad (in Terzbandbreite gemessener, auf Oktavbandbreite umgerechneter Schallabsorptionsgrad) [−]
α_{Pu}	Schallabsorptionsgrad einer Publikumsfläche [−]
α_R	Schallabsorptionsgrad restlicher Flächen eines Saales (ohne Publikumsflächen und Flächen für Podium, Orchestergraben und Bühnenöffnung) [−]
α_{Raum}	räumlich gemittelter Schallabsorptionsgrad eines Raumes [−]
α_S	Schallabsorptionsgrad von Streukörpern; Schallabsorptionsgrad nach Sabine [−]
α_w	bewerteter Schallabsorptionsgrad [−]
$\Delta\alpha$	Winkelverschiebung, Winkelbereich [°]
β	Winkel [°]
γ	Bündelungsgrad [−]; Winkel [°]
δ	Hilfsgöße zur Berücksichtigung von Prüfstandseigenschaften bei der Umrechnung von R_w in R'_w und umgekehrt [dB]; Winkel [°]
η	Verlustfaktor [−]
η_{ext}	äußerer Verlustfaktor [−]
η_{int}	innerer Verlustfaktor [−]
ε	Lochflächenverhältnis [%]
ϱ	Dichte, Rohdichte eines Baustoffes, Materialdichte [kg/m³]; Schallreflexionsgrad [−]
ϱ_0	Dichte der Luft; $\varrho_0 \approx 1{,}25$ kg/m³
λ	Wellenlänge [m]
λ_B	Biegewellenlänge [m]
λ_0	Wellenlänge in der Luft [m]
σ	Abstrahlgrad [−]; Porosität [−]; Winkel [°]
τ	Schalltransmissionsgrad ohne Nebenwegübertragung [−]
τ'	Schalltransmissionsgrad, ermittelt am Bau oder mit bauähnlichen Nebenwegen [−]
τ_{res}	resultierender Schalltransmissionsgrad [−]
μ	Poissonsche Querkontraktionszahl; $\mu \approx 0{,}35$
ϑ	Winkel [°]

Griechische Großbuchstaben

Γ	Richtungsfaktor [%]
Γ^2	Richtungsgrad [%]
Ω	Raumwinkel [srad]

7 Literaturverzeichnis

[1] FASOLD, W., SONNTAG, E., WINKLER, W.: Bau- und Raumakustik, Bauphysikalische Entwurfslehre. Verlag für Bauwesen, Berlin (1987)
[2] FASOLD, W., KRAAK, W., SCHIRMER, W.: Taschenbuch Akustik. Verlag Technik, Berlin (1984)
[3] HECKL, M., MÜLLER, H. A.: Taschenbuch der Technischen Akustik. Springer-Verlag, Berlin, Heidelberg, New York, London, Paris, Tokyo, Hong Kong, Barcelona, Budapest (1994)
[4] SCHIRMER, W. (Hrsg.): Technischer Lärmschutz. Grundlagen und praktische Maßnahmen an Maschinen und in Arbeitsstätten zum Schutz des Menschen vor Lärm und Schwingungen. VDI Verlag, Düsseldorf (1996)
[5] MÖSER, M.: Analyse und Synthese akustischer Spektren. Springer-Verlag, Berlin, Heidelberg, New York, London, Paris, Tokyo, Hong Kong, Barcelona, Budapest (1988)
[6] REICHARDT, W.: Grundlagen der Technischen Akustik. Akademische Verlagsgesellschaft Geest und Portig, Leipzig (1968)
[7] MEYER, J.: Akustik und musikalische Aufführungspraxis: Leitfaden für Akustiker, Tonmeister, Musiker, Instrumentenbauer und Architekten. 3., vollst. überarb. und erw. Aufl. Verlag Bochinsky, Frankfurt am Main (1995)
[8] CREMER, L., HECKL, M.: Körperschall. Springer-Verlag, Berlin, Heidelberg, New York, London, Paris, Tokyo, Hong Kong, Barcelona, Budapest (1967)
[9] KNUDSON, V. O.: Architectural Acoustics. John Wiley and Sons, New York (1932)
[10] REICHARDT, W., GANEV, ST.: Das Spektrum von Musikinstrumentengruppen eines Orchesters. Zeitschrift für elektrische Informations- und Energietechnik 2 (1972), H.5, S. 249
[11] AHNERT, W., REICHARDT, W.: Grundlagen der Beschallungstechnik. Verlag Technik, Berlin (1981)
[12] AHNERT, W., STEFFEN, F.: Beschallungstechnik. Grundlagen und Praxis. S. Hirzel Verlag, Stuttgart, Leipzig (1993)
[13] HÜBNER, G.: Grundlagen der Intensitätsmeßmethode und Untersuchungen zum Anwendungsbereich in der Praxis der Geräuschemissionsermittlung. VDI-Bericht 526, S.1–47; VDI Verlag, Düsseldorf (1984)
[14] FAHY, F. J.: Sound intensity. Elsevier Science, London (1989)
[15] SCHREIBER, L.: Lärmschutz im Städtebau. Bauverlag, Wiesbaden und Berlin (1970)
[16] SÄLZER, E.: Städtebaulicher Schallschutz. Bauverlag, Wiesbaden und Berlin (1975)
[17] LEHMANN, U. u. a.: Lärmschutz beim Städtebau. Kommentare zu TGL 10687/06. Verlag für Standardisierung, Berlin (1985)
[18] BImSchG: Gesetz zum Schutz vor schädlichen Umwelteinwirkungen durch Luftverunreinigungen, Geräusche, Erschütterungen und ähnliche Vorgänge. Bundes-Immissionsschutzgesetz (1990)
[19] 16. BImSchV: Sechszehnte Verordnung zur Durchführung des Bundes-Immissionsschutzgesetzes. Verkehrslärmschutzverordnung (1990)
[20] 24. BImSchV E: Vierundzwanzigste Verordnung zur Durchführung des Bundes-Immissionsschutzgesetzes. Verkehrswege – Schallschutzmaßnahmenverordnung (1997)
[21] TA Lärm: Sechste allgemeine Verwaltungsvorschrift zum Immissionsschutzgesetz. Technische Anleitung zum Schutz gegen Lärm (1998)
[22] RLS 90: Richtlinien für den Lärmschutz an Straßen. Der Bundesminister für Verkehr. Köln (1990)
[23] Richtlinien für den Lärmschutz an Straßen in der Baulast des Bundes. Der Bundesminister für Verkehr. Verkehrsblatt (1983) S. 306, (1986) S. 101
[24] ZTV – Lsw 88: Zusätzliche technische Vorschriften und Richtlinien für die Ausführung von Lärmschutzwänden an Straßen. Verkehrsblatt-Verlag. Dortmund (1988)
[25] Schall 03: Richtlinie zur Berechnung der Schallimmissionen von Schienenwegen. Amtsblatt der Deutschen Bundesbahn Nr. 14 (1990)

[26] Akustik 04: Richtlinie für schalltechnische Untersuchungen bei der Planung von Rangier- und Umschlagbahnhöfen. Amtsblatt der Deutschen Bundesbahn Nr. 14 (1992)
[27] Gesetz zum Schutz gegen Fluglärm (1971), zuletzt geändert am 25. September 1990. Bundesgesetzblatt I (1990), S. 2106
[28] AzB: Bekanntmachung der Datenerfassunssysteme für die Ermittlung von Lärmschutzbereichen an zivilen und militärischen Flugplätzen sowie einer Anleitung zur Berechnung von Lärmschutzbereichen nach dem Gesetz zum Schutz gegen Fluglärm. Gemeinsames Ministerialblatt 26, Bonn (1975) Ergänzung der AzB, Bonn (1984)
[29] Schallschutz VO: Verordnung über bauliche Schallschutzanforderungen nach dem Gesetz zum Schutz gegen Fluglärm. Bundesgesetzblatt I (1974)
[30] Allgemeine Verwaltungsvorschrift zum Schutz gegen Baulärm. Beilage zum Bundesanzeiger 160 (1970)
[31] Richtlinie für die Messung und Beurteilung von Schießgeräuschimmissionen in der Nachbarschaft von Schießanlagen. Länderausschuß für Immissionsschutz (1982)
[32] 18. BImSchV: Achtzehnte Verordnung zur Durchführung des Bundes-Immissionsschutzgesetzes. Sportanlagen-Lärmschutzverordnung (1991)
[33] Hinweise zur Beurteilung der durch Freizeitanlagen verursachten Geräusche. Länderausschuß für Immissionsschutz (1988)
[34] ULLRICH, S.: Geräuschbelastung an klassifizierten Straßen — vergangene und zukünftige Entwicklung. Zeitschrift für Lärmbekämpfung 41 (1994), S. 98
[35] INGARD, U.: A review of the influence of meteorological conditions on sound propagation. J. Acoust. Soc. Amer. 25 (1953), S. 405
[36] HAUPT, R.: Beitrag zum Problem der Lärmminderung durch Waldbestände. Archiv für Naturschutz und Landschaftsgestaltung, Berlin (1973), H. 4, S. 309 und (1974), H. 1, S. 61
[37] MAEKAWA, Z.: Noise reduction by screens. Applied Acoustics (1968), H. 1, S. 157
[38] KURZE, U. J.: Schallschutz durch Abschirmung — Grundlagen für den Entwurf der VDI-Richtlinie 2720. Wirtschaftsverlag, Bremerhafen (1977)
[39] Empfehlungen für die Gestaltung von Lärmschutzanlagen an Straßen. Forschungsgesellschaft für Straßen- und Verkehrswesen, Köln (1985)
[40] BARKHAUSEN, H.: Ein neuer Schallmesser für die Praxis. VDI-Zeitschrift (1926) S. 1471
[41] UVV Lärm: Unfallverhütungsvorschrift Lärm (VGB 121). Heymanns-Verlag, Köln (1990)
[42] FELDTKELLER, R., ZWICKER, E.: Die Größe der Elementarstufen der Tonhöhenempfindung und der Lautstärkeempfindung. Acustica (1953), Beih. 1, S. 97
[43] ZWICKER, E., FELDTKELLER, R.: Das Ohr als Nachrichtenempfänger. Hirzel-Verlag, Stuttgart (1967)
[44] ZWICKER, E.: Psychoakustik. Springer-Verlag. Berlin, Heidelberg, New York (1982)
[45] NIESE, H.: Die Trägheit der Lautstärkebildung in Abhängigkeit vom Schallpegel. Hochfrequenztechnik und Elektroakustik 68 (1959), H. 5, S. 143
[46] PORT, E.: Über die Lautstärke einzelner kurzer Schallimpulse. Acustica 13 (1963), Beih. S. 224
[47] DIETSCH, L.: Objektive raumakustische Kriterien zur Erfassung von Echostörungen und Lautstärke bei Musik- und Sprachdarbietungen. Dissertation TU Dresden (1983)
[48] BLAUERT, J.: Räumliches Hören. Hirzel-Verlag. Stuttgart (1974)
[49] BLAUERT, J.: Räumliches Hören. Nachschrift. Hirzel-Verlag. Stuttgart (1985)
[50] BECHER, S.: Lärmstörungen im Alltag. Medizinische Grundlagen zur Einschätzung der Belästigung. Deutsche Wirtschaftswoche 46 (1994), H. 5, S. 130
[51] DIEROFF, H.-G.: Die Lärmschwerhörigkeit in der Industrie. Johann Ambrosius Barth. Leipzig (1984)
[52] Verordnung über Arbeitsstätten (Arbeitsstättenverordnung) vom 20. März 1975, zuletzt geändert durch Verordnung vom 4. Dezember 1996 Bundesgesetzblatt l (1996), S. 1841
[53] KRAAK, W.: Der Einfluß des Bewertungsexponenten bei der Einschätzung der gehörschädigenden Wirkung von Schall. Zeitschr. elektrische Informations- und Energietechnik 12 (1987), S. 345
[54] KUHL, W.: Zulässige Geräuschpegel in Studios, Konzertsälen und Theater. Acustica 14 (1964), S. 355
[55] MECHEL, F. P.: Schallabsorber. Band 1: Äußere Schallfelder, Wechselwirkungen. Hirzel-Verlag, Stuttgart (1989)
[56] MECHEL, F. P.: Schallabsorber. Band 2: Innere Schallfelder, Strukturen. Hirzel-Verlag, Stuttgart (1995)
[57] ESCHE, V.: Experimentelle Untersuchungen zu Einflußparametern und Größe des Kanteneffektes. Acustica (1967), H. 6, S. 301

[58] BUDACH, P.: Der Transmissionsgrad ebener, schallharter Schlitzgitter geringer Tiefe. Hochfrequenztechnik und Elektroakustik 77 (1968), H. 1, S. 5
[59] KUTTRUFF, H.: Room Acoustics. Applied Science Publishers LTD, 3rd Edition, London (1991)
[60] THIEL, C.: Schallabsorptionsgradtabellen Teile 1 bis 5. Baukatalog der Bauinformation, Berlin (1969 bis 1978)
[61] RESCHEVKIN, S. N.: Gestaltung von Resonanzschluckern und deren Verwendung für die Nachhallregulierung und Schallabsorption. Hochfrequenztechnik und Elektroakustik 68 (1959), H. 5, S. 128
[62] MAA, D. Y.: Theory and design of microperforated panel sound absorbing constructions. Scientica Sinica 18 (1975), S. 55
[63] FASOLD, W.: Raumakustische Maßnahmen für den Plenarsaal des Deutschen Bundestages. Bautechnik 70 (1993), H. 2, S. 757
[64] FUCHS, H., V., ZHA, X.: Einsatz mikroperforierter Platten als Schallabsorber mit inhärenter Dämpfung. Acustica 81 (1995), H. 2, S. 107
[65] WÖHLE, W.: Schallabsorption von Einzelresonatoren bei allseitigem Schalleinfall und bei der Anordnung in einer Linie, in Raummitte, an der Wand, in der Kante oder Ecke eines Raumes. Hochfrequenztechnik und Elektroakustik 68 (1959), H. 2, S. 56
[66] BUDACH, P.: Der Transmissionsgrad einer schlitzförmigen Öffnung geringer Tiefe in einer ebenen, unendlich ausgedehnten Wand bei senkrechtem Einfall. Hochfrequenztechnik und Elektroakustik 77 (1968), H. 4, S. 134
[67] MECHEL, F. P., VERES, E.: Ein breitbandig wirkender Schallabsorber aus Kunststoffolie. Fortschritte der Akustik. FASE/DAGA Göttingen (1982), S. 287
[68] FUCHS, H. V., HUNECKE, J.: Der Raum verdirbt die Übertragungsgüte – kompakte Membranabsorber für tiefe Frequenzen schaffen Abhilfe. Studio-Magazin 16 (1993), S. 30
[69] KATH, U.: Der Einfluß der Bekleidung auf die Schallabsorption von Einzelpersonen. Acustica 17 (1966), S. 234
[70] CREMER, L., MÜLLER, H. A.: Die wissenschaftlichen Grundlagen der Raumakustik. Band 1: Geometrische Raumakustik, Statistische Raumakustik, Psychologische Raumakustik. Hirzel-Verlag, 2. Aufl., Stuttgart (1978)
[71] CREMER, L., MÜLLER, H. A.: Die wissenschaftlichen Grundlagen der Raumakustik. Band 2: Wellentheoretische Raumakustik. Hirzel-Verlag, 2. Aufl., Stuttgart (1976)
[72] BARRON, M.: Auditorium acoustics and architectural design. E & FN Spon, London, New York (1993)
[73] BERANEK, L. L.: Concert and opera halls. How they sound. Acoustical Society of America, Woodbury (1996)
[74] COPS, A., MYNCKE, H.: Determination of sound absorption coefficients using a tone burst technique. Acustica 29 (1973), S. 287
[75] WILMS, U., HEINZ, R.: In-situ-Messung komplexer Reflexionsfaktoren von Wandflächen. Acustica 75 (1991), S. 28
[76] MOMMERTZ, E., GERRATH, M.: Bestimmung der akustischen Impedanz von Wandflächen mittels eines Subtraktionsverfahrens. Fortschritte der Akustik. DAGA Dresden (1994), S. 701
[77] VORLÄNDER, M.: Anwendungen der Maximalfolgenmeßtechnik in der Akustik. Fortschritte der Akustik. DAGA Dresden (1994), S. 83
[78] THIELE, R.: Richtungsverteilung und Zeitfolge der Schallrückwürfe in Räumen. Acustica 3 (1953), S. 291
[79] DAI GEN-HUA, ANDO,Y.: Generalized analysis of sound scattering by diffusing walls. Acustica 53 (1983), S. 297
[80] MEYER, E.; BOHN, L.: Schallreflexion an Flächen mit periodischer Struktur. Acustica 2 (1952), Beih. 4, S. 194
[81] SCHROEDER, M. R.: Diffuse sound reflections by maximum length sequences. Journal Acoust. Soc. Amer. 57 (1975), S.149
[82] SCHROEDER, M. R.: Number theorie in science and communication. Springer-Verlag, 2nd Edition, Berlin (1986)
[83] D' ANTONIO, P., KONNERT, J. H.: The reflection phase grating diffuser. Design theory and application. Journal Audio Engineering Soc. 32 (1984), S. 228
[84] MEYER, E., KUTRUFF, H., RISCHBIETER, F.: Messungen der Schallstreuung an flächen mit periodisch wechselnder Impedanz (Phasengitter). Acustica 12 (1962), S. 334
[85] TENNHARDT, H. P.: Akustische Dimensionierung von Faltungsstrukturen mit dreieckförmiger Schnittführung. Bauforschung-Baupraxis (1988), H. 229, S. 18

[86] EG-Richtlinie 98 / 37 / EWG des Europäischen Parlaments und des Rates vom 22. Juni 1998 zur Angleichung der Rechts- und Verwaltungsvorschriften der Mitgliedstaaten für Maschinen (1998)
[87] EG-Richtlinie 86 / 188 / EWG: Richtlinie des Rates vom 12. 5.1986 über den Schutz der Arbeitnehmer gegen Gefährdung durch Lärm am Arbeitsplatz
[88] GRUHL, S.: Richtlinie zur Berechnung der Lärmimmission in Räumen. Zentralinstitut für Arbeitsschutz, Dresden (1979)
[89] JOVOCIC, S.: Grundlagen zur Vorausberechnung von Schallpegeln in Räumen. VDI-Bericht 476 (1983), S. 11
[90] PROBST, W.: Schallausbreitung in Fabrikhallen mit Arbeitsstätten und Vorausberechnung von Arbeitsplatzschallpegeln. Zeitschrift für Lärmbekämpfung 41 (1994), S. 8
[91] KUTTRUFF, H.: Stationäre Schallausbreitung in Flachräumen. Acustica 57 (1985), S. 62
[92] KUTTRUFF, H.: Stationäre Schallausbreitung in Langräumen. Acustica 69 (1989), S. 53
[93] EN 12354 - 1: Bauakustik – Berechnung der akustischen Eigenschaften von Gebäuden aus den Bauteileigenschaften – Teil 1: Luftschalldämmung zwischen Räumen (2000)
[94] EN 12354-2: – Teil 2: Trittschalldämmung zwischen Räumen (2000)
[95] EN 12354-3: – Teil 3: Luftschalldämmung von Außenbauteilen gegen Außenlärm (2000)
[96] EN 12354-4: – Teil 4: Schallübertragung von Räumen ins Freie (2000)
[97] EN 12354-5: – Part 5: Noise from technical equipment and installations (2001)
[98] EN 12354-6: – Part 6: Sound absorption in enclosed spaces (2000)
[99] WARNECKE, H. J., BULLINGER, H. J.: Virtual Reality '94. Anwendungen und Trends. Springer-Verlag, Berlin (1994)
[100] STEPHENSON, U.: Leistungsfähigkeit und Genauigkeit eines um Streueffekte ergänzten Schallteilchensimulationsverfahrens zur Schallpegelprognose in Werkhallen. VDI-Bericht 860 (1990)
[101] STEPHENSON, U.: Vom Konzertsaal bis zur Fabrikhalle – das raumakustische Simulationsprogramm SOPRAN. Technik am Bau 25 (1994) H. 2, S. 25
[102] SABINE, W. C.: Collected papers on acoustics. M. A., Harvard U. P. Cambridge (1927)
[103] WILKENS, H.: Mehrdimensionale Beschreibung subjektiver Beurteilungen von Konzertsälen. Dissertation, Technische Universität Berlin (1975)
[104] EYRING, C. F.: Reverberation time in dead rooms. Journal Acoust. Soc. Amer. (1930), H. 1, S. 217
[105] ATAL, B. S., SCHROEDER, M. R., SESSLER, G. M.: Subjective reverberation time and its relation to sound decay. 5. ICA-Kongreß, Lüttich (1965), G 35
[106] JORDAN, V. L.: Einige Bemerkungen über Anhall und Anfangsnachhall in Musikräumen. Applied Acoustics 1 (1968), S. 29
[107] LOCHNER, J. P. A., BURGER, J. F.: The intelligibility of speech under reverberant conditions. Acustica 11 (1961), S. 195
[108] NIESE, H.: Vorschlag für die Definition und Messung der Deutlichkeit nach subjektiven Grundlagen. Hochfrequenztechnik und Elektroakustik 65 (1965), S. 4
[109] JANUSKA, I.: Experimentally stated correlation between objective echogramm evaluation and speech intelligibility. Archivum Akustiki (1968), S. 140
[110] KÜRER, R.: Untersuchungen zur Auswertung von Impulsmessungen in der Raumakustik. Dissertation, Technische Universität Berlin (1972)
[111] PEUTZ, V. M. A.: Articulation loss of consonants as a criterion for speech transmission in a room. Journal Audio Engineering Soc. 19 (1971), H. 11, S. 915
[112] KLEIN, W.: Articulation loss of consonants as a basis for the design and judgement of sound reinforcement systems. Journal Audio Engineering Soc. 19 (1971), H. 11, S. 920
[113] HOUTGAST, T., STEENEKEN, H. J. M.: A review of the MTF concept in room acoustics and its use for estimating speech intelligibility in auditoria. Journal Acoust. Soc. Amer. 77 (1985), S. 1060
[114] JORDAN, V. L.: Acoustical design of concert halls and theaters. Applied Science Publishers LTD, London (1980)
[115] BERANEK, L. L.: Concert hall acoustics – 1992. Journal Acoust. Soc. Amer. 92 (1992), S. 1
[116] FASOLD, W., STEPHENSON, U.: Gute Akustik von Auditorien. Planung mittels Rechnersimulation und Modellmeßtechnik. Bauphysik 15 (1993), H. 2, S. 40
[117] ABDEL ALIM, O.: Untersuchungen zur Zeit- und Richtungsdurchsichtigkeit bei Musikdarbietungen. Dissertation, Technische Universität Dresden (1973)
[118] GOTTLOB, D.: Vergleich objektiver akustischer Parameter mit Ergebnissen subjektiver Untersuchungen an Konzertsälen. Dissertation, Universität Göttingen (1973)

[119] SIEBRASSE, K. F.: Vergleichende subjektive Untersuchungen zur Akustik von Konzertsälen. Dissertation, Universität Göttingen (1973)
[120] KUHL, W.: Räumlichkeit als Komponente des Raumeindruckes. Acustica 40 (1978), S. 167
[121] BARRON, M.: The subjektive effects of first reflections in concert halls. The need for lateral reflections. Journal of Sound and Vibration (1971), S. 425
[122] JORDAN, V. L.: A group of objective acoustical criteria for concert halls. Applied Acoustics 14 (1981), H. 4, S. 253
[123] VORLÄNDER, M., KUTTRUFF, H.: Die Abhängigkeit des Seitenschallgrades von der Form und der Flächengestaltung eines Raumes. Acustica 58 (1985), S. 118
[124] ANDO, Y., SACRAMENTO, M.: Superposition of geometries of surface for desired directional relations in a concert hall. Journal Acoust. Soc. Amer. 84 (1988), S. 1734
[125] KEET, W. DE V.: The influence of early lateral reflections on spatial impression. 6. ICA-Kongreß, Tokio (1968)
[126] SCHMIDT, W.: Untersuchungen über die für den Raumeindruck wichtigen Schallfeldparameter bei Musikdarbietungen. Dissertation, Technische Universität Dresden (1967)
[127] REICHARDT, W., SCHMIDT, W.: Die hörbaren Stufen des Raumeindruckes bei Musik. Acustica 17 (1966), S. 175
[128] LEHMANN, U.: Untersuchungen zur Bestimmung des Raumeindruckes bei Musikdarbietungen und Grundlagen der Optimierung. Dissertation, Technische Universität Dresden (1975)
[129] FASOLD, W., WINKLER, W.: Realisierung raumakustischer Forderungen in neuen Saalbauten. Angewandte Akustik. Verlag Technik, Berlin (1988), S. 102
[130] JAMAGUSHI, K.: Multivariante analysis of subjective and physical measures of hall acoustics. Journal Acoust. Soc. Amer. 52 (1972), S. 1271
[131] LEHMANN, P.: Über die Ermittlung raumakustischer Kriterien und deren Zusammenhang mit subjektiven Beurteilungen der Hörsamkeit. Dissertation, Technische Universität Berlin (1976)
[132] TENNHARDT, H. P.: Modellmeßverfahren für Balanceuntersuchungen bei Musikdarbietungen am Beispiel des Großen Salles im Neuen Gewandhaus Leipzig. Acustica 57 (1984), S. 126
[133] TACHIBANA, H.: Definition and measurement of sound energy level of a transient sound source. Journal Acoust. Soc. Jpn. 8 (1987), S. 235
[134] KOYASU, M.: Measurement of equivalent sound absorption area by stationary and impulsive reference sound sources. Inter-Noise (1994), S. 1501
[135] ITU Recommendation P 58.: Head and torso simulator for telephonometrie (1994)
[136] SCHROEDER, M. R.: New method of measuring reverberation time. Journal Acoust. Soc. Amer. 37 (1965), S. 409
[137] VORLÄNDER, M., BIETZ, H.: Comparison of methods for measuring reverberation time. Acustica 80 (1994), S. 205
[138] SCHMIDT, W.: Qualitätsbeurtelung von Räumen für Musikdarbietung. Angewandte Akustik. Verlag Technik, Berlin (1990), S. 110
[139] GADE, A. C.: Prediction of room acoustical parameters. Journal Acoust. Soc. Amer. 89 (1991), S. 1857
[140] SCHULTZ, T., WATERS, B. G.: Propagation of sound across audience seating. Journal Acoust. Soc. Amer. 36 (1964), S. 885
[141] SESSLER, G. M., WEST, J. E.: Sound transmission over theatre seats. Journal Acoust. Soc. Amer. 36 (1964), S. 1725
[142] ANDO, Y., TAKAISHI, M., TADA, K.: Calculations of the sound transmission over theatre seats and methods for its improvement in the low-frequency range. Journal Acoust. Soc. Amer. 72 (1982), S. 443
[143] BRADLEY, J. S.: Some further investigations of the seat dip effect. Journal Acoust. Soc. Amer. 90 (1991), S. 324
[144] MOMMERTZ, E.: Einige Messungen zur streifenden Schallausbreitung über Publikum und Gestühl. Acustica 79 (1993), S. 42
[145] DAVIES, W. J., ORLOWSKI, R. J., LAM, Y. W.: Measuring auditorium seat absorption. Journal Acoust. Soc. Amer. 96 (1994), S. 879
[146] LORD, P., TEMPLETON, D.: The architecture of sound. The Architectural Press, London (1986)
[147] CREMER, L.: Die raum- und bauakustischen Maßnahmen beim Wiederaufbau der Berliner Philharmonie. Die Schalltechnik 57 (1964), S. 1
[148] STEPHENSON, U.: Zur Raumakustik großer kreisförmiger Säle. Am Beispiel des Plenarsaales des Deutschen Bundestages. Deutsche Bauzeitschrift 5 (1994), S.113

[149] FASOLD, W., KÜSTNER, E., TENNHARDT, H.-P., WINKLER, H.: Akustische Maßnahmen im Neuen Gewandhaus Leipzig. Bauforschung-Baupraxis (1982), H. 117, S. 9
[150] KRAAK, W.: Elektroakustische Messungen an Raummodellen. Dissertation, Technische Hochschule Dresden (1956)
[151] ZEMKE, H. H.: Erfahrungen mit raumakustischen Modellen. Nachrichtentechnische Fachberichte 15 (1959), S. 56
[152] BREBECK, D., BÜCKLEIN, R., KRAUTH, E., SPANDÖCK, F.: Akustisch ähnliche Modelle als Hilfsmittel für die Raumakustik. Acustica 18 (1967), S. 213
[153] BURGTORF, W.: Raumakustische Modellversuche im Ultraschallbereich. Acustica 18 (1967), S. 323
[154] SCHMIDT, W.: Raumakustische Projektierung mit Hilfe von Modellen. Wissenschaftliche Zeitschrift der Technischen Universität Dresden 22 (1973), H. 5, S. 803
[155] WINKLER, H.: Entwicklung eines Senders und Empfängers für raumakustische Modellmessungen mittels Echogrammen. Hochfrequenztechnik und Elektroakustik 73 (1964), H. 4, S. 132
[156] THELE, F.: Untersuchungen zu Schallquellen in der Modellakustik. Fortschritte der Akustik. DAGA (1975), S. 485
[157] KRAWCZAK, L.: Computergestützte Modellmeßtechnik in der Raumakustik. IBP-Mitteilung 225 (1992)
[158] WINKLER, H.: Die Kompensation der zu großen Luftabsorption bei raumakustischen Modelluntersuchungen mit Echogrammen. Hochfrequenztechnik und Elektroakustik 73 (1964), H. 4, S. 121
[159] REICHARDT, W.: Die akustischen Maßnahmen beim Wiederaufbau der Staatsoper Berlin unter den Linden. Bauplanung, Bautechnik 10 (1956), H. 11, S. 461
[160] BORISH, J.: Extension of the image model to arbitrary polyhedra. Journal Acoust. Soc. Amer. 75 (1984), H. 6, S. 1827
[161] KROKSTADT, A., STRÖM, S., SÖRSDAHL, S.: Calculating the acoustical room response by the use of the ray tracing technique. Journal of Sound and Vibration 8 (1968), H. 1, S. 118
[162] STEPHENSON, U.: Eine Schallteilchen-Computer-Simulation zur Berechnung der für die Hörsamkeit in Konzertsälen maßgebenden Parameter. Acustica 59 (1985), H. 1, S. 1
[163] STEPHENSON, U.: Raumakustik-Optimierung: Rechenzeitverkürzung bei der Schallteilchensimulation. 17. Tonmeistertagung Karlsruhe (1992), S. 183
[164] VORLÄNDER, M.: Simulation of transient and steady-state sound propagation in rooms using a new combined ray-tracing/image-source algorithm. Journal Acoust. Soc. Amer. 86 (1989), H. 1, S. 172
[165] HEINZ, R.: Einfluß der diffusen Wandstreuung von Raumbegrenzungsflächen auf das Übertragungsverhalten von Räumen. Fortschritte der Akustik. DAGA Berlin (1992), S. 201
[166] STEPHENSON, U.: Quantized pyramidal beam tracing − a new algorithm for room acoustics and noise immission prognosis. Acustica − acta acustica 82 (1996) S. 517
[167] VORLÄNDER, M.: Round robin on room acoustical computer simulations. ICA Trondheim (1995), Band 2, S.689
[168] KUTTRUFF, H., VORLÄNDER, M., CLASSEN, T.: Zur gehörmäßigen Beurteilung der Akustik von simulierten Räumen. Acustica 70 (1990), H. 3, S. 230
[169] LEHNERT, H., BLAUERT, J.: Principles of binaural room simulation. Applied Acoustics 36 (1992), H. 3, S. 259
[170] VIAN, J.-P., MARTIN, J.: Binaural room acoustics simulation: Practical uses and applications. Applied Acoustics 36 (1992), H. 3, S. 295
[171] HEINZ, R.: Binaurale Raumsimulation mit Hilfe eines kombinierten Verfahrens − Getrennte Simulation der geometrischen und diffusen Schallanteile. Acustica 79 (1993), S. 207
[172] NEU, G., MOMMERTZ, E., SCHMITZ, A.: Untersuchungen zur richtungstreuen Schallwiedergabe bei Darbietung von kopfbezogenen Aufnahmen über zwei Lautsprecher. Acustica 76 (1992), S. 183
[173] NAYLOR, G. M.: ODEON − Another hybrid roomacoustical model. Applied Acoustics 38 (1993), S. 131
[174] POLACK, J.-D., MEYNIAL, X., GRILLON, V.: Auralization in scale models: Processing of impuls responses. Journal of the Audio Engineering Society 41 (1993), S. 939
[175] ANDO, Y.: Concert hall acoustics. Springer Verlag. Berlin (1985)
[176] BRADLEY, J. S.: Hall average characteristics of ten halls. 13. ICA Belgrad (1989), S.
[177] BRADLEY, J. S.: A comparison of three classical concert halls. Journal Acoust. Soc. Amer. 89 (1991), S. 1176
[178] GADE, A. C.: Objective measurements in Danish concert halls. Proceedings Institut of Acoustics 7 (1985), S. 9

[179] GADE, A., C.: Acoustical survey of eleven European concert halls. Technical University of Denmark, Copenhagen. The Acoustics Laboratory. Report No 44 (1989)
[180] MORIMOTO, M., MAEKAWA, Z., TACHIBANA, H., YAMASAKI, Y., HIRASAWA,Y., PÖSSELT, C.: Preference tests in seven concert halls. Journal Acoust. Soc. Amer. 84 (1988), S. 129
[181] ÖNORM 8115-1: Schallschutz und Raumakustik im Hochbau. Teil 1: Begriffe und Einheiten (2002)
[182] ÖNORM 8115-2: Schallschutz und Raumakustik im Hochbau. Teil 2: Anforderungen an den Schallschutz (1981)
[183] ÖNORM 8115-3: Schallschutz und Raumakustik im Hochbau. Teil 3: Raumakustik (1996)
[184] LAMBERTY, D. C.: Music practice rooms. Journal of Sound and Vibration 69 (1980), S. 149
[185] FUJITA, T.: A study on the acoustical characteristics of a piano practice room. Acustica 63 (1987), S. 211
[186] FUCHS, H. V., ZHA, X.: Auskleidung kleiner Räume mit alternativen faserfreien Schallabsorbern. Tonmeistertagung Karlsruhe (1994), S. 748
[187] FUCHS, H. V., RAMBAUSEK, N., TELTSCHIK, R.: Raumakustische Verbesserung kleiner Räume bei tiefen Frequenzen. Deutsches Architektenblatt 23 (1991), H. 8, S. 1201
[188] TENNHARDT, H.-P., WINKLER, H.: Raumakustische Probleme bei der Planung von Orchesterproberäumen. Fortschritte der Akustik. DAGA Dresden (1994), S. 245
[189] ITU-R BS. 1116-1: Methods for the subjective assesment of small impairments in audio systems including multichannel sound systems. International Telecommunication Union (1997)
[190] FUCHS, H. V.: Zur Absorption tiefer Frequenzen in Tonstudios. Rundfunktechnische Mitteilungen 36 (1992), H. 2, S. 1
[191] FUCHS, H. V., HUNECKE, J.: Der Raum spielt mit bei tiefen Frequenzen. Das Musikinstrument 42 (1993), H. 8, S. 40
[192] ZHA, X., FUCHS, H. V., HUNECKE, J.: Raum- und bauakustische Gestaltung eines Mehrkanal-Abhörraumes. Rundfunktechnische Mitteilungen 40 (1996), H. 2, S. 49
[193] WAAG, V.: Projektierungsgrundlagen für Ausbildungsräume. Teil 1: Hörsäle und Seminarräume. Schriftenreihe Hoch- und Fachschulbau. Technische Universität Dresden (1972)
[194] GHANBARAN, H., BAHREINI, H.: Große Räume für Sprache – „Hörsäle". Seminarbericht Akustik von Räumen – Beispiellösungen. Universität Stuttgart. Institut für Baustofflehre, Bauphysik, Technischen Ausbau und Entwerfen (1994), S. 75
[195] STEPHENSON, U., FASOLD, W.: Computersimulationen zur Verbesserung der Raumakustik des Plenarsaales des Deutschen Bundestages in Bonn. Fortschritte der Akustik. DAGA Dresden (1994), S. 221
[196] BEHNISCH und PARTNER: Plenarbereich des Deutschen Bundestages in Bonn. Glasforum 43 (1993), H. 6, S. 11
[197] FUCHS, H. V., ZHA, X.: Transparente Schallabsorber verbessern die Raumakustik des gläsernen Plenarsaales im Bundestag. Glasforum 43 (1993), H. 6, S. 37
[198] GRANER, H., GRÄF, U., GRANER, B., KUBANEK, G.: Der Plenarsaal in Bonn. Fortschritte der Akustik. DAGA Dresden (1994), S. 297
[199] MÜLLER, H. A., PLENGE, G.: Bonner Plenarsaal des Deutschen Bundestages. Akustische Probleme und ihre Lösung. VDI-Berichte 1121 (1994), S. 105
[200] HUNECKE, J., ZHA, X., FUCHS, H. V.: Verbesserung der Raumakustik im Kleinen Haus der Staatstheater Stuttgart. Deutsche Bauzeitung 44 (1996), H. 3, S. 135
[201] FEI, Z., STURMA, P.: Große Räume für Sprache – „Theater". Seminarbericht Akustik von Räumen – Beispiellösungen. Universität Stuttgart. Institut für Baustofflehre, Bauphysik, Technischen Ausbau und Entwerfen (1994), S. 143
[202] BESSON, S., MÜLLER, J. F.: Mehrzweckräume – Opern. Seminarbericht Akustik von Räumen Beispiellösungen. Universität Stuttgart. Institut für Baustofflehre, Bauphysik, Technischen Ausbau und Entwerfen (1994), S. 285
[203] MARX, B., TENNHARDT, H.-P.: Raum- und bauakustische Aspekte bei der Rekonstruktion der Deutschen Staatsoper Berlin. Bauforschung-Baupraxis (1985), H. 287, S. 15
[204] REICHARDT, W.: Die akustische Projektierung der Semperoper in Dresden. Acustica 58 (1985), S. 20
[205] KRAAK, W.: Die Akustik der Semperoper. Fortschritte der Akustik. DAGA Dresden (1994), S. 27
[206] HÄNSCH, W.: Die Semperoper. Geschichte und Wiederaufbau der Dresdner Staatsoper. Verlag für Bauwesen Berlin (1986)

[207] CREMER, L., NUTSCH, J., ZEMKE, H. J.: Die akustischen Maßnahmen beim Wiederaufbau der Deutschen Oper Berlin. Acustica 12 (1962), S. 428
[208] JORDAN, V. L.: Acoustical design considerations of the Sydney Opera House. Journal and proceedings, Royal Society of New South Wales (1973), S. 33
[209] REICHARDT, W.: Planungsgrundlagen und Ergebnisse der akustischen Ausgestaltung des Zuschauerraumes der neuen Oper Leipzig. Hochfrequenztechnik und Elektroakustik 70 (1961), H. 4, S. 119
[210] REICHARDT, W.: Gestaltung eines akustisch optimalen Zuschauerraumes für eine Oper. Theater der Zeit, Beilage Szena 32 (1975), S. 5
[211] HARKNESS, E. L.: Performer tuning of acoustics. Applied Acoustics 17 (1984), S. 85
[212] NAYLOR, G.: Problems and priorities in orchestra pit design. Proceedings of the Institute of Acoustics 7 (1985), S. 65
[213] FASOLD, W., LEHMANN, U., TENNHARDT, H.-P., WINKLER, H.: Akustische Maßnahmen im Schauspielhaus Berlin. Bauforschung-Baupraxis (1989), H. 181, S. 5
[214] FASOLD, W., TENNHARDT, H.-P., WINKLER, H.: Ergänzende raumakustische Maßnahmen im großen Konzertsaal des Schauspielhauses Berlin. Bauforschung-Baupraxis (1990), H. 287, S. 23
[215] NORTHWOOD, T. D., STEVENS, E. J.: Acoustical design of the Alberta Jubilee auditoria. Journal Acoust. Soc. Amer. 84 (1988), S. 129
[216] ANDRADE, E. N.: The Salle Pleyel, Paris, and architectural acoustics. Nature 130 (1932), S. 332
[217] PARKIN, P. H., ALLEN, W. A., PURKIS, H. J., SCHOLES, W. E.: The acoustics of the Royal Festival Hall, London. Acustica 3 (1953), S. 1
[218] CREMER, L.: Der Trapezterrassenraum. Acustica 61 (1986), S. 144
[219] CREMER, L.: Die akustischen Gegebenheiten in der neuen Berliner Philharmonie. Deutsche Bauzeitung 10 (1965), S. 850
[220] FASOLD, W.: Raumakustische Maßnahmen im Neuen Gewandhaus Leipzig. Fortschritte der Akustik. DAGA / FASE Göttingen (1982), S. 155
[221] MARSHALL, A. H.: Acoustical design and evaluation of Christchurch Town Hall, New Zealand. Journal Acoust. Soc. Amer. 65 (1979), S. 951
[222] MARSHALL, A. H., HYDE, J. R.: Some preliminary acoustical considerations in the design for the proposed Wellington (New Zealand) Town Hall. Journal of Sound and Vibration 63 (1979), S. 201
[223] HAUX, C.: Akustik in Kirchen. Seminarbericht Akustik von Räumen – Beispiellösungen. Universität Stuttgart. Institut für Baustofflehre, Bauphysik, Technischen Ausbau und Entwerfen (1994), S. 181
[224] LEMPER, E. H., MAGIRIUS, H., SCHRAMMEK, W.: Die Thomaskirche zu Leipzig. Union Verlag Berlin, 4. Aufl. (1984)
[225] FASOLD, W., MARX, B., TENNHARDT, H.-P., WINKLER, H.: Raumakustische Maßnahmen im Budapester Kongreßzentrum. Bauforschung-Baupraxis (1988), H. 229, S. 5
[226] REICHARDT, W., BUDACH, P., WINKLER, H.: Raumakustische Modelluntersuchungen mit dem Impuls-Schalltest beim Neubau des Kongreß- und Konzertsaales im „Haus des Lehrers" am Alexanderplatz, Berlin. Acustica 20 (1968), S. 149
[227] AMANN, M., DENZINGER, S., GROSSMANN, M.: Akustik von Räumen – Beispiel Kino. Seminarbericht Akustik von Räumen – Beispiellösungen. Universität Stuttgart. Institut für Baustofflehre, Bauphysik, Technischen Ausbau und Entwerfen (1994), S. 225
[228] AHNERT, W., SCHMIDT, W.: Akustik in Kulturbauten. Institut für Kulturbauten Berlin (1980)
[229] RUHE, C.: Konnten die Griechen es besser? Trockenbau (1988), H. 3
[230] SCHOLL, W.: Fehler der Schalldämmungs-Messung bei offener Bauweise. IBP-Mitteilung 248 (1994)
[231] TGL 10687-09: Schallschutz. Bewertung der Schalldämmung (1986)
[232] LYON, R.H., DE JONG, R.G.: Theory and application of statistical energy analysis. Butterworth-Heinemann, Boston (1995)
[233] WÖHLE, W.: Statistische Energieanalyse der Schalltransmission. In: FASOLD, W., KRAAK, W., SCHIRMER, W.: Taschenbuch Akustik. Verlag Technik, Berlin (1984)
[234] MARX, B.: Körperschallausbreitung in Gebäuden. Bauforschung – Baupraxis (1989), H. 240, S. 5
[235] MECHEL, F. P.: Die Schalldämmung von Schalldämpfer-Fugen. Acustica 62 (1987), S. 177
[236] MAYSENHÖLDER, W.: Körperschallenergie. Grundlagen zur Berechnung von Energiedichten und Intensitäten. S. Hirzel Verlag, Stuttgart, Leipzig (1994)
[237] FASOLD, W.: Untersuchungen über den Verlauf der Sollkurve für den Trittschallschutz im Wohnungsbau. Acustica 15 (1965), S. 271

[238] TACHIBANA, H., TANAKA, H., KOYASU, M.: Heavy impact source for the measurement of impact sound insulation of floors. Proceedings InterNoise '92 (1992) S. 643
[239] GÖSELE, K., SCHÜLE, W., KÜNZEL, H.: Schall, Wärme, Feuchte. Grundlagen, neue Erkenntnisse und Ausführungshinweise für den Hochbau. 10., völlig neubearbeitete Auflage, Bauverlag, Wiesbaden und Berlin (1997)
[240] BERGER, R.: Über die Schalldurchlässigkeit, Dissertation, München (1910)
[241] SCHMIDT, H.: Schalltechnisches Taschenbuch. Schwingungskompendium. Fünfte, grundlegend neu bearbeitete und erweiterte Auflage, VDI-Verlag Düsseldorf (1996)
[242] HECKL, M.: Die Schalldämmung von homogenen Einfachwänden endlicher Fläche. Acustica 10 (1960) S. 98
[243] VERES, E.: Einfluß der Wand- und Knotenpunktausbildung auf die Direkt- und Längs-Schalldämmung bei einer Kalksandsteinwand, IBP-Bericht GB 26/86, (1986)
[244] SCHOLL, W., BENAVENT-GIL, M.: Bimsbeton-Mauerwerk – schalltechnische Abdichtung, IBP-Mitteilung 233 (1993)
[245] HECKL, M., DONNER, U.: Schalldämmung dicker Wände. Rundfunktechnische Mitteilungen 29 (1985) H. 6, S. 287
[246] GÖSELE, K.: Verringerung der Luftschalldämmung von Wänden durch Dickenresonanzen. Bauphysik 12 (1990) H. 6, S. 187
[247] KOCH, S., MAYSENHÖLDER, W.: Zur Schalldämmung von Außenwänden aus Lochsteinen, IBP-Mitteilung 215 (1991)
[248] LUTZ, P. et al.: Lehrbuch der Bauphysik, Schall, Wärme, Feuchte, Licht, Brand, Teil 1 einer Baukonstruktionslehre, B.G. Teubner, Stuttgart (1985)
[249] SÄLZER, E.: Schallschutz im Massivbau: Luftschall, Trittschall, Körperschall, Bauverlag GmbH Wiesbaden, Berlin (1990)
[250] GÖSELE, K.: Zur Berechnung der Luftschalldämmung von doppelschaligen Bauteilen (ohne Verbindung der Schalen). Acustica 45 (1980) S. 218
[251] CREMER, L.: Isolation und Absorption durch Doppelwände. Zeitschrift Wärmeschutz, Kälteschutz, Schallschutz, Brandschutz (1980), Sonderausgabe August S. 2
[252] DOPPLER, C.: Erhöhter Schallschutz bei zweischaligen Haus- und Wohnungstrennwänden. Baumarkt (1988) H. 12/13
[253] GÖSELE, K.: Schallschutz von Haustrennwänden – Möglichkeiten und Mängel, Bundesbaublatt (1981), H. 3, S. 174
[254] NUTSCH, J.: Wirtschaftlicher Schallschutz bei Reihenhauswänden, wksb 20 (1986), S. 16
[255] Schallschutz im Wohnungsbau. Haustrennwände. Mitteilungsblatt der Arbeitsgemeinschaft für zeitgemäßes Bauen e.V. Kiel. Nr. 181, (1988) H. 3
[256] GÖSELE, K.: Verbesserung der Schalldämmung von zweischaligen Haustrennwänden. Deutsches Architektenblatt (1992) H. 4, S. 573
[257] GÖSELE, K., PFEFFERKORN, W., WEBER, U., HÄUSSERMANN, P.: Verbesserung des Schallschutzes von Haustrennwänden bei gleichzeitiger Kostensenkung. FBW-Blätter, herausgegeben von der Forschungsgemeinschaft Bauen und Wohnen Stuttgart (1985)
[258] KUHL, W.: Verbesserung der Schalldämmung durch Vorsatzschalen. Acustica 45 (1980) H. , S. 228
[259] VERES, E., SCHMIDT, R., MECHEL, F.P.: Zum Schallschutz durch Vorsatzschalen. Bauphysik 9 (1987), S. 44
[260] RÜCKWARD W.: Einfluß von Wärmedämmverbundsystemen auf die Luftschalldämmung. Bauphysik 2 (1982) H. 2, S. 54
[261] GÖSELE, K., GÖSELE, U.: Einfluß der Hohlraumdämpfung auf die Steifigkeit von Luftschichten bei Doppelwänden. Acustica 38 (1977) H. 3, S. 159
[262] DOPPLER, C. W., PREPENS, M.: Luftschalldämmung außenseitiger Wärmedämmverbund-Systeme. Mehrschalige KS-Außenwände auf dem Prüfstand. Baugewerbe 18 (1985)
[263] WARNOCK, A. C. C., FASOLD, W.: Sound Insulation – Airborne and Impact. Chapter 93 In: Crokker, M.J. (Hrsgr.): Encyclopedia of Acoustics. Wiley & Sons, Inc., New York, Chichester, Weinheim, Brisbane, Singapore, Toronto (1997)
[264] KIESEWETTER, N.: Verbesserung der Schalldämmung leichter Trennwände. Acustica 46 (1980), S. 8
[265] SÄLZER, E., MOLL, W., WILHELM, H.-U.: Schallschutz elementierter Bauteile, Bauverlag GmbH, Wiesbaden (1979)
[266] SCHUMACHER, R., MECHEL, F.P.: Der Schallschutz von Fassaden. In: Sälzer, E., Gothe, U. (Hrsgr.): Bauphysik Taschenbuch. Bauverlag Wiesbaden (1983), S. 420

[267] FELDMEIER, F., SCHMID, J.: Gasdichtheit von Mehrscheiben-Isolierglas, Bauphysik 14 (1992), H. 1, S. 12
[268] BauGlas. Produkte, Anwendungen, Montage. Eine Leitinformation für Planung, Handel und Handwerk. Herausgegeben von Vegla, Vereinigte Glaswerke GmbH, Aachen (1993).
[269] Ohne Autor: Gestalten mit Glas. Herausgegeben von Interpane Glas Industrie AG, 4. Auflage Lauenförde (1994).
[270] KOCH, S.: Schalldämmung von Isolierglasscheiben im Kontext neuer Regelwerke. IBP-Mitteilung 284 (1995)
[271] Verordnung über energiesparenden Wärmeschutz und energiesparende Anlagentechnik bei Gebäuden (Energieeinsparverordnung – EnEV) vom 16. November 2001
[272] KOCH, S., SCHOLL, W.: Auswirkungen der neuen Wärmeschutzverordnung auf den Schallschutz von Gebäuden. Bauforschung für die Praxis Band 36. Fraunhofer IRB Verlag Stuttgart (1997)
[273] KOCH, S.: Schalldämmung von Verglasungen mit transparenter Wärmedämmung. IBP-Mitteilung 232 (1993)
[274] DICKREITER, M.: Akustik der Aufnahmestudios und Regieräume. Handbuch der Tonstudiotechnik, Band 1. Saur, München, New York, London, Paris (1987)
[275] GOEBEL, K., KÜHL, J.: Bitte Ruhe. Akustik im Funkhaus. Deutsche Bauzeitung 126 (1992), H. 12, S. 1610
[276] BRÜSSAU, M.: Hochschalldämmendes schallabsorbierendes Regiefenster. Diplomarbeit im Studiengang Bauphysik der Fachhochschule für Technik (FHT) Stuttgart (1995)
[277] GRÜNING, TH.: Drei, zwei, Ton läuft! Reportage Studioausbau. Trockenbau Akustik 11 (1994), H. 9, S. 22
[278] Ohne Verfasser: Schallschutz. Türen, Tore, Fenster. Firmenschrift der Fa. Paul Schmitz GmbH (1997)
[279] SÄLZER, E.: Schallschutz mit Holzfenstern, Teil 1: Einfluß von Sprossen auf die Schalldämmung von Holzfenstern, Bauphysik (1985), H. 6, S. 171
[280] ERTEL, H., MECHEL, F. P.: Experimentelle Untersuchung von akustischen Fugendichtungen. Prinziplösungen für wirksame Dichtungskonstruktionen. Bericht aus dem Fraunhofer-Institut für Bauphysik BS 57/81 (1981)
[281] ERTEL, H.: Experimentelle Untersuchungen zur Schalldämmung von Tür- und Trennwandfugen. Wksb-Sonderausgabe (1980) S. 39
[282] Schalldämmend, dosiert, energiesparend lüften. Lieferprogramm der Fa. G-U Gretsch-Unitas GmbH Baubeschläge (1997)
[283] Schalldämmende Stahltüren und Stahltore TSS 6, Information „Technischer Schallschutz", G+H Montage GmbH (1994)
[284] Schalldämmende Holztüren TH6 und TH9, Information „Innenausbau", G+H Montage GmbH, 1993
[285] KLOOS, T., KUTZER, D.: Schalldämmende Türen mit $R'_w \geq 27$ dB und $R'_w \geq 32$ dB. Schriftenreihe „Bau- und Wohnforschung" des Bundesministers für Raumordnung, Bauwesen und Städtebau, Bonn (1980)
[286] AHNERT, R., KRAUSE, K.: Typische Baukonstruktionen von 1860 bis 1960. VEB Verlag für Bauwesen, Berlin (1985) und Bauverlag GmbH, Wiesbaden und Berlin (1986)
[287] VERES, E., BRANDSTETTER, K., KERSCHKAMP, F. O., MECHEL, F. P.: Verbesserung des baulichen Schallschutzes in Mehrfamilienhäusern der 50er und frühen 60er Jahre. Bericht aus dem Fraunhofer-Institut für Bauphysik BS 222/90 (1990)
[288] ROYAR, J., SCHLÖGL, J. (Hrsg): Bauphysikalisches Planungsbuch. Wärmeschutz, Schallschutz, Brandschutz im Hochbau. Über 300 Konstruktionen für Dach, Keller und Wände für den privaten Wohnungsbau und Industriebauten. Grünzweig + Hartmann AG Ludwigshafen (1997)
[289] VERES, E.: Trittschallschutz bei Fußbodenheizungen. IBP-Mitteilung 90 (1984)
[290] GÖSELE, K.: Untersuchungen zur Verbesserung des Schallschutzes von Holzbalkendecken. Mitteilungs-Heft der Deutschen Gesellschaft für Holzforschung, H. 47 (1960)
[291] JOHANSSON, C.: Low-Frequency Impact Sound Insulation of a Light Weight Wooden Joist Floor. Applied Acoustics 44 (1995), S. 133
[292] KOLB, J., STUPP, G.: Schalldämmung von Geschoßdecken aus Holz. In: Impulsprogramm Holz (IP-Holz). Herausgeber: LIGNUM, Zürich und Bundesamt für Konjunkturfragen, Bern (1990)
[293] GÖSELE, K.: Schallschutz mit Holzbalkendecken. In: Informationsdienst Holz. Herausgegeben von Entwicklungsgemeinschaft Holzbau (EGH), München und Centrale Marketinggesellschaft der deutschen Agrarwirtschaft mbH (CMA) in Zusammenarbeit mit Bund Deutscher Zimmermeister im ZDB, Bonn und Arbeitsgemeinschaft Holz e.V., Düsseldorf (1984)

[294] GÖSELE, K.: Verfahren zur Vorausbestimmung des Trittschallschutzes von Holzbalkendecken, Holz als Roh- und Werkstoff 37 (1979), S. 213
[295] REIHER, H., GÖSELE, K., JEHLE, R.: Schalltechnische Untersuchungen an Holzbalkendecken. in „Schallschutz von Bauteilen", Verlag W. Ernst & Sohn, Berlin (1960)
[296] VERES, E.: Verbesserung der Luft- und Trittschalldämmung einer Holzbalkendecke durch abgehängte Unterdecken aus Mineralfaserplatten, IBP-Mitteilung 218 (1992)
[297] LEWIS-Schwalbenschwanzplatten. Wasserfeste Fußböden auf Holzdecken. Mitteilungsblatt der Fa. Spillner Consult GmbH Hamburg (1996)
[298] SCHOLL, W., VERES, E.: Untersuchungen zum Trittschall-Verbesserungsmaß von Trockenestrichen auf Holzbalken- und Massiv-Rohdecken. Bericht B-BA 13/1992 des Fraunhofer-Institutes für Bauphysik, Stuttgart (1992)
[299] VERES, E.: Holzbalkendecke mit hoher Trittschalldämmung − erste Entwicklungserfahrungen im neuen Holzbau-Prüfstand. IBP-Mitteilung 241 (1993)
[300] SCHOLL, W., BRANDSTETTER, D.: Schwimmende Estriche auf Holzbalkendecken: wie beschweren? IBP-Mitteilung 279 (1995)
[301] VERES, E.: Entwicklung von Holzbalkendecken mit hoher Trittschalldämmung. Bericht aus dem Fraunhofer-Institut für Bauphysik B-BA 1/1992 (1992)
[302] MECHEL, F. P.: Schall-Längsdämmung von Deckenverkleidungen. Bericht aus dem Fraunhofer-Institut für Bauphysik BS 42/80 (1980)
[303] MARINER, TH.: Theory of Sound Transmission Through Suspended Ceilings Over Partitions. Noise Control 5 (1959) S. 13
[304] MECHEL, F. P.: Theory of office screen below a sound absorbing ceiling. Acustica − Acta Acustica (1996) H. 2, S. 303
[305] VERES, E., MECHEL, F. P.: Ein neuer Prüfstand zur Bestimmung der Längs-Schalldämmung von abgehängten Unterdecken. In: Fortschritte der Akustik, DPG-GmbH Bad Honnef (1984) S. 339
[306] MECHEL, F. P., VERES, E.: Experimentelle Untersuchungen der Einflußparameter zur Schallübertragung durch abgehängte Unterdecken. Bericht aus dem Fraunhofer-Institut für Bauphysik BS 124/85
[307] VERES, E.: Optimierung der Längs-Schalldämmung von OWA-Unterdecken unter Berücksichtigung der Material- und Systemeigenschaften. Bericht aus dem Fraunhofer-Institut für Bauphysik BS 228/90
[308] VERES, E: Genügt bei Unterdecken eine partielle Absorberauflage? IBP-Mitteilung 200 (1991)
[309] VERES, E.: Längs-Schalldämmung von Unterdecken. Deutsche Bauzeitschrift − DBZ (1992), H. 8, S. 1179
[310] SÄLZER, E.: Schallschutz bei Doppelböden und seine Bedeutung für die technische Gebäudeausrüstung. VDI-Bericht 784 (1989)
[311] Hohlraumböden im Bauwesen. Technisches Handbuch des Bundesverband Systemböden e.V. Düsseldorf (1995)
[312] GÖSELE, K.: Der Schallschutz von Doppelböden. Bundesbaublatt (1980) H. 6, S. 366
[313] GÖSELE, K.: Schall-Längsdämmung von Doppelböden. Fortschritte der Akustik − DAGA '80, Berlin, VDE-Verlag (1980) S. 391
[314] GÖSELE, K. UND KÜHN, B.: Die Messung der Schall-Längsdämmung von Deckenverkleidungen und Doppelböden. Bundesbaublatt (1980) H. 7, S. 446
[315] SÄLZER, E.: Trittschallschutz mit Doppel- und Hohlraumböden, Bauphysik 12 (1990), H. 1, S. 6
[316] KÜHN, B. und BLICKLE, R.: Untersuchungen zum Sonderfall des dröhnenden Unterlagsbodens. Schweizer Ingenieur und Architekt, (1992), H. 46. Nachdruck in wksb (1993), S. 29
[317] MAYSENHÖLDER, W.: Untersuchung der schalltechnischen Eigenschaften und der Dröhneffekte von Doppelböden. Bericht aus dem Fraunhofer-Institut für Bauphysik B-BA 2/1993
[318] „Einbaufertige Detaillösungen von Schöck − Stand der Technik. Allgemeine Technische Information zu Schöck Tronsole". Planungsunterlagen der Fa. Schöck, Baden-Baden-Steinbach (1995)
[319] „Einbaufertige Detaillösungen von Schöck − Stand der Technik. Allgemeine Technische Information zu Schöck Isokorb". Planungsunterlagen der Fa. Schöck, Baden-Baden-Steinbach (1993)
[320] FISCHER, H.-M., KOCH, S., METZEN, H.: Erhöhter Schallschutz im Steildach durch Sparrenvolldämmung. wksb 34 (1989), H. 27, S. 38
[321] FISCHER, H.-M.: Schallschutz gegen Installationsgeräusche. Erwartungen und Anforderungen. Bundesbaublatt 42 (1993), H. 6, S. 459
[322] FUCHS, H. V., KLÖPPNER, U.: Einige Mechanismen der Geräuscherzeugung in Wasser-Armaturen. Bericht des Fraunhofer-Instituts für Bauphysik, BS 62/81 (1981)
[323] FUCHS, H. V.: Geräusche von Armaturen der Wasserinstallation. Bericht des Fraunhofer-Institutes für Bauphysik, BS 76/82 (1982)

[324] MÖSER, M., HECKL, M., GINTERS, K. H.: Zur Schallausbreitung in flüssigkeitsgefüllten kreiszylindrischen Rohren. Acustica 60 (1986), S. 34
[325] FISCHER, H.-M., KLÖPPNER, U.: Entwicklung eines Verfahrens zur Erfassung der Körperschallanregung durch Auslauf-Armaturen. Bericht des Fraunhofer-Instituts für Bauphysik, BS 163/87 (1987)
[326] GÖSELE, K., VOIGTSBERGER, C. A.: Grundlagen zur Geräuschminderung bei Wasserarmaturen. Gesundheits-Ingenieur 91 (1970), S. 108
[327] FUCHS, H. V., STROMSKI, K.: Zur Messung des Geräuschverhaltens von Sanitär-Installationen. IBP-Mitteilung 89 (1984)
[328] FUCHS, H. V.: Die Installationsgeräusche in der neuen DIN 4109, Teil 5. Haustechnische Rundschau HR 5 (1985), S. 273
[329] FISCHER, H.-M., EFINGER, S.: Vereinfachtes Verfahren zur Erfassung des von Auslaufarmaturen verursachten Körperschalls. Teil I: Grundlegende Untersuchungen zur Körperschallproblematik. Bericht des Fraunhofer-Instituts für Bauphysik B-BA 1/1991 (1994)
[330] FISCHER, H.-M., EFINGER, S.: Vereinfachtes Verfahren zur Erfassung des von Auslaufarmaturen verursachten Körperschalls. Teil II: Meßtechnische Charakterisierung der Geräuscheigenschaften von Sanitärarmaturen. Bericht des Fraunhofer-Instituts für Bauphysik B-BA 9/1992 (1992)
[331] KÖTZ, W.-D.: Der bauliche Schallschutz in der Praxis – Die Geräusche der Wasserinstallation. Zeitschrift für Lärmbekämpfung 39 (1992), H. 6, S. 151
[332] FISCHER, H.-M., SOHN, M.: Das KGN – Eine Vergleichsschallquelle für Körperschall und Installationsgeräusche. IBP-Mitteilung 220 (1992)
[333] GÖSELE, K., ENGEL, V.: Körperschalldämmung von Sanitärräumen. Bauforschung für die Praxis, Band 11. IRB Verlag, Fraunhofer-Informationszentrum Raum und Bau, Stuttgart (1995)
[334] GÖSELE, K., VOIGTSBERGER, C.A.: Der Einfluß der Bauart und der Grundrißgestaltung auf das entstehende Installationsgeräusch in Bauten. Gesundheits-Ingenieur 101 (1980) S.79
[335] KUTZER, D.: Schallschutz bei haustechnischen Anlagen – Zu den Anforderungen der DIN 4109/1989, ihrer Entwicklung und ihrer baulichen Umsetzung. Wksb-Sonderausgabe (1990), S. 28
[336] FISCHER, H.-M., SOHN, M., EFINGER, S.: Installationsgeräusche im Spannungsfeld zwischen Anforderungen und Machbarem. Bauphysik 15 (1993), H. 3, S. 77
[337] SÄLZER, E.: Kommentar zur DIN 4109 Schallschutz im Hochbau. Bauverlag, Wiesbaden, Berlin (1995)
[338] FISCHER, H.-M., SOHN, M.: Installationsgeräusche im Fertighausbau. Bericht des Fraunhofer-Instituts für Bauphysik B-BA 11/1992 (1992)
[339] FISCHER, H.-M., SOHN, M., VERES, E.: Installationsgeräusche bei der Altbausanierung. Bericht des Fraunhofer-Instituts für Bauphysik B-BA 6/1991 (1991)
[340] Merkblatt Vorwandinstallation. Sanitär- und Heizungs-Installationen im Mauerwerksbau unter Beachtung geltender Vorschriften und anerkannter Regeln der Technik. Herausgegeben vom Zentralverband Sanitär Heizung Klima, St. Augustin (1981)
[341] FISCHER, H.-M., STROMSKI, K., KLÖPPNER, U.: Kostengünstiger Schallschutz durch vorgefertigte Sanitär-Installationen. Bericht des Fraunhofer-Instituts für Bauphysik, BS 182/1988 (1988)
[342] FISCHER, H.-M., NICOLAI, M., EFINGER, S.: Geräusche von Duschwannen – Einfluß der Einbausituation und der Anregungsart. IBP-Mitteilung 222 (1992)
[343] FISCHER, H.-M., MELL, J.: Körperschallentkoppelnde Schallschutz-Sets – ein Beitrag zur Minderung störender Geräusche aus WC-Einrichtungen. IBP-Mitteilung 247 (1994)
[344] FISCHER, H.-M., MELL, J.: Wirksamer Schutz vor Körperschall. Teil 1. sbz 50 (1995), H. 12, S.75
[345] Mell, J., Fischer, H.-M.: Übertragung von Körperschall in einem Abwassersystem. IBP-Mitteilung 243 (1993)
[346] GÖSELE, K., LAKATOS, B.: Untersuchungen über die Geräusche von Aufzugsanlagen mit und ohne Führungsschienen. In: Berichte aus der Bauforschung Nr. 68. W. Ernst & Sohn, Berlin (1970)
[347] SAALFELD, M.: Körperschalldämmende Maßnahmen bei Aufzugsanlagen und Raumlufttechnische Anlagen. VDI-Seminar: Schallschutz bei der Altbau-Erneuerung, Stuttgart (1989)
[348] HECKL, M.: Luft- und Körperschallmessungen an Aufzugsanlagen. Akustik- und Schwingungstechnik. VDI-Verlag, Düsseldorf (1971)
[349] KURZE, G., SCHMIDT, H., WESTPHAL, W.: Physik und Technik der Lärmbekämpfung. Verlag G. Braun, Karlsruhe (1975)
[350] SAALFELD, M.: Verbesserung der Körperschalldämmung durch Punktmassen. Fortschritte der Akustik – DAGA '86, DPG-GmbH, Bad-Honnef (1986), S. 319
[351] FISCHER, H.-M.: Vorlesung Bauakustik an der Universität Stuttgart. WS 1995/1996

[352] ZHOU, X., HEINZ, R. und FUCHS, H. V.: Zur Berechnung geschichteter Platten- und Lochplatten-Resonatoren. Bauphysik 20 (1998), H. 3, S.87
[353] FUCHS, H. V.: Alternative fibreless absorbers. New tools and materials for noise control and acoustic comfort. Acta acustica ACUSTICA 87 (2001), H. 3, S.414
[354] ZHA, X., DROTLEFF, H. und NOCKE, C.: Raumakustische Verbesserungen im Probensaal der Staatstheater Stuttgart. Bauphysik 22 (2000), H. 4, S. 232
[355] ZHA, X. FUCHS, H. V. und DROTLEFF, H.: Improving the acoustic working conditions for musicians in small spaces. Applied Acoustics 63 (2002), H. 2, S. 203
[356] PEDERSEN, D. B., ROLAND, J., RAABE, G. und MAYSENHÖLDER, W.: Measurement of the low-frequency sound insulation of building components. ACUSTICA 86 (2000), S. 495
[357] WEBER, L. und KOCH, S.: Anwendung von Spektrum-Anpassungswerten. Teil 1: Luftschalldämmung, Teil 2: Trittschalldämmung (Teil A und B). Bauphysik 21 (1999), H. 4, S. 167 und H. 6, S. 295 sowie Bauphysik 22 (2000), H. 1, S. 70
[358] SCHOLL, W.: Impact sound insulation. The tapping machine shall learn to walk. Building Acoustics, Vol. 8, Nr. 4 (2001) S. 245
[359] SCHOLL, W., BRANDSTETTER, D.: Neue Schalldämmwerte bei Gipskartonplatten-Metallständerwänden. Bauphysik 22, H.2 (2000) S. 101

8 Normen und Richtlinien

Internationale Normen (ISO)
Der Vermerk (DIN) bzw. (DIN EN) verweist auf identische nationale Normen

[500] ISO 131: Acoustics – Expression of physical and subjective magnitudes of sound or noise in air (1979)
[501] ISO 140-1 (DIN EN): Akustik – Messung der Schalldämmung in Gebäuden und von Bauteilen – Teil 1: Anforderungen an Prüfstände mit unterdrückter Flankenübertragung (1997)
[502] ISO 140-2: – Teil 2: Bestimmung, Überprüfung und Anwendung von Präzisionsdaten (1991) mit Korrektur 1 (1996)
[503] ISO 140-3 (DIN EN): – Teil 3: Messung der Luftschalldämmung von Bauteilen in Prüfständen (1995)
[504] ISO 140-4 (DIN EN): – Teil 4: Messung der Luftschalldämmung zwischen Räumen in Gebäuden (1998)
[505] ISO 140-5 (DIN EN): – Teil 5: Messung der Luftschalldämmung von Fassadenelementen und Fassaden in Gebäuden (1998)
[506] ISO 140-6 (DIN EN): – Teil 6: Messung der Trittschalldämmung von Decken in Prüfständen (1998)
[507] ISO 140-7 (DIN EN): – Teil 7: Messung der Trittschalldämmung von Decken in Gebäuden (1998)
[508] ISO 140-8 (DIN EN): – Teil 8: Messung der Trittschallminderung durch eine Deckenauflage auf einer massiven Bezugsdecke in Prüfständen (1997)
[509] ISO 140-9: – Teil 9: Laboratoriumsmessung der Luftschalldämmung zwischen zwei Räumen mit einer abgehängten Decke und darüber befindlichem Luftraum (1985)
[510] ISO 140-10: – Teil 10: Messung der Luftschalldämmung von kleinen Bauteilen im Laboratorium (1991)
[511] ISO 140-11 (DIN EN): – Part 11: Laboratory measurements of the reduction of transmitted impact noise by floor coverings on a lightweight floor (1995)
[512] ISO 140-12 (DIN EN): – Teil 12: Messung der Luft- und Trittschalldämmung durch einen Doppel- und Hohlraumboden zwischen benachbarten Räumen im Prüfstand (2000)
ISO/TR 140-13: – Teil 13: Leitfaden (1997)
[513] ISO 226: Akustik – Normalkurven gleicher Lautstärkepegel (1987)
[514] ISO 266: Akustik – Normfrequenzen (1997)
[515] ISO 354 (DIN EN): Akustik – Messung der Geräuschabsorption in einem Hallraum (1985)
[516] ISO 354, AM 1 (DIN EN): – Änderung 1: Anhang D: – Montagearten von Prüfgegenständen für Schallabsorptionsmessungen (1997)
[517] ISO 532: Akustik; Verfahren zur Berechnung des Lautstärkepegels (1975)
[518] ISO 717-1 (DIN EN): Akustik - Bewertung der Schalldämmung in Gebäuden und von Bauteilen – Teil 1: Luftschalldämmung (1996)
[519] ISO 717-2 (DIN EN): – Teil 2: Trittschalldämmung (1996)
[520] ISO 1683: Akustik – Vorzugs-Referenzgrößen für Schallpegel (1983)
[521] ISO 1996-1: Akustik – Beschreibung und Messung von Umweltlärm; Teil 1: Grundeinheiten und Verfahren (1982)
[522] ISO 1996-2: – Teil 2: Datenerfassung zur Flächennutzung (1987) mit Änderung 1 (1998)
[523] ISO 1996-3: – Teil 3: Anwendung auf Geräuschgrenzwerte (1987)
[524] ISO 1999: Akustik – Bestimmung der berufsbedingten Lärmexposition und Einschätzung der lärmbedingten Hörschädigung (1990)
[525] ISO 2204: Acoustics – Guide to the international standards on the measurement of airborne acoustical noise and evaluation of its effects on human beings (1979)

[526] ISO/DIS 2249: Acoustics – Description and measurement of physical properties of sonic booms (1973)
[527] ISO 2603: Kabinen für Simultanübersetzung – Allgemeine Eigenschaften und Ausstattung (1998)
[528] ISO/DIS 3095: Acoustics – Measurement of noise emitted by railbound vehicles (1975)
[529] ISO/DIS 3381: Acoustics – Measurement of noise inside railbound vehicles (1976)
[530] ISO 3382 (DIN EN): Akustik – Messung der Nachhallzeit von Räumen mit Bezug auf andere akustische Parameter (2000)
[531] ISO 3740 (DIN EN): Akustik – Bestimmung des Schallleistungspegels von Geräuschquellen – Leitlinien für die Anwendung der Grundnormen (2001)
[532] ISO 3741 (DIN EN): Akustik – Ermittlung der Schallleistungspegel von Geräuschquellen durch Schalldruckmessungen – Hallraumverfahren der Genauigkeitsklasse 1 (1999) mit Korrektur 1 (2001)
[533] ISO 3742: Acoustics – Determination of sound power levels of noise sources. Precision methods for discrete-frequency and narrow-band sources in reverberation rooms (1988)
[534] ISO 3743 (DIN EN): Akustik – Ermittlung der Schallleistungspegel von Geräuschquellen; Verfahren der Genauigkeitsklasse 2 für kleine, transportable Quellen in Hallfeldern; Teil 1: Vergleichsverfahren in Prüfräumen mit schallharten Wänden (1995). Teil 2: Verfahren für Sonder-Hallräume (1996)
[535] ISO 3744 (DIN EN): Akustik – Bestimmung der Schallleistungspegel von Geräuschquellen durch Schalldruckmessungen – Verfahren der Genauigkeitsklasse 2 für ein im wesentlichen freies Schallfeld über einer reflektierenden Ebene (1995)
[536] ISO 3745: Akustik – Bestimmung des Schallleistungspegels von Schallquellen – Präzisionsverfahren für reflexionsarme und halbreflexionsarme Räume (1977)
[537] ISO 3746 (DIN EN): Akustik – Bestimmung der Schallleistungspegel von Geräuschquellen aus Schalldruckmessungen – Hüllflächenverfahren der Genauigkeitsklasse 3 über einer reflektierenden Ebene (1995) mit Berichtigung 1 (1995)
[538] ISO 3747 (DIN EN): Akustik – Bestimmung der Schallleistungspegel von Geräuschquellen aus Schalldruckmessungen – Vergleichsverfahren zur Verwendung unter Einsatzbedingungen (2001)
[539] ISO 3822-1 (DIN EN): Akustik – Prüfung des Geräuschverhaltens von Armaturen und Geräten der Wasserinstallation im Laboratorium – Teil 1: Messverfahren (1999)
[540] ISO 3822-2 (DIN EN): – Teil 2: Anschluss- und Betriebsbedingungen für Auslaufventile und für Mischbatterien (1995)
[541] ISO 3822-3 (DIN EN): – Teil 3: Anschluss- und Betriebsbedingungen für Durchgangsarmaturen (1997)
[542] ISO 3822-4 (DIN EN): – Teil 4: Anschluss- und Betriebsbedingungen für Sonderarmaturen (1997)
[543] ISO 3891: Akustik – Verfahren zur Beschreibung von Fluglärm, der am Boden gehört wird (1978)
[544] ISO 4043: Transportable Kabinen für Simultanübersetzung – Allgemeine Eigenschaften und Ausstattung (1998)
[545] ISO 4871 (DIN EN): Akustik – Angabe und Nachprüfung von Geräuschemissionswerten von Maschinen und Geräten (1997)
[546] ISO 5128: Akustik – Innengeräuschmessungen in Kraftfahrzeugen (1980)
[547] ISO 5725 (DIN): Genauigkeit (Richtigkeit und Präzision) von Messverfahren und Messergebnissen – Teil 1: Begriffe und allgemeine Grundlagen (1994) mit Korrektur 1 (1998) – Teil 2: Grundlegende Methode für die Ermittlung der Wiederhol- und Vergleichpräzision eines vereinheitlichten Messverfahrens (2000) – Teil 3: Präzision unter Zwischenbedingungen (1994) Technical Corrigendum 1 (2001) –. Teil 4: Grundlegende Methoden für die Ermittlung der Richtigkeit eines vereinheitlichten Messverfahrens (2000, E) – Teil 5: Alternative Methoden für die Ermittlung der Präzision eines vereinheitlichten Messverfahrens (2001) – Teil 6: Anwendung von Genauigkeitswerten in der Praxis (2000)
[548] ISO 6393 (DIN): Akustik – Geräuschemissionsmessung an Erdbaumaschinen – Meßbedingungen für den Standlauf (1998)
[549] ISO 6395: Akustik – Messung der Geräuschemission von Erdbewegungsmaschinen – Bedingungen für dynamische Prüfung (1988) mit Änderung 1 (1996)
[550] ISO 7188: Akustik – Messung des von Personenkraftwagen unter repräsentativen Stadtfahrbedingungen abgestrahlten Geräusches (1994)

[551] ISO 7574-1: Akustik – statistische Methoden zur Bestimmung und Überprüfung von festgelegten Geräuschemissionswerten von Maschinen und Geräten; Teil 1: Allgemeine Überlegungen und Definitionen (1985)
[552] ISO 7574-2: – Teil 2: Methoden für festgelegte Werte für Einzelmaschinen (1985)
[553] ISO 7574-3: – Teil 3: Einfache (Übergangs-) Methode für festgelegte Werte für Posten von Maschinen (1985)
[554] ISO 7574-4: – Teil 4: Methoden für festgelegte Werte für Posten von Maschinen (1985)
[555] ISO 7779 (DIN EN): Akustik – Geräuschemissionsmessung an Geräten der Informations- und Telekommunikationstechnik (1999) mit Änderung 1: Festlegungen zur Geräuschmessung an CD-ROM und DVD-ROM-Laufwerken (2001, E)
[556] ISO 8297 (DIN): Akustik – Bestimmung der Schalleistungspegel von Mehr-Quellen-Industrieanlagen für Zwecke der Berechnung von Schalldruckpegeln in der Umgebung – Verfahren der Genauigkeitsklasse 2 (2000)
[557] ISO 9052-1: Akustik – Bestimmung der dynamischen Steifigkeit; Teil 1: Stoffe für die Verwendung unter schwimmenden Estrichen für den Wohnungsbau (1989)
[558] ISO 9053: Akustik – Werkstoffe für akustische Zwecke; Bestimmung des Strömungswiderstandes (1991)
[559] ISO 9295: Akustik – Messung der von Geräten der Büro- und Informationstechnik abgestrahlten hochfrequenten Geräusche (1988)
[560] ISO 9296: Vereinbarte Geräuschemissionswerte für Rechner- und Geschäftseinrichtungen (1988)
[561] ISO 9613-1: Akustik – Dämpfung des Schalls bei der Ausbreitung im Freien; Teil 1: Berechnung der Schallabsorption durch die Luft (1993)
[562] ISO 9613-2 (DIN): – Teil 2: Allgemeines Berechnungsverfahren (1999)
[563] ISO 9614-1 (DIN EN): Akustik – Bestimmung der Schalleistungspegel von Geräuschquellen durch Schallintensitätsmessungen; Teil 1: Messungen an diskreten Punkten (1995)
[564] ISO 9614-2 (DIN EN): – Teil 2: Messung mit kontinuierlicher Abtastung (1996)
[565] ISO 10052 (DIN EN): Akustik – Messung der Luft- und Trittschalldämmung und des Schalldruckpegels von haustechnischen Anlagen in Gebäuden – Kurzverfahren (2001, E)
[566] ISO 10534-1 (DIN EN): Akustik – Bestimmung des Schallabsorptionsgrades und der Impedanz in Impedanzrohren – Teil 1: Verfahren mit Stehwellenverhältnis (2001)
[567] ISO 10534-2 (DIN EN): – Teil 2: Verfahren mit Übertragungsfunktion (2001)
[568] ISO 10848-1 (DIN EN): Akustik – Messung der Flankenübertragung von Luftschall und Trittschall zwischen benachbarten Räumen in Prüfständen – Teil 1: Rahmendokument (2000, E)
[569] ISO 10848-2 (DIN EN): – Teil 2: Anwendung auf leichte Bauteile, wenn die Verbindung geringen Einfluss hat (2001, E)
[570] ISO 10848-3 (DIN EN): – Teil 3: Anwendung auf leichte Bauteile, wenn die Verbindung wesentlichen Einfluss hat (2001, E)
[571] ISO/CD 10848-4: – Part 4: All other cases (1997)
[572] ISO 11654 (DIN EN): Akustik – Schallabsorber für die Anwendung in Gebäuden – Bewertung der Schallabsorption (1997)
[573] ISO 14257: Akustik – Messung und Modellbildung der Schallausbreitungskurven in Arbeitsräumen zum Zweck der Beurteilung ihrer akustischen Qualität (2001)

Deutsche Normen (DIN)

[600] DIN EN ISO 140-1: Akustik – Messung der Schalldämmung in Gebäuden und von Bauteilen – Teil 1: Anforderungen an Prüfstände mit unterdrückter Flankenübertragung (ISO 140-1: 1997); (1998; Ersatz für DIN 52210-2)
Änderung A1: Besondere Anforderungen an den Rahmen der Prüföffnung für zweischalige Leichtbau-Trennwände zur Vermeidung einer starren Kopplung zwischen den Schalen (2002, E)
[601.1] DIN EN ISO 140-3: – Teil 3: Messung der Luftschalldämmung von Bauteilen in Prüfständen; Änderung A1: Besondere Befestigungsbedingungen für zweischalige Leichtbau-Trennwände zur Vermeidung einer starren Kopplung zwischen den Schalen (2002, E)
[601.2] DIN EN ISO 140-4: – Teil 4: Messung der Luftschalldämmung zwischen Räumen in Gebäuden (1998; teilweiser Ersatz für DIN 52210-1)
[602] DIN EN ISO 140-5: – Teil 5: Messung der Luftschalldämmung von Fassadenelementen und Fassaden an Gebäuden (1998; Ersatz für DIN 52210-5)

8 Normen und Richtlinien

[603] DIN EN ISO 140-6: – Teil 6: Messung der Trittschalldämmung von Decken in Prüfständen (1998; teilweiser Ersatz für DIN 52210-1)
[604] DIN EN ISO 140-7: – Teil 7: Messung der Trittschalldämmung von Decken in Gebäuden (1998; teilweiser Ersatz für DIN 52210-1)
[605] DIN EN ISO 140-8: – Teil 8: Messung der Trittschallminderung durch eine Deckenauflage auf einer massiven Bezugsdecke in Prüfständen (1998; teilweiser Ersatz für DIN 52210-1)
[606] DIN EN ISO 140-11: – Teil 11: Messung der Trittschallminderung durch Deckenauflagen auf einer genormten Holzbalkendecke im Prüfstand (1996, E)
[607] DIN EN ISO 140-12: – Teil 12: Messung der Luft- und Trittschalldämmung durch einen Doppel- und Hohlraumboden zwischen benachbarten Räumen im Prüfstand (2000)
[608] DIN EN ISO 354-A 1: Akustik – Messung der Schallabsorption in Hallräumen (2001, E)
[609] DIN EN ISO 717-1: Bewertung der Schalldämmung in Gebäuden und von Bauteilen. Teil 1: Luftschalldämmung (1997; Ersatz für DIN 52210-4)
[610] DIN EN ISO 717 - 2: – Teil 2: Trittschalldämmung (1997; Ersatz für DIN 52210-4)
[611] DIN IEC 942: Schallkalibratoren (1990)
[612] DIN 1304-4: Formelzeichen. Teil 4: Zusätzliche Formelzeichen für Akustik (1986)
[613] DIN 1320: Akustik – Begriffe (1997)
[614] DIN 1320, Bbl. 1: – Englische Übersetzung der Benennungen (1993)
[615] DIN EN 1793-1: Lärmschutzeinrichtungen an Straßen – Prüfverfahren zur Bestimmung der akustischen Eigenschaften – Teil 1: Produktspezifische Merkmale der Schallabsorption (1997)
[616] DIN EN 1793-2: – Teil 2: Produktspezifische Merkmale der Luftschalldämmung (1997)
[617] DIN EN 1793-3: – Teil 3: Standardisiertes Verkehrslärmspektrum (1997)
[618] DIN 4108-4: Wärmeschutz und Energie-Einsparung in Gebäuden – Teil 4: Wärme- und feuchteschutztechnische Kennwerte (1998)
[619] DIN 4109: Schallschutz im Hochbau. Anforderungen und Nachweise (1989) mit Berichtigung 1 (1992)
[620] DIN 4109, Bbl. 1: Schallschutz im Hochbau. Ausführungsbeispiele und Rechenverfahren (1989)
[621] DIN 4109, Bbl. 2: Schallschutz im Hochbau. Hinweise für Planung und Ausführung. Vorschläge für einen erhöhten Schallschutz. Empfehlungen für den Schallschutz im eigenen Wohn- oder Arbeitsbereich (1989)
[622.1] DIN 4109, Bbl. 3: Schallschutz im Hochbau. Berechnung von $R'_{w,R}$ für den Nachweis der Eignung nach DIN 4109 aus Werten des im Labor ermittelten Schalldämm-Maßes R_w (1996)
[622.2] DIN 4109, Bbl. 4: Schallschutz im Hochbau – Nachweis des Schallschutzes - Güte- und Eignungsprüfung (2000)
[622.3] DIN 4109: Schallschutz im Hochbau – Teil 10: Vorschläge für einen erhöhten Schallschutz von Wohnungen (2000, E)
[623] DIN 5493: Logarithmische Größen und Einheiten. Teil 2: Logarithmische Größenverhältnisse; Maße, Pegel in Neper und Dezibel (1994)
[624] DIN ISO 10534-1: Akustik. Bestimmung des Schallabsorptionsgrades, des Reflexionsfaktors und der Impedanz im Rohr. Teil 1: Verfahren mit stehenden Wellen (2001)
[625] DIN ISO 10534-2: – Teil 2: Transferfunktion-Verfahren (2001)
[626] DIN EN ISO 11654: Akustik. Schallabsorber für die Anwendung in Gebäuden. Bewertung der Schallabsorption (1997)
[627] DIN 18005-1: Schallschutz im Städtebau. Teil 1: Berechnungsverfahren (1987)
[628] DIN 18005, Bbl. 1: Schallschutz im Städtebau. Berechnungsverfahren. Schalltechnische Orientierungswerte für die städtebauliche Planung (1987)
[629] DIN 18005-2: – Teil 2: Lärmkarten. Kartenmäßige Darstellung von Schallimmissionen (1991)
[630] DIN 18041 Hörsamkeit in kleinen und mittelgroßen Räumen. Richtlinien (1968)
[631] DIN 18164-2: Schaumkunststoffe als Dämmstoffe für das Bauwesen. Teil 2: Dämmstoffe für die Trittschalldämmung (1991)
[632] DIN 18165-2: Faserdämmstoffe für das Bauwesen. Teil 2: Dämmstoffe für die Trittschalldämmung (1987)
[633] DIN 18168-1: Leichte Deckenbekleidungen und Unterdecken. Teil 1: Anforderungen für die Ausführung (1981)
[634] DIN 18169: Deckenplatten aus Gips. Platten mit rückseitigem Randwulst (1962)
[635] DIN 18180: Gipskarton-Platten; Arten, Anforderungen, Prüfung (1989)
[636] DIN 18181: Gipskarton-Platten im Hochbau. Grundlagen für die Verarbeitung (1990)

[637] DIN 18550-3: Putz. Teil 3: Wärmedämmputzsysteme aus Mörteln mit mineralischen Bindemitteln und expandiertem Polystyrol (EPS) als Zuschlag (1991)
[638] DIN 18560-1: Estriche im Bauwesen. Teil 1: Begriffe, allgemeine Anforderungen, Prüfung (1992)
[639] DIN EN 20140-2: Akustik. Messung der Schalldämmung in Gebäuden und von Bauteilen. Teil 2: Angabe von Genauigkeitsanforderungen (1993)
[640] DIN EN 20140-3: – Teil 3: Messung der Luftschalldämmung von Bauteilen in Prüfständen (1995; teilweiser Ersatz für DIN 52210 -1)
[641] DIN EN 20140-9: – Teil 9: Raum-zu-Raum-Messung der Luftschalldämmung von Unterdecken mit darüberliegendem Hohlraum im Prüfstand (1993)
[642] DIN EN 20140-10: – Teil 10: Messung der Luftschalldämmung kleiner Bauteile in Prüfständen (1992)
[643] DIN EN 20354: Akustik. Messung der Schallabsorption im Hallraum (1993; Ersatz für DIN 52212)
[644] DIN EN 29052-1: Akustik. Bestimmung der dynamischen Steifigkeit. Teil 1: Materialien, die unter schwimmenden Estrichen in Wohngebäuden verwendet werden (1992; Ersatz für DIN 52 214 Bauakustische Prüfungen; Bestimmung der dynamischen Steifigkeit von Dämmschichten für schwimmende Estriche. 1976)
[645] DIN EN 29053: Akustik. Materialien für akustische Anwendungen. Bestimmung des Strömungswiderstandes (1993; Ersatz für DIN 52 213)
[646] DIN 45401: Akustik. Elektroakustik. Normfrequenzen für akustische Messungen (1960)
[647] DIN 45630-1: Grundlagen der Schallmessung. Teil 1: Physikalische und subjektive Größen von Schall (1971)
[648] DIN 45630-2: – Blatt 2: Normalkurven gleicher Lautstärkepegel (1967)
[649] DIN 45631: Berechnung des Lautstärkepegels und der Lautheit aus dem Geräuschspektrum. Verfahren nach E. Zwicker (1991)
[650] DIN 45635-1: Geräuschmessung an Maschinen; Luftschallemission. Teil 1: Hüllflächenverfahren, Rahmenverfahren für drei Genauigkeitsklassen (1984)
[651] DIN 45635, Bbl. 1: Geräuschmessung an Maschinen; Luftschallmessung, Hüllflächenverfahren. Formblatt für Meßbericht (Meßprotokoll) für Hüllflächenverfahren (1979)
[652] DIN 45635, Bbl. 2: Geräuschmessung an Maschinen; Erläuterungen zu den Geräuschemissionskenngrößen (1977)
[653] DIN 45635, Bbl. 3: Geräuschmessung an Maschinen; Verzeichnis der in den Normen der Reihe DIN 45635 behandelten Maschinenarten (1982)
[654] DIN 45635-2: – Teil 2: Hallraumverfahren, Rahmenmeßverfahren (Genauigkeitsklasse 1; 1987)
[655] DIN 45635-3: – Teil 3: Sonder-Hallraumverfahren, Rahmenmeßverfahren (Genauigkeitsklasse 2; 1978)
[656] DIN 45635-8: – Teil 8: Körperschallmessung, Rahmenverfahren (1985; ersetzt durch DIN EN ISO 3741 bis DIN EN ISO 3747)
[657] DIN 45 637: Akustik. Außengeräuschmessungen an spurgebundenen Fahrzeugen (1990 E)
[658] DIN 45 641: Mittelungspegel und Beurteilungspegel zeitlich schwankender Schallvorgänge (1990)
[659] DIN 45642: Messung von Verkehrsgeräuschen
[660] DIN 45643-1: Messung und Beurteilung von Flugzeuggeräuschen. Teil 1: Meß- und Kenngrößen (1984)
[661] DIN 45643-3: Messung und Beurteilung von Flugzeuggeräuschen. Teil 3: Ermittlung des Beurteilungspegels für Fluglärmimmissionen (1984)
[662] DIN 45645-1: Ermittlung von Beurteilungspegeln aus Messungen. Teil 1: Geräuschimmissionen in der Nachbarschaft (1996)
[663] DIN 45645-2: Geräuschimmissionen am Arbeitsplatz (1991)
[664] DIN 45651: Oktavfilter für elektroakustische Messungen (1961)
[665] DIN 45652: Terzfilter für elektroakustische Messungen (1961)
[666] DIN 45661: Schwingungsmeßeinrichtungen. Begriffe (1997, E)
[667] DIN 52210-1: Bauakustische Prüfungen; Luft und Trittschalldämmung. Teil 1: Meßverfahren (1984)
[668] DIN 52210-2: – Teil 2: Prüfstände für Schalldämm-Messungen an Bauteilen (1984)
[669] DIN 52210-3: – Teil 3: Prüfung von Bauteilen in Prüfständen und zwischen Räumen am Bau (1987)

[670] DIN 52210-4: – Teil 4: Ermittlung von Einzahlangaben (1984)
[671] DIN 52210-5: – Teil 5: Messung von Außenbauteilen am Bau (1985)
[672] DIN 52210-6: – Teil 6: Bestimmung der Schachtpegeldifferenz (1989)
[673] DIN 52210-7: – Teil 7: Bestimmung der Norm-Flankenpegeldifferenz im Prüfstand (1969, E) DIN 52210 ersetzt durch DIN EN ISO 140 und DIN EN ISO 10848
[674] DIN 52216: Bauakustische Prüfungen; Messung der Nachhallzeit in Zuhörerräumen (1985; ersetzt durch DIN EN ISO 3382)
[675] DIN 52217: Bauakustische Prüfungen; Flankenübertragung. Begriffe (1984)
[676] DIN 52218-1: Bauakustische Prüfungen; Prüfung des Geräuschverhaltens von Armaturen und Geräten der Wasserinstallation im Laboratorium. Teil 1: Meßverfahren (1986; identisch mit ISO 3822-1)
[677] DIN 52218, Bbl. 1: Bauakustische Prüfungen; Prüfung des Geräuschverhaltens von Armaturen und Geräten der Wasserinstallation im Laboratorium. Formblätter für die Darstellung der Prüfergebnisse (1986)
[678] DIN 52218-2: – Teil 2: Anschluß- und Betriebsbedingungen für Auslaufarmaturen (1986; identisch mit ISO 3822-2)
[679] DIN 52218-3: – Teil 3: Anschluß- und Betriebsbedingungen für Durchgangsarmaturen (1986; identisch mit ISO 3822-3)
[680] DIN 52218-4: – Teil 4: Anschluß- und Betriebsbedingungen für Sonderarmaturen (1986; identisch mit ISO 3822-4) DIN 52218 ersetzt durch DIN EN ISO 3822
[681] DIN 52219: Bauakustische Prüfungen; Messung von Geräuschen der Wasserinstallation am Bau (1993)
[682] DIN 52221: Bauakustische Prüfungen; Körperschallmessungen bei haustechnischen Anlagen (1980)
[683] DIN EN 60651: Schallpegelmesser (1994)
[684] DIN EN 60804: Integrierende mittelwertbildende Schallpegelmesser (1994)
[685] DIN EN 61043: Elektroakustik; Geräte für die Messung der Schallintensität; Messung mit Paaren von Druckmikrofonen (1994)

VDI-Richtlinien

[700] VDI 2057-1: Einwirkung mechanischer Schwingungen auf den Menschen. Blatt 1: Grundlagen, Gliederung, Begriffe (1987)
[701] VDI 2057-2: – Blatt 2: Bewertung (1987)
[702] VDI 2057-3: – Blatt 3: Beurteilung (1987)
[703] VDI 2057-4: – Blatt 4: Messung und Beurteilung von Arbeitsplätzen in Gebäuden (1987)
[704] VDI 2058, Blatt 1: Beurteilung von Arbeitslärm in der Nachbarschaft (1985)
[705] VDI 2058, Blatt 2: Beurteilung von Lärm hinsichtlich Gehörgefährdung (1988)
[706] VDI 2058, Blatt 3: Beurteilung von Lärm am Arbeitsplatz unter Berücksichtigung unterschiedlicher Tätigkeiten (1981)
[707] VDI 2062-1: Schwingungsisolierung. Blatt 1: Begriffe und Methoden (1976)
[708] VDI 2062-2: Schwingungsisolierung. Blatt 2: Isolierelemente (1976)
[709] VDI 2080: Meßverfahren und Meßgeräte für raumlufttechnische Anlagen (1984)
[710] VDI 2081: Geräuscherzeugung und Lärmminderung in raumlufttechnischen Anlagen (2001)
[711] VDI 2550: Lärmminderung im Baubetrieb und bei Baumaschinen (1966)
[712] VDI 2560: Persönlicher Schallschutz (1983)
[713] VDI 2563: Geräuschanteile von Straßenfahrzeugen. Meßtechnische Erfassung und Bewertung (1990)
[714] VDI 2564-1: Lärmminderung bei der Blechbearbeitung. Blatt 1: Übersicht (1971)
[715] VDI 2564-2: – Blatt 2: Pressen (1971)
[716] VDI 2564-3: – Blatt 3: Transporteinrichtungen (Zubringeeinrichtungen) (1971)
[717] VDI 2566: Lärmminderung bei Aufzugsanlagen mit Triebwerksräumen (2001)
[718] VDI 2567: Schallschutz durch Schalldämpfer (1994, E)
[719] VDI 2569: Schallschutz und akustische Gestaltung im Büro (1990)
[720] VDI 2570: Lärmminderung in Betrieben. Allgemeine Grundlagen (1980)
[721] VDI 2571: Schallabstrahlung von Industriebauten (1976)
[722] VDI 2574: Hinweise für die Bewertung der Innengeräusche von Kraftfahrzeugen (1981)
[723] VDI 2711: Schallschutz durch Kapselung (1978)

[724] VDI 2714: Schallausbreitung im Freien (1988)
[725] VDI 2715: Lärmminderung an Warm- und Heißwasser-Heizungsanlagen (1977)
[726] VDI 2716: Geräuschsituation bei Stadtbahnen (1975)
[727] VDI 2716: Luft- und Körperschall bei Schienenbahnen des städtischen Nahverkehrs (1992, E)
[728] VDI 2717: Luft- und Körperschall bei Schienenbahnen des öffentlichen Personennahverkehrs (2001)
[729] VDI 2718: Schallschutz im Städtebau. Hinweise für die Planung (1975)
[730] VDI 2719: Schalldämmung von Fenstern und deren Zusatzeinrichtungen (1987)
[731] VDI 2720, Blatt 1: Schallschutz durch Abschirmung im Freien (1997)
[732] VDI 2720, Blatt 2: Schallschutz durch Abschirmung in Räumen (1983)
[733] VDI 2720, Blatt 3: Schallschutz durch Abschirmung im Nahfeld; teilweise Umschließung (1983)
[734] VDI 3720-1: Lärmarm konstruieren. Blatt 1: Allgemeine Grundlagen (1980)
[735] VDI 3720-2: – Blatt 2: Beispielsammlung (1982)
[736] VDI 3720-3: – Blatt 3: Mechanische Eingangsimpedanzen von Bauteilen, insbesondere von Normprofilen (1984)
[737] VDI 3722, Blatt 1: Wirkungen von Verkehrsgeräuschen (1988)
[738] VDI 3723, Blatt 1: Anwendung statistischer Methoden bei der Kennzeichnung schwankender Geräusche (1993)
[739] VDI 3723, Blatt 2: Kennzeichnung von Geräuschimmissionen. Erläuterung von Begriffen zur Beurteilung von Arbeitslärm in der Nachbarschaft (1995)
[740] VDI 3724: Beurteilung der durch Freizeitaktivitäten verursachten und von Freizeiteinrichtungen ausgehenden Geräusche (1989, E)
[741] VDI 3726: Schallschutz bei Gaststätten und Kegelbahnen (1991)
[742] VDI 3727-1: Schallschutz durch Körperschalldämpfung. Blatt 1: Physikalische Grundlagen und Abschätzungsverfahren (1984)
[743] VDI 3727-2: – Blatt 2: Anwendungshinweise (1984)
[744] VDI 3728: Schalldämmung beweglicher Raumabschlüsse. Türen, Tore und Mobilwände (1987)
[745] VDI 3729-1: Emissionskennwerte technischer Schallquellen; Geräte der Büro- und Informationstechnik. Blatt 1: Rahmenrichtlinien (1992)
[746] VDI 3729-2: Emissionskennwerte technischer Schallquellen; Büromaschinen. Blatt 2: Schreibmaschinen (1982)
[747] VDI 3731-1: Emissionskennwerte technischer Schallquellen. Blatt 1: Kompressoren (1982)
[748] VDI 3731-2: Emissionskennwerte technischer Schallquellen. Blatt 2: Ventilatoren (1988)
[749] VDI 3733: Geräusche bei Rohrleitungen (1996)
[750] VDI 3734-1: Emissionskennwerte technischer Schallquellen; Rückkühlanlagen. Blatt 1: Luftgekühlte Wärmeaustauscher (Luftkühler) (1981)
[751] VDI 3734-2: – Blatt 2: Kühltürme (1988)
[752] VDI 3737-1: Emissionskennwerte technischer Schallquellen; Elektrische Geräte für den Hausgebrauch. Blatt 1: Rahmenrichtlinie (1994)
[753] VDI 3738: Emissionskennwerte technischer Schallquellen. Armaturen (1994)
[754] VDI 3739: Emissionskennwerte technischer Schallquellen. Transformatoren (1999)
[755] VDI 3740-1: Emissionskennwerte technischer Schallquellen; Holzbearbeitungsmaschinen. Blatt 1: Rahmenrichtlinie (1982)
[756] VDI 3740-2: – Blatt 2: Hobelmaschinen für einseitige Bearbeitung (1982)
[757] VDI 3740-3: – Blatt 3: Tisch- und Baustellen-Kreissägemaschinen (1987)
[758] VDI 3740-4: – Blatt 4: Tischfräsmaschinen (1983)
[759] VDI 3740-6: – Blatt 6: Tischbandsägemaschinen (1989)
[760] VDI 3743-1: Emissionskennwerte technischer Schallquellen. Blatt 1: Pumpen, Kreiselpumpen (1982)
[761] VDI 3743-2: – Blatt 2: Verdrängerpumpen (1989)
[762] VDI 3744: Schallschutz bei Krankenhäusern und Sanatorien. Hinweise für die Planung (1984)
[763] VDI 3745: Beurteilung von Schießgeräuschimmissionen (1993)
[764] VDI 3755: Schalldämmung und Schallabsorption abgehängter Unterdecken (2000)
[765] VDI 3760: Berechnung und Messung der Schallausbreitung in Arbeitsräumen (1996)
[766] VDI 3762: Schallschutz mit Doppel- und Hohlraumböden (1998)
[767] VDI 4100: Schallschutz von Wohnungen; Kriterien für Planung und Beurteilung (1994)

9 Sachwortverzeichnis

A-Bewertung 48
Abklingvorgang 52, 141
Abschirmmaß 42, 45
Abschottung 323
Absorber 69, 95, 322, 324
Absorptionsmaßnahmen 120
Abstandsmaß 34, 35, 37
Abstrahlgrad 25, 232
abstrahlungsrelevanter Schalleistungspegel 128
Abstrahlwinkel 36
Aerogelgranulat 286
akustisches Loch 188
Amphitheater 217
Anfangsnachhallzeit 136, 141
Anfangsreflexionen 157
Anfangszeit 153
Anschlagdichtung 297
Anschlußfugen 291
Anstiegswinkel 156, 218
äquivalente Absorptionslänge 232, 242
äquivalente Schallabsorptionsfläche 68, 118, 120, 143, 222, 241, 331
äquivalenter Dauerschallpegel 53, 57, 60, 224, 241
äquivalenter Norm-Trittschallpegel 245, 303
äquivalenter Schallabsorptionsgrad 145
äquivalenter Schalleistungspegel 225
Äquivalenzparameter 53, 57
Arbeitsstättenverordnung 116
Arbeitsplatzlärm 55
Arenatheater 190
Armaturengeräusch 328, 329
Armaturengruppe 331
Artikulationsverlust für Konsonanten 136, 150
Assisted Resonanz 202
Aufzugsgeräusche 340
Auralisation 130, 134, 176

Baffles 96
Balance 153, 161
Ballwurfsicherheit 216
Baßverhältnis 136, 138

Bau-Schalldämm-Maß 132, 221, 231, 255, 263, 340
Bauchfluchtenabstand 46
Baugebiete 59
Bauteilverbindung 231, 247
Bebauungsdämpfungsmaß 39
Belästigungspegel 57
Beobachtungszeit 54
Beschallungsanlage 165, 211, 214, 216, 218
Beschleunigungsempfänger 248
Beschleunigungspegel 341
Beschwerung von Holzbalkendecken 317, 319
Beurteilungspegel 55, 59, 116, 255
Beurteilungszeit 54
bewerteter Schallabsorptionsgrad 67
bewerteter Norm-Trittschallpegel 244
bewertetes Luftschallverbesserungsmaß 270
bewertetes Schalldämm-Maß 226
Bewertungsverfahren 244
Bewuchsdämpfungsmaß 39, 41
bezogener Schirmwert 44
Bezugs-Schalleistung 153
Bezugsabsorptionsfläche 222, 334
Bezugsdeckenauflage 245
Bezugskurve 67, 225, 244
Bezugsnachhallzeit 222, 243
Bezugsschallausbreitungskurve 122
Biegesteifigkeit 19, 259, 262, 283
Biegeweichheit 26, 262, 275, 278, 336
Biegewelle 19, 258
Biegewellen-Ausbreitungsgeschwindigkeit 19, 20, 260
Blickfeldwinkel 156
Blindboden 317
Boden- und Meteorologiedämpfungsmaß 39
Bodendichtung 298
Bühne 101
Bündelung 31, 51

Cent 16
Computersimulation 173

Dachkonstruktion 326
Dämmschicht 248, 308
Decke 245, 299
Deckenauflage 243, 264, 305, 318
Deckenhohlraum 320
Delta-Stereofonie 219
Deutlichkeit 136, 150
Dezibel 21
diagonale Trittschallübertragung 325
diffuse Reflexion 105, 111
diffuses Schallfeld 65, 111, 117
Diffusität 221, 239
Diffusitätsabstand 115
Diffusitätsgrad 111
Diffusitätskorrekturwert 129
Dispersion 20
Dissipation 39, 66
Doppelboden 323
doppeltelastische Lagerung 343
Dreifachverglasung 286
Druckstau 121, 130
Durchsichtigkeit 136, 151
dynamische Steifigkeit 246, 248, 270, 275, 296, 306

Echo 53, 153
Eigenfrequenz 179, 221, 271
Eigenschwingung 258
Eignungsprüfung 253
Einfachverglasung 283
Einfügungsdämm-Maß 39, 46, 132
Einfügungsdämmung 337
Einrangtheater 189
einschalige Bauteile 257
Eisenbahngeräusch 38
elastische Dichtungen 291
Elastizitätsmodul 19, 259
elementierter Estrich 319, 320
Element-Norm-Schallpegeldifferenz 224, 294
Energiedämpfungskonstante 69, 143
Energiekriterien 135, 149
Entfernungskorrektur 126
Entkopplung 314
erhöhter Schallschutz 249
Erschütterungen 16
Eyring 140, 144

Fächerform 162
Faltungsstruktur 115
Faserdämmstoff 70
Federbügel 274
Fenster 101, 128, 236, 256, 281

Fensterrahmen 288, 290
Fenstersprossen 291
Fernfeld 33
Flachraum 122
Flankendämm-Maß 231
Flankenschallübertragung 221, 230
Flatterecho 159
Fluglärm 60, 327
Flüstergalerieeffekt 166, 191, 215
Fokussierung 163, 171, 215
Folie 78
Folienabsorber 97
Formantgebiet 27
Formindikator 67
Freifeld 122
Freifeldmessung 32
Frequenz 15
Frequenzanalyse 16, 26
Frequenzbewertung 48, 50
Frequenzspektren 124
Frequenzunterschiede 51
Frequenzverhältnis 18
Fuge 236, 324, 342
Fugen-Schalldämm-Maß 292
Fugendichtung 297
Fugendurchlaßkoeffizient 288
Fugenschalldämmung 291, 298
Fundament 343
Funkenschallsender 173
Funktionsfuge 291
Fußbodenheizung 309

Gasfüllung 283
Gebäudetrennfuge 272, 325
Gehgeräusch 324
Gehör 47, 52, 54
Genauigkeitsklasse 32
Geräuschanalyse 26
geräuscharme Armaturen 329
Geräuschemission 253, 255
Geräuschquelle 23
Gesamtglasdicke 283
Gesang 23
Gestühl 87, 99
grafische Planungsmethode 157
Grenzfrequenz 110
Grenzradius 119
Grundgeräuschpegel 249
Grundrißgestaltung 334
Grundton 28
Güteprüfung 240

Haas-Effekt 56
Halbwertsfrequenz 75
Halligkeit 130, 135
Hallmaß 136, 151
Hallradius 118, 150
Hallraum 32
Hallraumverfahren 103
harmonisches Tongemisch 28
Haus-in-Haus-Bauweise 179, 274
haustechnische Anlagen 64, 254, 328
Haustrennwände 272
Helmholtzresonator 87, 292
Hinderniswirkung 42
Hohlkörperdecke 300
Hohlraumbedämpfung 276, 279, 289, 323
Hohlraumboden 323
Hohlraumresonanz 267, 271
Hohlspiegelgesetz 106
Holz-Tafelbauweise 281
Holzbalkendecke 246, 299, 312
holzbaubezogene Trittschallminderung 318
Holzfußboden 101, 246, 307, 311
Hörbereich 16, 21
horizontale Trittschallübertragung 325
Hörschaden 57
Hörschall 15
Hörschwelle 27, 51, 57
Hörschwellenverschiebung 57
Hüllfläche 25, 33

Immissionsgleichung 35, 225
Immissionsgrenzwert 59, 61, 254, 256
Immissionsschutz 35
Impulsdauer 52
Impulshaltigkeit 55
Installationsgeräusch 328, 329
Installationsprüfstand 332
Installationsschallpegel 330
Installationswand 336
Intensitätsmeßverfahren 32, 241, 242
Interferenz 33, 39
Intimität 153
Inversionswetterlage 40
Isolationsindex 226
Isolierverglasung 283

Kanzel 209
Kapillardämmstoffplatte 286
Kapselung 130
Kastenfenster 288
Kavitationserscheinung 329
Kellerfundament 273
Klang, Klangfarbe 17, 136

Klarheitsmaß 136
Klimaanlagen 328
Koinzidenz 20, 25, 258
Koinzidenzeffekt 267
Koinzidenzgrenzfrequenz 25, 232, 260, 281
Kommunikationsstörung 61
Konterlattung 315, 328
Konzentrationsminderung 58
Konzertzimmer 197, 211, 216, 218
Körperschall 329, 332
Körperschallanregung 233
Körperschallausbreitung 231
Körperschallbrücke 311
Körperschalleinleitung 340
Körperschallgeräuschnormal 334
Körperschallmessung 33, 241
Körperschallnachhallzeit 232, 242
Körperschallübertragung 232, 314, 337, 341
Korrelationsfunktion 153
Kreisraum 165
Kunstkopf 174
Kurzprüfverfahren 237, 240, 248

Lärm 15, 56
Lärmbekämpfung 32, 69
Lärmbelastung 59
Lärmbereiche 117
Lärmimmissionsschutz 35, 61, 116
Lärmpause 57
Lärmschädigung 56
Lärmschutzforderungen 116, 256
Lärmschutzwand 46
Lärmschwerhörigkeit 56
Lärmwirkungen 57
Laufwegdifferenz 160
Laufzeitdifferenz 53, 55
Lautheit 48
Lautstärke 47, 50, 136, 152
Lautstärkeempfindung 51
Lautstärkepegel 47
Leistungsminderung 58
Linienresonator 89
Linienschallquelle 35, 38
Lippendichtung 291
Lochdecke 302
Lochflächenverhältnis 75, 77, 113
Lochplatte 77
Lochplattenschwinger 83, 86, 113
Logentheater 191
Longitudinalwelle 17, 20, 262
Longitudinalwellengeschwindigkeit 20
Luftabsorptionsmaß 39

Lüfter 235
Luftgleichstromverfahren 102
Luftschallabstrahlung 336
Luftschalldämmung 220, 299
Luftschallschutzmaß 226
Luftschallübertragung 221, 340
Luftschallverbesserungsmaß 231, 270, 276, 306
Lüftungsanlagen 328
Lüftungseinrichtungen 293
Luftwechselstromverfahren 102
Luftzwischenraum 84, 270
$\lambda/2$ Transformation 112

Masse-Feder-System 83, 270, 306
Massengesetz 258
Masseverhältnis 233
maßgeblicher Außenlärmpegel 255
Massivdecke 299
Mauerwerk 265
Maximalfolgenmeßtechnik 104
Mehrrahmenfenster 288
Mehrrangtheater 191
mehrschalige Bauteile 257
Membranabsorber 97
Meßrohr 103
Meßvorschriften 32, 64, 153, 237, 247
mikroperforierte Vorsatzschale 87, 290
Mittelungspegel 38
Mittelungszeit 54
mittlere freie Weglänge 125
Modellmeßverfahren 173
Mörtelbrücken 273
Mündungskorrektur 76, 86, 89
Musterinstallation 332

Nachhallreservoir 169
Nachhallzeit 52, 103, 135, 136, 153, 197
Nachhallzeitmessung 153
Nachhallzeitverlängerung 169
Nachweisverfahren 253
Nahpegel 22
Nebenwegübertragung 221
Norm-Flankenpegeldifferenz 224, 232
Norm-Hammerwerk 242, 247, 334, 341
Norm-Rohdecke 244
Norm-Schallpegeldifferenz 222, 322
Norm-Trittschallpegel 243, 306, 342
normierte Band-Mittenfrequenz 17
normiertes Fugenschalldämm-Maß 237
NR-Kurve 63

Obertöne 28
Oktavbandpegel 21

Oktave 16
Opernhaus 191
Orchestergraben 195
Orgel 202, 211

Parkplatz 36
Pegelabnahme pro Abstandsverdoppelung 123
Pegeladdition 48
Pegelspitzen 333
Periodendauer 15
Perzentilpegel 54
Phasengitter 113
phon 48
Platteneigenfrequenz 84, 258
Plattenschwinger 83, 85
Plenarsal 186
Podium 200, 207
Podiumsanordnung 160
Podiumstheater 189
Poissonsche Querkontraktionszahl 19, 259
Porenvolumen 71
poröse Dichtung 291
poröser Schallabsorber 70, 79
Porosität 70
praktischer Schallabsorptionsgrad 67
Primärschall 53, 56
Primärstruktur 133, 155
Proszeniumsbereich 194
Proszeniumtheater 188
Prüfdecke 248
Prüfzeichenpflicht 330
Publikumsabsorption 142, 158, 177
Publikumsfläche 98
Punktschallquelle 34
Putz 264

Randdämmstreifen 309
Randeinspannung 258
Randverbindung 288
Raumbegrenzungsflächen 100
Raumeindruck 56, 136, 151
Raumeindrucksmaß 136, 152
Raumimpulsantwort 104, 135, 149, 153, 175
Räumlichkeit 52
Raumwinkelmaß 35, 37
Rayleigh-Modell 71
Referenzspektrum 226
Reflektogramm 174, 176
Reflexion 52, 65
Reflexionslenkung 158, 163
Reflexionsmaß 46, 121
Resonanzabsorber 85

9 Sachwortverzeichnis

Resonanzfrequenz 83, 89, 270, 275, 278, 283, 288, 292, 306, 338, 343
Resonator 87, 88, 89
resultierendes Schalldämm-Maß 234
Richtcharakteristik 29, 115, 119
Richtentfernung 119, 151
Richtungsfaktor 29, 119
Richtungsgrad 29
Richtungsmaß 30
Richtungswahrnehmung 55
Richtwirkung 115
Richtwirkungsmaß 30, 35, 36
Rieselschutz 78
Rohdecke 243
Rohdichte 73
Rohr-in-Rohr-Installation 338
Rolladenkasten 235, 294
Rollgeräusche 38
rosa Rauschen 226
Ruhebedürfnis 54
Rundhorizont 164

Sabine 136, 144
Sandwichbauart 279
Sanitäreinrichtung 329
Schachtpegeldifferenz 222
Schall-Längsübertragung 231, 321, 323
Schallabsorption 65
Schallabsorptionsgrad 66, 72, 220
Schallabsorptionskoeffizient 102
Schallabsorptionsmaßnahme 116, 130, 324
Schallabstrahlung 35, 275
Schallausbreitung 33, 122, 129
Schallbrücke 242
Schalldämm-Maß 129, 221, 258, 262, 302
Schalldämmlüfter 293
Schalldämmung 66, 220
Schalldruck 15, 20
Schalldruckpegel 21
Schalldruckpegelabnahme 34, 118
Schalldruckpegeldifferenz 222
Schalldruckpegelminderung 118, 128, 132, 136, 152
Schalldruckpegelverteilung 117, 122
Schalleinfallswinkel 258, 283
Schalleistung 23, 220, 255
Schalleistungspegel 23, 34
Schallemission 32
Schallenkung 110, 167
Schallgeschwindigkeit 15
Schallintensität 24, 32, 241
Schallkennimpedanz 15, 33

Schallkonzentration 108, 170
Schallpegelminderung 36, 220, 222
Schallquelle 23
Schallquellennähe 33
Schallreflexionsgrad 66
Schallschirm 39
Schallschleuse 298
Schallschnelle 15
Schallschutz-Set 337
Schallschutzanforderungen 58, 116, 249
Schallschutzklasse 256, 282
Schallschutzniveau 328
Schallschutzstufe 249
Schallspektrum 16
Schallteilchensimulation 133, 175
Schalltransmissionsgrad 66, 143, 220, 230, 234
Schallübertragungswege 65, 221, 243, 330
Schallwelle 15
Schienenverkehr 38
Schirmwert 42, 44
Schlafstörung 56, 58
Schließfuge 297
Schlitzfläche 297
Schmerzgrenze 21, 27
Schnellepegel 21
Schnellepegeldifferenz 232
Schroeder-Diffusor 112, 204, 211
Schuhkartonform 56, 161, 197
Schüttung 319
schutzbedürftige Räume 254, 328
Schwerpunktzeit 136, 150, 151
schwimmender Estrich 246, 305
Schwingungsisolierung 341
Seitenschallgrad 136, 152, 162
Sekundärschall 56
Sekundärstruktur 133, 155
Sichtmauerwerk 265
Silbenverständlichkeit 150
Sinfonieorchester 24
Sinusschwingung 15
Sinuston 47
Sitzreihenüberhöhung 134, 156, 184, 218
Spektrum von Straßenverkehrsgeräuschen 38
Spektrum-Anpassungswert 226, 246, 264, 286
spiegelnde Reflexion 104, 111
Spiegelschallquelle 105
Spiegelschallquellenverfahren 105, 122, 175
Sprache 23, 27, 52
Sprachübertragungsindex 136, 151
Sprachverständlichkeit 61, 150, 209, 217, 249
Spuranpassung 20, 258
städtebauliche Planung 59

Stadttheater 212
Stahlbetonplattendecke 300
Standard-Schallpegeldifferenz 222
Standard-Trittschallpegel 243
Stärkemaß 136, 153
statistische Energieanalyse 231
stehende Wellen 287
Steingeometrie 266
Stimmlage 27
Stoffkennwert 260
Störgeräuschpegel 54, 241
Stoßstellendämm-Maß 233
Strahlverfolgungsmethode 175
Straßenverkehrsgeräusch 37, 227
streifender Schalleinfall 281
Streukörper 124
Streukörperdichte 125
Strömungswiderstand 71, 92, 102, 276, 296, 322
Strukturfaktor 71
Strukturperiode 112
Strukturtiefe 112
Studiofenster 289
Studios 63, 178, 182, 272
Summenhäufigkeitspegel 54
Summenlokalisationseffekt 56

Tageslichtlenksystem 287
Taktmaximalpegel 52
technische Schallquellen 23, 254
Teiltrennwand 132
Temperatur 40
Teppichboden 100, 178, 311, 320, 324
Terz 16
Terzandpegel 21
Theaterecho 158
Tongemisch 28
Tonhöhenempfindung 47
Transluzenz 286
Transmission 65
Transmissionsgrad 66, 75, 101, 220
Transversalwelle 19
Trennfuge 239, 326
Treppe 325
Trittschalldämmung 220, 242, 299
Trittschallmessung 247, 334
Trittschallminderung 243, 248
Trittschallschutzmaß 244
Trittschallübertragungswege 243
Trittschallverbesserungsmaß 245
Trockenestrich 318
Trockenputz 269
Türen 295

Unterdecke 303
Unterputzinstallation 336

Verbunddecke 300
Verbundestrich 307
Verbundfenster 288
Verbundsicherheitsverglasung 283
Verdeckung 51
Verdeckungsgeräusch 61
Vergleichsschallquelle 32, 329
Verkehrslärm 38, 240
Verkehrsstärke 37
Verkleidung 75, 77
Verlustfaktor 232, 242, 261, 263, 283
Verwischungsschwelle 52
Verzögerungseinrichtung 216, 219
Visualisierung 176
Vokale 27
Vollsparrendämmung 327
Volumenkennzahl 142, 181
Vorbelastung 248
Vorhaltemaß 253, 302
Vorhänge 82
Vorsatzkonstruktion 232, 239, 269
Vorsatzschale 275, 302
Vorwandinstallation 336

Wahrnehmungsgrenze 21
Waldgebiet 41
Wandkonstruktion 257
Wärmedämm-Verbundsystem 264, 277
Wärmedämmung 285
Wärmedurchgangskoeffizient 285
Wärmeschutz 327
Wasserinstallation 328
Wasserschall 329
Weichbelag 307
weichfedernder Belag 310, 320
Weinbergprinzip 162, 204, 209
Wellen 17, 33
Wellenfront, erste 56, 212
Wind 39
wirksame Schallausbreitungslänge 41
Wohlbefinden 58, 249
Wohnungstrennwand 328

Zarge 297
Zeitbewertung 26, 52
Zeitkonstante 52
Zuhörer 155, 156
Zuluftschleuse 236
Zweiraumverfahren 237
zweischalige Bauteile 257
Zwischenfundament 343

Bausubstanz instand setzen

Unverzichtbare Arbeitsmaterialien für Architekten und Bauingenieure in Bereichen der Sanierung (Planung und Bauausführung), Bautechniker in der Denkmalpflege sowie Studenten.

Schadensdiagnostik von A bis Z

Helmuth Venzmer (Hrsg.)
PRAXISHANDBUCH MAUERWERKSSANIERUNG VON A BIS Z
1500 Fachbeiträge zu Diagnostik und Instandsetzung

Namhafte Experten der Bauwerkserhaltung haben alles zusammengestellt, was für die Themenkreise Schadensdiagnose, Instandhaltung und Instandsetzung von Mauerwerk von Bedeutung ist.
Das Handbuch ist eine Hilfe bei der eindeutigen Verständigung unter Fachleuten und dient vor allem dem schnellen und hochaktuellen Überblick zum Stand der Technik und den sich abzeichnenden Entwicklungen im Fachgebiet.

Eine Fundgrube für Planer, Gutachter, Ausführende in der Altbausanierung und in der Denkmalpflege.

CD-ROM mit Firmen der Sanierungsbranche

560 S., + CD-ROM, 1500 Begriffe
ISBN 3-345-00671-5
€ 59,90

Helmuth Venzmer, (Hrsg.)
Altbauinstandsetzung 3
Mikroorganismen und Bauwerksinstandsetzung
2001, 118 Seiten, Paperback
ISBN 3-345-00791-6
€ 20,40

Venzmer, Helmuth
Altbauinstandsetzung 4
Altbauinstandsetzung – Innovative Verfahren und Produkte
2002, 100 S., Paperback
ISBN.: 3-345-00802-5
€ 21,00

Venzmer, Helmuth (Hrsg.)
Qualität und Qualitätsbewertung in der Bauwerkssanierung
Feuchte & Altbausanierung e. V., Schriftenreihe, Heft 13
2002, 200 Seiten, Paperback
ISBN 3-345-00809-2
€ 39,90

Venzmer, Helmuth
Trockenlegung von Bauwerken
Schriftenreihe Heft 14
Feuchte & Altbausanierung, ca. 240 Seiten, Paperback
Bestell-Nr.: 3-345-00797-5
€ 39,90

Venzmer, Helmuth
Altbauinstandsetzung 5/6
Mikroorganismen II
2003, 256 S., Paperback
Bestell-Nr.: 3-345-00810-6
€ 39,90
Das Thema „Algen" ist ein Reizthema für Bauherren wie für Ausführende.
Mikroorganismen II ist die Weiterführung des Themas, das bereits mit dem Heft Altbauinstandsetzung 3 aufgegriffen wurde.

 HUSS-MEDIEN GmbH
Verlag Bauwesen
10400 Berlin

Tel.: 030/421 51 462 · Fax: 030/421 51 468
e-mail: versandbuchhandlung@hussberlin.de
Internet: www.bau-fachbuch.de

Aktuelles Praxiswissen:

Ihr Fahrplan durch die EnEV!

Der Weg durch die EnEV für Architekten und Bauplaner. Ihnen werden die funktionellen Abhängigkeiten und bauphysikalischen Vorgänge unter Nutzungsbedingungen und darauf aufbauend die wärme- und feuchteschutztechnischen Berechungs- und Nachweisverfahren erläutert.

Die CD-ROM Wärmeschutz enthält in der Planungspraxis einsetzbare Arbeitsblätter als Formularvorlage und ausgefüllte Beispielrechnungen, Norm- und DIN-Verweise, Grafiken. Außerdem: konstruktive Detaillösungen und Praxisbeispiele für den Baupraktiker.

2. Auflage 2002,
404 Seiten, 302 Tafeln,
122 Tabellen, CD-ROM,
Hardcover,
Bestell-Nr.: 3-345-00800-9
€ 59,90

 **HUSS-MEDIEN GmbH**
Verlag Bauwesen
10400 Berlin
Tel.: 030/421 51 325 · Fax: 030/421 51 468
e-mail: versandbuchhandlung@hussberlin.de
Internet: www.bau-fachbuch.de